현성호
위험물기능장
필기

공학박사 현성호 지음

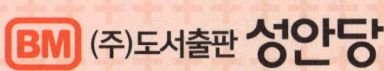

■ **도서 A/S 안내**

성안당에서 발행하는 모든 도서는 저자와 출판사, 그리고 독자가 함께 만들어 나갑니다.

좋은 책을 펴내기 위해 많은 노력을 기울이고 있습니다. 혹시라도 내용상의 오류나 오탈자 등이 발견되면 **"좋은 책은 나라의 보배"**로서 우리 모두가 함께 만들어 간다는 마음으로 연락주시기 바랍니다. 수정 보완하여 더 나은 책이 되도록 최선을 다하겠습니다.

성안당은 늘 독자 여러분들의 소중한 의견을 기다리고 있습니다. 좋은 의견을 보내주시는 분께는 성안당 쇼핑몰의 포인트(3,000포인트)를 적립해 드립니다.

잘못 만들어진 책이나 부록 등이 파손된 경우에는 교환해 드립니다.

저자 문의 : shhyun063@hanmail.net(현성호)
본서 기획자 e-mail : coh@cyber.co.kr(최옥현)
홈페이지 : http://www.cyber.co.kr   전화 : 031) 950-6300

머리말

　고도의 산업화와 과학기술의 발전으로 현대사회는 화학물질 및 위험물의 종류가 다양해졌고, 사용량의 증가로 인한 안전사고도 증가되어 많은 인명 및 재산상의 손실이 발생하고 있다.

　본 교재에서는 위험물의 연소특성, 유별 성질 및 취급, 제조소등에 위치, 구조, 설비등에 대해 필기시험에 맞게 핵심요점으로 준비하였으며, 특히, 화학이 기초가 되야 학습이 수월하기 때문에 화학이 부족한 수험생을 위하여 기초화학을 별책으로 준비하였다. 특히, 최근 8년간 출제경향 및 출제기준을 분석·연구하여 교재에 반영함을 물론, 제4류 위험물의 물리 화학적 특성치는 국가위험물정보센터의 자료를 반영하여 수험생들의 혼란을 줄이고자 하였다. 이외에도 위험물의 성질 및 취급과 관련하여 동영상을 QR코드로 탑재하였으니 학습하는데 도움이 될 것으로 생각한다.

　저자는 대학 및 소방학교 강단에서 30년째 위험물 학문에 대한 오랜 강의 경험을 바탕으로 이해하기 쉽게 체계적으로 집필하고자 하였다. 특히, 필기시험의 경우 출제범위 전체에 걸쳐 골고루 출제되는 경향이 있어 가급적 고득점 취득이 가능한 분야를 집중적으로 학습할 수 있도록 편집하고자 하였다.

　최근에는 국민의 안전을 위협하는 부분에 대한 정부의 규제가 강화될 움직임이 보이고 있다. 따라서 한번 사고가 나면 대형화재로 이어질 수 있는 위험물에 대한 각종 등록기준이 강화될 것으로 예측된다.

　정성을 다하여 교재를 만들었지만 오류가 많을까 걱정된다. 본 교재 내용의 오류부분에 대해서는 여러분의 지적을 바라며, shhyun@kyungmin.ac.kr로 알려주시면 다음 개정판 때보다 정확성 있는 교재로 거듭날 것을 약속드리면서 위험물기능장 자격증을 준비하는 수험생들의 합격을 기원한다.

본 교재의 **특징**을 소개하고자 한다.
1. 새롭게 바뀐 한국산업인력공단의 출제기준에 맞게 교재 구성
2. 최근 출제된 문제들에 대한 분석 및 연구를 통해 요점 정리
3. QR코드를 통한 무료 동영상강의 제공
4. 필기 15개년 기출문제 수록
5. CBT 대비 핵심기출 100선 및 온라인 모의고사 제공

　마지막으로 본서가 출간되도록 많은 지원을 해 주신 성안당 임직원 여러분께 감사의 말씀을 드린다.

저자 현성호

<위험물기능장 시험정보 안내>

◆ 자격명 : 위험물기능장(Master Craftsman Hazardous material)
◆ 관련부처 : 소방청
◆ 시행기관 : 한국산업인력공단(q-net.or.kr)

1 기본정보

(1) 개요

위험물은 발화성, 인화성, 가연성, 폭발성 때문에 사소한 부주의에도 커다란 재해를 가져올 수 있다. 또한 위험물의 용도가 다양해지고 제조시설도 대규모화되면서 생활공간과 가까이 설치되는 경우가 많아짐에 따라 위험물의 취급과 관리에 대한 안전성을 높이고자 자격제도가 제정되었다.

(2) 수행직무

위험물 관리 및 점검에 관한 최상급 숙련기능을 가지고 산업현장에서 작업관리, 위험물 취급 기능자의 지도 및 감독, 현장훈련, 경영층과 생산계층을 유기적으로 결합시켜 주는 현장의 중간관리 등의 업무를 수행한다.

(3) 진로 및 전망

위험물(제1류~제6류)의 제조·저장·취급 전문업체에 종사하거나 도료 제조, 고무 제조, 금속 제련, 유기합성물 제조, 염료 제조, 화장품 제조, 인쇄잉크 제조 업체 및 지정수량 이상의 위험물 취급 업체에 종사할 수 있으며, 일부는 소방직 공무원이나 위험물관리와 관련된 직업능력개발훈련 교사로 진출하기도 한다. 산업의 발전과 더불어 위험물은 그 종류가 다양해지고 범위도 확산추세에 있다. 특히 「소방법」상 1급 방화관리대상물의 방화관리자로 선임하도록 되어 있고 또 소방법으로 정한 위험물 제1류~제6류에 속하는 위험물 제조·저장·운반 시설업자 역시 위험물안전관리자로 자격증 취득자를 선임하도록 되어 있어 위험물을 안전하게 취급·관리하는 전문가의 수요는 꾸준할 전망이다.

(4) 연도별 검정현황

연도	필기			실기		
	응시	합격	합격률	응시	합격	합격률
2024년	7,838명	4,682명	59.7%	6,938명	2,450명	35.3%
2023년	7,531명	4,516명	60%	6,725명	3,305명	49.1%
2022년	5,275명	3,244명	61.5%	4,972명	1,739명	35%
2021년	5,799명	3,510명	60.5%	5,161명	1,966명	38.1%
2020년	4,839명	3,086명	63.8%	4,873명	2,580명	52.9%
2019년	5,258명	3,211명	61.1%	5,321명	1,445명	27.2%

2 응시자격 및 취득방법

(1) 응시자격

① 응시하려는 종목이 속하는 동일 및 유사 직무분야의 산업기사 또는 기능사 자격을 취득한 후 「근로자직업능력 개발법」에 따라 설립된 기능대학의 기능장 과정을 마친 이수자 또는 그 이수예정자
② 산업기사 등급 이상의 자격을 취득한 후 응시하려는 종목이 속하는 동일 및 유사 직무분야에서 5년 이상 실무에 종사한 사람
③ 기능사 자격을 취득한 후 응시하려는 종목이 속하는 동일 및 유사 직무분야에서 7년 이상 실무에 종사한 사람
④ 응시하려는 종목이 속하는 동일 및 유사 직무분야에서 9년 이상 실무에 종사한 사람
⑤ 응시하려는 종목이 속하는 동일 및 유사직무분야의 다른 종목의 기능장 등급의 자격을 취득한 사람
⑥ 외국에서 동일한 종목에 해당하는 자격을 취득한 사람

※ 관련학과 : 산업안전, 산업안전시스템, 화학공업, 화학공학 등 관련학과 또는 공공 직업훈련원, 정부 직업훈련원, 시도 직업훈련원, 사업체내 직업훈련원의 과정 등
※ 동일직무분야 : 경영 · 회계 · 사무 중 생산관리, 광업자원 중 채광, 기계, 재료, 섬유 · 의복, 안전관리, 환경 · 에너지

(2) 취득방법

① **시험과목**
  - 필기 : 화재 이론, 위험물의 제조소 등의 위험물안전관리 및 공업경영에 관한 사항
  - 실기 : 위험물취급 실무

② **검정방법**
  - 필기 : CBT – 4지 택일형, 객관식 60문항(1시간)
  - 실기 : 필답형(2시간)

③ **합격기준**
  - 필기 : 100점을 만점으로 하여 60점 이상
  - 실기 : 100점을 만점으로 하여 60점 이상

> 위험물기능장은 1년에 2회의 시험이 시행됩니다. 자세한 시험일정과 원서접수에 관한 사항은 한국산업인력공단에서 운영하는 국가기술자격 사이트인 큐넷(q-net.or.kr)을 참고해 주시기 바랍니다.

<NCS(국가직무능력표준) 기반 위험물기능장>

1 국가직무능력표준(NCS)이란?

국가직무능력표준(NCS, National Competency Standards)은 산업현장에서 직무를 행하기 위해 요구되는 지식·기술·태도 등의 내용을 국가가 체계화한 것이다.

(1) 국가직무능력표준(NCS) 개념도

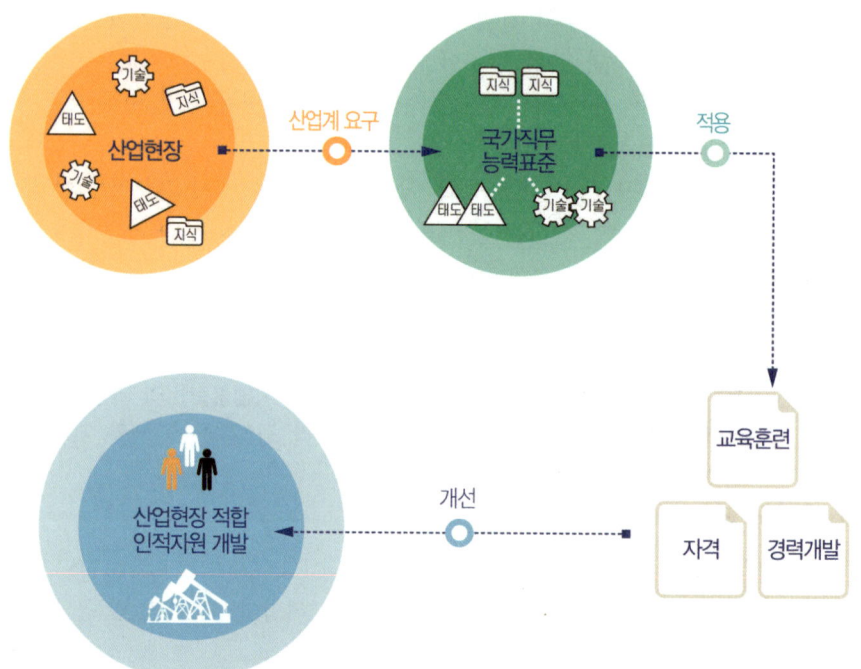

〈직무능력〉
능력=직업기초능력+직무수행능력
① **직업기초능력** : 직업인으로서 기본적으로 갖추어야 할 공통능력
② **직무수행능력** : 해당 직무를 수행하는 데 필요한 역량(지식, 기술, 태도)

〈보다 효율적이고 현실적인 대안 마련〉
① 실무 중심의 교육·훈련 과정 개편
② 국가자격의 종목 신설 및 재설계
③ 산업현장 직무에 맞게 자격시험 전면 개편
④ NCS 채용을 통한 기업의 능력중심 인사관리 및 근로자의 평생경력 개발·관리·지원

(2) 학습모듈의 개념

국가직무능력표준(NCS)이 현장의 '직무 요구서'라고 한다면, NCS 학습모듈은 NCS 능력단위를 교육훈련에서 학습할 수 있도록 구성한 '교수·학습 자료'이다.
NCS 학습모듈은 구체적 직무를 학습할 수 있도록 이론 및 실습과 관련된 내용을 상세하게 제시하고 있다.

2 국가직무능력표준(NCS)이 왜 필요한가?

능력 있는 인재를 개발해 핵심 인프라를 구축하고, 나아가 국가경쟁력을 향상시키기 위해 국가직무능력표준이 필요하다.

(1) 국가직무능력표준(NCS) 적용 전/후

지금은,
- 직업 교육 · 훈련 및 자격제도가 산업현장과 불일치
- 인적자원의 비효율적 관리 운용

→ 국가직무능력표준 →

바뀝니다.
- 각각 따로 운영되었던 교육 · 훈련, 국가직무능력표준 중심 시스템으로 전환(일 – 교육 · 훈련 – 자격 연계)
- 산업현장 직무 중심의 인적자원 개발
- 능력중심사회 구현을 위한 핵심 인프라 구축
- 고용과 평생 직업능력개발 연계를 통한 국가경쟁력 향상

(2) 국가직무능력표준(NCS) 활용범위

기업체 Corporation
- 현장 수요 기반의 인력 채용 및 인사관리 기준
- 근로자 경력개발
- 직무기술서

교육훈련기관 Education and training
- 직업교육 훈련과정 개발
- 교수계획 및 매체, 교재 개발
- 훈련기준 개발

자격시험기관 Qualification
- 자격종목의 신설 · 통합 · 폐지
- 출제기준 개발 및 개정
- 시험문항 및 평가방법

★ 좀 더 자세한 내용에 대해서는 **NCS 국가직무능력표준** National Competency Standards 홈페이지(ncs.go.kr)를 참고해 주시기 바랍니다. ★

<CBT(컴퓨터 기반 시험) 관련 안내>

1 CBT란?

CBT란 Computer Based Test의 약자로, 컴퓨터 기반 시험을 의미한다. 컴퓨터로 시험을 보는 만큼 수험자가 답안을 제출함과 동시에 합격 여부를 확인할 수 있다.
위험물기능장은 2018년 제64회 시험부터 CBT 방식으로 시행되었다.

2 CBT 시험과정

한국산업인력공단에서 운영하는 홈페이지 **큐넷(Q-net)**에서는 누구나 쉽게 CBT 시험을 볼 수 있도록 실제 자격시험 환경과 동일하게 구성한 **가상 웹 체험 서비스를 제공**하고 있으며, 그 과정을 요약한 내용은 아래와 같다.

(1) 시험시작 전 신분 확인절차

수험자가 자신에게 배정된 좌석에 앉아 있으면 신분 확인절차가 진행되며, 시험장 감독위원이 컴퓨터에 나온 수험자 정보와 신분증이 일치하는지를 확인한다.

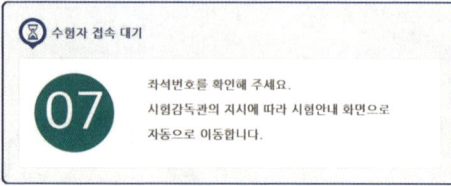
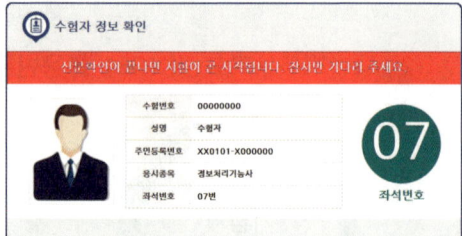

(2) CBT 시험안내 진행

신분 확인이 끝난 후 시험시작 전 CBT 시험안내가 진행된다.

> 안내사항 > 유의사항 > 메뉴 설명 > 문제풀이 연습 > 시험준비 완료

① 시험 [**안내사항**]을 확인한다.
- 응시하는 시험의 문제 수와 진행시간이 안내된다.
- 시험도중 수험자 PC 장애 발생 시 손을 들어 시험감독관에게 알리면 긴급장애조치 또는 자리이동을 할 수 있다.
- 시험이 끝나면 합격 여부를 바로 확인할 수 있다.

② 시험 [**유의사항**]을 확인한다.
시험 중 금지되는 행위 및 저작권 보호에 관한 유의사항이 제시된다.

③ 문제풀이 [**메뉴 설명**]을 확인한다.
문제풀이 기능 설명을 유의해서 읽고 기능을 숙지해야 한다.

④ 자격검정 CBT [문제풀이 연습]을 진행한다.
　실제 시험과 동일한 방식의 문제풀이 연습을 통해 CBT 시험을 준비한다.
　• CBT 시험 문제 화면의 글자가 크거나 작을 경우 크기를 변경할 수 있다.
　• 화면배치는 1단 배치가 기본 설정이며, 2단 배치와 한 문제씩 보기 설정이 가능하다.

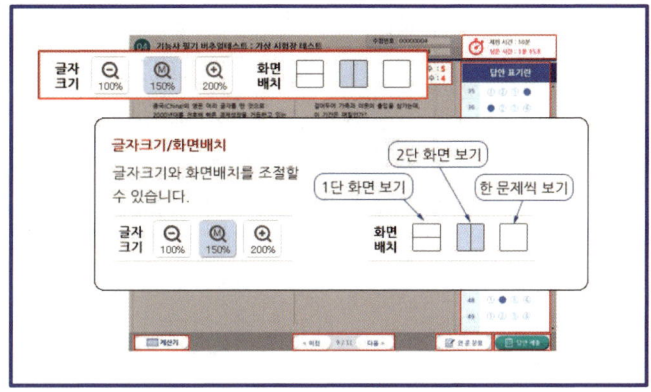

　• 답안은 문제의 보기번호를 클릭하거나 답안표기 칸의 번호를 클릭하여 입력할 수 있다.
　• 입력된 답안은 문제화면 또는 답안표기 칸의 보기번호를 클릭하여 변경할 수 있다.
　• 페이지 이동은 아래의 페이지 이동 버튼 또는 답안표기 칸의 문제번호를 클릭하여
　 할 수 있다.

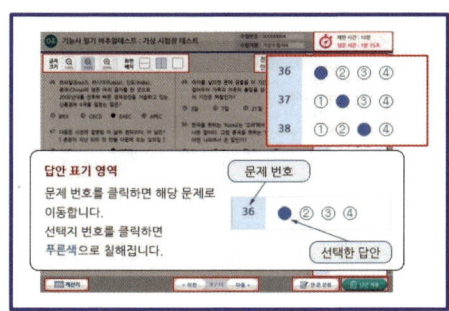 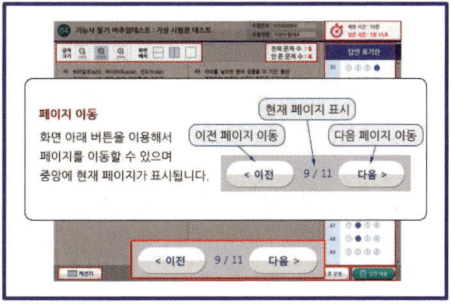

　• 응시종목에 계산문제가 있을 경우 좌측 하단의 계산기 기능을 이용할 수 있다.

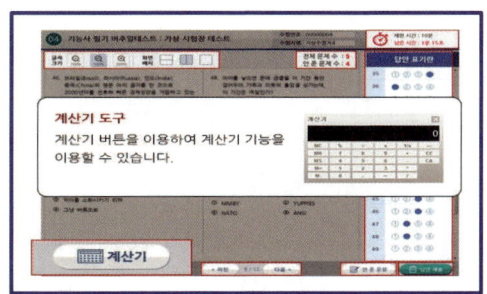

- 안 푼 문제 확인은 답안 표기란 좌측에 안 푼 문제 수를 확인하거나 답안 표기란 하단 [안 푼 문제] 버튼을 클릭하여 확인할 수 있다. 안 푼 문제 번호 보기 팝업창에 안 푼 문제 번호가 표시된다. 번호를 클릭하면 해당 문제로 이동한다.

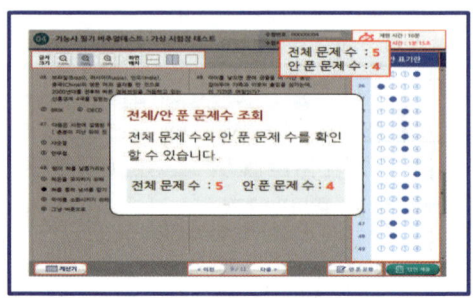

- 시험문제를 다 푼 후 답안 제출을 하거나 시험시간이 모두 경과되었을 경우 시험이 종료되며 시험결과를 바로 확인할 수 있다.
- [답안 제출] 버튼을 클릭하면 답안 제출 승인 알림창이 나온다. 시험을 마치려면 [예] 버튼을 클릭하고 시험을 계속 진행하려면 [아니오] 버튼을 클릭하면 된다. 답안 제출은 실수 방지를 위해 두 번의 확인 과정을 거친다.

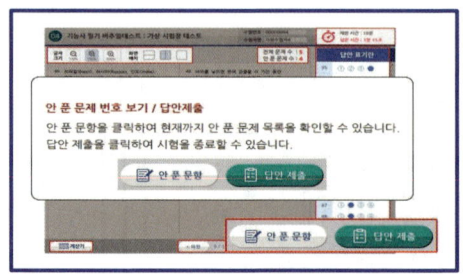

⑤ [시험준비 완료]를 한다.
시험 안내사항 및 문제풀이 연습까지 모두 마친 수험자는 [시험준비 완료] 버튼을 클릭한 후 잠시 대기한다.

(3) CBT 시험 시행
(4) 답안 제출 및 합격 여부 확인

★ 좀 더 자세한 내용에 대해서는 Q-Net 홈페이지(q-net.or.kr)를 참고해 주시기 바랍니다. ★

< 필기 출제기준 >

• 적용기간 : 2025. 1. 1. ~ 2028. 12. 31.

직무분야	화학	중직무분야	위험물	자격종목	위험물기능장

• 직무내용 : 위험물의 저장·취급 및 운반과 이에 따른 안전관리와 제조소 등의 설계·시공·점검을 수행하고, 현장 위험물 안전관리에 종사하는 자 등을 지도·감독하며, 화재 등의 재난이 발생한 경우 응급조치 등의 총괄 업무를 수행하는 직무이다.

필기 검정방법	객관식	문제 수	60	시험시간	1시간

[필기 과목명] 화재이론, 위험물의 제조소 등의 위험물 안전관리 및 공업경영에 관한 사항

주요 항목	세부 항목	세세 항목
1. 화재이론 및 유체역학	(1) 화학의 이해	① 물질의 상태 ② 물질의 성질과 화학반응 ③ 화학의 기초법칙 ④ 무기화합물의 특성 ⑤ 유기화합물의 특성 ⑥ 화학반응식을 이용한 계산
	(2) 유체역학 이해	① 유체 기초이론 ② 배관 이송설비 ③ 펌프 이송설비 ④ 유체 계측
2. 위험물의 성질 및 취급	(1) 위험물의 연소 특성	① 위험물의 연소이론 ② 위험물의 연소형태 ③ 위험물의 연소과정 ④ 위험물의 연소생성물 ⑤ 위험물의 화재 및 폭발에 관한 현상 ⑥ 위험물의 인화점, 발화점, 가스분석 등의 측정법 ⑦ 위험물의 열분해 계산
	(2) 위험물의 유별 성질 및 취급	① 제1류 위험물의 성질, 저장 및 취급 ② 제2류 위험물의 성질, 저장 및 취급 ③ 제3류 위험물의 성질, 저장 및 취급 ④ 제4류 위험물의 성질, 저장 및 취급 ⑤ 제5류 위험물의 성질, 저장 및 취급 ⑥ 제6류 위험물의 성질, 저장 및 취급
	(3) 소화원리 및 소화약제	① 화재 종류 및 소화이론 ② 소화약제의 종류, 특성과 저장 관리
3. 시설 기준	(1) 제조소 등의 위치·구조·설비 기준	① 제조소의 위치·구조·설비 기준 ② 옥내저장소의 위치·구조·설비 기준 ③ 옥외탱크저장소의 위치·구조·설비 기준 ④ 옥내탱크저장소의 위치·구조·설비 기준 ⑤ 지하탱크저장소의 위치·구조·설비 기준 ⑥ 간이탱크저장소의 위치·구조·설비 기준 ⑦ 이동탱크저장소의 위치·구조·설비 기준 ⑧ 옥외저장소의 위치·구조·설비 기준 ⑨ 암반탱크저장소의 위치·구조·설비 기준 ⑩ 주유취급소의 위치·구조·설비 기준 ⑪ 판매취급소의 위치·구조·설비 기준 ⑫ 이송취급소의 위치·구조·설비 기준 ⑬ 일반취급소의 위치·구조·설비 기준
	(2) 제조소 등의 소화설비, 경보·피난 설비 기준	① 제조소 등의 소화난이도등급 및 그에 따른 소화설비 ② 위험물의 성질에 따른 소화설비의 적응성 ③ 소요단위 및 능력단위 산정법 ④ 옥내소화전설비의 설치기준 ⑤ 옥외소화전설비의 설치기준 ⑥ 스프링클러설비의 설치기준 ⑦ 물분무소화설비의 설치기준 ⑧ 포소화설비의 설치기준

주요 항목	세부 항목	세세 항목
		⑨ 불활성가스소화설비의 설치기준 ⑩ 할로젠화합물소화설비의 설치기준 ⑪ 분말소화설비의 설치기준 ⑫ 수동식 소화기의 설치기준 ⑬ 경보설비의 설치기준 ⑭ 피난설비의 설치기준
4. 위험물 안전관리	(1) 사고대응	① 소화설비의 작동원리 및 작동방법 ② 위험물 누출 등 사고 시 대응조치
	(2) 예방규정	① 안전관리자의 책무 ② 예방규정 관련 사항 ③ 제조소 등의 점검방법
	(3) 제조소 등의 저장·취급 기준	① 제조소의 저장·취급 기준 ② 옥내저장소의 저장·취급 기준 ③ 옥외탱크저장소의 저장·취급 기준 ④ 옥내탱크저장소의 저장·취급 기준 ⑤ 지하탱크저장소의 저장·취급 기준 ⑥ 간이탱크저장소의 저장·취급 기준 ⑦ 이동탱크저장소의 저장·취급 기준 ⑧ 옥외저장소의 저장·취급 기준 ⑨ 암반탱크저장소의 저장·취급 기준 ⑩ 주유취급소의 저장·취급 기준 ⑪ 판매취급소의 저장·취급 기준 ⑫ 이송취급소의 저장·취급 기준 ⑬ 일반취급소의 저장·취급 기준 ⑭ 공통기준 ⑮ 유별 저장·취급 기준
	(4) 위험물의 운송 및 운반 기준	① 위험물의 운송기준 ② 위험물의 운반기준 ③ 국제기준에 관한 사항
	(5) 위험물 사고 예방	① 위험물 화재 시 인체 및 환경에 미치는 영향 ② 위험물 취급 부주의에 대한 예방대책 ③ 화재 예방대책 ④ 위험성평가 기법 ⑤ 위험물 누출 등 사고 시 안전대책 ⑥ 위험물 안전관리자의 업무 등의 실무사항
5. 위험물안전관리법 행정사항	(1) 제조소 등 설치 및 후속 절차	① 제조소 등 허가 ② 제조소 등 완공검사 ③ 탱크안전성능검사 ④ 제조소 등 지위승계 ⑤ 제조소 등 용도폐지
	(2) 행정처분	① 제조소 등 사용정지, 허가취소 ② 과징금 처분
	(3) 정기점검 및 정기검사	① 정기점검 ② 정기검사
	(4) 행정감독	① 출입·검사 ② 각종 행정명령 ③ 벌금 및 과태료
6. 공업경영	(1) 품질관리	① 통계적 방법의 기초 ② 샘플링 검사 ③ 관리도
	(2) 생산관리	① 생산계획 ② 생산통계
	(3) 작업관리	① 작업방법 연구 ② 작업시간 연구
	(4) 기타 공업경영에 관한 사항	① 기타 공업경영에 관한 사항

머리말　　시험 안내　　출제기준

차 례

Part 1 | 핵심요점

1. 기초화학 ··· 핵심 3
2. 화재예방 ··· 핵심 6
3. 소화방법 ··· 핵심 10
4. 소방시설 ··· 핵심 14
5. 위험물의 지정수량, 게시판 ··· 핵심 16
6. 중요 화학반응식 ·· 핵심 19
7. 제1류 위험물(산화성 고체) ··· 핵심 22
8. 제2류 위험물(가연성 고체) ··· 핵심 24
9. 제3류 위험물(자연발화성 물질 및 금수성 물질) ···· 핵심 26
10. 제4류 위험물(인화성 액체) ··· 핵심 28
11. 제5류 위험물(자기반응성 물질) ································· 핵심 31
12. 제6류 위험물(산화성 액체) ··· 핵심 33
13. 위험물시설의 안전관리(1) ··· 핵심 34
14. 위험물시설의 안전관리(2) ··· 핵심 35
15. 위험물시설의 안전관리(3) ··· 핵심 36
16. 위험물의 저장기준 ·· 핵심 38
17. 위험물의 취급기준 ·· 핵심 40
18. 위험물의 운반기준 ·· 핵심 41
19. 소화난이도등급 Ⅰ(제조소 등 및 소화설비) ············ 핵심 43
20. 소화난이도등급 Ⅱ(제조소 등 및 소화설비) ············ 핵심 45
21. 소화난이도등급 Ⅲ(제조소 등 및 소화설비) ············ 핵심 46
22. 경보설비 ··· 핵심 47
23. 피난설비 ··· 핵심 48
24. 소화설비의 적응성 ·· 핵심 49
25. 위험물제조소의 시설기준 ·· 핵심 50
26. 옥내저장소의 시설기준 ·· 핵심 53
27. 옥외저장소의 시설기준 ·· 핵심 55
28. 옥내탱크저장소의 시설기준 ·· 핵심 56
29. 옥외탱크저장소의 시설기준 ·· 핵심 57
30. 지하탱크저장소의 시설기준 ·· 핵심 59
31. 간이탱크저장소의 시설기준 ·· 핵심 60
32. 이동탱크저장소의 시설기준 ·· 핵심 61
33. 주유취급소의 시설기준 ·· 핵심 62
34. 판매취급소의 시설기준 ·· 핵심 64
35. 이송취급소의 시설기준 ·· 핵심 65

Part 2 | 과년도 출제문제

- 2011년 제49회 위험물기능장 필기 … 3
- 2011년 제50회 위험물기능장 필기 … 15
- 2012년 제51회 위험물기능장 필기 … 26
- 2012년 제52회 위험물기능장 필기 … 37
- 2013년 제53회 위험물기능장 필기 … 49
- 2013년 제54회 위험물기능장 필기 … 61
- 2014년 제55회 위험물기능장 필기 … 73
- 2014년 제56회 위험물기능장 필기 … 85
- 2015년 제57회 위험물기능장 필기 … 97
- 2015년 제58회 위험물기능장 필기 … 109
- 2016년 제59회 위험물기능장 필기 … 123
- 2016년 제60회 위험물기능장 필기 … 136
- 2017년 제61회 위험물기능장 필기 … 149
- 2017년 제62회 위험물기능장 필기 … 161
- 2018년 제63회 위험물기능장 필기 … 174
- 2018년 제64회 위험물기능장 필기 … 186
- 2019년 제65회 위험물기능장 필기 … 196
- 2019년 제66회 위험물기능장 필기 … 207
- 2020년 제67회 위험물기능장 필기 … 217
- 2020년 제68회 위험물기능장 필기 … 227
- 2021년 제69회 위험물기능장 필기 … 237
- 2021년 제70회 위험물기능장 필기 … 247
- 2022년 제71회 위험물기능장 필기 … 257
- 2022년 제72회 위험물기능장 필기 … 267
- 2023년 제73회 위험물기능장 필기 … 277
- 2023년 제74회 위험물기능장 필기 … 287
- 2024년 제75회 위험물기능장 필기 … 297
- 2024년 제76회 위험물기능장 필기 … 308
- 2025년 제77회 위험물기능장 필기 … 318
- 2025년 제78회 위험물기능장 필기 … 331

Part 3 | CBT 핵심기출 100선

- CBT 시험에 자주 출제된 핵심기출 100선 ……………………………… 345

별 책 부 록

- 기초화학 개념정리

원소와 화합물 명명법 안내

이 책에 수록된 원소와 화합물의 이름은 대한화학회에서 규정한 명명법에 따라 표기하였습니다. 자격시험에서는 새 이름과 옛 이름을 혼용하여 출제하고 있으므로 모두 숙지해 두는 것이 좋습니다.

다음은 대한화학회(new.kcsnet.or.kr)에서 발표한 원소와 화합물 명명의 원칙과 변화의 주요 내용 및 위험물기능장을 공부하는 데 필요한 주요 원소의 변경사항을 정리한 것입니다. 학습에 참고하시기 바랍니다.

〈주요 접두사와 변경내용〉

접두사	새 이름	옛 이름
di-	다이-	디-
tri-	트라이-	트리-
bi-	바이-	비-
iso-	아이소-	이소-
cyclo-	사이클로-	시클로-

- alkane, alkene, alkyne은 각각 "알케인", "알켄", "알카인"으로 표기한다.
  - 예) methane   메테인
  - ethane   에테인
  - ethene   에텐
  - ethyne   에타인

- "-ane"과 "-an"은 각각 "-에인"과 "-안"으로 구별하여 표기한다.
  - 예) heptane   헵테인
  - furan   퓨란

- 모음과 자음 사이의 r은 표기하지 않거나 앞의 모음에 ㄹ 받침으로 붙여 표기한다.
  - 예) carboxylic acid   카복실산
  - formic acid   폼산(또는 개미산)
  - chloroform   클로로폼

- "-er"은 "-ㅓ"로 표기한다.
  - 예) ester   에스터
  - ether   에터

- "-ide"는 "-아이드"로 표기한다.
  - 예) amide   아마이드
  - carbazide   카바자이드

- g 다음에 모음이 오는 경우에는 "ㅈ"으로 표기할 수 있다.
  예) halogen   할로젠

- hy-, cy-, xy-, ty- 는 각각 "하이-", "사이-", "자이-", "타이-"로 표기한다.
  예) hydride   하이드라이드
      cyanide   사이아나이드
      xylene   자일렌
      styrene   스타이렌
      aldehyde   알데하이드

- u는 일반적으로 "ㅜ"로 표기하지만, "ㅓ", 또는 "ㅠ"로 표기하는 경우도 있다.
  예) toluen   톨루엔
      sulfide   설파이드
      butane   뷰테인

- i는 일반적으로 "ㅣ"로 표기하지만, "ㅏ이"로 표기하는 경우도 있다.
  예) iso   아이소
      vinyl   바이닐

〈기타 주요 원소와 화합물〉

새 이름	옛 이름
나이트로 화합물	니트로 화합물
다이아조 화합물	디아조 화합물
다이크로뮴	중크롬산
망가니즈	망간
브로민	브롬
셀룰로스	셀룰로오스
아이오딘	요오드
옥테인	옥탄
저마늄	게르마늄
크레오소트	클레오소트
크로뮴	크롬
펜테인	펜탄
프로페인	프로판
플루오린	불소
황	유황

※ 나트륨은 소듐으로, 칼륨은 포타슘으로 개정되었지만, 「위험물안전관리법」에서 옛 이름을 그대로 표기하고 있으므로, 나트륨과 칼륨은 변경 이름을 적용하지 않았습니다.

PART  핵심요점

위험물기능장 35개 핵심요점

Part 1. 핵심요점

위험물기능장 필기

1. 기초화학

1 밀도	밀도 = $\dfrac{\text{질량}}{\text{부피}}$ 또는 $\rho = \dfrac{M}{V}$	
2 증기비중	증기의 비중 = $\dfrac{\text{증기의 분자량}}{\text{공기의 평균 분자량}} = \dfrac{\text{증기의 분자량}}{28.84(또는\ 29)}$	
	※ 액체 또는 고체의 비중 = $\dfrac{\text{물질의 밀도}}{4℃\ 물의\ 밀도} = \dfrac{\text{물질의 중량}}{\text{동일 체적 물의 중량}}$	
3 기체밀도	기체의 밀도 = $\dfrac{\text{분자량}}{22.4}$ (g/L) (단, 0℃, 1기압)	
4 열량	$Q = mc\Delta T$ 여기서, m : 질량, c : 비열, T : 온도	
5 보일의 법칙	일정한 온도에서 일정량의 기체의 부피는 압력에 반비례한다. $PV = k$ $P_1 V_1 = P_2 V_2$ (기체의 몰수와 온도는 일정)	
6 샤를의 법칙	일정한 압력에서 일정량의 기체의 부피는 절대온도에 비례한다. $V = kT$ $\dfrac{V_1}{T_1} = \dfrac{V_2}{T_2}$ [$T(K) = t(℃) + 273.15$]	
7 보일-샤를의 법칙	일정량의 기체의 부피는 절대온도에 비례하고, 압력에 반비례한다. $\dfrac{P_1 V_1}{T_1} = \dfrac{P_2 V_2}{T_2} = \dfrac{PV}{T} = k$	
8 이상기체 상태방정식	$PV = nRT$ 여기서, P : 압력, V : 부피, n : 몰수, R : 기체상수, T : 절대온도 기체상수 $R = \dfrac{PV}{nT}$ $= \dfrac{1\ \text{atm} \times 22.4\ \text{L}}{1\ \text{mol} \times (0℃ + 273.15)\text{K}}$ (아보가드로의 법칙에 의해) $= 0.082\ \text{L}\cdot\text{atm/K}\cdot\text{mol}$ 기체의 체적(부피) 결정 $PV = nRT$ 에서 몰수$(n) = \dfrac{\text{질량}(w)}{\text{분자량}(M)}$ 이므로, $PV = \dfrac{w}{M}RT$ ∴ $V = \dfrac{w}{PM}RT$	

9 그레이엄의 확산법칙	같은 온도와 압력에서 두 기체의 분출속도는 그들 기체의 분자량의 제곱근에 반비례한다. $$\frac{V_A}{V_B} = \sqrt{\frac{M_B}{M_A}} = \sqrt{\frac{d_B}{d_A}}$$ 여기서, M_A, M_B : 기체 A, B의 분자량 d_A, d_B : 기체 A, B의 밀도	
10 화학식 만들기와 명명법	① 분자식과 화합물의 명명법 $M^{\|+m\|} \diagdown\!\!\!\!\diagup N^{\|-n\|} = M_n N_m \qquad Al^{\|+3\|} \diagdown\!\!\!\!\diagup O^{\|-2\|} = Al_2O_3$ ② 라디칼(radical, 원자단) 화학변화 시 분해되지 않고 한 분자에서 다른 분자로 이동하는 원자의 집단 $Zn + H_2SO_4 \longrightarrow ZnSO_4 + H_2$ ㉮ 암모늄기 : NH_4^+ ㉯ 수산기 : OH^- ㉰ 질산기 : NO_3^- ㉱ 염소산기 : ClO_3^- ㉲ 과망가니즈산기 : MnO_4^- ㉳ 황산기 : SO_4^{2-} ㉴ 탄산기 : CO_3^{2-} ㉵ 크로뮴산기 : CrO_4^{2-} ㉶ 다이크로뮴산기 : $Cr_2O_7^{2-}$ ㉷ 인산기 : PO_4^{3-} ㉸ 사이안산기 : CN^- ㉹ 붕산기 : BO_3^{3-} ㉺ 아세트산기 : CH_3COO^-	
11 산화수	① 산화수 : 산화·환원 정도를 나타내기 위해 원자의 양성, 음성 정도를 고려하여 결정된 수 ② 산화수 구하는 법 ㉮ 산화수를 구할 때 기준이 되는 원소는 다음과 같다. H=+1, O=-2, 1족=+1, 2족=+2 (예외 : H_2O_2에서는 산소 -1, OF_2에서는 산소 +2, NaH에서는 수소 -1) ㉯ 홑원소물질에서 그 원자의 산화수는 0이다. 예 H_2, C, Cu, P_4, S, Cl_2 ⋯ 에서 H, C, Cu, P, S, Cl의 산화수는 0이다. ㉰ 이온의 산화수는 그 이온의 가수와 같다. 예 Cl^- : -1, Cu^{2+} : +2 SO_4^{2-}에서 S의 산화수 : $x+(-2)\times 4=-2$ $\therefore x=+6$ ㉱ 중성 화합물에서 그 화합물을 구성하는 각 원자의 산화수의 합은 0이다. 예 $KMnO_4 \rightarrow (+1)+x+(-2)\times 4=0$ $\therefore x=+7$ $MnO_2^- \rightarrow x+(-2)\times 2=-1$ $\therefore x=+3$	

12 산화수와 산화, 환원	① 산화 : 산화수가 증가하는 반응 (전자를 잃음) ② 환원 : 산화수가 감소하는 반응 (전자를 얻음)				
13 주요 사슬 모양 알케인(C_nH_{2n+2}) 및 알킬(C_nH_{2n+1})	\multicolumn{5}{l}{어미 변화}
		Alkane (C_nH_{2n+2})	명칭	Alkyl (C_nH_{2n+1})	명칭
	기체	CH_4	Meth<u>ane</u>	CH_3-	Meth<u>yl</u>
		C_2H_6	Eth<u>ane</u>	C_2H_5-	Eth<u>yl</u>
		C_3H_8	Prop<u>ane</u>	C_3H_7-	Prop<u>yl</u>
		C_4H_{10}	But<u>ane</u>	C_4H_9-	But<u>yl</u>
	액체	C_5H_{12}	Pent<u>ane</u>	$C_5H_{11}-$	Pent<u>yl</u>
		C_6H_{14}	Hex<u>ane</u>	$C_6H_{13}-$	Hex<u>yl</u>
		C_7H_{16}	Hept<u>ane</u>	$C_7H_{15}-$	Hept<u>yl</u>
		C_8H_{18}	Oct<u>ane</u>	$C_8H_{17}-$	Oct<u>yl</u>
		C_9H_{20}	Non<u>ane</u>	$C_9H_{19}-$	Non<u>yl</u>
		$C_{10}H_{22}$	Dec<u>ane</u>	$C_{10}H_{21}-$	Dec<u>yl</u>

14 몇 가지 작용기와 화합물	작용기	이름	작용기를 가지는 화합물의 일반식	일반명	화합물의 예
	$-OH$	하이드록실기	$R-OH$	알코올	• CH_3OH • C_2H_5OH
	$-O-$	에터 결합	$R-O-R'$	에터	• CH_3OCH_3 • $C_2H_5OC_2H_5$
	$-C{\overset{O}{\underset{H}{\lessgtr}}}$	포밀기	$R-C{\overset{O}{\underset{H}{\lessgtr}}}$	알데하이드	• $HCHO$ • CH_3CHO
	$-\underset{\overset{\parallel}{O}}{C}-$	카보닐기 (케톤기)	$R-\underset{\overset{\parallel}{O}}{C}-R'$	케톤	$CH_3COC_2H_5$
	$-C{\overset{O}{\underset{O-H}{\lessgtr}}}$	카복실기	$R-C{\overset{O}{\underset{O-H}{\lessgtr}}}$	카복실산	• $HCOOH$ • CH_3COOH
	$-C{\overset{O}{\underset{O-}{\lessgtr}}}$	에스터 결합	$R-C{\overset{O}{\underset{O-R'}{\lessgtr}}}$	에스터	• $HCOOCH_3$ • CH_3COOCH_3
	$-NH_2$	아미노기	$R-NH_2$	아민	• CH_3NH_2 • $CH_3CH_2NH_2$

2. 화재예방

1 연소	열과 빛을 동반하는 산화반응
2 연소의 3요소	가연성 물질, 산소 공급원(조연성 물질), 점화원
3 연소의 4요소 (연쇄반응 추가 시)	① 가연성 물질 ㉮ 산소와의 친화력이 클 것 ㉯ 고체·액체에서는 분자구조가 복잡해질수록 열전도율이 작을 것 (단, 기체분자의 경우 단순할수록 가볍기 때문에 확산속도가 빠르고 분해가 쉽다. 따라서 열전도율이 클수록 연소폭발의 위험이 있다.) ㉰ 활성화에너지가 적을 것 ㉱ 연소열이 클 것 ㉲ 크기가 작아 접촉면적이 클 것 ② 산소 공급원(조연성 물질) 가연성 물질의 산화반응을 도와주는 물질로, 공기, 산화제(제1류 위험물, 제6류 위험물 등), 자기반응성 물질(제5류 위험물), 할로젠 원소 등이 대표적인 조연성 물질이다. ③ 점화원(열원, heat energy sources) ㉮ 화학적 에너지원 : 반응열 등으로 산화열, 연소열, 분해열, 융해열 등 ㉯ 전기적 에너지원 : 저항열, 유도열, 유전열, 정전기열(정전기 불꽃), 낙뢰에 의한 열, 아크방전(전기불꽃 에너지) 등 ㉰ 기계적 에너지원 : 마찰열, 마찰스파크열(충격열), 단열압축열 등 ④ 연쇄반응 가연성 물질이 유기화합물인 경우 불꽃 연소가 개시되어 열을 발생하는 경우 발생된 열은 가연성 물질의 형태를 연소가 용이한 중간체(화학에서 자유 라디칼이라 함)를 형성하여 연소를 촉진시킨다. 이와 같이 에너지에 의해 연소가 용이한 라디칼의 형성은 연쇄적으로 이루어지며, 점화원이 제거되어도 생성된 라디칼이 완전하게 소실되는 시점까지 연소를 지속시킬 수 있는 현상이다.
4 온도에 따른 불꽃의 색상	<table><tr><th>불꽃 온도</th><th>불꽃 색깔</th><th>불꽃 온도</th><th>불꽃 색깔</th></tr><tr><td>500℃</td><td>적열</td><td>1,100℃</td><td>황적색</td></tr><tr><td>700℃</td><td>암적색</td><td>1,300℃</td><td>백적색</td></tr><tr><td>850℃</td><td>적색</td><td>1,500℃</td><td>휘백색</td></tr><tr><td>950℃</td><td>휘적색</td><td>–</td><td>–</td></tr></table>

5 연소의 형태	① 기체의 연소
	  ㉮ 확산연소(불균일연소) : 가연성 가스와 공기를 미리 혼합하지 않고 산소의 공급을 가스의 확산에 의하여 주위에 있는 공기와 혼합하여 연소하는 것
	  ㉯ 예혼합연소(균일연소) : 가연성 가스와 공기를 혼합하여 연소시키는 것
	② 액체의 연소
	  ㉮ 증발연소 : 가연성 액체를 외부에서 가열하거나 연소열이 미치면 그 액 표면에 가연가스(증기)가 증발하여 연소되는 것
	    예 휘발유, 알코올 등
	  ㉯ 분해연소 : 비휘발성이거나 끓는점이 높은 가연성 액체가 연소할 때는 먼저 열분해하여 탄소가 석출되면서 연소하는 것
	    예 중유, 타르 등
	③ 고체의 연소
	  ㉮ 표면연소(직접연소) : 열분해에 의하여 가연성 가스를 발생하지 않고 그 자체가 연소하는 형태로서 연소반응이 고체의 표면에서 이루어지는 것
	    예 목탄, 코크스, 금속분 등
	  ㉯ 분해연소 : 가연성 가스가 공기 중에서 산소와 혼합되어 연소하는 것
	    예 목재, 석탄, 종이 등
	  ㉰ **증발연소** : 가연성 고체에 열을 가하면 융해되어 여기서 생긴 액체가 기화되고 이로 인한 연소가 이루어지는 것
	    예 **황, 나프탈렌, 양초, 장뇌 등**
	  ㉱ 내부연소(자기연소) : 물질 자체의 분자 안에 산소를 함유하고 있는 물질이 연소 시 외부에서의 산소 공급을 필요로 하지 않고 물질 자체가 갖고 있는 산소를 소비하면서 연소하는 것
	    예 질산에스터류, 나이트로화합물류 등

6 연소에 관한 물성	① 인화점(flash point) : 가연성 액체를 가열하면서 액체의 표면에 점화원을 주었을 때 증기가 인화하는 액체의 최저온도를 인화점 혹은 인화온도라 하며, 인화가 일어나는 액체의 최저온도 ② 연소점(fire point) : 상온에서 액체상태로 존재하는 가연성 물질의 연소상태를 5초 이상 유지시키기 위한 온도 ③ 발화점(발화온도, 착화점, 착화온도, ignition point) : 점화원을 부여하지 않고 가연성 물질을 조연성 물질과 공존하는 상태에서 가열하여 발화하는 최저온도

7 정전기에너지
구하는 식
	$E = \dfrac{1}{2}CV^2 = \dfrac{1}{2}QV$
	여기서, E : 정전기에너지(J)
	       C : 정전용량(F)
	       V : 전압(V)
	       Q : 전기량(C)

8 자연발화의 분류	자연발화 원인	자연발화 형태
	산화열	건성유(정어리기름, 아마인유, 들기름 등), 반건성유(면실유, 대두유 등)가 적셔진 다공성 가연물, 원면, 석탄, 금속분, 고무조각 등
	분해열	나이트로셀룰로스, 셀룰로이드류, 나이트로글리세린 등의 질산에스터류
	흡착열	탄소분말(유연탄, 목탄 등), 가연성 물질+촉매
	중합열	아크릴로나이트릴, 스타이렌, 바이닐아세테이트 등의 중합반응
	미생물발열	퇴비, 먼지, 퇴적물, 곡물 등

9 자연발화 예방대책
① 통풍, 환기, 저장방법 등을 고려하여 **열의 축적을 방지**한다.
② 반응속도를 낮추기 위하여 **온도 상승을 방지**한다.
③ **습도를 낮게 유지**한다(습도가 높은 경우 열의 축적이 용이함).

10 르 샤틀리에(Le Chatelier)의 혼합가스 폭발범위를 구하는 식

$$\frac{100}{L} = \frac{V_1}{L_1} + \frac{V_2}{L_2} + \frac{V_3}{L_3} + \cdots$$

$$\therefore L = \frac{100}{\left(\dfrac{V_1}{L_1} + \dfrac{V_2}{L_2} + \dfrac{V_3}{L_3} + \cdots\right)}$$

여기서, L : 혼합가스의 폭발 한계치
$L_1,\ L_2,\ L_3$: 각 성분의 단독폭발 한계치(vol%)
$V_1,\ V_2,\ V_3$: 각 성분의 체적(vol%)

11 위험도(H)
가연성 혼합가스의 연소범위에 의해 결정되는 값이다.

$$H = \frac{U - L}{L}$$

여기서, H : 위험도, U : 연소 상한치(UEL), L : 연소 하한치(LEL)

12 폭굉유도거리(DID)가 짧아지는 경우
① 정상연소속도가 큰 혼합가스일수록
② 관 속에 방해물이 있거나 관 지름이 가늘수록
③ 압력이 높을수록
④ 점화원의 에너지가 강할수록

13 피뢰 설치대상
지정수량 10배 이상의 위험물을 취급하는 제조소
(제6류 위험물을 취급하는 제조소는 제외)

14 화재의 분류

화재 분류	명칭	비고	소화
A급 화재	일반화재	연소 후 재를 남기는 화재	냉각소화
B급 화재	유류화재	연소 후 재를 남기지 않는 화재	질식소화
C급 화재	전기화재	전기에 의한 발열체가 발화원이 되는 화재	질식소화
D급 화재	금속화재	금속 및 금속의 분, 박, 리본 등에 의해서 발생되는 화재	피복소화
F급 화재 (또는 K급 화재)	주방화재	가연성 튀김기름을 포함한 조리로 인한 화재	냉각·질식소화

15 유류탱크 및 가스 탱크에서 발생하는 폭발현상	① 보일오버(boil-over) : 연소유면으로부터 100℃ 이상의 열파가 탱크 저부에 고여 있는 물을 비등하게 하면서 연소유를 탱크 밖으로 비산시키며 연소하는 현상 ② 슬롭오버(slop-over) : 물이 연소유의 뜨거운 표면에 들어갈 때 기름 표면에서 화재가 발생하는 현상 ③ 블레비(Boiling Liquid Expanding Vapor Explosion, BLEVE) : 액화가스탱크 주위에서 화재 등이 발생하여 기상부의 탱크 강판이 국부적으로 가열되면 그 부분의 강도가 약해져 그로 인해 탱크가 파열된다. 이때 내부에서 가열된 액화가스가 급격히 유출, 팽창되어 화구(fire ball)를 형성하며 폭발하는 현상 ④ 증기운폭발(Unconfined Vapor Cloud Explosion, UVCE) : 대기 중에 대량의 가연성 가스나 인화성 액체가 유출되어 그것으로부터 발생되는 증기가 대기 중의 공기와 혼합하여 폭발성인 증기운(vapor cloud)을 형성하고 이때 착화원에 의해 화구(fire ball)형태로 착화, 폭발하는 현상	
16 위험장소의 분류	① 0종 장소 : 위험분위기가 정상상태에서 장시간 지속되는 장소 ② 1종 장소 : 정상상태에서 위험분위기를 생성할 우려가 있는 장소 ③ 2종 장소 : 이상상태에서 위험분위기를 생성할 우려가 있는 장소 ④ 준위험장소 : 예상사고로 폭발성 가스가 대량 유출되어 위험분위기가 되는 장소	

3. 소화방법

1 소화방법의 종류	① 제거소화 : 연소에 필요한 가연성 물질을 제거하여 소화시키는 방법 ② 질식소화 : 공기 중의 산소의 양을 15% 이하가 되게 하여 산소 공급원의 양을 변화시켜 소화하는 방법 ③ 냉각소화 : 연소 중인 가연성 물질의 온도를 인화점 이하로 냉각시켜 소화하는 방법 ④ 부촉매(화학)소화 : 가연성 물질의 연소 시 연속적인 연쇄반응을 억제·방해 또는 차단시켜 소화하는 방법 ⑤ 희석소화 : 수용성 가연성 물질의 화재 시 다량의 물을 일시에 방사하여 연소범위의 하한계 이하로 희석하여 화재를 소화시키는 방법

2 소화약제 관련 용어	① NOAEL(No Observed Adverse Effect Level)
	   농도를 증가시킬 때 아무런 악영향도 감지할 수 없는 최대허용농도 → 최대허용설계농도
	② LOAEL(Lowest Observed Adverse Effect Level)
	   농도를 감소시킬 때 어떠한 악영향도 감지할 수 있는 최소허용농도
	③ ODP(오존층파괴지수) = $\dfrac{물질\ 1kg에\ 의해\ 파괴되는\ 오존량}{CFC-11\ 1kg에\ 의해\ 파괴되는\ 오존량}$
	④ GWP(지구온난화지수) = $\dfrac{물질\ 1kg이\ 영향을\ 주는\ 지구온난화\ 정도}{CO_2\ 1kg이\ 영향을\ 주는\ 지구온난화\ 정도}$
	⑤ ALT(대기권 잔존수명)
	   물질이 방사된 후 대기권 내에서 분해되지 않고 체류하는 잔류기간 (단위 : 년)
	⑥ LC_{50} : 4시간 동안 쥐에게 노출했을 때 그 중 50%가 사망하는 농도
	⑦ ALC : 사망에 이르게 할 수 있는 최소농도

3 전기설비의 소화설비	제조소 등에 전기설비(전기배선, 조명기구 등은 제외)가 설치된 경우에는 해당 장소의 면적 $100m^2$마다 소형 수동식 소화기를 1개 이상 설치해야 한다.

4 소화설비의 능력단위 (소방기구의 소화능력)

소화설비	용량	능력단위
소화전용물통	8L	0.3
수조(소화전용물통 3개 포함)	80L	1.5
수조(소화전용물통 6개 포함)	190L	2.5
마른모래(삽 1개 포함)	50L	0.5
팽창질석 또는 팽창진주암(삽 1개 포함)	160L	1.0

5 소요단위

소화설비의 설치대상이 되는 건축물의 규모 또는 위험물 양에 대한 기준단위이다.

소요단위		
1단위	제조소 또는 취급소용 건축물의 경우	내화구조 외벽을 갖춘 연면적 100m²
		내화구조 외벽이 아닌 연면적 50m²
	저장소 건축물의 경우	내화구조 외벽을 갖춘 연면적 150m²
		내화구조 외벽이 아닌 연면적 75m²
	위험물의 경우	지정수량의 10배

6 소화약제 총정리

소화약제	소화효과	종류		성상	주요 내용
물	• 냉각 • 질식(수증기) • 유화(에멀션) • 희석 • 타격	동결방지제 (에틸렌글리콜, 염화칼슘, 염화나트륨, 프로필렌글리콜)		• 값이 싸고, 구하기 쉬움 • 표면장력=72.7dyne/cm, 용융열=79.7cal/g • **증발잠열=539.63cal/g** • 증발 시 체적: 1,700배 • 밀폐장소: 분무희석소화효과	• 극성분자 • 수소결합 • 비압축성 유체
강화액	• 냉각 • 부촉매	• 축압식 • 가스가압식		• 물의 소화능력 개선 • 알칼리금속염의 탄산칼륨, 인산암모늄 첨가 • $K_2CO_3+H_2O \rightarrow K_2O+CO_2+H_2O$	• 침투제, 방염제 첨가로 소화능력 향상 • $-30°C$ 사용 가능
산-알칼리	질식+냉각	-		$2NaHCO_3+H_2SO_4 \rightarrow Na_2SO_4+2CO_2+2H_2O$	방사압력원: CO_2
포	질식+냉각	기계포	단백포 (3%, 6%)	• 동식물성 단백질의 가수분해생성물 • 철분(안정제)으로 인해 포의 유동성이 나쁘며, 소화속도 느림 • 재연방지효과 우수(5년 보관)	Ring fire 방지
			합성계면활성제포 (1%, 1.5%, 2%, 3%, 6%)	• 유동성 우수, 내유성은 약하고 소포 빠름 • 유동성이 좋아 소화속도 빠름 (유출유화재에 적합)	• 고팽창, 저팽창 가능 • Ring fire 발생
			수성막포(AFFF) (3%, 6%)	• **유류화재에 가장 탁월**(일명 라이트워터) • 단백포에 비해 1.5 내지 4배 소화효과 • Twin agent system(with 분말약제) • 유출유화재에 적합	Ring fire 발생으로 탱크화재에 부적합
	희석		내알코올포 (3%, 6%)	• 내화성 우수 • 거품이 파포된 불용성 겔(gel) 형성	• 내화성 좋음 • 경년기간 짧고, 고가
			* 성능 비교 : 수성막포 > 계면활성제포 > 단백포		
	질식+냉각	화학포		• A제 : $NaHCO_3$, B제 : $Al_2(SO)_4$ • $6NaHCO_3+Al_2SO_4 \cdot 18H_2O$ $\rightarrow 3Na_2SO_4+2Al(OH)_3+6CO_2+18H_2O$	• Ring fire 방지 • 소화속도 느림
CO_2	질식+냉각	-		• 표준설계농도 : 34%(산소농도 15% 이하) • 삼중점 : 5.1kg/cm², -56.5°C	• ODP=0 • 동상 우려, 피난 불편 • 줄-톰슨 효과

소화약제	소화효과	종류	성상	주요 내용
할론	• 부촉매작용 • 냉각효과 • 질식작용 • 희석효과 * 소화력 F<Cl<Br<I * 화학안정성 F>Cl>Br>I	할론 104 (CCl_4)	• 최초 개발 약제 • **포스겐 발생으로 사용 금지** • 불꽃연소에 강한 소화력	법적으로 사용 금지
		할론 1011 ($CClBrH_2$)	• 2차대전 후 출현 • 불연성, 증발성 및 부식성 액체	-
		할론 1211(ODP=2.4) (CF_2ClBr)	• 소화농도 : 3.8% • 밀폐공간 사용 곤란	• 증기비중 5.7 • 방사거리 4~5m 소화기용
		할론 1301(ODP=14) (CF_3Br)	• 5%의 농도에서 소화(증기비중=5.11) • **인체에 가장 무해한 할론 약제**	• 증기비중 5.1 • 방사거리 3~4m 소화설비용
		할론 2402(ODP=6.6) ($C_2F_4Br_2$)	• 할론 약제 중 유일한 에테인의 유도체 • 상온에서 액체	독성으로 인해 국내외 생산 무

※ 할론 소화약제 명명법 : 할론 XABC
- Br원자의 개수
- Cl원자의 개수
- F원자의 개수
- C원자의 개수

소화약제	소화효과	종류	성상	주요 내용
분말	• 냉각효과 (흡열반응) • 질식작용 (CO_2 발생) • 희석효과 • 부촉매작용	1종 ($NaHCO_3$)	• (B, C급) • **비누화효과(식용유화재 적응)** • 방습가공제 : 스테아린산 Zn, Mg	• 가압원 : N_2, CO_2 • 소화입도 : 10~75μm • 최적입도 : 20~25μm • Knock down 효과 : 10~20초 이내 소화
			• 1차 분해반응식(270℃) $2NaHCO_3 \rightarrow Na_2CO_3+CO_2+H_2O$ • 2차 분해반응식(850℃) $2NaHCO_3 \rightarrow Na_2O+2CO_2+H_2O$	
		2종 ($KHCO_3$)	• 담회색(B, C급) • 1종보다 2배 소화효과 • 1종 개량형	
			• 1차 분해반응식(190℃) $2KHCO_3 \rightarrow K_2CO_3+CO_2+H_2O$ • 2차 분해반응식(590℃) $2KHCO_3 \rightarrow K_2O+2CO_2+H_2O$	
		3종 ($NH_4H_2PO_4$)	• 담홍색 또는 황색(A, B, C급) • 방습가공제 : 실리콘 오일 • **열분해반응식** : $NH_4H_2PO_4 \rightarrow HPO_3+NH_3+H_2O$	
			• 190℃에서 분해 $NH_4H_2PO_4 \rightarrow NH_3+H_3PO_4$ (인산) • 215℃에서 분해 $2H_3PO_4 \rightarrow H_2O+H_4P_2O_7$ (피로인산) • 300℃에서 분해 $H_4P_2O_7 \rightarrow H_2O+2HPO_3$ (메타인산)	
		4종 [$CO(NH_2)_2$ +$KHCO_3$]	• (B, C급) • 2종 개량 • 국내생산 무	
			$2KHCO_3+CO(NH_2)_2 \rightarrow K_2CO_3+2NH_3+2CO_2$	

※ 소화능력 : 할론 1301=3 > 분말=2 > 할론 2402=1.7 > 할론 1211=1.4 > 할론 104=1.1 > CO_2=1

7 할로젠화합물 소화약제의 종류	소화약제	화학식
	펜타플루오로에테인 (HFC-125)	CHF_2CF_3
	헵타플루오로프로페인 (HFC-227ea)	CF_3CHFCF_3
	트라이플루오로메테인 (HFC-23)	CHF_3
	도데카플루오로-2-메틸펜테인-3-원 (FK-5-1-12)	$CF_3CF_2C(O)CF(CF_3)_2$

※ 명명법(첫째 자리 반올림)
HFC X Y Z
　　　　└ 분자 내 플루오린수
　　└ 분자 내 수소수+1
└ 분자 내 탄소수-1 (메테인계는 0이지만 표기 안함)

※ 90 법칙 적용(예시)
HFC-125는 125+90=215이므로, C_2HF_5
HFC-227ea는 227+90=317이므로, C_3HF_7
HFC-23은 23+90=113이므로, CHF_3

8 불활성기체 소화약제의 종류	소화약제	화학식
	불연성·불활성 기체 혼합가스 (IG-01)	Ar
	불연성·불활성 기체 혼합가스 (IG-100)	N_2
	불연성·불활성 기체 혼합가스 (IG-541)	N_2 : 52%, Ar : 40%, CO_2 : 8%
	불연성·불활성 기체 혼합가스 (IG-55)	N_2 : 50%, Ar : 50%

※ 명명법(첫째 자리 반올림)
IG-A B C
　　　└ CO_2의 농도
　　└ Ar의 농도
└ N_2의 농도

9 소화기의 사용방법	① 각 소화기는 **적응화재**에만 사용할 것 ② 성능에 따라 **화점 가까이** 접근하여 사용할 것 ③ 소화 시에는 **바람을 등지고** 소화할 것 ④ 소화작업은 좌우로 **골고루** 소화약제를 방사할 것

4. 소방시설

1 소화설비의 종류	① 소화기구(소화기, 자동소화장치, 간이소화용구) ② 옥내소화전설비 ③ 옥외소화전설비 ④ 스프링클러 소화설비 ⑤ 물분무 등 소화설비(물분무소화설비, 포소화설비, 불활성가스 소화설비, 할로젠화합물 소화설비, 분말소화설비)
2 소화기의 설치기준	각 층마다 설치하되, 특정소방대상물의 각 부분으로부터 1개의 소화기까지의 보행거리가 **소형 소화기의 경우에는 20m 이내, 대형 소화기의 경우에는 30m 이내**가 되도록 배치할 것

3 옥내·옥외 소화전설비의 설치기준

구분	옥내소화전설비	옥외소화전설비
방호대상물에서 호스 접속구까지의 거리	25m	40m
개폐밸브 및 호스 접속구	지반면으로부터 1.5m 이하	지반면으로부터 1.5m 이하
수원의 양(Q, m³)	$N \times 7.8\text{m}^3$ (N은 5개 이상인 경우 5개)	$N \times 13.5\text{m}^3$ (N은 4개 이상인 경우 4개)
노즐 선단의 방수압력	0.35MPa	0.35MPa
분당 방수량	260L	450L

4 스프링클러설비의 장단점

장점	단점
• 초기진화에 특히 절대적인 효과가 있다. • 약제가 물이라서 값이 싸고, 복구가 쉽다. • 오동작·오보가 없다(감지부가 기계적). • 조작이 간편하고 안전하다. • 야간이라도 자동으로 화재감지경보를 울리고, 소화할 수 있다.	• 초기시설비가 많이 든다. • 다른 설비와 비교했을 때 시공이 복잡하다. • 물로 인한 피해가 크다.

5 폐쇄형 스프링클러 헤드 부착장소의 평상시 최고주위온도에 따른 표시온도

최고주위온도(℃)	표시온도(℃)
28 미만	58 미만
28 이상, 39 미만	58 이상, 79 미만
39 이상, 64 미만	79 이상, 121 미만
64 이상, 106 미만	121 이상, 162 미만
106 이상	162 이상

6 포소화약제의 혼합장치	① 펌프혼합방식(펌프 프로포셔너 방식) : 농도조절밸브에서 조정된 포소화약제의 필요량을 포소화약제 탱크에서 펌프 흡입 측으로 보내어 이를 혼합하는 방식 ② 차압혼합방식(프레셔 프로포셔너 방식) : 벤투리관의 벤투리작용과 펌프 가압수의 포소화약제 저장탱크에 대한 압력에 의하여 포소화약제를 흡입·혼합하는 방식 ③ 관로혼합방식(라인 프로포셔너 방식) : 펌프와 발포기 중간에 설치된 벤투리관의 벤투리작용에 의해 포소화약제를 흡입하여 혼합하는 방식 ④ 압입혼합방식(프레셔 사이드 프로포셔너 방식) : 펌프의 토출관에 압입기를 설치하여 포소화약제 압입용 펌프로 포소화약제를 압입시켜 혼합하는 방식	
7 이산화탄소 저장용기의 설치기준	① 방호구역 외의 장소에 설치할 것 ② 온도가 40℃ 이하이고, 온도 변화가 적은 장소에 설치할 것 ③ 직사일광 및 빗물이 침투할 우려가 적은 장소에 설치할 것 ④ 저장용기에는 안전장치를 설치할 것 ⑤ 저장용기의 외면에 소화약제의 종류와 양, 제조연도 및 제조자를 표시할 것	
8 이산화탄소를 저장하는 저압식 저장용기의 기준	① 이산화탄소를 저장하는 저압식 저장용기에는 액면계 및 압력계를 설치할 것 ② 이산화탄소를 저장하는 저압식 저장용기에는 **2.3MPa 이상의 압력 및 1.9MPa 이하의 압력에서 작동하는 압력경보장치**를 설치할 것 ③ 이산화탄소를 저장하는 저압식 저장용기에는 용기 내부의 온도를 **-20℃ 이상, -18℃ 이하로 유지할 수 있는 자동냉동기**를 설치할 것 ④ 이산화탄소를 저장하는 저압식 저장용기에는 파괴판을 설치할 것 ⑤ 이산화탄소를 저장하는 저압식 저장용기에는 방출밸브를 설치할 것	
9 경보설비	경보설비란 화재발생 초기단계에서 가능한 한 빠른 시간에 정확하게 화재를 감지하는 기능은 물론, 불특정 다수인에게 화재의 발생을 통보하는 기계, 기구 또는 설비로, 종류는 다음과 같다. ① 자동화재탐지설비 ② 자동화재속보설비 ③ 비상경보설비(비상벨, 자동식 사이렌, 단독형 화재경보기, 확성장치) ④ 비상방송설비 ⑤ 누전경보설비 ⑥ 가스누설경보설비	
10 피난설비	피난설비란 화재발생 시 화재구역 내에 있는 불특정 다수인을 안전한 장소로 피난 및 대피시키기 위해 사용하는 설비로, 종류는 다음과 같다. ① 피난기구 ② 인명구조기구(방열복, 공기호흡기, 인공소생기 등) ③ 유도등 및 유도표시 ④ 비상조명설비	

5. 위험물의 지정수량, 게시판

1 위험물의 분류

유별 지정수량	1류 산화성 고체		2류 가연성 고체		3류 자연발화성 및 금수성 물질		4류 인화성 액체		5류 자기반응성 물질	6류 산화성 액체	
10kg			Ⅰ등급		칼륨 나트륨 알킬알루미늄 알킬리튬	Ⅰ			• 제1종 : 10kg • 제2종 : 100kg 유기과산화물 질산에스터류 나이트로화합물 나이트로소화합물 아조화합물 다이아조화합물 하이드라진 유도체 하이드록실아민 하이드록실아민염류		
20kg					황린	Ⅰ					
50kg	아염소산염류 염소산염류 과염소산염류 무기과산화물	Ⅰ			알칼리금속 및 알칼리토금속 유기금속화합물	Ⅱ	특수인화물 (50L)	Ⅰ			
100kg			황화인 적린 황	Ⅱ							
200kg			Ⅱ등급				제1석유류 (200~400L) 알코올류 (400L)	Ⅱ			
300kg	브로민산염류 아이오딘산염류 질산염류	Ⅱ			금속의 수소화물 금속의 인화물 칼슘 또는 알루미늄의 탄화물	Ⅲ				과염소산 과산화수소 질산	Ⅰ
500kg			철분 금속분 마그네슘	Ⅲ							
1,000kg	과망가니즈산염류 다이크로뮴산염류	Ⅲ	인화성 고체	Ⅲ			제2석유류 (1,000~2,000L)	Ⅲ			
			Ⅲ등급				제3석유류 (2,000~4,000L)	Ⅲ			
							제4석유류 (6,000L)	Ⅲ			
							동식물유류 (10,000L)	Ⅲ			

2 위험물 게시판의 주의사항

유별 내용	1류 산화성 고체	2류 가연성 고체	3류 자연발화성 및 금수성 물질	4류 인화성 액체	5류 자기반응성 물질	6류 산화성 액체
공통 주의사항	화기·충격주의 가연물접촉주의	화기주의	(자연발화성) 화기엄금 및 공기접촉엄금	화기엄금	화기엄금 및 충격주의	가연물접촉주의
예외 주의사항	알칼리금속의 과산화물 : 물기엄금	• 철분, 금속분 마그네슘분 : 물기엄금 • 인화성 고체 : 화기엄금	(금수성) 물기엄금	–	–	–
방수성 덮개	무기과산화물	철분, 금속분, 마그네슘	금수성 물질	×	×	×
차광성 덮개	○	×	자연발화성 물질	특수인화물	○	○
소화방법	주수에 의한 냉각소화 (단, 과산화물의 경우 모래 또는 소다재에 의한 질식소화)	주수에 의한 냉각소화 (단, 황화인, 철분, 금속분, 마그네슘의 경우 건조사에 의한 질식소화)	건조사, 팽창질석 및 팽창진주암으로 질식소화 (물, CO₂, 할론 소화 일체 금지)	질식소화(CO₂, 할론, 분말, 포) 및 안개상의 주수소화 (단, 수용성 알코올의 경우 내알코올포)	다량의 주수에 의한 냉각소화	건조사 또는 분말소화약제 (단, 소량의 경우 다량의 주수에 의한 희석소화)

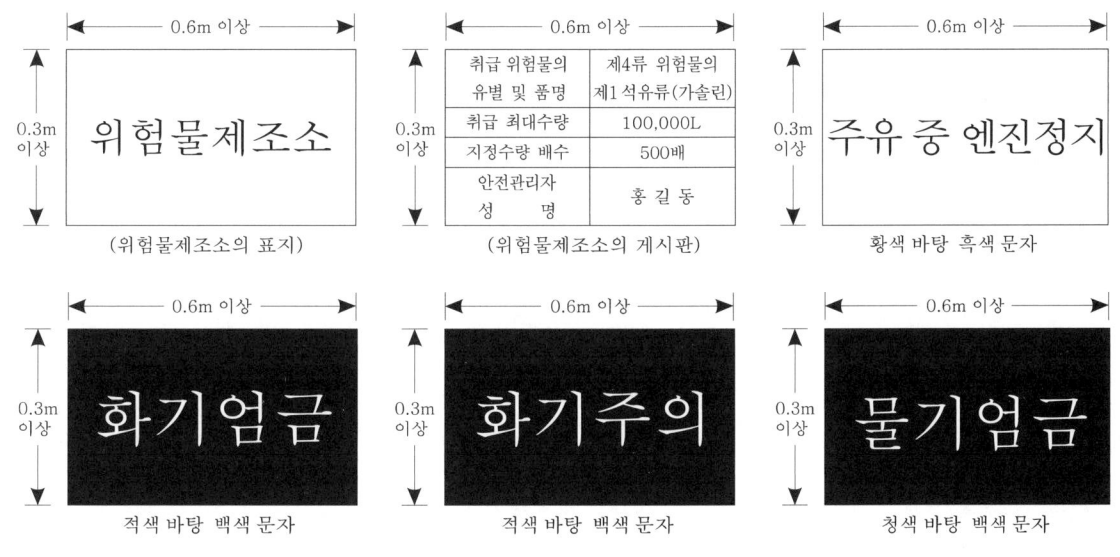

1. 액상 : 수직으로 된 시험관(안지름 30밀리미터, 높이 120밀리미터의 원통형 유리관을 말한다)에 시료를 55밀리미터까지 채운 다음 해당 시험관을 수평으로 하였을 때 시료액면의 선단이 30밀리미터를 이동하는 데 걸리는 시간이 90초 이내에 있는 것을 말한다.
2. 황 : 순도가 **60중량퍼센트 이상**인 것을 말한다. 이 경우 순도측정에 있어서 불순물은 활석 등 불연성 물질과 수분에 한한다.
3. 철분 : 철의 분말로서 **53마이크로미터의 표준체를 통과하는 것이 50중량퍼센트 미만**인 것은 제외한다.
4. 금속분 : 알칼리금속·알칼리토류금속·철 및 마그네슘 외의 금속의 분말을 말하고, **구리분·니켈분 및 150마이크로미터의 체를 통과하는 것이 50중량퍼센트 미만**인 것은 제외한다.
5. 마그네슘 및 마그네슘을 함유한 것에 있어서 다음에 해당하는 것은 제외
    ① 2밀리미터의 체를 통과하지 아니하는 덩어리상태의 것
    ② 직경 2밀리미터 이상의 막대모양의 것
6. 인화성 고체 : **고형 알코올**, 그 밖에 1기압에서 **인화점이 섭씨 40도 미만인 고체**를 말한다.
7. 인화성 액체 : 액체(제3석유류, 제4석유류 및 동식물유류에 있어서는 1기압과 섭씨 20도에서 액상인 것에 한한다) 로서 인화의 위험성이 있는 것을 말한다.
8. 특수인화물 : 이황화탄소, 다이에틸에터, 그 밖에 1기압에서 **발화점이 섭씨 100도 이하**인 것 또는 **인화점이 섭씨 영하 20도 이하이고 비점이 섭씨 40도 이하**인 것을 말한다.
9. 제1석유류 : 아세톤, 휘발유, 그 밖에 1기압에서 **인화점이 섭씨 21도 미만**인 것을 말한다.
10. 알코올류 : 1분자를 구성하는 **탄소원자의 수가 1개부터 3개까지인 포화1가 알코올**(변성 알코올을 포함한다)을 말한다.
11. 제2석유류 : **등유, 경유**, 그 밖에 1기압에서 **인화점이 섭씨 21도 이상 70도 미만**인 것을 말한다.
12. 제3석유류 : **중유, 크레오소트유**, 그 밖에 1기압에서 **인화점이 섭씨 70도 이상 섭씨 200도 미만**인 것을 말한다.
13. 제4석유류 : **기어유, 실린더유**, 그 밖에 1기압에서 **인화점이 섭씨 200도 이상 섭씨 250도 미만**의 것을 말한다.
14. 동식물유류 : 동물의 지육 등 또는 식물의 종자나 과육으로부터 추출한 것으로서 1기압에서 인화점이 섭씨 250도 미만인 것을 말한다.
15. 과산화수소 : 그 농도가 **36중량퍼센트 이상**인 것
16. 질산 : 그 **비중이 1.49 이상**인 것
17. **복수성상물품(2가지 이상 포함하는 물품)**의 판단기준은 보다 위험한 경우로 판단한다.
    ① **제1류**(산화성 고체) 및 **제2류**(가연성 고체)의 경우 **제2류**
    ② **제1류**(산화성 고체) 및 **제5류**(자기반응성 물질)의 경우 **제5류**
    ③ **제2류**(가연성 고체) 및 **제3류**(자연발화성 및 금수성 물질)의 **제3류**
    ④ **제3류**(자연발화성 및 금수성 물질) 및 **제4류**(인화성 액체)의 경우 **제3류**
    ⑤ **제4류**(인화성 액체) 및 **제5류**(자기반응성 물질)의 경우 **제5류**

6. 중요 화학반응식

1 물과의 반응식 (물질 + H_2O → 금속의 수산화물 + 가스)

① 반응물질 중 금속(M)을 찾는다. 금속과 수산기(OH^-)와의 화합물을 생성물로 적는다.
   $M^+ + OH^- \rightarrow MOH$
   M이 1족 원소(Li, Na, K)인 경우 MOH, M이 2족 원소(Mg, Ca)인 경우 $M(OH)_2$, M이 3족 원소(Al)인 경우 $M(OH)_3$가 된다.
② 제1류 위험물은 수산화금속+산소(O_2), 제2류 위험물은 수산화금속+수소(H_2), 제3류 위험물은 품목에 따라 생성되는 가스는 H_2, C_2H_2, PH_3, CH_4, C_2H_6 등 다양하게 생성된다.

제1류

(과산화칼륨) $2K_2O_2 + 2H_2O \rightarrow 4KOH + O_2$
(과산화나트륨) $2Na_2O_2 + 2H_2O \rightarrow 4NaOH + O_2$
(과산화마그네슘) $2MgO_2 + 2H_2O \rightarrow 2Mg(OH)_2 + O_2$
(과산화바륨) $2BaO_2 + 2H_2O \rightarrow 2Ba(OH)_2 + O_2$

제2류

(오황화인) $P_2S_5 + 8H_2O \rightarrow 5H_2S + 2H_3PO_4$
(철분) $2Fe + 3H_2O \rightarrow Fe_2O_3 + 3H_2$
(마그네슘) $Mg + 2H_2O \rightarrow Mg(OH)_2 + H_2$
(알루미늄) $2Al + 6H_2O \rightarrow 2Al(OH)_3 + 3H_2$
(아연) $Zn + 2H_2O \rightarrow Zn(OH)_2 + H_2$

제3류

(칼륨) $2K + 2H_2O \rightarrow 2KOH + H_2$
(나트륨) $2Na + 2H_2O \rightarrow 2NaOH + H_2$
(트라이에틸알루미늄) $(C_2H_5)_3Al + 3H_2O \rightarrow Al(OH)_3 + 3C_2H_6$
(리튬) $2Li + 2H_2O \rightarrow 2LiOH + H_2$
(칼슘) $Ca + 2H_2O \rightarrow Ca(OH)_2 + H_2$
(수소화리튬) $LiH + H_2O \rightarrow LiOH + H_2$
(수소화나트륨) $NaH + H_2O \rightarrow NaOH + H_2$
(수소화칼슘) $CaH_2 + 2H_2O \rightarrow Ca(OH)_2 + 2H_2$
(탄화칼슘) $CaC_2 + 2H_2O \rightarrow Ca(OH)_2 + C_2H_2$
(인화칼슘) $Ca_3P_2 + 6H_2O \rightarrow 3Ca(OH)_2 + 2PH_3$
(인화알루미늄) $AlP + 3H_2O \rightarrow Al(OH)_3 + PH_3$
(탄화알루미늄) $Al_4C_3 + 12H_2O \rightarrow 4Al(OH)_3 + 3CH_4$
(탄화리튬) $Li_2C_2 + 2H_2O \rightarrow 2LiOH + C_2H_2$
(탄화나트륨) $Na_2C_2 + 2H_2O \rightarrow 2NaOH + C_2H_2$
(탄화칼륨) $K_2C_2 + 2H_2O \rightarrow 2KOH + C_2H_2$
(탄화마그네슘) $MgC_2 + 2H_2O \rightarrow Mg(OH)_2 + C_2H_2$
(탄화베릴륨) $Be_2C + 4H_2O \rightarrow 2Be(OH)_2 + CH_4$
(탄화망가니즈) $Mn_3C + 6H_2O \rightarrow 3Mn(OH)_2 + CH_4 + H_2$

제4류

(이황화탄소) $CS_2 + 2H_2O \rightarrow CO_2 + 2H_2S$

2 연소반응식

① 반응물 중 산소와의 화합물을 생성물로 적는다.

$C^{|+4|} \diagdown O^{|-2|} \longrightarrow C_2O_4 \longrightarrow CO_2$

$H^{|+1|} \diagdown O^{|-2|} \longrightarrow H_2O$

$P^{|+5|} \diagdown O^{|-2|} \longrightarrow P_2O_5$

$Mg^{|+2|} \diagdown O^{|-2|} \longrightarrow Mg_2O_2 \longrightarrow MgO$

$Al^{|+3|} \diagdown O^{|-2|} \longrightarrow Al_2O_3$

$S^{|+4|} \diagdown O^{|-2|} \longrightarrow SO_2$

② 예상되는 생성물을 적고나면 화학반응식 개수를 맞춘다.

제2류:
- (삼황화인) $P_4S_3 + 8O_2 \rightarrow 2P_2O_5 + 3SO_2$
- (오황화인) $2P_2S_5 + 15O_2 \rightarrow 2P_2O_5 + 10SO_2$
- (적린) $4P + 5O_2 \rightarrow 2P_2O_5$
- (마그네슘) $2Mg + O_2 \rightarrow 2MgO$
- (알루미늄) $4Al + 3O_2 \rightarrow 2Al_2O_3$
- (황) $S + O_2 \rightarrow SO_2$

제3류:
- (칼륨) $4K + O_2 \rightarrow 2K_2O$
- (트라이에틸알루미늄) $2(C_2H_5)_3Al + 21O_2 \rightarrow 12CO_2 + Al_2O_3 + 15H_2O$
- (황린) $P_4 + 5O_2 \rightarrow 2P_2O_5$

제4류:
- (에탄올) $C_2H_5OH + 3O_2 \rightarrow 2CO_2 + 3H_2O$
- (이황화탄소) $CS_2 + 3O_2 \rightarrow CO_2 + 2SO_2$
- (벤젠) $2C_6H_6 + 15O_2 \rightarrow 12CO_2 + 6H_2O$
- (톨루엔) $C_6H_5CH_3 + 9O_2 \rightarrow 7CO_2 + 4H_2O$
- (아세트산) $CH_3COOH + 2O_2 \rightarrow 2CO_2 + 2H_2O$
- (아세톤) $CH_3COCH_3 + 4O_2 \rightarrow 3CO_2 + 3H_2O$
- (다이에틸에터) $C_2H_5OC_2H_5 + 6O_2 \rightarrow 4CO_2 + 5H_2O$

3 열분해반응식

제1류:
- (염소산칼륨) $2KClO_3 \rightarrow 2KCl + 3O_2$
- (과산화칼륨) $2K_2O_2 \rightarrow 2K_2O + O_2$
- (과산화나트륨) $2Na_2O_2 \rightarrow 2Na_2O + O_2$
- (질산암모늄) $2NH_4NO_3 \rightarrow 4H_2O + 2N_2 + O_2$
- (질산칼륨) $2KNO_3 \rightarrow 2KNO_2 + O_2$
- (과망가니즈산칼륨) $2KMnO_4 \rightarrow K_2MnO_4 + MnO_2 + O_2$
- (다이크로뮴산암모늄) $(NH_4)_2Cr_2O_7 \rightarrow Cr_2O_3 + N_2 + 4H_2O$
- (삼산화크로뮴) $4CrO_3 \rightarrow 2Cr_2O_3 + 3O_2$

제5류:
- (나이트로글리세린) $4C_3H_5(ONO_2)_3 \rightarrow 12CO_2 + 10H_2O + 6N_2 + O_2$
- (나이트로셀룰로스) $2C_{24}H_{29}O_9(ONO_2)_{11} \rightarrow 24CO_2 + 24CO + 12H_2O + 11N_2 + 17H_2$
- (트라이나이트로톨루엔) $2C_6H_2CH_3(NO_2)_3 \rightarrow 12CO + 2C + 3N_2 + 5H_2$
- (트라이나이트로페놀) $2C_6H_2(NO_2)_3OH \rightarrow 4CO_2 + 6CO + 3N_2 + 2C + 3H_2$

제6류:
- (과염소산) $HClO_4 \rightarrow HCl + 2O_2$
- (과산화수소) $2H_2O_2 \rightarrow 2H_2O + O_2$
- (질산) $4HNO_3 \rightarrow 4NO_2 + 2H_2O + O_2$

- (제1종 분말소화약제) $2NaHCO_3 \rightarrow Na_2CO_3 + H_2O + CO_2$
- (제2종 분말소화약제) $2KHCO_3 \rightarrow K_2CO_3 + H_2O + CO_2$
- (제3종 분말소화약제) $NH_4H_2PO_4 \rightarrow NH_3 + H_2O + HPO_3$

4 기타 반응식

(염소산칼륨＋황산) $4KClO_3 + 4H_2SO_4 \rightarrow 4KHSO_4 + 4ClO_2 + O_2 + 2H_2O$

(과산화마그네슘＋염산) $MgO_2 + 2HCl \rightarrow MgCl_2 + H_2O_2$

(과산화나트륨＋염산) $Na_2O_2 + 2HCl \rightarrow 2NaCl + H_2O_2$

(과산화나트륨＋초산) $Na_2O_2 + 2CH_3COOH \rightarrow 2CH_3COONa + H_2O_2$

(과산화나트륨＋이산화탄소) $2Na_2O_2 + 2CO_2 \rightarrow 2Na_2CO_3 + O_2$

(과산화바륨＋염산) $BaO_2 + 2HCl \rightarrow BaCl_2 + H_2O_2$

(철분＋염산) $2Fe + 6HCl \rightarrow 2FeCl_3 + 3H_2$, $Fe + 2HCl \rightarrow FeCl_2 + H_2$

(마그네슘＋염산) $Mg + 2HCl \rightarrow MgCl_2 + H_2$

(알루미늄＋염산) $2Al + 6HCl \rightarrow 2AlCl_3 + 3H_2$

(아연＋염산) $Zn + 2HCl \rightarrow ZnCl_2 + H_2$

(트라이에틸알루미늄＋에탄올) $(C_2H_5)_3Al + 3C_2H_5OH \rightarrow (C_2H_5O)_3Al + 3C_2H_6$

(칼륨＋이산화탄소) $4K + 3CO_2 \rightarrow 2K_2CO_3 + C$

(칼륨＋에탄올) $2K + 2C_2H_5OH \rightarrow 2C_2H_5OK + H_2$

(인화칼슘＋염산) $Ca_3P_2 + 6HCl \rightarrow 3CaCl_2 + 2PH_3$

(과산화수소＋하이드라진) $2H_2O_2 + N_2H_4 \rightarrow 4H_2O + N_2$

7. 제1류 위험물(산화성 고체)

위험등급	품명	품목별 성상	지정수량
Ⅰ	아염소산염류 (MClO$_2$)	아염소산나트륨(NaClO$_2$) : 산과 접촉 시 이산화염소(ClO$_2$)가스 발생 $3NaClO_2 + 2HCl \rightarrow 3NaCl + 2ClO_2 + H_2O_2$	50kg
	염소산염류 (MClO$_3$)	염소산칼륨(KClO$_3$) : 분해온도 400℃, 찬물, 알코올에는 잘 녹지 않고, 온수, 글리세린 등에는 잘 녹는다. $2KClO_3 \rightarrow 2KCl + 3O_2$ $4KClO_3 + 4H_2SO_4 \rightarrow 4KHSO_4 + 4ClO_2 + O_2 + 2H_2O$ 염소산나트륨(NaClO$_3$) : 분해온도 300℃, $2NaClO_3 \rightarrow 2NaCl + 3O_2$ 산과 반응이나 분해 반응으로 독성이 있으며 폭발성이 강한 이산화염소(ClO$_2$)를 발생 $2NaClO_3 + 2HCl \rightarrow 2NaCl + 2ClO_2 + H_2O_2$	
	과염소산염류 (MClO$_4$)	과염소산칼륨(KClO$_4$) : 분해온도 400℃, 완전분해온도/융점 610℃ $KClO_4 \rightarrow KCl + 2O_2$	
	무기과산화물 (M$_2$O$_2$, MO$_2$)	과산화나트륨(Na$_2$O$_2$) : 물과 접촉 시 수산화나트륨(NaOH)과 산소(O$_2$)를 발생 $2Na_2O_2 + 2H_2O \rightarrow 4NaOH + O_2$ 산과 접촉 시 과산화수소 발생 $Na_2O_2 + 2HCl \rightarrow 2NaCl + H_2O_2$ 과산화칼륨(K$_2$O$_2$) : 물과 접촉 시 수산화칼륨(KOH)과 산소(O$_2$)를 발생 $2K_2O_2 + 2H_2O \rightarrow 4KOH + O_2$ 과산화바륨(BaO$_2$) : $2BaO_2 + 2H_2O \rightarrow 2Ba(OH)_2 + O_2$, $BaO_2 + 2HCl \rightarrow BaCl_2 + H_2O_2$ 과산화칼슘(CaO$_2$) : $2CaO_2 \rightarrow 2CaO + O_2$, $CaO_2 + 2HCl \rightarrow CaCl_2 + H_2O_2$	
Ⅱ	브로민산염류 (MBrO$_3$)	—	300kg
	질산염류 (MNO$_3$)	질산칼륨(KNO$_3$) : 흑색화약(질산칼륨 75% + 황 10% + 목탄 15%)의 원료로 이용 $16KNO_3 + 3S + 21C \rightarrow 13CO_2 + 3CO + 8N_2 + 5K_2CO_3 + K_2SO_4 + 2K_2S$ 질산나트륨(NaNO$_3$) : 분해온도 약 380℃ $2NaNO_3 \rightarrow 2NaNO_2$(아질산나트륨) $+ O_2$ 질산암모늄(NH$_4$NO$_3$) : 가열 또는 충격으로 폭발 $2NH_4NO_3 \rightarrow 4H_2O + 2N_2 + O_2$ 질산은(AgNO$_3$) : $2AgNO_3 \rightarrow 2Ag + 2NO_2 + O_2$	
	아이오딘산염류 (MIO$_3$)	—	
Ⅲ	과망가니즈산염류 (M'MnO$_4$)	과망가니즈산칼륨(KMnO$_4$) : 흑자색 결정 열분해반응식 : $2KMnO_4 \rightarrow K_2MnO_4 + MnO_2 + O_2$	1,000kg
	다이크로뮴산염류 (MCr$_2$O$_7$)	다이크로뮴산칼륨(K$_2$Cr$_2$O$_7$) : 등적색	
Ⅰ~Ⅲ	그 밖에 행정안전부령이 정하는 것	① 과아이오딘산염류(KIO$_4$) ② 과아이오딘산(HIO$_4$) ③ 크로뮴, 납 또는 아이오딘의 산화물(CrO$_3$) ④ 아질산염류(NaNO$_2$)	300kg
		⑤ 차아염소산염류(MClO)	50kg
		⑥ 염소화아이소사이아누르산(OCNClONClCONCl) ⑦ 퍼옥소이황산염류(K$_2$S$_2$O$_8$) ⑧ 퍼옥소붕산염류(NaBO$_3$)	300kg

- **공통성질**
  ① 무색결정 또는 백색분말이며, 비중이 1보다 크고 **수용성**인 것이 많다.
  ② **불연성**이며, **산소 다량 함유**, **지연성 물질**, 대부분 무기화합물
  ③ 반응성이 풍부하여 열, 타격, 충격, 마찰 및 다른 약품과의 접촉으로 분해하여 많은 산소를 방출하며 다른 가연물의 연소를 돕는다.
- **저장 및 취급 방법**
  ① **조해성이 있으므로 습기에 주의**하며, 용기는 밀폐하고 환기가 잘 되는 찬 곳에 저장할 것
  ② 열원이나 산화되기 쉬운 물질과 산 또는 화재 위험이 있는 곳으로부터 멀리할 것
  ③ 용기의 파손에 의한 위험물의 누설에 주의하고, 다른 약품류 및 가연물과의 접촉을 피할 것
- **소화방법**
  불연성 물질이므로 원칙적으로 소화방법은 없으나 가연성 물질의 성질에 따라 주수에 의한 냉각소화
  (단, 과산화물은 모래 또는 소다재)

8. 제2류 위험물(가연성 고체)

위험등급	품명	품목별 성상	지정수량
Ⅱ	황화인	**삼황화인(P_4S_3)** : 착화점 100℃, 물, 황산, 염산 등에는 녹지 않고, 질산이나 이황화탄소(CS_2), 알칼리 등에 녹는다. $P_4S_3 + 8O_2 \rightarrow 2P_2O_5 + 3SO_2$ **오황화인(P_2S_5)** : 알코올이나 이황화탄소(CS_2)에 녹으며, 물이나 알칼리와 반응하면 분해하여 황화수소(H_2S)와 인산(H_3PO_4)으로 된다. $P_2S_5 + 8H_2O \rightarrow 5H_2S + 2H_3PO_4$ **칠황화인(P_4S_7)** : 이황화탄소(CS_2), 물에는 약간 녹으며, 더운 물에서는 급격히 분해하여 황화수소(H_2S)와 인산(H_3PO_4)을 발생	100kg
Ⅱ	적린(P)	착화점 260℃, 조해성이 있으며, 물, 이황화탄소, 에터, 암모니아 등에는 녹지 않는다. 연소하면 황린이나 황화인과 같이 유독성이 심한 백색의 오산화인을 발생 $4P + 5O_2 \rightarrow 2P_2O_5$	100kg
Ⅱ	황(S)	물, 산에는 녹지 않으며 알코올에는 약간 녹고, 이황화탄소(CS_2)에는 잘 녹는다(단, 고무상황은 녹지 않는다). 연소 시 아황산가스를 발생 $S + O_2 \rightarrow SO_2$ 수소와 반응해서 황화수소(달걀 썩는 냄새) 발생 $S + H_2 \rightarrow H_2S$	100kg
Ⅲ	철분(Fe)	$Fe + 2HCl \rightarrow FeCl_2 + H_2$ $2Fe + 3H_2O \rightarrow Fe_2O_3 + 3H_2$	500kg
Ⅲ	금속분	**알루미늄분(Al)** : 물과 반응하면 수소가스를 발생 $2Al + 6H_2O \rightarrow 2Al(OH)_3 + 3H_2$ **아연분(Zn)** : 아연이 염산과 반응하면 수소가스를 발생 $Zn + 2HCl \rightarrow ZnCl_2 + H_2$	500kg
Ⅲ	마그네슘(Mg)	산 및 온수와 반응하여 수소(H_2)를 발생 $Mg + 2HCl \rightarrow MgCl_2 + H_2$, $Mg + 2H_2O \rightarrow Mg(OH)_2 + H_2$ 질소기체 속에서 연소 시 $3Mg + N_2 \rightarrow Mg_3N_2$	500kg
	인화성 고체	래커퍼티, 고무풀, 고형알코올, 메타알데하이드, 제삼뷰틸알코올	1,000kg

- **공통성질**
  ① **이연성·속연성 물질**, 산소를 함유하고 있지 않기 때문에 **강력한 환원제**(산소결합 용이), 연소열 크고, 연소온도가 높다.
  ② 유독한 것 또는 연소 시 **유독가스를 발생**하는 것도 있다.
  ③ 철분, 마그네슘, 금속분류는 물과 산의 접촉으로 발열한다.
- **저장 및 취급 방법**
  ① 점화원으로부터 멀리하고 가열을 피할 것
  ② 용기의 파손으로 위험물의 누설에 주의할 것
  ③ 산화제와의 접촉을 피할 것
  ④ 철분, 마그네슘, 금속분류는 산 또는 물과의 접촉을 피할 것
- **소화방법** : 주수에 의한 냉각소화(단, 황화인, 철분, 마그네슘, 금속분류의 경우 건조사에 의한 질식소화)
- **황** : 순도가 60중량퍼센트 이상인 것을 말한다. 이 경우 순도측정에 있어서 불순물은 **활석 등 불연성 물질과 수분**에 한한다.
- **철분** : **철의 분말**로서 53마이크로미터의 표준체를 통과하는 것이 50중량퍼센트 미만인 것은 제외한다.
- **금속분** : 알칼리금속·알칼리토류금속·철 및 마그네슘 외의 금속의 분말을 말하고, 구리분·니켈분 및 150마이크로미터의 체를 통과하는 것이 50중량퍼센트 미만인 것은 제외한다.
- 마그네슘 및 마그네슘을 함유한 것에 있어서는 다음 각 목의 1에 해당하는 것은 제외한다.
  ① 2밀리미터의 체를 통과하지 아니하는 덩어리상태의 것
  ② 직경 2밀리미터 이상의 막대모양의 것
- **인화성 고체** : **고형 알코올**, 그 밖에 1기압에서 인화점이 섭씨 40도 미만인 고체

9. 제3류 위험물
(자연발화성 물질 및 금수성 물질)

위험등급	품명	품목별 성상	지정수량
I	칼륨(K) 석유 속 저장	$2K+2H_2O \rightarrow 2KOH$(수산화칼륨)$+H_2$ $4K+3CO_2 \rightarrow 2K_2CO_3+C$(연소·폭발), $4K+CCl_4 \rightarrow 4KCl+C$(폭발)	10kg
I	나트륨(Na) 석유 속 저장	$2Na+2H_2O \rightarrow 2NaOH$(수산화나트륨)$+H_2$ $2Na+2C_2H_5OH \rightarrow 2C_2H_5ONa+H_2$	10kg
I	알킬알루미늄(RAl 또는 RAlX : C_1~C_4) 희석액은 벤젠 또는 톨루엔	$(C_2H_5)_3Al+3H_2O \rightarrow Al(OH)_3$(수산화알루미늄)$+3C_2H_6$(에테인) $(C_2H_5)_3Al+HCl \rightarrow (C_2H_5)_2AlCl+C_2H_6$ $(C_2H_5)_3Al+3CH_3OH \rightarrow Al(CH_3)_3+3C_2H_6$ $(C_2H_5)_3Al+3Cl_2 \rightarrow AlCl_3+3C_2H_5Cl$	10kg
I	알킬리튬(RLi)	—	10kg
I	황린(P_4) 보호액은 물	황색 또는 담황색의 왁스상 가연성·자연발화성 고체, 마늘 냄새, 융점 44℃, 비중 1.82. 증기는 공기보다 무거우며, 자연발화성(발화점 34℃)이 있어 물속에 저장하며, 매우 자극적이고 맹독성 물질 $P_4+5O_2 \rightarrow 2P_2O_5$, 인화수소($PH_3$)의 생성을 방지하기 위해 보호액은 약알칼리성 pH 9로 유지하기 위하여 알칼리제(석회 또는 소다회 등)로 pH 조절	20kg
II	알칼리금속 (K 및 Na 제외) 및 알칼리토금속류	$2Li+2H_2O \rightarrow 2LiOH+H_2$ $Ca+2H_2O \rightarrow Ca(OH)_2+H_2$	50kg
II	유기금속화합물류 (알킬알루미늄 및 알킬리튬 제외)	대부분 자연발화성이 있으며, 물과 격렬하게 반응 (예외 : 사에틸납$[(C_2H_5)_4Pb]$은 인화점 93℃로 제3석유류(비수용성)에 해당하며 물로 소화 가능. 유연휘발유의 안티녹제로 이용됨) ※ 무연휘발유 : 납 성분이 없는 휘발유로 연소성을 향상시켜 주기 위해 MTBE가 첨가됨	50kg
III	금속의 수소화물	수소화리튬(LiH) : 수소화합물 중 안정성이 가장 큼 $LiH+H_2O \rightarrow LiOH+H_2$ 수소화나트륨(NaH) : 회백색의 결정 또는 분말 $NaH+H_2O \rightarrow NaOH+H_2$ 수소화칼슘(CaH_2) : 백색 또는 회백색의 결정 또는 분말 $CaH_2+2H_2O \rightarrow Ca(OH)_2+2H_2$	300kg
III	금속의 인화물	인화칼슘(Ca_3P_2)=인화석회 : 적갈색 고체 $Ca_3P_2+6H_2O \rightarrow 3Ca(OH)_2+2PH_3$	300kg
III	칼슘 또는 알루미늄의 탄화물류	탄화칼슘(CaC_2)=카바이드 : $CaC_2+2H_2O \rightarrow Ca(OH)_2+C_2H_2$ (습기가 없는 밀폐용기에 저장, 용기에는 질소가스 등 불연성 가스를 봉입) 질소와는 약 700℃ 이상에서 질화되어 칼슘사이안아마이드($CaCN_2$, 석회질소) 생성 $CaC_2+N_2 \rightarrow CaCN_2+C$ 탄화알루미늄(Al_4C_3) : 황색의 결정, $Al_4C_3+12H_2O \rightarrow 4Al(OH)_3+3CH_4$	300kg
III	그 밖에 행정안전부령이 정하는 것	염소화규소화합물	300kg

- **공통성질**
  ① 공기와 접촉하여 **발열**, **발화**한다.
  ② 물과 접촉하여 발열 또는 발화하는 물질, 물과 접촉하여 가연성 가스를 발생하는 물질이 있다.
  ③ 황린(자연발화 온도 : 34℃)을 제외한 모든 물질이 물에 대해 위험한 반응을 일으킨다.
- **저장 및 취급 방법**
  ① 용기의 파손 및 부식을 막으며 **공기 또는 수분의 접촉을 방지**할 것
  ② 보호액 속에 위험물을 저장할 경우 위험물이 **보호액 표면에 노출되지 않게 할 것**
  ③ 다량을 저장할 경우는 소분하여 저장하며 화재발생에 대비하여 희석제를 혼합하거나 수분의 침입이 없도록 할 것
  ④ 물과 접촉하여 가연성 가스를 발생하므로 화기로부터 멀리할 것
- **소화방법**
  건조사, 팽창진주암 및 질석으로 질식소화(물, CO_2, 할론 소화 금지)

※ 불꽃 반응색
  - K – 보라색
  - Na – 노란색
  - Li – 빨간색
  - Ca – 주황색

10. 제4류 위험물(인화성 액체)

위험등급	품명		품목별 성상	지정수량
I	**특수인화물** (1atm에서 발화점이 100℃ 이하인 것 또는 인화점이 −20℃ 이하로서 비점이 40℃ 이하인 것) 「위험물안전관리법」 에서는 특수인화물의 비수용성/수용성 구분 이 명시되어 있지 않지 만, 시험에서는 이를 구분하는 문제가 종종 출제되기 때문에, 특 수인화물의 비수용성 /수용성 구분을 알아 두는 것이 좋다.	비수용성 액체	다이에틸에터($C_2H_5OC_2H_5$) : ㉘−40℃, ㉙1.9~48%, 제4류 위험물 중 인화점이 가장 낮다. 직사광선에 분해되어 과산화물을 생성하므로 갈색병을 사용하여 밀전하고 냉암소 등에 보관하며 용기의 공간용적은 2% 이상으로 해야 한다. 정전기 방지를 위해 $CaCl_2$를 넣어 두고, 폭발성의 과산화물 생성 방지를 위해 40mesh의 구리망을 넣어 둔다. 과산화물의 검출은 10% 아이오딘화칼륨(KI) 용액과의 반응으로 확인 이황화탄소(CS_2) : ㉘−30℃, ㉙1~50%, 황색, 물보다 무겁고 물에 녹지 않으나, 알코올, 에터, 벤젠 등에는 잘 녹는다. 가연성 증기의 발생을 억제하기 위하여 물(수조)속에 저장 $CS_2 + 3O_2 \rightarrow CO_2 + 2SO_2$, $CS_2 + 2H_2O \rightarrow CO_2 + 2H_2S$	50L
		수용성 액체	아세트알데하이드(CH_3CHO) : ㉘−40℃, ㉙4.1~57%, 수용성, 은거울, 펠링반응, 구리, 마그네슘, 수은, 은 및 그 합금으로 된 취급설비는 중합반응을 일으켜 구조불명의 폭발성 물질 생성. 불활성 가스 또는 수증기를 봉입하고 냉각장치 등을 이용하여 저장온도를 비점 이하로 유지 산화프로필렌(CH_3CHOCH_2) : ㉘−37℃, ㉙2.8~37%, ㉠35℃, 반응성이 풍부하여 구리, 철, 알루미늄, 마그네슘, 수은, 은 및 그 합금과 중합반응을 일으켜 발열하고 용기 내에서 폭발	
		암기법	다이아산	
II	**제1석유류** (인화점 21℃ 미만)	비수용성 액체	가솔린(C_5~C_9) : ㉘−43℃, ㉙300℃, ㉙1.2~7.6% 벤젠(C_6H_6) : ㉘−11℃, ㉙498℃, ㉙1.4~8%, 연소반응식 $2C_6H_6 + 15O_2 \rightarrow 12CO_2 + 6H_2O$ 톨루엔($C_6H_5CH_3$) : ㉘4℃, ㉙480℃, ㉙1.27~7%, 진한질산과 진한황산을 반응시키면 나이트로화하여 TNT의 제조 사이클로헥세인 : ㉘−18℃, ㉙245℃, ㉙1.3~8% 콜로디온 : ㉘−18℃, 질소 함유율 11~12%의 낮은 질화도의 질화면을 에탄올과 에터 3 : 1 비율의 용제에 녹인 것 메틸에틸케톤($CH_3COC_2H_5$) : ㉘−7℃, ㉙1.8~10% 초산메틸(CH_3COOCH_3) : ㉘−10℃, ㉙3.1~16% 초산에틸($CH_3COOC_2H_5$) : ㉘−3℃, ㉙2.2~11.5% 의산에틸($HCOOC_2H_5$) : ㉘−19℃, ㉙2.7~16.5% 아크릴로나이트릴 : ㉘−5℃, ㉙3~17%, 헥세인 : ㉘−22℃	200L
		수용성 액체	아세톤(CH_3COCH_3) : ㉘−18.5℃, ㉙2.5~12.8%, 무색투명, 과산화물 생성(황색), 탈지작용 피리딘(C_5H_5N) : ㉘16℃ 아크롤레인($CH_2=CHCHO$) : ㉘−29℃, ㉙2.8~31% 의산메틸($HCOOCH_3$) : ㉘−19℃, **사이안화수소(HCN)** : ㉘−17℃	400L
		암기법	가벤톨사콜메초초의 / 아피아의시	
	알코올류 (탄소원자 1~3개까지의 포화1가 알코올)		메틸알코올(CH_3OH) : ㉘11℃, ㉙464℃, ㉙6~36%, 1차 산화 시 폼알데하이드($HCHO$), 최종 폼산($HCOOH$), 독성이 강하여 30mL의 양으로도 치명적! 에틸알코올(C_2H_5OH) : ㉘13℃, ㉙363℃, ㉙4.3~19%, 1차 산화 시 아세트알데하이드(CH_3CHO)가 되며, 최종적 초산(CH_3COOH) 프로필알코올(C_3H_7OH) : ㉘15℃, ㉙371℃, ㉙2.1~13.5% 아이소프로필알코올 : ㉘12℃, ㉙398.9℃, ㉙2~12%	400L

위험등급	품명		품목별 성상	지정수량
Ⅲ	제2석유류 (인화점 21℃ 이상 ~70℃ 미만)	비수용성 액체	등유(C_9~C_{18}) : ㉎39℃ 이상, ㉫210℃, ㉓0.7~5% 경유(C_{10}~C_{20}) : ㉎41℃ 이상, ㉫257℃, ㉓0.6~7.5% 스타이렌($C_6H_5CH=CH_2$) : ㉎32℃ o-자일렌 : ㉎32℃, m-자일렌, p-자일렌 : ㉎25℃ 클로로벤젠 : ㉎27℃, 장뇌유 : ㉎32℃ 뷰틸알코올(C_4H_9OH) : ㉎35℃, ㉫343℃, ㉓1.4~11.2% 알릴알코올($CH_2=CHCH_2OH$) : ㉎22℃ 아밀알코올($C_5H_{11}OH$) : ㉎33℃, 아니솔 : ㉎52℃, 큐멘 : ㉎31℃	1,000L
		수용성 액체	폼산(HCOOH) : ㉎55℃ 초산(CH_3COOH) : ㉎40℃, $CH_3COOH + 2O_2 \rightarrow 2CO_2 + 2H_2O$ 하이드라진(N_2H_4) : ㉎38℃, ㉓4.7~100%, 무색의 가연성 고체 아크릴산($CH_2=CHCOOH$) : ㉎46℃	2,000L
		암기법	등경스자클장뷰알아 / 포초하아	
	제3석유류 (인화점 70℃ 이상 ~200℃ 미만)	비수용성 액체	중유 : ㉎70℃ 이상 크레오소트유 : ㉎74℃, 자극성의 타르 냄새가 나는 황갈색 액체 아닐린($C_6H_5NH_2$) : ㉎70℃, ㉫615℃, ㉓1.3~11% 나이트로벤젠($C_6H_5NO_2$) : ㉎88℃, 담황색 또는 갈색의 액체, ㉫482℃ 나이트로톨루엔[$NO_2(C_6H_4)CH_3$] : ㉎o-106℃, m-102℃, p-106℃, 다이클로로에틸렌 : ㉎97~102℃	2,000L
		수용성 액체	에틸렌글리콜[$C_2H_4(OH)_2$] : ㉎120℃, 무색무취의 단맛이 나고 흡습성이 있는 끈끈한 액체로서 2가 알코올, 물, 알코올, 에터, 글리세린 등에는 잘 녹고 사염화탄소, 이황화탄소, 클로로폼에는 녹지 않는다. 글리세린[$C_3H_5(OH)_3$] : ㉎160℃, ㉫370℃, 물보다 무겁고 단맛이 나는 무색 액체, 3가의 알코올, 물, 알코올, 에터에 잘 녹으며 벤젠, 클로로폼 등에는 녹지 않는다. 아세트사이안하이드린 : ㉎74℃, 아디포나이트릴 : ㉎93℃ 염화벤조일 : ㉎72℃	4,000L
		암기법	중크아나나 / 에글	
	제4석유류 (인화점 200℃ 이상 ~250℃ 미만)		기어유 : ㉎230℃ 실린더유 : ㉎250℃	6,000L

	동식물유류
	(1atm에서 인화점이
	250℃ 미만인 것)
			아이오딘값 : 유지 100g에 부가되는 아이오딘의 g수, 불포화도가 증가할수록 아이오딘값이 증가하며, 자연발화의 위험이 있다.
			① 건성유 : 아이오딘값이 130 이상
			   이중결합이 많아 불포화도가 높기 때문에 공기 중에서 산화되어 액 표면에 피막을 만드는 기름
			   ㉔ 아마인유, 들기름, 동유, 정어리기름, 해바라기유 등
			② 반건성유 : 아이오딘값이 100~130인 것
			   공기 중에서 건성유보다 얇은 피막을 만드는 기름
			   ㉔ 참기름, 옥수수기름, 청어기름, 채종유, 면실유(목화씨유), 콩기름, 쌀겨유 등
			③ 불건성유 : 아이오딘값이 100 이하인 것
			   공기 중에서 피막을 만들지 않는 안정된 기름
			   ㉔ 올리브유, 피마자유, 야자유, 땅콩기름, 동백기름 등
				10,000L

※ ㉎은 인화점, ㉫은 발화점, ㉓은 연소범위, ㉕는 비점

- **공통성질**
  ① 인화되기 매우 쉽다.
  ② 착화온도가 낮은 것은 위험하다.
  ③ 증기는 공기보다 무겁다.
  ④ 물보다 가볍고 물에 녹기 어렵다.
  ⑤ 증기는 공기와 약간 혼합되어도 연소의 우려가 있다.
- **제4류 위험물 화재의 특성**
  ① 유동성 액체이므로 연소의 확대가 빠르다.
  ② 증발연소하므로 불티가 나지 않는다.
  ③ 인화성이므로 풍하의 화재에도 인화된다.
- **소화방법**
  질식소화 및 안개상의 주수소화 가능
- 인화성 액체 : 액체(제3석유류, 제4석유류 및 동식물유류에 있어서는 1기압과 섭씨 20도에서 액상인 것에 한한다) 로서 인화의 위험성이 있는 것을 말한다.
- 특수인화물 : **이황화탄소, 다이에틸에터**, 그 밖에 1기압에서 발화점이 섭씨 100도 이하인 것 또는 인화점이 섭씨 영하 20도 이하이고 비점이 섭씨 40도 이하인 것을 말한다.
- 제1석유류 : **아세톤, 휘발유**, 그 밖에 1기압에서 **인화점이 섭씨 21도 미만**인 것을 말한다.
- 알코올류 : 1분자를 구성하는 탄소원자의 수가 1개부터 3개까지인 포화1가 알코올(변성 알코올을 포함한다)을 말한다. 다만, 다음 각 목의 1에 해당하는 것은 제외한다.
  ① 1분자를 구성하는 탄소원자의 수가 1개 내지 3개의 포화1가 알코올의 함유량이 60중량퍼센트 미만인 수용액
  ② 가연성 액체량이 60중량퍼센트 미만이고 인화점 및 연소점(태그개방식 인화점측정기에 의한 연소점을 말한다. 이하 같다.)이 에틸알코올 60중량퍼센트 수용액의 인화점 및 연소점을 초과하는 것
- 제2석유류 : **등유, 경유**, 그 밖에 1기압에서 **인화점이 섭씨 21도 이상 70도 미만**인 것을 말한다. 다만, 도료류, 그 밖의 물품에 있어서 가연성 액체량이 40중량퍼센트 이하이면서 인화점이 섭씨 40도 이상인 동시에 연소점이 섭씨 60도 이상인 것은 제외한다.
- 제3석유류 : **중유, 크레오소트유**, 그 밖에 1기압에서 **인화점이 섭씨 70도 이상 섭씨 200도 미만**인 것. 다만, 도료류, 그 밖의 물품은 가연성 액체량이 40중량퍼센트 이하인 것은 제외한다.
- 제4석유류 : **기어유, 실린더유**, 그 밖에 1기압에서 **인화점이 섭씨 200도 이상 섭씨 250도 미만**의 것. 다만, 도료류, 그 밖의 물품은 가연성 액체량이 40중량퍼센트 이하인 것은 제외한다.
- 동식물유류 : 동물의 지육 등 또는 식물의 종자나 과육으로부터 추출한 것으로서 1기압에서 인화점이 섭씨 250도 미만인 것을 말한다.
- ※ **인화성 액체의 인화점 시험방법**
  ① 인화성 액체의 인화점 측정기준
   ㉮ 측정결과가 0℃ 미만인 경우에는 해당 측정결과를 인화점으로 할 것
   ㉯ 측정결과가 0℃ 이상 80℃ 이하인 경우에는 동점도 측정을 하여 동점도가 $10mm^2/s$ 미만인 경우에는 해당 측정결과를 인화점으로 하고, 동점도가 $10mm^2/s$ 이상인 경우에는 다시 측정할 것
   ㉰ 측정결과가 80℃를 초과하는 경우에는 다시 측정할 것
  ② 인화성 액체 중 수용성 액체란 온도 20℃, 기압 1기압에서 동일한 양의 증류수와 완만하게 혼합하여, 혼합액의 유동이 멈춘 후 해당 혼합액이 균일한 외관을 유지하는 것을 말한다.

11. 제5류 위험물(자기반응성 물질)

품명	품목	지정수량
유기과산화물 (-O-O-)	**벤조일퍼옥사이드[$(C_6H_5CO)_2O_2$, 과산화벤조일]** : 무미·무취의 백색분말, 비활성 희석제(프탈산다이메틸, 프탈산다이뷰틸 등)를 첨가하여 폭발성 낮춤 ◎-C-O-O-C-◎ ∥　　∥ O　　O **메틸에틸케톤퍼옥사이드[$(CH_3COC_2H_5)_2O_2$, MEKPO, 과산화메틸에틸케톤]** : 인화점 58℃, 희석제(DMP, DBP를 40%) 첨가로 농도가 60% 이상 되지 않게 하며 저장온도는 30℃ 이하를 유지 **아세틸퍼옥사이드** : 인화점(45℃), 발화점(121℃), 희석제 DMF를 75% 첨가 CH_3-C-O-O-C-CH_3 　　∥　　∥ 　　O　　O	시험결과에 따라 위험성 유무와 등급을 결정하여 제1종과 제2종으로 분류한다. • 제1종 : 10kg • 제2종 : 100kg
질산에스터류 (R-ONO_2)	**나이트로셀룰로스($[C_6H_7O_2(ONO_2)_3]_n$, 질화면)** : 인화점(13℃), 발화점(160~170℃), 분해온도(130℃), 비중(1.7) $2C_{24}H_{29}O_9(ONO_2)_{11} \rightarrow 24CO_2 + 24CO + 12H_2O + 11N_2 + 17H_2$ **나이트로글리세린[$C_3H_5(ONO_2)_3$]** : 다이너마이트, 로켓, 무연화약의 원료로 순수한 것은 무색투명하나 공업용 시판품은 담황색, 다공질 물질을 규조토에 흡수시켜 다이너마이트 제조 $4C_3H_5(ONO_2)_3 \rightarrow 12CO_2 + 10H_2O + 6N_2 + O_2$ **질산메틸(CH_3ONO_2)** : 분자량(약 77), 비중[1.2(증기비중 2.65)], 비점(66℃), 무색투명한 액체이며, 향긋한 냄새가 있고 단맛 **질산에틸($C_2H_5ONO_2$)** : 비중(1.11), 융점(-112℃), 비점(88℃), 인화점(-10℃) **나이트로글리콜[$C_2H_4(ONO_2)_2$]** : 순수한 것 무색, 공업용은 담황색, 폭발속도 7,800m/s	
나이트로화합물 (R-NO_2)	**트라이나이트로톨루엔[TNT, $C_6H_2CH_3(NO_2)_3$]** : 순수한 것은 무색 결정이나 담황색의 결정, 직사광선에 의해 다갈색으로 변하며 중성으로 금속과는 반응이 없으며 장기 저장해도 자연발화의 위험 없이 안정하다. 분자량(227), 발화온도(약 300℃) $2C_6H_2CH_3(NO_2)_3 \rightarrow 12CO + 2C + 3N_2 + 5H_2$ **트라이나이트로페놀(TNP, 피크르산)** : 순수한 것은 무색이나 보통 공업용은 휘황색의 침전 결정, 폭발온도(3,320℃), 폭발속도(약 7,000m/s) $2C_6H_2OH(NO_2)_3 \rightarrow 6CO + 2C + 3N_2 + 3H_2 + 4CO_2$	
나이트로소화합물	-	
아조화합물	-	
다이아조화합물	-	
하이드라진 유도체	-	
하이드록실아민	-	
하이드록실아민염류	-	
그 밖에 행정안전부령이 정하는 것	① 금속의 아지화합물[NaN_3, $Pb(N_3)_2$] ② 질산구아니딘[$C(NH_2)_3NO_3$]	

- **공통성질**
  다량의 주수냉각소화. 가연성 물질이며, 내부연소. 폭발적이며, 장시간 저장 시 산화반응이 일어나 열분해되어 자연발화한다.
  ① 자기연소를 일으키며 연소의 속도가 매우 빠르다.
  ② 모두 유기질화물이므로 가열, 충격, 마찰 등으로 인한 폭발의 위험이 있다.
  ③ 시간의 경과에 따라 자연발화의 위험성을 갖는다.
- **저장 및 취급 방법**
  ① 점화원 및 분해를 촉진시키는 물질로부터 멀리할 것
  ② 용기의 파손 및 균열에 주의하며 실온, 습기, 통풍에 주의할 것
  ③ 화재발생 시 소화가 곤란하므로 소분하여 저장할 것
  ④ 용기는 밀전, 밀봉하고 포장 외부에 화기엄금, 충격주의 등 주의사항 표시를 할 것
- **소화방법**
  다량의 냉각주수소화

12. 제6류 위험물 (산화성 액체)

위험등급	품명	품목별 성상	지정수량
I	과염소산 ($HClO_4$)	무색무취의 유동성 액체. 92℃ 이상에서는 폭발적으로 분해 $HClO_4 \rightarrow HCl + 2O_2$ $HClO < HClO_2 < HClO_3 < HClO_4$	300kg
	과산화수소 (H_2O_2)	순수한 것은 청색을 띠며 점성이 있고 무취, 투명하고 질산과 유사한 냄새. 농도 60% 이상인 것은 충격에 의해 단독폭발의 위험, **분해방지 안정제(인산, 요산 등)** 를 넣어 발생기 산소의 발생을 억제한다. 용기는 밀봉하되 작은 구멍이 뚫린 마개를 사용. 가열 또는 촉매(KI)에 의해 산소 발생 $2H_2O_2 \rightarrow 2H_2O + O_2$	
	질산 (HNO_3)	직사광선에 의해 분해되어 이산화질소(NO_2)를 생성시킨다. $4HNO_3 \rightarrow 4NO_2 + 2H_2O + O_2$ **크산토프로테인 반응**(피부에 닿으면 노란색), **부동태 반응**(Fe, Ni, Al 등과 반응 시 산화물피막 형성)	
	그 밖에 행정안전부령이 정하는 것	할로겐간화합물(ICl, IBr, BrF_3, BrF_5, IF_5 등)	

- **공통성질**
  물보다 무겁고, 물에 녹기 쉬우며, 불연성 물질이다.
  ① 부식성 및 유독성이 강한 강산화제이다.
  ② 산소를 많이 포함하여 다른 가연물의 연소를 돕는다.
  ③ 비중이 1보다 크며 물에 잘 녹는다.
  ④ 물과 만나면 발열한다.
  ⑤ 가연물 및 분해를 촉진하는 약품과 분해 폭발한다.
- **저장 및 취급 방법**
  ① 저장용기는 내산성일 것
  ② 물, 가연물, 무기물 및 고체의 산화제와의 접촉을 피할 것
  ③ 용기는 밀전 밀봉하여 누설에 주의할 것
- **소화방법**
  불연성 물질이므로 원칙적으로 소화방법이 없으나 가연성 물질에 따라 마른모래나 분말소화약제
- 과산화수소 : 농도 36wt% 이상인 것. 질산의 비중 1.49 이상인 것

※ 황산(H_2SO_4) : 2003년까지는 비중 1.82 이상이면 위험물로 분류하였으나, 현재는 위험물안전관리법상 위험물에 해당하지 않는다.

13. 위험물시설의 안전관리(1)

1 설치 및 변경	① 위험물의 품명·수량 또는 지정수량의 배수를 변경 시 : 1일 전까지 행정안전부령이 정하는 바에 따라 시·도지사에게 신고 ② 제조소 등의 설치자의 지위를 승계한 자는 30일 이내에 시·도지사에게 신고 ③ 제조소 등의 용도를 폐지한 날부터 14일 이내에 시·도지사에게 신고 ④ 허가 및 신고가 필요 없는 경우 ㉮ 주택의 난방시설(공동주택의 중앙난방시설을 제외한다)을 위한 저장소 또는 취급소 ㉯ 농예용·축산용 또는 수산용으로 필요한 난방시설 또는 건조시설을 위한 지정수량 20배 이하의 저장소 ⑤ 허가취소 또는 6월 이내의 사용정지 경우 ㉮ 규정에 따른 변경허가를 받지 아니하고 제조소 등의 위치·구조 또는 설비를 변경한 때 ㉯ 완공검사를 받지 아니하고 제조소 등을 사용한 때 ㉰ 규정에 따른 수리·개조 또는 이전의 명령을 위반한 때 ㉱ 규정에 따른 위험물안전관리자를 선임하지 아니한 때 ㉲ 대리자를 지정하지 아니한 때 ㉳ 정기점검을 하지 아니한 때 ㉴ 정기검사를 받지 아니한 때 ㉵ 저장·취급기준 준수명령을 위반한 때
2 위험물 안전관리자	① 해임하거나 퇴직한 때에는 해임하거나 퇴직한 날부터 30일 이내에 다시 안전관리자를 선임 ② 선임한 경우에는 선임한 날부터 14일 이내에 소방본부장 또는 소방서장에게 신고 ③ 대리자가 안전관리자의 직무를 대행하는 기간은 30일을 초과할 수 없다.
3 예방규정을 정하여야 하는 제조소 등	① 지정수량의 10배 이상의 위험물을 취급하는 제조소 ② 지정수량의 100배 이상의 위험물을 저장하는 옥외저장소 ③ 지정수량의 150배 이상의 위험물을 저장하는 옥내저장소 ④ 지정수량의 200배 이상의 위험물을 저장하는 옥외탱크저장소 ⑤ 암반탱크저장소 ⑥ 이송취급소 ⑦ 지정수량의 10배 이상의 위험물 취급하는 일반취급소[다만, 제4류 위험물(특수인화물을 제외한다)만을 지정수량의 50배 이하로 취급하는 일반취급소(제1석유류·알코올류의 취급량이 지정수량의 10배 이하인 경우에 한한다)로서 다음의 어느 하나에 해당하는 것을 제외] ㉮ 보일러·버너 또는 이와 비슷한 것으로서 위험물을 소비하는 장치로 이루어진 일반취급소 ㉯ 위험물을 용기에 옮겨 담거나 차량에 고정된 탱크에 주입하는 일반취급소
4 정기점검대상 제조소 등	① 예방규정을 정하여야 하는 제조소 등 ② 지하탱크저장소 ③ 이동탱크저장소 ④ 제조소(지하탱크)·주유취급소 또는 일반취급소
5 정기검사대상 제조소 등	액체 위험물을 저장 또는 취급하는 50만L 이상의 옥외탱크저장소
6 위험물저장소의 종류	① 옥내저장소 ② 옥외저장소 ③ 옥외탱크저장소 ④ 옥내탱크저장소 ⑤ 지하탱크저장소 ⑥ 이동탱크저장소 ⑦ 간이탱크저장소 ⑧ 암반탱크저장소

14. 위험물시설의 안전관리(2)

1 탱크시험자	① 필수장비 : 자기탐상시험기, 초음파두께측정기 및 영상초음파시험기 또는 방사선투과시험기 · 초음파시험기 ② 시설 : 전용사무실 ③ 규정에 따라 등록한 사항 가운데 행정안전부령이 정하는 중요사항을 변경한 경우에는 그 날부터 30일 이내에 시 · 도지사에게 변경신고	
2 압력계 및 안전장치	위험물의 압력이 상승할 우려가 있는 설비에 설치해야 하는 안전장치 ① 자동적으로 압력의 상승을 정지시키는 장치 ② 감압측에 안전밸브를 부착한 감압밸브 ③ 안전밸브를 병용하는 경보장치 ④ 파괴판(위험물의 성질에 따라 안전밸브의 작동이 곤란한 가압설비에 한한다)	
3 자체소방대	① 설치대상 : 제4류 위험물을 지정수량의 3천배 이상 취급하는 제조소 또는 일반취급소와 50만배 이상 저장하는 옥외탱크저장소에 설치 ② 자체소방대에 두는 화학소방자동차 및 인원	

사업소의 구분	화학소방 자동차의 수	자체소방 대원의 수
제조소 또는 일반취급소에서 취급하는 제4류 위험물의 최대수량의 합이 지정수량의 3천배 이상 12만배 미만인 사업소	1대	5인
제조소 또는 일반취급소에서 취급하는 제4류 위험물의 최대수량의 합이 지정수량의 12만배 이상 24만배 미만인 사업소	2대	10인
제조소 또는 일반취급소에서 취급하는 제4류 위험물의 최대수량의 합이 지정수량의 24만배 이상 48만배 미만인 사업소	3대	15인
제조소 또는 일반취급소에서 취급하는 제4류 위험물의 최대수량의 합이 지정수량의 48만배 이상인 사업소	4대	20인
옥외탱크저장소에 저장하는 제4류 위험물의 최대수량이 지정수량의 50만배 이상인 사업소	2대	10인

	화학소방자동차의 구분	소화능력 및 소화설비의 기준
4 화학소방자동차에 갖추어야 하는 소화능력 및 소화설비의 기준	포수용액방사차	• 포수용액의 방사능력이 2,000L/분 이상일 것 • 소화약액탱크 및 소화약액혼합장치를 비치할 것 • 10만L 이상의 포수용액을 방사할 수 있는 양의 소화약제를 비치할 것
	분말방사차	• 분말의 방사능력이 35kg/초 이상일 것 • 분말탱크 및 가압용 가스설비를 비치할 것 • 1,400kg 이상의 분말을 비치할 것
	할로젠화합물방사차	• 할로젠화합물의 방사능력이 40kg/초 이상일 것 • 할로젠화합물 탱크 및 가압용 가스설비를 비치할 것 • 1,000kg 이상의 할로젠화합물을 비치할 것
	이산화탄소방사차	• 이산화탄소의 방사능력이 40kg/초 이상일 것 • 이산화탄소 저장용기를 비치할 것 • 3,000kg 이상의 이산화탄소를 비치할 것
	제독차	가성소다 및 규조토를 각각 50kg 이상 비치할 것

※ 포수용액을 방사하는 화학소방자동차의 대수는 규정에 의한 화학소방자동차의 대수의 3분의 2 이상으로 하여야 한다.

15. 위험물시설의 안전관리(3)

1 제조소 등에 대한 행정처분기준

위반사항	행정처분기준		
	1차	2차	3차
① 제조소 등의 위치·구조 또는 설비를 변경한 때	경고 또는 사용정지 15일	사용정지 60일	허가취소
② 완공검사를 받지 아니하고 제조소 등을 사용한 때	사용정지 15일	사용정지 60일	허가취소
③ 수리·개조 또는 이전의 명령에 위반한 때	사용정지 30일	사용정지 90일	허가취소
④ 위험물 안전관리자를 선임하지 아니한 때	사용정지 15일	사용정지 60일	허가취소
⑤ 대리자를 지정하지 아니한 때	사용정지 10일	사용정지 30일	허가취소
⑥ 정기점검을 하지 아니한 때	사용정지 10일	사용정지 30일	허가취소
⑦ 정기검사를 받지 아니한 때	사용정지 10일	사용정지 30일	허가취소
⑧ 저장·취급 기준 준수명령을 위반한 때	사용정지 30일	사용정지 60일	허가취소

2 위험물취급 자격자의 자격

위험물취급 자격자의 구분	취급할 수 있는 위험물
「국가기술자격법」에 따라 위험물기능장, 위험물산업기사, 위험물기능사의 자격을 취득한 사람	제1류~제6류의 모든 위험물
안전관리자 교육 이수자(법 28조 제1항에 따라 소방청장이 실시하는 안전관리자 교육을 이수한 자)	제4류 위험물
소방공무원 경력자(소방공무원으로 근무한 경력이 3년 이상인 자)	

3 위험물안전관리 대행기관 지정기준

기술인력	① 위험물기능장 또는 위험물산업기사 1인 이상 ② 위험물산업기사 또는 위험물기능사 2인 이상 ③ 기계분야 및 전기분야의 소방설비기사 1인 이상
시설	전용사무실을 갖출 것
장비	① 절연저항계 ② 접지저항측정기(최소눈금 0.1Ω 이하) ③ 가스농도측정기 ④ 정전기전위측정기 ⑤ 토크렌치 ⑥ 진동시험기 ⑦ 안전밸브시험기 ⑧ 표면온도계(-10~300℃) ⑨ 두께측정기(1.5~99.9mm) ⑩ 유량계, 압력계 ⑪ 안전용구(안전모, 안전화, 손전등, 안전로프 등) ⑫ 소화설비 점검기구(소화전밸브압력계, 방수압력측정계, 포컬렉터, 헤드렌치, 포컨테이너)

4 예방규정의 작성	① 예방규정 작성 시 포함사항
	  ㉮ 위험물의 안전관리업무를 담당하는 자의 **직무 및 조직**에 관한 사항
	  ㉯ 안전관리자가 여행·질병 등으로 인하여 그 직무를 수행할 수 없을 경우 그 **직무의 대리자**에 관한 사항
	  ㉰ 자체소방대를 설치하여야 하는 경우에는 **자체소방대의 편성**과 **화학소방자동차의 배치**에 관한 사항
	  ㉱ 위험물의 안전에 관계된 작업에 종사하는 자에 대한 **안전 교육 및 훈련**에 관한 사항
	  ㉲ 위험물 시설 및 작업장에 대한 **안전순찰**에 관한 사항
	  ㉳ 위험물 시설·소방시설, 그 밖의 관련 시설에 대한 **점검 및 정비**에 관한 사항
	  ㉴ 위험물 시설의 **운전 또는 조작**에 관한 사항
	  ㉵ 위험물 취급 **작업의 기준**에 관한 사항
	  ㉶ 이송취급소에 있어서는 배관공사 현장책임자의 조건 등 배관공사 현장에 대한 감독체제에 관한 사항과 배관 주위에 있는 이송취급소 시설 외의 공사를 하는 경우 **배관의 안전확보**에 관한 사항
	  ㉷ 재난, 그 밖의 **비상시**의 경우에 취하여야 하는 **조치**에 관한 사항
	  ㉸ 위험물의 **안전에 관한 기록**에 관한 사항
	  ㉹ 제조소 등의 위치·구조 및 설비를 명시한 **서류와 도면의 정비**에 관한 사항
	  ㉺ 그 밖에 위험물의 **안전관리에 관하여 필요한 사항**
	② 예방규정은 「산업안전보건법」에 따른 안전보건관리규정, 같은 법에 따른 공정안전보고서 또는「화학물질관리법」에 따른 화학사고예방관리계획서와 통합하여 작성할 수 있다.
	③ 예방규정을 제정하거나 변경한 경우에는 예방규정제출서에 제정 또는 변경한 예방규정 1부를 첨부하여 시·도지사 또는 소방서장에게 제출하여야 한다.

5 탱크안전성능검사의 대상이 되는 탱크 및 신청시기	<table><tr><td rowspan="2">① 기초·지반 검사</td><td>검사대상</td><td>옥외탱크저장소의 액체 위험물 탱크 중 그 용량이 100만L 이상인 탱크</td></tr><tr><td>신청시기</td><td>위험물탱크의 기초 및 지반에 관한 공사의 개시 전</td></tr><tr><td rowspan="2">② 충수·수압 검사</td><td>검사대상</td><td>액체 위험물을 저장 또는 취급하는 탱크</td></tr><tr><td>신청시기</td><td>위험물을 저장 또는 취급하는 탱크에 배관, 그 밖에 부속설비를 부착하기 전</td></tr><tr><td rowspan="2">③ 용접부검사</td><td>검사대상</td><td>①의 규정에 의한 탱크</td></tr><tr><td>신청시기</td><td>탱크 본체에 관한 공사의 개시 전</td></tr><tr><td rowspan="2">④ 암반탱크검사</td><td>검사대상</td><td>액체 위험물을 저장 또는 취급하는 암반 내의 공간을 이용한 탱크</td></tr><tr><td>신청시기</td><td>암반탱크의 본체에 관한 공사의 개시 전</td></tr></table>
6 위험물탱크 안전성능시험자의 등록결격사유	① **피성년후견인** ② 「위험물안전관리법」, 「소방기본법」, 「화재의 예방 및 안전관리에 관한 법률」, 「소방시설 설치 및 관리에 관한 법률」 또는 「소방시설공사업법」에 따른 금고 이상의 실형의 선고를 받고 그 집행이 종료(집행이 종료된 것으로 보는 경우를 포함한다)되거나 **집행이 면제된 날부터 2년이 지나지 아니한 자** ③ 「위험물안전관리법」, 「소방기본법」, 「화재의 예방 및 안전관리에 관한 법률」, 「소방시설 설치 및 관리에 관한 법률」 또는 「소방시설공사업법」에 따른 **금고 이상의 형의 집행유예 선고를 받고 그 유예기간 중에 있는 자** ④ 탱크시험자의 등록이 취소된 날부터 2년이 지나지 아니한 자 ⑤ 법인으로서 그 대표자가 ① 내지 ④에 해당하는 경우

16. 위험물의 저장기준

1 저장기준

① 유별을 달리하더라도 서로 **1m 이상 간격을 둘 때 저장 가능한 경우**는 다음과 같다.
  ㉮ 제1류 위험물(알칼리금속의 과산화물 또는 이를 함유한 것을 제외한다)과 제5류 위험물을 저장하는 경우
  ㉯ 제1류 위험물과 제6류 위험물을 저장하는 경우
  ㉰ 제1류 위험물과 제3류 위험물 중 자연발화성 물질(황린 또는 이를 함유한 것에 한한다)을 저장하는 경우
  ㉱ 제2류 위험물 중 인화성 고체와 제4류 위험물을 저장하는 경우
  ㉲ 제3류 위험물 중 알킬알루미늄 등과 제4류 위험물(알킬알루미늄 또는 알킬리튬을 함유한 것에 한한다)을 저장하는 경우
  ㉳ 제4류 위험물 중 유기과산화물 또는 이를 함유한 것과 제5류 위험물 중 유기과산화물 또는 이를 함유한 것을 저장하는 경우

② 옥내저장소에서 동일 품명의 위험물이더라도 자연발화할 우려가 있는 위험물 또는 재해가 현저하게 증대할 우려가 있는 위험물을 다량 저장하는 경우에는 지정수량의 10배 이하마다 구분하여 상호 간 0.3m 이상의 간격을 두어 저장하여야 한다. 다만, 위험물 또는 기계에 의하여 하역하는 구조로 된 용기에 수납한 위험물에 있어서는 그러하지 아니하다.

③ 옥내저장소에 저장하는 경우 규정높이 이상으로 용기를 겹쳐 쌓지 않아야 한다.
  ㉮ **기계에 의하여 하역하는 구조로 된 용기만을 겹쳐 쌓는 경우에 있어서는 6m**
  ㉯ **제4류 위험물 중 제3석유류, 제4석유류 및 동식물유류를 수납하는 용기만을 겹쳐 쌓는 경우에 있어서는 4m**
  ㉰ 그 밖의 경우에 있어서는 3m

④ 옥내저장소에서는 용기에 수납하여 저장하는 위험물의 온도가 55℃를 넘지 아니하도록 필요한 조치를 강구하여야 한다.

⑤ 옥외저장소에서 위험물을 수납한 용기를 선반에 저장하는 경우에는 6m를 초과하여 저장하지 아니하여야 한다.

2 위험물 저장탱크의 용량

① 위험물을 저장 또는 취급하는 탱크의 용량은 해당 탱크의 내용적에서 공간용적을 뺀 용적으로 한다. 이 경우, 위험물을 저장 또는 취급하는 이동저장탱크의 용량은 「자동차 및 자동차부품의 성능과 기준에 관한 규칙」에 따른 최대적재량 이하로 하여야 한다.

② 탱크의 공간용적
  ㉮ **일반탱크** : 탱크 내용적의 100분의 5 이상 100분의 10 이하의 용적으로 한다.
  ㉯ **소화설비(소화약제 방출구를 탱크 안의 윗부분에 설치하는 것에 한한다)를 설치하는 탱크** : 해당 소화설비의 소화약제 방출구 아래의 0.3m 이상 1m 미만 사이의 면으로부터 윗부분의 용적으로 한다.
  ㉰ **암반탱크** : 해당 탱크 내에 용출하는 7일간의 지하수의 양에 상당하는 용적과 해당 탱크의 내용적의 100분의 1의 용적 중에서 보다 큰 용적을 공간용적으로 한다.

3 탱크의 내용적

① 타원형 탱크의 내용적

㉮ 양쪽이 볼록한 것

내용적 $= \dfrac{\pi ab}{4}\left(l + \dfrac{l_1 + l_2}{3}\right)$

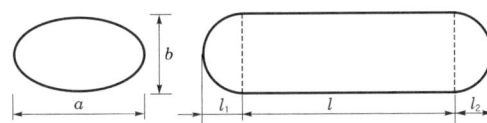

㉯ 한쪽이 볼록하고 다른 한쪽은 오목한 것

내용적 $= \dfrac{\pi ab}{4}\left(l + \dfrac{l_1 - l_2}{3}\right)$

② 원형 탱크의 내용적

㉮ 가로로 설치한 것

내용적 $= \pi r^2 \left(l + \dfrac{l_1 + l_2}{3}\right)$

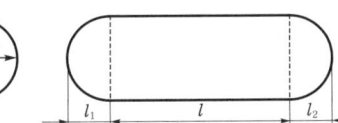

㉯ 세로로 설치한 것

내용적 $= \pi r^2 l$

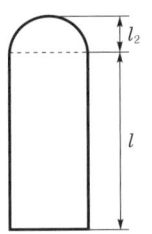

17. 위험물의 취급기준

1 적재방법	① 위험물의 품명·위험 등급·화학명 및 수용성 ('수용성' 표시는 제4류 위험물로서 수용성인 것에 한한다.) ② 위험물의 수량 ③ 수납하는 위험물에 따른 주의사항

유별	구분	주의사항
제1류 위험물 (산화성 고체)	알칼리금속의 무기과산화물	"화기·충격주의", "물기엄금", "가연물접촉주의"
	그 밖의 것	"화기·충격주의", "가연물접촉주의"
제2류 위험물 (가연성 고체)	철분·금속분·마그네슘	"화기주의", "물기엄금"
	인화성 고체	"화기엄금"
	그 밖의 것	"화기주의"
제3류 위험물 (자연발화성 및 금수성 물질)	자연발화성 물질	"화기엄금", "공기접촉엄금"
	금수성 물질	"물기엄금"
제4류 위험물(인화성 액체)	-	"화기엄금"
제5류 위험물(자기반응성 물질)	-	"화기엄금", "충격주의"
제6류 위험물(산화성 액체)	-	"가연물접촉주의"

2 지정수량의 배수	지정수량 배수의 합 $= \dfrac{A품목\ 저장수량}{A품목\ 지정수량} + \dfrac{B품목\ 저장수량}{B품목\ 지정수량} + \dfrac{C품목\ 저장수량}{C품목\ 지정수량} + \cdots$
3 제조과정 취급기준	① 증류공정 : 설비의 **내부압력**의 변동 등에 의하여 액체 또는 증기가 새지 아니하도록 할 것 ② 추출공정 : 추출관의 **내부압력**이 비정상으로 상승하지 아니하도록 할 것 ③ 건조공정 : **온도**가 국부적으로 **상승**하지 않는 방법으로 가열 또는 건조할 것 ④ 분쇄공정 : 분말이 현저하게 기계·기구 등에 부착되어 있는 상태로 그 기계·기구를 취급하지 아니할 것
4 소비하는 작업에서 취급기준	① **분사도장작업**은 방화상 유효한 격벽 등으로 구획된 안전한 장소에서 실시할 것 ② **담금질** 또는 **열처리작업**은 위험물이 위험한 온도에 이르지 아니하도록 하여 실시할 것 ③ **버너를 사용하는 경우**에는 버너의 역화를 방지하고 위험물이 넘치지 아니하도록 할 것
5 표지 및 게시판	① 표지 : 한 변의 길이가 **0.3m 이상**, 다른 한 변의 길이가 **0.6m 이상**인 직사각형 ② 게시판 : 저장 또는 취급하는 위험물의 유별·품명 및 저장최대수량 또는 취급최대수량, 지정수량의 배수 및 안전관리자의 성명 또는 직명을 기재

18. 위험물의 운반기준

1 운반기준	① 고체는 95% 이하의 수납률, 액체는 98% 이하의 수납률 유지 및 55℃ 온도에서 누설되지 않도록 유지할 것 ② 제3류 위험물은 다음의 기준에 따라 운반용기에 수납할 것 　㉮ 자연발화성 물질에 있어서는 불활성 기체를 봉입하여 밀봉하는 등 공기와 접하지 아니하도록 할 것 　㉯ 자연발화성 물질 외의 물품에 있어서는 파라핀·경유·등유 등의 보호액으로 채워 밀봉하거나 불활성기체를 봉입하여 밀봉하는 등 수분과 접하지 아니하도록 할 것 　㉰ 자연발화성 물질 중 알킬알루미늄 등은 **운반용기 내용적의 90% 이하의 수납률**로 수납하되, **50℃의 온도에서 5% 이상의 공간용적을 유지**하도록 할 것	
2 운반용기 재질	금속판, 강판, 삼, 합성섬유, 고무류, 양철판, 짚, 알루미늄판, 종이, 유리, 나무, 플라스틱, 섬유판	
3 운반용기	① 고체 위험물 : 유리 또는 플라스틱 용기 10L, 금속제 용기 30L ② 액체 위험물 : 유리용기 5L 또는 10L, 플라스틱 용기 10L, 금속제 용기 30L	
4 적재하는 위험물에 따른 조치사항	차광성이 있는 것으로 피복해야 하는 경우	방수성이 있는 것으로 피복해야 하는 경우
	• 제1류 위험물 • 제3류 위험물 중 자연발화성 물질 • 제4류 위험물 중 특수 인화물 • 제5류 위험물 • 제6류 위험물	• 제1류 위험물 중 알칼리 금속의 과산화물 • 제2류 위험물 중 철분, 금속분, 마그네슘 • 제3류 위험물 중 금수성 물질
5 위험물의 운송	① 운송책임자의 감독 또는 지원을 받아 이를 운송하여야 하는 물품 : **알킬알루미늄, 알킬리튬** ② 위험물 운송자는 장거리(고속국도에 있어서는 340km 이상, 그 밖의 도로에 있어서는 200km 이상을 말한다)에 걸치는 운송을 하는 때에는 2명 이상의 운전자로 할 것. 다만, 다음의 하나에 해당하는 경우에는 그러하지 아니하다. 　㉮ 운송책임자를 동승시킨 경우 　㉯ 운송하는 위험물이 제2류 위험물·제3류 위험물(칼슘 또는 알루미늄의 탄화물과 이것만을 함유한 것에 한한다) 또는 제4류 위험물(특수인화물을 제외한다)인 경우 　㉰ 운송 도중에 2시간 이내마다 20분 이상씩 휴식하는 경우 ③ 위험물(제4류 위험물에 있어서는 특수인화물 및 제1석유류에 한한다)을 운송하게 하는 자는 **위험물 안전카드**를 위험물운송자로 하여금 휴대하게 할 것	

6 혼재기준

위험물의 구분	제1류	제2류	제3류	제4류	제5류	제6류
제1류		×	×	×	×	○
제2류	×		×	○	○	×
제3류	×	×		○	×	×
제4류	×	○	○		○	×
제5류	×	○	×	○		×
제6류	○	×	×	×	×	

19. 소화난이도등급 Ⅰ
(제조소 등 및 소화설비)

1 소화난이도등급 Ⅰ에 해당하는 제조소 등

제조소 등의 구분	제조소 등의 규모, 저장 또는 취급하는 위험물의 품명 및 최대수량 등
제조소, 일반취급소	• **연면적 1,000m² 이상**인 것 • **지정수량의 100배 이상**인 것 • **지반면으로부터 6m 이상**의 높이에 위험물 취급설비가 있는 것
주유취급소	주유취급소 직원 외의 자가 출입하는 사무소, 자동차작업장, 점포, 휴게음식점 또는 전시장 등의 면적의 합이 500m²를 초과하는 것
옥내저장소	• **지정수량의 150배 이상**인 것 • **연면적 150m²를 초과**하는 것 • **처마높이가 6m 이상인 단층 건물**의 것 • 옥내저장소로 사용되는 부분 외의 부분이 있는 건축물에 설치된 것
옥외탱크저장소	• **액표면적이 40m² 이상**인 것 • 지반면으로부터 탱크 옆판의 상단까지 **높이가 6m 이상**인 것 • 지중탱크 또는 해상탱크로서 **지정수량의 100배 이상**인 것 • 고체 위험물을 저장하는 것으로서 **지정수량의 100배 이상**인 것
옥내탱크저장소	• **액표면적이 40m² 이상**인 것 • 바닥면으로부터 탱크 옆판의 상단까지 **높이가 6m 이상**인 것 • 탱크 전용실이 단층 건물 외의 건축물에 있는 것으로서 **인화점 38℃ 이상, 70℃ 미만의 위험물**을 지정수량의 **5배 이상** 저장하는 것
옥외저장소	• 덩어리상태의 황을 저장하는 것으로서 경계표시 내부의 면적이 100m² 이상인 것 • 인화성 고체, 제1석유류 또는 알코올류의 위험물을 저장하는 것으로서 지정수량의 100배 이상인 것
암반탱크저장소	• 액표면적이 40m² 이상인 것 • 고체 위험물만을 저장하는 것으로서 지정수량의 100배 이상인 것
이송취급소	모든 대상

2 소화난이도등급 Ⅰ의 제조소 등에 설치하여야 하는 소화설비

제조소 등의 구분			소화설비
제조소 및 일반취급소			옥내소화전설비, 옥외소화전설비, 스프링클러설비 또는 물분무 등 소화설비 (화재발생 시 연기가 충만할 우려가 있는 장소에는 스프링클러설비 또는 이동식 외의 물분무 등 소화설비에 한한다)
주유취급소			스프링클러설비(건축물에 한정한다), 소형 수동식 소화기 등(능력단위의 수치가 건축물, 그 밖의 공작물 및 위험물의 소요단위 수치에 이르도록 설치할 것)
옥내 저장소	처마높이가 6m 이상인 단층 건물 또는 다른 용도의 부분이 있는 건축물에 설치한 옥내저장소		스프링클러설비 또는 이동식 외의 물분무 등 소화설비
	그 밖의 것		옥외소화전설비, 스프링클러설비, 이동식 외의 물분무 등 소화설비 또는 이동식 포소화설비 (포소화전을 옥외에 설치하는 것에 한한다)
옥외 탱크 저장소	지중탱크 또는 해상탱크 외의 것	황만을 저장·취급하는 것	물분무소화설비
		인화점 70℃ 이상의 제4류 위험물만을 저장·취급하는 것	물분무소화설비 또는 고정식 포소화설비
		그 밖의 것	고정식 포소화설비 (포소화설비가 적응성이 없는 경우에는 분말소화설비)
	지중탱크		고정식 포소화설비, 이동식 이외의 불활성가스 소화설비 또는 이동식 이외의 할로젠화합물 소화설비
	해상탱크		고정식 포소화설비, 물분무포소화설비, 이동식 이외의 불활성가스 소화설비 또는 이동식 이외의 할로젠화합물 소화설비
옥내 탱크 저장소	황만을 저장·취급하는 것		물분무소화설비
	인화점 70℃ 이상의 제4류 위험물만을 저장·취급하는 것		물분무소화설비, 고정식 포소화설비, 이동식 이외의 불활성가스 소화설비, 이동식 이외의 할로젠화합물 소화설비 또는 이동식 이외의 분말소화설비
	그 밖의 것		고정식 포소화설비, 이동식 이외의 불활성가스 소화설비, 이동식 이외의 할로젠화합물 소화설비 또는 이동식 이외의 분말소화설비
옥외저장소 및 이송취급소			옥내소화전설비, 옥외소화전설비, 스프링클러설비 또는 물분무 등 소화설비 (화재발생 시 연기가 충만할 우려가 있는 장소에는 스프링클러설비 또는 이동식 이외의 물분무 등 소화설비에 한한다)
암반 탱크 저장소	황만을 저장·취급하는 것		물분무소화설비
	인화점 70℃ 이상의 제4류 위험물만을 저장·취급하는 것		물분무소화설비 또는 고정식 포소화설비
	그 밖의 것		고정식 포소화설비 (포소화설비가 적응성이 없는 경우에는 분말소화설비)

20. 소화난이도등급 Ⅱ
(제조소 등 및 소화설비)

1 소화난이도등급 Ⅱ에 해당하는 제조소 등

제조소 등의 구분	제조소 등의 규모, 저장 또는 취급하는 위험물의 품명 및 최대수량 등
제조소, 일반취급소	• **연면적 600m² 이상인 것** • **지정수량의 10배 이상인 것** • 일반취급소로서 소화난이도등급 Ⅰ의 제조소 등에 해당하지 아니하는 것
옥내저장소	• 단층 건물 이외의 것 • 제2류 또는 제4류의 위험물만을 저장·취급하는 단층 건물 또는 지정수량의 50배 이하인 소규모 옥내저장소 • 지정수량의 10배 이상인 것 • 연면적 150m² 초과인 것 • 지정수량 20배 이하의 옥내저장소로서 소화난이도등급 Ⅰ의 제조소 등에 해당하지 아니하는 것
옥외탱크저장소, 옥내탱크저장소	소화난이도등급 Ⅰ의 제조소 등 외의 것
옥외저장소	• 덩어리상태의 황을 저장하는 것으로서 경계표시 내부의 면적이 5m² 이상, 100m² 미만인 것 • 인화성 고체, 제1석유류, 알코올류의 위험물을 저장하는 것으로서 지정수량의 10배 이상, 100배 미만인 것 • 지정수량의 100배 이상인 것
주유취급소	옥내주유취급소로서 소화난이도등급 Ⅰ의 제조소 등에 해당하지 아니하는 것
판매취급소	제2종 판매취급소

2 소화난이도등급 Ⅱ의 제조소 등에 설치하여야 하는 소화설비

제조소 등의 구분	소화설비
제조소, 옥내저장소, 옥외저장소, 주유취급소, 판매취급소, 일반취급소	방사능력범위 내에 해당 건축물, 그 밖의 공작물 및 위험물이 포함되도록 대형 수동식 소화기를 설치하고, 해당 위험물의 소요단위의 1/5 이상에 해당되는 능력단위의 소형 수동식 소화기 등을 설치할 것
옥외탱크저장소, 옥내탱크저장소	대형 수동식 소화기 및 소형 수동식 소화기 등을 각각 1개 이상 설치할 것

21. 소화난이도등급 Ⅲ
(제조소 등 및 소화설비)

1 소화난이도등급 Ⅲ에 해당하는 제조소 등

제조소 등의 구분	제조소 등의 규모, 저장 또는 취급하는 위험물의 품명 및 최대수량 등
제조소, 일반취급소	• 화약류에 해당하는 위험물을 취급하는 것 • 화약류에 해당하는 위험물 외의 것을 취급하는 것으로서 소화난이도등급 Ⅰ 또는 소화난이도등급 Ⅱ의 제조소 등에 해당하지 아니하는 것
옥내저장소	• 화약류에 해당하는 위험물을 취급하는 것 • 화약류에 해당하는 위험물 외의 것을 취급하는 것으로서 소화난이도등급 Ⅰ 또는 소화난이도등급 Ⅱ의 제조소 등에 해당하지 아니하는 것
지하탱크저장소, 간이탱크저장소, 이동탱크저장소	모든 대상
옥외저장소	• 덩어리상태의 황을 저장하는 것으로서 경계표시 내부의 면적이 $5m^2$ 미만인 것 • 덩어리상태의 황 외의 것을 저장하는 것으로서 소화난이도등급 Ⅰ 또는 소화난이도등급 Ⅱ의 제조소 등에 해당하지 아니하는 것
주유취급소	옥내주유취급소 외의 것으로서 소화난이도등급 Ⅰ의 제조소 등에 해당하지 아니하는 것
제1종 판매취급소	모든 대상

2 소화난이도등급 Ⅲ의 제조소 등에 설치하여야 하는 소화설비

제조소 등의 구분	소화설비	설치기준	
지하탱크저장소	소형 수동식 소화기 등	능력단위의 수치가 3 이상	2개 이상
이동탱크저장소	자동차용 소화기	• **무상의 강화액 8L 이상** • **이산화탄소 3.2kg 이상** • 브로모클로로다이플루오로메테인(CF_2ClBr) 2L 이상 • 브로모트라이플루오로메테인(CF_3Br) 2L 이상 • 다이브로모테트라플루오로에테인($C_2F_4Br_2$) 1L 이상 • **소화분말 3.3kg 이상**	2개 이상
	마른모래 및 팽창질석 또는 팽창진주암	• 마른모래 150L 이상 • 팽창질석 또는 팽창진주암 640L 이상	
그 밖의 제조소 등	소형 수동식 소화기 등	능력단위의 수치가 건축물, 그 밖의 공작물 및 위험물의 소요단위의 수치에 이르도록 설치할 것. 다만, 옥내소화전설비, 옥외소화전설비, 스프링클러설비, 물분무 등 소화설비 또는 대형 수동식 소화기를 설치한 경우에는 해당 소화설비의 방사능력범위 내의 부분에 대하여는 수동식 소화기 등을 그 능력단위의 수치가 해당 소요단위의 수치의 1/5 이상이 되도록 하는 것으로 족하다.	

22. 경보설비

	제조소 등의 구분	제조소 등의 규모, 저장 또는 취급하는 위험물의 종류 및 최대수량 등	경보설비
1 제조소 등별로 설치하여야 하는 경보설비의 종류	① 제조소 및 일반취급소	• 연면적이 500m² 이상인 것 • 옥내에서 지정수량의 100배 이상을 취급하는 것 • 일반취급소로 사용되는 부분 외의 부분이 있는 건축물에 설치된 일반취급소	자동화재탐지설비
	② 옥내저장소	• 지정수량의 100배 이상을 저장 또는 취급하는 것 • 저장창고의 연면적이 150m²를 초과하는 것 • 처마높이가 6m 이상인 단층 건물의 것 • 옥내저장소로 사용되는 부분 외의 부분이 있는 건축물에 설치된 옥내저장소	
	③ 옥내탱크저장소	단층건물 외의 건축물에 설치된 옥내탱크저장소로서 소화난이도등급 I에 해당하는 것	
	④ 주유취급소	옥내주유취급소	
	⑤ 옥외탱크저장소	특수인화물, 제1석유류 및 알코올류를 저장 또는 취급하는 탱크의 용량이 1,000만L 이상인 것	자동화재탐지설비, 자동화재속보설비
	⑥ ① 내지 ⑤의 자동화재탐지설비 설치대상에 해당하지 아니하는 제조소 등	**지정수량의 10배 이상을 저장 또는 취급하는 것**	자동화재탐지설비, 비상경보설비, 확성장치 또는 비상방송설비 중 1종 이상

2 자동화재탐지설비의 설치기준

① 자동화재탐지설비의 경계구역은 건축물, 그 밖의 공작물의 2 이상의 층에 걸치지 아니하도록 할 것. 다만, 하나의 경계구역의 면적이 500m² 이하이면서 해당 경계구역이 두 개의 층에 걸치는 경우이거나 계단 · 경사로 · 승강기의 승강로, 그 밖에 이와 유사한 장소에 연기감지기를 설치하는 경우에는 그러하지 아니하다.
② **하나의 경계구역의 면적은 600m² 이하로 하고 그 한 변의 길이는 50m(광전식 분리형 감지기를 설치할 경우에는 100m) 이하로 할 것.** 다만, 해당 건축물, 그 밖의 공작물의 주요한 출입구에서 그 내부의 전체를 볼 수 있는 경우에 있어서는 그 면적을 1,000m² 이하로 할 수 있다.
③ 자동화재탐지설비의 감지기는 지붕(상층이 있는 경우에는 상층의 바닥) 또는 벽의 옥내에 면한 부분(천장이 있는 경우에는 천장 또는 벽의 옥내에 면한 부분 및 천장의 뒷부분)에 유효하게 화재의 발생을 감지할 수 있도록 설치할 것
④ 자동화재탐지설비에는 비상전원을 설치할 것

23. 피난설비

1 종류	① 피난기구 : 피난사다리, 완강기, 간이완강기, 공기안전매트, 피난밧줄, 다수인 피난장비, 승강식 피난기, 하향식 피난구용 내림식 사다리, 구조대, 미끄럼대, 피난교, 피난로프, 피난용 트랩 등 ② 인명구조기구, 유도등, 유도표지, 비상조명등
2 설치기준	① 주유취급소 중 건축물의 2층 이상의 부분을 점포·휴게음식점 또는 전시장의 용도로 사용하는 것에 있어서는 **해당 건축물의 2층 이상으로부터** 직접 주유취급소의 부지 밖으로 통하는 출입구와 해당 출입구로 통하는 **통로·계단 및 출입구에 유도등을 설치하여야** 한다. ② 옥내주유취급소에 있어서는 해당 사무소 등의 출입구 및 피난구와 해당 피난구로 통하는 통로·계단 및 출입구에 **유도등**을 설치하여야 한다. ③ 유도등에는 비상전원을 설치하여야 한다.

24. 소화설비의 적응성

소화설비의 구분			건축물·그 밖의 공작물	전기설비	제1류 위험물		제2류 위험물			제3류 위험물		제4류 위험물	제5류 위험물	제6류 위험물
					알칼리금속 과산화물 등	그 밖의 것	철분·금속분·마그네슘 등	인화성 고체	그 밖의 것	금수성 물품	그 밖의 것			
옥내소화전 또는 옥외소화전 설비			○			○		○	○		○		○	○
스프링클러설비			○			○		○	○		○	△	○	○
물분무 등 소화설비	물분무소화설비		○	○		○		○	○		○	○	○	○
	포소화설비		○			○		○	○		○	○	○	○
	불활성가스 소화설비			○				○				○		
	할로젠화합물 소화설비			○				○				○		
	분말 소화설비	인산염류 등	○	○		○		○	○			○		○
		탄산수소염류 등		○	○		○	○		○		○		
		그 밖의 것			○		○			○				
대형·소형 수동식 소화기	봉상수(棒狀水) 소화기		○			○		○	○		○		○	○
	무상수(霧狀水) 소화기		○	○		○		○	○		○		○	○
	봉상강화액 소화기		○			○		○	○		○		○	○
	무상강화액 소화기		○	○		○		○	○		○	○	○	○
	포소화기		○			○		○	○		○	○	○	○
	이산화탄소 소화기			○				○				○		△
	할로젠화합물 소화기			○				○				○		
	분말 소화기	인산염류 소화기	○	○		○		○	○			○		○
		탄산수소염류 소화기		○	○		○	○		○		○		
		그 밖의 것			○		○			○				
기타	물통 또는 수조		○			○		○	○		○		○	○
	건조사				○	○	○	○	○	○	○	○	○	○
	팽창질석 또는 팽창진주암				○	○	○	○	○	○	○	○	○	○

※ 소화설비는 크게 물주체(옥내·옥외, 스프링클러, 물분무, 포)와 가스주체(불활성가스 소화설비, 할로젠화합물 소화설비)로 구분하여 대상물별로 물을 사용하면 되는 곳과 안 되는 곳을 구분해서 정리하면 쉽게 분류할 수 있다. 다만, 제6류 위험물의 경우 소규모 누출 시를 가정하여 다량의 물로 희석소화한다는 관점으로 정리하는 것이 좋다.

25. 위험물제조소의 시설기준

1 안전거리	구분	안전거리
	사용전압 7,000V 초과, 35,000V 이하의 특고압가공전선	3m 이상
	사용전압 35,000V 초과의 특고압가공전선	5m 이상
	주거용	10m 이상
	고압가스, 액화석유가스, 도시가스	20m 이상
	학교·병원·극장	30m 이상
	지정문화유산, 천연기념물	50m 이상

2 단축기준 적용 방화격벽 높이

방화상 유효한 담의 높이
① $H \leq pD^2 + a$인 경우, $h = 2$
② $H > pD^2 + a$인 경우, $h = H - p(D^2 - d^2)$
 (p : 목조 = 0.04, 방화구조 = 0.15)

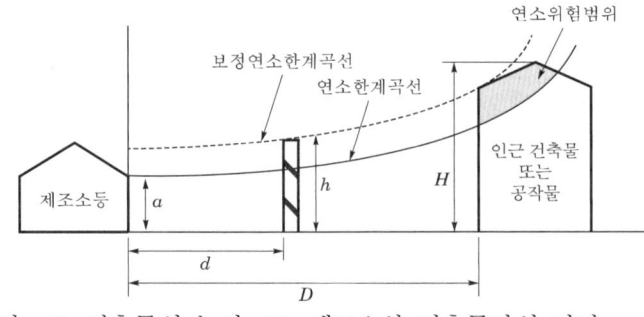

여기서, H : 건축물의 높이, D : 제조소와 건축물과의 거리
 a : 제조소의 높이, d : 제조소와 방화격벽과의 거리
 h : 방화격벽의 높이, p : 상수

3 보유공지

지정수량 10배 이하 : 3m 이상
지정수량 10배 초과 : 5m 이상

4 표지 및 게시판

① 백색 바탕 흑색 문자
② **유별, 품명, 수량, 지정수량 배수, 안전관리자 성명 및 직명**
③ 규격 : 한 변의 길이 0.3m 이상, 다른 한 변의 길이 0.6m 이상

5 방화상 유효한 담을 설치한 경우의 안전거리

구분	취급하는 위험물의 최대수량 (지정수량의 배수)	안전거리(이상)		
		주거용 건축물	학교, 유치원 등	국가유산
제조소·일반취급소	10배 미만	6.5m	20m	35m
	10배 이상	7.0m	22m	38m

6 건축물 구조기준	① **지하층이 없도록** 하여야 한다. ② 벽, 기둥, 바닥, 보, 서까래 및 계단은 **불연재료**로 하고, 연소의 우려가 있는 외벽은 개구부가 없는 **내화구조**의 벽으로 하여야 한다. ③ 지붕은 폭발력이 위로 방출될 정도의 가벼운 **불연재료**로 덮어야 한다. ④ 출입구와 비상구에는 **60분+방화문·60분방화문** 또는 **30분방화문**을 설치하되, 연소의 우려가 있는 외벽에 설치하는 출입구에는 수시로 열 수 있는 자동폐쇄식의 **60분+방화문** 또는 **60분방화문**을 설치한다. ⑤ 위험물을 취급하는 건축물의 창 및 출입구에 유리를 이용하는 경우에는 **망입유리**로 한다. ⑥ 액체의 위험물을 취급하는 건축물의 바닥은 **위험물이 스며들지 못하는 재료**를 사용하고, 적당한 경사를 두어 그 최저부에 **집유설비**를 한다.
7 환기설비	① 자연배기방식 ② 급기구는 낮은 곳에 설치하며, **바닥면적 150m²마다** 1개 이상으로 하되 **급기구의 크기는 800cm² 이상**으로 한다. 다만, 바닥면적이 150m² 미만인 경우에는 다음의 크기로 하여야 한다. | 바닥면적	급기구의 면적
60m² 미만	150cm² 이상
60m² 이상, 90m² 미만	300cm² 이상
90m² 이상, 120m² 미만	450cm² 이상
120m² 이상, 150m² 미만	600cm² 이상 | ③ 인화방지망 설치 ④ 환기구는 지상 2m 이상의 회전식 고정 벤틸레이터 또는 루프팬 방식 설치
8 배출설비	① 국소방식 ② 강제배출, 배출능력 : 1시간당 배출장소 용적의 **20배 이상** ③ 전역방식의 바닥면적 1m²당 18m³ 이상 ④ 급기구는 높은 곳에 설치 ⑤ 인화방지망 설치
9 정전기제거설비	① **접지** ② 공기 중의 **상대습도를 70% 이상** ③ **공기를 이온화**
10 방유제 설치	① 옥내 ㉠ 1기일 때 : 탱크 용량 이상 ㉡ 2기 이상일 때 : 최대 탱크 용량 이상 ② 옥외 ㉠ 1기일 때 : 해당 탱크 용량의 50% 이상 ㉡ 2기 이상일 때 : 최대 용량의 50% + 나머지 탱크 용량의 10%를 가산한 양 이상

11 자동화재탐지설비 설치대상 제조소	① 연면적 500m² 이상인 것 ② 옥내에서 지정수량의 100배 이상을 취급하는 것 　(고인화점 위험물만을 100℃ 미만의 온도에서 취급하는 것을 제외한다) ③ 일반취급소로 사용되는 부분 외의 부분이 있는 건축물에 설치된 일반취급소
12 하이드록실아민 등을 취급하는 제조소	① 지정수량 이상의 하이드록실아민 등을 취급하는 제조소의 안전거리 　$D = 51.1 \times \sqrt[3]{N}$ 　여기서, D : 거리(m) 　　　　N : 해당 제조소에서 취급하는 하이드록실아민 등의 지정수량의 배수 ② 제조소의 주위에는 담 또는 토제(土堤)를 설치할 것 　㉮ 담 또는 토제는 해당 제조소의 외벽 또는 이에 상당하는 공작물의 외측으로부터 2m 이상 떨어진 장소에 설치할 것 　㉯ 담 또는 토제의 높이는 해당 제조소에 있어서 하이드록실아민 등을 취급하는 부분의 높이 이상으로 할 것 　㉰ 담은 두께 15cm 이상의 철근콘크리트조·철골철근콘크리트조 또는 두께 20cm 이상의 보강콘크리트블록조로 할 것 　㉱ 토제의 경사면의 경사도는 60° 미만으로 할 것 ③ 하이드록실아민 등을 취급하는 설비에는 철이온 등의 혼입에 의한 위험한 반응을 방지하기 위한 조치를 강구할 것

26. 옥내저장소의 시설기준

1 안전거리 제외대상	① 제4석유류 또는 동식물유류의 위험물을 저장 또는 취급하는 옥내저장소로서 그 최대수량이 **지정수량의 20배 미만인 것** ② 제6류 위험물을 저장 또는 취급하는 옥내저장소 ③ 지정수량 20배 이하의 위험물을 저장 또는 취급기준 　㉮ 저장창고의 벽·기둥·바닥·보 및 지붕이 내화구조인 것 　㉯ 저장창고의 출입구에 수시로 열 수 있는 자동폐쇄방식의 60분+방화문 또는 60분방화문이 설치되어 있을 것 　㉰ 저장창고에 창을 설치하지 아니할 것

2 보유공지

저장 또는 취급하는 위험물의 최대수량	공지의 너비	
	벽·기둥 및 바닥이 내화구조로 된 건축물	그 밖의 건축물
지정수량의 5배 이하	–	0.5m 이상
지정수량의 5배 초과, 10배 이하	1m 이상	1.5m 이상
지정수량의 10배 초과, 20배 이하	2m 이상	3m 이상
지정수량의 20배 초과, 50배 이하	3m 이상	5m 이상
지정수량의 50배 초과, 200배 이하	5m 이상	10m 이상
지정수량의 200배 초과	10m 이상	15m 이상

3 저장창고 기준

① 지면에서 처마까지의 높이(처마높이)가 **6m 미만인 단층 건물**로 하고 그 바닥을 지반면보다 높게 하여야 한다. 다만, 제2류 또는 제4류 위험물만 저장하는 경우 다음의 조건에서는 20m 이하로 가능하다.
　㉮ 벽·기둥·바닥·보는 내화구조
　㉯ 출입구는 60분+방화문 또는 60분방화문
　㉰ 피뢰침 설치
② **벽·기둥·보 및 바닥 : 내화구조, 보와 서까래 : 불연재료**
③ **지붕은 폭발력이 위로 방출될 정도의 가벼운 불연재료**
④ **출입구에는 60분+방화문·60분방화문 또는 30분방화문을 설치할 것**
⑤ 저장창고의 창 또는 출입구에 유리를 이용하는 경우에는 **망입유리**를 설치할 것
⑥ 액상 위험물의 저장창고의 바닥은 위험물이 스며들지 아니하는 **구조**로 하고, 적당하게 경사지게 하여 그 최저부에 **집유설비**를 할 것
⑦ **지정수량의 10배 이상의 저장창고**(제6류 위험물의 저장창고를 제외한다)에는 **피뢰침을 설치할 것**

4 담/토제 설치기준	① 담 또는 토제는 저장창고의 외벽으로부터 2m 이상 떨어진 장소에 설치할 것 ② 담 또는 토제의 높이는 저장창고의 처마높이 이상으로 할 것 ③ 담은 두께 15cm 이상의 철근콘크리트조나 철골철근콘크리트조 또는 두께 20cm 이상의 보강콘크리트블록조로 할 것 ④ 토제의 경사면의 경사도는 60° 미만으로 할 것		
5 하나의 저장창고의 바닥면적	위험물을 저장하는 창고		바닥면적
	가. 다음의 위험물을 저장하는 창고 　㉠ 제1류 위험물 중 아염소산염류, 염소산염류, 과염소산염류, 무기과산화물, 그 밖에 지정수량이 50kg인 위험물 　㉡ 제3류 위험물 중 칼륨, 나트륨, 알킬알루미늄, 알킬리튬, 그 밖에 지정수량이 10kg인 위험물 및 황린 　㉢ 제4류 위험물 중 특수 인화물, 제1석유류 및 알코올류 　㉣ 제5류 위험물 중 유기과산화물, 질산에스터류, 그 밖에 지정수량이 10kg인 위험물 　㉤ 제6류 위험물		$1,000m^2$ 이하
	나. '가'의 위험물 외의 위험물을 저장하는 창고		$2,000m^2$ 이하
	다. '가'와 '나'의 위험물을 내화구조의 격벽으로 완전히 구획된 실에 각각 저장하는 창고('가'의 위험물을 저장하는 실의 면적은 500m^2를 초과할 수 없다)		$1,500m^2$ 이하
6 다층건물 옥내저장소 기준	① 저장창고는 각 층의 바닥을 지면보다 높게 하고, 바닥면으로부터 상층의 바닥(상층이 없는 경우에는 처마)까지의 높이(층고)를 6m 미만으로 하여야 한다. ② 하나의 저장창고의 바닥면적 합계는 1,000m^2 이하로 하여야 한다. ③ 저장창고의 벽·기둥·바닥 및 보를 내화구조로 하고, 계단을 불연재료로 하며, 연소의 우려가 있는 외벽은 출입구 외의 개구부를 갖지 아니하는 벽으로 하여야 한다. ④ 2층 이상의 층의 바닥에는 개구부를 두지 아니하여야 한다. 다만, 내화구조의 벽과 60분+방화문·60분방화문 또는 30분방화문으로 구획된 계단실에 있어서는 그러하지 아니하다.		

27. 옥외저장소의 시설기준

1 설치기준	① 안전거리를 둘 것 ② 습기가 없고 배수가 잘 되는 장소에 설치할 것 ③ 위험물을 저장 또는 취급하는 장소의 주위에는 경계표시를 할 것
2 보유공지	<table><tr><th>저장 또는 취급하는 위험물의 최대수량</th><th>공지의 너비</th></tr><tr><td>지정수량의 10배 이하</td><td>3m 이상</td></tr><tr><td>지정수량의 10배 초과, 20배 이하</td><td>5m 이상</td></tr><tr><td>지정수량의 20배 초과, 50배 이하</td><td>9m 이상</td></tr><tr><td>지정수량의 50배 초과, 200배 이하</td><td>12m 이상</td></tr><tr><td>지정수량의 200배 초과</td><td>15m 이상</td></tr></table>제4류 위험물 중 제4석유류와 제6류 위험물을 저장 또는 취급하는 보유공지는 공지 너비의 $\frac{1}{3}$ 이상으로 할 수 있다.
3 선반 설치기준	① 선반은 불연재료로 만들고 견고한 지반면에 고정할 것 ② 선반은 해당 선반 및 그 부속설비의 자중·저장하는 위험물의 중량·풍하중·지진의 영향 등에 의하여 생기는 응력에 대하여 안전할 것 ③ **선반의 높이는 6m를 초과하지 아니할 것** ④ 선반에는 위험물을 수납한 용기가 쉽게 낙하하지 아니하는 조치를 할 것
4 옥외저장소에 저장 할 수 있는 위험물	① **제2류 위험물 중 황, 인화성 고체**(인화점이 0℃ 이상인 것에 한함) ② **제4류 위험물 중 제1석유류**(인화점이 0℃ 이상인 것에 한함), **알코올류, 제2석유류, 제3석유류, 제4석유류, 동식물유류** ③ **제6류 위험물**
5 덩어리상태의 황 저장기준	① 하나의 경계표시의 내부의 면적은 100m² 이하일 것 ② 2 이상의 경계표시를 설치하는 경우에 있어서는 각각의 경계표시 내부의 면적을 합산한 면적은 1,000m² 이하로 하고, 인접하는 경계표시와 경계표시와의 간격을 공지의 너비의 2분의 1 이상으로 할 것 ③ 경계표시는 불연재료로 만드는 동시에 황이 새지 아니하는 구조로 할 것 ④ **경계표시의 높이는 1.5m 이하로 할 것** ⑤ 경계표시에는 황이 넘치거나 비산하는 것을 방지하기 위한 천막 등을 고정하는 장치를 설치하되, 천막 등을 고정하는 장치는 경계표시의 길이 2m마다 한 개 이상 설치할 것 ⑥ 황을 저장 또는 취급하는 장소의 주위에는 **배수구**와 **분리장치**를 설치할 것
6 기타 기준	① 과산화수소 또는 과염소산을 저장하는 옥외저장소에는 불연성 또는 난연성의 천막 등을 설치하여 햇빛을 가릴 것 ② 눈·비 등을 피하거나 차광 등을 위하여 옥외저장소에 캐노피 또는 지붕을 설치하는 경우에는 환기 및 소화활동에 지장을 주지 아니하는 구조로 할 것. 이 경우 기둥은 내화구조로 하고, 캐노피 또는 지붕을 불연재료로 하며, 벽을 설치하지 아니하여야 한다.

28. 옥내탱크저장소의 시설기준

1 옥내탱크저장소의 구조	① 단층 건축물에 설치된 탱크 전용실에 설치할 것 ② 옥내저장탱크와 탱크 전용실의 벽과의 사이 및 옥내저장탱크의 **상호 간에는 0.5m 이상의 간격**을 유지할 것 ③ 옥내저장탱크의 용량(동일한 탱크 전용실에 옥내저장탱크를 2 이상 설치하는 경우에는 각 탱크 용량의 합계를 말한다)은 **지정수량의 40배**(제4석유류 및 동식물유류 외의 제4류 위험물에 있어서 해당 수량이 20,000L를 초과할 때에는 20,000L) 이하일 것 ④ 옥내저장탱크 중 압력탱크(최대상용압력이 부압 또는 정압 5kPa을 초과하는 탱크를 말한다) 외의 탱크(제4류 위험물의 옥내저장탱크로 한정한다)에 있어서는 밸브 없는 통기관 또는 대기밸브 부착 통기관을 설치하고, 압력탱크에 있어서는 안전장치를 설치할 것	
2 탱크 전용실의 구조	① 탱크 전용실은 **벽·기둥 및 바닥을 내화구조**로 하고, **보를 불연재료**로 하며, 연소의 우려가 있는 외벽은 출입구 외에는 개구부가 없도록 할 것 ② 탱크 전용실은 **지붕을 불연재료**로 하고, 천장을 설치하지 아니할 것 ③ 탱크 전용실의 창 및 출입구에는 60분+방화문·60분방화문 또는 30분방화문을 설치할 것 ④ 탱크 전용실의 창 또는 출입구에 유리를 이용하는 경우에는 **망입유리**로 할 것 ⑤ 액상 위험물의 옥내저장탱크를 설치하는 탱크 전용실의 **바닥은 위험물이 침투하지 아니하는 구조**로 하고, 적당한 경사를 두는 한편, **집유설비**를 설치할 것 ⑥ 탱크 전용실의 출입구의 턱의 높이를 해당 탱크 전용실 내의 옥내저장탱크(옥내저장탱크가 2 이상인 경우에는 최대용량의 탱크)의 용량을 수용할 수 있는 높이 이상으로 하거나 옥내저장탱크로부터 누설된 위험물이 탱크 전용실 외의 부분으로 유출하지 아니하는 구조로 할 것	
3 단층 건물 외의 건축물	① 옥내저장탱크는 탱크 전용실에 설치할 것. 이 경우 제2류 위험물 중 황화인, 적린 및 덩어리 황, 제3류 위험물 중 황린, 제6류 위험물 중 질산의 탱크 전용실은 건축물의 1층 또는 지하층에 설치해야 한다. ② 주입구 부근에는 해당 탱크의 위험물의 양을 표시하는 장치를 설치할 것 ③ 탱크 전용실이 있는 건축물에 설치하는 옥내저장탱크의 펌프설비 　㉮ 탱크 전용실 외의 장소에 설치하는 경우 　　㉠ 펌프실은 **벽·기둥·바닥 및 보를 내화구조**로 할 것 　　㉡ 펌프실은 상층이 있는 경우에 있어서는 상층의 바닥을 내화구조로 하고, 상층이 없는 경우에 있어서는 **지붕을 불연재료**로 하며, 천장을 설치하지 아니할 것 　　㉢ 펌프실에는 창을 설치하지 아니할 것 　　㉣ 펌프실의 출입구에는 **60분+방화문 또는 60분방화문을 설치**할 것 　　㉤ 펌프실의 환기 및 배출의 설비에는 방화상 유효한 댐퍼 등을 설치할 것 　㉯ 탱크 전용실에 펌프설비를 설치하는 경우에는 견고한 기초 위에 고정한 다음 그 주위에는 불연재료로 된 **턱을 0.2m 이상의 높이**로 설치하는 등 누설된 위험물이 유출되거나 유입되지 아니하도록 하는 조치를 할 것	
4 기타	① 안전거리와 보유공지에 대한 기준이 없으며, 규제내용 역시 없다. ② 원칙적으로 옥내탱크저장소의 탱크는 단층 건물의 탱크 전용실에 설치해야 한다.	

29. 옥외탱크저장소의 시설기준

	저장 또는 취급하는 위험물의 최대수량	공지의 너비
1 보유공지	지정수량의 500배 이하	3m 이상
	지정수량의 500배 초과, 1,000배 이하	5m 이상
	지정수량의 1,000배 초과, 2,000배 이하	9m 이상
	지정수량의 2,000배 초과, 3,000배 이하	12m 이상
	지정수량의 3,000배 초과, 4,000배 이하	15m 이상

■ 특례 : **제6류 위험물**을 저장, 취급하는 옥외저장탱크의 경우
- 해당 보유공지의 $\frac{1}{3}$ 이상의 너비로 할 수 있다(단, 1.5m 이상일 것).
- 동일 대지 내에 2기 이상의 탱크를 인접하여 설치하는 경우에는 해당 보유공지 너비의 $\frac{1}{3}$ 이상에 다시 $\frac{1}{3}$ 이상의 너비로 할 수 있다(단, 1.5m 이상일 것).

2 탱크 통기장치의 기준

밸브 없는 통기관	① **지름 : 30mm 이상** ② **끝부분은 수평면보다 45° 이상 구부려** 빗물 등의 침투를 막는 구조로 할 것 ③ 인화점이 38℃ 미만인 위험물만을 저장 또는 취급하는 탱크에 설치하는 통기관에는 화염방지장치를 설치하고, 그 외의 탱크에 설치하는 통기관에는 40mesh 이상의 구리망 또는 동등 이상의 성능을 가진 인화방지장치를 설치할 것
대기밸브부착 통기관	① 5kPa 이하의 압력 차이로 작동할 수 있을 것 ② 가는 눈의 구리망 등으로 인화방지장치를 설치할 것

3 방유제 설치기준

① 용량 : 방유제 안에 설치된 탱크가 하나인 때에는 그 **탱크 용량의 110% 이상**, 2기 이상인 때에는 그 탱크 용량 중 용량이 **최대인 것의 용량의 110% 이상**으로 한다. 다만, 인화성이 없는 액체 위험물의 옥외저장탱크의 주위에 설치하는 방유제는 "110%"를 "100%"로 본다.
② 방유제는 **높이 0.5m 이상 3.0m 이하, 두께 0.2m 이상, 지하매설깊이 1m 이상으로 할 것**. 방유제 내의 **면적은 80,000m² 이하로 할 것**
③ 방유제 내에 설치하는 옥외저장탱크의 수는 10기 이하(방유제 내에 설치하는 모든 옥외저장탱크의 용량이 20만L 이하이고, 당해 옥외저장탱크에 저장 또는 취급하는 위험물의 인화점이 70℃ 이상 200℃ 미만인 경우에는 20기 이하)로 할 것
④ 방유제와 탱크 옆판과의 이격거리
  ㉮ 탱크 지름이 15m 미만인 경우 : 탱크 높이의 $\frac{1}{3}$ 이상
  ㉯ 탱크 지름이 15m 이상인 경우 : 탱크 높이의 $\frac{1}{2}$ 이상

4 방유제의 구조	① 방유제는 철근콘크리트로 하고, 방유제와 옥외저장탱크 사이의 지표면은 불연성과 불침윤성이 있는 구조(철근콘크리트 등)로 할 것 ② 내부에 고인 물을 외부로 배출하기 위한 **배수구**를 설치하고 이를 **개폐하는 밸브** 등을 방유제의 외부에 설치할 것 ③ 용량이 100만L 이상인 위험물을 저장하는 옥외저장탱크에 있어서는 밸브 등에 그 개폐상황을 쉽게 확인할 수 있는 장치를 설치할 것 ④ **높이가 1m를 넘는 방유제** 및 간막이둑의 안팎에는 방유제 내에 출입하기 위한 계단 또는 경사로를 **약 50m마다** 설치할 것 ⑤ 이황화탄소의 옥외탱크저장소 설치기준 : 탱크 전용실(수조)의 구조 　㉮ 재질 : 철근콘크리트조(바닥에 물이 새지 않는 구조) 　㉯ 벽, 바닥의 두께 : **0.2m 이상**

30. 지하탱크저장소의 시설기준

1 저장소 구조	① 지하저장탱크의 윗부분은 **지면으로부터 0.6m 이상 아래**에 있어야 한다. ② 지하저장탱크를 2 이상 인접해 설치하는 경우에는 그 **상호 간에 1m 이상의 간격을 유지**하여야 한다. ③ 액체 위험물의 지하저장탱크에는 위험물의 양을 자동적으로 표시하는 장치 또는 계량구를 설치하여야 한다. ④ 지하저장탱크는 용량에 따라 압력탱크(최대상용압력이 46.7kPa 이상인 탱크를 말한다) 외의 탱크에 있어서는 70kPa의 압력으로, 압력탱크에 있어서는 최대상용압력의 1.5배의 압력으로 각각 10분간 수압시험을 실시하여 새거나 변형되지 아니하여야 한다.	
2 과충전 방지장치	① 탱크 용량을 초과하는 위험물이 주입될 때 자동으로 그 주입구를 폐쇄하거나 위험물의 공급을 자동으로 차단하는 방법 ② 탱크 용량의 **90%가 찰 때 경보음**을 울리는 방법	
3 탱크 전용실 구조	① 탱크 전용실은 지하의 가장 가까운 벽·피트·가스관 등의 시설물 및 대지경계선으로부터 0.1m 이상 떨어진 곳에 설치하고, 지하저장탱크와 탱크 전용실의 안쪽과의 사이는 0.1m 이상의 간격을 유지하도록 하며, 해당 탱크의 주위에 마른 모래 또는 습기 등에 의하여 응고되지 아니하는 **입자지름 5mm 이하의 마른 자갈분**을 채워야 한다. ② 탱크 전용실은 벽·바닥 및 뚜껑을 다음 기준에 적합한 철근콘크리트구조 또는 이와 동등 이상의 강도가 있는 구조로 설치하여야 한다. ㉮ 벽·바닥 및 뚜껑의 두께는 0.3m 이상일 것 ㉯ 벽·바닥 및 뚜껑의 내부에는 직경 9mm부터, 13mm까지의 철근을 가로 및 세로로 5cm부터, 20cm까지의 간격으로 배치할 것 ㉰ 벽·바닥 및 뚜껑의 재료에 수밀콘크리트를 혼입하거나 벽·바닥 및 뚜껑의 중간에 아스팔트층을 만드는 방법으로 적정한 방수조치를 할 것	

31. 간이탱크저장소의 시설기준

1 설비기준	① 옥외에 설치하여야 한다. ② 전용실 안에 설치하는 경우 채광, 조명, 환기 및 배출의 설비를 한다. ③ 탱크의 구조기준 　㉮ 하나의 탱크 용량은 **600L 이하**로 할 것 　㉯ **두께 3.2mm 이상의 강판**으로 흠이 없도록 제작 　㉰ **70kPa의 압력으로 10분간 수압시험**을 실시하여 새거나 변형되지 아니할 것
2 탱크 설치방법	① 하나의 간이탱크저장소에 설치하는 **간이저장탱크의 수는 3기 이하**로 할 것 ② 옥외에 설치하는 경우에는 그 탱크 주위에 너비 **1m 이상의 공지**를 둘 것 ③ 탱크를 전용실 안에 설치하는 경우에는 **탱크와 전용실 벽과의 사이에 0.5m 이상의 간격**을 유지할 것
3 통기관 설치	① 밸브 없는 통기관 　㉮ 통기관의 지름은 **25mm 이상**으로 할 것 　㉯ 통기관은 옥외에 설치하되, 그 끝부분의 높이는 지상 **1.5m 이상**으로 할 것 　㉰ 통기관의 끝부분은 수평면에 대하여 아래로 **45° 이상** 구부려 빗물 등이 침투하지 아니하도록 할 것 ② 대기밸브 부착 통기관은 옥외탱크저장소에 준함

32. 이동탱크저장소의 시설기준

1 탱크 구조기준	① 본체 : 3.2mm 이상 ② 측면틀 : 3.2mm 이상 ③ 안전칸막이 : 3.2mm 이상 ④ 방호틀 : 2.3mm 이상 ⑤ 방파판 : 1.6mm 이상		
2 안전장치 작동압력	① 상용압력이 20kPa 이하 : **20kPa 이상, 24kPa 이하의 압력** ② 상용압력이 20kPa 초과 : **상용압력의 1.1배 이하의 압력**		
3 설치기준	측면틀	① 탱크의 전단 또는 후단으로부터 각각 1m 이내의 위치에 설치 ② 최외측선의 수평면에 대하여 내각이 75° 이상	
	안전칸막이	① 재질은 두께 3.2mm 이상의 강철판 ② **4,000L 이하마다 구분하여 설치**	
	방호틀	① 재질은 두께 2.3mm 이상의 강철판 ② 정상부분은 부속장치보다 50mm 이상 높게 설치	
	방파판	① 재질은 두께 1.6mm 이상의 강철판 ② 하나의 구획부분에 2개 이상의 방파판을 진행방향과 평행으로 설치	
4 표지 기준	① 차량의 전면 또는 후면의 보기 쉬운 곳에 설치할 것 ② 규격 : 한 변의 길이 0.6m 이상, 다른 한 변의 길이 0.3m 이상 ③ 색깔 : 흑색 바탕에 황색 문자로 "위험물"이라고 표시		
5 게시판 기준	탱크의 뒷면 보기 쉬운 곳에 위험물의 **유**별, **품**명, 최대수**량** 및 적재**중**량 표시		
6 외부도장	유별	도장의 색상	비고
	제1류	회색	① 탱크의 앞면과 뒷면을 제외한 면적의 40% 이내의 면적은 다른 유별의 색상 외의 색상으로 도장하는 것이 가능하다. ② 제4류에 대해서는 도장의 색상 제한이 없으나 적색을 권장한다.
	제2류	적색	
	제3류	청색	
	제5류	황색	
	제6류	청색	
7 기타	① 아세트알데하이드 등을 저장 또는 취급하는 이동탱크저장소는 해당 위험물의 성질에 따라 강화되는 기준은 다음에 의하여야 한다. ㉮ 이동저장탱크는 **불활성의 기체를 봉입**할 수 있는 구조로 할 것 ㉯ 이동저장탱크 및 그 설비는 **은·수은·동·마그네슘** 또는 이들을 성분으로 하는 합금으로 만들지 아니할 것 ② 이동저장탱크의 상부로부터 위험물을 주입할 때에는 위험물의 액표면이 주입관의 선단을 넘는 높이가 될 때까지 그 주입관 내의 유속을 초당 1m 이하로 할 것		

33. 주유취급소의 시설기준

1 주유 및 급유 공지	① 주유취급소의 고정주유설비(자동차 등에 직접 주유하기 위한 설비로서 현수식 포함)의 주위에는 **너비 15m 이상, 길이 6m 이상**의 콘크리트 등으로 포장한 공지(주유공지)를 보유하여야 하고, 고정급유설비를 설치하는 경우에는 고정급유설비의 호스기기 주위에 필요한 공지(급유공지)를 보유하여야 한다. ② 공지의 바닥은 주위 지면보다 높게 하고, 그 표면을 적당히 경사지게 하여 새어나온 기름, 그 밖의 액체가 공지의 외부로 유출되지 아니하도록 배수구·집유설비 및 유분리장치를 한다.
2 게시판	（표 아래 참조）
3 탱크 용량 기준	① 자동차 등에 주유하기 위한 고정주유설비에 직접 접속하는 전용탱크는 **50,000L 이하**이다. ② 고정급유설비에 직접 접속하는 전용탱크는 **50,000L 이하**이다. ③ 보일러 등에 직접 접속하는 전용탱크는 **10,000L 이하**이다. ④ 자동차 등을 점검·정비하는 작업장 등에서 사용하는 폐유·윤활유 등의 위험물을 저장하는 탱크는 **2,000L 이하**이다. ⑤ 고속국도의 도로변에 설치된 주유취급소의 탱크는 **60,000L**이다.
4 고정주유설비 및 고정급유설비	① 고정주유설비의 위치(중심선을 기점으로 함) 　㉮ 도로경계선까지 : 4m 이상 　㉯ 부지경계선·담 및 건축물의 벽까지 : 2m 이상 　㉰ 개구부가 없는 벽까지 : 1m 이상 ② 고정급유설비의 위치(중심선을 기점으로 함) 　㉮ 도로경계선까지 : 4m 이상 　㉯ 부지경계선 및 담까지 : 1m 이상 　㉰ 건축물의 벽까지 : 2m 이상 　㉱ 개구부가 없는 벽까지 : 1m 이상 ③ 고정주유설비와 고정급유설비 사이 : 4m 이상

게시판

게시판	색상기준	게시판의 모습
화기엄금	**적색 바탕 백색 문자**	화기엄금
주유 중 엔진정지	**황색 바탕 흑색 문자**	주유중 엔진정지

5 설치 가능 건축물	작업장, 사무소, 간이정비를 위한 작업장, 세정을 위한 작업장, 점포 · 휴게음식점 또는 전시장, 관계자가 거주하는 주거시설, 전기자동차용 충전설비 등	
6 셀프용 고정주유설비	① 1회의 연속주유량 및 주유시간의 상한을 미리 설정할 수 있는 구조일 것 ② 연속주유량 및 주유시간의 상한은 **휘발유**는 100L 이하 · 4분 이하, **경유**는 600L 이하 · 12분 이하로 할 것	
7 셀프용 고정급유설비	① 1회의 연속급유량 및 급유시간의 상한을 미리 설정할 수 있는 구조일 것 ② 급유량의 상한은 100L 이하, 급유시간의 상한은 6분 이하로 할 것	
8 담 또는 벽 기준	① 자동차 등이 출입하는 쪽 외의 부분에 높이 2m 이상의 내화구조 또는 불연재료의 담 또는 벽을 설치해야 한다. ② 담 또는 벽의 일부분에 방화상 유효한 구조의 유리를 부착할 수 있다. 　㉮ 유리를 부착하는 위치는 주입구, 고정주유설비 및 고정급유설비로부터 4m 이상 거리를 둘 것 　㉯ 유리를 부착하는 방법은 다음의 기준에 모두 적합할 것 　　㉠ 주유취급소 내의 지반면으로부터 70cm를 초과하는 부분에 한하여 유리를 부착할 것 　　㉡ 하나의 유리판의 가로의 길이는 2m 이내일 것 　　㉢ 유리판의 테두리를 금속제의 구조물에 견고하게 고정하고 해당 구조물을 담 또는 벽에 견고하게 부착할 것 　　㉣ 유리의 구조는 접합유리(두 장의 유리를 두께 0.76mm 이상의 폴리바이닐뷰티랄 필름으로 접합한 구조를 말한다)로 하되, 「유리구획 부분의 내화시험방법(KS F 2845)」에 따라 시험하여 비차열 30분 이상의 방화성능이 인정될 것 　㉰ **유리를 부착하는 범위**는 전체의 담 또는 벽의 길이의 10분의 2를 초과하지 아니할 것	

34. 판매취급소의 시설기준

1 종류별	제1종	저장 또는 취급하는 위험물의 수량이 지정수량의 **20배 이하**인 취급소
	제2종	저장 또는 취급하는 위험물의 수량이 지정수량의 **40배 이하**인 취급소
2 배합실 기준		① **바닥면적은 6m² 이상 15m² 이하로 할 것** ② 내화구조 또는 불연재료로 된 벽으로 구획할 것 ③ 바닥은 위험물이 침투하지 아니하는 구조로 하여 적당한 경사를 두고 집유설비를 할 것 ④ 출입구에는 수시로 열 수 있는 자동폐쇄식의 60분+방화문 또는 60분방화문을 설치할 것 ⑤ **출입구 문턱의 높이는 바닥면으로 0.1m 이상으로 할 것** ⑥ 내부에 체류한 가연성의 증기 또는 가연성의 미분을 지붕 위로 방출하는 설비를 할 것
3 제2종 판매취급소에서 배합할 수 있는 위험물의 종류		① 황 ② 도료류 ③ 제1류 위험물 중 염소산염류 및 염소산염류만을 함유한 것

35. 이송취급소의 시설기준

1 설치하지 못하는 장소	① 철도 및 도로의 터널 안 ② 고속국도 및 자동차전용도로의 차도·갓길 및 중앙분리대 ③ 호수, 저수지 등으로서 수리의 수원이 되는 곳 ④ 급경사지역으로서 붕괴의 위험이 있는 지역	
2 지진 시의 재해방지 조치	① **진도계 5 이상의 지진정보** : 펌프의 정지 및 긴급차단밸브의 폐쇄를 행할 것 ② **진도계 4 이상의 지진정보** : 해당 지역에 대한 지진재해정보를 계속 수집하고 그 상황에 따라 펌프의 정지 및 긴급차단밸브의 폐쇄를 행할 것 ③ **배관계가 강한 과도한 지진동을 받은 때**에는 해당 배관에 관계된 최대상용압력의 1.25배의 압력으로 4시간 이상 수압시험을 하여 이상이 없음을 확인할 것	
3 위치 및 주의표지	① **위치표지**는 지하매설의 배관 경로에 설치할 것 ㉮ 배관 경로 약 100m마다의 개소, 수평곡관부 및 기타 안전상 필요한 개소에 설치할 것 ㉯ 위험물을 이송하는 배관이 매설되어 있는 상황 및 기점에서의 거리, 매설위치, 배관의 축방향, 이송자명 및 매설연도를 표시할 것 ② **주의표시**는 지하매설의 배관경로에 설치할 것 ③ **주의표지**는 지상배관의 경로에 설치할 것(재질 : 금속제의 판) ④ 바탕은 백색(역정삼각형 내는 황색)으로 하고, 문자 및 역정삼각형의 모양은 흑색으로 할 것 ⑤ 바탕색의 재료는 반사도료, 기타 반사성을 가진 것으로 할 것 ⑥ 역정삼각형 정점의 둥근 반경은 10mm로 할 것 ⑦ 이송품명에는 위험물의 화학명 또는 통칭명을 기재할 것	
4 안전유지를 위한 경보설비	① 이송기지에는 **비상벨장치** 및 **확성장치**를 설치할 것 ② 가연성 증기를 발생하는 위험물을 취급하는 펌프실 등에는 **가연성 증기 경보설비**를 설치할 것	

5 기타 설비	① **내압시험** : 배관 등은 최대상용압력의 1.25배 이상의 압력으로 4시간 이상 수압을 가하여 누설, 그 밖의 이상이 없을 것 ② **비파괴시험** : 배관 등의 용접부는 비파괴시험을 실시하여 합격할 것. 이 경우 이송기지 내의 지상에 설치된 배관 등은 전체 용접부의 20% 이상을 발췌하여 시험할 수 있다. ③ **위험물 제거조치** : 배관에는 서로 인접하는 2개의 긴급차단밸브 사이의 구간마다 해당 배관 안의 위험물을 안전하게 물 또는 불연성 기체로 치환할 수 있는 조치를 하여야 한다. ④ **감진장치 등** : 배관의 경로에는 안전상 필요한 장소와 25km의 거리마다 감진장치 및 강진계를 설치하여야 한다.

PART 2 필기 과년도 출제문제

최근 필기 출제문제

Part 2. 과년도 출제문제

위험물기능장 필기

제49회 위험물기능장 필기
(2011년 4월 시행)

01 위험물 암반탱크가 다음과 같은 조건일 때 탱크의 용량은 몇 L인가?

- 암반탱크의 내용적 : 600,000L
- 1일간 탱크 내에 용출하는 지하수의 양 : 1,000L

① 595,000L ② 594,000L
③ 593,000L ④ 592,000L

㉠ 탱크의 공간용적은 탱크 용적의 100분의 5 이상, 100분의 10 이하로 한다. 다만, 소화설비(소화약제 방출구를 탱크 안의 윗부분에 설치하는 것에 한한다.)를 설치하는 탱크의 공간용적은 해당 소화설비의 소화약제 방출구 아래의 0.3m 이상, 1m 미만 사이의 면으로부터 윗부분의 용적으로 한다. 암반탱크에 있어서는 해당 탱크 내에 용출하는 7일간의 지하수 양에 상당하는 용적과 해당 탱크의 내용적의 100분의 1의 용적 중에서 보다 큰 용적을 공간용적으로 한다.
㉡ 본 문제에서 7일간의 지하수 양에 상당하는 용적은 7×1,000L=7,000L
해당 탱크의 내용적의 100분의 1에 해당하는 용적은 600,000L×1/100=6,000L이므로 보다 큰 용적은 7,000L이므로 공간용적은 7,000L임
㉢ 따라서,
 탱크의 용량=탱크의 내용적−공간용적
　　　　　　＝600,000L−7,000L
　　　　　　＝593,000L

답 ③

02 자신은 불연성 물질이지만 산화력을 가지고 있는 물질은?
① 마그네슘 ② 과산화수소
③ 알킬알루미늄 ④ 에틸렌글리콜

과산화수소는 제6류 위험물로서 산화성 액체에 해당하며 불연성 물질이다.

답 ②

03 위험물안전관리법상 제6류 위험물을 저장 또는 취급하는 장소에 이산화탄소소화기가 적응성이 있는 경우는?
① 폭발의 위험이 없는 장소
② 사람이 상주하지 않는 장소
③ 습도가 낮은 장소
④ 전자설비를 설치한 장소

제6류 위험물을 저장 또는 취급하는 장소로서 폭발의 위험이 없는 장소에 한하여 이산화탄소소화기가 제6류 위험물에 대하여 적응성이 있음을 각각 표시한다.

답 ①

04 한 변의 길이는 12m, 다른 한 변의 길이는 60m인 옥내저장소에 자동화재탐지설비를 설치하는 경우 경계구역은 원칙적으로 최소한 몇 개로 하여야 하는가? (단, 차동식 스폿형 감지기를 설치한다.)
① 1
② 2
③ 3
④ 4

㉠ 하나의 경계구역의 면적은 600m² 이하로 하고 그 한 변의 길이는 50m(광전식분리형감지기를 설치할 경우에는 100m) 이하로 할 것. 다만, 해당 건축물, 그 밖의 공작물의 주요한 출입구에서 그 내부의 전체를 볼 수 있는 경우에 있어서는 그 면적을 1,000m² 이하로 할 수 있다.
㉡ 그러므로, 저장소 면적은 12m×60m=720m²이므로 경계구역은 720m²÷600m²=1.2이므로 2개의 경계구역에 해당한다.

답 ②

05 자동화재탐지설비를 설치하여야 하는 대상이 아닌 것은?

① 처마높이가 6m 이상인 단층 옥내저장소
② 저장창고의 연면적이 100m² 인 옥내저장소
③ 지정수량 100배의 에탄올을 저장 또는 취급하는 옥내저장소
④ 연면적이 500m² 인 일반취급소

해설

제조소 등의 구분	제조소 등의 규모, 저장 또는 취급하는 위험물의 종류 및 최대수량 등	경보설비
1. 제조소 및 일반취급소	• 연면적 500m² 이상인 것 • 옥내에서 지정수량의 100배 이상을 취급하는 것(고인화점 위험물만을 100℃ 미만의 온도에서 취급하는 것을 제외한다) • 일반취급소로 사용되는 부분 외의 부분이 있는 건축물에 설치된 일반취급소(일반취급소와 일반취급소 외의 부분이 내화구조의 바닥 또는 벽으로 개구부 없이 구획된 것을 제외한다)	자동화재탐지설비
2. 옥내저장소	• 지정수량의 100배 이상을 저장 또는 취급하는 것(고인화점 위험물만을 저장 또는 취급하는 것을 제외한다) • 저장창고의 연면적이 150m²를 초과하는 것[해당 저장창고가 연면적 150m² 이내마다 불연재료의 격벽으로 개구부 없이 완전히 구획된 것과 제2류 또는 제4류의 위험물(인화성 고체 및 인화점이 70℃ 미만인 제4류 위험물을 제외한다)만을 저장 또는 취급하는 것에 있어서는 저장창고의 연면적이 500m² 이상의 것에 한한다] • 처마높이가 6m 이상인 단층건물의 것 • 옥내저장소로 사용되는 부분 외의 부분이 있는 건축물에 설치된 옥내저장소[옥내저장소와 옥내저장소 외의 부분이 내화구조의 바닥 또는 벽으로 개구부 없이 구획된 것과 제2류 또는 제4류의 위험물(인화성 고체 및 인화점이 70℃ 미만인 제4류 위험물을 제외한다)만을 저장 또는 취급하는 것을 제외한다]	
3. 옥내탱크저장소	단층건물 외의 건축물에 설치된 옥내탱크저장소로서 소화난이도 등급 Ⅰ에 해당하는 것	
4. 주유취급소	옥내주유취급소	

 ②

06 제6류 위험물의 성질, 화재 예방 및 화재 발생 시 소화방법에 관한 설명 중 틀린 것은?

① 옥외저장소에 과염소산을 저장하는 경우 천막 등으로 햇빛을 가려야 한다.
② 과염소산은 물과 접촉하여 발열하고 가열하면 유독성 가스가 발생한다.
③ 질산은 산화성이 강하므로 가능한 한 환원성 물질과 혼합하여 중화시킨다.
④ 과염소산의 화재에는 물분무소화설비, 포소화설비 등이 적응성이 있다.

해설 질산은 제6류 위험물로서 산화성 액체에 해당하며, 환원성 물질과 혼합하면 위험성이 증대된다.

 ③

07 연소에 관한 설명으로 틀린 것은?

① 위험도는 연소범위를 폭발 상한계로 나눈 값으로 값이 클수록 위험하다.
② 인화점 미만에서는 점화원을 가해도 연소가 진행되지 않는다.
③ 발화점은 같은 물질이라도 조건에 따라 변동되며 절대적인 값이 아니다.
④ 연소점은 연소상태가 일정 시간 이상 유지될 수 있는 온도이다.

해설 위험도는 연소범위를 폭발하한계로 나눈 값으로 값이 클수록 위험하다.

위험도$(H) = \dfrac{U-L}{L}$

답 ①

08 다음 중 간이탱크저장소의 설치기준으로 옳지 않은 것은?

① 1개의 간이탱크저장소에 설치하는 간이저장탱크는 3개 이하로 한다.
② 간이저장탱크의 용량은 800L 이하로 한다.
③ 간이저장탱크는 두께 3.2mm 이상의 강판으로 제작한다.
④ 간이저장탱크에는 통기관을 설치하여야 한다.

하나의 탱크 용량은 600L 이하로 할 것

답 ②

09 경유 150,000L는 몇 소요단위에 해당하는가?
① 7.5단위 ② 10단위
③ 15단위 ④ 30단위

 위험물의 경우 소요단위는 지정수량의 10배이다.

$$소요단위 = \frac{저장수량}{지정수량 \times 10}$$
$$= \frac{150,000}{1,000 \times 10} = 15$$

답 ③

10 마그네슘의 성질에 대한 설명 중 틀린 것은?
① 물보다 무거운 금속이다.
② 은백색의 광택이 난다.
③ 온수와 반응 시 산화마그네슘과 수소가 발생한다.
④ 융점은 약 650℃이다.

 산 및 온수와 반응하여 수소(H_2)가 발생한다.
$Mg + 2HCl \rightarrow MgCl_2 + H_2$
$Mg + 2H_2O \rightarrow Mg(OH)_2 + H_2$

답 ③

11 플루오린계 계면활성제를 주성분으로 하며 물과 혼합하여 사용하는 소화약제로서, 유류화재 발생 시 분말소화약제와 함께 사용이 가능한 포 소화약제는?
① 단백포 소화약제
② 플루오린화단백포 소화약제
③ 합성계면활성제포 소화약제
④ 수성막포 소화약제

 CDC(Compatible Dry Chemical) 분말소화약제 : 분말소화약제와 포소화약제의 장점을 이용하여 소포성이 거의 없는 소화약제를 CDC 분말소화약제라 하며 ABC 소화약제와 수성막포 소화약제를 혼합하여 제조한다.

답 ④

12 황린에 대한 설명으로 옳은 것은?
① 투명 또는 담황색 액체이다.
② 무취이고 증기비중이 약 1.82이다.
③ 발화점은 60~70℃이므로 가열 시 주의해야 한다.
④ 환원력이 강하여 쉽게 연소한다.

 공기 중에서 격렬하게 오산화인의 백색 연기를 내며 연소하고 일부 유독성의 포스핀(PH_3)도 발생한다. 환원력이 강하여 산소 농도가 낮은 환경에서도 연소한다.

답 ④

13 위험물안전관리법상 정기점검의 대상이 되는 제조소 등에 해당하지 않는 것은?
① 지하탱크저장소 ② 이동탱크저장소
③ 이송취급소   ④ 옥내탱크저장소

 정기점검 대상 제조소 등
㉠ 예방 규정을 정하여야 하는 제조소 등(제조소, 옥외저장소, 옥내저장소, 옥외탱크저장소, 암반탱크저장소, 이송취급소)
㉡ 지하탱크저장소
㉢ 이동탱크저장소
㉣ 제조소(지하탱크), 주유취급소 또는 일반취급소

답 ④

14 다음 중 트라이나이트로톨루엔의 화학식은?
① $C_6H_2CH_3(NO_2)_3$ ② $C_6H_3(NO_2)_3$
③ $C_6H_2(NO_3)_3OH$ ④ $C_{10}H_6(NO_2)_2$

답 ①

15 트라이에틸알루미늄이 물과 반응하였을 때 생성되는 물질은?
① $Al(OH)_3$, C_2H_2 ② $Al(OH)_3$, C_2H_6
③ Al_2O_3, C_2H_2 ④ Al_2O_3, C_2H_6

 물과 접촉하면 폭발적으로 반응하여 에테인을 형성하고 이때 발열, 폭발에 이른다.
$(C_2H_5)_3Al + 3H_2O \rightarrow Al(OH)_3 + 3C_2H_6 + 발열$

답 ②

16 위험물의 지정수량 중 옳지 않은 것은?

① 황산하이드라진 : 100kg
② 황화인 : 100kg
③ 염소산칼륨 : 50kg
④ 과산화수소 : 300kg

 황산하이드라진은 제5류 위험물로서 지정수량은 시험결과에 따라 제1종인 경우 10kg, 제2종인 경우 100kg으로 분류된다.

답 ①

17 제2류 위험물에 속하지 않는 것은?

① 1기압에서 인화점이 30℃인 고체
② 직경이 1mm인 막대모양의 마그네슘
③ 고형 알코올
④ 구리분, 니켈분

 "금속분"이라 함은 알칼리금속·알칼리토류금속·철 및 마그네슘 외의 금속의 분말을 말하고, 구리분·니켈분 및 150μm의 체를 통과하는 것이 50wt% 미만인 것은 제외한다.

답 ④

18 과염소산과 질산의 공통성질로 옳은 것은?

① 환원성 물질로서, 증기는 유독하다.
② 다른 가연물의 연소를 돕는 가연성 물질이다.
③ 강산이고 물과 접촉하면 발열한다.
④ 부식성은 작으나 다른 물질과 혼촉발화 가능성이 높다.

 제6류 위험물로서 산화성 액체이다.

답 ③

19 서로 혼재가 가능한 위험물은? (단, 지정수량의 10배를 취급하는 경우이다.)

① $KClO_4$와 Al_4C_3
② CH_3CN과 Na
③ P_4와 Mg
④ HNO_3와 $(C_2H_5)_3Al$

 ㉮ 유별을 달리하는 위험물의 혼재기준

위험물의 구분	제1류	제2류	제3류	제4류	제5류	제6류
제1류		×	×	×	×	○
제2류	×		×	○	○	×
제3류	×	×		○	×	×
제4류	×	○	○		○	×
제5류	×	○	×	○		×
제6류	○	×	×	×	×	

㉯ 보기의 물질별 명칭과 유별구분
  ㉠ 과염소산칼륨($KClO_4$) : 제1류,
    탄화알루미늄(Al_4C_3) : 제3류
  ㉡ 아세토나이트릴(CH_3CN) : 제4류,
    나트륨(Na) : 제3류
  ㉢ 황린(P_4) : 제3류,
    마그네슘(Mg) : 제2류
  ㉣ 질산(HNO_3) : 제6류,
    트라이에틸알루미늄[$(C_2H_5)_3Al$] : 제3류

답 ②

20 위험물안전관리법상 위험물제조소 등 설치허가 취소사유에 해당하지 않는 것은?

① 위험물제조소의 바닥을 교체하는 공사를 하는데 변경허가를 취득하지 아니한 때
② 법정기준을 위반한 위험물제조소에 대한 수리·개조 명령을 위반한 때
③ 예방 규정을 제출하지 아니한 때
④ 위험물 안전관리자가 장기 해외여행을 갔음에도 그 대리자를 지정하지 아니한 때

 시·도지사는 제조소 등의 관계인이 다음에 해당하는 때에는 행정안전부령이 정하는 바에 따라 허가를 취소하거나 6월 이내의 기간을 정하여 제조소 등의 전부 또는 일부의 사용정지를 명할 수 있다.
  ㉠ 규정에 따른 변경허가를 받지 아니하고 제조소 등의 위치·구조 또는 설비를 변경한 때
  ㉡ 완공검사를 받지 아니하고 제조소 등을 사용한 때
  ㉢ 규정에 따른 수리·개조 또는 이전의 명령을 위반한 때
  ㉣ 규정에 따른 위험물 안전관리자를 선임하지 아니한 때
  ㉤ 대리자를 지정하지 아니한 때
  ㉥ 정기점검을 하지 아니한 때
  ㉦ 정기검사를 받지 아니한 때
  ㉧ 저장·취급 기준 준수명령을 위반한 때

답 ③

21 A 물질 1,000kg을 소각하고자 한다. 1,000kg 중 황의 함유량이 0.5wt%라고 한다면 연소가스 중 SO_2의 농도는 약 몇 mg/Nm^3인가? (단, A 물질 1ton의 습배기 연소가스량= $6,500Nm^3$)

① 1,080 ② 1,538
③ 2,522 ④ 3,450

 황의 연소반응식은 $S+O_2 \rightarrow SO_2$이다.

$$1,000kg \times \frac{0.5}{100} = 5kg$$

$$\frac{5,000g-S}{} \Big| \frac{1mol-S}{32g-S} \Big| \frac{1mol-SO_2}{1mol-S}$$

$$\frac{64g-SO_2}{1mol-SO_2} = 10,000g-SO_2$$

∴ SO_2의 농도= $\frac{10,000g \times 1,000mg/g}{6,500Nm^3}$

$= 1,538.46mg/Nm^3$

답 ②

22 벤조일퍼옥사이드의 용해성에 대한 설명으로 옳은 것은?

① 물과 대부분의 유기용제에 잘 녹는다.
② 물과 대부분의 유기용제에 녹지 않는다.
③ 물에는 잘 녹으나 대부분의 유기용제에는 녹지 않는다.
④ 물에 녹지 않으나 대부분의 유기용제에 잘 녹는다.

 무미, 무취의 백색 분말 또는 무색의 결정성 고체로 물에는 잘 녹지 않으나 알코올 등에는 잘 녹는다.

답 ④

23 각 물질의 화재 시 발생하는 현상과 소화방법에 대한 설명으로 틀린 것은?

① 황린의 소화는 연소 시 발생하는 황화수소 가스를 피하기 위하여 바람을 등지고 공기호흡기를 착용한다.
② 트라이에틸알루미늄의 화재 시 이산화탄소 소화약제, 할로젠화합물소화약제의 사용을 금한다.
③ 리튬 화재 시에는 팽창질석, 마른 모래 등으로 소화한다.
④ 뷰틸리튬 화재의 소화에는 포소화약제를 사용할 수 없다.

 공기 중에서 격렬하게 오산화인의 백색 연기를 내며 연소하고 일부 유독성의 포스핀(PH_3)도 발생한다. 환원력이 강하여 산소 농도가 낮은 환경에서도 연소한다.
$P_4 + 5O_2 \rightarrow 2P_2O_5$

답 ①

24 단층건축물에 옥내탱크저장소를 설치하고자 한다. 하나의 탱크 전용실에 2개의 옥내저장탱크를 설치하여 에틸렌글리콜과 기어유를 저장하고자 한다면 저장 가능한 지정수량의 최대 배수를 옳게 나타낸 것은?

품명	저장 가능한 지정수량의 최대 배수
에틸렌글리콜	(A)
기어유	(B)

① (A) 40배, (B) 40배
② (A) 20배, (B) 20배
③ (A) 10배, (B) 30배
④ (A) 5배, (B) 35배

 ㉠ 옥내저장탱크의 용량(동일한 탱크 전용실에 옥내저장탱크를 2 이상 설치하는 경우에는 각 탱크 용량의 합계를 말한다)은 지정수량의 40배(제4석유류 및 동식물유류 외의 제4류 위험물에 있어서 해당 수량이 20,000L를 초과할 때에는 20,000L) 이하일 것
㉡ 에틸렌글리콜은 제3석유류(수용성)로서 지정수량은 4,000L이며, 최대 20,000L까지 저장이 가능하므로 지정수량의 5배가 저장 가능하다.
따라서, 기어유의 경우 40배-5배=35배가 된다.

답 ④

25 이황화탄소에 대한 설명으로 틀린 것은?

① 인화점이 낮아 인화가 용이하므로 액체 자체의 누출뿐만 아니라 증기의 누설을 방지하여야 한다.
② 휘발성 증기는 독성이 없으나 연소생성물 중 SO_2는 유독성 가스이다.
③ 물보다 무겁고 녹기 어렵기 때문에 물을 채운 수조탱크에 저장한다.
④ 강산화제와의 접촉에 의해 격렬히 반응하고 혼촉발화 또는 폭발의 위험성이 있다.

 순수한 것은 무색투명하고 클로로폼과 같은 약한 향기가 있는 액체지만 통상 불순물이 있기 때문에 황색을 띠며 불쾌한 냄새가 난다.

답 ②

26 제1류 위험물 중 무기과산화물과 제5류 위험물 중 유기과산화물의 소화방법으로 옳은 것은?

① 무기과산화물 : CO_2에 의한 질식소화
　유기과산화물 : CO_2에 의한 냉각소화
② 무기과산화물 : 건조사에 의한 피복소화
　유기과산화물 : 분말에 의한 질식소화
③ 무기과산화물 : 포에 의한 질식소화
　유기과산화물 : 분말에 의한 질식소화
④ 무기과산화물 : 건조사에 의한 피복소화
　유기과산화물 : 물에 의한 냉각소화

답 ④

27 비점이 약 111℃인 액체로서, 산화하면 벤즈알데하이드를 거쳐 벤조산이 되는 위험물은?

① 벤젠　　　　② 톨루엔
③ 자일렌　　　④ 아세톤

 톨루엔은 물에 녹지 않으나 유기용제 및 수지, 유지, 고무를 녹이며 벤젠보다 휘발하기 어려우며, 강산화제에 의해 산화하여 벤조산(C_6H_5COOH, 안식향산)이 된다.

답 ②

28 큐멘(cumene) 공정으로 제조되는 것은?

① 아세트알데하이드와 에터
② 페놀과 아세톤
③ 자일렌과 에터
④ 자일렌과 아세트알데하이드

 큐멘법 : 벤젠과 프로필렌에서 먼저 아이소프로필벤젠(큐멘)을 만들고 이것을 공기 산화하여 중간체인 큐멘과산화수소를 제조한 후 이를 다시 산분해하여 페놀과 아세톤을 병산한다.

답 ②

29 위험물취급소에 해당하지 않는 것은?

① 일반취급소
② 옥외취급소
③ 판매취급소
④ 이송취급소

 위험물취급소의 종류 : 일반취급소, 판매취급소, 이송취급소, 주유취급소

답 ②

30 다음 물질을 저장하는 저장소로 허가받으려고 위험물저장소 설치허가 신청서를 작성하려고 한다. 지정수량의 배수로 적절한 것은 어느 것인가?

- 차아염소산칼슘 : 150kg
- 과산화나트륨 : 100kg
- 질산암모늄 : 300kg

① 12　　　　② 9
③ 6　　　　　④ 5

 지정수량 배수의 합
$$= \frac{\text{A품목 저장수량}}{\text{A품목 지정수량}} + \frac{\text{B품목 저장수량}}{\text{B품목 지정수량}} + \frac{\text{C품목 저장수량}}{\text{C품목 지정수량}} + \cdots$$
$$= \frac{150\text{kg}}{50\text{kg}} + \frac{100\text{kg}}{50\text{kg}} + \frac{300\text{kg}}{300\text{kg}} = 6$$

답 ③

31 국소방출방식 이산화탄소소화설비 중 저압식 저장용기에 설치되는 압력경보장치는 어느 압력 범위에서 작동하는 것으로 설치하여야 하는가?
① 2.3MPa 이상의 압력과 1.9MPa 이하의 압력에서 작동하는 것
② 2.5MPa 이상의 압력과 2.0MPa 이하의 압력에서 작동하는 것
③ 2.7MPa 이상의 압력과 2.3MPa 이하의 압력에서 작동하는 것
④ 3.0MPa 이상의 압력과 2.5MPa 이하의 압력에서 작동하는 것

 저압식 저장용기에는 다음에 정하는 것에 의할 것
  ㉠ 저압식 저장용기에는 액면계 및 압력계를 설치할 것
  ㉡ 저압식 저장용기에는 2.3MPa 이상의 압력 및 1.9MPa 이하의 압력에서 작동하는 압력경보장치를 설치할 것
  ㉢ 저압식 저장용기에는 용기 내부의 온도를 영하 20℃ 이상, 영하 18℃ 이하로 유지할 수 있는 자동냉동기를 설치할 것
  ㉣ 저압식 저장용기에는 파괴판 및 방출밸브를 설치할 것

답 ①

32 제6류 위험물에 대한 설명 중 맞는 것은?
① 과염소산은 무취, 청색의 기름상 액체이다.
② 과산화수소는 물, 알코올에는 용해되나 에터에는 녹지 않는다.
③ 질산은 크산토프로테인반응과 관계가 있다.
④ 오플루오린화브로민의 화학식은 C_2F_5Br이다.

 질산은 피부에 닿으면 노란색으로 변색이 되는 크산토프로테인반응(단백질 검출)을 한다.

답 ③

33 분자식이 CH_2OHCH_2OH인 위험물은 제 몇 석유류에 속하는가?
① 제1석유류   ② 제2석유류
③ 제3석유류   ④ 제4석유류

 에틸렌글리콜로서 제4류 위험물 중 제3석유류(수용성)에 속한다.

답 ③

34 지정수량의 단위가 나머지 셋과 다른 하나는?
① 황린   ② 과염소산
③ 나트륨   ④ 이황화탄소

 ① 황린 : 20kg
② 과염소산 : 300kg
③ 나트륨 : 10kg
④ 이황화탄소 : 50L

답 ④

35 할로젠화합물 소화약제의 종류가 아닌 것은?
① HFC-125
② HFC-227ea
③ HFC-23
④ CTC-124

 할로젠화합물 소화약제의 종류

소화약제	화학식
펜타플루오로에테인 (HFC-125)	CHF_2CF_3
헵타플루오로프로페인 (HFC-227ea)	CF_3CHFCF_3
트라이플루오로메테인 (HFC-23)	CHF_3
도데카플루오로-2-메틸펜테인-3-원 (FK-5-1-12)	$CF_3CF_2C(O)CF(CF_3)_2$

답 ④

36 나이트로셀룰로스의 화재 발생 시 가장 적합한 소화약제는?
① 물소화약제
② 분말소화약제
③ 이산화탄소소화약제
④ 할로젠화합물소화약제

 나이트로셀룰로스는 제5류 위험물로서 자기반응성 물질이며, 다량의 주수에 의한 냉각소화가 효과적이다.

답 ①

37 질산암모늄의 산소평형(Oxygen Balance) 값은 얼마인가?

① 0.2　② 0.3
③ 0.4　④ 0.5

 질산암모늄의 폭발반응식은
$2NH_4NO_3 \rightarrow 4H_2O + 2N_2 + O_2$
반응식에서 2mol의 질산암모늄이 폭발 시 1mol의 O_2가 발생하므로 O_2 1g에 대한 OB 값은
$2 \times 80 : 32 = 1 : OB$
$\therefore OB = \frac{32}{160} = 0.2$임

답 ①

38 위험물 운송에 대한 설명 중 틀린 것은?

① 위험물의 운송은 해당 위험물을 취급할 수 있는 국가기술자격자 또는 위험물 안전관리자 강습교육 수료자여야 한다.
② 알킬리튬, 알킬알루미늄을 운송하는 경우에는 위험물 운송책임자의 감독 또는 지원을 받아 운송하여야 한다.
③ 위험물 운송자는 이동탱크저장소에 의해 위험물을 운송하는 때에는 해당 국가기술자격증 또는 교육수료증을 지녀야 한다.
④ 휘발유를 운송하는 위험물 운송자는 위험물 안전관리카드를 휴대하여야 한다.

 이동탱크저장소에 의하여 위험물을 운송하는 자(운송책임자 및 이동탱크저장소 교육수료증 운전자)는 해당 위험물을 취급할 수 있는 국가기술자격자 또는 안전교육을 받은 자

답 ①

39 화학적 소화방법에 해당하는 것은?

① 냉각소화　② 부촉매소화
③ 제거소화　④ 질식소화

 냉각, 제거, 질식 소화는 물리적 소화방법에 해당한다.

답 ②

40 다음 (   )에 알맞은 숫자를 순서대로 나열한 것은?

주유취급소 중 건축물의 (   )층의 이상의 부분을 점포, 휴게음식점 또는 전시장의 용도로 사용하는 것에 있어서는 해당 건축물의 (   )층 이상으로부터 직접 주유취급소의 부지 밖으로 통하는 출입구와 해당 출입구로 통하는 통로, 계단 및 출입구에 유도등을 설치하여야 한다.

① 2층, 1층
② 1층, 1층
③ 2층, 2층
④ 1층, 2층

 피난설비 설치기준
㉠ 주유취급소 중 건축물의 2층 이상의 부분을 점포·휴게음식점 또는 전시장의 용도로 사용하는 것에 있어서는 해당 건축물의 2층 이상으로부터 직접 주유취급소의 부지 밖으로 통하는 출입구와 해당 출입구로 통하는 통로·계단 및 출입구에 유도등을 설치하여야 한다.
㉡ 옥내주유취급소에 있어서는 해당 사무소 등의 출입구 및 피난구와 해당 피난구로 통하는 통로·계단 및 출입구에 유도등을 설치하여야 한다.
㉢ 유도등에는 비상전원을 설치하여야 한다.

답 ③

41 위험물의 화재 위험성이 증가하는 경우가 아닌 것은?

① 비점이 높을수록
② 연소범위가 넓을수록
③ 착화점이 낮을수록
④ 인화점이 낮을수록

 비점이 낮을수록 위험하다.

답 ①

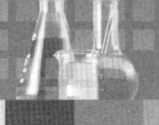

42 위험물안전관리법령에서 정의하는 산화성 고체에 대해 다음 ( ) 안에 알맞은 용어를 차례대로 나열한 것은?

> "산화성 고체"라 함은 고체로서 ( )의 잠재적인 위험성 또는 ( )에 대한 민감성을 판단하기 위하여 소방청장이 정하여 고시하는 시험에서 고시로 정하는 성질과 상태를 나타내는 것을 말한다.

① 산화력, 온도 ② 착화, 온도
③ 착화, 충격 ④ 산화력, 충격

 "산화성 고체"라 함은 고체[액체(1기압 및 20℃에서 액상인 것 또는 20℃ 초과, 40℃ 이하에서 액상인 것을 말한다. 이하 같다.)또는 기체(1기압 및 20℃에서 기상인 것을 말한다) 외의 것을 말한다. 이하 같다.]로서 산화력의 잠재적인 위험성 또는 충격에 대한 민감성을 판단하기 위하여 소방청장이 정하여 고시(이하 "고시"라 한다)하는 시험에서 고시로 정하는 성질과 상태를 나타내는 것을 말한다. 이 경우 "액상"이라 함은 수직으로 된 시험관(안지름 30mm, 높이 120mm의 원통형 유리관을 말한다)에 시료를 55mm까지 채운 다음 해당 시험관을 수평으로 하였을 때 시료액면의 선단이 30mm를 이동하는 데 걸리는 시간이 90초 이내에 있는 것을 말한다.

답 ④

43 스프링클러소화설비가 전체적으로 적응성이 있는 대상물은?

① 제1류 위험물 ② 제2류 위험물
③ 제4류 위험물 ④ 제5류 위험물

 제5류 위험물은 다량의 주수에 의한 냉각소화가 유효하다.

답 ④

44 다음 중 불연성이면서 강산화성인 위험물질이 아닌 것은?

① 과산화나트륨 ② 과염소산
③ 질산 ④ 피크르산

 피크르산은 제5류 위험물로서 자기반응성 물질에 해당한다.

답 ④

45 다음 중 제4류 위험물의 지정수량으로서 옳지 않은 것은?

① 피리딘 : 200L
② 아세톤 : 400L
③ 아세트산 : 2,000L
④ 나이트로벤젠 : 2,000L

 피리딘은 제1석유류 중 수용성에 해당하므로 지정수량은 400L이다.

답 ①

46 지중탱크의 옥외탱크저장소에 다음과 같은 조건의 위험물을 저장하고 있다면 지중탱크 지반면의 옆판에서 부지 경계선 사이에는 얼마 이상의 거리를 유지해야 하는가?

- 저장 위험물 : 에탄올
- 지중탱크 수평단면의 내경 : 30m
- 지중탱크 밑판 표면에서 지반면까지의 높이 : 25m
- 부지 경계선의 높이 구조 : 높이 2m 이상의 콘크리트조

① 100m 이상
② 75m 이상
③ 50m 이상
④ 25m 이상

해설 지중탱크의 옥외탱크저장소의 위치는 해당 옥외탱크저장소가 보유하는 부지의 경계선에서 지중탱크의 지반면의 옆판까지의 사이에, 해당 지중탱크 수평단면 내경의 수치에 0.5를 곱하여 얻은 수치(해당 수치가 지중탱크의 밑판 표면에서 지반면까지 높이의 수치보다 작은 경우에는 해당 높이의 수치) 또는 50m(해당 지중탱크에 저장 또는 취급하는 위험물의 인화점이 21℃ 이상, 70℃ 미만의 경우에 있어서는 40m, 70℃ 이상의 경우에 있어서는 30m) 중 큰 것과 동일한 거리 이상의 거리를 유지할 것
따라서 내경 30m×0.5=15m이며, 50m와 비교해서 큰 것을 택하면 50m 이상 거리를 유지해야 한다.

답 ③

47 이송취급소의 배관 설치기준 중 배관을 지하에 매설하는 경우의 안전거리 또는 매설 깊이로 옳지 않은 것은?

① 건축물(지하가 내의 건축물을 제외) : 1.5m 이상
② 지하가 및 터널 : 10m 이상
③ 산이나 들에 매설하는 배관의 외면과 지표면과의 거리 : 0.3m 이상
④ 수도법에 의한 수도시설(위험물의 유입 우려가 있는 것) : 300m 이상

 배관의 외면과 지표면과의 거리는 산이나 들에 있어서는 0.9m 이상, 그 밖의 지역에 있어서는 1.2m 이상으로 할 것

답 ③

48 메틸에틸케톤에 대한 설명 중 틀린 것은?

① 증기는 공기보다 무겁다.
② 지정수량은 200L이다.
③ 아이소뷰틸알코올을 환원하여 제조할 수 있다.
④ 품명은 제1석유류이다.

 제법 : 부텐유분에 황산을 반응한 후 가수분해하여 얻은 뷰탄올을 탈수소하여 만든다.

답 ③

49 다음에서 설명하고 있는 법칙은?

> 온도가 일정할 때 기체의 부피는 절대압력에 반비례한다.

① 일정성분비의 법칙
② 보일의 법칙
③ 샤를의 법칙
④ 보일-샤를의 법칙

답 ②

50 제4류 위험물 중 20L 플라스틱 용기에 수납할 수 있는 것은?

① 이황화탄소
② 휘발유
③ 다이에틸에터
④ 아세트알데하이드

 제4류 위험물 중 위험등급 Ⅱ와 위험등급 Ⅲ을 수납할 수 있다. 따라서 보기 중 위험등급 Ⅱ에 속하는 것은 휘발유이다.

답 ②

51 운반용기 내용적 95% 이하의 수납률로 수납하여야 하는 위험물은?

① 과산화벤조일
② 질산에틸
③ 나이트로글리세린
④ 메틸에틸케톤퍼옥사이드

 고체 위험물은 운반용기 내용적의 95% 이하의 수납률로 수납한다. 과산화벤조일은 제5류 위험물로서 무미, 무취의 백색 분말 또는 무색의 결정성 고체이다.

답 ①

52 황에 대한 설명 중 틀린 것은?

① 순도가 60wt% 이상이면 위험물이다.
② 물에 녹지 않는다.
③ 전기에 도체이므로 분진폭발의 위험이 있다.
④ 황색의 분말이다.

해설 황은 전기에 대해 부도체이므로 분진폭발의 위험이 있다.

답 ③

53 위험물안전관리법령에서 정한 소화설비의 적응성 기준에서 이산화탄소소화설비가 적응성이 없는 대상은?

① 전기설비
② 인화성 고체
③ 제4류 위험물
④ 제6류 위험물

해설

대상물 구분	건축물·그 밖의 공작물	전기설비	제1류 위험물		제2류 위험물			제3류 위험물		제4류 위험물	제5류 위험물	제6류 위험물
소화설비의 구분			알칼리금속과산화물 등	그 밖의 것	철분·금속분·마그네슘 등	인화성 고체	그 밖의 것	금수성 물품	그 밖의 것			
옥내소화전 또는 옥외소화전 설비	○			○		○	○		○		○	○
스프링클러설비	○			○		○	○		○	△	○	○
물분무소화설비	○	○		○		○	○		○	○	○	○
포소화설비	○			○		○	○		○	○	○	○
불활성가스소화설비		○				○				○		
할로젠화합물소화설비		○				○				○		
분말소화설비 인산염류 등	○	○		○		○	○			○		○
분말소화설비 탄산수소염류 등		○	○		○	○		○		○		
분말소화설비 그 밖의 것			○		○			○				

답 ④

54 [보기]의 요건을 모두 충족하는 위험물 중 지정수량이 가장 큰 것은?

- 위험등급 Ⅰ 또는 Ⅱ에 해당하는 위험물이다.
- 제6류 위험물과 혼재하여 운반할 수 있다.
- 황린과 동일한 옥내저장소에서는 1m 이상 간격을 유지한다면 저장이 가능하다.

① 염소산염류
② 무기과산화물
③ 질산염류
④ 과망가니즈산염류

해설

㉠ 위험등급 Ⅰ : 염소산염류, 무기과산화물, 위험등급 Ⅱ : 질산염류
㉡ 제6류 위험물과 혼재하여 운반할 수 있다. : 보기의 위험물은 모두 제1류 위험물로서 혼재운반 가능하다.
㉢ 황린과 동일한 옥내저장소에서는 1m 이상 간격을 유지한다면 저장이 가능하다. : 보기의 위험물은 모두 제1류 위험물로서 동일한 옥내저장소에서 1m 이상 간격을 유지하는 경우 저장이 가능하다.
따라서 공통적인 물질은 염소산염류, 무기과산화물(이상은 지정수량 50kg), 질산염류(지정수량 300kg)이며, 이 중 지정수량이 가장 큰 것은 질산염류이다.

답 ③

55 다음 검사의 종류 중 검사공정에 의한 분류에 해당되지 않는 것은?

① 수입 검사
② 출하 검사
③ 출장 검사
④ 공정 검사

해설

검사공정 : 수입 검사, 구입 검사, 공정 검사, 최종 검사, 출하 검사

답 ③

56 그림과 같은 계획공정도(network)에서 주공정은? (단, 화살표 아래 숫자는 활동시간을 나타낸 것이다.)

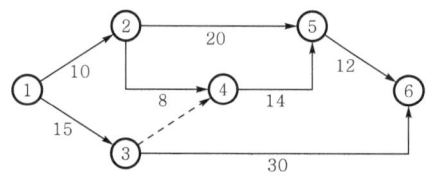

① 1 - 3 - 6
② 1 - 2 - 5 - 6
③ 1 - 2 - 4 - 5 - 6
④ 1 - 3 - 4 - 5 - 6

해설 주공정은 1 - 3 - 6에 해당함

답 ①

57 다음 Ralph M. Barnes 교수가 제시한 동작경제의 원칙 중 작업장 배치에 관한 원칙(arrangement of the workplace)에 해당되지 않는 것은?

① 가급적이면 낙하식 운반방법을 이용한다.
② 모든 공구나 재료는 지정된 위치에 있도록 한다.
③ 충분한 조명을 하여 작업자가 잘 볼 수 있도록 한다.
④ 가급적 용이하고 자연스런 리듬을 타고 일할 수 있도록 작업을 구성하여야 한다.

 반스의 동작경제의 원칙은 인체의 사용에 관한 원칙, 작업장의 배열에 관한 원칙, 그리고 공구 및 장비의 설계에 관한 원칙이 있다.

답 ④

58 로트 크기 1,000, 부적합품률이 15%인 로트에서 5개의 랜덤 시료 중 발견된 부적합품수가 1개일 확률을 이항분포로 계산하면 약 얼마인가?

① 0.1648
② 0.3915
③ 0.6085
④ 0.8352

 확률
＝시료의 개수×부적합품률[%]×(적합품률)^4[%]
＝$5 \times 0.15 \times (0.85)^4$
＝0.3915

답 ②

59 다음 중 계량치 관리도에 해당되는 것은?
① c 관리도
② np 관리도
③ R 관리도
④ u 관리도

 R은 계량치 관리도에 해당한다.

답 ③

60 품질코스트(quality cost)를 예방코스트, 실패코스트, 평가코스트로 분류할 때 다음 중 실패코스트(failure cost)에 속하는 것이 아닌 것은?
① 시험코스트
② 불량대책코스트
③ 재가공코스트
④ 설계변경코스트

 실패코스트에는 소정의 품질수준 유지에 실패한 경우 발생하는 불량제품, 불량원료에 의한 손실비용을 말한다. 예를 들어, 폐기, 재가공, 외주불량, 설계변경, 불량대책, 재심코스트 및 각종 서비스비용 등을 말한다.

답 ①

제50회 위험물기능장 필기
(2011년 7월 시행)

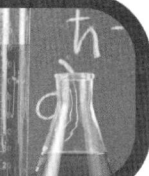

01 30L 용기에 산소를 넣어 압력이 150기압으로 되었다. 이 용기의 산소를 온도 변화없이 동일한 조건에서 40L의 용기에 넣었다면 압력은 얼마로 되는가?

① 85.7기압 ② 102.5기압
③ 112.5기압 ④ 200기압

 보일의 법칙에 의해 $P_1V_1 = P_2V_2$
$P_1 = 150\text{atm}$, $V_1 = 30\text{L}$, $V_2 = 40\text{L}$
$P_2 = \dfrac{P_1V_1}{V_2} = \dfrac{150\text{atm} \cdot 30\text{L}}{40\text{L}} = 112.5\text{atm}$

답 ③

02 다음에서 설명하는 법칙에 해당하는 것은?

> 용매에 용질을 녹일 경우 증기압 강하의 크기는 용액 중에 녹아 있는 용질의 몰분율에 비례한다.

① 증기압의 법칙
② 라울의 법칙
③ 이상용액의 법칙
④ 일정성분비의 법칙

 라울의 법칙 : 어떤 용매에 용질을 녹일 경우, 용매의 증기압이 감소하는데, 용매에 용질을 용해하는 것에 의해 생기는 증기압 강하의 크기는 용액 중에 녹아 있는 용질의 몰분율에 비례한다.

답 ②

03 다음 그림의 위험물에 대한 설명으로 옳은 것은?

$$\begin{array}{c} \text{CH}_3 \\ \text{O}_2\text{N} \diagdown \diagup \text{NO}_2 \\ \diagdown \diagup \\ \text{NO}_2 \end{array}$$

① 휘황색의 액체이다.
② 규조토에 흡수시켜 다이너마이트를 제조하는 원료이다.
③ 여름에 기화하고 겨울에 동결할 우려가 있다.
④ 물에 녹지 않고 아세톤, 벤젠에 잘 녹는다.

 휘황색의 액체는 트라이나이트로페놀이며, 규조토에 흡수시켜 다이너마이트를 제조하는 원료는 나이트로셀룰로스이다. 그림상의 구조식은 트라이나이트로톨루엔으로서 물에는 불용이며, 에터, 아세톤 등에는 잘 녹고 알코올에는 가열하면 약간 녹는다.

답 ④

04 위험물을 저장하는 원통형 탱크를 세로로 설치할 경우 공간용적을 옳게 나타낸 것은? (단, 탱크의 지름은 10m, 높이는 16m이며, 원칙적인 경우이다.)

① 62.8m³ 이상, 125.7m³ 이하
② 72.8m³ 이상, 125.7m³ 이하
③ 62.8m³ 이상, 135.6m³ 이하
④ 72.8m³ 이상, 135.6m³ 이하

 세로(수직)로 설치한 것 : $V = \pi r^2 l$, 탱크의 지붕 부분(l_2)은 제외

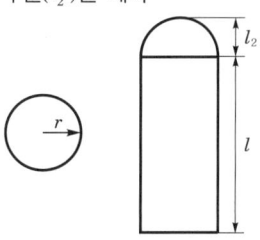

- $V = \pi r^2 l = \pi \times 5^2 \times 16 = 1,256.6\text{m}^3$
  공간용적은 내용적의 5~10%이므로
  ㉠ 5%인 경우 $1,256.6 \times 0.05 = 62.83\text{m}^3$
  ㉡ 10%인 경우 $1,256.6 \times 0.1 = 125.6\text{m}^3$

답 ①

05 위험물의 운반기준으로 틀린 것은?

① 고체 위험물은 운반용기 내용적의 95% 이하로 수납할 것
② 액체 위험물은 운반용기 내용적의 98% 이하로 수납할 것
③ 하나의 외장용기에는 다른 종류의 위험물을 수납하지 아니할 것
④ 액체 위험물은 65℃의 온도에서 누설되지 않도록 충분한 공간용적을 유지할 것

해설 액체 위험물은 운반용기 내용적의 98% 이하의 수납률로 수납하되, 55℃의 온도에서 누설되지 아니하도록 충분한 공간용적을 유지하도록 한다.

답 ④

06 액체 위험물을 저장하는 용량 10,000L의 이동저장탱크는 최소 몇 개 이상의 실로 구획하여야 하는가?

① 1개   ② 2개
③ 3개   ④ 4개

 이동저장탱크의 경우 4,000L 이하마다 안전칸막이를 설치해야 한다.
10,000÷4,000=2.5
따라서, 3개의 실로 구획해야 한다.

답 ③

07 유기과산화물을 함유하는 것 중 불활성 고체를 함유하는 것으로서, 다음에 해당하는 물질은 제5류 위험물에서 제외한다. (   ) 안에 알맞은 수치는?

과산화벤조일의 함유량이 (   )중량퍼센트 미만인 것으로서, 전분 가루, 황산칼슘2수화물 또는 인산수소칼슘2수화물과의 혼합물

① 25.5   ② 35.5
③ 45.5   ④ 55.5

 유기과산화물을 함유하는 것 중에서 불활성 고체를 함유하는 것으로서 다음에 해당하는 것은 제외한다.
㉠ 과산화벤조일의 함유량이 35.5중량퍼센트 미만인 것으로서 전분 가루, 황산칼슘2수화물 또는 인산수소칼슘2수화물과의 혼합물
㉡ 비스(4-클로로벤조일)퍼옥사이드의 함유량이 30중량퍼센트 미만인 것으로서 불활성 고체와의 혼합물
㉢ 과산화다이쿠밀의 함유량이 40중량퍼센트 미만인 것으로서 불활성 고체와의 혼합물
㉣ 1·4비스(2-터셔리뷰틸퍼옥시아이소프로필)벤젠의 함유량이 40중량퍼센트 미만인 것으로서 불활성 고체와의 혼합물
㉤ 사이클로헥사논퍼옥사이드의 함유량이 30중량퍼센트 미만인 것으로서 불활성 고체와의 혼합물

답 ②

08 다음 제1류 위험물 중 융점이 가장 높은 것은?

① 과염소산칼륨   ② 과염소산나트륨
③ 염소산나트륨   ④ 염소산칼륨

품목	융점
① 과염소산칼륨	610℃
② 과염소산나트륨	482℃
③ 염소산나트륨	240℃
④ 염소산칼륨	368.4℃

답 ①

09 운송책임자의 감독·지원을 받아 운송하여야 하는 위험물은?

① 칼륨
② 하이드라진유도체
③ 특수 인화물
④ 알킬리튬

 알킬알루미늄, 알킬리튬은 운송책임자의 감독·지원을 받아 운송하여야 한다.

답 ④

10 위험물 제조과정에서의 취급기준에 대한 설명으로 틀린 것은?

① 증류공정에 있어서는 위험물을 취급하는 설비의 외부압력의 변동에 의하여 액체 또는 증기가 생기도록 하여야 한다.
② 추출공정에 있어서는 추출관의 내부압력이 비정상적으로 상승하지 않도록 하여야 한다.
③ 건조공정에 있어서는 위험물의 온도가 국부적으로 상승하지 않도록 가열 또는 건조시켜야 한다.
④ 분쇄공정에 있어서는 위험물의 분말이 현저하게 기계·기구 등에 부착하고 있는 상태로 그 기계·기구를 취급하지 아니하여야 한다.

 증류공정에 있어서는 위험물을 취급하는 설비의 내부압력의 변동 등에 의하여 액체 또는 증기가 새지 아니하도록 할 것

답 ①

11 Halon 1211과 Halon 1301 소화기(약제)에 대한 설명 중 틀린 것은?

① 모두 부촉매 효과가 있다.
② 모두 공기보다 무겁다.
③ 증기비중과 액체비중 모두 Halon 1211이 더 크다.
④ 방사 시 유효거리는 Halon 1301 소화기가 더 길다.

Halon No.	분자식	명명법	비고
할론 104	CCl₄	Carbon Tetrachloride (사염화탄소)	법적 사용 금지 (∵ 유독가스 COCl₂ 방출)
할론 1011	CBrClH₂	Bromo Chloro Methane (브로모 클로로메테인)	—
할론 1211	CF₂ClBr	Bromo Chloro Difluoro Methane (브로모클로로 다이플루오로 메테인)	상온에서 기체 증기비중 : 5.7 액비중 : 1.83 소화기용 방사거리 : 4~5m
할론 2402	C₂F₄Br₂	Dibromo Tetrafluoro Ethane (다이브로모 테트라플루오로 에테인)	상온에서 액체 (단, 독성으로 인해 국내외 생산되는 곳이 없으므로 사용 불가)
할론 1301	CF₃Br	Bromo Trifluoro Methane (브로모 트라이플루오로 메테인)	상온에서 기체 증기비중 : 5.1 액비중 : 1.57 소화설비용 인체에 가장 무해함 방사거리 : 3~4m

답 ④

12 연소생성물로서, 혈액 속에서 헤모글로빈(hemoglobin)과 결합하여 산소부족을 야기하는 것은?

① HCl ② CO
③ NH₃ ④ HCl

 일산화탄소는 혈액 중의 산소 운반 물질인 헤모글로빈과 결합하여 카복시헤모글로빈을 만듦으로써 산소의 혈중 농도를 저하시키고 질식을 일으키게 된다. 헤모글로빈의 산소와의 결합력보다 일산화탄소의 결합력이 약 250~300배 정도 높다.

답 ②

13 소화난이도 등급 I의 옥외탱크저장소(지중탱크 및 해상탱크 이외의 것)로서 인화점이 70℃ 이상인 제4류 위험물만을 저장하는 탱크에 설치하여야 하는 소화설비는?

① 물분무소화설비 또는 고정식 포소화설비
② 옥내소화전설비
③ 스프링클러설비
④ 이산화탄소소화설비

제조소 등의 구분		소화설비
옥외 탱크 저장소	지중탱크 또는 해상탱크 외의 것	황만을 저장·취급하는 것	물분무소화설비
		인화점 70℃ 이상의 제4류 위험물만을 저장·취급하는 것	물분무소화설비 또는 고정식 포소화설비
		그 밖의 것	고정식 포소화설비(포소화설비가 적응성이 없는 경우에는 분말소화설비)
	지중탱크		고정식 포소화설비, 이동식 이외의 불활성가스소화설비 또는 이동식 이외의 할로젠화합물소화설비
	해상탱크		고정식 포소화설비, 물분무포소화설비, 이동식 이외의 불활성가스소화설비 또는 이동식 이외의 할로젠화합물소화설비

답 ①

14 메틸에틸케톤퍼옥사이드의 저장취급소에 적응하는 소화방법으로 가장 적합한 것은?
① 냉각소화   ② 질식소화
③ 억제소화   ④ 제거소화

 제5류 위험물로서 자기반응성 물질이며, 다량의 주수에 의한 냉각소화가 유효하다.

답 ①

15 각 위험물의 지정수량을 합하면 가장 큰 값을 나타내는 것은?
① 다이크로뮴산칼륨+아염소산나트륨
② 다이크로뮴산나트륨+아질산칼륨
③ 과망가니즈산나트륨+염소산칼륨
④ 아이오딘산칼륨+아질산칼륨

① 1,000kg+50kg=1,050kg
② 1,000kg+300kg=1,300kg
③ 1,000kg+50kg=1,050kg
④ 300kg+300kg=600kg

답 ②

16 질산암모늄 80g이 완전분해하여 O_2, H_2O, N_2가 생성되었다면 이때 생성물의 총량은 모두 몇 몰인가?
① 2   ② 3.5
③ 4   ④ 7

 $2NH_4NO_3 \rightarrow 4H_2O + 2N_2 + O_2$에서 80g의 질산암모늄은 1mol에 해당하므로 1몰의 질산암모늄이 분해되는 경우 각각의 생성물은 2몰의 수증기, 1몰의 질소, 0.5몰의 산소가스가 발생하므로 총합 3.5몰이 생성된다.

답 ②

17 질산암모늄 등 유해 위험물질의 위험성을 평가하는 방법 중 정량적 방법에 해당하지 않는 것은?
① FTA   ② ETA
③ CCA   ④ PHA

 ㉮ 정성적 위험성 평가
  ㉠ HAZOP(위험과 운전분석기법)
  ㉡ check list
  ㉢ what if(사고예상질문기법)
  ㉣ PHA(예비위험분석기법)
㉯ 정량적 위험성 평가
  ㉠ FTA(결함수분석기법)
  ㉡ ETA(사건수분석기법)
  ㉢ CA(피해영향분석법)
  ㉣ FMECA
  ㉤ HEA(작업자실수분석)
  ㉥ DAM(상대위험순위결정)
  ㉦ CCA(원인결과분석)

답 ④

18 금속분에 대한 설명 중 틀린 것은?
① Al의 화재 발생 시 할로젠화합물소화약제는 적응성이 없다.
② Al은 수산화나트륨수용액과 반응하는 경우 $NaAl(OH)_2$와 H_2가 주로 생성된다.
③ Zn은 KCN 수용액에서 녹는다.
④ Zn은 염산과 반응 시 $ZnCl_2$와 H_2가 생성된다.

알칼리 수용액과 반응하여 수소가 발생한다.
$2Al + 2NaOH + 2H_2O \rightarrow 2NaAlO_2 + 3H_2$

답 ②

19 위험물제조소에 설치하는 옥내소화전의 개폐밸브 및 호스 접속구는 바닥면으로부터 몇 m 이하의 높이에 설치하여야 하는가?

① 0.5　　② 1.5
③ 1.7　　④ 1.9

 옥내소화전의 개폐밸브 및 호스 접속구는 바닥면으로부터 1.5m 이하의 높이에 설치할 것

답 ②

20 과염소산의 취급·저장 시 주의사항으로 틀린 것은?

① 가열하면 폭발할 위험이 있으므로 주의한다.
② 종이, 나뭇조각 등과 접촉을 피하여야 한다.
③ 구멍이 뚫린 코르크 마개를 사용하여 통풍이 잘 되는 곳에 저장한다.
④ 물과 접촉하면 심하게 반응하므로 접촉을 금지한다.

 유리나 도자기 등의 밀폐용기를 사용하고 누출 시 가연물과 접촉을 피한다.

답 ③

21 반도체 산업에서 사용되는 $SiHCl_3$는 제 몇 류 위험물인가?

① 1　　② 3
③ 5　　④ 6

해설 트라이클로로실란으로 제3류 위험물 중 염소화 규소화합물에 해당한다.

답 ②

22 지정수량을 표시하는 단위가 나머지 셋과 다른 하나는?

① 질산망가니즈　　② 과염소산
③ 메틸에틸케톤　　④ 트라이에틸알루미늄

해설 ① 질산망가니즈 : 300kg
② 과염소산 : 300kg
③ 메틸에틸케톤 : 200L
④ 트라이에틸알루미늄 : 10kg

답 ③

23 위험물에 관한 설명 중 틀린 것은?

① 농도가 30wt%인 과산화수소는 위험물안전관리법상의 위험물이 아니다.
② 질산을 염산과 일정한 비율로 혼합하면 금과 백금을 녹일 수 있는 혼합물이 된다.
③ 질산은 분해 방지를 위해 직사광선을 피하고 갈색병에 담아 보관한다.
④ 과산화수소의 자연발화를 막기 위해 용기에 인산, 요산을 가한다.

해설 과산화수소의 일반 시판품은 30~40%의 수용액으로, 분해되기 쉬워 인산(H_3PO_4), 요산($C_5H_4N_4O_3$) 등 안정제를 가하거나 약산성으로 만든다.

답 ④

24 다음과 같은 벤젠의 화학반응을 무엇이라 하는가?

$$C_6H_6 + H_2SO_4 \rightarrow C_6H_5 \cdot SO_3H + H_2O$$

① 나이트로화　　② 설폰화
③ 아이오딘화　　④ 할로젠화

 황산과 반응하여 벤젠설폰산이 생성된다.

답 ②

25 뉴턴의 점성법칙에서 전단응력을 표현할 때 사용되는 것은?

① 점성계수, 압력
② 점성계수, 속도구배
③ 압력, 속도구배
④ 압력, 마찰계수

해설 전단응력은 점성계수와 속도구배에 비례한다.

답 ②

26 금속칼륨을 석유 속에 넣어 보관하는 이유로 가장 적합한 것은?
① 산소의 발생을 막기 위해
② 마찰 시 충격을 방지하기 위해
③ 제3류 위험물과 제4류 위험물의 혼재가 가능하기 때문에
④ 습기 및 공기와의 접촉을 방지하기 위해

해설 습기나 물에 접촉하지 않도록 보호액(석유, 벤젠, 파라핀 등) 속에 저장해야 한다.

답 ④

27 제조소 및 일반취급소에 경보설비인 자동화재탐지설비를 설치하여야 하는 조건에 해당하지 않는 것은?
① 연면적 $500m^2$ 이상인 것
② 옥내에서 지정수량 100배의 휘발유를 취급하는 것
③ 옥내에서 지정수량 200배의 벤젠을 취급하는 것
④ 처마높이가 6m 이상인 단층건물의 것

해설 ④번은 옥내저장소에 대한 자동화재탐지설비 설치기준이다.

답 ④

28 방호대상물의 표면적이 $50m^2$인 곳에 물분무소화설비를 설치하고자 한다. 수원의 수량은 몇 L 이상이어야 하는가?
① 3,000 ② 4,000
③ 30,000 ④ 40,000

해설 수원의 수량은 분무헤드가 가장 많이 설치된 방사구역의 모든 분무헤드를 동시에 사용할 경우에 해당 방사구역의 표면적 $1m^2$당 1분당 20L의 비율로 계산한 양으로 30분간 방사할 수 있는 양 이상이 되도록 설치할 것
따라서 $50m^2 \times 20L/m^2 \cdot 분 \times 30분 = 30,000L$

답 ③

29 탄화칼슘에 대한 설명으로 틀린 것은?
① 분자량은 약 64이다.
② 비중은 약 0.9이다.
③ 고온으로 가열하면 질소와도 반응한다.
④ 흡습성이 있다.

해설 비중 2.22, 융점 2,300℃로 순수한 것은 무색투명하나 보통은 흑회색이며 건조한 공기 중에서는 안정하나 350℃ 이상으로 가열 시 산화한다.
$CaC_2 + 5O_2 \rightarrow 2CaO + 4CO_2$

답 ②

30 제5류 위험물에 관한 설명 중 틀린 것은?
① 벤조일퍼옥사이드는 유기과산화물에 해당한다.
② 나이트로글리세린은 질산에스터류에 해당한다.
③ 피크르산은 나이트로화합물에 해당한다.
④ 질산구아니딘은 나이트로소화합물에 해당한다.

해설 질산구아니딘은 그 밖에 행정안전부령이 정하는 것에 해당한다.

답 ④

31 안지름이 5cm인 관 내를 흐르는 유동의 임계 레이놀즈수가 2,000이면 임계유속은 몇 cm/s인가? (단, 유체의 동점성 계수=$0.0131cm^2/s$)
① 0.21 ② 1.21
③ 5.24 ④ 12.6

해설 $\therefore u = \dfrac{2,000v}{D} = \dfrac{2,000 \times 0.0131}{5} = 5.24 cm/s$

답 ③

32 CH_3COOOH(peracetic acid)는 제 몇 류 위험물인가?
① 제2류 위험물 ② 제3류 위험물
③ 제4류 위험물 ④ 제5류 위험물

해설 CH₃COOOH(peracetic acid)는 과초산으로 매우 불안정한 유기과산화물로서 가연성, 폭발성 물질이다.

답 ④

33 다음 A, B 같은 작업공정을 가진 경우 위험물안전관리법상 허가를 받아야 하는 제조소 등의 종류를 옳게 짝지은 것은? (단, 지정수량 이상을 취급하는 경우이다.)

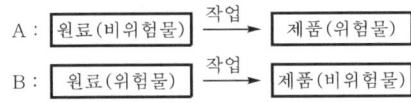

① A : 위험물제조소, B : 위험물제조소
② A : 위험물제조소, B : 위험물취급소
③ A : 위험물취급소, B : 위험물제조소
④ A : 위험물취급소, B : 위험물취급소

해설
㉠ 위험물제조소 : 위험물 또는 비위험물을 원료로 사용하여 위험물을 생산하는 시설
㉡ 위험물 일반취급소 : 위험물을 사용하여 일반 제품을 생산, 가공 또는 세척하거나 버너 등에 소비하기 위하여 1일에 지정수량 이상의 위험물을 취급하는 시설을 말한다.

답 ②

34 물분무소화설비가 되어 있는 위험물 옥외탱크저장소에 대형 수동식소화기를 설치하는 경우 방호대상물로부터 소화기까지 보행거리는 몇 m 이하가 되도록 설치하여야 하는가?

① 50   ② 30
③ 20   ④ 제한 없다.

해설 설치거리의 규정은 없다.

답 ④

35 접지도선을 설치하지 않는 이동탱크저장소에 의하여도 저장, 취급할 수 있는 위험물은?

① 알코올류   ② 제1석유류
③ 제2석유류   ④ 특수 인화물

해설 알코올류는 접지도선을 설치하지 않는 이동탱크저장소에 의하여도 저장, 취급할 수 있는 위험물에 해당한다.

답 ①

36 금속칼륨 10g을 물에 녹였을 때 이론적으로 발생하는 기체는 약 몇 g인가?

① 0.12   ② 0.26
③ 0.32   ④ 0.52

해설
$2K + 2H_2O \rightarrow 2KOH + H_2$

$$\frac{10g\text{-}K}{} \cdot \frac{1mol\text{-}K}{39g\text{-}K} \cdot \frac{1mol\text{-}H_2}{2mol\text{-}K} \cdot \frac{2g\text{-}H_2}{1mol\text{-}H_2} = 0.256g\text{-}H_2$$

답 ②

37 제2종 분말소화약제가 열분해할 때 생성되는 물질로 4℃ 부근에서 최대밀도를 가지면 분자 내 104.5°의 결합각을 갖는 것은?

① CO_2 ② H_2O
③ H_3PO_4 ④ K_2CO_3

해설 제2종 분말소화약제의 열분해반응식
$2KHCO_3 \rightarrow K_2CO_3 + H_2O + CO_2$
물은 비공유 전자쌍이 공유 전자쌍을 강하게 밀기 때문에 104.5° 구부러진 굽은 형 구조를 이루고 있다.

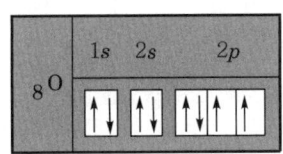
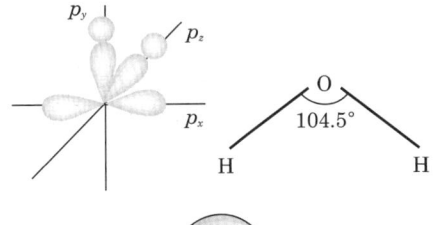

답 ②

38 알칼리금속의 과산화물에 적응성이 있는 소화설비는?

① 할로젠화합물소화설비
② 탄산수소염류분말소화설비
③ 물분무소화설비
④ 스프링클러설비

 알칼리금속의 과산화물의 경우 탄산수소염류분말소화설비, 건조사, 팽창질석 또는 팽창진주암으로 소화할 수 있다.

답 ②

39 다음 물질 중 제1류 위험물에 해당하는 것은 모두 몇 개인가?

> 아염소산나트륨, 염소산나트륨
> 차아염소산칼슘, 과염소산칼륨

① 4개 ② 3개
③ 2개 ④ 1개

 전부 제1류 위험물에 해당한다.

답 ①

40 물과 반응하여 유독성의 H₂S가 발생할 위험이 있는 것은?

① 황   ② 오황화인
③ 황린   ④ 이황화탄소

 오황화인(P_2S_5)은 물과 반응하면 분해되어 황화수소(H_2S)와 인산(H_3PO_4)으로 된다.
$P_2S_5 + 8H_2O \rightarrow 5H_2S + 2H_3PO_4$

답 ②

41 이동탱크저장소로 위험물을 운송하는 자가 위험물 안전카드를 휴대하지 않아도 되는 것은?

① 벤젠   ② 다이에틸에터
③ 휘발유   ④ 경유

 위험물(제4류 위험물에 있어서는 특수 인화물 및 제1석유류에 한한다)을 운송하게 하는 자는 위험물 안전카드를 위험물 운송자로 하여금 휴대하게 할 것

답 ④

42 제조소 등에 대한 허가취소 또는 사용정지의 사유가 아닌 것은?

① 변경허가를 받지 아니하고 제조소 등의 위치·구조 또는 설비를 변경한 때
② 저장·취급 기준의 중요기준을 위반한 때
③ 위험물 안전관리자를 선임하지 아니한 때
④ 위험물 안전관리자 부재 시 그 대리자를 지정하지 아니한 때

 시·도지사는 제조소 등의 관계인이 다음에 해당하는 때에는 행정안전부령이 정하는 바에 따라 허가를 취소하거나 6월 이내의 기간을 정하여 제조소 등의 전부 또는 일부의 사용정지를 명할 수 있다.
㉠ 규정에 따른 변경허가를 받지 아니하고 제조소 등의 위치·구조 또는 설비를 변경한 때
㉡ 완공검사를 받지 아니하고 제조소 등을 사용한 때
㉢ 규정에 따른 수리·개조 또는 이전의 명령을 위반한 때
㉣ 규정에 따른 위험물 안전관리자를 선임하지 아니한 때
㉤ 대리자를 지정하지 아니한 때
㉥ 정기점검을 하지 아니한 때
㉦ 정기검사를 받지 아니한 때
㉧ 저장·취급 기준 준수명령을 위반한 때

답 ②

43 아이오딘값(iodine number)에 대한 설명으로 옳은 것은?

① 지방 또는 기름 1g과 결합하는 아이오딘의 g 수이다.
② 지방 또는 기름 1g과 결합하는 아이오딘의 mg 수이다.
③ 지방 또는 기름 100g과 결합하는 아이오딘의 g 수이다.
④ 지방 또는 기름 100g과 결합하는 아이오딘의 mg 수이다.

 아이오딘값: 유지 100g에 부가되는 아이오딘의 g 수로, 불포화도가 증가할수록 아이오딘값이 증가하며, 자연발화 위험이 있다.

답 ③

44 다음 중 4몰의 질산이 분해하여 생성되는 H_2O, NO_2, O_2의 몰수를 차례대로 옳게 나열한 것은?

① 1, 2, 0.5
② 2, 4, 1
③ 2, 2, 1
④ 4, 4, 2

해설 $4HNO_3 \rightarrow 4NO_2 + 2H_2O + O_2$

답 ②

45 다음 금속 원소 중 이온화 에너지가 가장 큰 원소는?

① 리튬
② 나트륨
③ 칼륨
④ 루비듐

해설 같은 족에서는 주기가 작을수록 이온화 에너지가 크다.
리튬 > 나트륨 > 칼륨 > 루비듐 > 프랑슘

답 ①

46 이산화탄소소화약제에 대한 설명 중 틀린 것은?

① 소화 후 소화약제에 의한 오손이 없다.
② 전기절연성이 우수하여 전기화재에 효과적이다.
③ 밀폐된 지역에서 다량 사용 시 질식의 우려가 있다.
④ 한랭지에서 동결의 우려가 있으므로 주의해야 한다.

해설 이산화탄소소화약제의 소화원리는 공기 중의 산소를 15% 이하로 저하시켜 소화하는 질식작용과 CO_2 가스 방출 시 Joule-Thomson 효과(기체 또는 액체가 가는 관을 통과하여 방출될 때 온도가 급강하(약 -78℃)하여 고체로 되는 현상)에 의해 기화열의 흡수로 인하여 소화하는 냉각작용이다. 따라서 한랭지에서의 사용이 유리한 약제이다.

답 ④

47 제6류 위험물이 아닌 것은?

① 삼플루오린화브로민
② 오플루오린화브로민
③ 오플루오린화피리딘
④ 오플루오린화아이오딘

해설 제6류 위험물의 종류와 지정수량

성질	위험등급	품명	지정수량
산화성 액체	I	1. 과염소산($HClO_4$) 2. 과산화수소(H_2O_2) 3. 질산(HNO_3) 4. 그 밖의 행정안전부령이 정하는 것 - 할로젠간화합물(BrF_3, BrF_5, IF_5 등)	300kg

답 ③

48 제2류 위험물의 일반적 성질로 맞는 것은?

① 비교적 낮은 온도에서 연소되기 쉬운 가연성 물질이며 연소속도가 빠른 고체이다.
② 비교적 낮은 온도에서 연소되기 쉬운 가연성 물질이며 연소속도가 빠른 액체이다.
③ 비교적 높은 온도에서 연소되는 가연성 물질이며 연소속도가 느린 고체이다.
④ 비교적 높은 온도에서 연소되는 가연성 물질이며 연소속도가 느린 액체이다.

해설 제2류 위험물은 가연성 고체로서 이연성, 속연성 물질이다.

답 ①

49 어떤 액체연료의 질량조성이 C 80%, H 20%일 때 C : H의 mole 비는?

① 1 : 3   ② 1 : 4
③ 4 : 1   ④ 3 : 1

해설 $\dfrac{A의\ 질량(\%)}{A의\ 원자량} : \dfrac{B의\ 질량(\%)}{B의\ 원자량}$

$\dfrac{80}{12} : \dfrac{20}{1} = 6.67 : 20 = \dfrac{6.67}{6.67} : \dfrac{20}{6.67} = 1 : 3$

답 ①

50 나트륨에 대한 설명으로 틀린 것은?
① 화학적으로 활성이 크다.
② 4주기 1족에 속하는 원소이다.
③ 공기 중에서 자연발화할 위험이 있다.
④ 물보다 가벼운 금속이다.

해설 나트륨은 3주기 1족 원소이다.
답 ②

51 다음 위험물 중 지정수량이 가장 큰 것은?
① 뷰틸리튬
② 마그네슘
③ 인화칼슘
④ 황린

해설
① 뷰틸리튬 : 10kg
② 마그네슘 : 500kg
③ 인화칼슘 : 300kg
④ 황린 : 20kg
답 ②

52 포소화설비 중 화재 시 용이하게 접근하여 소화작업을 할 수 있는 대상물에 설치하는 것은?
① 헤드 방식
② 포소화전 방식
③ 고정포방출구 방식
④ 포모니터노즐 방식
답 ②

53 위험물제조소로부터 20m 이상의 안전거리를 유지하여야 하는 건축물 또는 공작물은?
① 「문화유산의 보존 및 활용에 관한 법률」에 따른 지정문화유산
② 「고압가스 안전관리법」의 규정에 의하여 신고하여야 하는 고압가스 저장시설
③ 주거용 건축물
④ 「고등교육법」에서 정하는 학교

해설

건축물	안전거리
사용전압 7,000V 초과 35,000V 이하의 특고압 가공전선	3m 이상
사용전압 35,000V 초과의 특고압 가공전선	5m 이상
주거용으로 사용되는 것(제조소가 설치된 부지 내에 있는 것 제외)	10m 이상
고압가스, 액화석유가스 또는 도시가스를 저장 또는 취급하는 시설	20m 이상
학교, 병원(병원급 의료기관), 극장(공연장, 영화상영관 및 수용인원 300명 이상의 시설), 아동복지시설, 노인복지시설, 장애인복지시설, 한부모가족복지시설, 어린이집, 성매매피해자를 위한 지원시설, 정신건강증진시설, 가정폭력피해자보호시설 및 수용인원 20명 이상의 시설	30m 이상
지정문화유산 및 천연기념물 등	50m 이상

답 ②

54 제1류 위험물의 위험성에 대한 설명 중 틀린 것은?
① BaO_2는 염산과 반응하여 H_2O_2가 발생한다.
② $KMnO_4$는 알코올 또는 글리세린과의 접촉 시 폭발위험이 있다.
③ $KClO_3$는 100℃ 미만에서 열분해되어 KCl과 O_2를 방출한다.
④ $NaClO_3$는 산과 반응하여 유독한 ClO_3가 발생한다.

해설 ③ 약 400℃ 부근에서 열분해하여 염화칼륨(KCl)과 산소(O_2)를 방출한다.
열분해반응식 : $2KClO_3 \rightarrow 2KCl + 3O_2$
답 ③

55 어떤 측정법으로 동일 시료를 무한회 측정하였을 때 데이터 분포의 평균 차와 참값과의 차를 무엇이라 하는가?
① 재현성
② 안정성
③ 반복성
④ 정확성
답 ④

56 관리도에서 측정한 값을 차례로 타점했을 때 점이 순차적으로 상승하거나 하강하는 것을 무엇이라 하는가?
① 런(run)　② 주기(cycle)
③ 경향(trend)　④ 산포(dispersion)

 ① 런 : 중심선의 한쪽에 연속해서 나타나는 점
② 주기 : 점이 주기적으로 상하로 변동하여 파형을 나타내는 현상
③ 경향 : 점이 순차적으로 상승하거나 하강하는 것
④ 산포 : 수집된 자료값이 중앙값으로 떨어져 있는 정도

답 ③

57 다음 중 도수분포표를 작성하는 목적으로 볼 수 없는 것은?
① 로트의 분포를 알고 싶을 때
② 로트의 평균값과 표준편차를 알고 싶을 때
③ 규격과 비교하여 부적합품률을 알고 싶을 때
④ 주요 품질 항목 중 개선의 우선순위를 알고 싶을 때

 도수분포표란 수집된 통계자료가 취하는 변량을 적당한 크기의 계급으로 나눈 뒤, 각 계급에 해당되는 도수를 기록해서 만든다. 계급값을 이용해서 로트의 분포, 평균값, 중앙값, 최빈값 등을 구하기 쉽다.

답 ④

58 정상 소요기간이 5일이고, 비용이 20,000원이며 특급 소요기간이 3일이고, 이때의 비용이 30,000원이라면 비용구배는 얼마인가?
① 4,000원/일　② 5,000원/일
③ 7,000원/일　④ 10,000원/일

 비용구배
$= \dfrac{\text{특급 소요기간 비용} - \text{정상 소요기간 비용}}{\text{정상 소요기간} - \text{특급 소요기간}}$
$= \dfrac{30{,}000 - 20{,}000}{5 - 3} = 5{,}000$원/일

답 ②

59 "무결점 운동"으로 불리는 것으로, 미국의 항공사인 마틴사에서 시작된 품질개선을 위한 동기부여 프로그램은 무엇인가?
① ZD　② 6시그마
③ TPM　④ ISO 9001

 ② 6시그마 : GE에서 생산하는 모든 제품이나 서비스, 거래 및 공정과정 전 분야에서 품질을 측정하여 분석하고 향상시키도록 통제하고 궁극적으로 모든 불량을 제거하는 품질향상 운동
③ TPM(Total Productive Measure) : 종합생산관리
④ ISO 9001 : ISO에서 제정한 품질경영 시스템에 관한 국제규격

답 ①

60 컨베이어 작업과 같이 단조로운 작업은 작업자에게 무력감과 구속감을 주고 생산량에 대한 책임감을 저하시키는 등 폐단이 있다. 다음 중 이러한 단조로운 작업의 결함을 제거하기 위해 채택되는 직무설계 방법으로 가장 거리가 먼 것은?
① 자율경영팀 활동을 권장한다.
② 하나의 연속작업시간을 길게 한다.
③ 작업자 스스로가 직무를 설계하도록 한다.
④ 직무확대, 직무충실화 등의 방법을 활용한다.

 직무설계란 조직 내에서 근로자 개개인이 가지고 있는 목표를 보다 효율적으로 수행하기 위하여 일련의 작업, 단위직무의 내용, 작업방법을 설계하는 활동을 말한다. 하나의 연속작업시간을 길게 하면 일의 효율이 오르지 않는다.

답 ②

제51회 위험물기능장 필기
(2012년 4월 시행)

| 과년도 기출문제 |

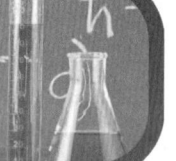

01 다음에서 설명하는 위험물에 해당하는 것은?

- 불연성이고 무기화합물이다.
- 비중은 약 2.8이다.
- 분자량은 약 78이다.

① 과산화나트륨 ② 황화인
③ 탄화칼슘   ④ 과산화수소

불연성이고 무기화합물인 것은 제1류와 제6류 위험물이다. 따라서 과산화나트륨(Na_2O_2)과 과산화수소(H_2O_2) 둘 중 분자량이 78인 것은 과산화나트륨이다.

답 ①

02 위험물 탱크 시험자가 갖추어야 하는 장비가 아닌 것은?

① 방사선투과시험기
② 방수압력측정계
③ 초음파시험기
④ 수직·수평도 측정기(필요한 경우에 한한다.)

장비
  ㉮ 필수장비 : 자기탐상시험기, 초음파두께측정기 및 영상초음파시험기 또는 방사선투과시험기·초음파시험기
  ㉯ 필요한 경우에 두는 장비
    ㉠ 충·수압 시험, 진공시험, 기밀시험 또는 내압시험의 경우
      ⓐ 진공능력 53kPa 이상의 진공누설시험기
      ⓑ 기밀시험장치(안전장치가 부착된 것으로서 가압능력 200kPa 이상, 감압의 경우에는 감압능력 10kPa 이상·감도 10Pa 이하의 것으로서 각각의 압력 변화를 스스로 기록할 수 있는 것)
    ㉡ 수직·수평도 시험의 경우 : 수직·수평도 측정기

답 ②

03 제조소에서 취급하는 제4류 위험물의 최대수량의 합이 지정수량의 48만배 이상인 사업소의 자체소방대에 두어야 하는 화학소방자동차의 대수 및 자체소방대원의 수는? (단, 해당 사업소는 다른 사업소 등과 상호응원에 관한 협정을 체결하고 있지 아니하다.)

① 4대, 20인   ② 3대, 15인
③ 2대, 10인   ④ 1대, 5인

자체소방대에 두는 화학소방자동차 및 인원

사업소의 구분	화학소방 자동차의 수	자체소방 대원의 수
제조소 또는 일반취급소에서 취급하는 제4류 위험물의 최대수량의 합이 지정수량의 3천배 이상 12만배 미만인 사업소	1대	5인
제조소 또는 일반취급소에서 취급하는 제4류 위험물의 최대수량의 합이 지정수량의 12만배 이상 24만배 미만인 사업소	2대	10인
제조소 또는 일반취급소에서 취급하는 제4류 위험물의 최대수량의 합이 지정수량의 24만배 이상 48만배 미만인 사업소	3대	15인
제조소 또는 일반취급소에서 취급하는 제4류 위험물의 최대수량의 합이 지정수량의 48만배 이상인 사업소	4대	20인
옥외탱크저장소에 저장하는 제4류 위험물의 최대수량이 지정수량의 50만배 이상인 사업소	2대	10인

답 ①

04 직경이 400mm인 관과 300mm인 관이 연결되어 있다. 직경이 400mm인 관에서의 유속이 2m/s라면 300mm 관에서의 유속은 약 몇 m/s인가?

① 6.56   ② 5.56
③ 4.56   ④ 3.56

 $Q = uA$ 공식에서
㉠ 400mm일 때 유량을 구하면
$$Q = uA = 2\text{m/s} \times \frac{\pi}{4}(0.4\text{m})^2 = 0.2512\text{m}^3/\text{s}$$
㉡ 300mm일 때 유속은
$$u = \frac{Q}{A} = \frac{0.2512\text{m}^3/\text{s}}{\frac{\pi}{4}(0.3\text{m})^2} = 3.56\text{m/s}$$

답 ④

05 다음 중 지정수량이 나머지 셋과 다른 하나는?
① 톨루엔　② 벤젠
③ 가솔린　④ 아세톤

 가솔린, 벤젠, 톨루엔은 제1석유류(비수용성)로 지정수량은 200L이다. 아세톤은 제1석유류(수용성)로 지정수량은 400L이다.

답 ④

06 이송취급소의 이송기지에 설치해야 하는 경보설비는?
① 자동화재탐지설비
② 누전경보기
③ 비상벨장치 및 확성장치
④ 자동화재속보설비

 이송취급소에는 다음의 기준에 의하여 경보설비를 설치하여야 한다.
㉠ 이송기지에는 비상벨장치 및 확성장치를 설치할 것
㉡ 가연성 증기가 발생하는 위험물을 취급하는 펌프실 등에는 가연성 증기 경보설비를 설치할 것

답 ③

07 물분무소화에 사용된 20℃의 물 2g이 완전히 기화되어 100℃의 수증기가 되었다면 흡수된 열량과 수증기 발생량은 약 얼마인가? (단, 1기압을 기준으로 한다.)
① 1,238cal, 2,400mL
② 1,238cal, 3,400mL
③ 2,476cal, 2,400mL
④ 2,476cal, 3,400mL

해설 열량과 수증기 발생량을 계산하면
㉠ 열량
$$Q = mC\Delta t + r \cdot m$$
$$= 2\text{g} \times 1\text{cal/g} \cdot ℃ \times (100 - 20)℃$$
$$+ 539\text{cal/g} \times 2\text{g}$$
$$= 1,238\text{kcal}$$
㉡ 수증기 발생량
$$PV = nRT$$
$$V = \frac{nRT}{P}$$
$$= \frac{2/18 \times 0.08205 \times (273 + 100)}{1\text{atm}}$$
$$= 3.4\text{L} = 3,400\text{mL}$$

답 ②

08 인화성 액체 위험물을 저장하는 옥외탱크저장소의 주위에 설치하는 방유제에 관한 내용으로 틀린 것은?
① 방유제의 높이는 0.5m 이상, 3m 이하로 하고, 면적은 8만m² 이하로 한다.
② 2기 이상의 탱크가 있는 경우 방유제의 용량은 그 탱크 중 용량이 최대인 것의 110% 이상으로 한다.
③ 용량이 100만L 이상인 옥외저장탱크의 주위에는 탱크마다 칸막이둑을 흙 또는 철근콘크리트로 설치한다.
④ 칸막이둑을 설치하는 경우 칸막이둑의 용량은 칸막이둑 안에 설치된 탱크용량의 10% 이상이어야 한다.

 용량이 1,000만L 이상인 옥외저장탱크의 주위에 설치하는 방유제에는 다음의 규정에 따라 해당 탱크마다 칸막이둑을 설치할 것
㉠ 칸막이둑의 높이는 0.3m(방유제 내에 설치되는 옥외저장탱크의 용량의 합계가 2억L를 넘는 방유제에 있어서는 1m) 이상으로 하되, 방유제의 높이보다 0.2m 이상 낮게 할 것
㉡ 칸막이둑은 흙 또는 철근콘크리트로 할 것
㉢ 칸막이둑의 용량은 칸막이둑 안에 설치된 탱크용량의 10% 이상일 것

답 ③

09 운반 시 질산과 혼재가 가능한 위험물은? (단, 지정수량 10배의 위험물이다.)
① 질산메틸
② 알루미늄 분말
③ 탄화칼슘
④ 질산암모늄

 제6류 위험물인 질산과 혼재 가능한 위험물은 제1류 위험물이므로 질산암모늄과 혼재 가능하다.

답 ④

10 제1류 위험물 중 알칼리금속 과산화물의 화재에 대하여 적응성이 있는 소화설비는 무엇인가?
① 탄산수소염류의 분말소화설비
② 옥내소화전설비
③ 스프링클러설비[방사밀도 12.2(L/m^3·분) 이상인 것]
④ 포소화설비

 알칼리금속 과산화물의 경우 탄산수소염류의 소화설비, 건조사, 팽창질석 또는 팽창진주암으로 소화 가능하다.

답 ①

11 줄 톰슨(Joule Thomson) 효과와 가장 관계 있는 소화기는?
① 할론 1301 소화기
② 이산화탄소소화기
③ HCFC-124 소화기
④ 할론 1211 소화기

 이산화탄소소화약제의 소화원리는 공기 중의 산소를 15% 이하로 저하시켜 소화하는 질식작용과 CO_2 가스 방출 시 Joule-Thomson 효과[기체 또는 액체가 가는 관을 통과하여 방출될 때 온도가 급강하(약 -78℃)하여 고체로 되는 현상]에 의해 기화열의 흡수로 소화하는 냉각작용이다.

답 ②

12 위험물안전관리법령상 포소화기에 적응성이 없는 위험물은?
① S
② P
③ P_4S_3
④ Al분

 알루미늄분은 물과 반응하면 수소가스가 발생한다. 포소화기의 경우도 물을 포함하고 있으므로 소화 적응성은 없다.
$2Al + 6H_2O \rightarrow 2Al(OH)_3 + 3H_2$

답 ④

13 다음과 같은 특성을 갖는 결합의 종류는?

> 자유전자의 영향으로 높은 전기전도성을 갖는다.

① 배위결합
② 수소결합
③ 금속결합
④ 공유결합

 금속결합은 자유전자와 금속 양이온 사이의 정전기적 인력에 의한 결합이다.

답 ③

14 다음 중 자연발화의 위험성이 가장 낮은 물질은?
① $(CH_3)_3Al$
② $(CH_3)_2Cd$
③ $(C_4H_9)_3Al$
④ $(C_2H_5)_4Pb$

 알킬기의 경우 $C_1 \sim C_4$까지만 자연발화성이 있다. 사에틸납은 자연발화성도 없고 금수성 물질도 아니다.

답 ④

15 관 내 유체의 층류와 난류유동을 판별하는 기준인 레이놀즈수(Reynolds number)의 물리적 의미를 가장 옳게 표현한 식은?
① $\dfrac{관성력}{표면장력}$
② $\dfrac{관성력}{압력}$
③ $\dfrac{관성력}{점성력}$
④ $\dfrac{관성력}{중력}$

답 ③

16 상용의 상태에서 위험분위기가 존재할 우려가 있는 장소로서 주기적 또는 간헐적으로 위험분위기가 존재하는 곳은?
  ① 0종 장소   ② 1종 장소
  ③ 2종 장소   ④ 3종 장소

  해설: 위험장소의 분류
  ㉠ 0종 장소 : 통상상태에서 위험분위기가 연속적으로 또는 장시간 지속해서 존재하는 장소이다.
  ㉡ 1종 장소 : 통상상태에서 위험분위기를 생성할 우려가 있는 장소이다.
  ㉢ 2종 장소 : 이상상태에서 위험분위기를 생성할 우려가 있는 장소이다.
  답 ②

17 각 위험물의 화재 예방 및 소화방법으로 옳지 않은 것은?
  ① C_2H_5OH의 화재 시 수성막포 소화약제를 사용하여 소화한다.
  ② $NaNO_3$의 화재 시 물에 의한 냉각소화를 한다.
  ③ CH_3COCH_2는 구리, 마그네슘과 접촉을 피하여야 한다.
  ④ CaC_2의 화재 시 이산화탄소소화약제를 사용할 수 없다.

  해설: 소화방법 : C_2H_5OH의 초기 화재 시 알코올형포, CO_2, 건조분말, 할론이 유효하며, 대규모 화재인 경우는 알코올형 포로 소화하고 소규모 화재 시는 다량의 물로 희석소화한다.
  답 ①

18 물, 염산, 메탄올과 반응하여 에테인을 생성하는 물질은?
  ① K   ② P_4
  ③ $(C_2H_5)_3Al$ ④ LiH

  해설: 트라이에틸알루미늄은 물과 접촉하면 폭발적으로 반응하여 에테인을 형성하고 이때 발열, 폭발에 이른다.
  $(C_2H_5)_3Al + 3H_2O \rightarrow Al(OH)_3 + 3C_2H_6$
  답 ③

19 위험물의 위험성에 대한 설명 중 옳은 것은?
  ① 메타알데하이드(분자량 : 176)는 1기압에서 인화점이 0℃ 이하인 인화성 고체이다.
  ② 알루미늄은 할로젠 원소와 접촉하면 발화의 위험이 있다.
  ③ 오황화인은 물과 접촉하면 이황화탄소가 발생하나 알칼리에 분해되면 이황화탄소가 발생하지 않는다.
  ④ 삼황화인은 금속분과 공존할 경우 발화의 위험이 없다.

  해설: ① 분자량 176, 인화점 36℃, 융점 246℃, 비점은 112~116℃, 무색의 침상 또는 판상의 결정이다.
  ③ 오황화인(P_2S_5) : 알코올이나 이황화탄소(CS_2)에 녹으며, 물이나 알칼리와 반응하면 분해되어 황화수소(H_2S)와 인산(H_3PO_4)으로 된다.
  $P_2S_5 + 8H_2O \rightarrow 5H_2S + 2H_3PO_4$
  답 ②

20 제4류 위험물을 수납하는 내장용기가 금속제 용기인 경우 최대용적은 몇 L인가?
  ① 5   ② 18
  ③ 20   ④ 30

  해설: 유리용기는 5~10L, 플라스틱용기는 10L, 금속제는 30L이다.
  답 ④

21 유류화재에 해당하는 것은?
  ① A급 화재
  ② B급 화재
  ③ C급 화재
  ④ K급 화재

  해설: ① A급 화재 : 일반화재
  ② B급 화재 : 유류화재
  ③ C급 화재 : 전기화재
  ④ K급 화재 : 주방화재
  답 ②

22 용기에 수납하는 위험물에 따라 운반용기 외부에 표시하여야 할 주의사항으로 옳지 않은 것은?

① 자연발화성 물질 − 화기엄금 및 공기접촉엄금
② 인화성 액체 − 화기엄금
③ 자기반응성 물질 − 화기주의
④ 산화성 액체 − 가연물 접촉주의

 자기반응성 물질은 "화기엄금" 및 "충격주의"

답 ③

23 인화성 고체 1,500kg, 크로뮴분 1,000kg, 53μm의 표준체를 통과한 것이 40wt%인 500kg의 철분을 저장하려 한다. 위험물에 해당하는 물질에 대한 지정수량 배수의 총합은 얼마인가?

① 2.0배   ② 2.5배
③ 3.0배   ④ 3.5배

 지정수량 배수의 합
$= \dfrac{\text{A품목 저장수량}}{\text{A품목 지정수량}} + \dfrac{\text{B품목 저장수량}}{\text{B품목 지정수량}}$
$+ \dfrac{\text{C품목 저장수량}}{\text{C품목 지정수량}} + \cdots$
$= \dfrac{1,500\text{kg}}{1,000\text{kg}} + \dfrac{1,000\text{kg}}{500\text{kg}} = 3.5$

※ 철분 : 철의 분말로서 53μm의 표준체를 통과한 것이 50wt% 미만인 것은 제외

답 ④

24 옥외저장소의 일반점검표에 따른 선반의 점검내용이 아닌 것은?

① 도장상황 및 부식의 유무
② 변형·손상의 유무
③ 고정상태의 적부
④ 낙하 방지 조치의 적부

 옥외저장소 일반점검표에 따른 점검항목

점검항목	점검내용
안전거리	보호대상물 신설 여부
보유공지	허가 외 물건의 존치 여부
경계표시	변형·손상의 유무

점검항목		점검내용
지반면 등	지반면	파임의 유무 및 배수의 적부
	배수구	균열·손상의 유무
		체유·체수·토사 등의 퇴적의 유무
	유분리 장치	균열·손상의 유무
		체유·체수·토사 등의 퇴적의 유무
선반		변형·손상의 유무
		고정상태의 적부
		낙하 방지 조치의 적부
표지·게시판		손상의 유무 및 내용의 적부

답 ①

25 소화난이도 등급 Ⅰ에 해당하는 제조소 등의 종류, 규모 등 및 설치 가능한 소화설비에 대해 짝지은 것 중 틀린 것은?

① 제조소 − 연면적 $1,000\text{m}^2$ 이상인 것 : 옥내소화전설비
② 옥내저장소 − 처마높이가 6m 이상인 단층건물 : 이동식 분말소화설비
③ 옥외탱크저장소(지중탱크) − 지정수량의 100배 이상인 것(제6류 위험물을 저장하는 것 및 고인화점 위험물만을 100℃ 미만의 온도에서 저장하는 것은 제외) : 고정식 불활성가스소화설비
④ 옥외저장소 − 제1석유류를 저장하는 것으로서 지정수량의 100배 이상인 것 : 물분무 등 소화설비(화재 발생 시 연기가 충만할 우려가 있는 장소에는 스프링클러설비 또는 이동식 이외의 물분무 등 소화설비에 한한다.)

제조소 등의 구분		소화설비
옥내 저장소	처마높이가 6m 이상인 단층건물 또는 다른 용도의 부분이 있는 건축물에 설치한 옥내저장소	스프링클러설비 또는 이동식 외의 물분무 등 소화설비
	그 밖의 것	옥외소화전설비, 스프링클러설비, 이동식 외의 물분무 등 소화설비 또는 이동식 포소화설비(포소화전을 옥외에 설치하는 것에 한한다)

답 ②

26 제4류 위험물 중 [보기]의 요건에 모두 해당하는 위험물은 무엇인가?

[보기]
- 옥내저장소에 저장·취급하는 경우 하나의 저장창고 바닥면적은 $1,000m^2$ 이하여야 한다.
- 위험등급은 Ⅱ에 해당한다.
- 이동탱크저장소에 저장·취급할 때에는 법정의 접지도선을 설치하여야 한다.

① 다이에틸에터 ② 피리딘
③ 크레오소트유 ④ 고형 알코올

 보기 중 위험등급 Ⅱ에 해당하는 것은 피리딘이다.
 ②

27 산과 접촉하였을 때 이산화염소가스가 발생하는 제1류 위험물은?

① 아이오딘산칼륨 ② 다이크로뮴산아연
③ 염소산나트륨 ④ 브로민산암모늄

 염소산나트륨은 산과의 반응으로 독성이 있기 때문에 폭발성이 강한 이산화염소(ClO_2)가 발생
$2NaClO_3 + 2HCl \rightarrow 2NaCl + 2ClO_2 + H_2O_2$
 ③

28 다이에틸에터 50vol%, 이황화탄소 30vol%, 아세트알데하이드 20vol%인 혼합증기의 폭발하한값은? (단, 폭발범위는 다이에틸에터 1.9~48vol%, 이황화탄소 1.0~50vol%, 아세트알데하이드는 4.1~57vol%이다.)

① 1.63vol% ② 2.1vol%
③ 13.6vol% ④ 48.3vol%

 르 샤틀리에(Le Chatelier)의 혼합가스 폭발범위를 구하는 식

$$\therefore L = \frac{100}{\left(\dfrac{V_1}{L_1} + \dfrac{V_2}{L_2} + \dfrac{V_3}{L_3} + \cdots\right)}$$

$$= \frac{100}{\left(\dfrac{50}{1.9} + \dfrac{30}{1.0} + \dfrac{20}{4.1}\right)}$$

$$= 1.63$$

여기서, L : 혼합가스의 폭발 한계치
L_1, L_2, L_3 : 각 성분의 단독 폭발한계치 (vol%)
V_1, V_2, V_3 : 각 성분의 체적(vol%)

 ①

29 물과 반응하였을 때 주요 생성물로 아세틸렌이 포함되지 않는 것은?

① Li_2C_2 ② Na_2C_2
③ MgC_2 ④ Mn_3C

㉮ 물과 반응 시 아세틸렌가스를 발생시키는 물질
㉠ $LiC_2 + 2H_2O \rightarrow 2LiOH + C_2H_2$
㉡ $Na_2C_2 + 2H_2O \rightarrow 2NaOH + C_2H_2$
㉢ $K_2C_2 + 2H_2O \rightarrow 2KOH + C_2H_2$
㉣ $MgC_2 + 2H_2O \rightarrow Mg(OH)_2 + C_2H_2$
㉯ 물과 반응 시 메테인과 수소가스를 발생시키는 물질
$Mn_3C + 6H_2O \rightarrow 3Mn(OH)_2 + CH_4 + H_2$

 ④

30 1kg의 공기가 압축되어 부피가 $0.1m^3$, 압력이 $40kg_f/cm^2$로 되었다. 이때 온도는 약 몇 ℃인가? (단, 공기의 분자량은 29이다.)

① 1,026 ② 1,096
③ 1,138 ④ 1,186

$$PV = \frac{wRT}{M}$$

$$\frac{1kg \mid 1,000g}{\mid 1kg} = 1,000g$$

$$\frac{0.1m^3 \mid 1,000L}{\mid 1m^3} = 100L$$

$$\frac{40kg_f/cm^2 \mid 1atm}{\mid 1.0332 kg_f/cm^2} = 38.71atm$$

$$\therefore T = \frac{PVM}{wR}$$

$$= \frac{38.71atm \times 100L \times 29g/mol}{1,000g \times 0.082L \cdot atm/K \cdot mol}$$

$$= 1,369K$$

$$\therefore 1,369K - 273.15 = 1,095.85℃$$

 ②

31 위험물 운반용기의 외부에 표시하는 사항이 아닌 것은?

① 위험등급
② 위험물의 제조일자
③ 위험물의 품명
④ 주의사항

 ㉠ 위험물의 품명·위험등급·화학명 및 수용성('수용성' 표시는 제4류 위험물로서 수용성인 것에 한한다.)
㉡ 위험물의 수량
㉢ 수납하는 위험물에 따라 주의사항

답 ②

32 위험등급 Ⅱ의 위험물이 아닌 것은?

① 질산염류 ② 황화인
③ 칼륨   ④ 알코올류

 칼륨은 위험등급 Ⅰ에 해당한다.

답 ③

33 $KMnO_4$에 대한 설명으로 옳은 것은?

① 글리세린에 저장하여야 한다.
② 묽은질산과 반응하면 유독한 Cl_2가 생성된다.
③ 황산과 반응할 때는 산소와 열이 발생한다.
④ 물에 녹으면 투명한 무색을 나타낸다.

해설 묽은황산과 반응 시 산소가스와 발열한다.
$4KMnO_4 + 6H_2SO_4$
$\rightarrow 2K_2SO_4 + 4MnSO_4 + 6H_2O + 5O_2$

답 ③

34 제4류 위험물에 해당하는 에어졸의 내장용기 등으로서 용기의 외부에 '위험물의 품명·위험등급·화학명 및 수용성'에 대한 표시를 하지 않을 수 있는 최대용적은?

① 300mL   ② 500mL
③ 150mL   ④ 1,000mL

 제4류 위험물에 해당하는 에어졸의 운반용기로서 최대용적이 300mL 이하의 것에 대하여는 규정에 의한 표시를 하지 아니할 수 있으며, 주의사항에 대한 표시를 해당 주의사항과 동일한 의미가 있는 다른 표시로 대신할 수 있다.

답 ①

35 다음 기체 중 화학적으로 활성이 가장 강한 것은?

① 질소
② 플루오린
③ 아르곤
④ 이산화탄소

해설 질소, 아르곤, 이산화탄소는 전부 팔우설을 만족하는 비활성 기체에 해당한다. 플루오린만 전자가 하나 부족한 상태가 되어 활성이 가장 강한 상태가 된다.

답 ②

36 펌프의 공동현상을 방지하기 위한 방법으로 옳지 않은 것은?

① 펌프의 흡입관경을 크게 한다.
② 펌프의 회전수를 크게 한다.
③ 펌프의 위치를 낮게 한다.
④ 양흡입펌프를 사용한다.

답 ②

37 염소산칼륨에 대한 설명 중 틀린 것은?

① 약 400℃에서 분해되기 시작한다.
② 강산화제이다.
③ 분해촉매로 알루미늄이 혼합되면 염소가스가 발생한다.
④ 비중은 약 2.3이다.

 제1류 위험물로서 분해되는 경우 산소가스가 발생한다.
$2KClO_3 \rightarrow 2KCl + 3O_2$

답 ③

38 다음 중 휘발유에 대한 설명으로 틀린 것은?
① 증기는 공기보다 가벼워 위험하다.
② 용도별로 착색하는 색상이 다르다.
③ 비전도성이다.
④ 물보다 가볍다.

해설 증기는 공기보다 무겁다.
답 ①

39 위험물안전관리법상 제6류 위험물의 판정시험인 연소시간 측정시험의 표준물질로 사용하는 물질은?
① 질산 85% 수용액 ② 질산 90% 수용액
③ 질산 95% 수용액 ③ 질산 100% 수용액

해설 목분, 질산 90% 수용액 및 시험물품을 사용하여 온도 20℃, 습도 50%, 기압 1기압의 실내에서 일정한 방법에 의하여 실시한다.
답 ②

40 제6류 위험물의 운반 시 적용되는 위험등급은?
① 위험등급 Ⅰ   ② 위험등급 Ⅱ
③ 위험등급 Ⅲ   ④ 위험등급 Ⅳ

해설 제6류 위험물은 전부 위험등급 Ⅰ에 해당한다.
답 ①

41 나이트로셀룰로스를 저장, 운반할 때 가장 좋은 방법은?
① 질소가스를 충전한다.
② 유리병에 넣는다.
③ 냉동시킨다.
④ 함수 알코올 등으로 습윤시킨다.

해설 폭발을 방지하기 위해 안전용제로 물(20%) 또는 알코올(30%)로 습윤시켜 저장한다.
답 ④

42 다음 중 나머지 셋과 가장 다른 온도값을 표현한 것은?

① 100℃   ② 273K
③ 32°F   ④ 492°R

해설
$℃ = \frac{5}{9}(°F - 32)$, $°F = \frac{9}{5}(℃) + 32$,
$K = ℃ + 273.15$, $°R = 460 + °F$
따라서,
② $273K = 0℃$
③ $\frac{5}{9}(°F - 32) = \frac{5}{9}(32 - 32) = 0℃$
④ $°F = °R - 460 = 492 - 460 = 32F = 0℃$
답 ①

43 지정수량이 같은 것끼리 짝지어진 것은?
① 톨루엔 - 피리딘
② 사이안화수소 - 에틸알코올
③ 아세트산메틸 - 아세트산
④ 클로로벤젠 - 나이트로벤젠

해설 제4류 위험물의 종류와 지정수량

성질	위험등급	품명		지정수량
인화성 액체	Ⅰ	특수 인화물류(다이에틸에터, 이황화탄소, 아세트알데하이드, 산화프로필렌)		50L
	Ⅱ	제1석유류	비수용성(가솔린, 벤젠, 톨루엔, 사이클로헥세인, 콜로디온, 메틸에틸케톤, 초산메틸, 초산에틸, 의산메틸, 헥세인 등)	200L
			수용성(아세톤, 피리딘, 아크롤레인, 의산메틸, 사이안화수소 등)	400L
		알코올류(메틸알코올, 에틸알코올, 프로필알코올, 아이소프로필알코올)		400L
	Ⅲ	제2석유류	비수용성(등유, 경유, 스타이렌, 자일렌(o-, m-, p-), 클로로벤젠, 장뇌유, 뷰틸알코올, 알릴알코올, 아밀알코올 등)	1,000L
			수용성(품산, 초산, 하이드라진, 아크릴산 등)	2,000L
		제3석유류	비수용성(중유, 크레오스트유, 아닐린, 나이트로벤젠, 나이트로톨루엔 등)	2,000L
			수용성(에틸렌글리콜, 글리세린 등)	4,000L
		제4석유류	기어유, 실린더유, 윤활유, 가소제	6,000L
		동식물유류(아마인유, 들기름, 동유, 야자유, 올리브유 등)		10,000L

답 ②

44 원형 직관 속을 흐르는 유체의 손실수두에 관한 사항으로 옳은 것은?

① 유속에 비례한다.
② 유속에 반비례한다.
③ 유속의 제곱에 비례한다.
④ 유속의 제곱에 반비례한다.

 Darcy−Weisbach 식 : 수평관을 정상적으로 흐를 때 적용

$$h = \frac{\Delta P}{\gamma} = \frac{flu^2}{2gD}\text{m}$$

여기서, h : 마찰손실(m)
ΔP : 압력 차(kg/m^2)
γ : 유체의 비중량
(물의 비중량 $1,000 kg/m^3$)
f : 관의 마찰계수
l : 관의 길이(m)
u : 유체의 유속(m/s)
D : 관의 내경(m)

답 ③

45 펌프를 용적형 펌프(positive displacement pump)와 터보펌프(turbo pump)로 구분할 때 터보펌프에 해당되지 않는 것은?

① 원심펌프(centrifugal pump)
② 기어펌프(gear pump)
③ 축류펌프(axial flow pump)
④ 사류펌프(diagonal flow pump)

답 ②

46 위험물제조소 등에 설치하는 옥내소화전설비 또는 옥외소화전설비의 설치기준으로 옳지 않은 것은?

① 옥내소화전설비의 각 노즐 선단 방수량 : 260L/min
② 옥내소화전설비의 비상전원 용량 : 30분 이상
③ 옥외소화전설비의 각 노즐 선단 방수량 : 450L/min
④ 표시등 회로의 배선공사 : 금속관 공사, 가요전선관 공사, 금속덕트 공사, 케이블 공사

 옥내소화전설비의 비상전원은 자가발전설비 또는 축전지설비에 의한다. 용량은 옥내소화전설비를 유효하게 45분 이상 작동시키는 것이 가능할 것

답 ②

47 위험물안전관리법에서 정하고 있는 산화성 액체에 해당되지 않는 것은?

① 삼플루오린화브로민 ② 과아이오딘산
③ 과염소산 ④ 과산화수소

 제6류 위험물의 종류와 지정수량

성질	위험등급	품명	지정수량
산화성 액체	I	1. 과염소산($HClO_4$) 2. 과산화수소(H_2O_2) 3. 질산(HNO_3) 4. 그 밖의 행정안전부령이 정하는 것 − 할로젠간화합물(BrF_3, BrF_5, IF_5 등)	300kg

답 ②

48 위험물안전관리법령에서 정한 소화설비의 적응성에서 인산염류 등 분말소화설비는 적응성이 있으나 탄산수소염류 등 분말소화설비는 적응성이 없는 것은?

① 인화성 고체 ② 제4류 위험물
③ 제5류 위험물 ④ 제6류 위험물

 제6류 위험물의 소화설비 적응성 : 옥내·옥외 소화전설비, 스프링클러설비, 물분무소화설비, 포소화설비, 인산염류분말소화설비

답 ④

49 다음 중 품명이 나머지 셋과 다른 하나는?

① $C_6H_5CH_3$ ② C_6H_6
③ $CH_3(CH_2)_3OH$ ④ CH_3COCH_3

 ③은 뷰틸알코올로 제2석유류에 해당하며, ①은 톨루엔, ②는 벤젠, ④는 아세톤으로 전부 제1석유류에 해당한다.

답 ③

50 다음 중 자동화재탐지설비에 대한 설명으로 틀린 것은?

① 원칙적으로 자동화재탐지설비의 경계구역은 건축물, 그 밖의 공작물의 2 이상의 층에 걸치지 아니하도록 한다.
② 광전식분리형감지기를 설치할 경우 하나의 경계구역의 면적은 $600m^2$ 이하로 하고 그 한 변의 길이는 50m 이하로 한다.
③ 자동화재탐지설비의 감지기는 지붕 또는 벽의 옥내에 면한 부분에 유효하게 화재의 발생을 감지할 수 있도록 설치한다.
④ 자동화재탐지설비에는 비상전원을 설치한다.

해설 하나의 경계구역의 면적은 $600m^2$ 이하로 하고 그 한 변의 길이는 50m(광전식분리형감지기를 설치할 경우에는 100m) 이하로 할 것. 다만, 해당 건축물, 그 밖의 공작물의 주요한 출입구에서 그 내부의 전체를 볼 수 있는 경우에 있어서는 그 면적을 $1,000m^2$ 이하로 할 수 있다.

답 ②

51 KClO₃의 일반적인 성질을 나타낸 것 중 틀린 것은?

① 비중은 약 2.32이다.
② 융점은 약 368℃이다.
③ 용해도는 20℃에서 약 7.3이다.
④ 단독 분해온도는 약 200℃이다.

해설 약 400℃ 부근에서 열분해되기 시작하여 염화칼륨(KCl)과 산소(O_2)를 방출한다.
열분해반응식 : $2KClO_3 \rightarrow 2KCl + 3O_2$

답 ④

52 소화약제가 환경에 미치는 영향을 표시하는 지수가 아닌 것은?

① ODP
② GWP
③ ALT
④ LOAEL

해설
㉠ NOAEL(No Observed Adverse Effect Level) : 농도를 증가시킬 때 아무런 악영향도 감지할 수 없는 최대허용농도
㉡ LOAEL(Lowest Observed Adverse Effect Level) : 농도를 감소시킬 때 아무런 악영향도 감지할 수 있는 최소허용농도
㉢ ODP(Ozone Depletion Potential) : 오존층파괴지수
㉣ GWP(Global Warming Potential) : 지구온난화지수
㉤ ALT(Atmospheric Life Time) : 대기권잔존수명

답 ④

53 알루미늄분이 NaOH 수용액과 반응하였을 때 발생하는 물질은?

① H_2
② O_2
③ Na_2O_2
④ NaAl

해설 알칼리 수용액과 반응하여 수소가 발생한다.
$2Al + 2NaOH + 2H_2O \rightarrow 2NaAlO_2 + 3H_2$

답 ①

54 다음 중 지정수량이 가장 적은 물질은?

① 금속분
② 마그네슘
③ 황화인
④ 철분

해설 제2류 위험물의 종류와 지정수량

성질	위험등급	품명	대표 품목	지정수량
가연성 고체	II	1. 황화인 2. 적린(P) 3. 황(S)	P_4S_3, P_2S_5, P_4S_7	100kg
	III	4. 철분(Fe) 5. 금속분 6. 마그네슘(Mg)	Al, Zn	500kg
		7. 인화성 고체	고형 알코올	1,000kg

답 ③

55 여유시간이 5분, 정미시간이 40분일 경우 내경법으로 여유율을 구하면 약 몇 %인가?
① 6.33
② 9.05
③ 11.11
④ 12.50

 여유율 = $\dfrac{여유시간}{정미시간 + 여유시간}$

= $\dfrac{5}{40+5} \times 100 = 11.11\%$

답 ③

56 로트에서 랜덤하게 시료를 추출하여 검사한 후 그 결과에 따라 로트의 합격, 불합격을 판정하는 검사방법을 무엇이라 하는가?
① 자주 검사
② 간접 검사
③ 전수 검사
④ 샘플링 검사

 샘플링 검사는 로트로부터 추출한 샘플을 검사하여 그 로트의 합격, 불합격을 판정하고 있기 때문에 합격된 로트 중에 다소의 불량품이 들어있게 되지만, 샘플링 검사에서는 검사된 로트 중에 불량품의 비율이 확률적으로 어떤 범위 내에 있다는 것을 보증할 수 있다.

답 ④

57 다음과 같은 [데이터]에서 5개월 이동평균법에 의하여 8월의 수요를 예측한 값은 얼마인가?

[데이터]

월	1	2	3	4	5	6	7
판매실적	100	90	110	100	115	110	100

① 103
② 105
③ 107
④ 109

해설 이동평균법의 예측값(3~7월의 판매실적)

$F_t = \dfrac{기간의\ 실적치}{기간의\ 수}$

= $\dfrac{110+100+115+110+100}{5} = 107$

답 ③

58 관리사이클의 순서를 가장 적절하게 표시한 것은? (단, A는 조치(Act), C는 체크(Check), D는 실시(Do), P는 계획(Plan)이다.)
① P → D → C → A
② A → D → C → P
③ P → A → C → D
④ P → C → A → D

 관리사이클의 순서는 계획 → 실행 → 검토 → 조치의 순이다.

답 ①

59 다음 중 계량값 관리도만으로 짝지어진 것은?
① c 관리도, u 관리도
② $x - R_s$ 관리도, p 관리도
③ $\overline{x} - R$ 관리도, np 관리도
④ $Me - R$ 관리도, $\overline{x} - R$ 관리도

답 ④

60 다음 중 모집단의 중심적 경향을 나타낸 측도에 해당하는 것은?
① 범위(range)
② 최빈값(mode)
③ 분산(variance)
④ 변동계수(coefficient of variation)

 최빈값은 자료 중에서 가장 많이 나타나는 값으로서 모집단의 중심적 경향을 나타내는 측도에 해당한다.

답 ②

제52회 (2012년 7월 시행) 위험물기능장 필기

01 위험물의 운반에 관한 기준에서 정한 유별을 달리하는 위험물의 혼재기준에 따르면 1가지 다른 유별의 위험물과만 혼재가 가능한 위험물은? (단, 지정수량의 1/10을 초과하는 경우이다.)

① 제1류 ② 제2류
③ 제4류 ④ 제5류

해설 유별을 달리하는 위험물의 혼재기준

위험물의 구분	제1류	제2류	제3류	제4류	제5류	제6류
제1류		×	×	×	×	○
제2류	×		×	○	○	×
제3류	×	×		○	×	×
제4류	×	○	○		○	×
제5류	×	○	×	○		×
제6류	○	×	×	×	×	

답 ①

02 이동탱크저장소에 설치하는 방파판의 기능으로 옳은 것은?

① 출렁임 방지
② 유증기 발생의 억제
③ 정전기 발생 제거
④ 파손 시 유출 방지

해설 방파판 설치기준
㉠ 재질은 두께 1.6 mm 이상의 강철판으로 제작
㉡ 출렁임 방지를 위해 하나의 구획부분에 2개 이상의 방파판을 이동탱크저장소의 진행방향과 평행으로 설치하되, 그 높이와 칸막이로부터의 거리를 다르게 할 것
㉢ 하나의 구획부분에 설치하는 각 방파판의 면적합계는 해당 구획부분의 최대수직단면적의 50% 이상으로 할 것. 다만, 수직단면이 원형이거나 짧은 지름이 1m 이하의 타원형인 경우에는 40% 이상으로 할 수 있다.

답 ①

03 제5류 위험물의 화재 시 적응성이 있는 소화설비는?

① 포소화설비
② 이산화탄소소화설비
③ 할로젠화합물소화설비
④ 분말소화설비

해설 제5류 위험물은 자기반응성 물질로 다량의 주수에 의한 냉각소화가 유효하다. 따라서, 옥내·옥외 소화전설비, 스프링클러설비, 물분무소화설비, 포소화설비가 유효하다.

답 ①

04 광전식분리형감지기를 사용하여 자동화재탐지설비를 설치하는 경우 하나의 경계구역의 한 변의 길이를 얼마 이하로 하여야 하는가?

① 10m ② 100m
③ 150m ④ 300m

해설 하나의 경계구역의 면적은 600m² 이하로 하고 그 한 변의 길이는 50m(광전식분리형감지기를 설치할 경우에는 100m) 이하로 할 것. 다만, 해당 건축물, 그 밖의 공작물의 주요한 출입구에서 그 내부의 전체를 볼 수 있는 경우에 있어서는 그 면적을 1,000m² 이하로 할 수 있다.

답 ②

05 위험물안전관리법상 제5류 위험물에 해당하지 않는 것은?

① $NO_2(C_6H_4)CH_3$
② $C_6H_2CH_3(NO_2)_3$
③ $C_6H_4(NO)_2$
④ $N_2H_4 \cdot HCl$

$NO_2(C_6H_4)CH_3$는 나이트로톨루엔으로 제4류 위험물에 해당한다.

답 ①

06 과염소산, 질산, 과산화수소의 공통점이 아닌 것은?
① 다른 물질을 산화시킨다.
② 강산에 속한다.
③ 산소를 함유한다.
④ 불연성 물질이다.

 제6류 위험물의 공통성질
㉠ 상온에서 액체이고 산화성이 강하다.
㉡ 유독성 증기가 발생하기 쉽고, 증기는 부식성이 강하다.
㉢ 산소를 함유하고 있으며, 불연성이나 다른 가연성 물질을 착화시키기 쉽다.
㉣ 모두 무기화합물로 이루어져 있으며, 불연성이다.
㉤ 과산화수소를 제외하고 강산에 해당한다.

답 ②

07 포소화설비의 포 방출구 중 고정지붕구조의 탱크에 저부 포주입법을 이용하는 것으로서 송포관으로부터 포를 방출하는 방식은?
① Ⅰ형   ② Ⅱ형
③ Ⅲ형   ④ 특형

해설 포 방출구의 구분
㉠ Ⅰ형 : 고정지붕구조의 탱크에 상부 포주입법(고정포방출구를 탱크 옆판의 상부에 설치하여 액표면상에 포를 방출하는 방법을 말한다. 이하 같다)을 이용하는 것
㉡ Ⅱ형 : 고정지붕구조 또는 부상덮개부착 고정지붕구조(옥외저장탱크의 액상에 금속제의 플로팅, 팬 등의 덮개를 부착한 고정지붕구조의 것을 말한다. 이하 같다)의 탱크에 상부 포주입법을 이용하는 것
㉢ 특형 : 부상지붕구조의 탱크에 상부 포주입법을 이용하는 것
㉣ Ⅲ형 : 고정지붕구조의 탱크에 저부 포주입법(탱크의 액면하에 설치된 포 방출구로부터 포를 탱크 내에 주입하는 방법을 말한다)을 이용하는 것
㉤ Ⅳ형 : 고정지붕구조의 탱크에 저부 포주입법을 이용하는 것

답 ③

08 위험물 탱크의 공간용적에 관한 기준에 대해 다음 ( ) 안에 알맞은 수치는?

> 암반탱크에 있어서는 해당 탱크 내에 용출하는 ( )일간의 지하수의 양에 상당하는 용적과 해당 탱크의 내용적의 100분의 ( )의 용적 중에서 보다 큰 용적을 공간용적으로 한다.

① 7, 1   ② 7, 5
③ 10, 1   ④ 10, 5

 탱크의 공간용적은 탱크용적의 100분의 5 이상, 100분의 10 이하로 한다. 다만, 소화설비(소화약제 방출구를 탱크 안의 윗부분에 설치하는 것에 한한다.)를 설치하는 탱크의 공간용적은 해당 소화설비의 소화약제 방출구 아래의 0.3m 이상, 1m 미만 사이의 면으로부터 윗부분의 용적으로 한다. 암반탱크에 있어서는 해당 탱크 내에 용출하는 7일간의 지하수의 양에 상당하는 용적과 해당 탱크의 내용적의 100분의 1의 용적 중에서 보다 큰 용적을 공간용적으로 한다.

답 ①

09 옥외탱크저장소를 설치함에 있어서 탱크안전성능검사 중 용접부 검사의 대상이 되는 옥외저장탱크를 옳게 설명한 것은?
① 용량이 100만L 이상인 액체 위험물 탱크
② 액체 위험물을 저장·취급하는 탱크 중 고압가스 안전관리법에 의한 특정설비에 관한 검사에 합격한 탱크
③ 액체 위험물을 저장·취급하는 탱크 중 산업안전보건법에 의한 성능검사에 합격한 탱크
④ 용량에 상관없이 액체 위험물을 저장·취급하는 탱크

 용접부 검사 : 옥외탱크저장소의 액체 위험물 탱크 중 그 용량이 100만L 이상인 탱크(다만, 탱크의 저부에 관계된 변경공사 시에 행해진 규정에 의한 정기검사에 의하여 용접부에 관한 사항이 행정안전부령으로 정하는 기준에 적합하다고 인정된 탱크는 제외)

답 ①

10. 위험물안전관리법령상 품명이 질산에스터류에 해당하는 것은?

① 피크르산
② 나이트로셀룰로스
③ 트라이나이트로톨루엔
④ 트라이나이트로벤젠

해설 질산에스터류 : 나이트로셀룰로스, 나이트로글리세린, 질산메틸, 질산에틸

답 ②

11. 다음 중 지정수량이 가장 적은 것은?

① 다이크로뮴산염류 ② 철분
③ 인화성 고체   ④ 질산염류

해설
① 다이크로뮴산염류 : 1,000kg
② 철분 : 500kg
③ 인화성 고체 : 1,000kg
④ 질산염류 : 300kg

답 ④

12. 알칼리금속의 원자 반지름 크기를 큰 순서대로 나타낸 것은?

① Li > Na > K   ② K > Na > Li
③ Na > Li > K   ④ K > Li > Na

해설 같은 주기에서는 I족에서 VII족으로 갈수록 원자 반지름이 작아져서 강하게 전자를 잡아당겨 비금속성이 증가하며, 같은 족에서는 원자번호가 커짐에 따라서 원자 반지름이 커져서 전자를 잃기 쉬워 금속성이 증가한다.

답 ②

13. 다음 중 1기압에 가장 가까운 값을 갖는 것은?

① 760cmHg   ② 101.3Pa
③ 29.92psi   ④ 1033.6cmH$_2$O

해설 1기압 = 76cmHg = 760mmHg
= 14.7psi = 14.7lbf/in^2
= 1.033227kg$_f$/cm^2 = 101.325kPa
= 29.92inHg = 10.332mH$_2$O

답 ④

14. 지정수량 이상 위험물의 임시 저장, 취급 기준에 대한 설명으로 옳은 것은?

① 군부대가 군사목적으로 임시로 저장·취급하는 경우에는 180일을 초과하지 못한다.
② 공사장의 경우에는 공사가 끝나는 날까지 저장·취급할 수 있다.
③ 임시 저장·취급 기간은 원칙적으로 180일 이내에서 할 수 있다.
④ 임시 저장·취급에 관한 기준은 시·도별로 다르게 정할 수 있다.

해설 임시로 저장 또는 취급하는 장소에서의 저장 또는 취급의 기준과 임시로 저장 또는 취급하는 장소의 위치·구조 및 설비의 기준은 시·도의 조례로 정한다.
㉠ 시·도의 조례가 정하는 바에 따라 관할 소방서장의 승인을 받아 지정수량 이상의 위험물을 90일 이내의 기간 동안 임시로 저장 또는 취급하는 경우
㉡ 군부대가 지정수량 이상의 위험물을 군사목적으로 임시로 저장 또는 취급하는 경우

답 ④

15. 인화칼슘과 탄화칼슘이 각각 물과 반응하였을 때 발생하는 가스를 차례대로 옳게 나열한 것은?

① 포스겐, 아세틸렌
② 포스겐, 에틸렌
③ 포스핀, 아세틸렌
④ 포스핀, 에틸렌

해설
㉠ 인화칼슘
  Ca$_3$P$_2$ + 6H$_2$O
  → 3Ca(OH)$_2$ + 2PH$_3$(포스핀)
㉡ 탄화칼슘
  CaC$_2$ + 2H$_2$O
  → Ca(OH)$_2$ + C$_2$H$_2$(아세틸렌)

답 ③

16 완공검사의 신청시기에 대한 설명으로 옳은 것은?

① 이동탱크저장소는 이동저장탱크의 제작 중에 신청한다.
② 이송취급소에서 지하에 매설하는 이송배관 공사의 경우는 전체의 이송배관 공사를 완료한 후에 신청한다.
③ 지하탱크가 있는 제조소 등은 해당 지하탱크를 매설한 후에 신청한다.
④ 이송취급소에서 하천에 매설하는 이송배관 공사의 경우에는 이송배관을 매설하기 전에 신청한다.

 ① 이동탱크저장소는 완공하고 상치장소를 확보한 후 신청한다.
② 이송취급소에서 지하에 매설하는 이송배관 공사의 경우는 전체 또는 일부의 이송배관 공사를 완료한 후에 신청한다.
③ 지하탱크가 있는 제조소 등은 해당 지하탱크를 매설하기 전에 신청한다.
④ 이송취급소에서 하천에 매설하는 이송배관 공사의 경우에는 이송배관을 매설하기 전에 신청한다.

답 ④

17 위험물안전관리법상 위험등급이 나머지 셋과 다른 하나는?

① 아염소산염류 ② 알킬알루미늄
③ 알코올류   ④ 칼륨

해설 아염소산염류, 알킬알루미늄, 칼륨 : 위험등급 Ⅰ, 알코올류 : 위험등급 Ⅱ

답 ③

18 위험물안전관리법령에 관한 내용으로 다음 ( ) 안에 알맞은 수치를 차례대로 나타낸 것은?

옥내저장소에서 동일 품명의 위험물이더라도 자연발화할 우려가 있는 위험물 또는 재해가 현저하게 증대할 우려가 있는 위험물을 다량 저장하는 경우에는 지정수량의 (　　)배 이하마다 구분하여 상호 간 (　　)m 이상의 간격을 두어 저장하여야 한다.

① 10, 0.3   ② 10, 1
③ 100, 0.3   ④ 100, 1

 옥내저장소에서 동일 품명의 위험물이더라도 자연발화할 우려가 있는 위험물 또는 재해가 현저하게 증대할 우려가 있는 위험물을 다량 저장하는 경우에는 지정수량의 10배 이하마다 구분하여 상호 간 0.3m 이상의 간격을 두어 저장하여야 한다.

답 ①

19 위험물안전관리법령에 따른 제1류 위험물의 운반 및 위험물제조소 등에서 저장·취급에 관한 기준으로 옳은 것은? (단, 지정수량의 10배인 경우이다.)

① 제6류 위험물과는 운반 시 혼재할 수 있으며, 적절한 조치를 취하면 같은 옥내저장소에 저장할 수 있다.
② 제6류 위험물과는 운반 시 혼재할 수 있으나, 같은 옥내저장소에 저장할 수는 없다.
③ 제6류 위험물과는 운반 시 혼재할 수 없으나, 적절한 조치를 취하면 같은 옥내저장소에 저장할 수 있다.
④ 제6류 위험물과는 운반 시 혼재할 수 없으며, 같은 옥내저장소에 저장할 수도 없다.

답 ①

20 열처리작업 등의 일반취급소를 건축물 내에 구획실 단위로 설치하는 데 필요한 요건으로서 옳지 않은 것은?

① 취급하는 위험물의 수량은 지정수량의 30배 미만일 것
② 위험물이 위험한 온도에 이르는 것을 경보할 수 있는 장치를 설치할 것
③ 열처리 또는 방전가공을 위하여 인화점 70℃ 이상의 제4류 위험물을 취급하는 것일 것
④ 다른 작업장의 용도로 사용되는 부분과의 사이에는 내화구조로 된 격벽을 설치하되, 격벽의 양단 및 상단이 외벽 또는 지붕으로부터 50cm 이상 돌출되도록 할 것

 열처리작업 또는 방전가공을 위하여 위험물(인화점이 70℃ 이상인 제4류 위험물에 한함)을 취급하는 일반취급소로서 지정수량의 30배 미만의 것(위험물을 취급하는 설비를 건축물에 설치하는 것에 한함)

답 ④

21 위험물안전관리법령에서 정하는 유별에 따른 위험물의 성질에 해당하지 않는 것은?
① 산화성 고체
② 산화성 액체
③ 가연성 고체
④ 가연성 액체

해설 제1류 : 산화성 고체
제2류 : 가연성 고체
제3류 : 자연발화성 및 금수성 물질
제4류 : 인화성 액체
제5류 : 자기반응성 물질
제6류 : 산화성 액체

답 ④

22 산화프로필렌에 대한 설명 중 틀린 것은?
① 무색의 휘발성 액체이다.
② 증기의 비중은 공기보다 작다.
③ 인화점은 약 -37℃이다.
④ 비점은 약 34℃이다.

해설 산화프로필렌($CH_3CHCH_2O=58$)의 증기비중은 $\frac{58}{28.84}=2.01$ 이다.
따라서 공기보다 2.01배 무겁다.

답 ②

23 인화점이 0℃보다 낮은 물질이 아닌 것은?
① 아세톤
② 톨루엔
③ 휘발유
④ 벤젠

품목	아세톤	톨루엔	휘발유	벤젠
인화점	-18.5℃	4℃	-43℃	-11℃

답 ②

24 제1류 위험물의 위험성에 관한 설명으로 옳지 않은 것은?

① 과망가니즈산나트륨은 에탄올과 혼촉발화의 위험이 있다.
② 과산화나트륨은 물과 반응 시 산소가스가 발생한다.
③ 염소산나트륨은 산과 반응하면 유독가스가 발생한다.
④ 질산암모늄 단독으로 안포폭약을 제조한다.

 ANFO 폭약은 NH_4NO_3와 경유를 94%와 6%로 혼합하여 기폭약으로 사용하며 단독으로도 폭발의 위험이 있다.

답 ④

25 제조소 등의 외벽 중 연소의 우려가 있는 외벽을 판단하는 기산점이 되는 것을 모두 옳게 나타낸 것은?
① Ⓐ 제조소 등이 설치된 부지의 경계선
  Ⓑ 제조소 등에 인접한 도로의 중심선
  Ⓒ 제조소 등의 외벽과 동일 부지 내의 다른 건축물의 외벽 간의 중심선
② Ⓐ 제조소 등이 설치된 부지의 경계선
  Ⓑ 제조소 등에 인접한 도로의 경계선
  Ⓒ 제조소 등의 외벽과 동일 부지 내의 다른 건축물의 외벽 간의 중심선
③ Ⓐ 제조소 등이 설치된 부지의 중심선
  Ⓑ 제조소 등에 인접한 도로의 중심선
  Ⓒ 동일 부지 내의 다른 건축물의 외벽
④ Ⓐ 제조소 등이 설치된 부지의 중심선
  Ⓑ 제조소 등에 인접한 도로의 경계선
  Ⓒ 제조소 등의 외벽과 인근 부지의 다른 건축물의 외벽 간의 중심선

 연소의 우려가 있는 외벽은 다음에 정한 선을 기산점으로 하여 3m(2층 이상의 층에 대해서는 5m) 이내에 있는 제조소 등의 외벽을 말한다.
㉠ 제조소 등이 설치된 부지의 경계선
㉡ 제조소 등에 인접한 도로의 중심선
㉢ 제조소 등의 외벽과 동일 부지 내의 다른 건축물의 외벽 간의 중심선

답 ①

26 다음 중 가장 강한 산은?

① $HClO_4$
② $HClO_3$
③ $HClO_2$
④ $HClO$

 $HClO_4$는 염소산 중에서 가장 강한 산이다.
$HClO < HClO_2 < HClO_3 < HClO_4$

 ①

27 제2류 위험물에 대한 설명 중 틀린 것은?

① 모두 가연성 물질이다.
② 모두 고체이다.
③ 모두 주수소화가 가능하다.
④ 지정수량의 단위는 모두 kg이다.

 철분, 금속분, 마그네슘의 경우 모래 또는 소다 재로 소화해야 한다.

 ③

28 제조소 등의 소화설비를 위한 소요단위 산정에 있어서 1소요단위에 해당하는 위험물의 지정수량 배수와 외벽이 내화구조인 제조소의 건축물 연면적을 각각 옳게 나타낸 것은?

① 10배, $100m^2$
② 100배, $100m^2$
③ 10배, $150m^2$
④ 100배, $150m^2$

 소요단위 : 소화설비의 설치 대상이 되는 건축물의 규모 또는 위험물 양에 대한 기준 단위

1단위	제조소 또는 취급소용 건축물의 경우	내화구조 외벽을 갖춘 연면적 $100m^2$
		내화구조 외벽이 아닌 연면적 $50m^2$
	저장소 건축물의 경우	내화구조 외벽을 갖춘 연면적 $150m^2$
		내화구조 외벽이 아닌 연면적 $75m^2$
	위험물의 경우	지정수량의 10배

답 ①

29 물과 반응하였을 때 발생하는 가스가 유독성인 것은?

① 알루미늄 ② 칼륨
③ 탄화알루미늄 ④ 오황화인

 오황화인은 물과 반응하면 분해되어 황화수소(H_2S)와 인산(H_3PO_4)으로 된다.
$P_2S_5 + 8H_2O \rightarrow 5H_2S + 2H_3PO_4$

답 ④

30 인화성 액체 위험물(CS_2는 제외)을 저장하는 옥외탱크저장소에서 방유제의 용량에 대해 다음 ( ) 안에 알맞은 수치를 차례대로 나열한 것은?

> 방유제의 용량은 방유제 안에 설치된 탱크가 하나인 때에는 그 탱크용량의 ( )% 이상, 2기 이상인 때에는 그 탱크 중 용량이 최대인 것의 용량의 ( )% 이상으로 할 것. 이 경우 방유제의 용량은 해당 방유제의 내용적에서 용량이 최대인 탱크 외의 탱크의 방유제 높이 이하 부분의 용적, 해당 방유제 내에 있는 모든 탱크의 지반면 이상 부분의 기초의 체적, 칸막이둑의 체적 및 해당 방유제 내에 있는 배관 등의 체적을 뺀 것으로 한다.

① 100, 100 ② 100, 110
③ 110, 100 ④ 110, 110

 방유제의 용량 : 방유제 안에 설치된 탱크가 하나인 때에는 그 탱크용량의 110% 이상, 2기 이상인 때에는 그 탱크용량 중 용량이 최대인 것의 용량의 110% 이상으로 한다. 다만, 인화성이 없는 액체 위험물의 옥외저장탱크의 주위에 설치하는 방유제는 "110%"를 "100%"로 본다.

답 ④

31 유량을 측정하는 계측기구가 아닌 것은?

① 오리피스미터 ② 마노미터
③ 로터미터 ④ 벤투리미터

 마노미터는 압력측정 장치의 기구에 해당한다.

답 ②

32 주유취급소 설치자가 변경허가를 받지 않고 주유취급소의 방화담 중 도로에 접한 부분을 철거한 사실이 기술기준에 부적합하여 적발된 경우에 위험물안전관리법상 조치사항으로 가장 적합한 것은?

① 변경허가 위반행위에 따른 형사처벌, 행정처분 및 복구명령을 병과한다.
② 변경허가 위반행위에 따른 행정처분 및 복구명령을 병과한다.
③ 변경허가 위반행위에 따른 형사처벌 및 복구명령을 병과한다.
④ 변경허가 위반행위에 따른 형사처벌 및 행정처분을 병과한다.

해설 500만 원 이하의 벌금으로 형사처벌과 행정처분을 받고 복구해야 한다.

답 ①

33 위험물 시설에 설치하는 소화설비와 특성 등에 관한 설명 중 위험물관련법규 내용에 적합한 것은?

① 제4류 위험물을 저장하는 옥외저장탱크에 포소화설비를 설치하는 경우에는 이동식으로 할 수 있다.
② 옥내소화전설비·스프링클러설비 및 불활성가스소화설비의 배관은 전용으로 하되 예외규정이 있다.
③ 옥내소화전설비와 옥외소화전설비는 동결방지 조치가 가능한 장소라면 습식으로 설치하여야 한다.
④ 물분무소화설비와 스프링클러설비의 기동장치에 관한 설치기준은 그 내용이 동일하지 않다.

해설 옥내 및 옥외 소화전설비의 경우 습식으로 하고 동결 방지 조치를 해야 한다.

답 ③

34 이산화탄소소화설비가 적응성이 있는 위험물은?

① 제1류 위험물
② 제3류 위험물
③ 제4류 위험물
④ 제5류 위험물

해설 이산화탄소소화설비에 적응성 있는 대상물 : 전기설비, 제2류 위험물 중 인화성 고체, 제4류 위험물

답 ③

35 제2류 위험물로 금속이 덩어리상태일 때보다 가루상태일 때 연소 위험성이 증가하는 이유가 아닌 것은?

① 유동성의 증가
② 비열의 증가
③ 정전기 발생 위험성 증가
④ 비표면적의 증가

답 ②

36 다음 중 이송취급소의 안전설비에 해당하지 않는 것은?

① 운전상태 감시장치
② 안전제어장치
③ 통기장치
④ 압력안전장치

해설 통기장치는 위험물 탱크저장소의 안전설비에 해당한다.

답 ③

37 다음 중 브로민산칼륨의 색상으로 옳은 것은 어느 것인가?

① 백색
② 등적색
③ 황색
④ 청색

해설 브로민산칼륨은 분자량 167, 비중 3.27, 융점 379℃ 이상으로 무취, 백색의 결정 또는 결정성 분말이다.

답 ①

38 CH₃CHO에 대한 설명으로 옳지 않은 것은?

① 끓는점이 상온(25℃) 이하이다.
② 완전연소 시 이산화탄소와 물이 생성된다.
③ 은·수은과 반응하면 폭발성 물질을 생성한다.
④ 에틸알코올을 환원시키거나 아세트산을 산화시켜 제조한다.

 에틸알코올을 이산화망가니즈 촉매하에서 산화시켜 제조한다.
$2C_2H_5OH + O_2 \rightarrow 2CH_3CHO + 2H_2O$

답 ④

39 마그네슘과 염산이 반응할 때 발화의 위험이 있는 이유로 가장 적합한 것은?

① 열전도율이 낮기 때문이다.
② 산소가 발생하기 때문이다.
③ 많은 반응열이 발생하기 때문이다.
④ 분진폭발의 민감성 때문이다.

 산과 반응하여 많은 양의 열과 수소(H_2)가 발생한다.
$Mg + 2HCl \rightarrow MgCl_2 + H_2 + Q\,kcal$

답 ③

40 다음 중 옥내저장소에 위험물을 저장하는 제한 높이가 가장 낮은 경우는?

① 기계에 의하여 하역하는 구조로 된 용기만을 겹쳐 쌓는 경우
② 중유를 수납하는 용기만을 겹쳐 쌓는 경우
③ 아마인유를 수납하는 용기만을 겹쳐 쌓는 경우
④ 적린을 수납하는 용기만을 겹쳐 쌓는 경우

 옥내저장소에서 위험물을 저장하는 경우에는 다음 각 사항의 규정에 의한 높이를 초과하여 용기를 겹쳐 쌓지 아니하여야 한다(옥외저장소에서 위험물을 저장하는 경우에 있어서도 본 규정에 의한 높이를 초과하여 용기를 겹쳐 쌓지 아니하여야 한다).
㉠ 기계에 의하여 하역하는 구조로 된 용기만을 겹쳐 쌓는 경우에 있어서는 6m

㉡ 제4류 위험물 중 제3석유류, 제4석유류 및 동식물유류를 수납하는 용기만을 겹쳐 쌓는 경우에 있어서는 4m
㉢ 그 밖의 경우에 있어서는 3m

답 ④

41 다음 표의 물질 중 제2류 위험물에 해당하는 것은 모두 몇 개인가?

[보기]
• 황화인   • 칼륨
• 알루미늄의 탄화물   • 황린
• 금속의 수소화물   • 코발트분
• 황   • 무기과산화물
• 고형 알코올

① 2   ② 3
③ 4   ④ 5

 ㉠ 황화인, 코발트분, 황, 고형 알코올 : 제2류 위험물
㉡ 칼륨, 알루미늄의 탄화물, 황린, 금속의 수소화물 : 제3류 위험물
㉢ 무기과산화물 : 제1류 위험물

답 ③

42 위험물인 아세톤을 용기에 담아 운반하고자 한다. 다음 중 위험물안전관리법의 내용과 배치되는 것은?

① 지정수량의 10배라면 비중이 1.52인 질산을 다른 용기에 수납하더라도 함께 적재·운반할 수 없다.
② 원칙적으로 기계로 하역되는 구조로 된 금속제 운반용기에 수납하는 경우 최대용적이 3,000L이다.
③ 뚜껑 탈착식 금속제 드럼 운반용기에 수납하는 경우 최대용적은 250L이다.
④ 유리용기, 플라스틱용기를 운반용기로 사용할 경우 내장용기로 사용할 수 없다.

 액체 위험물에 대해 유리용기를 사용하는 경우 5L, 10L로 내장용기 또는 외장용기로 다 사용할 수 있다.

답 ④

43 과망가니즈산칼륨과 묽은황산이 반응하였을 때 생성물이 아닌 것은?
① MnO_2
② K_2SO_4
③ $MnSO_4$
④ O_2

 ㉠ 묽은황산과의 반응식
$4KMnO_4 + 6H_2SO_4$
$\rightarrow 2K_2SO_4 + 4MnSO_4 + 6H_2O + 5O_2$
㉡ 진한황산과의 반응식
$2KMnO_4 + H_2SO_4 \rightarrow K_2SO_4 + 2HMnO_4$

답 ①

44 273℃에서 기체의 부피가 2L이다. 같은 압력에서 0℃일 때의 부피는 몇 L인가?
① 0.5 ② 1
③ 2 ④ 4

$$\frac{V_1}{T_1} = \frac{V_2}{T_2}$$
$T_1 = 273℃ + 273.15 = 546.15K$
$T_2 = 0℃ + 273.15K = 273.15K$
$V_1 = 2L$
$V_2 = \frac{V_1 T_2}{T_1} = \frac{2L \cdot 273.15K}{546.15K} = 1L$

답 ②

45 0.2N−HCl 500mL에 물을 가해 1L로 하였을 때 pH는 약 얼마인가?
① 1.0
② 1.2
③ 1.8
④ 2.1

 $NV = N'V'$
$0.2 \times 0.5 = N' \times 1$
∴ $N' = 0.1$
$pH = -\log[H^+]$
$= -\log(1 \times 10^{-1}) = 1$

답 ①

46 다음 중 메틸에틸케톤에 관한 설명으로 틀린 것은?
① 인화가 용이한 가연성 액체이다.
② 완전연소 시 메테인과 이산화탄소를 생성한다.
③ 물보다 가벼운 휘발성 액체이다.
④ 증기는 공기보다 무겁다.

 공기 중에서 연소 시 물과 이산화탄소가 생성된다.
$CH_3COC_2H_5 + O_2 \rightarrow 8CO_2 + 8H_2O$

답 ②

47 제2류 위험물 중 철분 또는 금속분을 수납한 운반용기의 외부에 표시해야 하는 주의사항으로 옳은 것은?
① 화기엄금 및 물기엄금
② 화기주의 및 물기엄금
③ 가연물 접촉주의 및 화기엄금
④ 가연물 접촉주의 및 화기주의

유별	구분	주의사항
제2류 위험물 (가연성 고체)	철분 · 금속분 · 마그네슘	"화기주의" "물기엄금"
	인화성 고체	"화기엄금"
	그 밖의 것	"화기주의"

답 ②

48 과산화벤조일(벤조일퍼옥사이드)의 화학식을 옳게 나타낸 것은?
① CH_3ONO_2
② $(CH_3COC_2H_5)_2O_2$
③ $(CH_3CO)_2O_2$
④ $(C_6H_5CO)_2O_2$

 ① 질산메틸
② 과산화메틸에틸케톤
③ 아세틸퍼옥사이드

답 ④

49 Ca₃P₂의 지정수량은 얼마인가?

① 50kg
② 100kg
③ 300kg
④ 500kg

 제3류 위험물로서 금속인화합물에 해당하며 지정수량은 300kg이다.

답 ③

50 트라이에틸알루미늄을 200℃ 이상으로 가열하였을 때 발생하는 가연성 가스와 트라이에틸알루미늄이 염산과 반응하였을때 발생하는 가연성 가스의 명칭을 차례대로 나타낸 것은?

① 에틸렌, 메테인
② 아세틸렌, 메테인
③ 에틸렌, 에테인
④ 아세틸렌, 에테인

 ㉠ 인화점의 측정치는 없지만 융점(-46℃) 이하이기 때문에 매우 위험하며 200℃ 이상에서 폭발적으로 분해되어 가연성 가스가 발생한다.
$(C_2H_5)_3Al \rightarrow (C_2H_5)_2AlH + C_2H_4$(에틸렌)
㉡ 산과 접촉하면 폭발적으로 반응하여 에테인을 형성하고 이때 발열, 폭발에 이른다.
$(C_2H_5)_3Al + HCl$
$\rightarrow (C_2H_5)_2AlCl + C_2H_6 + 발열$

답 ③

51 주유취급소의 변경허가 대상이 아닌 것은?

① 고정주유설비 또는 고정급유설비를 신설 또는 철거하는 경우
② 유리를 부착하기 위하여 담의 일부를 철거하는 경우
③ 고정주유설비 또는 고정급유설비의 위치를 이전하는 경우
④ 지하에 설치한 배관을 교체하는 경우

 주유취급소의 변경허가 대상
㉮ 지하에 매설하는 탱크의 변경 중 다음의 어느 하나에 해당하는 경우
  ㉠ 탱크의 위치를 이전하는 경우
  ㉡ 탱크 전용실을 보수하는 경우
  ㉢ 탱크를 신설·교체 또는 철거하는 경우
  ㉣ 탱크를 보수(탱크 본체를 절개하는 경우에 한한다)하는 경우
  ㉤ 탱크의 노즐 또는 맨홀을 신설하는 경우(노즐 또는 맨홀의 직경이 250mm를 초과하는 경우에 한한다)
  ㉥ 특수 누설방지 구조를 보수하는 경우
㉯ 옥내에 설치하는 탱크의 변경 중 다음의 어느 하나에 해당하는 경우
  ㉠ 탱크의 위치를 이전하는 경우
  ㉡ 탱크를 신설·교체 또는 철거하는 경우
  ㉢ 탱크를 보수(탱크 본체를 절개하는 경우에 한한다)하는 경우
  ㉣ 탱크의 노즐 또는 맨홀을 신설하는 경우(노즐 또는 맨홀의 직경이 250mm를 초과하는 경우에 한한다)
㉰ 고정주유설비 또는 고정급유설비를 신설 또는 철거하는 경우
㉱ 고정주유설비 또는 고정급유설비의 위치를 이전하는 경우
㉲ 건축물의 벽·기둥·바닥·보 또는 지붕을 증설 또는 철거하는 경우
㉳ 담 또는 캐노피를 신설 또는 철거(유리를 부착하기 위하여 담의 일부를 철거하는 경우를 포함한다)하는 경우
㉴ 주입구의 위치를 이전하거나 신설하는 경우
㉵ 시설과 관계된 공작물(바닥면적이 4m² 이상인 것에 한한다)을 신설 또는 증축하는 경우
㉶ 개질장치(改質裝置), 압축기(壓縮機), 충전설비, 축압기(蓄壓器) 또는 수입설비(受入設備)를 신설하는 경우
㉷ 자동화재탐지설비를 신설 또는 철거하는 경우
㉸ 셀프용이 아닌 고정주유설비를 셀프용 고정주유설비로 변경하는 경우
㉹ 주유취급소 부지의 면적 또는 위치를 변경하는 경우
㉺ 300m(지상에 설치하지 않는 배관의 경우에는 30m)를 초과하는 위험물의 배관을 신설·교체·철거 또는 보수(배관을 자르는 경우만 해당한다)하는 경우
㉻ 탱크의 내부에 탱크를 추가로 설치하거나 철판 등을 이용하여 탱크 내부를 구획하는 경우

답 ④

52 질산암모늄에 대한 설명으로 옳지 않은 것은?
① 열분해 시 가스가 발생한다.
② 물에 녹을 때 발열반응을 나타낸다.
③ 물보다 무거운 고체상태의 결정이다.
④ 급격히 가열하면 단독으로도 폭발할 수 있다.

 물에 녹을 때 흡열반응을 나타낸다.

답 ②

53 어떤 기체의 확산속도가 SO_2의 2배일 때 이 기체의 분자량을 추정하면 얼마인가?
① 16
② 32
③ 64
④ 128

 그레이엄(Graham)의 확산법칙
분출속도를 온도와 압력이 동일한 조건하에서 비교하여 보면 분출속도가 기체 밀도의 제곱근에 반비례한다는 결과를 나타낸다. 이 관계를 그레이엄(Graham)의 확산법칙이라고 하며 다음과 같은 식으로 나타낼 수 있다.

분출속도 $\propto \sqrt{\dfrac{1}{d}}$

$\therefore \dfrac{A의\ 분출속도}{B의\ 분출속도} = \sqrt{\dfrac{d_B}{d_A}}$

$= \sqrt{\dfrac{M_B}{M_A}}$

어떤 기체를 A, SO_2를 B로 하면

$\dfrac{2}{1} = \sqrt{\dfrac{64}{M_A}}$

$\therefore M_A = 16$

답 ①

54 위험물제조소 등의 옥내소화전설비의 설치기준으로 틀린 것은?
① 수원의 수량은 옥내소화전이 가장 많이 설치된 층의 옥내소화전 설치개수(설치개수가 5개 이상인 경우는 5개)에 $7.8m^3$를 곱한 양 이상이 되도록 설치할 것
② 옥내소화전은 제조소 등의 건축물의 층마다 해당 층의 각 부분에서 하나의 호스 접속구까지의 수평거리가 50m 이하가 되도록 설치할 것
③ 옥내소화전설비는 각층을 기준으로 하여 해당 층의 모든 옥내소화전(설치개수가 5개 이상인 경우는 5개의 옥내소화전)을 동시에 사용할 경우에 각 노즐선단의 방수압력이 350kPa 이상이고 방수량이 1분당 260L 이상의 성능이 되도록 할 것
④ 옥내소화전설비에는 비상전원을 설치할 것

 옥내소화전은 제조소 등의 건축물의 층마다 해당 층의 각 부분에서 하나의 호스 접속구까지의 수평거리가 25m 이하가 되도록 설치할 것. 이 경우 옥내소화전은 각층의 출입구 부근에 1개 이상 설치하여야 한다.

답 ②

55 준비작업시간 100분, 개당 정미작업시간 15분, 로트 크기 20일 때 1개당 소요작업시간은 얼마인가? (단, 여유시간은 없다고 가정한다.)
① 15분
② 20분
③ 35분
④ 45분

 소요작업시간

$= \dfrac{준비작업시간}{로트\ 크기} + 개당\ 정미작업시간$

$= \dfrac{100분}{20분} + 15분$

$= 20분$

답 ②

56 소비자가 요구하는 품질로서 설계와 판매정책에 반영되는 품질을 의미하는 것은?
① 시장품질
② 설계품질
③ 제조품질
④ 규격품질

답 ①

57 축의 완성지름, 철사의 인장강도, 아스피린 순도와 같은 데이터를 관리하는 가장 대표적인 관리도는?

① c 관리도 ② np 관리도
③ u 관리도 ④ $\bar{x} - R$ 관리도

답 ④

58 로트의 크기가 시료의 크기에 비해 10배 이상 클 때, 시료의 크기와 합격 판정 개수를 일정하게 하고 로트의 크기를 증가시킬 경우 검사특성곡선의 모양 변화에 대한 설명으로 가장 적절한 것은?

① 무한대로 커진다.
② 별로 영향을 미치지 않는다.
③ 샘플링 검사의 판별능력이 매우 좋아진다.
④ 검사특성곡선의 기울기 경사가 급해진다.

해설) 시료의 크기와 합격 판정 개수를 일정하게 하고 로트의 크기를 증가시킬 경우 검사특성곡선의 모양에 별로 영향을 미치지 않는다.

답 ②

59 다음 중 샘플링 검사보다 전수 검사를 실시하는 것이 유리한 경우는?

① 검사항목이 많은 경우
② 파괴 검사를 해야 하는 경우
③ 품질 특성치가 치명적인 결점을 포함하는 경우
④ 다수·다량의 것으로 어느 정도 부적합품이 섞여도 괜찮을 경우

해설) 전수 검사란 검사 로트 내의 검사 단위 모두를 하나하나 검사하여 합격, 불합격 판정을 내리는 것으로 일명 100% 검사라고도 한다. 예컨대 자동차의 브레이크 성능, 크레인의 브레이크 성능, 프로페인 용기의 내압성능 등과 같이 인체 생명 위험 및 화재 발생 위험이 있는 경우 및 보석류와 같이 아주 고가제품의 경우에는 전수 검사가 적용된다. 그러나 대량품, 연속체, 파괴 검사와 같은 경우는 전수 검사를 적용할 수 없다.

답 ③

60 작업시간 측정방법 중 직접 측정법은?

① PTS법
② 경험견적법
③ 표준자료법
④ 스톱워치법

해설) 작업분석에 있어서 측정은 일반적으로 스톱워치 관측법을 사용한다.

답 ④

제53회 위험물기능장 필기
(2013년 4월 시행)

01 3.65kg의 염화수소 중에는 HCl 분자가 몇 개 있는가?
① 6.02×10^{23} ② 6.02×10^{24}
③ 6.02×10^{25} ④ 6.02×10^{26}

해설

$$\frac{3.65\text{kg}-\text{HCl}}{} \left| \frac{1{,}000\text{g}-\text{HCl}}{1\text{kg}-\text{HCl}} \right| \frac{1\text{mol}-\text{HCl}}{36.5\text{g}-\text{HCl}}$$
$$\left| \frac{6.02\times 10^{23}\text{개}-\text{HCl}}{1\text{mol}-\text{HCl}} \right| = 6.02\times 10^{25}\text{개}-\text{HCl}$$

답 ③

02 물과 접촉하여도 위험하지 않은 물질은?
① 과산화나트륨 ② 과염소산나트륨
③ 마그네슘   ④ 알킬알루미늄

해설 과염소산나트륨은 제1류 위험물로서 주수에 의한 냉각소화가 유효하다.

답 ②

03 그림과 같은 예혼합화염 구조의 개략도에서 중간생성물의 농도곡선은?

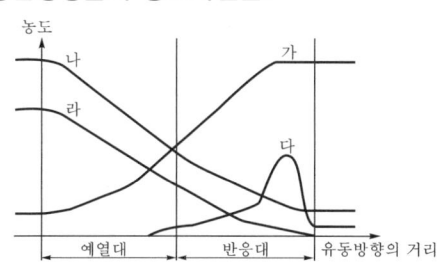

① 가 ② 나
③ 다 ④ 라

해설 예혼합화염은 가연성 기체를 공기와 미리 혼합시켜 연소하는 형태를 의미한다. 그래프에서 '가'는 최초 생성물 농도에 해당하며, '다'는 중간생성물의 농도곡선에 해당한다.

답 ③

04 다음 중 비중이 가장 작은 금속은?
① 마그네슘 ② 알루미늄
③ 지르코늄 ④ 아연

해설

품목	마그네슘	알루미늄	지르코늄	아연
비중	1.74	2.7	6.5	7.14

답 ①

05 위험물안전관리법령상 소화설비의 적응성에서 제6류 위험물을 저장 또는 취급하는 제조소 등에 설치할 수 있는 소화설비는?
① 인산염류분말소화설비
② 탄산수소염류분말소화설비
③ 이산화탄소소화설비
④ 할로젠화합물소화설비

해설 제6류 위험물을 저장 또는 취급하는 제조소 등에 설치할 수 있는 소화설비 : 옥내소화전 또는 옥외소화전설비, 스프링클러설비, 물분무소화설비, 포소화설비, 인산염류분말소화설비

답 ①

06 수소화리튬의 위험성에 대한 설명 중 틀린 것은?
① 물과 실온에서 격렬히 반응하여 수소가 발생하므로 위험하다.
② 공기와 접촉하면 자연발화의 위험이 있다.
③ 피부와 접촉 시 화상의 위험이 있다.
④ 고온으로 가열하면 수산화리튬과 수소가 발생하므로 위험하다.

해설 수소화리튬은 열에 불안정하여 400℃에서 리튬과 수소로 분해한다.
$2\text{LiH} \rightarrow 2\text{Li} + \text{H}_2$

답 ④

07 옥외탱크저장소에 보냉장치 및 불연성 가스 봉입장치를 설치해야 하는 위험물은?
① 아세트알데하이드 ② 이황화탄소
③ 생석회 ④ 염소산나트륨

 아세트알데하이드 등을 취급하는 탱크에는 냉각 장치 또는 저온을 유지하기 위한 장치(보냉장치) 및 연소성 혼합기체의 생성에 의한 폭발을 방지하기 위한 불활성 기체를 봉입하는 장치를 갖출 것

답 ①

08 위험물안전관리법령상 유기과산화물을 함유하는 것 중에서 불활성 고체를 함유하는 것으로서 다음에 해당하는 것은 위험물에서 제외된다. (　) 안에 알맞은 수치는?

과산화벤조일의 함유량이 (　)wt% 미만인 것으로서 전분 가루, 황산칼슘2수화물 또는 인산수소칼슘2수화물과의 혼합물

① 30   ② 35.5
③ 40.5 ④ 50

 제5류에 있어서는 유기과산화물을 함유하는 것 중에서 불활성 고체를 함유하는 것으로서 다음에 해당하는 것은 제외한다.
㉠ 과산화벤조일의 함유량이 35.5wt% 미만인 것으로서 전분 가루, 황산칼슘2수화물 또는 인산수소칼슘2수화물과의 혼합물
㉡ 비스(4-클로로벤조일)퍼옥사이드의 함유량이 30wt% 미만인 것으로서 불활성 고체와의 혼합물
㉢ 과산화다이쿠밀의 함유량이 40wt% 미만인 것으로서 불활성 고체와의 혼합물
㉣ 1·4비스(2-터셔리뷰틸퍼옥시아이소프로필)벤젠의 함유량이 40wt% 미만인 것으로서 불활성 고체와의 혼합물
㉤ 사이클로헥사논퍼옥사이드의 함유량이 30wt% 미만인 것으로서 불활성 고체와의 혼합물

답 ②

09 소화난이도 등급 Ⅰ의 제조소 등 중 옥내탱크저장소의 규모에 대한 설명이 옳은 것은?
① 액체 위험물을 저장하는 위험물의 액표면적이 20m² 이상인 것
② 바닥면으로부터 탱크 옆판의 상단까지 높이가 6m 이상인 것(제6류 위험물을 저장하는 것 및 고인화점 위험물만을 100℃ 미만의 온도에서 저장하는 것은 제외)
③ 액체 위험물을 저장하는 단층건축물 외의 건축물에 설치하는 것으로서 인화점이 40℃ 이상, 70℃ 미만의 위험물을 지정수량의 40배 이상 저장 또는 취급하는 것
④ 고체 위험물을 지정수량의 150배 이상 저장 또는 취급하는 것

제조소 등의 구분	제조소 등의 규모, 저장 또는 취급하는 위험물의 품명 및 최대수량 등
옥내 탱크 저장소	액표면적이 40m² 이상인 것(제6류 위험물을 저장하는 것 및 고인화점 위험물만을 100℃ 미만의 온도에서 저장하는 것은 제외) 바닥면으로부터 탱크 옆판의 상단까지 높이가 6m 이상인 것(제6류 위험물을 저장하는 것 및 고인화점 위험물만을 100℃ 미만의 온도에서 저장하는 것은 제외) 탱크 전용실이 단층건물 외의 건축물에 있는 것으로서 인화점 38℃ 이상, 70℃ 미만의 위험물을 지정수량의 5배 이상 저장하는 것(내화구조로 개구부 없이 구획된 것은 제외한다)

답 ②

10 제조소 등에서의 위험물 저장의 기준에 관한 설명 중 틀린 것은?
① 제3류 위험물 중 황린과 금수성 물질은 동일한 저장소에서 저장하여도 된다.
② 옥내저장소에서 재해가 현저하게 증대할 우려가 있는 위험물을 다량 저장하는 경우에는 지정수량의 10배 이하마다 구분하여 상호 간 0.3m 이상의 간격을 두어 저장하여야 한다.
③ 옥내저장소에서는 용기에 수납하여 저장하는 위험물의 온도가 55℃를 넘지 아니하도록 필요한 조치를 강구하여야 한다.
④ 컨테이너식 이동탱크저장소 외의 이동탱크저장소에 있어서는 위험물을 저장한 상태로 이동저장탱크를 옮겨 싣지 아니하여야 한다.

제3류 위험물 중 황린, 그 밖에 물속에 저장하는 물품과 금수성 물질은 동일한 저장소에서 저장하지 아니하여야 한다.

답 ①

11 과망가니즈산칼륨의 일반적인 성상에 관한 설명으로 틀린 것은?

① 단맛이 나는 무색의 결정성 분말이다.
② 산화제이고 황산과 접촉하면 격렬하게 반응한다.
③ 비중은 약 2.7이다.
④ 살균제, 소독제로 사용된다.

 과망가니즈산칼륨은 흑자색 또는 적자색의 결정이다.

답 ①

12 다음 물질과 제6류 위험물인 과산화수소와 혼합되었을 때 결과가 다른 하나는?

① 인산나트륨
② 이산화망가니즈
③ 요소
④ 인산

 이산화망가니즈는 촉매제로서 반응의 속도를 빠르게 한다.

답 ②

13 273℃에서 기체의 부피가 4L이다. 같은 압력에서 25℃일 때의 부피는 약 몇 L인가?

① 0.5
② 2.2
③ 3
④ 4

$\dfrac{V_1}{T_1} = \dfrac{V_2}{T_2}$

$T_1 = 273℃ + 273.15 = 546.15K$
$T_2 = 25℃ + 273.15K = 298.15K$
$V_1 = 4L$
$V_2 = \dfrac{V_1 T_2}{T_1} = \dfrac{4L \cdot 298.15K}{546.15K} = 2.18L$

답 ②

14 다음 중 가연성이면서 폭발성이 있는 물질은?

① 과산화수소
② 과산화벤조일
③ 염소산나트륨
④ 과염소산칼륨

 과산화벤조일[$(C_6H_5CO)_2O_2$]은 제5류 위험물로서 자기반응성 물질에 해당한다. 가연성이면서 내부연소가 가능한 물질이다.

답 ②

15 나머지 셋과 지정수량이 다른 하나는?

① 칼슘
② 알킬알루미늄
③ 칼륨
④ 나트륨

제3류 위험물의 종류와 지정수량

성질	위험등급	품명	대표품목	지정수량
자연발화성 물질 및 금수성 물질	I	1. 칼륨(K) 2. 나트륨(Na) 3. 알킬알루미늄 4. 알킬리튬	$(C_2H_5)_3Al$ C_4H_9Li	10kg
		5. 황린(P_4)		20kg
	II	6. 알칼리금속류(칼륨 및 나트륨 제외) 및 알칼리토금속 7. 유기금속화합물(알킬알루미늄 및 알킬리튬 제외)	Li, Ca $Te(C_2H_5)_2$, $Zn(CH_3)_2$	50kg
	III	8. 금속의 수소화물 9. 금속의 인화물 10. 칼슘 또는 알루미늄의 탄화물	LiH, NaH Ca_3P_2, AlP CaC_2, Al_4C_3	300kg
		11. 그 밖에 행정안전부령이 정하는 것 염소화규소화합물	$SiHCl_3$	300kg

답 ①

16 옥외탱크저장소에 설치하는 높이가 1m를 넘는 방유제 및 칸막이둑의 안팎에 설치하는 계단 또는 경사로는 약 몇 m마다 설치하여야 하는가?

① 20
② 30
③ 40
④ 50

 높이가 1m를 넘는 방유제 및 칸막이둑의 안팎에는 방유제 내에 출입하기 위한 계단 또는 경사로를 약 50m마다 설치한다.

답 ④

17 위험물안전관리법령상 이산화탄소소화기가 적응성이 없는 위험물은?
① 인화성 고체
② 톨루엔
③ 초산메틸
④ 브로민산칼륨

 브로민산칼륨은 제1류 위험물로서 가연성 물질에 따라 주수에 의한 냉각소화가 유효하다.

답 ④

18 제3류 위험물의 종류에 따라 위험물을 수납한 용기에 부착하는 주의사항의 내용에 해당하지 않는 것은?
① 충격주의   ② 화기엄금
③ 공기접촉엄금 ④ 물기엄금

제3류 위험물 (자연발화성 및 금수성 물질)	자연발화성 물질	"화기엄금" "공기접촉엄금"
	금수성 물질	"물기엄금"

답 ①

19 황린과 적린에 대한 설명 중 틀린 것은?
① 적린은 황린에 비하여 안정하다.
② 비중은 황린이 크며, 녹는점은 적린이 낮다.
③ 적린과 황린은 모두 물에 녹지 않는다.
④ 연소할 때 황린과 적린은 모두 흰 연기가 발생한다.

구분	황린(P_4)	적린(P)
비중	1.82	2.2
녹는점	44℃	600℃

답 ②

20 T.N.T가 분해될 때 발생하는 주요 가스에 해당하지 않는 것은?
① 질소   ② 수소
③ 암모니아 ④ 일산화탄소

 분해하면 다량의 기체가 발생하고 불완전연소 시 유독성의 질소산화물과 CO를 생성한다.
$2C_6H_2CH_3(NO_2)_3 \rightarrow 12CO+2C+3N_2+5H_2$

답 ③

21 다음 중 서로 혼합하였을 경우 위험성이 가장 낮은 것은?
① 알루미늄분과 황화인
② 과산화나트륨과 마그네슘분
③ 염소산나트륨과 황
④ 나이트로셀룰로스와 에탄올

 나이트로셀룰로스는 물이 침윤될수록 위험성이 감소하므로 운반 시 물(20%), 용제 또는 알코올(30%)을 첨가하여 습윤시킨다. 건조 시 위험성이 증대되므로 주의한다.

답 ④

22 Al이 속하는 금속은 무슨 족 계열인가?
① 철족
② 알칼리금속족
③ 붕소족
④ 알칼리토금속족

 3족 원소 : 붕소(B), 알루미늄(Al), 갈륨(Ga), 인듐(In), 탈륨(Ta)

답 ③

23 오황화인의 성질에 대한 설명으로 옳은 것은?
① 청색의 결정으로 특이한 냄새가 있다.
② 알코올에는 잘 녹고 이황화탄소에는 잘 녹지 않는다.
③ 수분을 흡수하면 분해된다.
④ 비점은 약 325℃이다.

 물이나 알칼리와 반응하면 분해되어 황화수소(H_2S)와 인산(H_3PO_4)으로 된다.
$P_2S_5+8H_2O \rightarrow 5H_2S+2H_3PO_4$

답 ③

24 아세톤을 저장하는 옥외저장탱크 중 압력탱크 외의 탱크에 설치하는 대기밸브 부착 통기관은 몇 kPa 이하의 압력 차이로 작동할 수 있어야 하는가?
① 5   ② 10
③ 15   ④ 20

 대기밸브 부착 통기관
㉠ 5kPa 이하의 압력 차이로 작동할 수 있을 것
㉡ 가는 눈의 구리망 등으로 인화방지 장치를 설치할 것

답 ①

25 위험물제조소에 옥내소화전 6개와 옥외소화전 1개를 설치하는 경우 각각에 필요한 최소 수원의 수량을 합한 값은? (단, 위험물제조소는 단층건축물이다.)
① $7.8m^3$ ② $13.5m^3$
③ $21.3m^3$ ④ $52.5m^3$

 옥내소화전의 수원의 양(Q):
$Q(m^3) = N \times 7.8m^3$ (N, 5개 이상인 경우 5개)
$= 5 \times 7.8m^3 = 39m^3$
옥외소화전의 수원의 양(Q):
$Q(m^3) = N \times 13.5m^3$ (N, 4개 이상인 경우 4개)
$= 1 \times 13.5m^3 = 13.5m^3$
각각 옥내와 옥외 소화전의 수원의 양을 더하면
$39 + 13.5 = 52.5m^3$

답 ④

26 과산화마그네슘에 대한 설명으로 옳은 것은?
① 갈색 분말로 시판품은 함량이 80~90% 정도이다.
② 물에 잘 녹지 않는다.
③ 산에 녹아 산소가 발생한다.
④ 소화방법은 냉각소화가 효과적이다.

 물에 녹지 않으며, 산(HCl)에 녹아 과산화수소(H_2O_2)가 발생
$MgO_2 + 2HCl \rightarrow MgCl_2 + H_2O_2$

답 ②

27 시료를 가스화시켜 분리관 속에 운반기체(carrier gas)와 같이 주입하고 분리관(컬럼) 내에서 체류하는 시간의 차이에 따라 정성, 정량하는 기기분석은?
① FT-IR   ② GC
③ UV-vis   ④ XRD

 GC는 가스크로마토그래피이다.

답 ②

28 위험물안전관리법령상 지정수량이 100kg이 아닌 것은?
① 적린   ② 철분
③ 황   ④ 황화인

해설 철분의 지정수량은 500kg이다.

답 ②

29 산화성 고체 위험물의 일반적인 성질로 옳은 것은?
① 불연성이며 다른 물질을 산화시킬 수 있는 산소를 많이 함유하고 있으며 강한 환원제이다.
② 가연성이며 다른 물질을 연소시킬 수 있는 염소를 함유하고 있으며 강한 산화제이다.
③ 불연성이며 다른 물질을 산화시킬 수 있는 산소를 많이 함유하고 있으며 강한 산화제이다.
④ 불연성이며 다른 물질을 연소시킬 수 있는 수소를 많이 함유하고 있으며 환원성 물질이다.

답 ③

30 위험물의 취급 중 제조에 관한 기준으로 다음 사항을 유의하여야 하는 공정은?

> 위험물을 취급하는 설비의 내부압력의 변동 등에 의하여 액체 또는 증기가 새지 아니하도록 하여야 한다.

① 증류공정   ② 추출공정
③ 건조공정   ④ 분쇄공정

위험물 제조과정에서의 취급기준
  ㉠ 증류공정에 있어서는 위험물을 취급하는 설비의 내부압력의 변동 등에 의하여 액체 또는 증기가 새지 아니하도록 할 것
  ㉡ 추출공정에 있어서는 추출관의 내부압력이 비정상적으로 상승하지 아니하도록 할 것
  ㉢ 건조공정에 있어서는 위험물의 온도가 국부적으로 상승하지 아니하는 방법으로 가열 또는 건조할 것
  ㉣ 분쇄공정에 있어서는 위험물의 분말이 현저하게 부유하고 있거나 위험물의 분말이 현저하게 기계·기구 등에 부착하고 있는 상태로 그 기계·기구를 취급하지 아니할 것

답 ①

31 나이트로셀룰로스에 대한 설명으로 옳지 않은 것은?
① 셀룰로스를 진한황산과 질산으로 반응시켜 만들 수 있다.
② 품명이 나이트로화합물이다.
③ 질화도가 낮은 것보다 높은 것이 더 위험하다.
④ 수분을 함유하면 위험성이 감소된다.

 나이트로셀룰로스는 질산에스터류에 해당한다.

답 ②

32 제3류 위험물에 대한 설명으로 옳지 않은 것은?
① 탄화알루미늄은 물과 반응하여 에테인가스가 발생한다.
② 칼륨은 물과 반응하여 발열반응을 일으키며 수소가스가 발생한다.
③ 황린이 공기 중에서 자연발화하여 오산화인이 발생한다.
④ 탄화칼슘이 물과 반응하여 발생하는 가스의 연소범위는 2.5~81%이다.

 물과 반응하여 가연성, 폭발성의 메테인가스를 만들며 밀폐된 실내에서 메테인이 축적되는 경우 인화성 혼합기를 형성하여 2차 폭발의 위험이 있다.
$Al_4C_3 + 12H_2O \rightarrow 4Al(OH)_3 + 3CH_4$

답 ①

33 위험물안전관리법상 제조소 등에 대한 과징금처분에 관한 설명으로 옳은 것은?
① 제조소 등의 관계인이 허가취소에 해당하는 위법행위를 한 경우 허가취소가 이용자에게 심한 불편을 주거나 공익을 해칠 우려가 있는 경우 허가취소처분에 갈음하여 2억 원 이하의 과징금을 부과할 수 있다.
② 제조소 등의 관계인이 사용정지에 해당하는 위법행위를 한 경우 사용정지가 이용자에게 심한 불편을 주거나 공익을 해칠 우려가 있는 경우 사용정지처분에 갈음하여 2억 원 이하의 과징금을 부과할 수 있다.
③ 제조소 등의 관계인이 허가취소에 해당하는 위법행위를 한 경우 허가취소가 이용자에게 심한 불편을 주거나 공익을 해칠 우려가 있는 경우 허가취소처분에 갈음하여 5억 원 이하의 과징금을 부과할 수 있다.
④ 제조소 등의 관계인이 사용정지에 해당하는 위법행위를 한 경우 사용정지가 이용자에게 심한 불편을 주거나 공익을 해칠 우려가 있는 경우 사용정지처분에 갈음하여 5억 원 이하의 과징금을 부과할 수 있다.

 위험물안전관리법 제13조(과징금처분)
  ㉠ 시·도지사는 제조소 등에 대한 사용의 정지가 그 이용자에게 심한 불편을 주거나 그 밖에 공익을 해칠 우려가 있는 때에는 사용정지처분에 갈음하여 2억 원 이하의 과징금을 부과할 수 있다.
  ㉡ ㉠의 규정에 따른 과징금을 부과하는 위반행위의 종별·정도 등에 따른 과징금의 금액, 그 밖의 필요한 사항은 행정안전부령으로 정한다.
  ㉢ 시·도지사는 ㉠의 규정에 따른 과징금을 납부하여야 하는 자가 납부기한까지 이를 납부하지 아니한 때에는 「지방세외수입금의 징수 등에 관한 법률」에 따라 징수한다.

답 ②

34 특정 옥외저장탱크 구조기준 중 필렛용접의 사이즈(S[mm])를 구하는 식으로 옳은 것은? (단, t_1 : 얇은 쪽 강판의 두께(mm), t_2 : 두꺼운 쪽 강판의 두께(mm)이며 $S \geq 4.5$이다.)

① $t_1 \geq S \geq t_2$
② $t_1 \geq S \geq \sqrt{2t_2}$
③ $\sqrt{2t_1} \geq S \geq t_2$
④ $t_1 \geq S \geq 2t_2$

해설 필렛용접의 사이즈(부등 사이즈가 되는 경우에는 작은 쪽의 사이즈) 공식
$t_1 \geq S \geq \sqrt{2t_2}$ (단, $S \geq 4.5$)
여기서, t_1 : 얇은 쪽 강판의 두께(mm)
t_2 : 두꺼운 쪽 강판의 두께(mm)
S : 사이즈(mm)

답 ②

35 0.4N-HCl 500mL에 물을 가해 1L로 하였을 때 pH는 약 얼마인가?

① 0.7   ② 1.2
③ 1.8   ④ 2.1

해설 $NV = N'V'$
$0.4 \times 500 = N' \times 1,000$
∴ $N' = 0.2$N
pH $= -\log[H^+]$이므로
pH $= -\log(2 \times 10^{-1}) = 1 - \log 2 = 0.698 ≒ 0.7$

답 ①

36 다음 금속 원소 중 비점이 가장 높은 것은?

① 리튬
② 나트륨
③ 칼륨
④ 루비듐

해설 알칼리금속족에서 비점은 주기가 작을수록 높다. 즉, Li > Na > K > Rb

답 ①

37 위험성 평가기법을 정량적 평가기법과 정성적 평가기법으로 구분할 때 다음 중 그 성격이 다른 하나는?

① HAZOP   ② FTA
③ ETA   ④ CCA

해설
㉮ 정성적 위험성 평가
 ㉠ HAZOP(위험과 운전분석기법)
 ㉡ check list
 ㉢ what if(사고예상질문기법)
 ㉣ PHA(예비위험분석기법)
㉯ 정량적 위험성 평가
 ㉠ FTA(결함수분석기법)
 ㉡ ETA(사건수분석기법)
 ㉢ CA(피해영향분석법)
 ㉣ FMECA
 ㉤ HEA(작업자실수분석)
 ㉥ DAM(상대위험순위결정)
 ㉦ CCA(원인결과분석)

답 ①

38 이동탱크저장소에 의하여 위험물을 장거리 운송 시 다음 중 위험물 운송자를 2명 이상의 운전자로 하여야 하는 경우는?

① 운송책임자를 동승시킨 경우
② 운송위험물이 휘발유인 경우
③ 운송위험물이 질산인 경우
④ 운송 중 2시간 이내마다 20분 이상씩 휴식하는 경우

해설 위험물 운송자는 장거리(고속국도에 있어서는 340km 이상, 그 밖의 도로에 있어서는 200km 이상을 말한다)에 걸치는 운송을 하는 때에는 2명 이상의 운전자로 할 것. 다만, 다음의 1에 해당하는 경우에는 그러하지 아니하다.
㉠ 운송책임자를 동승시킨 경우
㉡ 운송하는 위험물이 제2류 위험물·제3류 위험물(칼슘 또는 알루미늄의 탄화물과 이것만을 함유한 것에 한한다) 또는 제4류 위험물(특수 인화물을 제외한다)인 경우
㉢ 운송 도중에 2시간 이내마다 20분 이상씩 휴식하는 경우

답 ③

39 내용적이 20,000L인 지하저장탱크(소화약제 방출구를 탱크 안의 윗부분에 설치하지 않은 것)를 구입하여 설치하는 경우 최대 몇 L까지 저장취급허가를 신청할 수 있는가?

① 18,000 ② 19,000
③ 19,800 ④ 20,000

 탱크의 공간용적은 탱크 용적의 100분의 5 이상, 100분의 10 이하로 한다. 따라서, 내용적이 20,000L이므로 공간용적을 빼면
20,000×0.95~20,000×0.9
=19,000~18,000L이므로
최대용적은 19,000L이다.

답 ②

40 한 변의 길이는 10m, 다른 한 변의 길이는 50m인 옥내저장소에 자동화재탐지설비를 설치하는 경우 경계구역은 원칙적으로 최소한 몇 개로 하여야 하는가? (단, 차동식 스폿형 감지기를 설치한다.)

① 1 ② 2
③ 3 ④ 4

 하나의 경계구역의 면적은 600m² 이하로 하고 그 한 변의 길이는 50m(광전식분리형감지기를 설치할 경우에는 100m) 이하로 할 것. 다만, 해당 건축물, 그 밖의 공작물의 주요한 출입구에서 그 내부의 전체를 볼 수 있는 경우에 있어서는 그 면적을 1,000m² 이하로 할 수 있다. 따라서 문제에서 10m×50m=500m²이므로 하나의 경계구역에 해당한다.

답 ①

41 위험물안전관리법령상 품명이 나머지 셋과 다른 하나는? (단, 수용성과 비수용성은 고려하지 않는다.)

① C_6H_5Cl ② $C_6H_5NO_2$
③ $C_2H_4(OH)_2$ ④ $C_3H_5(OH)_3$

 ① 클로로벤젠(C_6H_5Cl) : 제2석유류(비수용성)
② 나이트로벤젠($C_6H_5NO_2$) : 제3석유류(비수용성)
③ 에틸렌글리콜[$C_2H_4(OH)_2$] : 제3석유류(수용성)
④ 글리세린[$C_3H_5(OH)_3$] : 제3석유류(수용성)

답 ①

42 다음 중 위험물안전관리법령에서 규정하는 이중벽탱크의 종류가 아닌 것은?

① 강제 강화 플라스틱제 이중벽탱크
② 강화 플라스틱제 이중벽탱크
③ 강제 이중벽탱크
④ 강화강판 이중벽탱크

 이중벽탱크의 지하탱크저장소의 기준에 따르면 종류로는 강제 이중벽탱크, 강화 플라스틱제 이중벽탱크, 강제 강화 플라스틱제 이중벽탱크가 있다.

답 ④

43 위험물 안전관리자에 대한 설명으로 틀린 것은?

① 암반탱크저장소에는 위험물 안전관리자를 선임하여야 한다.
② 위험물 안전관리자가 일시적으로 직무를 수행할 수 없는 경우 대리자를 지정하여 그 직무를 대행하게 하여야 한다.
③ 위험물 안전관리자와 위험물 운송자로 종사하는 자는 신규종사 후 2년마다 1회 실무교육을 받아야 한다.
④ 다수의 제조소 등을 동일인이 설치한 경우에는 일정한 요건에 따라 1인의 안전관리자를 중복하여 선임할 수 있다.

 위험물 안전관리자와 위험물 운송자로 종사하는 자는 신규종사 후 3년마다 1회 실무교육을 받아야 한다.

답 ③

44 위험물안전관리법령상 기계에 의하여 하역하는 구조로 된 운반용기 외부에 표시하여야 하는 사항이 아닌 것은? [단, 원칙적인 경우에 한하며, 국제해상위험물규칙(IMDG Code)을 표시한 경우는 제외한다.]

① 겹쳐쌓기 시험하중
② 위험물의 화학명
③ 위험물의 위험등급
④ 위험물의 인화점

해설 기계에 의하여 하역하는 구조로 된 운반용기의 외부에 행하는 표시는 다음의 사항을 포함하여야 한다. 다만, 국제해상위험물규칙(IMDG Code)에 정한 기준 또는 소방청장이 정하여 고시하는 기준에 적합한 표시를 한 경우에는 그러하지 아니하다.
㉮ 운반용기의 제조년월 및 제조자의 명칭
㉯ 겹쳐쌓기 시험하중
㉰ 운반용기의 종류에 따라 다음의 규정에 의한 중량
  ㉠ 플렉서블 외의 운반용기 : 최대 총 중량(최대수용중량의 위험물을 수납하였을 경우의 운반용기의 전중량을 말한다)
  ㉡ 플렉서블 운반용기 : 최대수용중량

답 ④

45 삼산화크로뮴(chromium trioxide)을 융점 이상으로 가열(250℃)하였을 때 분해생성물은?

① CrO_2와 O_2
② Cr_2O_3와 O_2
③ Cr과 O_2
④ Cr_2O_5와 O_2

해설 삼산화크로뮴(무수크로뮴산, CrO_3)
㉮ 일반적 성질
  ㉠ 분자량 100, 비중 2.7, 융점 196℃, 분해온도 250℃
  ㉡ 암적색의 침상결정으로 물, 에터, 알코올, 황산에 잘 녹는다.
  ㉢ 진한 다이크로뮴나트륨 용액에 황산을 가하여 만든다.
  $Na_2Cr_2O_7 + H_2SO_4$
  $\rightarrow 2CrO_3 + Na_2SO_4 + H_2O$
㉯ 위험성
  ㉠ 융점 이상으로 가열하면 200~250℃에서 분해되어 산소를 방출하고 녹색의 삼산화이크로뮴으로 변한다.
  $4CrO_3 \rightarrow 2Cr_2O_3 + 3O_2$
  ㉡ 강력한 산화제이다. 크로뮴산화물의 산화성의 크기는 다음과 같다.
  $CrO < Cr_2O_3 < CrO_3$
  ㉢ 물과 접촉하면 격렬하게 발열하고, 따라서 가연물과 혼합하고 있을 때 물이 침투되면 발화위험이 있다.
  ㉣ 인체에 대한 독성이 강하다.

답 ②

46 과산화수소 수용액은 보관 중 서서히 분해될 수 있으므로 안정제를 첨가하는데 그 안정제로 가장 적합한 것은?

① H_3PO_4
② MnO_2
③ C_2H_5OH
④ Cu

해설 유리는 알칼리성으로 분해를 촉진하므로 피하고 가열, 화기, 직사광선을 차단하며 농도가 높을수록 위험성이 크므로 분해 방지 안정제(인산, 요산 등)를 넣어 발생기 산소의 발생을 억제한다.

답 ①

47 주유취급소에 설치해야 하는 "주유 중 엔진정지" 게시판의 색상을 옳게 나타낸 것은?

① 적색바탕에 백색문자
② 청색바탕에 백색문자
③ 백색바탕에 흑색문자
④ 황색바탕에 흑색문자

답 ④

48 클로로벤젠 150,000L는 몇 소요단위에 해당하는가?

① 7.5단위
② 10단위
③ 15단위
④ 30단위

해설 소요단위 = $\dfrac{저장량}{지정수량 \times 10배}$
= $\dfrac{150,000}{1,000 \times 10}$
= 15단위

답 ③

49 다음의 성질을 모두 갖추고 있는 물질은?

> 액체, 자연발화성, 금수성

① 트라이에틸알루미늄
② 아세톤
③ 황린
④ 마그네슘

 트라이에틸알루미늄[$(C_2H_5)_3Al$]
㉮ 무색투명한 액체로 외관은 등유와 유사한 가연성으로 C_1~C_4는 자연발화성이 강하다. 공기 중에 노출되어 공기와 접촉하여 백연이 발생하며 연소한다. 단, C_5 이상은 점화하지 않으면 연소하지 않는다.
$2(C_2H_5)_3Al + 21O_2$
$\rightarrow 12CO_2 + Al_2O_3 + 15H_2O$
㉯ 물, 산과 접촉하면 폭발적으로 반응하여 에테인을 형성하고 이때 발열, 폭발에 이른다.
$(C_2H_5)_3Al + 3H_2O$
$\rightarrow Al(OH)_3 + 3C_2H_6 + 발열$
$(C_2H_5)_3Al + HCl$
$\rightarrow (C_2H_5)_2AlCl + C_2H_6 + 발열$

답 ①

50 다음 위험물 중 지정수량이 나머지 셋과 다른 것은?

① 아이오딘산염류   ② 무기과산화물
③ 알칼리토금속   ④ 염소산염류

 ㉠ 아이오딘산염류 : 300kg
㉡ 무기과산화물, 알칼리토금속, 염소산염류 : 50kg

답 ①

51 위험물제조소로부터 30m 이상의 안전거리를 유지하여야 하는 건축물 또는 공작물은?

① 「문화유산의 보존 및 활용에 관한 법률」에 따른 지정문화유산
② 「고압가스 안전관리법」의 규정에 의하여 신고하여야 하는 고압가스 저장시설
③ 주거용 건축물
④ 「고등교육법」에서 정하는 학교

건축물	안전거리
사용전압 7,000V 초과 35,000V 이하의 특고압 가공전선	3m 이상
사용전압 35,000V 초과의 특고압 가공전선	5m 이상
주거용으로 사용되는 것(제조소가 설치된 부지 내에 있는 것 제외)	10m 이상
고압가스, 액화석유가스 또는 도시가스를 저장 또는 취급하는 시설	20m 이상
학교, 병원(병원급 의료기관), 극장(공연장, 영화상영관 및 수용인원 300명 이상의 시설), 아동복지시설, 노인복지시설, 장애인복지시설, 한부모가족복지시설, 어린이집, 성매매피해자를 위한 지원시설, 정신건강증진시설, 가정폭력피해자보호시설 및 수용인원 20명 이상의 시설	30m 이상
지정문화유산 및 천연기념물 등	50m 이상

답 ④

52 다음 중 과염소산의 화학적 성질에 관한 설명으로 잘못된 것은?

① 물에 잘 녹으며 수용액상태는 비교적 안정하다.
② Fe, Cu, Zn과 격렬하게 반응하고 산화물을 만든다.
③ 알코올류와 접촉 시 폭발위험이 있다.
④ 가열하면 분해하여 유독성의 HCl이 발생한다.

 무색 무취의 유동하기 쉬운 액체이며 흡습성이 대단히 강하고 대단히 불안정한 강산이다. 순수한 것은 분해가 용이하고 격렬한 폭발력을 가진다.

답 ①

53 다음에서 설명하는 위험물의 지정수량으로 예상할 수 있는 것은?

- 옥외저장소에서 저장·취급할 수 있다.
- 운반용기에 수납하여 운반할 경우 내용적의 98% 이하로 수납하여야 한다.
- 위험등급 Ⅰ에 해당하는 위험물이다.

① 10kg   ② 300kg
③ 400L   ④ 4,000L

해설 옥외저장소에 저장할 수 있는 위험물
  ㉠ 제2류 위험물 중 황, 인화성 고체(인화점이 0℃ 이상인 것에 한함)
  ㉡ 제4류 위험물 중 제1석유류(인화점이 0℃ 이상인 것에 한함), 제2석유류, 제3석유류, 제4석유류, 알코올류, 동식물유류
  ㉢ 제6류 위험물 : 상기 옥외저장소에 저장할 수 있는 위험물 중 위험등급 Ⅰ에 해당하는 것은 제6류 위험물밖에 없다. 따라서 제6류 위험물의 지정수량은 300kg이다.
  답 ②

54 탱크안전성능검사의 내용을 구분하는 것으로 틀린 것은?

① 기초·지반 검사
② 충수·수압 검사
③ 용접부 검사
④ 배관검사

해설 탱크안전성능검사의 대상이 되는 탱크
  ㉠ 기초·지반 검사 : 옥외탱크저장소의 액체 위험물 탱크 중 그 용량이 100만L 이상인 탱크
  ㉡ 충수·수압 검사 : 액체 위험물을 저장 또는 취급하는 탱크
  ㉢ 용접부 검사 : ㉠의 규정에 의한 탱크
  ㉣ 암반탱크검사 : 액체 위험물을 저장 또는 취급하는 암반 내의 공간을 이용한 탱크
  답 ④

55 검사의 분류방법 중 검사가 행해지는 공정에 의한 분류에 속하는 것은?

① 관리샘플링 검사
② 로트별 샘플링 검사
③ 전수 검사
④ 출하 검사

해설
① 관리샘플링 검사 : 제품의 품질을 간접적으로 보증
② 로트별 샘플링 검사 : 한 로트의 물품 중에서 발취한 시료를 조사하고 그 결과를 판정기준과 비교하여 그 로트의 합격여부를 결정하는 검사
③ 전수 검사 : 검사 로트 내의 검사 단위 모두를 하나하나 검사하여 합격, 불합격 판정을 내리는 것으로 일명 100% 검사라고도 한다.

④ 출하 검사 : 제품에 대한 출하 전 최종 검사 또는 제품 검사를 포함해서 수행하는 검사를 지칭한다. 제품에 대한 공정 간에 수행된 검사결과 및 최종제품의 검사결과를 파악 및 합격여부를 확인해야 한다.
  답 ④

56 다음 중 브레인스토밍(brainstorming)과 가장 관계가 깊은 것은?

① 파레토도
② 히스토그램
③ 회귀분석
④ 특성요인도

해설 브레인스토밍이란 창의적인 아이디어를 제안하기 위한 학습 도구이자 회의 기법을 말한다. 3인 이상의 사람이 모여서 하나의 주제에 대해 자유롭게 논의를 전개한다. 이때 누군가의 제시된 의견에 대해 다른 참가자는 비판할 수 없으며, 특정시간 동안 제시한 생각을 취합해서 검토를 거쳐 주제에 가장 적합한 생각을 다듬어 나가는 일련의 과정을 말한다. 따라서 이와 가장 관계가 깊은 단어는 특성요인도이다.
  답 ④

57 단계여유(slack)의 표시로 옳은 것은? (단, TE는 가장 이른 예정일, TL은 가장 늦은 예정일, TF는 총 여유시간, FF는 자유 여유시간이다.)

① $TE - TL$
② $TL - TE$
③ $FF - TF$
④ $TE - TF$

해설 단계여유는 가장 늦은 예정일에서 가장 이른 예정일을 뺀 값이다.
  답 ②

58 c 관리도에서 $k = 20$인 군의 총 부적합수 합계는 58이었다. 이 관리도의 UCL, LCL을 계산하면 약 얼마인가?

① $UCL = 2.90$, $LCL =$ 고려하지 않음
② $UCL = 5.90$, $LCL =$ 고려하지 않음
③ $UCL = 6.92$, $LCL =$ 고려하지 않음
④ $UCL = 8.01$, $LCL =$ 고려하지 않음

㉠ 중심선 $CL = \overline{C} = \dfrac{\Sigma c}{k}$

(Σc : 결점수의 합, k : 시료군의 수)
㉡ 관리 상한선
$UCL = \overline{C} + 3\sqrt{\overline{C}} = 2.9 + 3\sqrt{2.9} = 8.01$
㉢ 관리 하한선
$LCL = \overline{C} - 3\sqrt{\overline{C}} = 2.9 - 3\sqrt{2.9} = -2.2$
(고려하지 않음)

답 ④

59 테일러(F.W. Taylor)에 의해 처음 도입된 방법으로 작업시간을 직접 관측하여 표준시간을 설정하는 표준시간 설정기법은?

① PTS법
② 실적자료법
③ 표준자료법
④ 스톱워치법

 작업 분석에 있어서 측정은 일반적으로 스톱워치 관측법을 사용한다.
㉮ 스톱워치에 의한 작업관측
  ㉠ 스톱워치 : 1/100분 혹은 1/60분 눈금
    (표준시간 설정이 주된 목적이 아니므로 1/1,000분 눈금은 불필요)
  ㉡ 관측판
  ㉢ 관측횟수 : 5~10회 정도
  ㉣ 용구 : 연필
  ㉤ 기타 : 필요한 계산자, 버니어 캘리퍼스, 마이크로미터, 자, 계산기, 회전계 등
  ㉥ 관측위치와 자세의 포인트
    ⓐ 작업이 잘 보이는 위치에 서 있을 것
    ⓑ 작업에 방해가 되지 않는 위치에 서 있을 것
    ⓒ 작업동작 구분과 시계와 눈이 직선이 되도록 서 있을 것
    ⓓ 스톱워치는 상 등에서 떨어지도록 주의할 것
㉯ 관측 시의 요점
  ㉠ 작업자에게 관측목적을 충분히 설명하고 좋은 결과가 얻어지도록 협력을 한다.
  ㉡ 작업상태 및 내용이 정상인가 확인을 할 것(불안정시는 피하는 것이 좋다.)
  ㉢ 작업내용이 충분히 이해될 때까지 여러 차례 사이클을 관찰해서 관측을 할 것
  ㉣ 관측 시에 측정하기 쉬운 작업구분으로 분할한다.
  ㉤ 관측 시 작업단위에 따라 체크한 시간을 기록할 것
  ㉥ 작업시간마다 시간의 대표치를 결정할 것(이상치를 제외한 평균치 – 개선 검토에 이용한다.)
  ㉦ 협력적인 작업자와 숙련 작업자를 선택할 것
  ㉧ 시간관측에 있어서 고려할 것
    시간관측은 측정방법의 여하에 의해 '좋은 결과', '나쁜 결과' 어느 쪽이든 명백히 나타나므로 현장에 이상한 자극을 준다든가 인간관계를 손상하지 않도록 신중하게 하는 것이 중요하다. 이를 위해서는 현장 관계자와 충분히 협의해서 대상작업, 시기, 기간 등에 대해 설명하고 양해를 얻어 놓을 것, 즉흥적인 행동이나 관측분석은 피해야 한다.

답 ④

60 공정 중에 발생하는 모든 작업, 검사, 운반, 저장, 정체 등이 도식화된 것이며 또한 분석에 필요하다고 생각되는 소요시간, 운반거리 등의 정보가 기재된 것은?

① 작업분석(operation analysis)
② 다중활동분석표(multiple activity chart)
③ 사무공정분석(form process chart)
④ 유통공정도(flow process chart)

 유통공정도에는 공정 중에 발생하는 모든 작업, 검사, 운반, 저장, 정체 등이 도식화된 것이며 또한 분석에 필요하다고 생각되는 소요시간, 운반거리 등의 정보가 기재되어 있다.

답 ④

제54회 위험물기능장 필기
(2013년 7월 시행)

01 다음 중 1차 이온화 에너지가 가장 큰 것은?
① Ne   ② Na
③ K   ④ Be

해설 이온화 에너지의 크기
㉮ ㉠ 금속의 성질이 강하다. ⇔ 이온화 에너지가 적다. ⇔ 전기 음성도가 적다.
   ㉡ 비금속의 성질이 강하다. ⇔ 이온화 에너지가 크다. ⇔ 전기 음성도가 크다.
㉯ ㉠ 주기율표상 같은 주기에서는 오른쪽으로 갈수록
   ㉡ 주기율표상 같은 족에서는 위로 올라갈수록
   ㉢ 같은 주기에서는 0족 원소의 이온화 에너지가 가장 크다.

답 ①

02 사용전압이 35,000V인 특고압 가공전선과 위험물제조소와의 안전거리기준으로 옳은 것은?
① 3m 이상   ② 5m 이상
③ 10m 이상   ④ 15m 이상

해설

건축물	안전거리
사용전압 7,000V 초과 35,000V 이하의 특고압 가공전선	3m 이상
사용전압 35,000V 초과의 특고압 가공전선	5m 이상
주거용으로 사용되는 것(제조소가 설치된 부지 내에 있는 것 제외)	10m 이상
고압가스, 액화석유가스 또는 도시가스를 저장 또는 취급하는 시설	20m 이상
학교, 병원(병원급 의료기관), 극장(공연장, 영화상영관 및 수용인원 300명 이상의 시설), 아동복지시설, 노인복지시설, 장애인복지시설, 한부모가족복지시설, 어린이집, 성매매피해자를 위한 지원시설, 정신건강증진시설, 가정폭력피해자보호시설 및 수용인원 20명 이상의 시설	30m 이상
지정문화유산 및 천연기념물 등	50m 이상

답 ①

03 오존파괴지수를 나타내는 것은?
① CFC   ② ODP
③ GWP   ④ HCFC

해설 ① CFC : 사염화탄소
② ODP : 오존파괴지수
③ GWP : 지구온난화지수
④ HCFC : 하이드로플루오로카본 계열 청정소화약제

답 ②

04 무색, 무취, 사방정계 결정으로 융점이 약 610℃이고 물에 녹기 어려운 위험물은?
① $NaClO_3$
② $KClO_3$
③ $NaClO_4$
④ $KClO_4$

해설 과염소산칼륨($KClO_4$)의 일반적 성질
㉠ 분자량 139, 비중 2.52, 분해온도 400℃, 융점 610℃
㉡ 무색, 무취의 결정 또는 백색 분말로 불연성이지만 강한 산화제
㉢ 물에 약간 녹으며, 알코올이나 에터 등에는 녹지 않음

답 ④

05 다음 중 삼황화인의 주 연소생성물은?
① 오산화인과 이산화황
② 오산화인과 이산화탄소
③ 이산화황과 포스핀
④ 이산화황과 포스겐

해설 $P_4S_3 + 8O_2 \rightarrow 2P_2O_5 + 3SO_2$

답 ①

06 다음 중 과염소산칼륨과 접촉하였을 때 위험성이 가장 낮은 물질은?

① 황   ② 알코올
③ 알루미늄   ④ 물

 과염소산칼륨은 제1류 위험물(산화성 고체)로서 주수에 의한 냉각소화가 유효하다.

답 ④

07 0℃, 2기압에서 질산 2mol은 몇 g인가?

① 31.5   ② 63
③ 126   ④ 252

 $\dfrac{2\text{mol}-\text{HNO}_3}{} \Big| \dfrac{63\text{g}-\text{HNO}_3}{1\text{mol}-\text{HNO}_3} = 126\text{g}-\text{HNO}_3$

답 ③

08 토출량이 5m³/min이고 토출구의 유속이 2m/s인 펌프의 구경은 몇 mm인가?

① 100   ② 230
③ 115   ④ 120

 유량 $Q = uA = u \times \dfrac{\pi}{4}D^2$

$\therefore D = \sqrt{\dfrac{4Q}{\pi u}} = \sqrt{\dfrac{4 \times 5\text{m}^3/60\text{s}}{\pi \times 2\text{m/s}}}$

$= 0.23\text{m} = 230\text{mm}$

답 ②

09 위험물안전관리법 시행규칙에 의하여 일반취급소의 위치·구조 및 설비의 기준은 제조소의 위치·구조 및 설비의 기준을 준용하거나 위험물의 취급유형에 따라 따로 정한 특례기준을 적용할 수 있다. 이러한 특례의 대상이 되는 일반취급소 중 취급위험물의 인화점 조건이 나머지 셋과 다른 하나는?

① 열처리작업 등의 일반취급소
② 절삭장치 등을 설치하는 일반취급소
③ 윤활유 순환장치를 설치하는 일반취급소
④ 유압장치를 설치하는 일반취급소

 ㉠ 열처리작업 등의 일반취급소
열처리작업 또는 방전가공을 위하여 위험물(인화점 70℃ 이상인 제4류 위험물에 한한다.)을 취급하는 일반취급소로서 지정수량의 30배 미만의 것
㉡ 유압장치 등을 설치하는 일반취급소
위험물을 이용한 유압장치 또는 윤활유 순환장치를 설치하는 일반취급소(고인화점 위험물만을 100℃ 미만의 온도로 취급하는 것에 한한다.)로서 지정수량의 50배 미만의 것
㉢ 절삭장치 등을 설치하는 일반취급소
절삭유의 위험물을 이용한 절삭장치, 연삭장치, 그 밖의 이와 유사한 장치를 설치하는 일반취급소(고인화점 위험물만을 100℃ 미만의 온도로 취급하는 것에 한한다.)로서 지정수량의 30배 미만의 것

답 ①

10 인화성 액체 위험물을 저장하는 옥외탱크저장소의 주위에 설치하는 방유제에 관한 내용으로 틀린 것은?

① 방유제의 높이는 0.5m 이상, 3m 이하로 하고, 면적은 8만m² 이하로 한다.
② 2기 이상의 탱크가 있는 경우 방유제의 용량은 그 탱크 중 용량이 최대인 것의 용량의 110% 이상으로 한다.
③ 용량이 1,000만L 이상인 옥외저장탱크의 주위에는 탱크마다 칸막이둑을 흙 또는 철근콘크리트로 설치한다.
④ 칸막이둑을 설치하는 경우 칸막이둑의 용량은 칸막이둑 안에 설치된 탱크용량의 110% 이상이어야 한다.

 용량이 1,000만L 이상인 옥외저장탱크의 주위에 설치하는 방유제에는 다음의 규정에 따라 해당 탱크마다 칸막이둑을 설치할 것
㉠ 칸막이둑의 높이는 0.3m(방유제 내에 설치되는 옥외저장탱크의 용량의 합계가 2억L를 넘는 방유제에 있어서는 1m) 이상으로 하되, 방유제의 높이보다 0.2m 이상 낮게 할 것
㉡ 칸막이둑은 흙 또는 철근콘크리트로 할 것
㉢ 칸막이둑의 용량은 칸막이둑 안에 설치된 탱크용량의 10% 이상일 것

답 ④

11 다음 중 착화온도가 가장 낮은 물질은?
① 메탄올
② 아세트산
③ 벤젠
④ 테레빈유

품목	메탄올	아세트산	벤젠	테레빈유
발화점	464℃	485℃	498℃	253℃

답 ④

12 다음 중 물보다 가벼운 물질로만 이루어진 것은?
① 에터, 이황화탄소
② 벤젠, 폼산
③ 클로로벤젠, 글리세린
④ 휘발유, 에탄올

품목	에터	이황화탄소	벤젠	폼산
액비중	0.72	1.26	0.9	1.22
품목	클로로벤젠	글리세린	휘발유	에탄올
액비중	1.11	1.26	0.65~0.8	0.789

답 ④

13 다음 중 위험물안전관리법령에 근거하여 할로젠화물소화약제를 구성하는 원소가 아닌 것은?
① Ar   ② Br
③ F   ④ Cl

할로젠화물소화약제 구성 원소 : F, Cl, Br

답 ①

14 다음 소화설비 중 제6류 위험물에 대해 적응성이 없는 것은?
① 포소화설비
② 스프링클러설비
③ 물분무소화설비
④ 이산화탄소소화설비

해설 소화설비의 적응성

대상물 구분	건축물·그 밖의 공작물	전기설비	제1류 위험물 알칼리금속과산화물 등	제1류 위험물 그 밖의 것	제2류 위험물 철분·금속분·마그네슘 등	제2류 위험물 인화성 고체	제2류 위험물 그 밖의 것	제3류 위험물 금수성 물품	제3류 위험물 그 밖의 것	제4류 위험물	제5류 위험물	제6류 위험물
옥내소화전 또는 옥외소화전 설비	○			○		○	○		○		○	○
스프링클러설비	○			○		○	○		○		○	△	○
물분무등소화설비 물분무소화설비	○	○		○		○	○		○	○	○	○
포소화설비	○			○		○	○		○	○	○	○
불활성가스소화설비		○				○				○		
할로젠화합물소화설비		○				○				○		
분말소화설비 인산염류 등	○	○		○		○	○			○		○
탄산수소염류 등		○	○		○	○		○		○		
그 밖의 것			○		○			○				
대형·소형 수동식 소화기 봉상수(棒狀水)소화기	○			○		○	○		○		○	○
무상수(霧狀水)소화기	○	○		○		○	○		○		○	○
봉상강화액소화기	○			○		○	○		○		○	○
무상강화액소화기	○	○		○		○	○		○	○	○	○
포소화기	○			○		○	○		○	○	○	○
이산화탄소소화기		○				○				○		△
할로젠화합물소화기		○				○				○		
분말소화기 인산염류소화기	○	○		○		○	○			○		○
탄산수소염류소화기		○	○		○	○		○		○		
그 밖의 것			○		○			○				
기타 물통 또는 수조	○			○		○	○		○		○	○
건조사			○	○	○	○	○	○	○	○	○	○
팽창질석 또는 팽창진주암			○	○	○	○	○	○	○	○	○	○

답 ④

15 다음 위험물의 화재 시 알코올 포소화약제가 아닌 보통의 포소화약제를 사용하였을 때 가장 효과가 있는 것은?
① 아세트산
② 메틸알코올
③ 메틸에틸케톤
④ 경유

알코올 포소화약제로 소화효과가 있는 것은 수용성인 경우이다. 따라서 비수용성인 경우가 포소화약제에 가장 효과적이다.

답 ④

16 다음 ( ) 안에 알맞은 숫자를 순서대로 나열한 것은?

> 주유취급소 중 건축물의 ( )층의 이상의 부분을 점포, 휴게음식점 또는 전시장의 용도로 사용하는 것에 있어서는 해당 건축물의 ( )층 이상으로부터 직접 주유취급소의 부지 밖으로 통하는 출입구와 해당 출입구로 통하는 통로, 계단 및 출입구에 유도등을 설치하여야 한다.

① 2, 1
② 1, 1
③ 2, 2
④ 1, 2

 피난설비의 설치기준
㉠ 주유취급소 중 건축물의 2층 이상의 부분을 점포·휴게음식점 또는 전시장의 용도로 사용하는 것에 있어서는 해당 건축물의 2층 이상으로부터 직접 주유취급소의 부지 밖으로 통하는 출입구와 해당 출입구로 통하는 통로·계단 및 출입구에 유도등을 설치하여야 한다.
㉡ 옥내주유취급소에 있어서는 해당 사무소 등의 출입구 및 피난구와 해당 피난구로 통하는 통로·계단 및 출입구에 유도등을 설치하여야 한다.
㉢ 유도등에는 비상전원을 설치하여야 한다.

답 ③

17 위험물안전관리법령상 옥내저장소에서 위험물을 저장하는 경우에는 규정에 의한 높이를 초과하여 용기를 겹쳐 쌓지 아니하여야 한다. 다음 중 제한높이가 가장 낮은 경우는?

① 제4류 위험물 중 제3석유류를 수납하는 용기만을 겹쳐 쌓는 경우
② 제6류 위험물을 수납하는 용기만을 겹쳐 쌓는 경우
③ 제4류 위험물 중 제4석유류를 수납하는 용기만을 겹쳐 쌓는 경우
④ 기계에 의하여 하역하는 구조로 된 용기만을 겹쳐 쌓는 경우

㉠ 기계에 의하여 하역하는 구조로 된 용기만을 겹쳐 쌓는 경우에 있어서는 6m
㉡ 제4류 위험물 중 제3석유류, 제4석유류 및 동식물유류를 수납하는 용기만을 겹쳐 쌓는 경우에 있어서는 4m
㉢ 그 밖의 경우에 있어서는 3m

답 ②

18 물과 반응하여 가연성 가스가 발생하지 않는 것은?

① Ca_3P_2
② K_2O_2
③ Na
④ CaC_2

 과산화칼륨은 흡습성이 있으므로 물과 접촉하면 발열하며 수산화칼륨(KOH)과 산소(O_2)가 발생
$2K_2O_2 + 2H_2O \rightarrow 4KOH + O_2$

답 ②

19 다음 중 $Sr(NO_3)_2$의 지정수량은?

① 50kg
② 100kg
③ 300kg
④ 1,000kg

 질산스트론튬은 제1류 위험물 중 질산염류에 속하며 지정수량은 300kg이다.

답 ③

20 다음 중 IF_5의 지정수량으로서 옳은 것은?

① 50kg
② 100kg
③ 300kg
④ 1,000kg

성질	위험등급	품명	지정수량
산화성 액체	I	1. 과염소산($HClO_4$) 2. 과산화수소(H_2O_2) 3. 질산(HNO_3) 4. 그 밖의 행정안전부령이 정하는 것 - 할로젠간화합물(BrF_3, BrF_5, IF_5 등)	300kg

답 ③

21 과산화수소에 대한 설명 중 틀린 것은?
① 농도가 36.5wt%인 것은 위험물에 해당한다.
② 불연성이지만 반응성이 크다.
③ 표백제, 살균제, 소독제 등에 사용된다.
④ 지연성 가스인 암모니아를 봉입해 저장한다.

해설 유리는 알칼리성으로 분해를 촉진하므로 피하고 가열, 화기, 직사광선을 차단하며 농도가 높을수록 위험성이 크므로 분해 방지 안정제(인산, 요산 등)를 넣어 발생기 산소의 발생을 억제한다.
답 ④

22 고정지붕구조로 된 위험물 옥외저장탱크에 설치하는 포 방출구가 아닌 것은?
① Ⅰ형   ② Ⅱ형
③ Ⅲ형   ④ 특형

해설
① Ⅰ형 : 고정지붕구조의 탱크에 상부 포주입법(고정포방출구를 탱크 옆판의 상부에 설치하여 액표면상에 포를 방출하는 방법을 말한다. 이하 같다.)을 이용하는 것
② Ⅱ형 : 고정지붕구조 또는 부상덮개부착 고정지붕구조(옥외저장탱크의 액상에 금속제의 플로팅, 팬 등의 덮개를 부착한 고정지붕구조의 것을 말한다. 이하 같다.)의 탱크에 상부 포주입법을 이용하는 것
③ Ⅲ형 : 고정지붕구조의 탱크에 저부 포주입법(탱크의 액면하에 설치된 포 방출구로부터 포를 탱크 내에 주입하는 방법을 말한다.)을 이용하는 것
④ 특형 : 부상지붕구조의 탱크에 상부 포주입법을 이용하는 것
답 ④

23 다음은 위험물안전관리법령에서 정한 용어의 정의이다. (   ) 안에 알맞은 것은?

"산화성 고체"라 함은 고체로서 산화력의 잠재적인 위험성 또는 충격에 대한 민감성을 판단하기 위하여 (   )이 정하여 고시하는 시험에서 고시로 정하는 성질과 상태를 나타내는 것을 말한다.

① 대통령
② 소방청장
③ 중앙소방학교장
④ 산업통상자원부 장관

해설 "산화성 고체"라 함은 고체로서 산화력의 잠재적인 위험성 또는 충격에 대한 민감성을 판단하기 위하여 소방청장이 정하여 고시하는 시험에서 고시로 정하는 성질과 상태를 나타내는 것을 말한다. 이 경우 "액상"이라 함은 수직으로 된 시험관(안지름 30mm, 높이 120mm의 원통형 유리관을 말한다)에 시료를 55mm까지 채운 다음 해당 시험관을 수평으로 하였을 때 시료액면의 선단이 30mm를 이동하는 데 걸리는 시간이 90초 이내에 있는 것을 말한다.
답 ②

24 $NH_4H_2PO_4$ 57.5kg이 완전 열분해하여 메타인산, 암모니아와 수증기로 되었을 때 메타인산은 몇 kg이 생성되는가? (단, P의 원자량은 31이다.)
① 36   ② 40
③ 80   ④ 115

해설 $NH_4H_2PO_4 \rightarrow NH_3 + H_2O + HPO_3$

$$\frac{57.5kg-NH_4H_2PO_4}{} \left| \frac{1kmol-NH_4H_2PO_4}{115kg-NH_4H_2PO_4} \right.$$
$$\left| \frac{1kmol-HPO_3}{1kmol-NH_4H_2PO_4} \right| \frac{80kg-HPO_3}{1kmol-HPO_3}$$
$= 40kg-HPO_3$
답 ②

25 제4류 위험물을 수납하는 운반용기의 내장용기가 플라스틱용기인 경우 최대용적은 몇 L인가? (단, 외장용기에 위험물을 직접 수납하지 않고 별도의 외장용기가 있는 경우이다.)
① 5   ② 10
③ 20   ④ 30

해설 플라스틱의 경우 운반용기로서 최대용적은 10L이다.
답 ②

26 50℃, 0.948atm에서 사이클로프로페인의 증기밀도는 약 몇 g/L인가?

① 0.5　　② 1.5
③ 2.0　　④ 2.5

 $PV = nRT$

$\dfrac{w(g)}{M(분자량)}$ 이므로 $PV = \dfrac{wRT}{M}$

$\dfrac{w}{V} = \dfrac{PM}{RT}$

$= \dfrac{0.948\text{atm} \times 42\text{g/mol}}{0.082\text{L} \cdot \text{atm/kmol} \times (50+273.15)\text{K}}$

$= 1.5\text{g/L}$

답 ②

27 주어진 탄소 원자에 최대 수의 수소가 결합되어 있는 것은?

① 포화탄화수소
② 불포화탄화수소
③ 방향족탄화수소
④ 지방족탄화수소

 포화탄화수소의 경우 탄소를 중심으로 단일결합으로 이루어져 있으므로 최대 수의 수소가 결합된다.

답 ①

28 위험물제조소 등에 전기설비가 설치된 경우에 해당 장소의 면적이 500m²라면 몇 개 이상의 소형 수동식소화기를 설치하여야 하는가?

① 1　　② 4
③ 5　　④ 10

 전기설비의 소화설비
제조소 등에 전기설비(전기배선, 조명기구 등은 제외한다)가 설치된 경우에는 해당 장소의 면적 100m²마다 소형 수동식소화기를 1개 이상 설치할 것

답 ③

29 과산화벤조일을 가열하면 약 몇 ℃ 근방에서 흰 연기를 내며 분해하기 시작하는가?

① 50　　② 100
③ 200　　④ 400

 과산화벤조일은 100℃ 전후에서 격렬하게 분해되며, 착화하면 순간적으로 폭발한다. 진한황산이나 질산, 금속분, 아민류 등과 접촉 시 분해 폭발한다.

답 ②

30 운반 시 일광의 직사를 막기 위해 차광성이 있는 피복으로 덮어야 하는 위험물이 아닌 것은?

① 제1류 위험물 중 다이크로뮴산염류
② 제4류 위험물 중 제1석유류
③ 제5류 위험물 중 나이트로화합물
④ 제6류 위험물

 적재하는 위험물에 따라

차광성이 있는 것으로 피복해야 하는 경우	방수성이 있는 것으로 피복해야 하는 경우
제1류 위험물 제3류 위험물 중 자연발화성 물질 제4류 위험물 중 특수 인화물 제5류 위험물 제6류 위험물	제1류 위험물 중 알칼리금속의 과산화물 제2류 위험물 중 철분, 금속분, 마그네슘 제3류 위험물 중 금수성 물질

답 ②

31 금속리튬이 고온에서 질소와 반응하였을 때 생성되는 질화리튬의 색상에 가장 가까운 것은?

① 회흑색　　② 적갈색
③ 청록색　　④ 은백색

 질화리튬은 가열하여 결정이 된 것은 적갈색, 상온에서는 건조한 공기에 침해받지 않지만 온도를 가하면 곧 산화된다. 물에 의해 곧 분해된다.
$Li_3N + 3H_2O \rightarrow NH_3 + 3LiOH$

답 ②

32 제조소 등의 건축물에서 옥내소화전이 가장 많이 설치된 층의 소화전의 수가 3개일 경우 확보해야 할 수원의 양은 몇 m³ 이상이어야 하는가?

① 7.8
② 11.7
③ 15.6
④ 23.4

 수원의 양(Q) :
$Q(\mathrm{m}^3) = N \times 7.8\mathrm{m}^3$ (N, 5개 이상인 경우 5개)
$Q(\mathrm{m}^3) = 3 \times 7.8\mathrm{m}^3$
$\qquad = 23.4\mathrm{m}^3$

답 ④

33 방사구역의 표면적이 100m²인 곳에 물분무소화설비를 설치하고자 한다. 수원의 수량은 몇 L 이상이어야 하는가? (단, 분무헤드가 가장 많이 설치된 방사구역의 모든 분무헤드를 동시에 사용할 경우이다.)

① 30,000
② 40,000
③ 50,000
④ 60,000

 수원의 수량은 분무헤드가 가장 많이 설치된 방사구역의 모든 분무헤드를 동시에 사용할 경우에 해당 방사구역의 표면적 1m²당 1분당 20L의 비율로 계산한 양으로 30분간 방사할 수 있는 양 이상이 되도록 설치할 것

따라서, 수원=100m² × 20L/min·m² × 30min
$\qquad$ =60,000L

답 ④

34 다음 중 위험물의 유별 구분이 나머지 셋과 다른 하나는?

① 과아이오딘산
② 염소화아이소사이아누르산
③ 질산구아니딘
④ 퍼옥소붕산염류

 해설

성질	위험 등급	품명	대표 품목	지정 수량
제1류 (산화성 고체)	I	1. 아염소산염류 2. 염소산염류 3. 과염소산염류 4. 무기과산화물류	NaClO₂, KClO₂ NaClO₃, KClO₃, NH₄ClO₃ NaClO₄, KClO₄, NH₄ClO₄ K₂O₂, Na₂O₂, MgO₂	50kg
	II	5. 브로민산염류 6. 질산염류 7. 아이오딘산염류	KBrO₃ KNO₃, NaNO₃, NH₄NO₃ KIO₃	300kg
	III	8. 과망가니즈산염류 9. 다이크로뮴산염류	KMnO₄ K₂Cr₂O₇	1,000kg
	I~III	10. 그 밖에 행정안전부령이 정하는 것 ① 과아이오딘산염류 ② 과아이오딘산 ③ 크로뮴, 납 또는 아이오딘의 산화물 ④ 아질산염류 ⑤ 차아염소산염류 ⑥ 염소화아이소사이아누르산 ⑦ 퍼옥소이황산염류 ⑧ 퍼옥소붕산염류 11. 1~10호의 하나 이상을 함유한 것	KIO₄ HIO₄ CrO₃ NaNO₂ LiClO OCNClONClCONCl K₂S₂O₈ NaBO₃	50kg, 300kg 또는 1,000kg

※ 질산구아니딘은 제5류 위험물에 해당한다.

답 ③

35 KClO₃ 운반용기 외부에 표시하여야 할 주의사항으로 옳은 것은?

① "화기·충격주의" 및 "가연물 접촉주의"
② "화기·충격주의", "물기엄금" 및 "가연물 접촉주의"
③ "화기주의" 및 "물기엄금"
④ "화기엄금" 및 "공기접촉엄금"

 KClO₃는 염소산칼륨으로서 제1류 위험물에 해당한다.

유별	구분	주의사항
제1류 위험물 (산화성 고체)	알칼리금속의 과산화물	"화기·충격주의" "물기엄금" "가연물접촉주의"
	그 밖의 것	"화기·충격주의" "가연물접촉주의"

답 ①

36 위험물의 운반에 관한 기준에서 정한 유별을 달리하는 위험물의 혼재기준에 따르면 1가지 다른 유별의 위험물과만 혼재가 가능한 위험물은? (단, 지정수량의 1/10을 초과하는 경우이다.)

① 제2류 ② 제4류
③ 제5류 ④ 제6류

 유별을 달리하는 위험물의 혼재기준

위험물의 구분	제1류	제2류	제3류	제4류	제5류	제6류
제1류		×	×	×	×	○
제2류	×		×	○	○	×
제3류	×	×		○	×	×
제4류	×	○	○		○	×
제5류	×	○	×	○		×
제6류	○	×	×	×	×	

답 ④

37 다음 제4류 위험물 중 위험등급이 나머지 셋과 다른 하나는?

① 휘발유 ② 톨루엔
③ 에탄올 ④ 아세트산

해설 제4류 위험물의 종류와 지정수량

성질	위험등급	품명	지정수량
인화성 액체	I	특수 인화물류(다이에틸에터, 이황화탄소, 아세트알데하이드, 산화프로필렌)	50L
	II	제1석유류 비수용성(가솔린, 벤젠, 톨루엔, 사이클로헥세인, 콜로디온, 메틸에틸케톤, 초산메틸, 초산에틸, 의산에틸, 헥세인 등)	200L
		수용성(아세톤, 피리딘, 아크롤레인, 의산메틸, 사이안화수소 등)	400L
		알코올류(메틸알코올, 에틸알코올, 프로필알코올, 아이소프로필알코올)	400L
	III	제2석유류 비수용성(등유, 경유, 스타이렌, 자일렌(o-, m-, p-), 클로로벤젠, 장뇌유, 뷰틸알코올, 알릴알코올, 아밀알코올 등)	1,000L
		수용성(품산, 초산, 하이드라진, 아크릴산 등)	2,000L
		제3석유류 비수용성(중유, 크레오소트유, 아닐린, 나이트로벤젠, 나이트로톨루엔 등)	2,000L
		수용성(에틸렌글리콜, 글리세린 등)	4,000L

성질	위험등급	품명	지정수량
인화성 액체	III	제4석유류(기어유, 실린더유, 윤활유, 가소제)	6,000L
		동식물유류(아마인유, 들기름, 동유, 야자유, 올리브유 등)	10,000L

※ 아세트산=초산

답 ④

38 탄화알루미늄이 물과 반응하면 발생하는 가스는?

① 이산화탄소 ② 일산화탄소
③ 메테인 ④ 아세틸렌

 물과 반응하여 가연성, 폭발성의 메테인가스를 만들며 밀폐된 실내에서 메테인이 축적되는 경우 인화성 혼합기를 형성하여 2차 폭발의 위험이 있다.
$Al_4C_3 + 12H_2O \rightarrow 4Al(OH)_3 + 3CH_4$

답 ③

39 다음 중 분해온도가 가장 낮은 위험물은?

① KNO_3 ② BaO_2
③ $(NH_4)_2Cr_2O_7$ ④ NH_4ClO_3

보기	① KNO_3	② BaO_2
화학명	질산칼륨	과산화바륨
분해온도	400℃	840℃
보기	③ $(NH_4)_2Cr_2O_7$	④ NH_4ClO_3
화학명	다이크로뮴산암모늄	염소산암모늄
분해온도	185℃	100℃

답 ④

40 다음 중 sp^3 혼성궤도에 속하는 것은?

① CH_4 ② BF_3
③ NH_3 ④ H_2O

 CH_4의 분자 구조(정사면체형 : sp^3형)
정상상태의 C는 $1s^2 2s^2 2p^2$의 궤도함수로 되어 있으나 이 탄소가 수소와 화학결합을 할 때는 약간의 에너지를 얻어 $2s$ 궤도의 전자 중 1개가 $2p$로 이동하여 여기상태가 되며 쌍을 이루지 않은 부대전자는 1개의 $2s$와 3개의 $2p$로 모두 4개가 되어 4개의 H 원자와 공유결합을 하게 되어 정사면체의 입체적 구조를 형성한다.

이와 같이 s와 p가 섞인 궤도를 혼성궤도(hybridization)라 한다.

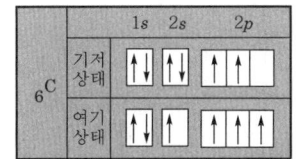

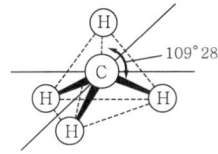 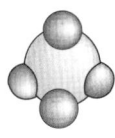

BF_3는 sp^2 혼성궤도함수에 해당하며, NH_3는 p^3형, H_2O는 p^2형에 해당한다.

답 ①

41 하나의 옥내저장소에 칼륨과 황을 저장하고자 할 때 저장창고의 바닥면적에 관한 내용으로 적합하지 않은 것은?

① 만약 황이 없고 칼륨만을 저장하는 경우라면 저장창고의 바닥면적은 $1,000m^2$ 이하로 하여야 한다.
② 만약 칼륨이 없고 황만을 저장하는 경우라면 저장창고의 바닥면적은 $2,000m^2$ 이하로 하여야 한다.
③ 내화구조의 격벽으로 완전히 구획된 실에 각각 저장하는 경우 전체 바닥면적은 $1,500m^2$ 이하로 하여야 한다.
④ 내화구조의 격벽으로 완전히 구획된 실에 각각 저장하는 경우 칼륨의 저장실은 $1,000m^2$ 이하로, 황의 저장실은 $500m^2$ 이하로 한다.

해설 하나의 저장창고의 바닥면적 기준

위험물을 저장하는 창고	바닥면적
가. 다음의 위험물을 저장하는 창고 ㉠ 제1류 위험물 중 아염소산염류, 염소산염류, 과염소산염류, 무기과산화물, 그 밖에 지정수량이 50kg인 위험물 ㉡ 제3류 위험물 중 칼륨, 나트륨, 알킬알루미늄, 알킬리튬, 그 밖에 지정수량이 10kg인 위험물 및 황린 ㉢ 제4류 위험물 중 특수 인화물, 제1석유류 및 알코올류 ㉣ 제5류 위험물 중 유기과산화물, 질산에스터류, 그 밖에 지정수량이 10kg인 위험물 ㉤ 제6류 위험물	$1,000m^2$ 이하
나. '가'의 위험물 외의 위험물을 저장하는 창고	$2,000m^2$ 이하
다. '가'와 '나'의 위험물을 내화구조의 격벽으로 완전히 구획된 실에 각각 저장하는 창고 ('가'의 위험물을 저장하는 실의 면적은 $500m^2$를 초과할 수 없다.)	$1,500m^2$ 이하

답 ④

42 바닥면적이 $150m^2$ 이상인 제조소에 설치하는 환기설비의 급기구는 얼마 이상의 크기로 하여야 하는가?
① $600cm^2$ ② $800cm^2$
③ $1,000cm^2$ ④ $1,500cm^2$

해설 급기구는 바닥면적 $150m^2$마다 1개 이상으로 하되, 급기구의 크기는 $800cm^2$ 이상으로 한다.

답 ②

43 위험물안전관리법령상 위험물의 취급 중 소비에 관한 기준에서 방화상 유효한 격벽 등으로 구획된 안전한 장소에서 실시하여야 하는 것은?
① 분사도장작업
② 담금질작업
③ 열처리작업
④ 버너를 사용하는 작업

해설 위험물을 소비하는 작업에 있어서의 취급기준
㉠ 분사도장작업은 방화상 유효한 격벽 등으로 구획된 안전한 장소에서 실시할 것
㉡ 담금질 또는 열처리 작업은 위험물이 위험한 온도에 이르지 아니하도록 하여 실시할 것
㉢ 버너를 사용하는 경우에는 버너의 역화를 방지하고 위험물이 넘치지 아니하도록 할 것

답 ①

44 다음 중 아세틸퍼옥사이드와 혼재가 가능한 위험물은? (단, 지정수량 10배의 위험물인 경우이다.)
① 질산칼륨 ② 황
③ 트라이에틸알루미늄 ④ 과산화수소

아세틸퍼옥사이드는 제5류 위험물로서 제2류 또는 제4류와 혼재 가능하다.
① 질산칼륨 : 제1류
② 황 : 제2류
③ 트라이에틸알루미늄 : 제3류
④ 과산화수소 : 제6류
유별을 달리하는 위험물의 혼재기준

위험물의 구분	제1류	제2류	제3류	제4류	제5류	제6류
제1류		×	×	×	×	○
제2류	×		×	○	○	×
제3류	×	×		○	×	×
제4류	×	○	○		○	×
제5류	×	○	×	○		×
제6류	○	×	×	×	×	

답 ②

45 트라이에틸알루미늄이 물과 반응하였을 때의 생성물로 옳게 나타낸 것은?
① 수산화알루미늄, 메테인
② 수소화알루미늄, 메테인
③ 수산화알루미늄, 에테인
④ 수소화알루미늄, 에테인

 물과 접촉하면 폭발적으로 반응하여 에테인을 형성하고 이때 발열, 폭발에 이른다.
$(C_2H_5)_3Al + 3H_2O \rightarrow Al(OH)_3 + 3C_2H_6$

답 ③

46 Na_2O_2가 반응하였을 때 생성되는 기체가 같은 것으로만 나열된 것은?
① 물, 이산화탄소
② 아세트산, 물
③ 이산화탄소, 염산, 황산
④ 염산, 아세트산, 물

 ㉠ 흡습성이 있으므로 물과 접촉하면 발열 및 수산화나트륨(NaOH)과 산소(O_2)가 발생
$2Na_2O_2 + 2H_2O \rightarrow 4NaOH + O_2$
㉡ 공기 중의 탄산가스(CO_2)를 흡수하여 탄산염이 생성
$2Na_2O_2 + 2CO_2 \rightarrow 2Na_2CO_3 + O_2$

답 ①

47 $C_6H_2CH_3(NO_2)_3$의 제조원료로 옳게 짝지어진 것은?
① 톨루엔, 황산, 질산
② 톨루엔, 벤젠, 질산
③ 벤젠, 질산, 황산
④ 벤젠, 질산, 염산

 트라이나이트로톨루엔($C_6H_2CH_3(NO_2)_3$)의 제법 1몰의 톨루엔과 3몰의 질산을 황산 촉매하에 반응시키면 나이트로화에 의해 T.N.T가 만들어진다.

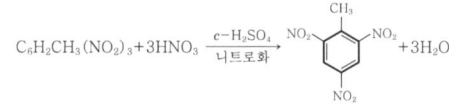

답 ①

48 다음 중 가장 약산은 어느 것인가?
① 염산   ② 황산
③ 인산   ④ 아세트산

 염산, 황산, 인산은 강산이며, 아세트산은 약산에 해당한다.

답 ④

49 $KClO_3$의 일반적인 성질을 나타낸 것 중 틀린 것은?
① 비중은 약 2.32이다.
② 융점은 약 240℃이다.
③ 용해도는 20℃에서 약 7.3이다.
④ 단독 분해온도는 약 400℃이다.

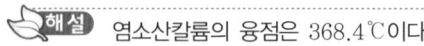 염소산칼륨의 융점은 368.4℃이다.

답 ②

50 나이트로화합물 중 분자 구조 내에 하이드록실기를 갖는 위험물은?
① 피크르산
② 트라이나이트로톨루엔
③ 트라이나이트로벤젠
④ 테트릴

 하이드록실기(−OH)가 있는 것은 트라이나이트로페놀[$C_6H_2(NO_2)_3OH$, 피크르산]이다.

답 ①

51 산화성 액체 위험물의 취급에 관한 설명 중 틀린 것은?

① 과산화수소 30% 농도의 용액은 단독으로 폭발 위험이 있다.
② 과염소산의 융점은 약 −112℃이다.
③ 질산은 강산이지만 백금은 부식시키지 못한다.
④ 과염소산은 물과 반응하여 열이 발생한다.

 과산화수소의 농도 60% 이상인 것은 충격에 의해 단독 폭발의 위험이 있으며, 고농도의 것은 알칼리, 금속분, 암모니아, 유기물 등과 접촉 시 가열이나 충격에 의해 폭발한다.

답 ①

52 제1종 분말소화약제의 주성분은?

① $NaHCO_3$
② $NaHCO_2$
③ $KHCO_3$
④ $KHCO_2$

 분말소화약제의 종류

종류	주성분	화학식	착색	적응 화재
제1종	탄산수소나트륨 (중탄산나트륨)	$NaHCO_3$	−	B, C급 화재
제2종	탄산수소칼륨 (중탄산칼륨)	$KHCO_3$	담회색	B, C급 화재
제3종	제1인산암모늄	$NH_4H_2PO_4$	담홍색 또는 황색	A, B, C급 화재
제4종	탄산수소칼륨 +요소	$KHCO_3$ $+CO(NH_2)_2$	−	B, C급 화재

답 ①

53 나트륨에 대한 각종 반응식 중 틀린 것은?

① 연소반응식 : $4Na+O_2 \rightarrow 2Na_2O$
② 물과의 반응식 : $2Na+3H_2O$
    $\rightarrow 2NaOH+2H_2$
③ 알코올과의 반응식 : $2Na+2C_2H_5OH$
    $\rightarrow 2C_2H_5ONa+H_2$
④ 액체 암모니아와 반응식 : $2Na+2NH_3$
    $\rightarrow 2NaNH_2+H_2$

 ② $2Na+2H_2O \rightarrow 2NaOH+H_2$

답 ②

54 [보기]의 요건을 모두 충족하는 위험물은?

[보기]
- 이 위험물이 속하는 전체 유별은 옥외저장소에 저장할 수 없다(국제해상위험물규칙에 적합한 용기에 수납하는 경우 제외).
- 제1류 위험물과 적정 간격을 유지하면 동일한 옥내저장소에 저장이 가능하다.
- 위험등급 Ⅰ에 해당한다.

① 황린
② 글리세린
③ 질산
④ 질산염류

 위험등급 Ⅰ에 해당하는 것은 황린과 질산이며, 이 중 옥외저장소에 저장할 수 없는 위험물은 황린이다.
㉮ 옥외저장소에 저장할 수 있는 위험물
 ㉠ 제2류 위험물 중 황, 인화성 고체(인화점이 0℃ 이상인 것에 한함.)
 ㉡ 제4류 위험물 중 제1석유류(인화점이 0℃ 이상인 것에 한함.), 제2석유류, 제3석유류, 제4석유류, 알코올류, 동식물유류
 ㉢ 제6류 위험물

답 ①

55 모집단으로부터 공간적, 시간적으로 간격을 일정하게 하여 샘플링하는 방식은?

① 단순랜덤샘플링(simple random sampling)
② 2단계샘플링(two−stage sampling)
③ 취락샘플링(cluster sampling)
④ 계통샘플링(systematic sampling)

 모집단으로부터 공간적, 시간적으로 간격을 일정하게 하여 샘플링하는 방식은 계통샘플링에 해당한다.

답 ④

56 예방보전(preventive maintenance)의 효과가 아닌 것은?

① 기계의 수리비용이 감소한다.
② 생산시스템의 신뢰도가 향상된다.
③ 고장으로 인한 중단시간이 감소한다.
④ 잦은 정비로 인해 제조원 단위가 증가한다.

 예방보전의 효과
  ㉠ 안전작업이 향상된다.
  ㉡ 고장으로 인한 중단시간이 감소한다.
  ㉢ 기계수리 비용이 감소한다.
  ㉣ 생산시스템의 신뢰도가 향상되며 원가가 절감된다.
  ㉤ 납기지연으로 인한 고객불만이 저하되며 매출이 신장된다.

 ④

57 제품공정도를 작성할 때 사용되는 요소(명칭)가 아닌 것은?

① 가공
② 검사
③ 정체
④ 여유

 제품공정도의 요소
  ㉠ 가공 또는 작업 : ○
  ㉡ 검사 : □
  ㉢ 정체 : D
  ㉣ 운반 : ⇨
  ㉤ 저장 : ▽

 ④

58 부적합수 관리도를 작성하기 위해 $\Sigma c = 559$, $\Sigma n = 222$를 구하였다. 시료의 크기가 부분군마다 일정하지 않기 때문에 u 관리도를 사용하기로 하였다. $n = 10$일 경우 u 관리도의 UCL 값은 약 얼마인가?

① 4.023
② 2.518
③ 0.502
④ 0.252

- 단위당 결점수 $u = \dfrac{c(각\ 시료의\ 결점수)}{n(시료의\ 크기)}$
- 중심선 $CL = \bar{u} = \dfrac{\Sigma c}{\Sigma n}$
  (Σc : 결점수의 합, Σn : 시료크기의 합)
- 관리 상한선 $UCL = \bar{u} + 3\sqrt{\dfrac{\bar{u}}{n}}$
- 관리 하한선 $LCL = \bar{u} - 3\sqrt{\dfrac{\bar{u}}{n}}$

㉠ $\bar{u} = \dfrac{\Sigma c}{\Sigma n} = \dfrac{559}{222} = 2.518$

㉡ $UCL = \bar{u} + 3\sqrt{\dfrac{\bar{u}}{n}}$
  $= 2.518 + 3\sqrt{\dfrac{2.518}{10}}$
  $= 4.023$

답 ①

59 작업방법 개선의 기본 4원칙을 표현한 것은?

① 층별 − 랜덤 − 재배열 − 표준화
② 배제 − 결합 − 랜덤 − 표준화
③ 층별 − 랜덤 − 표준화 − 단순화
④ 배제 − 결합 − 재배열 − 단순화

답 ④

60 이항분포(binomial distribution)의 특징에 대한 설명으로 옳은 것은?

① $P = 0.01$일 때는 평균치에 대하여 좌·우 대칭이다.
② $P \leq 0.1$이고, $nP = 0.1 \sim 10$일 때는 푸아송분포에 근사한다.
③ 부적합품의 출현개수에 대한 표준편차는 $D(x) = nP$이다.
④ $P \leq 0.5$이고, $nP \leq 5$일 때는 정규분포에 근사한다.

 이항분포(二項分布)는 연속된 n번의 독립적 시행에서 각 시행이 확률 P를 가질 때의 이산 확률분포이다. 이러한 시행은 베르누이 시행이라고 불리기도 한다. 사실, $n = 1$일 때 이항분포는 베르누이분포이다.

 ②

제55회 (2014년 4월 시행) 위험물기능장 필기

01
위험물탱크안전성능 시험자가 되고자 하는 자가 갖추어야 할 장비로서 옳은 것은?
① 기밀시험 장비 ② 타코미터
③ 페네스트로미터 ④ 인화점 측정기

해설 장비
㉮ 필수장비 : 자기탐상시험기, 초음파두께측정기 및 영상초음파시험기 또는 방사선투과시험기·초음파시험기
㉯ 필요한 경우에 두는 장비
 ㉠ 충·수압 시험, 진공시험, 기밀시험 또는 내압시험의 경우
  ⓐ 진공능력 53kPa 이상의 진공누설시험기
  ⓑ 기밀시험장치(안전장치가 부착된 것으로서 가압능력 200kPa 이상, 감압의 경우에는 감압능력 10kPa 이상·감도 10Pa 이하의 것으로서 각각의 압력 변화를 스스로 기록할 수 있는 것)
 ㉡ 수직·수평도 시험의 경우 : 수직·수평도 측정기

답 ①

02
아이오딘폼(아이오도폼)반응을 하는 물질로 연소범위가 약 2.5~12.8%이며, 끓는점과 인화점이 낮아 화기를 멀리해야 하고 냉암소에 보관하는 물질은?
① CH_3COCH_3 ② CH_3CHO
③ C_6H_6 ④ $C_6H_5NO_2$

해설 아세톤(CH_3COCH_3)은 물과 유기용제에 잘 녹고, 아이오딘폼반응을 한다. I_2와 NaOH를 넣고 60~80℃로 가열하면, 황색의 아이오딘폼(CH_3I) 침전이 생긴다.
$CH_3COCH_3 + 3I_2 + 4NaOH$
$\rightarrow CH_3COONa + 3NaI + CH_3I + 3H_2O$

답 ①

03
고속국도의 도로변에 설치한 주유취급소의 고정주유설비 또는 고정급유설비에 연결된 탱크의 용량은 얼마까지 할 수 있는가?
① 10만L
② 8만L
③ 6만L
④ 5만L

해설 탱크의 용량기준
㉠ 자동차 등에 주유하기 위한 고정주유설비에 직접 접속하는 전용탱크는 50,000L 이하이다.
㉡ 고정급유설비에 직접 접속하는 전용탱크는 50,000L 이하이다.
㉢ 보일러 등에 직접 접속하는 전용탱크는 10,000L 이하이다.
㉣ 자동차 등을 점검·정비하는 작업장 등에서 사용하는 폐유·윤활유 등의 위험물을 저장하는 탱크는 2,000L 이하이다.
㉤ 고속국도 도로변에 설치된 주유취급소의 탱크 용량은 60,000L이다.

답 ③

04
제조소에서 취급하는 제4류 위험물의 최대수량의 합이 지정수량의 50만배인 사업소의 자체소방대에 두어야 하는 화학소방자동차의 대수 및 자체소방대원의 수는? (단, 해당 사업소는 다른 사업소 등과 상호응원에 관한 협정을 체결하고 있지 아니하다.)
① 4대, 20인
② 4대, 15인
③ 3대, 20인
④ 3대, 15인

자체소방대에 두는 화학소방자동차 및 인원

사업소의 구분	화학소방 자동차의 수	자체소방 대원의 수
제조소 또는 일반취급소에서 취급하는 제4류 위험물의 최대수량의 합이 지정수량의 3천배 이상 12만배 미만인 사업소	1대	5인
제조소 또는 일반취급소에서 취급하는 제4류 위험물의 최대수량의 합이 지정수량의 12만배 이상 24만배 미만인 사업소	2대	10인
제조소 또는 일반취급소에서 취급하는 제4류 위험물의 최대수량의 합이 지정수량의 24만배 이상 48만배 미만인 사업소	3대	15인
제조소 또는 일반취급소에서 취급하는 제4류 위험물의 최대수량의 합이 지정수량의 48만배 이상인 사업소	4대	20인
옥외탱크저장소에 저장하는 제4류 위험물의 최대수량이 지정수량의 50만배 이상인 사업소	2대	10인

답 ①

05 체적이 50m³인 위험물 옥내저장창고(개구부에는 자동폐쇄장치가 설치됨)에 전역방출방식의 이산화탄소소화설비를 설치할 경우 소화약제의 저장량을 얼마 이상으로 하여야 하는가?

① 30kg ② 45kg
③ 60kg ④ 100kg

해설 전역방출방식 방호구역의 체적 1m³당 소화약제의 양

방호구역의 체적(m³)	방호구역의 체적 1m³당 소화약제의 양(kg)	소화약제 총량의 최저한도(kg)
5 미만	1.20	—
5 이상, 15 미만	1.10	6
15 이상, 45 미만	1.00	17
45 이상, 150 미만	0.90	45
150 이상, 1,500 미만	0.80	135
1,500 이상	0.75	1,200

따라서 50m³이므로 50m³×0.9=45kg

답 ②

06 하나의 옥내저장소에 다음과 같이 제4류 위험물을 함께 저장하는 경우 지정수량의 총 배수는?

아세트알데하이드 200L, 아세톤 400L,
아세트산 1,000L, 아크릴산 1,000L

① 6배 ② 7배
③ 7.5배 ④ 8배

품목	아세트알데하이드	아세톤	아세트산	아크릴산
품명	특수 인화물	제1석유류 (수용성)	제2석유류 (수용성)	제2석유류 (수용성)
지정수량	50L	400L	2,000L	2,000L

지정수량 배수의 합
$= \dfrac{A품목 저장수량}{A품목 지정수량} + \dfrac{B품목 저장수량}{B품목 지정수량}$
$+ \dfrac{C품목 저장수량}{C품목 지정수량} + \cdots$
$= \dfrac{200L}{50L} + \dfrac{400L}{400L} + \dfrac{1,000L}{2,000L} + \dfrac{1,000L}{2,000L} = 6.0$

답 ①

07 과염소산과 과산화수소의 공통적인 위험성을 나타낸 것은?

① 가열하면 수소가 발생한다.
② 불연성이지만 독성이 있다.
③ 물, 알코올에 희석하면 안전하다.
④ 농도가 36wt% 미만인 것은 위험물에 해당하지 않는다고 법령에서 정하고 있다.

 둘 다 제6류 위험물로서 불연성 물질이고 독성이 있다. 가열하면 산소가 발생한다. 다만, 과산화수소는 물에 희석하여 소독약(2~3%)으로 사용하지만, 과염소산은 물과 반응하여 발열한다.

답 ②

08 다음 중 무색 또는 백색의 결정으로 비중 약 1.8, 융점 약 202℃이며, 물에는 불용인 것은?

① 피크르산
② 다이나이트로레조르신
③ 트라이나이트로톨루엔
④ 헥소겐

해설 트라이메틸렌트라이나이트로아민($C_3H_6N_6O_6$, 헥소겐)의 일반적 성질
㉠ 백색 바늘모양의 결정
㉡ 물, 알코올에 녹지 않고, 뜨거운 벤젠에 극히 소량 녹는다.
㉢ 비중 1.8, 융점 202℃, 발화온도 약 230℃, 폭발속도 8,350m/s
㉣ 헥사메틸렌테트라민을 다량의 진한질산에서 나이트롤리시스하여 만든다.
$(CH_2)_6N_4 + 6HNO_3$
$\rightarrow (CH_2)_3(N-NO_2)_3 + 3CO_2 + 6H_2O + 2N_2$
이때 진한질산 중에 아질산이 존재하면 분해가 촉진되기 때문에 과망가니즈산칼륨을 가한다.

답 ④

09 어떤 기체의 확산속도가 SO_2의 4배일 때 이 기체의 분자량을 추정하면 얼마인가?
① 4
② 16
③ 32
④ 64

해설
$$\frac{v_A}{v_B} = \sqrt{\frac{M_B}{M_A}}$$
$$\frac{4V_{SO_2}}{V_{SO_2}} = \sqrt{\frac{64\text{g/mol}}{M_A}}$$
$$M_A = \frac{64\text{g/mol}}{4^2} = 4\text{g/mol}$$

답 ①

10 다음 중 하나의 옥내저장소에 제5류 위험물과 함께 저장할 수 있는 위험물은? (단, 위험물을 유별로 정리하여 저장하는 한편, 서로 1m 이상의 간격을 두는 경우이다.)
① 제1류 위험물(알칼리금속의 과산화물 또는 이를 함유한 것 제외)
② 제2류 위험물 중 인화성 고체
③ 제3류 위험물 중 알킬알루미늄 이외의 것
④ 유기과산화물 또는 이를 함유한 것 이외의 제4류 위험물

해설 유별을 달리하는 위험물은 동일한 저장소(내화구조의 격벽으로 완전히 구획된 실이 2 이상 있는 저장소에 있어서는 동일한 실)에 저장하지 아니하여야 한다.

다만, 옥내저장소 또는 옥외저장소에 있어서 다음의 규정에 의한 위험물을 저장하는 경우로서 위험물을 유별로 정리하여 저장하는 한편, 서로 1m 이상의 간격을 두는 경우에는 그러하지 아니하다.
㉠ 제1류 위험물(알칼리금속의 과산화물 또는 이를 함유한 것을 제외한다)과 제5류 위험물을 저장하는 경우
㉡ 제1류 위험물과 제6류 위험물을 저장하는 경우
㉢ 제1류 위험물과 제3류 위험물 중 자연발화성 물질(황린 또는 이를 함유한 것에 한한다)을 저장하는 경우
㉣ 제2류 위험물 중 인화성 고체와 제4류 위험물을 저장하는 경우
㉤ 제3류 위험물 중 알킬알루미늄 등과 제4류 위험물(알킬알루미늄 또는 알킬리튬을 함유한 것에 한한다)을 저장하는 경우
㉥ 제4류 위험물과 제5류 위험물 중 유기과산화물 또는 이를 함유한 것을 저장하는 경우

답 ①

11 위험물을 저장 또는 취급하는 탱크의 용량은 해당 탱크의 내용적에서 공간용적을 뺀 용적으로 한다. 위험물안전관리법령상 공간용적을 옳게 나타낸 것은?
① 탱크 용적의 2/100 이상, 5/100 이하
② 탱크 용적의 5/100 이상, 10/100 이하
③ 탱크 용적의 3/100 이상, 8/100 이하
④ 탱크 용적의 7/100 이상, 10/100 이하

해설 탱크의 공간용적은 탱크 용적의 100분의 5 이상, 100분의 10 이하로 한다.

답 ②

12 다음 중 은백색의 광택성 물질로서 비중이 약 1.74인 위험물은?
① Cu
② Fe
③ Al
④ Mg

해설 마그네슘은 알칼리토금속에 속하는 대표적인 경금속으로 은백색의 광택이 있는 금속으로 공기 중에서 서서히 산화하여 광택을 잃는다. 원자량 24, 비중 1.74, 융점 650℃, 비점 1,107℃, 착화온도 473℃이다.

답 ④

13 산화프로필렌에 대한 설명 중 틀린 것은?
① 무색의 휘발성 액체이다.
② 증기의 비중은 공기보다 크다.
③ 인화점은 약 −37℃이다.
④ 발화점은 약 100℃이다.

 분자량(58), 비중(0.82), 증기비중(2.0), 비점(35℃), 인화점(−37℃), 발화점(449℃)이 매우 낮고 연소범위(2.5~38.5%)가 넓어 증기는 공기와 혼합하여 작은 점화원에 의해 인화 폭발의 위험이 있으며 연소속도가 빠르다.

답 ④

14 과산화수소의 분해 방지 안정제로 사용할 수 있는 물질은?
① 구리   ② 은
③ 인산   ④ 목탄분

 유리는 알칼리성으로 분해를 촉진하므로 피하고 가열, 화기, 직사광선을 차단하며 농도가 높을수록 위험성이 크므로 분해 방지 안정제(인산, 요산 등)를 넣어 발생기 산소의 발생을 억제한다.

답 ③

15 다음 중 1차 이온화 에너지가 작은 금속에 대한 설명으로 잘못된 것은?
① 전자를 잃기 쉽다.
② 산화되기 쉽다.
③ 환원력이 작다.
④ 양이온이 되기 쉽다.

 기체상태의 원자로부터 전자 1개를 제거하는 데 필요한 에너지를 이온화 에너지라 한다. 이온화 에너지가 작을수록 전자를 잃기 쉽고, 산화되기 쉬우며, 양이온이 되기 쉽다.

답 ③

16 위험물안전관리법령상 스프링클러설비의 쌍구형 송수구를 설치하는 기준으로 틀린 것은?
① 송수구의 결합금속구는 탈착식 또는 나사식으로 한다.
② 송수구에는 그 직근의 보기 쉬운 장소에 송수용량 및 송수시간을 함께 표시하여야 한다.
③ 소방펌프자동차가 용이하게 접근할 수 있는 위치에 설치한다.
④ 송수구의 결합금속구는 지면으로부터 0.5m 이상, 1m 이하 높이의 송수에 지장이 없는 위치에 설치한다.

 쌍구형 송수구 설치기준
㉠ 전용으로 할 것
㉡ 송수구의 결합금속구는 탈착식 또는 나사식으로 하고 내경을 63.5mm 내지 66.5mm로 할 것
㉢ 송수구의 결합금속구는 지면으로부터 0.5m 이상, 1m 이하의 높이의 송수에 지장이 없는 위치에 설치할 것
㉣ 송수구는 해당 스프링클러설비의 가압송수장치로부터 유수검지장치·압력검지장치 또는 일제개방형 밸브·수동식 개방밸브까지의 배관에 전용의 배관으로 접속할 것
㉤ 송수구에는 그 직근의 보기 쉬운 장소에 "스프링클러용 송수구"라고 표시하고 그 송수압력범위를 함께 표시할 것

답 ②

17 알칼리금속의 과산화물에 물을 뿌렸을 때 발생하는 기체는?
① 수소
② 산소
③ 메테인
④ 포스핀

 알칼리금속(리튬, 나트륨, 칼륨, 세슘, 루비듐)의 무기과산화물은 물과 격렬하게 발열반응하여 분해되고, 다량의 산소가 발생한다.

답 ②

18 표준상태에서 질량이 0.8g이고 부피가 0.4L인 혼합기체의 평균 분자량은?
① 22.2   ② 32.4
③ 33.6   ④ 44.8

이상기체 방정식으로 기체의 분자량을 구한다.

$PV = nRT$

n은 몰(mole)수이며 $n = \dfrac{w(g)}{M(\text{분자량})}$ 이므로

$PV = \dfrac{wRT}{M}$, ∴ $M = \dfrac{wRT}{PV}$

$M = \dfrac{wRT}{PV}$

$= \dfrac{0.8g \times 0.082L \cdot atm/K \cdot mol \times (0+273.15)K}{1atm \times 0.4L}$

$= 44.8 g/mol$

답 ④

19 옥테인가에 대한 설명으로 옳은 것은?
① 노말펜테인을 100, 옥테인을 0으로 한 것이다.
② 옥테인을 100, 펜테인을 0으로 한 것이다.
③ 아이소옥테인을 100, 헥세인을 0으로 한 것이다.
④ 아이소옥테인을 100, 노말헵테인을 0으로 한 것이다.

 옥테인가 = $\dfrac{\text{아이소옥테인}}{\text{아이소옥테인} + \text{노말헵테인}} \times 100$

㉠ 옥테인값이 0인 물질 : 노말헵테인(C_7H_{16})
㉡ 옥테인값이 100인 물질 : 아이소옥테인(C_8H_{18})

답 ④

20 지정수량의 단위가 나머지 셋과 다른 하나는?
① 사이클로헥세인   ② 과염소산
③ 스타이렌   ④ 초산

 사이클로헥세인, 스타이렌, 초산 : 제4류 위험물로 L 단위이며, 과염소산은 제6류 위험물로 kg 단위이다.

답 ②

21 위험물안전관리법령상 제1류 위험물에 해당하는 것은?
① 염소화아이소사이아누르산
② 질산구아니딘
③ 염소화규소화합물
④ 금속의 아지드화합물

 ㉮ 제1류 위험물 중 그 밖에 행정안전부령이 정하는 것
  ㉠ 과아이오딘산염류
  ㉡ 과아이오딘산
  ㉢ 크로뮴, 납 또는 아이오딘의 산화물
  ㉣ 아질산염류
  ㉤ 차아염소산염류
  ㉥ 염소화아이소사이아누르산
  ㉦ 퍼옥소이황산염류
  ㉧ 퍼옥소붕산염류
㉯ 제3류 위험물 중 그 밖에 행정안전부령이 정하는 것
  ㉠ 염소화규소화합물
㉰ 제5류 위험물 중 그 밖에 행정안전부령이 정하는 것
  ㉠ 금속의 아지드화합물
  ㉡ 질산구아니딘

답 ①

22 다음 중 분해온도가 가장 높은 것은?
① KNO_3 ② BaO_2
③ $(NH_4)_2Cr_2O_7$ ④ NH_4ClO_3

화학식	KNO_3	BaO_2	$(NH_4)_2Cr_2O_7$	NH_4ClO_3
품목명	질산칼륨	과산화바륨	다이크로뮴산암모늄	염소산암모늄
분해온도	400℃	840℃	185℃	100℃

답 ②

23 위험물안전관리법령상 옥내저장소를 설치함에 있어서 저장창고의 바닥을 물이 스며 나오거나 스며들지 않는 구조로 하여야 하는 위험물에 해당하지 않는 것은?
① 제1류 위험물 중 알칼리금속의 과산화물
② 제2류 위험물 중 철분·금속분·마그네슘
③ 제4류 위험물
④ 제6류 위험물

 옥내저장소 바닥이 물이 스며 나오거나 스며들지 아니하는 구조로 해야 하는 위험물의 종류
㉠ 제1류 위험물 중 알칼리금속의 과산화물 또는 이를 함유하는 것
㉡ 제2류 위험물 중 철분·금속분·마그네슘 또는 이 중 어느 하나 이상을 함유하는 것
㉢ 제3류 위험물 중 금수성 물질
㉣ 제4류 위험물

답 ④

24 다음은 용량 100만L 미만의 액체 위험물 저장탱크에 실시하는 충수·수압 시험의 검사기준에 관한 설명이다. 탱크 중 "압력탱크 외의 탱크"에 대해서 실시하여야 하는 검사의 내용이 아닌 것은?

① 옥외저장탱크 및 옥내저장탱크는 충수시험을 실시하여야 한다.
② 지하저장탱크는 70kPa의 압력으로 10분간 수압시험을 실시하여야 한다.
③ 이동저장탱크는 최대상용압력의 1.5배의 압력으로 10분간 수압시험을 실시하여야 한다.
④ 이중벽탱크 중 강제 강화 이중벽탱크는 70kPa의 압력으로 10분간 수압시험을 실시하여야 한다.

해설 이동탱크저장소의 탱크구조기준
압력탱크(최대상용압력이 46.7kPa 이상인 탱크) 외의 탱크는 70kPa의 압력으로, 압력탱크는 최대상용압력의 1.5배의 압력으로 각각 10분간 수압시험을 실시하여 새거나 변형되지 아니할 것

답 ③

25 다음 A, B 같은 작업공정을 가진 경우 위험물안전관리법상 허가를 받아야 하는 제조소 등의 종류를 옳게 짝지은 것은? (단, 지정수량 이상을 취급하는 경우이다.)

A : 원료(비위험물) →작업→ 제품(위험물)

B : 원료(위험물) →작업→ 제품(비위험물)

① A : 위험물제조소, B : 위험물제조소
② A : 위험물제조소, B : 위험물취급소
③ A : 위험물취급소, B : 위험물제조소
④ A : 위험물취급소, B : 위험물취급소

해설 ㉠ 위험물제조소 : 위험물 또는 비위험물을 원료로 사용하여 위험물을 생산하는 시설
㉡ 위험물 일반취급소 : 위험물을 사용하여 일반제품을 생산, 가공 또는 세척하거나 버너 등에 소비하기 위하여 1일에 지정수량 이상의 위험물을 취급하는 시설을 말한다.

답 ②

26 다음 위험물이 속하는 위험물안전관리법령상 품명이 나머지 셋과 다른 하나는?
① 클로로벤젠 ② 아닐린
③ 나이트로벤젠 ④ 글리세린

해설 제4류 위험물의 종류와 지정수량

성질	위험등급	품명	지정수량
인화성 액체	I	특수 인화물류(다이에틸에터, 이황화탄소, 아세트알데하이드, 산화프로필렌)	50L
	II	제1석유류	비수용성(가솔린, 벤젠, 톨루엔, 사이클로헥세인, 콜로디온, 메틸에틸케톤, 초산메틸, 초산에틸, 의산에틸, 헥세인 등)	200L
			수용성(아세톤, 피리딘, 아크롤레인, 의산메틸, 사이안화수소 등)	400L
		알코올류(메틸알코올, 에틸알코올, 프로필알코올, 아이소프로필알코올)	400L
	III	제2석유류	비수용성(등유, 경유, 스타이렌, 자일렌(o-, m-, p-), 클로로벤젠, 장뇌유, 뷰틸알코올, 알릴알코올, 아밀알코올 등)	1,000L
			수용성(폼산, 초산, 하이드라진, 아크릴산 등)	2,000L
		제3석유류	비수용성(중유, 크레오소트유, 아닐린, 나이트로벤젠, 나이트로톨루엔 등)	2,000L
			수용성(에틸렌글리콜, 글리세린 등)	4,000L
		제4석유류	기어유, 실린더유, 윤활유, 가소제	6,000L
		동식물유류(아마인유, 들기름, 동유, 야자유, 올리브유 등)		10,000L

답 ①

27 다음 중 물속에 저장하여야 하는 위험물은?

① 적린　　② 황린
③ 황화인　④ 황

 황린(P₄)은 자연발화성이 있어 물속에 저장하며, 온도 상승 시 물의 산성화가 빨라져서 용기를 부식시키므로 직사광선을 피하여 저장한다. 또한, 인화수소(PH₃)의 생성을 방지하기 위해 보호액은 약알칼리성 pH 9로 유지하기 위하여 알칼리제(석회 또는 소다회 등)로 pH를 조절한다.

답 ②

28 자연발화를 일으키기 쉬운 조건으로 옳지 않은 것은?

① 표면적이 넓을 것
② 발열량이 클 것
③ 주위의 온도가 높을 것
④ 열전도율이 클 것

 열전도율이 크면 열이 축적되기 어려우므로 자연발화를 일으키기 어렵다.

답 ④

29 원형관 속에서 유속 3m/s로 1일 동안 20,000m³의 물을 흐르게 하는 데 필요한 관의 내경은 약 몇 mm인가?

① 414　　② 313
③ 212　　④ 194

$Q = uA = u \times \dfrac{\pi}{4}D^2 \rightarrow D = \sqrt{\dfrac{4Q}{\pi u}}$

$\therefore D = \sqrt{\dfrac{4Q}{\pi u}}$

$= \sqrt{\dfrac{4 \times 20,000\text{m}^3}{3.14 \times 3\text{m/s} \times 24\text{hr} \times 3,600\text{s/hr}}}$

$= 0.31351\text{m} = 313.51\text{mm}$

답 ②

30 소화난이도 등급 Ⅰ에 해당하는 옥외저장소 및 이송취급소의 소화설비로 적합하지 않은 것은?

① 화재 발생 시 연기가 충만할 우려가 있는 장소에는 스프링클러설비
② 이동식 이외의 이산화탄소소화설비
③ 옥외소화전설비
④ 옥내소화전설비

옥외저장소 및 이송취급소	옥내소화전설비, 옥외소화전설비, 스프링클러설비 또는 물분무 등 소화설비(화재 발생 시 연기가 충만할 우려가 있는 장소에는 스프링클러설비 또는 이동식 이외의 물분무 등 소화설비에 한한다)

답 ②

31 분자량이 32이며, 물에 불용성인 황색 결정의 위험물은?

① 오황화인　② 황린
③ 적린　　　④ 황

명칭	오황화인	황린	적린	황
화학식	P₂S₅	P₄	P	S
분자량	222	124	31	32

답 ④

32 유별을 달리하는 위험물 중 운반 시에 혼재가 불가한 것은? (단, 모든 위험물은 지정수량 이상이다.)

① 아염소산나트륨과 질산
② 마그네슘과 나이트로글리세린
③ 나트륨과 벤젠
④ 과산화수소와 경유

유별을 달리하는 위험물의 혼재기준

위험물의 구분	제1류	제2류	제3류	제4류	제5류	제6류
제1류		×	×	×	×	○
제2류	×		×	○	○	×
제3류	×	×		○	×	×
제4류	×	○	○		○	×
제5류	×	○	×	○		×
제6류	○	×	×	×	×	

과산화수소(제6류)와 경유(제4류)는 혼재불가하다.

답 ④

33 Halon 1211에 해당하는 할로젠화합물소화약제는?

① CH_2ClBr　　② CF_2ClBr
③ CCl_2FBr　　④ CBr_2FCl

 Halon의 경우 첫 번째 원소는 C, 두 번째 원소는 F, 세 번째 원소는 Cl, 네 번째 원소는 Br이므로 CF_2ClBr이다.

답 ②

34 금속나트륨의 성질에 대한 설명으로 옳은 것은?

① 불꽃 반응은 파란색을 띤다.
② 물과 반응하여 발열하고 가연성 가스를 만든다.
③ 은백색의 중금속이다.
④ 물보다 무겁다.

 은백색의 무른 금속으로 물보다 가볍고 노란색 불꽃을 내면서 연소한다. 물과 격렬히 반응하여 발열하고 수소가 발생한다.
$2Na + 2H_2O \rightarrow 2NaOH + H_2$

답 ②

35 메테인 50%, 에테인 30%, 프로페인 20%의 부피비로 혼합된 가스의 공기 중 폭발하한계 값은? (단, 메테인, 에테인, 프로페인의 폭발하한계는 각각 5vol%, 3vol%, 2vol%이다.)

① 1.1vol%　　② 3.3vol%
③ 5.5vol%　　④ 7.7vol%

 르 샤틀리에(Le Chatelier)의 혼합가스 폭발범위를 구하는 식

$$\frac{100}{L} = \frac{V_1}{L_1} + \frac{V_2}{L_2} + \frac{V_3}{L_3} + \cdots$$

$$\therefore L = \frac{100}{\left(\frac{V_1}{L_1} + \frac{V_2}{L_2} + \frac{V_3}{L_3} + \cdots\right)}$$

$$= \frac{100}{\left(\frac{50}{5} + \frac{30}{3} + \frac{20}{2}\right)} = 3.33$$

여기서, L : 혼합가스의 폭발 한계치
L_1, L_2, L_3 : 각 성분의 단독 폭발 한계치(vol%)
V_1, V_2, V_3 : 각 성분의 체적(vol%)

답 ②

36 연소 시 발생하는 유독가스의 종류가 동일한 것은?

① 칼륨, 나트륨
② 아세트알데하이드, 이황화탄소
③ 황린, 적린
④ 탄화알루미늄, 인화칼슘

 $P_4 + 5O_2 \rightarrow 2P_2O_5$
$4P + 5O_2 \rightarrow 2P_2O_5$

답 ③

37 가열하였을 때 열분해하여 질소가스가 발생하는 것은?

① 과산화칼슘
② 브로민산칼륨
③ 삼산화크로뮴
④ 다이크로뮴산암모늄

 다이크로뮴산암모늄은 적색 또는 등적색의 침상 결정으로 융점(185℃) 이상 가열하면 분해된다.
$(NH_4)_2Cr_2O_7 \rightarrow N_2 + 4H_2O + Cr_2O_3$

답 ④

38 다음 위험물의 지정수량이 옳게 연결된 것은?

① $Ba(ClO_4)_2$ － 50kg
② $NaBrO_3$ － 100kg
③ $Sr(NO_3)_2$ － 500kg
④ $KMnO_4$ － 500kg

 ② 브로민산염류 : 300kg
③ 질산염류 : 300kg
④ 과망가니즈산염류 : 1,000kg

답 ①

39 개방된 중유 또는 원유 탱크 화재 시 포를 방사하면 소화약제가 비등 증발하며 확산의 위험이 발생한다. 이 현상은?

① 보일오버 현상　　② 슬롭오버 현상
③ 플래시오버 현상　　④ 블레비 현상

 ① 보일오버 현상 : 유류탱크에서 탱크 바닥에 물과 기름의 에멀전이 섞여 있을 때 이로 인하여 화재가 발생하는 현상
③ 플래시오버 현상 : 화재로 인하여 실내의 온도가 급격히 상승하여 가연물이 일시에 폭발적으로 착화현상을 일으켜 화재가 순간적으로 실내 전체에 확산되는 현상(=순발연소, 순간연소)
④ 블레비 현상 : 가연성 액체 저장탱크 주위에서 화재 등이 발생하여 기상부의 탱크 강판이 국부적으로 가열되면 그 부분의 강도가 약해져 그로 인해 탱크가 파열된다. 이때 내부에서 가열된 액화가스가 급격히 유출, 팽창되어 화구(fire ball)를 형성하며 폭발하는 형태

답 ②

40 과산화수소에 대한 설명 중 틀린 것은?
① 햇빛에 의해 분해되어 산소를 방출한다.
② 일정 농도 이상이면 단독으로 폭발할 수 있다.
③ 벤젠이나 석유에 쉽게 용해되어 급격히 분해된다.
④ 농도가 진한 것은 피부에 접촉 시 수종을 일으킬 위험이 있다.

 강한 산화성이 있고, 물, 알코올, 에터 등에는 녹으나 석유나 벤젠 등에는 녹지 않는다.

답 ③

41 위험물안전관리법령상 가연성 고체 위험물에 대한 설명 중 틀린 것은?
① 비교적 낮은 온도에서 착화되기 쉬운 가연물이다.
② 연소속도가 대단히 빠른 고체이다.
③ 철분 및 마그네슘을 포함하여 주수에 의한 냉각소화를 해야 한다.
④ 산화제와의 접촉을 피해야 한다.

 철분 및 마그네슘의 경우 물과 접촉 시 가연성의 수소가스가 발생하므로 모래 또는 소다재로 소화해야 한다.

답 ③

42 인화점이 0℃보다 낮은 물질이 아닌 것은?
① 아세톤 ② 자일렌
③ 휘발유 ④ 벤젠

 자일렌은 3가지 이성질체가 있으며, o-자일렌은 제1석유류로 인화점이 17℃이며, m-자일렌과 p-자일렌은 인화점이 23℃로서 제2석유류에 해당한다.

답 ②

43 다음 중 산소와의 화합반응이 가장 일어나지 않는 것은?
① N ② S
③ He ④ P

 0족 기체인 He, Ne, Ar, Kr, Xe, Rn은 다른 원소와 반응하지 않는 비활성 기체에 해당한다.

답 ③

44 위험물안전관리법령상 제3종 분말소화설비가 적응성이 있는 것은?
① 과산화바륨 ② 마그네슘
③ 질산에틸 ④ 과염소산

 과염소산은 제6류 위험물로 인산암모늄에 의한 분말소화가 가능하다.

답 ④

45 다음의 저장소에 있어서 1인의 위험물 안전관리자를 중복하여 선임할 수 있는 경우에 해당하지 않는 것은?
① 동일 구내에 있는 7개의 옥내저장소를 동일인이 설치한 경우
② 동일 구내에 있는 21개의 옥외탱크저장소를 동일인이 설치한 경우
③ 상호 100m 이내의 거리에 있는 15개의 옥외저장소를 동일인이 설치한 경우
④ 상호 100m 이내의 거리에 있는 6개의 암반탱크저장소를 동일인이 설치한 경우

다수의 제조소 등을 설치한 자가 1인의 안전관리자를 중복하여 선임할 수 있는 경우
㉮ 보일러·버너 또는 이와 비슷한 것으로서 위험물을 소비하는 장치로 이루어진 7개 이하의 일반취급소와 그 일반취급소에 공급하기 위한 위험물을 저장하는 저장소를 동일인이 설치한 경우
㉯ 위험물을 차량에 고정된 탱크 또는 운반용기에 옮겨 담기 위한 5개 이하의 일반취급소[일반취급소 간의 거리가 300m 이내인 경우에 한한다]와 그 일반취급소에 공급하기 위한 위험물을 저장하는 저장소를 동일인이 설치한 경우
㉰ 동일 구내에 있거나 상호 100m 이내의 거리에 있는 저장소로서 저장소의 규모, 저장하는 위험물의 종류 등을 고려하여 행정안전부령이 정하는 저장소를 동일인이 설치한 경우
㉱ 다음의 기준에 모두 적합한 5개 이하의 제조소 등을 동일인이 설치한 경우
 ㉠ 각 제조소 등이 동일 구내에 위치하거나 상호 100m 이내의 거리에 있을 것
 ㉡ 각 제조소 등에서 저장 또는 취급하는 위험물의 최대수량이 지정수량의 3,000배 미만일 것(단, 저장소는 제외)
㉲ 10개 이하의 옥내저장소
㉳ 30개 이하의 옥외탱크저장소
㉴ 옥내탱크저장소
㉵ 지하탱크저장소
㉶ 간이탱크저장소
㉷ 10개 이하의 옥외저장소
㉸ 10개 이하의 암반탱크저장소

답 ③

46 위험물안전관리법령상 제4류 위험물 중에서 제1석유류에 속하는 것은?
① CH_3CHOCH_2
② $C_2H_5COCH_3$
③ CH_3CHO
④ CH_3COOH

화학식	① CH_3CHOCH_2	② $C_2H_5COCH_3$
명칭	산화프로필렌	메틸에틸케톤
품명	특수 인화물	제1석유류
화학식	③ CH_3CHO	④ CH_3COOH
명칭	아세트알데하이드	초산
품명	특수 인화물	제2석유류

답 ②

47 위험물안전관리법령상 품명이 무기과산화물에 해당하는 것은?
① 과산화리튬 ② 과산화수소
③ 과산화벤조일 ④ 과산화초산

명칭	① 과산화리튬	② 과산화수소
화학식	Li_2O_2	H_2O_2
유별	제1류	제6류
품명	무기과산화물	과산화수소
명칭	③ 과산화벤조일	④ 과산화초산
화학식	$(C_6H_5CO)_2O_2$	CH_3COOOH
유별	제5류	제5류
품명	유기과산화물	유기과산화물

답 ①

48 위험물의 화재 위험에 대한 설명으로 옳지 않은 것은?
① 연소범위의 상한값이 높을수록 위험하다.
② 착화점이 높을수록 위험하다.
③ 폭발범위가 넓을수록 위험하다.
④ 연소속도가 빠를수록 위험하다.

 착화점이 낮을수록 위험하다.

답 ②

49 위험물안전관리법상 알코올류가 위험물이 되기 위하여 갖추어야 할 조건이 아닌 것은?
① 한 분자 내의 탄소 원자 수가 1개부터 3개까지일 것
② 포화 알코올일 것
③ 수용액일 경우 위험물안전관리법에서 정의한 알코올 함유량이 60wt% 이상일 것
④ 2가 이상의 알코올일 것

 "알코올류"라 함은 1분자를 구성하는 탄소 원자의 수가 1개부터 3개까지인 포화1가 알코올(변성알코올을 포함한다)을 말한다. 다만, 다음의 하나에 해당하는 것은 제외한다.
㉠ 1분자를 구성하는 탄소 원자의 수가 1개 내지 3개인 포화1가 알코올의 함유량이 60wt% 미만인 수용액
㉡ 가연성 액체량이 60wt% 미만이고 인화점 및 연소점(태그개방식 인화점측정기에 의한 연소점을 말한다)이 에틸알코올 60wt% 수용액의 인화점 및 연소점을 초과하는 것

답 ④

50 1기압, 100℃에서 1kg의 이황화탄소가 모두 증기가 된다면 부피는 약 몇 L가 되겠는가?

① 201　　② 403
③ 603　　④ 804

해설
$PV = nRT$

n은 몰(mole)수이며 $n = \dfrac{w(\text{g})}{M(\text{분자량})}$이므로

$PV = \dfrac{wRT}{M}$

$\therefore V = \dfrac{wRT}{PM}$

$= \dfrac{1{,}000\text{g} \times 0.082\text{L} \cdot \text{atm/K} \cdot \text{mol} \times (100+273.15)}{1\text{atm} \times 76\text{g/mol}}$

$= 402.61\text{L}$

답 ②

51 위험물안전관리법령상 나트륨의 위험등급은?

① 위험등급 Ⅰ　　② 위험등급 Ⅱ
③ 위험등급 Ⅲ　　④ 위험등급 Ⅳ

해설 나트륨은 제3류 위험물로서 위험등급 Ⅰ에 해당한다.

답 ①

52 위험물제조소와 시설물 사이에 불연재료로 된 방화상 유효한 담을 설치하는 경우에는 법정의 안전거리를 단축할 수 있다. 다음 중 이러한 안전거리 단축이 가능한 시설물에 해당하지 않는 것은?

① 사용전압 7,000V 초과, 35,000V 이하의 특고압 가공전선
② 「문화유산의 보존 및 활용에 관한 법률」에 따른 지정문화유산
③ 초등학교
④ 주택

해설 주거용 건축물, 학교, 병원, 극장, 그 밖에 다수인을 수용하는 시설, 지정문화유산 및 천연기념물 등의 건축물 등은 불연재료로 된 방화상 유효한 담 또는 벽을 설치하는 경우에는 안전거리를 단축할 수 있다.

답 ①

53 위험물과 그 위험물이 물과 접촉하여 발생하는 가스를 틀리게 나타낸 것은?

① 탄화마그네슘 : 프로페인
② 트라이에틸알루미늄 : 에테인
③ 탄화알루미늄 : 메테인
④ 인화칼슘 : 포스핀

해설 $MgC_2 + 2H_2O \rightarrow Mg(OH)_2 + C_2H_2$

답 ①

54 다음의 요건을 모두 충족하는 위험물은?

- 과아이오딘산과 함께 적재하여 운반하는 것은 법령 위반이다.
- 위험등급 Ⅱ에 해당하는 위험물이다.
- 원칙적으로 옥외저장소에 저장 · 취급하는 것은 위법이다.

① 염소산염류
② 고형 알코올
③ 질산에스터류
④ 금속의 아지화합물

해설

명칭	염소산염류	고형 알코올
유별	제1류	제2류
위험등급	위험등급 Ⅰ	위험등급 Ⅲ
명칭	질산에스터류	금속의 아지화합물
유별	제5류	제5류
위험등급	위험등급 Ⅰ	위험등급 Ⅱ

답 ④

55 근래 인간공학이 여러 분야에서 크게 기여하고 있다. 다음 중 어느 단계에서 인간공학적 지식이 고려됨으로써 기업에 가장 큰 이익을 줄 수 있는가?

① 제품의 개발단계
② 제품의 구매단계
③ 제품의 사용단계
④ 작업자의 채용단계

해설 제품을 개발하는 단계에서 신제품의 성공은 기업에 큰 이익을 제공할 수 있다.

답 ①

56 다음 [표]를 참조하여 5개월 단순이동평균법으로 7월의 수요를 예측하면 몇 개인가?

월	1	2	3	4	5	6
실적(개)	48	50	53	60	64	68

① 55개
② 57개
③ 58개
④ 59개

 이동평균법 예측치

예측치 $F_t = \dfrac{\text{기간의 실적치}}{\text{기간의 수}}$

$= \dfrac{50+53+60+64+68}{5}$

$= 59$개

답 ④

57 도수분포표에서 도수가 최대인 계급의 대푯값을 정확히 표현한 통계량은?

① 중위수
② 시료평균
③ 최빈수
④ 미드레인지(midrange)

 최빈값은 자료 중에서 가장 많이 나타나는 값으로서 모집단의 중심적 경향을 나타내는 측도에 해당한다.

답 ③

58 다음 중 두 관리도가 모두 푸아송분포를 따르는 것은?

① $\bar{x}$ 관리도, R 관리도
② c 관리도, u 관리도
③ np 관리도, p 관리도
④ c 관리도, p 관리도

답 ②

59 전수 검사와 샘플링 검사에 관한 설명으로 가장 올바른 것은?

① 파괴 검사의 경우에는 전수 검사를 적용한다.
② 전수 검사가 일반적으로 샘플링 검사보다 품질향상에 자극을 더 준다.
③ 검사항목이 많을 경우 전수 검사보다 샘플링 검사가 유리하다.
④ 샘플링 검사는 부적합품이 섞여 들어가서는 안 되는 경우에 적용한다.

 ㉠ 전수 검사란 검사 로트 내의 검사 단위 모두를 하나하나 검사하여 합격, 불합격 판정을 내리는 것으로 일명 100% 검사라고도 한다. 예컨대 자동차의 브레이크 성능, 크레인의 브레이크 성능, 프로페인 용기의 내압성능 등과 같이 인체 생명 위험 및 화재 발생 위험이 있는 경우 및 보석류와 같이 아주 고가 제품의 경우에는 전수 검사가 적용된다. 그러나 대량품, 연속체, 파괴 검사와 같은 경우는 전수 검사를 적용할 수 없다.
㉡ 샘플링 검사는 로트로부터 추출한 샘플을 검사하여 그 로트의 합격, 불합격을 판정하고 있기 때문에 합격된 로트 중에 다소의 불량품이 들어있게 되지만, 샘플링 검사에서는 검사된 로트 중에 불량품의 비율이 확률적으로 어떤 범위 내에 있다는 것을 보증할 수 있다.

답 ③

60 다음 중 반즈(Ralph M. Barnes)가 제시한 동작경제 원칙에 해당되지 않는 것은?

① 표준작업의 원칙
② 신체의 사용에 관한 원칙
③ 작업장의 배치에 관한 원칙
④ 공구 및 설비의 디자인에 관한 원칙

 반즈의 동작경제의 원칙은 인체의 사용에 관한 원칙, 작업장의 배열에 관한 원칙, 그리고 공구 및 장비의 설계에 관한 원칙이 있다.

답 ①

제56회 (2014년 7월 시행) 위험물기능장 필기

01 다음 반응에서 과산화수소가 산화제로 작용한 것은?

ⓐ $2HI + H_2O_2 \rightarrow I_2 + 2H_2O$
ⓑ $MnO_2 + H_2O_2 + H_2SO_4$
  $\rightarrow MnSO_4 + 2H_2O + O_2$
ⓒ $PbS + 4H_2O_2 \rightarrow PbSO_4 + 4H_2O$

① ⓐ, ⓑ
② ⓐ, ⓒ
③ ⓑ, ⓒ
④ ⓐ, ⓑ, ⓒ

 산화수(oxidation number)를 정하는 규칙
㉮ 자유상태에 있는 원자, 분자의 산화수는 0이다.
㉯ 단원자 이온의 산화수는 이온의 전하와 같다.
㉰ 화합물 안의 모든 원자의 산화수 합은 0이다.
㉱ 다원자 이온에서 산화수 합은 그 이온의 전하와 같다.
㉲ 알칼리금속, 알칼리토금속, III$_A$족 금속의 산화수는 +1, +2, +3이다.
㉳ 플루오린화합물에서 플루오린의 산화수는 -1, 다른 할로젠은 -1이 아닌 경우도 있다.
㉴ 수소의 산화수는 금속과 결합하지 않으면 +1, 금속의 수소화물에서는 -1이다.
㉵ 산소의 산화수 = -2, 과산화물 = -1, 초과산화물 = $-\frac{1}{2}$, 불산화물 = +2

ⓐ $2HI + H_2O_2 \rightarrow I_2 + 2H_2O$
ⓑ $MnO_2 + H_2O_2 + H_2SO_4$
  $\rightarrow MnSO_4 + 2H_2O + O_2$
ⓒ $PbS + 4H_2O_2 \rightarrow PbSO_4 + 4H_2O$
ⓐ와 ⓒ 공히 반응물 H_2O_2에서 산소의 산화수는 -1이다. 생성물 H_2O에서 산소의 산화수는 -2이므로 산화수가 -1에서 -2로 감소하였으므로 환원되면서 산화제로 작용한다. 반면 ⓑ의 경우 반응물 H_2O_2에서 산소의 산화수는 -1이다. 생성물 O_2에서 산소의 산화수는 0이므로 산화수가 -1에서 0으로 증가하였으므로 산화되면서 환원제로 작용한다.

답 ②

02 위험물안전관리법령에서 정한 자기반응성 물질이 아닌 것은?
① 유기금속화합물
② 유기과산화물
③ 금속의 아지화합물
④ 질산구아니딘

 유기금속화합물은 제3류 위험물로서 자연발화성 물질 및 금수성 물질에 해당한다.

답 ①

03 다음 중 강화액소화기의 방출방식으로 가장 많이 쓰이는 것은?
① 가스가압식
② 반응식(파병식)
③ 축압식
④ 전도식

답 ③

04 다음 중 인화점이 가장 낮은 물질은?
① 아이소프로필알코올
② n-뷰틸알코올
③ 에틸렌글리콜
④ 아세트산

품목	아이소프로필알코올	n-뷰틸알코올
화학식	C_3H_7OH	C_4H_9OH
인화점	12℃	35℃
품목	에틸렌글리콜	아세트산
화학식	$C_2H_4(OH)_2$	CH_3COOH
인화점	111℃	40℃

답 ①

05 위험물안전관리법령상 위험물의 운송 시 혼재할 수 없는 위험물은? (단, 지정수량의 $\frac{1}{10}$ 초과의 위험물이다.)

① 적린과 경유
② 칼륨과 등유
③ 아세톤과 나이트로셀룰로스
④ 과산화칼륨과 자일렌

 유별을 달리하는 위험물의 혼재기준

위험물의 구분	제1류	제2류	제3류	제4류	제5류	제6류
제1류		×	×	×	×	○
제2류	×		×	○	○	×
제3류	×	×		○	×	×
제4류	×	○	○		○	×
제5류	×	○	×	○		×
제6류	○	×	×	×	×	

과산화칼륨(제1류), 자일렌(제4류)이므로 제1류와 제4류는 혼재할 수 없다.

답 ④

06 스프링클러소화설비가 전체적으로 적응성이 있는 대상물은?

① 제1류 위험물 ② 제2류 위험물
③ 제4류 위험물 ④ 제5류 위험물

해설 제5류 위험물은 다량의 주수에 의한 냉각소화가 유효하다.

답 ④

07 위험물안전관리법령에서 정한 위험물을 수납하는 경우의 운반용기에 관한 기준으로 옳은 것은?

① 고체 위험물은 운반용기 내용적의 98% 이하로 수납한다.
② 액체 위험물은 운반용기 내용적의 95% 이하로 수납한다.
③ 고체 위험물의 내용적은 25℃를 기준으로 한다.
④ 액체 위험물은 55℃에서 누설되지 않도록 공간용적을 유지하여야 한다.

 위험물 운반에 관한 기준
㉠ 고체 위험물은 운반용기 내용적의 95% 이하의 수납률로 수납한다.
㉡ 액체 위험물은 운반용기 내용적의 98% 이하의 수납률로 수납하되, 55℃의 온도에서 누설되지 아니하도록 충분한 공간용적을 유지하도록 한다.

답 ④

08 비중이 1.15인 소금물이 무한히 큰 탱크의 밑면에서 내경 3cm인 관을 통하여 유출된다. 유출구 끝이 탱크 수면으로부터 3.2m 하부에 있다면 유출속도는 얼마인가? (단, 배출 시의 마찰손실은 무시한다.)

① 2.92m/s ② 5.92m/s
③ 7.92m/s ④ 12.92m/s

 유출속도
$u = \sqrt{2gH}$
여기서, g : 중력가속도(9.8m/s²)
H : 수두[m]
∴ $u = \sqrt{2gH} = \sqrt{2 \times 9.8 \times 3.2} = 7.92$m/s

답 ③

09 Halon 1211과 Halon 1301 소화약제에 대한 설명 중 틀린 것은?

① 모두 부촉매효과가 있다.
② 증기는 모두 공기보다 무겁다.
③ 증기비중과 액체비중 모두 Halon 1211이 더 크다.
④ 소화기의 유효방사거리는 Halon 1301이 더 길다.

 할론 1211의 유효방사거리는 4~5m이며, 할론 1301의 유효방사거리는 3~4m로 할론 1211이 더 길다.

답 ④

10 물체의 표면온도가 200℃에서 500℃로 상승하면 열복사량은 약 몇 배 증가하는가?

① 3.3 ② 7.1
③ 18.5 ④ 39.2

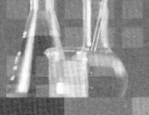

 복사체로부터 방사되는 복사열은 복사체의 단위 표면적당 방사열로 정의하여 정량적으로 파악하게 되는데, 그 양은 복사표면의 절대온도의 4승에 비례한다. 이것을 슈테판-볼츠만(Stefan-Boltzman)의 법칙이라고 하며, 다음과 같은 식으로 나타낸다.
$q = \varepsilon \sigma T^4 = \sigma AF(T_1^4 - T_2^4)$
따라서,
$T_1 : T_2 = (200+273.15)^4 : (500+273.15)^4$
$= 1 : 7.13$

답 ②

11 과염소산의 취급·저장 시 주의사항으로 틀린 것은?
① 가열하면 폭발할 위험이 있으므로 주의한다.
② 종이, 나뭇조각 등과 접촉을 피하여야 한다.
③ 구멍이 뚫린 코르크 마개를 사용하여 통풍이 잘 되는 곳에 저장한다.
④ 물과 접촉하면 심하게 반응하므로 접촉을 금지한다.

 유리나 도자기 등의 밀폐용기를 사용하고 누출 시 가연물과 접촉을 피한다.

답 ③

12 T.N.T와 나이트로글리세린에 대한 설명 중 틀린 것은?
① T.N.T는 햇빛에 노출되면 다갈색으로 변한다.
② 모두 폭약의 원료로 사용될 수 있다.
③ 위험물안전관리법령상 품명은 서로 다르다.
④ 나이트로글리세린은 상온(약 25℃)에서 고체이다.

 나이트로글리세린은 다이너마이트, 로켓, 무연화약의 원료로 순수한 것은 무색투명한 기름성의 액체(공업용 시판품은 담황색)이며 점화하면 즉시 연소하고 폭발력이 강하다.

답 ④

13 단백질 검출반응과 관련이 있는 위험물은?
① HNO_3
② $HClO_3$
③ $HClO_2$
④ H_2O_2

 질산은 피부에 닿으면 노란색으로 변색이 되는 크산토프로테인반응(단백질 검출)을 한다.

답 ①

14 휘발유를 저장하는 옥외탱크저장소의 하나의 방유제 안에 10,000L, 20,000L 탱크가 각각 1기가 설치되어 있다. 방유제의 용량은 몇 L 이상이어야 하는가?
① 11,000
② 20,000
③ 22,000
④ 30,000

 방유제 안에 설치된 탱크가 하나인 때에는 그 탱크용량의 110% 이상, 2기 이상인 때에는 그 탱크용량 중 용량이 최대인 것의 용량의 110% 이상으로 한다.
따라서 20,000L × 1.1 = 22,000L

답 ③

15 위험물제조소 내의 위험물을 취급하는 배관은 최대상용압력의 몇 배 이상의 압력으로 수압시험을 실시하여 이상이 없어야 하는가?
① 1.1
② 1.5
③ 2.1
④ 2.5

해설 배관은 다음의 구분에 따른 압력으로 내압시험을 실시하여 누설 또는 그 밖의 이상이 없는 것으로 해야 한다.
㉠ 불연성 액체를 이용하는 경우에는 최대상용압력의 1.5배 이상
㉡ 불연성 기체를 이용하는 경우에는 최대상용압력의 1.1배 이상

답 ②

16 위험물의 저장 또는 취급하는 방법을 설명한 것 중 틀린 것은?

① 산화프로필렌 : 저장 시 은으로 제작된 용기에 질소가스와 같은 불연성 가스를 충전하여 보관한다.
② 이황화탄소 : 용기나 탱크에 저장 시 물로 덮어서 보관한다.
③ 알킬알루미늄 : 용기는 완전밀봉하고 질소 등 불활성가스를 충전한다.
④ 아세트알데하이드 : 냉암소에 저장한다.

해설 구리, 수은, 마그네슘, 은 및 그 합금으로 된 취급설비는 산화프로필렌과의 반응에 의해 이들 간에 중합반응을 일으켜 구조 불명의 폭발성 물질을 생성한다.

 ①

17 다음 중 품목을 달리하는 위험물을 동일 장소에 저장할 경우 위험물 시설로서 허가를 받아야 할 수량을 저장하고 있는 것은? (단, 제4류 위험물의 경우 비수용성이고 수량 이외의 저장기준은 고려하지 않는다.)

① 이황화탄소 10L, 가솔린 20L와 칼륨 3kg을 취급하는 곳
② 가솔린 60L, 등유 300L와 중유 950L를 취급하는 곳
③ 경유 600L, 나트륨 1kg과 무기과산화물 10kg을 취급하는 곳
④ 황 10kg, 등유 300L와 황린 10kg을 취급하는 곳

해설 지정수량 배수의 합

$$= \frac{A품목\ 저장수량}{A품목\ 지정수량} + \frac{B품목\ 저장수량}{B품목\ 지정수량} + \frac{C품목\ 저장수량}{C품목\ 지정수량} + \cdots$$

①	이황화탄소	가솔린	칼륨
지정수량	50L	200L	10kg
②	가솔린	등유	중유
지정수량	200L	1,000L	2,000L
③	경유	나트륨	무기과산화물
지정수량	1,000L	10kg	50kg
④	황	등유	황린
지정수량	100kg	1,000L	20kg

① 지정수량 배수 $= \frac{10L}{50L} + \frac{20L}{200L} + \frac{3kg}{10kg} = 0.6$

② 지정수량 배수 $= \frac{60L}{200L} + \frac{300L}{1,000L} + \frac{950L}{2,000L}$
$= 1.075$(허가대상)

③ 지정수량 배수 $= \frac{600L}{1,000L} + \frac{1kg}{10kg} + \frac{10kg}{50kg}$
$= 0.9$

④ 지정수량 배수 $= \frac{10kg}{100kg} + \frac{300L}{1,000L} + \frac{10kg}{20kg}$
$= 0.9$

 ②

18 산소 16g과 수소 4g이 반응할 때 몇 g의 물을 얻을 수 있는가?

① 9g
② 16g
③ 18g
④ 36g

해설 일정성분비의 법칙
화합물을 구성하는 성분요소의 질량비는 항상 일정하다.

$2H_2\ +\ O_2\ \longrightarrow\ 2H_2O$
 4g   32g   36g
  1   :   8   :   9

따라서, 산소 16g에 대해 수소 2g이 반응하며 이때 물은 18g을 얻을 수 있고, 수소 2g이 반응하지 않고 남는다.

 ③

19 위험물제조소의 환기설비에 대한 기준과 관련된 설명 중 옳지 않은 것은?

① 환기는 팬을 사용한 국소배기방식으로 설치하여야 한다.
② 급기구는 바닥면적 150m²마다 1개 이상으로 한다.
③ 급기구는 낮은 곳에 설치하고 가는 눈의 구리망 등으로 인화방지망을 설치해야 한다.
④ 환기구는 회전식 고정 벤틸레이터 또는 루프팬방식으로 설치한다.

환기설비
㉠ 환기는 자연배기방식으로 한다.
㉡ 급기구는 해당 급기구가 설치된 실의 바닥면적 150m² 마다 1개 이상으로 하되, 급기구의 크기는 800cm² 이상으로 한다.
㉢ 급기구는 낮은 곳에 설치하고, 가는 눈의 구리망 등으로 인화방지망을 설치한다.
㉣ 환기구는 지붕 위 또는 지상 2m 이상의 높이에 회전식 고정 벤틸레이터 또는 루프팬방식으로 설치한다.

답 ①

20 하나의 특정한 사고 원인의 관계를 논리게이트를 이용하여 도해적으로 분석하여 연역적·정량적 기법으로 해석해 가면서 위험성을 평가하는 방법은?
① FTA(결함수분석기법)
② PHA(예비위험분석기법)
③ ETA(사건수분석기법)
④ FMECA(이상위험도분석기법)

① 결함수분석기법(Fault Tree Analysis) : 어떤 특정 사고에 대해 원인이 되는 장치의 이상, 고장과 운전자 실수의 다양한 조합을 표시하는 도식적 모델인 결함수 다이아그램을 작성하여 장치 이상이나 운전자 실수의 상관관계를 도출하는 기법이다.
② 예비위험분석기법(Preliminary Hazard Analysis) : 제품 전체와 각 부분에 대하여 설계자가 의도하는 사용환경에서 위험요소가 어떻게 영향을 미치는가를 분석하는 기법
③ 사건수분석기법(Event Tree Analysis) : 초기 사건으로 알려진 특정 장치의 이상이나 운전자의 실수로부터 발생되는 잠재적인 사고 결과를 평가하는 귀납적 기법
④ 이상위험도분석기법(Failure Mode Effects and Criticality Analysis) : 부품, 장치, 설비 및 시스템의 고장 또는 기능상실에 따른 원인과 영향을 분석하여 이에 대한 적절한 개선조치를 도출하는 기법을 말한다.

답 ①

21 제4류 위험물 중 점도가 높고 비휘발성인 제3석유류 또는 제4석유류의 주된 연소형태는?

① 증발연소   ② 표면연소
③ 분해연소   ④ 불꽃연소

 분해연소 : 비휘발성이거나 끓는점이 높은 가연성 액체가 연소할 때는 먼저 열분해하여 탄소가 석출되면서 연소하는데, 이와 같은 연소를 말한다.
例 중유, 타르 등의 연소

답 ③

22 마그네슘 화재를 소화할 때 사용하는 소화약제의 적응성에 대한 설명으로 잘못된 것은?
① 건조사에 의한 질식소화는 오히려 폭발적인 반응을 일으키므로 소화 적응성이 없다.
② 물을 주수하면 폭발의 위험이 있으므로 소화 적응성이 없다.
③ 이산화탄소는 연소반응을 일으키며 일산화탄소가 발생하므로 소화 적응성이 없다.
④ 할로젠화합물과 반응하므로 소화 적응성이 없다.

 마그네슘 소화방법 : 일단 연소하면 소화가 곤란하나 초기 소화 또는 대규모 화재 시는 석회분, 마른 모래 등으로 소화하고 기타의 경우 다량의 소화분말, 소석회, 건조사 등으로 질식소화한다. 특히 물, CO_2, N_2, 포, 할로젠화합물 소화약제는 소화 적응성이 없으므로 절대 사용을 엄금한다.

답 ①

23 다음 물질이 연소의 3요소 중 하나의 역할을 한다고 했을 때 그 역할이 나머지 셋과 다른 하나는?
① 삼산화크로뮴   ② 적린
③ 황린   ④ 이황화탄소

삼산화크로뮴은 제1류 산화성 고체로서 산소공급원 역할을 한다. 나머지 적린, 황린, 이황화탄소는 가연물로서 작용한다.

답 ①

24 다음 중 위험물안전관리법령에서 정한 위험물의 지정수량이 가장 작은 것은?

① 브로민산염류
② 금속의 인화물
③ 황화인
④ 과염소산

 황화인은 제2류 위험물로 지정수량 100kg에 해당한다

답 ③

25 황이 연소하여 발생하는 가스의 성질로 옳은 것은?

① 무색, 무취이다.
② 물에 녹지 않는다.
③ 공기보다 무겁다.
④ 분자식은 H_2S이다.

해설 황이 공기 중에서 연소하면 푸른 빛을 내며 아황산가스가 발생하고 아황산가스는 독성이 있다.
$S + O_2 \rightarrow SO_2$
아황산가스의 경우 증기비중은 $\dfrac{64}{28.84} = 2.22$로서 공기보다 무겁다.

답 ③

26 정전기와 관련해서 유체 또는 고체에 의해 한 표면에서 다른 표면으로 전자가 전달될 때 발생하는 전기의 흐름을 무엇이라고 하는가?

① 유도전류   ② 전도전류
③ 유동전류   ④ 변위전류

 정전기 대전의 종류
㉠ 마찰대전 : 두 물체의 마찰에 의하여 발생하는 현상
㉡ 유동대전 : 부도체인 액체류를 파이프 등으로 수송할 때 발생하는 현상
㉢ 분출대전 : 분체류, 액체류, 기체류가 단면적이 작은 분출구에서 분출할 때 발생하는 현상
㉣ 박리대전 : 상호 밀착해 있는 물체가 벗겨질 때 발생하는 현상

㉤ 충돌대전 : 분체에 의한 입자끼리 또는 입자와 고체 표면과의 충돌에 의하여 발생하는 현상
㉥ 유도대전 : 대전 물체의 부근에 절연된 도체가 있을 때 정전 유도를 받아 전하의 분포가 불균일하게 되어 대전되는 현상
㉦ 파괴대전 : 고체나 분체와 같은 물질이 파손 시 전하 분리로부터 발생되는 현상
㉧ 교반대전 및 침강대전 : 액체의 교반 또는 수송 시 액체 상호 간에 마찰 접촉 또는 고체와 액체 사이에서 발생되는 현상

답 ③

27 다음 [보기]와 같은 공통점을 갖지 않는 것은?

[보기]
• 탄화수소이다.
• 치환반응보다는 첨가반응을 잘 한다.
• 석유화학공업 공정으로 얻을 수 있다.

① 에텐   ② 프로필렌
③ 부텐   ④ 벤젠

 벤젠은 대단히 안정된 구조로서 주로 치환반응을 한다.

답 ④

28 에탄올과 진한황산을 섞고 170℃로 가열하여 얻어지는 기체 탄화수소(A)에 브로민을 작용시켜 20℃에서 액체 화합물(B)을 얻었다. 화합물 A와 B의 화학식은?

① A : C_2H_2, B : CH_3-CHBr_2
② A : C_2H_4, B : CH_2Br-CH_2Br
③ A : $C_2H_5OC_2H_5$,
   B : $C_2H_4BrOC_2H_4Br$
④ A : C_2H_6, B : $CHBr=CHBr$

 에탄올과 진한황산을 섞고 170℃로 가열하면 에텐을 얻을 수 있다.
$C_2H_5OH \xrightarrow[170℃]{진한황산} C_2H_4 + H_2O$
이때 에텐에 브로민을 작용시키면 브로민화에텐이 생성된다.

답 ②

29 다음 위험물 중에서 지정수량이 나머지 셋과 다른 것은?

① $KBrO_3$
② KNO_3
③ KIO_3
④ $KClO_3$

① 브로민산칼륨($KBrO_3$) : 300kg
② 질산칼륨(KNO_3) : 300kg
③ 아이오딘산칼륨(KIO_3) : 300kg
④ 염소산칼륨($KClO_3$) : 50kg

 ④

30 위험물안전관리법령상 할로젠화물소화설비의 기준에서 용적식 국소방출방식에 대한 저장 소화약제의 양은 다음 식을 이용하여 산출한다. 할론 1211의 경우에 해당하는 X와 Y의 값으로 옳은 것은? (단, Q는 단위체적당 소화약제의 양(kg/m³), a는 방호대상물 주위에 실제로 설치된 고정벽의 면적합계(m²), A는 방호 공간 전체 둘레의 면적(m²)이다.)

$$Q = X - Y\frac{a}{A}$$

① X : 5.2, Y : 3.9
② X : 4.4, Y : 3.3
③ X : 4.0, Y : 3.0
④ X : 3.2, Y : 2.7

 할론소화설비 국소방출방식 소화약제 산출공식

$$Q = X - Y\frac{a}{A}$$

여기서, Q : 단위체적당 소화약제의 양(kg/m³)
a : 방호대상물 주위에 실제로 설치된 고정벽의 면적의 합계(m²)
A : 방호 공간 전체 둘레의 면적(m²)
X 및 Y : 다음 표에 정한 소화약제의 종류에 따른 수치

소화약제의 종별	X의 수치	Y의 수치
할론 2402	5.2	3.9
할론 1211	4.4	3.3
할론 1301	4.0	3.0

 ②

31 다음 중 알칼리토금속의 과산화물로서 비중이 약 4.96, 융점이 약 450℃인 것으로 비교적 안정한 물질은?

① BaO_2 ② CaO_2
③ MgO_2 ④ BeO_2

 BaO_2(과산화바륨)
㉠ 분자량 169, 비중 4.96, 분해온도 840℃, 융점 450℃
㉡ 정방형의 백색 분말로 냉수에는 약간 녹으나, 묽은산에는 잘 녹는다.
㉢ 알칼리토금속의 과산화물 중 매우 안정적인 물질이다.
㉣ 무기과산화물 중 분해온도가 가장 높다.

 ①

32 제2종 분말소화약제가 열분해할 때 생성되는 물질로 4℃ 부근에서 최대밀도를 가지며, 분자 내 104.5°의 결합각을 갖는 것은?

① CO_2 ② H_2O
③ H_3PO_4 ④ K_2CO_3

 제2종 분말소화약제의 열분해반응식
$2KHCO_3 \rightarrow K_2CO_3 + H_2O + CO_2$
물은 비공유 전자쌍이 공유 전자쌍을 강하게 밀기 때문에 104.5° 구부러진 굽은 형 구조를 이루고 있다.

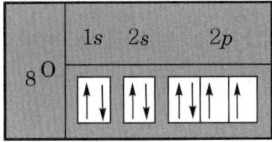
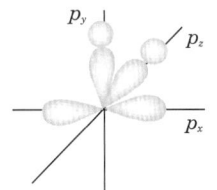
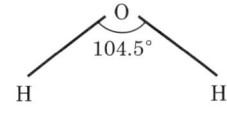

 ②

33 다음 중 제1류 위험물이 아닌 것은?
① LiClO
② NaClO₂
③ KClO₃
④ HClO₄

[해설] HClO₄는 과염소산으로 제6류 위험물에 해당한다.
답 ④

34 임계온도에 대한 설명으로 옳은 것은?
① 임계온도보다 낮은 온도에서 기체는 압력을 가하면 액체로 변화할 수 있다.
② 임계온도보다 높은 온도에서 기체는 압력을 가하면 액체로 변화할 수 있다.
③ 이산화탄소의 임계온도는 약 -119℃이다.
④ 물질의 종류에 상관없이 동일 부피, 동일 압력에서는 같은 임계온도를 갖는다.

[해설] 임계온도 : 기체의 액화가 일어날 수 있는 가장 높은 온도를 임계온도라고 한다. 일반적으로 온도가 매우 높으면 분자의 운동에너지가 커서 분자 상호 간의 인력이 작아 액체상태로 분자를 잡아 둘 수 없게 되어 아무리 높은 압력을 가해도 액화가 일어나지 않는다.
답 ①

35 위험물안전관리법령에서 정한 위험물의 유별에 따른 성질에서 물질의 상태는 다르지만 성질이 같은 것은?
① 제1류와 제6류
② 제2류와 제5류
③ 제3류와 제5류
④ 제4류와 제6류

[해설] 제1류 산화성 고체, 제6류 산화성 액체이다.
답 ①

36 다음 중 물보다 무거운 물질은?
① 다이에틸에터
② 칼륨
③ 산화프로필렌
④ 탄화알루미늄

[해설] 탄화알루미늄(Al₄C₃)의 일반적 성질
㉠ 순수한 것은 백색이나 보통은 황색의 결정이며 건조한 공기 중에서는 안정하나 가열하면 표면에 산화 피막을 만들어 반응이 지속되지 않는다.
㉡ 비중은 2.36이고, 분해온도는 1,400℃ 이상이다.
답 ④

37 위험물안전관리법령상 국소방출방식의 이산화탄소소화설비 중 저압식 저장용기에 설치되는 압력경보장치는 어느 압력범위에서 작동하는 것으로 설치하여야 하는가?
① 2.3MPa 이상의 압력과 1.9MPa 이하의 압력에서 작동하는 것
② 2.5MPa 이상의 압력과 2.0MPa 이하의 압력에서 작동하는 것
③ 2.7MPa 이상의 압력과 2.3MPa 이하의 압력에서 작동하는 것
④ 3.0MPa 이상의 압력과 2.5MPa 이하의 압력에서 작동하는 것

[해설] 이산화탄소를 저장하는 저압식 저장용기기준
㉠ 이산화탄소를 저장하는 저압식 저장용기에는 액면계 및 압력계를 설치할 것
㉡ 이산화탄소를 저장하는 저압식 저장용기에는 2.3MPa 이상의 압력 및 1.9MPa 이하의 압력에서 작동하는 압력경보장치를 설치할 것
㉢ 이산화탄소를 저장하는 저압식 저장용기에는 용기 내부의 온도를 영하 20℃ 이상, 영하 18℃ 이하로 유지할 수 있는 자동냉동기를 설치할 것
㉣ 이산화탄소를 저장하는 저압식 저장용기에는 파괴판을 설치할 것
㉤ 이산화탄소를 저장하는 저압식 저장용기에는 방출밸브를 설치할 것
답 ①

38 옥내저장소에 가솔린 18L 용기 100개, 아세톤 200L 드럼통 10개, 경유 200L 드럼통 8개를 저장하고 있다. 이 저장소에는 지정수량의 몇 배를 저장하고 있는가?
① 10.8배
② 11.6배
③ 15.6배
④ 16.6배

 가솔린의 지정수량 200L, 아세톤의 지정수량 400L, 경유의 지정수량 1,000L

지정수량 배수의 합

$= \dfrac{\text{A품목 저장수량}}{\text{A품목 지정수량}} + \dfrac{\text{B품목 저장수량}}{\text{B품목 지정수량}}$
$+ \dfrac{\text{C품목 저장수량}}{\text{C품목 지정수량}} + \cdots$

$= \dfrac{18L \times 100}{200L} + \dfrac{200L \times 10}{400L} + \dfrac{200L \times 8}{1,000L}$

$= 15.6$

답 ③

39 공기 중 약 34℃에서 자연발화의 위험이 있기 때문에 물속에 보관해야 하는 위험물은?

① 황화인
② 이황화탄소
③ 황린
④ 탄화알루미늄

 자연발화성이 있어 물속에 저장하며, 온도 상승 시 물의 산성화가 빨라져서 용기를 부식시키므로 직사광선을 피하여 저장한다. 또한, 인화수소(PH_3)의 생성을 방지하기 위해 보호액은 약알칼리성 pH 9로 유지하기 위하여 알칼리제(석회 또는 소다회 등)로 pH를 조절한다.

답 ③

40 어떤 액체 연료의 질량 조성이 C 75%, H 25%일 때 C : H의 mole 비는?

① 1 : 3
② 1 : 4
③ 4 : 1
④ 3 : 1

 $\dfrac{\text{A의 질량(\%)}}{\text{A의 원자량}} : \dfrac{\text{B의 질량(\%)}}{\text{B의 원자량}}$

$= \dfrac{75}{12} : \dfrac{25}{1} = 6.25 : 25 = 1 : 4$

답 ②

41 다음 중 은백색의 금속으로 가장 가볍고, 물과 반응 시 수소가스를 발생시키는 것은?

① Al
② Na
③ Li
④ Si

 1족 원소 중 가장 가벼운 은백색의 금속은 Li이다.

$2Li + 2H_2O \rightarrow 2LiOH + H_2$

답 ③

42 위험물안전관리법령상 원칙적인 경우에 있어서 이동저장탱크의 내부는 몇 L 이하마다 3.2mm 이상의 강철판으로 칸막이를 설치해야 하는가?

① 2,000
② 3,000
③ 4,000
④ 5,000

해설 안전칸막이 설치기준
㉠ 재질은 두께 3.2mm 이상의 강철판으로 제작
㉡ 4,000L 이하마다 구분하여 설치

답 ③

43 다음 중 아이오딘값이 가장 높은 것은?

① 참기름
② 채종유
③ 동유
④ 땅콩기름

해설 아이오딘값 : 유지 100g에 부가되는 아이오딘의 g 수, 불포화도가 증가할수록 아이오딘값이 증가하며, 자연발화 위험이 있다.
㉠ 건성유 : 아이오딘값이 130 이상인 것
이중결합이 많아 불포화도가 높기 때문에 공기 중에서 산화되어 액표면에 피막을 만드는 기름
예 아마인유, 들기름, 동유, 정어리기름, 해바라기유 등
㉡ 반건성유 : 아이오딘값이 100~130인 것
공기 중에서 건성유보다 얇은 피막을 만드는 기름
예 참기름, 옥수수기름, 청어기름, 채종유, 면실유(목화씨유), 콩기름, 쌀겨유 등
㉢ 불건성유 : 아이오딘값이 100 이하인 것
공기 중에서 피막을 만들지 않는 안정된 기름
예 올리브유, 피마자유, 야자유, 땅콩기름, 동백유 등

답 ③

44 위험물 이송취급소에 설치하는 경보설비가 아닌 것은?
① 비상벨장치
② 확성장치
③ 가연성 증기 경보장치
④ 비상방송설비

 이송취급소에 설치하는 경보설비
이송취급소에는 다음 기준에 의하여 경보설비를 설치하여야 한다.
　㉠ 이송기지에는 비상벨장치 및 확성장치를 설치할 것
　㉡ 가연성 증기를 발생하는 위험물을 취급하는 펌프실 등에는 가연성 증기 경보설비를 설치할 것

답 ④

45 위험물제조소 등에 설치하는 옥내소화전설비 또는 옥외소화전설비의 설치기준으로 옳지 않은 것은?
① 옥내소화전설비의 각 노즐선단 방수량 : 260L/min
② 옥내소화전설비의 비상전원 용량 : 45분 이상
③ 옥외소화전설비의 각 노즐선단 방수량 : 260L/min
④ 표시등 회로의 배선공사 : 금속관공사, 가요전선관공사, 금속덕트공사, 케이블공사

 옥외소화전설비는 모든 옥외소화전(설치개수가 4개 이상인 경우는 4개의 옥외소화전)을 동시에 사용할 경우에 각 노즐선단의 방수압력이 0.35MPa 이상이고, 방수량이 1분당 450L 이상의 성능이 되도록 할 것

답 ③

46 NH_4NO_3에 대한 설명으로 옳은 것은?
① 물에 녹을 때는 발열반응을 일으킨다.
② 트라이나이트로페놀과 혼합하여 안포폭약을 제조하는 데 사용된다.
③ 가열하면 수소, 발생기산소 등 다량의 가스가 발생한다.
④ 비중이 물보다 크고, 흡습성과 조해성이 있다.

 NH_4NO_3(질산암모늄, 초안, 질안, 질산암몬)의 일반적 성질
　㉠ 분자량 80, 비중 1.73, 융점 165℃, 분해온도 220℃, 무색, 백색 또는 연회색의 결정
　㉡ 조해성과 흡습성이 있고, 물에 녹을 때 열을 대량 흡수하여 한제로 이용된다(흡열반응).
　㉢ 약 220℃에서 가열하면 분해되어 아산화질소(N_2O)와 수증기(H_2O)를 발생시키고 계속 가열하면 폭발한다.
$2NH_4NO_3 \rightarrow 2N_2O + 4H_2O$

답 ④

47 다음 중 과산화나트륨의 저장법으로 가장 옳은 것은?
① 용기는 밀전 및 밀봉하여야 한다.
② 안정제로 황분 또는 알루미늄분을 넣어 준다.
③ 수증기를 혼입해서 공기와 직접 접촉을 방지한다.
④ 저장시설 내에 스프링클러설비를 설치한다.

 과산화나트륨의 저장 및 취급 방법
　㉠ 가열, 충격, 마찰 등을 피하고, 가연물이나 유기물, 황분, 알루미늄분의 혼입을 방지한다.
　㉡ 냉암소에 보관하며 저장용기는 밀전하여 수분의 침투를 막는다.
　㉢ 물에 용해하면 강알칼리가 되어 피부나 의복을 부식시키므로 주의해야 한다.
　㉣ 용기의 파손에 유의하며 누출을 방지한다.

답 ①

48 위험물안전관리법령상 제조소 등의 관계인은 그 제조소 등의 용도를 폐지한 때에는 폐지한 날로부터 며칠 이내에 신고하여야 하는가?
① 7일
② 14일
③ 30일
④ 90일

제조소 등의 관계인(소유자·점유자 또는 관리자를 말한다. 이하 같다)은 해당 제조소 등의 용도를 폐지(장래에 대하여 위험물 시설로서의 기능을 완전히 상실시키는 것을 말한다)한 때에는 행정안전부령이 정하는 바에 따라 제조소 등의 용도를 폐지한 날부터 14일 이내에 시·도지사에게 신고하여야 한다.

답 ②

49 황에 대한 설명 중 옳지 않은 것은?
① 물에 녹지 않는다.
② 일정 크기 이상을 위험물로 분류한다.
③ 고온에서 수소와 반응할 수 있다.
④ 청색 불꽃을 내며 연소한다.

황은 순도가 60wt% 이상인 것을 말한다. 이 경우 순도측정에 있어서 불순물은 활석 등 불연성 물질과 수분에 한한다.

답 ②

50 다음 중 Cl의 산화수가 +3인 물질은?
① $HClO_4$ ② $HClO_3$
③ $HClO_2$ ④ $HClO$

산화수 규칙에 의해 계산하면
$1+Cl+(-2)\times 2=0$에서 $Cl=+3$

답 ③

51 황화인에 대한 설명으로 틀린 것은?
① P_4S_3, P_2S_5, P_4S_7은 동소체이다.
② 지정수량은 100kg이다.
③ 삼황화인의 연소생성물에는 이산화황이 포함된다.
④ 오황화인은 물 또는 알칼리에 분해되어 이황화탄소와 황산이 된다.

해설 물이나 알칼리와 반응하면 분해되어 황화수소(H_2S)와 인산(H_3PO_4)으로 된다.
$P_2S_5+8H_2O \rightarrow 5H_2S+2H_3PO_4$

답 ④

52 소화약제가 환경에 미치는 영향을 표시하는 지수가 아닌 것은?
① ODP   ② GWP
③ ALT   ④ LOAEL

LOAEL(Lowest Observed Adverse Effect Level) : 농도를 감소시킬 때 아무런 악영향도 감지할 수 없는 최소허용농도

답 ④

53 위험물안전관리법령상 위험등급 Ⅱ에 속하는 위험물은?
① 제1류 위험물 중 과염소산염류
② 제4류 위험물 중 아세트알데하이드
③ 제2류 위험물 중 황화인
④ 제3류 위험물 중 황린

위험등급 Ⅱ의 위험물
㉠ 제1류 위험물 중 브로민산염류, 질산염류, 아이오딘산염류, 그 밖에 지정수량이 300kg인 위험물
㉡ 제2류 위험물 중 황화인, 적린, 황, 그 밖에 지정수량이 100kg인 위험물
㉢ 제3류 위험물 중 알칼리금속(칼륨 및 나트륨을 제외한다) 및 알칼리토금속, 유기금속화합물(알킬알루미늄 및 알킬리튬을 제외한다), 그 밖에 지정수량이 50kg인 위험물
㉣ 제4류 위험물 중 제1석유류 및 알코올류

답 ③

54 위험물의 반응에 대한 설명 중 틀린 것은?
① 트라이에틸알루미늄은 물과 반응하여 수소가스가 발생한다.
② 황린의 연소생성물은 P_2O_5이다.
③ 리튬은 물과 반응하여 수소가스가 발생한다.
④ 아세트알데하이드의 연소생성물은 CO_2와 H_2O이다.

물과 접촉하면 폭발적으로 반응하여 에테인을 형성하고 이때 발열, 폭발에 이른다.
$(C_2H_5)_3Al+3H_2O \rightarrow Al(OH)_3+3C_2H_6+$발열

답 ①

55 np 관리도에서 시료군마다 시료 수(n)는 100이고, 시료군의 수(k)는 20, $\Sigma np = 77$ 이다. 이때 np 관리도의 관리 상한선(UCL)을 구하면 약 얼마인가?

① 8.94　　② 3.85
③ 5.77　　④ 9.62

해설 $pn(np)$ 관리도의 관리 상한선:
$$UCL = \overline{pn} + 3\sqrt{\overline{pn}(1-\overline{p})}$$
여기서, $\overline{pn} = \dfrac{\Sigma pn}{k} = \dfrac{77}{20} = 3.85$
$\overline{p} = \dfrac{\Sigma pn}{nk} = \dfrac{77}{100 \times 20} = 0.0385$
$\therefore UCL = \overline{pn} + 3\sqrt{\overline{pn}(1-\overline{p})}$
$= 3.85 + 3\sqrt{3.85 \times (1-0.0385)} = 9.62$

답 ④

56 그림의 OC곡선을 보고 가장 올바른 내용을 나타낸 것은?

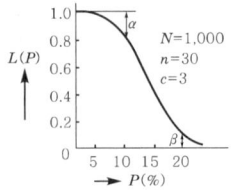

① α : 소비자 위험
② $L(P)$: 로트가 합격할 확률
③ β : 생산자 위험
④ 부적합품률 : 0.03

해설
① α : 생산자 위험(합격시키고 싶은 로트가 불합격할 확률)
② $L(P)$: 로트의 합격률
③ β : 소비자 위험(불합격시키고 싶은 로트가 합격할 확률)
④ 부적합품률 : 0.1

답 ②

57 미국의 마틴 마리에타 사(Martin Marietta Corp.)에서 시작된 품질개선을 위한 동기부여 프로그램으로, 모든 작업자가 무결점을 목표로 설정하고 처음부터 작업을 올바르게 수행함으로써 품질비용을 줄이기 위한 프로그램은 무엇인가?

① TPM 활동　　② 6시그마 운동
③ ZD 운동　　　④ ISO 9001 인증

해설
① TPM(Total Productive Measure) : 종합 생산관리
② 6시그마 : GE에서 생산하는 모든 제품이나 서비스, 거래 및 공정과정 전 분야에서 품질을 측정하여 분석하고 향상시키도록 통제하고 궁극적으로 모든 불량을 제거하는 품질향상 운동
③ ZD(Zero Defects) : 무결함 운동
④ ISO 9001 : ISO에서 제정한 품질경영 시스템에 관한 국제규격

답 ③

58 다음 중 단속생산 시스템과 비교한 연속생산 시스템의 특징으로 옳은 것은?

① 단위당 생산원가가 낮다.
② 다품종소량생산에 적합하다.
③ 생산방식은 주문생산방식이다.
④ 생산설비는 범용설비를 사용한다.

답 ①

59 일정통제를 할 때 1일당 그 작업을 단축하는 데 소요되는 비용의 증가를 의미하는 것은?

① 정상소요시간(normal duration time)
② 비용견적(cost estimation)
③ 비용구배(cost slope)
④ 총비용(total cost)

답 ③

60 MTM(Method Time Measurement)법에서 사용되는 1TMU(Time Measurement Unit)는 몇 시간인가?

① $\dfrac{1}{100,000}$ 시간　　② $\dfrac{1}{10,000}$ 시간
③ $\dfrac{6}{10,000}$ 시간　　　④ $\dfrac{36}{1,000}$ 시간

답 ①

제57회 위험물기능장 필기
(2015년 4월 시행)

01 위험물안전관리법령에 따른 위험물의 저장·취급에 관한 설명으로 옳은 것은?
① 군부대가 군사목적으로 지정수량 이상의 위험물을 제조소 등이 아닌 장소에서 저장·취급하는 경우는 90일 이내의 기간 동안 임시로 저장·취급할 수 있다.
② 옥외저장소에서 위험물과 위험물이 아닌 물품을 함께 저장하는 경우는 물품 간 별도의 이격거리 기준이 없다.
③ 유별을 달리하는 위험물을 동일한 저장소에 저장할 수 없는 것이 원칙이지만 옥내저장소에 제1류 위험물과 황린을 상호 1m 이상의 간격을 유지하며 저장하는 것은 가능하다.
④ 옥내저장소에 제4류 위험물 중 제3석유류 및 제4석유류를 수납하는 용기만을 겹쳐 쌓는 경우에는 6m를 초과하지 않아야 한다.

① 군부대가 지정수량 이상의 위험물을 군사목적으로 임시로 저장 또는 취급하는 경우 임시로 저장 또는 취급하는 장소에서의 저장 또는 취급의 기준과 임시로 저장 또는 취급하는 장소의 위치·구조 및 설비의 기준은 시·도의 조례로 정한다.
② 옥내저장소 또는 옥외저장소에서 위험물과 위험물이 아닌 물품을 함께 저장하는 경우. 이 경우 위험물과 위험물이 아닌 물품은 각각 모아서 저장하고 상호 간에는 1m 이상의 간격을 두어야 한다.
④ 제4류 위험물 중 제3석유류, 제4석유류 및 동식물유류를 수납하는 용기만을 겹쳐 쌓는 경우에 있어서는 4m를 초과하지 않아야 한다.

답 ③

02 다음 물질을 저장하는 저장소로 허가를 받으려고 위험물저장소 설치허가 신청서를 작성하려고 한다. 해당하는 지정수량의 배수는 얼마인가?

- 염소산칼슘 : 150kg
- 과염소산칼륨 : 200kg
- 과염소산 : 600kg

① 12   ② 9
③ 6   ④ 5

㉠ 염소산칼슘의 지정수량 = 50kg
과염소산칼륨의 지정수량 = 50kg
과염소산의 지정수량 = 300kg
㉡ 지정수량 배수의 합
$= \frac{150\text{kg}}{50\text{kg}} + \frac{200\text{kg}}{50\text{kg}} + \frac{600\text{kg}}{300\text{kg}} = 9$

답 ②

03 비수용성의 제1석유류 위험물을 4,000L까지 저장·취급할 수 있도록 허가받은 단층건물의 탱크 전용실에 수용성의 제2석유류 위험물을 저장하기 위한 옥내저장탱크를 추가로 설치할 경우, 설치할 수 있는 탱크의 최대용량은?
① 16,000L   ② 20,000L
③ 30,000L   ④ 60,000L

옥내저장탱크의 용량(동일한 탱크 전용실에 옥내저장탱크를 2 이상 설치하는 경우에는 각 탱크의 용량의 합계를 말한다)은 1층 이하의 층에 있어서는 지정수량의 40배(제4석유류 및 동식물유류 외의 제4류 위험물에 있어서 해당 수량이 2만L를 초과할 때에는 2만L) 이하, 2층 이상의 층에 있어서는 지정수량의 10배(제4석유류 및 동식물유류 외의 제4류 위험물에 있어서 해당 수량이 5천L를 초과할 때에는 5천L) 이하일 것
따라서, 최대 20,000L까지 가능하므로
20,000 − 4,000 = 16,000L

답 ①

04 다음 중 과산화수소에 대한 설명으로 적절한 것은?

① 대부분 강력한 환원제로 작용한다.
② 물과 심하게 흡열반응한다.
③ 습기와 접촉해도 위험하지 않다.
④ 상온에서 물과 반응하여 수소를 생성한다.

 과산화수소는 강력한 산화제이며, 화재 시 주수 냉각하면서 다량의 물로 냉각소화한다.

답 ③

05 위험물안전관리법상 위험등급 I에 해당하는 것은?

① CH_3CHO
② $HCOOH$
③ $C_2H_4(OH)_2$
④ CH_3COOCH_3

 CH_3CHO는 아세트알데하이드로서, 제4류 위험물 중 특수인화물에 해당하며 위험등급 I에 해당한다.

답 ①

06 나이트로셀룰로스의 화재 발생 시 가장 적합한 소화약제는?

① 물소화약제
② 분말소화약제
③ 이산화탄소소화약제
④ 할로젠화합물소화약제

 질식소화는 효과가 없으며 CO_2, 건조분말, 할론은 적응성이 없고 다량의 물로 냉각소화한다.

답 ①

07 위험물제조소 등의 안전거리 단축기준을 적용함에 있어서 $H \leq PD^2 + a$일 경우 방화상 유효한 담의 높이는 2m 이상으로 한다. 여기서 H가 의미하는 것은?

① 제조소 등과 인접 건축물과의 거리
② 인근 건축물 또는 공작물의 높이
③ 제조소 등의 외벽의 높이
④ 제조소 등과 방화상 유효한 담과의 거리

해설 방화상 유효한 담의 높이
㉠ $H \leq pD^2 + a$인 경우, $h = 2$
㉡ $H > pD^2 + a$인 경우, $h = H - p(D^2 - d^2)$
㉢ D, H, a, d, h 및 p는 다음과 같다.

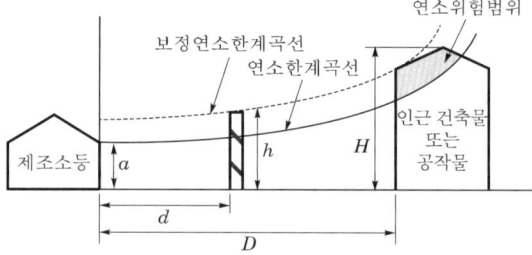

여기서, D : 제조소 등과 인근 건축물 또는 공작물과의 거리(m)
H : 인근 건축물 또는 공작물의 높이(m)
a : 제조소 등의 외벽의 높이(m)
d : 제조소 등과 방화상 유효한 담과의 거리(m)
h : 방화상 유효한 담의 높이(m)

답 ②

08 다음 중 상온(25℃)에서 액체인 것은?

① 질산메틸
② 나이트로셀룰로스
③ 피크르산
④ 트라이나이트로톨루엔

 질산메틸(CH_3ONO_2)의 분자량 약 77, 비중은 1.2(증기비중 2.67), 비점은 66℃, 무색투명한 액체이며 향긋한 냄새가 있고 단맛이다.

답 ①

09 위험물안전관리법령상 제조소 등의 기술검토에 관한 설명으로 옳은 것은?

① 기술검토는 한국소방산업기술원에서 실시하는 것으로 일정한 제조소 등의 설치허가 또는 변경허가와 관련된 것이다.
② 기술검토는 설치허가 또는 변경허가와 관련된 것이나 제조소 등의 완공검사 시 설치자가 임의적으로 기술검토를 신청할 수도 있다.
③ 기술검토는 법령상 기술기준과 다르게 설계하는 경우에 그 안전성을 전문적으로 검증하기 위한 절차이다.
④ 기술검토의 필요성이 없으면 변경허가를 받을 필요가 없다.

 제조소 등은 한국소방산업기술원(이하 "기술원"이라 한다)의 기술검토를 받고 그 결과가 행정안전부령으로 정하는 기준에 적합한 것으로 인정될 것. 다만, 보수 등을 위한 부분적인 변경으로서 소방청장이 정하여 고시하는 사항에 대해서는 기술원의 기술검토를 받지 아니할 수 있으나 행정안전부령으로 정하는 기준에는 적합하여야 한다.
㉠ 지정수량의 1천 배 이상의 위험물을 취급하는 제조소 또는 일반취급소 : 구조ㆍ설비에 관한 사항
㉡ 옥외탱크저장소(저장용량이 50만L 이상인 것만 해당한다) 또는 암반탱크저장소 : 위험물탱크의 기초ㆍ지반, 탱크 본체 및 소화설비에 관한 사항

답 ①

10 다음 위험물을 완전연소시켰을 때 나머지 셋 위험물의 연소생성물에 공통적으로 포함된 가스가 발생하지 않는 것은?

① 황   ② 황린
③ 삼황화인   ④ 이황화탄소

 ① 황 : $S+O_2 \to SO_2$
② 황린 : $P_4+5O_2 \to 2P_2O_5$
③ 삼황화인 : $P_4S_3+8O_2 \to 2P_2O_5+3SO_2$
④ 이황화탄소 : $CS_2+3O_2 \to CO_2+2SO_2$

답 ②

11 메탄올과 에탄올을 비교하였을 때 다음의 식이 적용되는 값은?

| 메탄올 > 에탄올 |

① 발화점   ② 분자량
③ 증기비중   ④ 비점

구분	① 발화점	② 분자량	③ 증기비중	④ 비점
메탄올	464	32	1.1	64
에탄올	363	46	1.6	80

답 ①

12 산화프로필렌 20vol%, 다이에틸에터 30vol%, 이황화탄소 30vol%, 아세트알데하이드 20vol%인 혼합증기의 폭발 하한값은? (단, 폭발범위는 산화프로필렌 2.1~38vol%, 다이에틸에터 1.9~48vol%, 이황화탄소 1.2~44vol%, 아세트알데하이드는 4.1~57vol%이다.)

① 1.8vol%   ② 2.1vol%
③ 13.6vol%   ④ 48.3vol%

 르 샤틀리에(Le Chatelier)의 혼합가스 폭발범위

$$\frac{100}{L} = \frac{V_1}{L_1} + \frac{V_2}{L_2} + \frac{V_3}{L_3} + \cdots$$

$$\therefore L = \frac{100}{\left(\frac{V_1}{L_1} + \frac{V_2}{L_2} + \frac{V_3}{L_3} + \cdots\right)}$$

$$= \frac{100}{\left(\frac{20}{2.1} + \frac{30}{1.9} + \frac{30}{1.2} + \frac{20}{4.1}\right)} = 1.81$$

여기서, L : 혼합가스의 폭발 한계치
L_1, L_2, L_3 : 각 성분의 단독 폭발 한계치 (vol%)
V_1, V_2, V_3 : 각 성분의 체적(vol%)

답 ①

13 공기를 차단하고 황린을 가열하면 적린이 만들어지는데 이때 필요한 최소온도는 약 몇 ℃ 정도인가?

① 60   ② 120
③ 260   ④ 400

 공기를 차단하고 황린을 약 260℃로 가열하면 적린이 된다.

답 ③

14 다음 ( ) 안에 알맞은 것을 순서대로 옳게 나열한 것은?

> 알루미늄 분말이 연소하면 (   )색 연기를 내면서 (   )을 생성한다. 또한 알루미늄 분말이 염산과 반응하면 (   ) 기체를 발생하며, 수산화나트륨 수용액과 반응하여 (   )기체를 발생한다.

① 백, Al_2O_3, 산소, 수소
② 백, Al_2O_3, 수소, 수소
③ 노란, Al_2O_5, 수소, 수소
④ 노란, Al_2O_5, 산소, 수소

 ㉠ 알루미늄 분말이 발화하면 다량의 열이 발생하며, 불꽃 및 흰 연기를 내면서 연소하므로 소화가 곤란하다.
$4Al + 3O_2 \rightarrow 2Al_2O_3$
㉡ 대부분의 산과 반응하여 수소가 발생한다(단, 진한질산 제외).
$2Al + 6HCl \rightarrow 2AlCl_3 + 3H_2$
㉢ 알칼리 수용액과 반응하여 수소가 발생한다.
$2Al + 2NaOH + 2H_2O \rightarrow 2NaAlO_2 + 3H_2$

답 ②

15 다음은 위험물안전관리법령상 위험물제조소 등의 옥내소화전설비의 설치기준에 관한 내용이다. (   ) 안에 알맞은 수치는?

> 수원의 수량은 옥내소화전이 가장 많이 설치된 층의 옥내소화전 설치개수(설치개수가 5개 이상인 경우는 5개)에 (   )m³를 곱한 양 이상이 되도록 설치할 것

① 2.4
② 7.8
③ 35
④ 260

 옥내소화전설비 수원의 수량은 옥내소화전이 가장 많이 설치된 층의 옥내소화전 설치개수(설치개수가 5개 이상인 경우는 5개)에 7.8m³를 곱한 양 이상이 되도록 설치할 것
수원의 양(Q) : $Q(m^3) = N \times 7.8m^3$
(N, 5개 이상인 경우 5개)
즉 7.8m³란 법정 방수량 260L/min으로 30min 이상 가동할 수 있는 양

답 ②

16 주유취급소의 담 또는 벽의 일부분에 유리를 부착하는 경우에 대한 기준으로 틀린 것은?
① 유리를 부착하는 범위는 전체의 담 또는 벽의 길이의 10분의 1을 초과하지 아니할 것
② 하나의 유리판의 가로의 길이는 2m 이내일 것
③ 유리판의 테두리를 금속제의 구조물에 견고하게 고정할 것
④ 유리의 구조는 접합유리로 할 것

 유리를 부착하는 범위는 전체의 담 또는 벽의 길이의 10분의 2를 초과하지 아니할 것

답 ①

17 다음 물질이 서로 혼합되었을 때 폭발 또는 발화의 위험성이 높아지는 경우가 아닌 것은?
① 금속칼륨과 경유
② 질산나트륨과 황
③ 과망가니즈산칼륨과 적린
④ 알루미늄과 과산화나트륨

 금속칼륨은 보호액으로 경유 속에 저장해야 한다.

답 ①

18 위험물안전관리법령상 주유취급소에서 용량 몇 L 이하의 이동저장탱크에 위험물을 주입할 수 있는가?
① 3천
② 4천
③ 5천
④ 1만

답 ①

19 위험물안전관리법령상 벤젠을 적재하여 운반을 하고자 하는 경우에 있어서 함께 적재할 수 없는 것은? (단, 각 위험물의 수량은 지정수량의 2배로 가정한다.)
① 적린
② 금속의 인화물
③ 질산
④ 나이트로셀룰로스

 유별을 달리하는 위험물의 혼재기준

위험물의 구분	제1류	제2류	제3류	제4류	제5류	제6류
제1류		×	×	×	×	○
제2류	×		×	○	○	×
제3류	×	×		○	×	×
제4류	×	○	○		○	×
제5류	×	○	×	○		×
제6류	○	×	×	×	×	

벤젠은 제4류 위험물이며, 질산은 제6류 위험물이므로 혼재할 수 없다.

답 ③

20 위험물안전관리법령상 차량에 적재할 때 차광성이 있는 피복으로 가려야 하는 위험물이 아닌 것은?

① NaH
② P_4S_3
③ $KClO_3$
④ CH_3CHO

 차광성이 있는 것으로 피복해야 하는 경우 제1류 위험물, 제3류 위험물 중 자연발화성 물질, 제4류 위험물 중 특수 인화물, 제5류 위험물, 제6류 위험물이므로 ②는 황화인으로 제2류 위험물에 해당하므로 해당사항 없다.

답 ②

21 과산화벤조일(벤조일퍼옥사이드)의 화학식을 옳게 나타낸 것은?

① CH_3ONO_2
② $(CH_3COC_2H_5)_2O_2$
③ $(CH_3CO)_2O_2$
④ $(C_6H_5CO)_2$

 ① 질산메틸 : CH_3ONO_2
② 메틸에틸케톤퍼옥사이드 : $(CH_3COC_2H_5)_2O_2$
③ 아세틸퍼옥사이드 : $(CH_3CO)_2O_2$
④ 과산화벤조일 : $(C_6H_5CO)_2$

답 ④

22 제4류 위험물을 지정수량의 30만 배를 취급하는 일반취급소에 위험물안전관리법령에 의한 최소한 갖추어야 하는 자체소방대의 화학소방차 대수와 자체소방대원의 수는?

① 2대, 15인
② 2대, 20인
③ 3대, 15인
④ 3대, 20인

 자체소방대에 두는 화학소방자동차 및 인원

사업소의 구분	화학소방 자동차의 수	자체소방 대원의 수
제조소 또는 일반취급소에서 취급하는 제4류 위험물의 최대수량의 합이 지정수량의 3천배 이상 12만배 미만인 사업소	1대	5인
제조소 또는 일반취급소에서 취급하는 제4류 위험물의 최대수량의 합이 지정수량의 12만배 이상 24만배 미만인 사업소	2대	10인
제조소 또는 일반취급소에서 취급하는 제4류 위험물의 최대수량의 합이 지정수량의 24만배 이상 48만배 미만인 사업소	3대	15인
제조소 또는 일반취급소에서 취급하는 제4류 위험물의 최대수량의 합이 지정수량의 48만배 이상인 사업소	4대	20인
옥외탱크저장소에 저장하는 제4류 위험물의 최대수량이 지정수량의 50만배 이상인 사업소	2대	10인

답 ③

23 위험물안전관리법령상 옥외탱크저장소의 탱크 중 압력탱크의 수압시험기준은?

① 최대상용압력의 2배의 압력으로 20분간 실시하는 수압시험에서 새거나 변형되지 아니하여야 한다.
② 최대상용압력의 2배의 압력으로 10분간 실시하는 수압시험에서 새거나 변형되지 아니하여야 한다.
③ 최대상용압력의 1.5배의 압력으로 20분간 실시하는 수압시험에서 새거나 변형되지 아니하여야 한다.
④ 최대상용압력의 1.5배의 압력으로 10분간 실시하는 수압시험에서 새거나 변형되지 아니하여야 한다.

 최대상용압력의 1.5배 압력으로 10분간 실시하는 수압시험에 각각 새거나 변형되지 아니하여야 한다.

답 ④

24 CH₃CHO에 대한 설명으로 틀린 것은?
① 무색투명한 액체로 산화 시 아세트산을 생성한다.
② 완전연소 시 이산화탄소와 물이 생성된다.
③ 백금, 철과 반응하면 폭발성 물질을 생성한다.
④ 물에 잘 녹고 고무를 녹인다.

 무색이며 고농도는 자극성 냄새가 나며 저농도의 것은 과일 같은 향이 나는 휘발성이 강한 액체로서 물, 에탄올, 에터에 잘 녹고, 고무를 녹인다. 구리, 수은, 마그네슘, 은 및 그 합금으로 된 취급 설비는 아세트알데하이드와의 반응에 의해 이들 간에 중합반응을 일으켜 구조 불명의 폭발성 물질을 생성한다.

답 ③

25 과염소산은 무엇과 접촉할 경우 고체 수화물을 생성하는가?
① 물
② 과산화나트륨
③ 암모니아
④ 벤젠

 물과 접촉하면 발열하며 안정된 고체 수화물을 만든다.

답 ①

26 과망가니즈산칼륨과 묽은황산이 반응하였을 때의 생성물이 아닌 것은?
① MnO₄
② K₂SO₄
③ MnSO₄
④ H₂O

 묽은황산과의 반응식
4KMnO₄+6H₂SO₄
→ 2K₂SO₄+4MnSO₄+6H₂O+5O₂

답 ①

27 인화칼슘의 일반적인 성질로 옳은 것은?
① 물과 반응하면 독성의 가스가 발생한다.
② 비중이 물보다 작다.
③ 융점은 약 600℃ 정도이다.
④ 흰색의 정육면체 고체상 결정이다.

 물과 반응하여 가연성이며 독성이 강한 인화수소(PH₃, 포스핀)가스를 발생시킨다.
Ca₃P₂+6H₂O → 3Ca(OH)₂+2PH₃

답 ①

28 위험물제조소 등 중 예방 규정을 정하여야 하는 대상은?
① 칼슘을 400kg 취급하는 제조소
② 칼륨을 400kg 저장하는 옥내저장소
③ 질산을 50,000kg 저장하는 옥외탱크저장소
④ 질산염류를 50,000kg 저장하는 옥내저장소

 예방 규정을 정하여야 하는 제조소 등
㉠ 지정수량의 10배 이상의 위험물을 취급하는 제조소
㉡ 지정수량의 100배 이상의 위험물을 저장하는 옥외저장소
㉢ 지정수량의 150배 이상의 위험물을 저장하는 옥내저장소
㉣ 지정수량의 200배 이상의 위험물을 저장하는 옥외탱크저장소
㉤ 암반탱크저장소
㉥ 이송취급소
㉦ 지정수량의 10배 이상의 위험물을 취급하는 일반취급소
문제에서 주어진 보기의 지정수량 배수는 다음과 같다.
① $\frac{400kg}{50kg}=8$
② $\frac{400kg}{10kg}=40$
③ $\frac{50,000kg}{300kg}=166.7$
④ $\frac{50,000kg}{300kg}=166.7$

답 ④

29 다음 내용을 모두 충족하는 위험물에 해당하는 것은?

• 원칙적으로 옥외저장소에 저장·취급할 수 없는 위험물이다.
• 옥내저장소에 저장하는 경우 창고의 바닥면적은 1,000m² 이하로 하여야 한다.
• 위험등급 I의 위험물이다.

① 칼륨
② 황
③ 하이드록실아민
④ 질산

옥외저장소에 저장할 수 있는 위험물
  ㉠ 제2류 위험물 중 황, 인화성 고체(인화점이 0℃ 이상인 것에 한함)
  ㉡ 제4류 위험물 중 제1석유류(인화점이 0℃ 이상인 것에 한함), 제2석유류, 제3석유류, 제4석유류, 알코올류, 동식물유류
  ㉢ 제6류 위험물
따라서 칼륨과 하이드록실아민만 옥외저장소에서 취급할 수 없으며 이 중 위험등급 I에 해당하는 것은 칼륨뿐이다.

답 ①

30 "알킬알루미늄 등"을 저장 또는 취급하는 이동탱크저장소에 관한 기준으로 옳은 것은?

① 탱크 외면은 적색으로 도장을 하고 백색문자로 동판의 양 측면 및 경판에 "화기주의" 또는 "물기주의"라는 주의사항을 표시한다.
② 20kPa 이하의 압력으로 불활성기체를 봉입해 두어야 한다.
③ 이동저장탱크의 맨홀 및 주입구의 뚜껑은 10mm 이상의 강판으로 제작하고, 용량은 2,000L 미만이어야 한다.
④ 이동저장탱크는 두께 5mm 이상의 강판으로 제작하고 3MPa 이상의 압력으로 5분간 실시하는 수압시험에서 새거나 변형되지 않아야 한다.

 알킬알루미늄 등을 저장 또는 취급하는 이동탱크 저장소 기준
  ㉠ 이동저장탱크는 두께 10mm 이상의 강판 또는 이와 동등 이상의 기계적 성질이 있는 재료로 기밀하게 제작되고 1MPa 이상의 압력으로 10분간 실시하는 수압시험에서 새거나 변형하지 아니하는 것일 것
  ㉡ 이동저장탱크의 용량은 1,900L 미만일 것
  ㉢ 안전장치는 이동저장탱크의 수압시험의 압력의 3분의 2를 초과하고 5분의 4를 넘지 아니하는 범위의 압력으로 작동할 것
  ㉣ 이동저장탱크의 맨홀 및 주입구의 뚜껑은 두께 10mm 이상의 강판 또는 이와 동등 이상의 기계적 성질이 있는 재료로 할 것
  ㉤ 이동저장탱크의 배관 및 밸브 등은 해당 탱크의 윗부분에 설치할 것

㉥ 이동탱크저장소에는 이동저장탱크 하중의 4배의 전단하중에 견딜 수 있는 걸고리 체결금속구 및 모서리 체결금속구를 설치할 것
㉦ 이동저장탱크는 불활성의 기체를 봉입할 수 있는 구조로 할 것
㉧ 이동저장탱크는 그 외면을 적색으로 도장하는 한편, 백색문자로서 동판(胴板)의 양측면 및 경판(鏡板)에 주의사항을 표시할 것

답 ②

31 알코올류 6,500L를 저장하는 옥외탱크저장소에 대하여 저장하는 위험물에 대한 소화설비 소요단위는?

① 2
② 4
③ 16
④ 17

 소요단위 = $\dfrac{\text{위험물의 저장수량}}{\text{위험물 지정수량} \times 10}$

= $\dfrac{6,500L}{400L \times 10}$ = 1.625

답 ①

32 다음 중 아이오딘값이 가장 큰 것은?

① 야자유
② 피마자유
③ 올리브유
④ 정어리기름

 아이오딘값 : 유지 100g에 부가되는 아이오딘의 g 수. 불포화도가 증가할수록 아이오딘값이 증가하며, 자연발화 위험이 있다.
  ㉠ 건성유 : 아이오딘값이 130 이상인 것
    이중결합이 많아 불포화도가 높기 때문에 공기 중에서 산화되어 액 표면에 피막을 만드는 기름
    예 아마인유, 들기름, 동유, 정어리기름, 해바라기유 등
  ㉡ 반건성유 : 아이오딘값이 100~130인 것
    공기 중에서 건성유보다 얇은 피막을 만드는 기름
    예 참기름, 옥수수기름, 청어기름, 채종유, 면실유(목화씨유), 콩기름, 쌀겨유 등
  ㉢ 불건성유 : 아이오딘값이 100 이하인 것
    공기 중에서 피막을 만들지 않는 안정된 기름
    예 올리브유, 피마자유, 야자유, 땅콩기름, 동백유 등

답 ④

33 단층건물 외의 건축물에 옥내 탱크 전용실을 설치하는 경우 최대용량을 설명한 것 중 틀린 것은?

① 지하 2층에 경유를 저장하는 탱크의 경우에는 20,000L
② 지하 4층에 동식물유류를 저장하는 탱크의 경우에는 지정수량의 40배
③ 지상 3층에 제4석유류를 저장하는 탱크의 경우에는 지정수량의 20배
④ 지상 4층에 경유를 저장하는 탱크의 경우에는 5,000L

 옥내저장탱크의 용량(동일한 탱크 전용실에 옥내저장탱크를 2 이상 설치하는 경우에는 각 탱크의 용량의 합계를 말한다)은 1층 이하의 층에 있어서는 지정수량의 40배(제4석유류 및 동식물유류 외의 제4류 위험물에 있어서 해당 수량이 2만L를 초과할 때에는 2만L) 이하, 2층 이상의 층에 있어서는 지정수량의 10배(제4석유류 및 동식물유류 외의 제4류 위험물에 있어서 해당 수량이 5천L를 초과할 때에는 5천L) 이하일 것

답 ③

34 다음에서 설명하는 위험물이 분해, 폭발하는 경우 가장 많은 부피를 차지하는 가스는?

- 순수한 것은 무색투명한 기름형태의 액체이다.
- 다이너마이트의 원료가 된다.
- 상온에서는 액체이지만 겨울에는 동결한다.
- 혓바닥을 찌르는 단맛이 나며, 감미로운 냄새가 난다.

① 이산화탄소　② 수소
③ 산소　　　　④ 질소

 나이트로글리세린은 제5류 위험물로서 다이너마이트, 로켓, 무연화약의 원료로 순수한 것은 무색투명한 기름성의 액체(공업용 시판품은 담황색)이며 점화하면 즉시 연소하고 폭발력이 강하다.
$4C_3H_5(ONO_2)_3 \rightarrow 12CO_2 + 10H_2O + 6N_2 + O_2$

답 ①

35 벤젠에 대한 설명 중 틀린 것은?

① 인화점이 $-11°C$ 정도로 낮아 응고된 상태에서도 인화할 수 있다.
② 증기는 마취성이 있다.
③ 피부에 닿으면 탈지작용을 한다.
④ 연소 시 그을음을 내지 않고 완전연소한다.

 무색투명하며 독특한 냄새를 가진 휘발성이 강한 액체로 위험성이 강하며 인화가 쉽고 다량의 흑연이 발생하고 뜨거운 열을 내며 연소한다.

답 ④

36 다음 반응식에서 ( )에 알맞은 것을 차례대로 나열한 것은?

$$CaC_2 + 2(\quad) \rightarrow Ca(OH)_2 + (\quad)$$

① H_2O, C_2H_2
② H_2O, CH_4
③ O_2, C_2H_2
④ O_2, CH_4

 탄화칼슘(CaC_2)은 물과 강하게 반응하여 수산화칼슘과 아세틸렌을 만들며 공기 중 수분과 반응하여도 아세틸렌이 발생한다.
$CaC_2 + 2H_2O \rightarrow Ca(OH)_2 + C_2H_2$

답 ①

37 알칼리토금속에 속하는 것은?

① Li
② Fr
③ Cs
④ Sr

 알칼리토금속 : Be, Mg, Ca, Sr, Ba, Ra

답 ④

38 농도가 높아질수록 위험성이 높아지는 산화성 물질로 가열에 의해 분해할 경우 물과 산소가 발생하며 분해를 방지하기 위하여 안정제를 넣어 보관하는 것은?

① Na_2O_2　　② $KClO_3$
③ H_2O_2　　④ $NaNO_3$

 과산화수소의 저장방법 : 유리는 알칼리성으로 분해를 촉진하므로 피하고 가열, 화기, 직사광선을 차단하며 농도가 높을수록 위험성이 크므로 분해 방지 안정제(인산, 요산 등)를 넣어 발생기 산소의 발생을 억제한다.

　　　　　　　　　　　　　답 ③

39 다음 중 염소산칼륨의 성질에 대한 설명으로 옳은 것은?

① 광택이 있는 적색의 결정이다.
② 비중은 약 3.2이며 녹는점은 약 250℃이다.
③ 가열분해하면 염화나트륨과 산소가 발생한다.
④ 알코올에 난용이고 온수, 글리세린에 잘 녹는다.

 염소산칼륨의 일반적 성질
㉠ 분자량 123, 비중 2.32, 분해온도 400℃, 융점 368.4℃, 용해도(20℃) 7.3
㉡ 무색의 결정 또는 백색 분말
㉢ 찬물, 알코올에는 잘 녹지 않고, 온수, 글리세린 등에는 잘 녹는다.
㉣ 약 400℃ 부근에서 열분해되어 염화칼륨(KCl)과 산소(O_2)를 방출한다.
$2KClO_3 \rightarrow 2KCl + 3O_2$

　　　　　　　　　　　　　답 ④

40 다음 중 1mol에 포함된 산소의 수가 가장 많은 것은?

① 염소산
② 과산화나트륨
③ 과염소산
④ 차아염소산

 ① 염소산 : $HClO_3$
② 과산화나트륨 : Na_2O_2
③ 과염소산 : $HClO_4$
④ 차아염소산 : $HClO$

　　　　　　　　　　　　　답 ③

41 위험물안전관리법령에서 정한 위험물의 취급에 관한 기준이 아닌 것은?

① 분사도장작업은 방화상 유효한 격벽 등으로 구획된 안전한 장소에서 실시한다.
② 추출공정에서는 추출관의 외부압력이 비정상적으로 상승하지 않도록 한다.
③ 열처리작업은 위험물이 위험한 온도에 도달하지 않도록 한다.
④ 증류공정에 있어서는 위험물을 취급하는 설비의 내부압력의 변동 등에 의하여 액체 또는 증기가 새지 않도록 한다.

 추출공정에 있어서는 추출관의 내부압력이 비정상적으로 상승하지 아니하도록 할 것

　　　　　　　　　　　　　답 ②

42 산화성 고체 위험물이 아닌 것은?

① $NaClO_3$　　② $AgNO_3$
③ $KBrO_3$　　④ $HClO_4$

해설 $HClO_4$는 과염소산으로 제6류 위험물(산화성 액체)에 해당한다.

　　　　　　　　　　　　　답 ④

43 지정수량이 다른 물질로 나열된 것은?

① 질산나트륨, 과염소산
② 에틸알코올, 아세톤
③ 벤조일퍼옥사이드, 칼륨
④ 철분, 트라이나이트로톨루엔

해설 ① 질산나트륨, 과염소산 : 300kg
② 에틸알코올, 아세톤 : 400L
③ 벤조일퍼옥사이드, 칼륨 : 10kg
④ 철분 : 500kg, 트라이나이트로톨루엔 : 200kg

　　　　　　　　　　　　　답 ④

44 위험물안전관리법령에서 정한 위험물 안전관리자의 책무가 아닌 것은?

① 화재 등의 재난이 발생한 경우 응급조치 및 소방관서 등에 대한 연락 업무
② 화재 등의 재해의 방지에 관하여 인접한 제조소 등과 그 밖의 관련시설의 관계자와 협조체제 유지
③ 위험물의 취급에 관한 일지의 작성·기록
④ 안전관리대행기관에 대하여 필요한 지도·감독

 안전관리자의 책무
 ㉠ 위험물의 취급 작업에 참여하여 해당 작업이 저장 또는 취급에 관한 기술 기준과 예방 규정에 적합하도록 해당 작업자에 대하여 지시 및 감독하는 업무
 ㉡ 화재 등의 재난이 발생한 경우 응급조치 및 소방관서 등에 대한 연락 업무
 ㉢ 위험물 시설의 안전을 담당하는 자를 따로 두는 제조소 등의 경우에는 그 담당자에게 규정에 의한 업무의 지시
 ㉣ 화재 등의 재해의 방지와 응급조치에 관하여 인접하는 제조소 등과 그 밖의 관련되는 시설의 관계자와 협조체제의 유지
 ㉤ 위험물의 취급에 관한 일지의 작성·기록
 ㉥ 그 밖에 위험물을 수납한 용기를 차량에 적재하는 작업, 위험물 설비를 보수하는 작업 등 위험물의 취급과 관련된 작업의 안전에 관하여 필요한 감독의 수행

답 ④

45 위험물안전관리법령상 위험물제조소의 완공검사 신청시기로 틀린 것은?

① 지하탱크가 있는 제조소 등의 경우 : 해당 지하탱크를 매설하기 전
② 이동탱크저장소 : 이동저장탱크를 완공하고 상치장소를 확보하기 전
③ 간이탱크저장소 : 공사를 완료한 후
④ 옥외탱크저장소 : 공사를 완료한 후

 이동저장탱크를 완공하고 상치장소를 확보한 후

답 ②

46 제5류 위험물에 속하지 않는 것은?

① $C_6H_4(NO_2)_2$
② CH_3ONO_2
③ $C_6H_5NO_2$
④ $C_3H_5(ONO_2)_3$

 $C_6H_5NO_2$는 나이트로벤젠으로 제4류 위험물에 해당한다.

답 ③

47 각 위험물의 대표적인 연소형태에 대한 설명으로 틀린 것은?

① 금속분은 공기와 접촉하고 있는 표면에서 연소가 일어나는 표면연소이다.
② 황은 일정 온도 이상에서 열분해하여 생성된 물질이 연소하는 분해연소이다.
③ 휘발유는 액체 자체가 연소하지 않고 액체 표면에서 발생하는 가연성 증기가 연소하는 증발연소이다.
④ 나이트로셀룰로스는 공기 중의 산소 없이도 연소하는 자기연소이다.

 황은 연소가 매우 쉬운 가연성 고체로 유독성의 이산화황가스가 발생하고 연소할 때 연소열에 의해 액화하고 증발한 증기가 연소하는 증발연소이다.

답 ②

48 다음 중 인화점이 가장 높은 것은?

① CH_3COOCH_3
② CH_3OH
③ CH_3CH_2OH
④ CH_3COOH

화학식	CH_3COOCH_3	CH_3OH
명칭	초산메틸	메틸알코올
품명	제1석유류	알코올류
인화점	$-10℃$	$11℃$
화학식	CH_3CH_2OH	CH_3COOH
명칭	에틸알코올	초산
품명	알코올류	제2석유류
인화점	$13℃$	$40℃$

답 ④

49 다음 중 위험물안전관리법령상 원칙적으로 이송취급소 설치장소에서 제외되는 곳이 아닌 것은?
① 해저
② 도로의 터널 안
③ 고속국도의 차도 및 갓길
④ 호수·저수지 등으로서 수리의 수원이 되는 곳

해설 이송취급소를 설치하지 못하는 장소
㉠ 철도 및 도로의 터널 안
㉡ 고속국도 및 자동차 전용도로의 차도, 갓길 및 중앙 분리대
㉢ 호수, 저수지 등으로서 수리의 수원이 되는 곳
㉣ 급경사 지역으로서 붕괴의 위험이 있는 지역

 ①

50 다음 중 아염소산의 화학식은?
① HClO   ② HClO$_2$
③ HClO$_3$ ④ HClO$_4$

해설 ① 차아염소산
② 아염소산
③ 염소산
④ 과염소산

 ②

51 나이트로셀룰로스에 캠퍼(장뇌)를 섞어서 알코올에 녹여 교질상태로 만든 것으로 필름, 안경테, 탁구공 등의 제조에 사용하는 위험물은?
① 질화면   ② 셀룰로이드
③ 아세틸퍼옥사이드 ④ 하이드라진유도체

해설 셀룰로이드
㉠ 발화온도 180℃, 비중 1.4
㉡ 무색 또는 반투명 고체이나 열이나 햇빛에 의해 황색으로 변색
㉢ 습도와 온도가 높을 경우 자연발화의 위험이 있다.
㉣ 나이트로셀룰로스와 장뇌의 균일한 콜로이드 분산액으로부터 개발한 최초의 합성플라스틱 물질

 ②

52 고형 알코올에 대한 설명으로 옳은 것은?
① 지정수량은 500kg이다.
② 이산화탄소소화설비에 의해 소화된다.
③ 제4류 위험물에 해당한다.
④ 운반용기 외부에 "화기주의"라고 표시하여야 한다.

해설 지정수량은 1,000kg이며, 제2류 위험물 중 인화성 고체에 해당한다. 운반용기 외부에는 "화기엄금"이라고 표시해야 한다.

 ②

53 에탄올 1몰이 표준상태에서 완전연소하기 위해 필요한 공기량은 약 몇 L인가? (단, 공기 중 산소의 부피는 21vol%이다.)
① 122   ② 244
③ 320   ④ 410

해설 에탄올의 연소반응식
$C_2H_5OH + 3O_2 \rightarrow 2CO_2 + 3H_2O$

$$\frac{1\text{mol}-C_2H_5OH}{} \times \frac{3\text{mol}-O_2}{1\text{mol}-C_2H_5OH} \times \frac{100\text{mol}-Air}{21\text{mol}-O_2} \times \frac{22.4L-Air}{1\text{mol}-Air} = 320L-Air$$

 ③

54 흐름 단면적이 감소하면서 속도두가 증가하고 압력두가 감소하여 생기는 압력차를 측정하여 유량을 구하는 기구로서 제작이 용이하고 비용이 저렴한 장점이 있으나 마찰손실이 커서 유체 수송을 위한 소요동력이 증가하는 단점이 있는 것은?
① 로터미터   ② 피토튜브
③ 벤투리미터   ④ 오리피스미터

해설 오리피스미터는 설치에 비용이 적게 들고 비교적 유량측정이 정확하여 얇은 판 오리피스가 널리 이용되고 있으며, 흐르는 수로 내에 설치한다. 오리피스의 장점은 단면이 축소되는 목부분을 조절함으로써 유량이 조절된다는 점이며, 단점은 오리피스 단면에서 커다란 수두손실이 일어난다는 점이다.

 ④

55 생산보전(PM ; Productive Maintenance)의 내용에 속하지 않는 것은?
① 보전예방
② 안전보전
③ 예방보전
④ 개량보전

 생산보전이란 설비의 일 생애를 대상으로 하여 생산성을 높이는 것이며, 가장 경제적으로 보전 하는 것을 말한다.

답 ②

56 200개 들이 상자가 15개 있을 때 각 상자로부터 제품을 랜덤하게 10개씩 샘플링할 경우, 이러한 샘플링방법을 무엇이라 하는가?
① 층별샘플링
② 계통샘플링
③ 취락샘플링
④ 2단계샘플링

 층별샘플링이란 모집단을 몇 개의 층으로 나누어 각층에서 임의로 시료를 취하는 것을 말한다.

답 ①

57 품질특성을 나타내는 데이터 중 계수치 데이터에 속하는 것은?
① 무게
② 길이
③ 인장강도
④ 부적합품률

 품질특성이란 품질평가의 대상이 되는 기준. 품질관리에 있어 품질을 데이터로서 표시하고 이 데이터의 대해 통계적 방법을 적용하여 해석 관리를 하기 위해 이용된다. 제품의 물성을 나타내는 특성값(예를 들면 순도, 조성, 수분, 경도, pH 등) 외에 양과 코스트에 관계되는 특성값(예를 들면 수득량, 원료에 대한 제품 비율, 불량률, 공수, 원단위, 가동률 등)의 수치도 품질을 나타내는 특성값으로서 이용된다.

답 ④

58 모든 작업을 기본동작으로 분해하고, 각 기본동작에 대하여 성질과 조건에 따라 미리 정해놓은 시간치를 적용하여 정미시간을 산정하는 방법은?
① PTS법
② work sampling법
③ 스톱워치법
④ 실적자료법

 PTS(PTS method)는 'Predetermined Time Standards'의 약칭이다. 기정시간 표준법으로 번역된다. 하나의 작업이 실제로 시작되기 전에 미리 작업에 필요한 소요시간을 작업방법에 따라 이론적으로 정해 나가는 방법이다.

답 ①

59 어떤 공장에서 작업을 하는 데 있어서 소요되는 기간과 비용이 다음 표와 같을 때 비용구배는? (단, 활동시간의 단위는 일(日)로 계산한다.)

정상작업		특급작업	
기간	비용	기간	비용
15일	150만 원	10일	200만 원

① 50,000원
② 100,000원
③ 200,000원
④ 500,000원

답 ②

60 관리도에서 측정한 값을 차례로 타점했을 때 점이 순차적으로 상승하거나 하강하는 것을 무엇이라 하는가?
① 연(run)
② 주기(cycle)
③ 경향(trend)
④ 산포(dispersion)

 경향은 측정한 값을 차례로 타점했을 때 점이 순차적으로 상승하거나 하강하는 것을 말한다.

답 ③

제58회 위험물기능장 필기
(2015년 7월 시행)

01 위험물안전관리법령에 따른 기계에 의하여 하역하는 구조로 된 운반용기에 대한 수납기준에 의하면 액체 위험물을 수납하는 경우에는 55℃의 온도에서의 증기압이 몇 kPa 이하가 되도록 수납하여야 하는가?
① 100 ② 101.3
③ 130 ④ 150

해설 액체 위험물을 수납하는 경우에는 55℃의 온도에서의 증기압이 130kPa 이하가 되도록 수납할 것

답 ③

02 인화점이 0℃ 미만이고 자연발화의 위험성이 매우 높은 것은?
① C_4H_9Li ② P_2S_5
③ $KBrO_3$ ④ $C_5H_5CH_3$

해설 ① C_4H_9Li는 알킬리튬의 일종으로 뷰틸리튬에 해당한다. 무색의 가연성 액체이며, 자연발화 위험이 있다.

답 ①

03 옥내저장탱크의 펌프설비가 탱크 전용실이 있는 건축물에 설치되어 있다. 펌프설비가 탱크 전용실 외의 장소에 설치되어 있는 경우, 위험물안전관리법령상 펌프실 지붕의 기준에 대한 설명으로 옳은 것은?
① 폭발력이 위로 방출될 정도의 가벼운 불연재료로만 하여야 한다.
② 불연재료로만 하여야 한다.
③ 내화구조 또는 불연재료로 할 수 있다.
④ 내화구조로만 하여야 한다.

해설 펌프실은 상층이 있는 경우에 있어서는 상층의 바닥을 내화구조로 하고, 상층이 없는 경우에 있어서는 지붕을 불연재료로 하며, 천장을 설치하지 아니할 것

답 ②

04 다음 중 비중이 가장 작은 것은?
① 염소산칼륨 ② 염소산나트륨
③ 과염소산나트륨 ④ 과염소산암모늄

해설

명칭	비중
염소산칼륨	2.32
염소산나트륨	2.5
과염소산나트륨	2.5
과염소산암모늄	1.87

답 ④

05 위험물안전관리법령상 제5류 위험물에 해당하는 것은?
① 나이트로벤젠 ② 하이드라진
③ 염산하이드라진 ④ 글리세린

해설 염산하이드라진은 제5류 위험물 하이드라진유도체류에 해당한다.

답 ③

06 각 물질의 저장 및 취급 시 주의사항에 대한 설명으로 옳지 않은 것은?
① H_2O_2 : 완전 밀폐, 밀봉된 상태로 보관한다.
② K_2O_2 : 물과의 접촉을 피한다.
③ $NaClO_3$: 철제용기에 보관하지 않는다.
④ CaC_2 : 습기를 피하고 불활성가스를 봉입하여 저장한다.

과산화수소(H_2O_2)의 저장 및 취급 방법
  ㉠ 유리는 알칼리성으로 분해를 촉진하므로 피하고 가열, 화기, 직사광선을 차단하며 농도가 높을수록 위험성이 크므로 분해 방지 안정제(인산, 요산 등)를 넣어 발생기 산소의 발생을 억제한다.
  ㉡ 용기는 밀봉하되 작은 구멍이 뚫린 마개를 사용한다.

답 ①

07 다음 중 BTX에 해당하는 물질로서 가장 인화점이 낮은 것은?
① 이황화탄소   ② 산화프로필렌
③ 벤젠   ④ 자일렌

 BTX(Benzene, Toluene, Xylene)

구분	Benzene	Toluene
화학식	C_6H_6	$C_6H_5CH_3$
품명	제1석유류	제1석유류
인화점	$-11℃$	$4℃$
구분	$o-$Xylene	$m-$Xylene
화학식	$C_6H_4(CH_3)_2$	$C_6H_4(CH_3)_2$
품명	제2석유류	제2석유류
인화점	$32℃$	$23℃$

답 ③

08 산소 32g과 질소 56g을 20℃에서 15L의 용기에 혼합하였을 때 이 혼합기체의 압력은 약 몇 atm인가?
(단, 기체상수는 0.082atm·L/몰·K이며 이상기체로 가정한다.)
① 1.4   ② 2.4
③ 3.8   ④ 4.8

P_{total}
$= P_A + P_B + P_C + \cdots\cdots$
$= \dfrac{n_A RT}{V} + \dfrac{n_B RT}{V} + \dfrac{n_C RT}{V} + \cdots\cdots$
$= (n_A + n_B + n_C + \cdots\cdots)\left(\dfrac{RT}{V}\right) = n_{total}\left(\dfrac{RT}{V}\right)$
$= \left(\dfrac{32}{32} + \dfrac{56}{28}\right) \times \left[\dfrac{0.082 \times (20+273.15)}{15}\right]$
$= 4.80$

답 ④

09 위험물안전관리법령에 따른 제4석유류의 정의에 대해 다음 ( )에 알맞은 수치를 나열한 것은?

"제4석유류"라 함은 기어유, 실린더유, 그 밖에 1기압에서 인화점이 ( )℃ 이상, ( )℃ 미만의 것을 말한다. 다만, 도료류, 그 밖의 물품은 가연성 액체량이 ( )wt% 이하인 것은 제외한다.

① 200, 250, 40
② 200, 250, 60
③ 200, 300, 40
④ 200, 300, 60

 "제4석유류"라 함은 기어유, 실린더유, 그 밖에 1기압에서 인화점이 200℃ 이상, 250℃ 미만의 것을 말한다. 다만 도료류, 그 밖의 물품은 가연성 액체량이 40wt% 이하인 것은 제외한다.

답 ①

10 다음의 위험물을 각각의 옥내저장소에서 저장 또는 취급할 때 위험물안전관리법령상 안전거리의 기준이 나머지 셋과 다르게 적용되는 것은?
① 질산 1,000kg
② 아닐린 50,000L
③ 기어유 100,000L
④ 아마인유 100,000L

 옥내저장소의 안전거리 제외 대상
  ㉠ 제4석유류 또는 동식물유류의 위험물을 저장 또는 취급하는 옥내저장소로서 그 최대수량이 지정수량의 20배 미만인 것
  ㉡ 제6류 위험물을 저장 또는 취급하는 옥내저장소
아닐린(지정수량 2,000L)은 제3석유류로 안전거리 규제 대상에 해당된다.

답 ②

11 위험물 운반 시 제4류 위험물과 혼재할 수 있는 위험물의 유별을 모두 나타낸 것은? (단, 혼재위험물은 지정수량의 $\frac{1}{10}$ 을 각각 초과한다.)

① 제2류 위험물
② 제2류 위험물, 제3류 위험물
③ 제2류 위험물, 제3류 위험물, 제5류 위험물
④ 제2류 위험물, 제3류 위험물, 제5류 위험물, 제6류 위험물

 유별을 달리하는 위험물의 혼재기준

위험물의 구분	제1류	제2류	제3류	제4류	제5류	제6류
제1류		×	×	×	×	○
제2류	×		×	○	○	×
제3류	×	×		○	×	×
제4류	×	○	○		○	×
제5류	×	○	×	○		×
제6류	○	×	×	×	×	

답 ③

12 포소화약제의 일반적인 물성에 관한 설명 중 틀린 것은?

① 발포배율이 커지면 환원시간(drainage time)은 짧아진다.
② 환원시간이 길면 내열성이 우수하다.
③ 유동성이 좋으면 내열성도 우수하다.
④ 발포배율이 커지면 유동성이 좋아진다.

해설 유동성이 좋으면 내열성능은 약하다.

답 ③

13 다음 품명 중 위험물안전관리법령상 지정수량이 나머지 셋과 다른 하나는?

① 질산염류
② 금속의 수소화합물류
③ 과산화수소
④ 황화인

해설 질산염류, 금속의 수소화합물류, 과산화수소는 지정수량 300kg이며, 황화인은 100kg에 해당한다.

답 ④

14 지하저장탱크의 주위에 액체 위험물의 누설을 검사하기 위한 관을 설치하는 경우 그 기준으로 옳지 않은 것은?

① 관은 탱크 전용실의 바닥에 닿지 않게 할 것
② 이중관으로 할 것
③ 관의 밑부분으로부터 탱크의 중심 높이까지의 부분에는 소공이 뚫려 있을 것
④ 상부는 물이 침투하지 아니하는 구조로 하고, 뚜껑은 검사 시에 쉽게 열 수 있도록 할 것

해설 액체 위험물의 누설을 검사하기 위한 관을 다음의 기준에 따라 4개소 이상 적당한 위치에 설치하여야 한다.
㉠ 이중관으로 할 것. 다만, 소공이 없는 상부는 단관으로 할 수 있다.
㉡ 재료는 금속관 또는 경질 합성수지관으로 할 것
㉢ 관은 탱크 전용실의 바닥 또는 탱크의 기초까지 닿게 할 것
㉣ 관의 밑부분으로부터 탱크의 중심 높이까지의 부분에는 소공이 뚫려 있을 것. 다만, 지하수위가 높은 장소에 있어서는 지하수위 높이까지의 부분에 소공이 뚫려 있어야 한다.
㉤ 상부는 물이 침투하지 아니하는 구조로 하고, 뚜껑은 검사 시에 쉽게 열 수 있도록 할 것

답 ①

15 위험물안전관리법상의 용어에 대한 설명으로 옳지 않은 것은?

① "위험물"이라 함은 인화성 또는 발화성 등의 성질을 가지는 것으로서 대통령령이 정하는 물품을 말한다.
② "제조소"라 함은 7일 동안 지정수량 이상의 위험물을 제조하기 위한 시설을 뜻한다.
③ "지정수량"이라 함은 위험물의 종류별로 위험성을 고려하여 대통령령이 정하는 수량으로서 제조소 등의 설치허가 등에 있어서 최저의 기준이 되는 수량을 말한다.
④ "제조소 등"이라 함은 제조소, 저장소 및 취급소를 말한다.

"제조소"라 함은 위험물을 제조할 목적으로 지정수량 이상의 위험물을 취급하기 위하여 규정에 따른 허가를 받은 장소를 말한다.

답 ②

16 위험물안전관리법령에 따른 제2석유류가 아닌 것은?
① 아크릴산
② 폼산
③ 경유
④ 피리딘

 제4류 위험물의 종류와 지정수량

성질	위험등급	품명	지정수량
인화성 액체	I	특수 인화물류(다이에틸에터, 이황화탄소, 아세트알데하이드, 산화프로필렌)	50L
	II	제1석유류	비수용성(가솔린, 벤젠, 톨루엔, 사이클로헥세인, 콜로디온, 메틸에틸케톤, 초산메틸, 초산에틸, 의산에틸, 헥세인 등)	200L
			수용성(아세톤, 피리딘, 아크롤레인, 의산메틸, 사이안화수소 등)	400L
		알코올류(메틸알코올, 에틸알코올, 프로필알코올, 아이소프로필알코올)	400L
	III	제2석유류	비수용성(등유, 경유, 스타이렌, 자일렌(o-, m-, p-), 클로로벤젠, 장뇌유, 뷰틸알코올, 알릴알코올, 아밀알코올 등)	1,000L
			수용성(폼산, 초산, 하이드라진, 아크릴산 등)	2,000L
		제3석유류	비수용성(중유, 크레오소트유, 아닐린, 나이트로벤젠, 나이트로톨루엔 등)	2,000L
			수용성(에틸렌글리콜, 글리세린 등)	4,000L
		제4석유류	기어유, 실린더유, 윤활유, 가소제	6,000L
		동식물유류(아마인유, 들기름, 동유, 야자유, 올리브유 등)		10,000L

답 ④

17 산화성 액체 위험물에 대한 설명 중 틀린 것은?
① 과산화수소는 물과 접촉하면 심하게 발열하고 증기는 유독하다.
② 질산은 불연성이지만 강한 산화력을 가지고 있는 강산화성 물질이다.
③ 질산은 물과 접촉하면 발열하므로 주의하여야 한다.
④ 과염소산은 강산이고 불안정하여 열에 의해 분해가 용이하다.

 과산화수소는 화재 시 용기를 이송하고 불가능한 경우 주수 냉각하면서 다량의 물로 냉각소화한다.

답 ①

18 다이에틸에터의 공기 중 위험도(H) 값에 가장 가까운 것은?
① 2.7
② 8.5
③ 15.2
④ 24.3

 다이에틸에터의 연소범위는 1.9~48%이므로
위험도 $H = \dfrac{U-L}{L} = \dfrac{48-1.9}{1.9} = 24.26$

답 ④

19 암적색의 분말인 비금속 물질로 비중이 약 2.2, 발화점이 약 260℃이고 물에 불용성인 위험물은?
① 적린
② 황린
③ 삼황화인
④ 황

 적린의 일반적 성질
㉠ 원자량 31, 비중 2.2, 융점은 600℃, 발화온도 260℃, 승화온도 400℃
㉡ 조해성이 있으며, 물, 이황화탄소, 에터, 암모니아 등에는 녹지 않는다.
㉢ 암적색의 분말로 황린의 동소체이지만 자연발화의 위험이 없어 안전하며, 독성도 황린에 비하여 약하다.

답 ①

20 위험물안전관리법령상 제2류 위험물인 철분에 적응성이 있는 소화설비는?

① 옥외소화전설비
② 포소화설비
③ 이산화탄소소화설비
④ 탄산수소염류분말소화설비

 철분의 경우 금수성 물질에 해당하므로 물, 할론, 이산화탄소 소화 일절 금지사항이며, 탄산수소염류분말소화기 또는 건조사, 팽창질석, 팽창진주암이 소화적응력이 있다.

답 ④

21 메테인 2L를 완전연소하는 데 필요한 공기요구량은 약 몇 L인가? (단, 표준상태를 기준으로 하고 공기 중의 산소는 21vol%이다.)

① 2.42
② 4
③ 19.05
④ 22.4

 $CH_4 + 2O_2 \rightarrow CO_2 + 2H_2O$

$$\frac{2L-CH_4}{} \left| \frac{1mol-CH_4}{22.4L-CH_4} \right| \frac{2mol-O_2}{1mol-CH_4} \right|$$

$$\frac{100mol-Air}{21mol-O_2} \left| \frac{22.4L-Air}{1mol-Air} \right| = 19.05L-Air$$

답 ③

22 다음 중 위험물과 그 지정수량의 연결이 틀린 것은?

① 오황화인 - 100kg
② 알루미늄분 - 500kg
③ 스타이렌 모노머 - 2,000L
④ 폼산 - 2,000L

 스타이렌 모노머는 제2석유류 비수용성에 해당하므로 1,000L이다.

답 ③

23 이산화탄소소화설비의 장단점에 대한 설명으로 틀린 것은?

① 전역방출방식의 경우 심부 화재에도 효과가 있다.
② 밀폐공간에서 질식과 같은 인명피해를 입을 수도 있다.
③ 전기절연성이 높아 전기화재에도 적합하다.
④ 배관 및 관 부속이 저압이므로 시공이 간편하다.

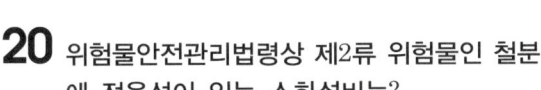 이산화탄소는 배관 및 관 부속이 고압이므로 시공이 어렵다.

답 ④

24 질산칼륨 101kg이 열분해될 때, 발생되는 산소는 표준상태에서 몇 m³인가? (단, 원자량은 K : 39, O : 16, N : 14이다.)

① 5.6   ② 11.2
③ 22.4   ④ 44.8

 질산칼륨은 약 400℃로 가열하면 분해되어 아질산칼륨(KNO_2)과 산소(O_2)가 발생하는 강산화제
$2KNO_3 \rightarrow 2KNO_2 + O_2$

$$\frac{101kg-KNO_3}{} \left| \frac{1mol-KNO_3}{101kg-KNO_3} \right|$$

$$\frac{1mol-O_2}{2mol-KNO_3} \left| \frac{22.4m^3}{1mol-O_2} \right| = 11.2m^3$$

답 ②

25 다음은 이송취급소의 배관과 관련하여 내압에 의하여 배관에 생기는 무엇에 관한 수식인가?

$$\sigma_{ci} = \frac{P_i(D-t+C)}{2(t-C)}$$

여기서, P_i : 최대상용압력(MPa)
D : 배관의 외경(mm)
t : 배관의 실제 두께(mm)
C : 내면 부식여유 두께(mm)

① 원주방향응력   ② 축방향응력
③ 팽창응력   ④ 취성응력

해설 배관에 작용하는 응력(stress)이란 1차 응력과 2차 응력으로 분류된다. 이때 1차 응력이란 배관계 내부 및 외부에서 가해지는 힘과 moment에 의해서 유발되는 응력이며, 2차 응력이란 배관 내 유체온도에 의한 배관의 팽창 또는 수축에 따라 발생하는 응력을 말한다. 응력의 종류로는 축방향응력, 원주방향응력 등이 있으며, 이 중 축방향응력의 경우 내압에 따라 응력을 구할 수 있다.

$$Sp = \frac{P \cdot r}{t}$$

여기서, P : 내압
r : 파이프 반경
t : 파이프 두께

답 ①

26 위험물안전관리법령상 이동탱크저장소에 의한 위험물의 운송기준에 대한 설명 중 틀린 것은?

① 위험물 운송 시 장거리란 고속국도는 340km 이상, 그 밖의 도로는 200km 이상을 말한다.
② 운송책임자를 동승시킨 경우에는 반드시 2명 이상이 교대로 운전해야 한다.
③ 특수 인화물 및 제1석유류를 운송하게 하는 자는 위험물 안전카드를 위험물 운송자로 하여금 휴대하게 한다.
④ 위험물 운송자는 재난 및 그 밖의 불가피한 이유가 있는 경우에는 위험물 안전카드에 기재된 내용에 따르지 아니할 수 있다.

해설 위험물 운송자는 장거리(고속국도에 있어서는 340km 이상, 그 밖의 도로에 있어서는 200km 이상을 말한다)에 걸치는 운송을 하는 때에는 2명 이상의 운전자로 할 것. 다만, 다음의 어느 하나에 해당하는 경우에는 그러하지 아니하다.
㉠ 운송책임자를 동승시킨 경우
㉡ 운송하는 위험물이 제2류 위험물·제3류 위험물(칼슘 또는 알루미늄의 탄화물과 이것만을 함유한 것에 한한다) 또는 제4류 위험물(특수 인화물을 제외한다)인 경우
㉢ 운송 도중에 2시간 이내마다 20분 이상씩 휴식하는 경우

답 ②

27 각 위험물의 지정수량 합이 가장 큰 것은?
① 과염소산, 염소산나트륨
② 황화인, 염소산칼륨
③ 질산나트륨, 적린
④ 나트륨아미드, 질산암모늄

해설

구분	품목	지정수량	합계
①	과염소산	300kg	350kg
	염소산나트륨	50kg	
②	황화인	100kg	150kg
	염소산칼륨	50kg	
③	질산나트륨	300kg	400kg
	적린	100kg	
④	나트륨아미드	50kg	350kg
	질산암모늄	300kg	

답 ③

28 위험물탱크안전성능 시험자가 기술능력, 시설 및 장비 중 중요 변경사항이 있는 때에는 변경한 날부터 며칠 이내에 변경신고를 하여야 하는가?
① 5일 이내
② 15일 이내
③ 25일 이내
④ 30일 이내

해설 규정에 따라 등록한 사항 가운데 행정안전부령이 정하는 중요사항을 변경한 경우에는 그날부터 30일 이내에 시·도지사에게 변경신고를 하여야 한다.

답 ④

29 다음 중 위험물안전관리법에 따라 허가를 받아야 하는 대상이 아닌 것은?
① 농예용으로 사용하기 위한 건조시설로서 지정수량 20배를 취급하는 위험물취급소
② 수산용으로 필요한 건조시설로서 지정수량 20배를 저장하는 위험물저장소
③ 공동주택의 중앙난방시설로 사용하기 위한 지정수량 20배를 저장하는 위험물저장소
④ 축산용으로 사용하기 위한 난방시설로서 지정수량 30배를 저장하는 위험물저장소

다음에 해당하는 제조소 등의 경우에는 허가를 받지 아니하고 해당 제조소 등을 설치하거나 그 위치·구조 또는 설비를 변경할 수 있으며, 신고를 하지 아니하고 위험물의 품명·수량 또는 지정수량의 배수를 변경할 수 있다.
㉠ 주택의 난방시설(공동주택의 중앙난방시설을 제외한다)을 위한 저장소 또는 취급소
㉡ 농예용·축산용 또는 수산용으로 필요한 난방시설 또는 건조시설을 위한 지정수량 20배 이하의 저장소

답 ②

30 트라이에틸알루미늄이 염산과 반응하였을 때와 메탄올과 반응하였을 때 발생하는 가스를 차례대로 나열한 것은?

① C_2H_4, C_2H_4
② C_2H_6, C_2H_6
③ C_2H_6, C_2H_4
④ C_2H_4, C_2H_6

 염산, 알코올과 접촉하면 폭발적으로 반응하여 에테인을 형성하고 이때 발열, 폭발에 이른다.
$(C_2H_5)_3Al + HCl$
$\rightarrow (C_2H_5)_2AlCl + C_2H_6 + 발열$
$(C_2H_5)_3Al + 3CH_3OH$
$\rightarrow Al(CH_5O)_3 + 3C_2H_6 + 발열$

답 ②

31 다음 중 1mol의 질량이 가장 큰 것은?

① $(NH_4)_2Cr_2O_7$
② BaO_2
③ $K_2Cr_2O_7$
④ $KMnO_4$

화학식	$(NH_4)_2Cr_2O_7$	BaO_2	$K_2Cr_2O_7$	$KMnO_4$
분자량	252	169	294	158

답 ③

32 위험물의 저장 및 취급 시 유의사항에 대한 설명으로 틀린 것은?

① 과망가니즈산나트륨 - 가열, 충격, 마찰을 피하고 가연물과의 접촉을 피한다.
② 황린 - 알칼리용액과 반응하여 가연성의 아세틸렌이 발생하므로 물속에 저장한다.
③ 다이에틸에터 - 공기와 장시간 접촉 시 과산화물을 생성하므로 공기와의 접촉을 최소화한다.
④ 나이트로글리콜 - 폭발의 위험이 있으므로 화기를 멀리한다.

 황린의 저장 및 취급 방법
자연발화성이 있어 물속에 저장하며, 온도 상승 시 물의 산성화가 빨라져서 용기를 부식시키므로 직사광선을 피하여 저장한다. 인화수소(PH_3)의 생성을 방지하기 위해 보호액은 약알칼리성 pH 9로 유지하기 위하여 알칼리제(석회 또는 소다회 등)로 pH를 조절한다.

답 ②

33 시내 일반도로와 접하는 부분에 주유취급소를 설치하였다. 위험물안전관리법령이 허용하는 최대용량으로 [보기]의 탱크를 설치할 때 전체 탱크용량의 합은 몇 L인가?

[보기]
A. 고정주유설비 접속 전용탱크 3기
B. 고정급유설비 접속 전용탱크 1기
C. 폐유 저장탱크 2기
D. 윤활유 저장탱크 1기
E. 고정주유설비 접속 간이탱크 1기

① 201,600
② 202,600
③ 240,000
④ 242,000

탱크의 용량기준
㉠ 자동차 등에 주유하기 위한 고정주유설비에 직접 접속하는 전용탱크는 50,000L 이하이다.
㉡ 고정급유설비에 직접 접속하는 전용탱크는 50,000L 이하이다.
㉢ 보일러 등에 직접 접속하는 전용탱크는 10,000L 이하이다.
㉣ 자동차 등을 점검·정비하는 작업장 등에서 사용하는 폐유·윤활유 등의 위험물을 저장하는 탱크는 2,000L 이하이다(단, 2 이상 설치하는 경우에는 각 용량의 합계를 말한다).
㉤ 고속국도 도로변에 설치된 주유취급소의 탱크 용량은 60,000L이다.
 A. 고정주유설비 접속 전용탱크 3기
  : 50,000×3=150,000
 B. 고정급유설비 접속 전용탱크 1기 : 50,000
 C. 폐유저장탱크 2기 : 2,000×2=4,000이지만, 최대 2,000L까지만 가능
 D. 윤활유저장탱크 1기 : 2,000
 E. 고정주유설비 접속 간이탱크 1기 : 600
 그러므로 150,000+50,000+2,000+600 =202,600

답 ②

34 다음 중 위험물안전관리법령상 지정수량이 가장 적은 것은?

① 브로민산염류
② 질산염류
③ 아염소산염류
④ 다이크로뮴산염류

 제1류 위험물의 종류와 지정수량

위험등급	품명	지정수량
I	1. 아염소산염류 2. 염소산염류 3. 과염소산염류 4. 무기과산화물류	50kg
II	5. 브로민산염류 6. 질산염류 7. 아이오딘산염류	300kg
III	8. 과망가니즈산염류 9. 다이크로뮴산염류	1,000kg

답 ③

35 지정수량의 10배에 해당하는 순수한 아세톤의 질량은 약 몇 kg인가?

① 2,000
② 2,160
③ 3,160
④ 4,000

 아세톤의 지정수량은 400L이며, 비중은 0.79이다. 따라서 순수한 아세톤의 질량은 4,000kg×0.79=3,160kg

답 ③

36 위험물안전관리법령에서 정한 소화설비, 경보설비 및 피난설비의 기준으로 틀린 것은?

① 저장소의 건축물은 외벽이 내화구조인 것은 연면적 $75m^2$를 1소요단위로 한다.
② 할로젠화합물소화설비의 설치기준은 불활성가스소화설비 설치기준을 준용한다.
③ 옥내주유취급소와 연면적이 $500m^2$ 이상인 일반취급소에는 자동화재탐지설비를 설치하여야 한다.
④ 옥내소화전은 제조소 등의 건축물의 층마다 해당 층의 각 부분에서 하나의 호스 접속구까지의 수평거리가 25m 이하가 되도록 설치하여야 한다.

 소요단위 : 소화설비의 설치대상이 되는 건축물의 규모 또는 1위험물 양에 대한 기준 단위

1 단위	제조소 또는 취급소용 건축물의 경우	내화구조 외벽을 갖춘 연면적 $100m^2$
		내화구조 외벽이 아닌 연면적 $50m^2$
	저장소 건축물의 경우	내화구조 외벽을 갖춘 연면적 $150m^2$
		내화구조 외벽이 아닌 연면적 $75m^2$
	위험물의 경우	지정수량의 10배

답 ①

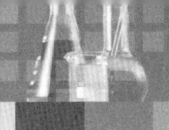

37 위험물안전관리법령상 제6류 위험물을 저장, 취급하는 소방대상물에 적응성이 없는 소화설비는?

① 탄산수소염류를 사용하는 분말소화설비
② 옥내소화전설비
③ 봉상강화액소화기
④ 스프링클러설비

해설

대상물 구분 / 소화설비의 구분	건축물 · 그 밖의 공작물	전기설비	제1류 위험물 알칼리금속 과산화물 등	제1류 위험물 그 밖의 것	제2류 위험물 철분 · 금속분 · 마그네슘 등	제2류 위험물 인화성 고체	제2류 위험물 그 밖의 것	제3류 위험물 금수성 물품	제3류 위험물 그 밖의 것	제4류 위험물	제5류 위험물	제6류 위험물
옥내소화전 또는 옥외소화전 설비	○			○		○	○		○		○	○
스프링클러설비	○			○		○	○		○	△	○	○
물분무등소화설비 물분무소화설비	○	○		○		○	○		○	○	○	○
포소화설비	○			○		○	○		○	○	○	○
불활성가스소화설비		○				○				○		
할로젠화합물소화설비		○				○				○		
분말소화설비 인산염류 등	○	○		○		○	○			○		○
탄산수소염류 등		○	○		○	○		○		○		
그 밖의 것			○		○			○				
대형 · 소형 수동식 소화기 봉상수(棒狀水)소화기	○			○		○	○		○		○	○
무상수(霧狀水)소화기	○	○		○		○	○		○		○	○
봉상강화액소화기	○			○		○	○		○		○	○
무상강화액소화기	○	○		○		○	○		○	○	○	○
포소화기	○			○		○	○		○	○	○	○
이산화탄소소화기		○				○				○		△
할로젠화합물소화기		○				○				○		
인산염류소화기	○	○		○		○	○			○		○
탄산수소염류소화기		○	○		○	○		○		○		
그 밖의 것			○		○			○				
기타 물통 또는 수조	○			○		○	○		○		○	○
건조사			○	○	○	○	○	○	○	○	○	○
팽창질석 또는 팽창진주암			○	○	○	○	○	○	○	○	○	○

답 ①

38 저장하는 지정과산화물의 최대수량이 지정수량의 5배인 옥내저장창고의 주위에 위험물안전관리법령에서 정한 담 또는 토제를 설치할 경우, 창고의 주위에 보유하는 공지의 너비는 몇 m 이상으로 하여야 하는가?

① 3 ② 6.5
③ 8 ④ 10

해설

저장 또는 취급하는 위험물의 최대수량	공지의 너비	
	저장창고의 주위에 비고 제1호의 담 또는 토제를 설치하는 경우	왼쪽 칸에 정하는 경우 외의 경우
5배 이하	3.0m 이상	10m 이상
5배 초과 10배 이하	5.0m 이상	15m 이상
10배 초과 20배 이하	6.5m 이상	20m 이상
20배 초과 40배 이하	8.0m 이상	25m 이상
40배 초과 60배 이하	10.0m 이상	30m 이상
60배 초과 90배 이하	11.5m 이상	35m 이상
90배 초과 150배 이하	13.0m 이상	40m 이상
150배 초과 300배 이하	15.0m 이상	45m 이상
300배 초과	16.5m 이상	50m 이상

비고)
1. 담 또는 토제는 다음에 적합한 것으로 하여야 한다. 다만, 지정수량의 5배 이하인 지정과산화물의 옥내저장소에 대하여는 해당 옥내저장소의 저장창고의 외벽을 두께 30cm 이상의 철근콘크리트조 또는 철골철근콘크리트조로 만드는 것으로서 담 또는 토제에 대신할 수 있다.
  가. 담 또는 토제는 저장창고의 외벽으로부터 2m 이상 떨어진 장소에 설치할 것. 다만, 담 또는 토제와 해당 저장창고와의 간격은 해당 옥내저장소의 공지의 너비의 5분의 1을 초과할 수 없다.
  나. 담 또는 토제의 높이는 저장창고의 처마높이 이상으로 할 것
  다. 담은 두께 15cm 이상의 철근콘크리트조나 철골철근콘크리트조 또는 두께 20cm 이상의 보강콘크리트블록조로 할 것
  라. 토제의 경사면의 경사도는 60° 미만으로 할 것
2. 지정수량의 5배 이하인 지정과산화물의 옥내저장소에 해당 옥내저장소의 저장창고의 외벽을 제1호 단서의 규정에 의한 구조로 하고 주위에 제1호 각 목의 규정에 의한 담 또는 토제를 설치하는 때에는 그 공지의 너비를 2m 이상으로 할 수 있다.

답 ①

39 주유취급소에서 위험물을 취급할 때의 기준에 대한 설명으로 틀린 것은?

① 자동차 등에 주유할 때에는 고정주유설비를 사용하여 직접 주유할 것
② 고정급유설비에 접속하는 탱크에 위험물을 주입할 때에는 해당 탱크에 접속된 고정주유설비의 사용이 중지되지 않도록 주의할 것
③ 고정주유설비 또는 고정급유설비에는 해당 주유설비에 접속한 전용탱크 또는 간이탱크의 배관 외의 것을 통하여 위험물을 공급하지 아니할 것
④ 주유원 간이대기실 내에서는 화기를 사용하지 아니할 것

해설 고정주유설비 또는 고정급유설비에 접속하는 탱크에 위험물을 주입할 때에는 해당 탱크에 접속된 고정주유설비 또는 고정급유설비의 사용을 중지하고, 자동차 등을 해당 탱크의 주입구에 접근시키지 아니할 것

답 ②

40 자동화재탐지설비를 설치하여야 하는 옥내저장소가 아닌 것은?

① 처마높이가 7m인 단층 옥내저장소
② 지정수량의 50배를 저장하는 저장창고의 연면적이 50m²인 옥내저장소
③ 에탄올 5만L를 취급하는 옥내저장소
④ 벤젠 5만L를 취급하는 옥내저장소

해설 자동화재탐지설비를 설치하여야 하는 옥내저장소
㉠ 지정수량의 100배 이상을 저장 또는 취급하는 것
㉡ 저장창고의 연면적이 150m²를 초과하는 것
㉢ 처마높이가 6m 이상인 단층건물의 것

답 ②

41 다음은 위험물안전관리법령에 따라 강제 강화 플라스틱제 이중벽탱크를 운반 또는 설치하는 경우에 유의하여야 할 기준 중 일부이다. ( )에 알맞은 수치를 나열한 것은?

"탱크를 매설한 사람은 매설 종료 후 해당 탱크의 감지층을 ( )kPa 정도로 가압 또는 감압한 상태로 ( )분 이상 유지하여 압력강하 또는 압력상승이 없는 것을 설치자의 입회하에 확인할 것. 다만, 해당 탱크의 감지층을 감압한 상태에서 운반한 경우에는 감압상태가 유지되어 있는 것을 확인하는 것으로 갈음할 수 있다."

① 10, 20   ② 25, 10
③ 10, 25   ④ 20, 10

해설 강제 강화 플라스틱제 이중벽탱크의 운반 및 설치기준
㉠ 운반 또는 이동하는 경우에 있어서 강화플라스틱 등이 손상되지 아니하도록 할 것
㉡ 탱크의 외면이 접촉하는 기초대, 고정밴드 등의 부분에는 완충재(두께 10mm 정도의 고무제 시트 등)를 끼워 넣어 접촉면을 보호할 것
㉢ 탱크를 기초대에 올리고 고정밴드 등으로 고정한 후 해당 탱크의 감지층을 20kPa 정도로 가압한 상태로 10분 이상 유지하여 압력강하가 없는 것을 확인할 것
㉣ 탱크를 지면 밑에 매설하는 경우에 있어서 돌덩어리, 유해한 유기물 등을 함유하지 않은 모래를 사용하고, 강화플라스틱 등의 피복에 손상을 주지 아니하도록 작업을 할 것
㉤ 탱크를 매설한 사람은 매설 종료 후 해당 탱크의 감지층을 20kPa 정도로 가압 또는 감압한 상태로 10분 이상 유지하여 압력강하 또는 압력상승이 없는 것을 설치자의 입회하에 확인할 것. 다만, 해당 탱크의 감지층을 감압한 상태에서 운반한 경우에는 감압상태가 유지되어 있는 것을 확인하는 것으로 갈음할 수 있다.
㉥ 탱크 설치과정표를 기록하고 보관할 것
㉦ 기타 탱크제조자가 제공하는 설치지침에 의하여 작업을 할 것

답 ④

42 위험물안전관리법령상 제2류 위험물인 마그네슘에 대한 설명으로 틀린 것은?

① 온수와 반응하여 수소가스가 발생한다.
② 질소기류에서 강하게 가열하면 질화마그네슘이 된다.
③ 위험물안전관리법령상 품명은 금속분이다.
④ 지정수량은 500kg이다.

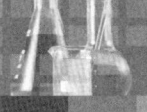

 제2류 위험물의 종류와 지정수량

성질	위험등급	품명	지정수량
가연성 고체	II	1. 황화인 2. 적린(P) 3. 황(S)	100kg
	III	4. 철분(Fe) 5. 금속분 6. 마그네슘(Mg)	500kg
		7. 인화성 고체	1,000kg

답 ③

43 적린의 저장, 취급 방법 또는 화재 시 소화 방법에 대한 설명으로 옳은 것은?

① 이황화탄소 속에 저장한다.
② 과염소산을 보호액으로 사용한다.
③ 조연성 물질이므로 가연물과의 접촉을 피한다.
④ 화재 시 다량의 물로 냉각소화할 수 있다.

 적린은 제2류 위험물로서 다량의 주수에 의해 냉각소화한다.

답 ④

44 과산화칼륨의 일반적인 성질에 대한 설명으로 옳은 것은?

① 물과 반응하여 산소를 생성하고, 아세트산과 반응하여 과산화수소를 생성한다.
② 녹는점은 300℃ 이하이다.
③ 백색의 정방정계 분말로 물에 녹지 않는다.
④ 비중이 1.3으로 물보다 무겁다.

해설 과산화칼륨의 일반적 성질
㉠ 분자량 110, 비중은 20℃에서 2.9, 융점 490℃
㉡ 순수한 것은 백색이나 보통은 황색의 분말 또는 과립상으로 흡습성, 조해성이 강하다.
㉢ 흡습성이 있으므로 물과 접촉하면 발열하며 수산화칼륨(KOH)과 산소(O_2)가 발생
$2K_2O_2 + 2H_2O \rightarrow 4KOH + O_2$
㉣ 묽은산과 반응하여 과산화수소(H_2O_2)를 생성
$K_2O_2 + 2CH_3COOH \rightarrow 2CH_3COOK + H_2O_2$

답 ①

45 금속나트륨이 에탄올과 반응하였을 때 가연성 가스가 발생한다. 이때 발생하는 가스와 동일한 가스가 발생되는 경우는?

① 나트륨이 액체 암모니아와 반응하였을 때
② 나트륨이 산소와 반응하였을 때
③ 나트륨이 사염화탄소와 반응하였을 때
④ 나트륨이 이산화탄소와 반응하였을 때

 나트륨은 알코올과 반응하여 나트륨알코올레이트와 수소 가스가 발생한다.
$2Na + 2C_2H_5OH \rightarrow 2C_2H_5ONa + H_2$ ⎤
$2Na + 2NH_3 \rightarrow 2NaNH_2 + H_2$ ⎦ 공통 가스

답 ①

46 메틸알코올에 대한 설명으로 옳은 것은?

① 물에 잘 녹지 않는다.
② 연소 시 불꽃이 잘 보이지 않는다.
③ 음용 시 독성이 없다.
④ 비점이 에틸알코올보다 높다.

해설 물에는 잘 녹고, 비점은 64℃로 에틸알코올 78℃ 보다 낮다.
독성이 강하여 먹으면 실명하거나 사망에 이른다 (30mL의 양으로도 치명적이다).

답 ②

47 $(CH_3CO)_2O_2$에 대한 설명으로 틀린 것은?

① 가연성 물질이다.
② 지정수량은 시험결과에 따라 달라진다.
③ 녹는점이 약 -20℃인 액체상이다.
④ 위험물안전관리법령상 다량의 물을 사용한 소화방법이 적응성이 있다.

 아세틸퍼옥사이드의 일반적 성질
㉠ 인화점 45℃, 발화점 121℃인 가연성 고체로 가열 시 폭발하며 충격, 마찰에 의해서 분해
㉡ 희석제 DMF를 75% 첨가시키고 저장온도는 0~5℃를 유지한다.

답 ③

48 실험식 $C_3H_5N_3O_9$에 해당하는 물질은?

① 트라이나이트로페놀
② 벤조일퍼옥사이드
③ 트리나이트로톨루엔
④ 나이트로글리세린

 제5류 위험물로서 질산에스터류에 해당한다. 40℃에서 분해되기 시작하여 200℃에서 스스로 폭발한다.
$4C_3H_5(ONO_2)_3 \rightarrow 12CO_2 + 10H_2O + 6N_2 + O_2$

답 ④

49 과산화나트륨과 반응하였을 때 같은 종류의 기체가 발생하는 물질로만 나열된 것은?

① 물, 이산화탄소
② 물, 염산
③ 이산화탄소, 염산
④ 물, 아세트산

 ㉠ 흡습성이 있으므로 물과 접촉하면 발열 및 수산화나트륨(NaOH)과 산소(O_2)가 발생
$2Na_2O_2 + 2H_2O \rightarrow 4NaOH + O_2$
㉡ 공기 중의 탄산가스(CO_2)를 흡수하여 탄산염이 생성
$2Na_2O_2 + 2CO_2 \rightarrow 2Na_2CO_3 + O_2$

답 ①

50 다음 중 끓는점이 가장 낮은 것은?

① BrF_3
② IF_5
③ BrF_5
④ HNO_3

화학식	BrF_3	IF_5	BrF_5	HNO_3
끓는점	125℃	100.5℃	40.75℃	122℃

답 ③

51 제4류 위험물 중 경유를 판매하는 제2종 판매취급소를 허가받아 운영하고자 한다. 취급할 수 있는 최대수량은?

① 20,000L
② 40,000L
③ 80,000L
④ 160,000L

 제2종 판매취급소는 저장 또는 취급하는 위험물의 수량이 40배 이하인 취급소이며, 경유의 지정수량은 1,000L이므로 1,000×40=40,000L임

답 ②

52 $KClO_3$에 대한 설명으로 틀린 것은?

① 분해온도는 약 400℃이다.
② 산화성이 강한 불연성 물질이다.
③ 400℃로 가열하면 주로 ClO_2가 발생한다.
④ NH_3와 혼합 시 위험하다.

 약 400℃ 부근에서 열분해되어 염화칼륨(KCl)과 산소(O_2)를 방출한다.
$2KClO_3 \rightarrow 2KCl + 3O_2$

답 ③

53 일반취급소로 사용되는 부분 외의 부분을 갖는 건축물에 설치된 일반취급소는 원칙적으로 소화난이도 등급 I에 해당한다. 이 경우 소화난이도 등급 I에서 제외되는 기준으로 옳은 것은?

① 일반취급소와 다른 부분 사이를 60+방화문 또는 60분방화문 외의 개구부 없이 내화구조로 구획한 경우
② 일반취급소와 다른 부분 사이를 자동폐쇄식 60+방화문 또는 60분방화문 외의 개구부 없이 내화구조로 구획한 경우
③ 일반취급소와 다른 부분 사이를 개구부 없이 내화구조로 구획한 경우
④ 일반취급소와 다른 부분 사이를 창문 외의 개구부 없이 내화구조로 구획한 경우

 일반취급소로 사용되는 부분 외의 부분을 갖는 건축물에 설치된 것(내화구조로 개구부 없이 구획된 것 및 고인화점 위험물만을 100℃ 미만의 온도에서 취급하는 것은 제외)

답 ④

54 위험물안전관리법령상 안전교육 대상자가 아닌 자는?

① 위험물제조소 등의 설치를 허가받은 자
② 위험물 안전관리자로 선임된 자
③ 탱크 시험자의 기술인력으로 종사하는 자
④ 위험물 운송자로 종사하는 자

답 ①

55 로트에서 랜덤으로 시료를 추출하여 검사한 후 그 결과에 따라 로트의 합격, 불합격을 판정하는 검사방법을 무엇이라 하는가?

① 자주 검사
② 간접 검사
③ 전수 검사
④ 샘플링 검사

해설 ① 자주 검사 : 자기 회사 제품을 품질관리 규정에 의해 스스로 하는 검사
③ 전수 검사 : 제출된 제품 전체에 대해 시험 또는 측정을 통해 합격과 불합격을 분류하는 검사
④ 샘플링 검사 : 로트에서 랜덤하게 시료를 추출하여 검사한 후 그 결과에 따라 로트의 합격, 불합격을 판정하는 검사방법

답 ④

56 미리 정해진 일정 단위 중에 포함된 부적합 수에 의거하여 공정을 관리할 때 사용되는 관리도는?

① c 관리도
② P 관리도
③ x 관리도
④ nP 관리도

해설 c 관리도 : 미리 정해진 일정 단위 중에 포함된 부적합 수에 의거하여 공정을 관리할 때 사용되는 관리도

답 ①

57 TPM 활동체제 구축을 위한 5가지 기능과 가장 거리가 먼 것은?

① 설비초기관리체제 구축 활동
② 설비 효율화의 개별 개선 활동
③ 운전과 보전의 스킬 업 훈련 활동
④ 설비경제성 검토를 위한 설비투자분석 활동

해설 TPM 중점활동 : 초기에는 5가지 중점활동으로 진행되었으나 향후 확산되면서 3가지가 추가되었다.
㉠ 설비 효율화의 개별 개선
㉡ 자주보전체제구축
㉢ 보전 부문의 계획보전 체제 구축
㉣ 운전·보전의 교육 훈련
㉤ MP 설계 및 초기 유동관리 체제 구축
㉥ 품질보전 체제 구축
㉦ 관리 간접 부문의 효율화 체제 구축
㉧ 안전·위생과 환경의 관리체제 구축

답 ④

58 도수분포표에서 알 수 있는 정보로 가장 거리가 먼 것은?

① 로트 분포의 모양
② 100단위당 부적합 수
③ 로트의 평균 및 표준편차
④ 규격과의 비교를 통한 부적합품률의 추정

해설 도수분포표란 말 그대로 도수의 분포를 나타낸 표이다. 수집된 통계자료가 취하는 변량을 적당한 크기의 계급으로 나눈 뒤, 각 계급에 해당되는 도수를 기록해서 만든다. 도수분포표를 이용하면 많은 양의 통계 자료 특성을 파악하기 쉽다. 또한 계급값 등을 이용해 평균값, 중앙값, 최빈값 등을 구하기 쉬워진다.

답 ②

59 ASME(American Society of Mechanical Engineers)에서 정의하고 있는 제품공정 분석표에 사용되는 기호 중 "저장(storage)"을 표현한 것은?

① ○ ② □
③ ▽ ④ ⇨

해설 공정분석 기호

기호	공정명	내용	부대 및 결합기호	
○	가공공정 (operation)	① 작업대상물이 물리적 또는 화학적으로 변형·변질 과정 ② 다음 공정을 위한 준비상태 표시	△	원료의 저장
			▽	반제품 또는 제품의 저장
	운반공정 (transportation)	① 작업대상물의 이동상태 ② ○는 가공공정의 1/2 또는 1/3로 한다. ③ →는 반드시 흐름 방향을 표시하지 않는다.	◇	질의 검사
				양·질 동시 검사
D	정체공정 (delay)	① 가공·검사되지 않은 채 한 장소에서 정체된 상태 ② 일시적 보관 또는 계획적 저장 상태 ③ D 기호는 정체와 저장을 구별하고자 할 경우 사용	◈	양과 가공 검사 (질중심)
▽	저장 (storage)		◉	양과 가공 검사 (양중심)
□	검사공정 (inspection)	품질규격의 일치여부(질적)와 제품수량(양적)을 측정하여 그 적부를 판정하는 공정	◯	가공과 질의 검사공정
			▽	공정 간 정체
			✡	작업 중의 정체

답 ③

60 자전거를 셀 방식으로 생산하는 공장에서, 자전거 1대당 소요공수가 14.5H이며, 1일 8H, 월 25일 작업을 한다면 작업자 1명당 월 생산 가능 대수는 몇 대인가? (단, 작업자의 생산종합효율은 80%이다.)

① 10대 ② 11대
③ 13대 ④ 14대

해설 1명당 월 생산 가능 대수
$= \dfrac{\text{작업일수} \times \text{1일 소요시간} \times \text{생산 종합효율}}{\text{소요공수}}$
$= \dfrac{25일 \times 8H/일 \times 0.8}{14.5H/대} = 11.03$대

답 ②

제59회 위험물기능장 필기
(2016년 4월 시행)

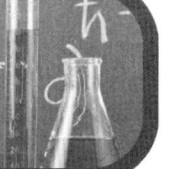

01 위험물 탱크의 내용적이 10,000L이고 공간용적이 내용적의 10%일 때 탱크의 용량은?
① 19,000L
② 11,000L
③ 9,000L
④ 1,000L

 탱크의 용량 = 탱크의 내용적 − 공간용적
= 10,000L − (10,000L × 0.1)
= 9,000L

답 ③

02 하나의 옥내저장소에 염소산나트륨 300kg, 아이오딘산칼륨 150kg, 과망가니즈산칼륨 500kg을 저장하고 있다. 각 물질의 지정수량 배수의 합은 얼마인가?
① 5배 ② 6배
③ 7배 ④ 8배

 지정수량 배수의 합
$$= \frac{\text{A품목 저장수량}}{\text{A품목 지정수량}} + \frac{\text{B품목 저장수량}}{\text{B품목 지정수량}}$$
$$+ \frac{\text{C품목 저장수량}}{\text{C품목 지정수량}} + \cdots$$
$$= \frac{300\text{kg}}{50\text{kg}} + \frac{150\text{kg}}{300\text{kg}} + \frac{500\text{kg}}{1,000\text{kg}} = 7$$

답 ③

03 위험물안전관리법령상 위험등급이 나머지 셋과 다른 하나는?
① 아염소산나트륨
② 알킬알루미늄
③ 아세톤
④ 황린

① 아염소산나트륨 : 제1류 제1등급
② 알킬알루미늄 : 제3류 제1등급
③ 아세톤 : 제4류 제2등급
④ 황린 : 제3류 제1등급

답 ③

04 위험물안전관리법령상 주유취급소 작업장(자동차 등을 점검·정비)에서 사용하는 폐유·윤활유 등의 위험물을 저장하는 탱크의 용량(L)은 얼마 이하이어야 하는가?
① 2,000
② 10,000
③ 50,000
④ 60,000

 주유취급소 탱크의 용량기준
㉠ 자동차 등에 주유하기 위한 고정주유설비, 직접 접속하는 전용 탱크는 50,000L 이하이다.
㉡ 고정급유설비에 직접 접속하는 전용 탱크는 50,000L 이하이다.
㉢ 보일러 등에 직접 접속하는 전용 탱크는 10,000L 이하이다.
㉣ 자동차 등을 점검·정비하는 작업장 등에서 사용하는 폐유·윤활유 등의 위험물을 저장하는 탱크는 2,000L 이하이다.
㉤ 고속국도 도로변에 설치된 주유취급소의 탱크 용량은 60,000L이다.

답 ①

05 위험물안전관리법령상 제4류 위험물의 지정수량으로 옳지 않은 것은?
① 피리딘 : 400L
② 아세톤 : 400L
③ 나이트로벤젠 : 1,000L
④ 아세트산 : 2,000L

해설 제4류 위험물의 종류와 지정수량

성질	위험등급	품명		지정수량
인화성 액체	I	특수 인화물류(다이에틸에터, 이황화탄소, 아세트알데하이드, 산화프로필렌)		50L
	II	제1석유류	비수용성(가솔린, 벤젠, 톨루엔, 사이클로헥세인, 콜로디온, 메틸에틸케톤, 초산메틸, 초산에틸, 의산에틸, 헥세인 등)	200L
			수용성(아세톤, 피리딘, 아크롤레인, 의산메틸, 사이안화수소 등)	400L
		알코올류(메틸알코올, 에틸알코올, 프로필알코올, 아이소프로필알코올)		400L
	III	제2석유류	비수용성(등유, 경유, 스타이렌, 자일렌(o-, m-, p-), 클로로벤젠, 장뇌유, 뷰틸알코올, 알릴알코올, 아밀알코올 등)	1,000L
			수용성(폼산, 초산, 하이드라진, 아크릴산 등)	2,000L
		제3석유류	비수용성(중유, 크레오소트유, 아닐린, 나이트로벤젠, 나이트로톨루엔 등)	2,000L
			수용성(에틸렌글리콜, 글리세린 등)	4,000L
		제4석유류	기어유, 실린더유, 윤활유, 가소제	6,000L
		동식물유류(아마인유, 들기름, 동유, 야자유, 올리브유 등)		10,000L

답 ③

06 위험물안전관리법령상 운반용기 내용적의 95% 이하의 수납률로 수납하여야 하는 위험물은?

① 과산화벤조일
② 질산메틸
③ 나이트로글리세린
④ 메틸에틸케톤퍼옥사이드

해설 고체 위험물 – 95% 이하의 수납률, 액체 위험물 – 98% 이하의 수납률이므로, 과산화벤조일은 제5류 위험물로서 고체에 해당하므로 95% 이하의 수납률로 수납하여야 한다.

답 ①

07 위험물안전관리법령상 염소화규소화합물은 제 몇 류 위험물에 해당되는가?

① 제1류
② 제2류
③ 제3류
④ 제5류

해설 제3류 위험물의 종류와 지정수량

성질	위험등급	품명	대표품목	지정수량
자연발화성 물질 및 금수성 물질	I	1. 칼륨(K) 2. 나트륨(Na) 3. 알킬알루미늄 4. 알킬리튬	$(C_2H_5)_3Al$ C_4H_9Li	10kg
		5. 황린(P_4)		20kg
	II	6. 알칼리금속류 (칼륨 및 나트륨 제외) 및 알칼리토금속	Li, Ca	50kg
		7. 유기금속화합물(알킬알루미늄 및 알킬리튬 제외)	$Te(C_2H_5)_2$, $Zn(CH_3)_2$	
	III	8. 금속의 수소화물	LiH, NaH	300kg
		9. 금속의 인화물	Ca_3P_2, AlP	
		10. 칼슘 또는 알루미늄의 탄화물	CaC_2, Al_4C_3	
		11. 그 밖에 행정안전부령이 정하는 것 염소화규소화합물	$SiHCl_3$	300kg

답 ③

08 위험물안전관리법령에서 정한 제2류 위험물의 저장·취급 기준에 해당되지 않는 것은?

① 산화제와의 접촉, 혼합을 피한다.
② 철분, 금속분, 마그네슘 및 이를 함유한 것에 있어서는 물이나 산과의 접촉을 피한다.
③ 인화성 고체에 있어서는 함부로 증기를 발생시키지 아니하여야 한다.
④ 고온체와의 접근, 과열 또는 공기와의 접촉을 피한다.

해설 ④는 제4류 위험물에 대한 저장, 취급 기준에 해당한다.

답 ④

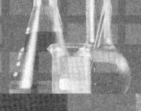

09 다음 금속 원소 중 이온화 에너지가 가장 큰 원소는?
① 리튬　　　② 나트륨
③ 칼륨　　　④ 루비듐

 이온화 에너지는 주기율표상 같은 주기에서는 오른쪽으로 갈수록, 같은 족에서는 위로 올라 갈수록 크다. 따라서 보기는 1족 원소들로 가장 위쪽의 리튬이 이온화 에너지가 가장 크다.
답 ①

10 위험물제조소로부터 30m 이상의 안전거리를 유지하여야 하는 건축물 또는 공작물은?
① 「문화유산의 보존 및 활용에 관한 법률」에 따른 지정문화유산
② 「고압가스 안전관리법」의 규정에 의하여 신고하여야 하는 고압가스 저장시설
③ 주거용 건축물
④ 「고등교육법」에서 정하는 학교

건축물	안전거리
사용전압 7,000V 초과 35,000V 이하의 특고압 가공전선	3m 이상
사용전압 35,000V 초과의 특고압 가공전선	5m 이상
주거용으로 사용되는 것(제조소가 설치된 부지 내에 있는 것 제외)	10m 이상
고압가스, 액화석유가스 또는 도시가스를 저장 또는 취급하는 시설	20m 이상
학교, 병원(병원급 의료기관), 극장(공연장, 영화상영관 및 수용인원 300명 이상의 시설), 아동복지시설, 노인복지시설, 장애인복지시설, 한부모가족복지시설, 어린이집, 성매매피해자를 위한 지원시설, 정신건강증진시설, 가정폭력피해자보호시설 및 수용인원 20명 이상의 시설	30m 이상
지정문화유산 및 천연기념물 등	50m 이상

답 ④

11 알코올류의 탄소수가 증가함에 따른 일반적인 특징으로 옳은 것은?
① 인화점이 낮아진다.
② 연소범위가 넓어진다.
③ 증기비중이 증가한다.
④ 비중이 증가한다.

 알코올류의 탄소수가 증가한다는 것은 분자량이 증가하는 것이므로 증기비중이 증가한다.
답 ③

12 위험물저장탱크에 설치하는 통기관 선단의 인화방지망은 어떤 소화효과를 이용한 것인가?
① 질식소화　　　② 부촉매소화
③ 냉각소화　　　④ 제거소화

 인화방지망은 탱크에서 외부로 가연성 증기를 방출하거나 탱크 내로 화기가 흡입되는 것을 방지하기 위하여 설치하는 안전장치에 해당한다.
답 ③

13 [보기]의 물질 중 제1류 위험물에 해당하는 것은 모두 몇 개인가?

아염소산나트륨, 염소산나트륨, 차아염소산칼슘, 과염소산칼륨

① 4개　　　② 3개
③ 2개　　　④ 1개
답 ①

14 위험물안전관리법령상 한 변의 길이는 10m, 다른 한 변의 길이는 50m인 옥내저장소에 자동화재탐지설비를 설치하는 경우 경계구역은 원칙적으로 최소한 몇 개로 하여야 하는가? (단, 차동식 스폿형 감지기를 설치한다.)
① 1　　　② 2
③ 3　　　④ 4

 하나의 경계구역의 면적은 $600m^2$ 이하로 하고 그 한 변의 길이는 50m(광전식분리형감지기를 설치할 경우에는 100m) 이하로 할 것. 다만, 해당 건축물, 그 밖의 공작물의 주요한 출입구에서 그 내부의 전체를 볼 수 있는 경우에 있어서는 그 면적을 $1,000m^2$ 이하로 할 수 있다. 따라서 문제에서 $10m \times 50m = 500m^2$이므로 하나의 경계구역에 해당한다.
답 ①

15 특정 옥외저장탱크 구조기준 중 필렛용접의 사이즈(S, mm)를 구하는 식으로 옳은 것은? (단, t_1 : 얇은 쪽 강판의 두께[mm], t_2 : 두꺼운 쪽 강판의 두께[mm]이며, $S \geq 4.5$이다.)

① $t_1 \geq S \geq t_2$
② $t_1 \geq S \geq \sqrt{2t_2}$
③ $\sqrt{2t_1} \geq S \geq t_2$
④ $t_1 \geq S \geq 2t_2$

 필렛용접 사이즈(부등사이즈가 되는 경우에는 작은 쪽의 사이즈를 말한다)에 대한 식은 $t_1 \geq S \geq \sqrt{2t_2}$ 이다.

답 ②

16 이황화탄소의 성질 또는 취급방법에 대한 설명 중 틀린 것은?

① 물보다 가볍다.
② 증기가 공기보다 무겁다.
③ 물을 채운 수조에 저장한다.
④ 연소 시 유독한 가스가 발생한다.

 이황화탄소의 액비중은 1.26으로 물보다 무겁다.

답 ①

17 제3류 위험물의 화재 시 소화에 대한 설명으로 틀린 것은?

① 인화칼슘은 물과 반응하여 포스핀가스가 발생하므로 마른 모래로 소화한다.
② 세슘은 물과 반응하여 수소가 발생하므로 물에 의한 냉각소화를 피해야 한다.
③ 다이에틸아연은 물과 반응하므로 주수소화를 피해야 한다.
④ 트라이에틸알루미늄은 물과 반응하여 산소가 발생하므로 주수소화는 좋지 않다.

 트라이에틸알루미늄은 물과 반응하여 가연성의 에탄가스가 발생하므로 주수소화하지 않는다.
$(C_2H_5)_3Al + 3H_2O \rightarrow Al(OH)_3 + 3C_2H_6$

답 ④

18 인화성 액체 위험물을 저장하는 옥외탱크저장소의 주위에 설치하는 방유제에 관한 내용으로 틀린 것은?

① 방유제는 높이 0.5m 이상 3m 이하, 두께 0.2m 이상, 지하매설깊이 1m 이상으로 한다.
② 2기 이상의 탱크가 있는 경우 방유제의 용량은 그 탱크 중 용량이 최대인 것의 용량의 110% 이상으로 한다.
③ 용량이 1,000만L 이상인 옥외저장탱크의 주위에 설치하는 방유제에는 탱크마다 칸막이둑을 흙 또는 철근콘크리트로 설치한다.
④ 칸막이둑을 설치하는 경우 칸막이둑 안에 설치된 탱크용량의 110% 이상이어야 한다.

 용량이 1,000만L 이상인 옥외저장탱크의 주위에 설치하는 방유제에는 다음의 규정에 따라 해당 탱크마다 칸막이둑을 설치할 것
㉠ 칸막이둑의 높이는 0.3m(방유제 내에 설치된 옥외저장탱크의 용량 합계가 2억L를 넘는 방유제에 있어서는 1m) 이상으로 하되, 방유제의 높이보다 0.2m 이상 낮게 할 것
㉡ 칸막이둑은 흙 또는 철근콘크리트로 할 것
㉢ 칸막이둑의 용량은 칸막이둑 안에 설치된 탱크용량의 10% 이상일 것

답 ④

19 각 유별 위험물의 화재 예방대책이나 소화방법에 관한 설명으로 틀린 것은?

① 제1류 — 염소산나트륨은 철제용기에 넣은 후 나무상자에 보관한다.
② 제2류 — 적린은 다량의 물로 냉각소화한다.
③ 제3류 — 강산화제와의 접촉을 피하고, 건조사, 팽창질석, 팽창진주암 등을 사용하여 질식소화를 시도한다.
④ 제5류 — 분말, 할론, 포 등에 의한 질식소화는 효과가 없으며, 다량의 주수소화가 효과적이다.

해설 염소산나트륨은 흡습성이 좋아 강한 산화제로서 철제용기를 부식시키므로 사용해서는 안 된다.

답 ①

20 다음에서 설명하고 있는 법칙은?

> 온도가 일정할 때 기체의 부피는 절대압력에 반비례한다.

① 일정성분비의 법칙
② 보일의 법칙
③ 샤를의 법칙
④ 보일-샤를의 법칙

해설 보일(Boyle)의 법칙
등온의 조건에서 기체의 부피는 압력에 반비례한다.

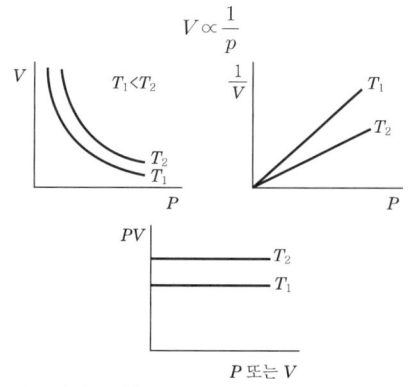

〈보일의 법칙에서 부피, 온도, 압력 관계〉

답 ②

21 제6류 위험물에 대한 설명으로 옳은 것은?

① 과염소산은 무취, 청색의 기름상 액체이다.
② 알루미늄, 니켈 등은 진한질산에 녹지 않는다.
③ 과산화수소는 크산토프로테인반응과 관계가 있다.
④ 오플루오린화브로민의 화학식은 C_2F_5Br이다.

해설 부동태 : 반응성이 큰 금속(Fe, Ni, Al)과 산화물 피막을 형성하여 내부를 보호한다.

답 ②

22 위험물 운반용기의 외부에 표시하는 사항이 아닌 것은?

① 위험등급
② 위험물의 제조일자
③ 위험물의 품명
④ 주의사항

해설 ㉠ 위험물의 품명·위험등급·화학명 및 수용성 ('수용성' 표시는 제4류 위험물로서 수용성인 것에 한한다.)
㉡ 위험물의 수량
㉢ 수납하는 위험물에 따른 주의사항

답 ②

23 다음 중 지하탱크저장소의 수압시험기준으로 옳은 것은?

① 압력 외 탱크는 상용압력의 30kPa의 압력으로 10분간 실시하여 새거나 변형이 없을 것
② 압력탱크는 최대상용압력의 1.5배의 압력으로 10분간 실시하여 새거나 변형이 없을 것
③ 압력 외 탱크는 상용압력의 30kPa의 압력으로 20분간 실시하여 새거나 변형이 없을 것
④ 압력탱크는 최대상용압력의 1.1배의 압력으로 10분간 실시하여 새거나 변형이 없을 것

해설 지하저장탱크는 용량에 따라 압력탱크(최대상용압력이 46.7kPa 이상인 탱크를 말한다) 외의 탱크에 있어서는 70kPa의 압력으로, 압력탱크에 있어서는 최대상용압력의 1.5배의 압력으로 각각 10분간 수압시험을 실시하여 새거나 변형되지 아니하여야 한다. 이 경우 수압시험은 소방청장이 정하여 고시하는 기밀시험과 비파괴시험을 동시에 실시하는 방법으로 대신할 수 있다.

답 ②

24 제조소 내 액체 위험물을 취급하는 옥외설비의 바닥둘레에 설치하여야 하는 턱의 높이는 얼마 이상이어야 하는가?

① 0.1m 이상 ② 0.15m 이상
③ 0.2m 이상 ④ 0.25m 이상

 옥외에서 액체 위험물을 취급하는 설비의 바닥기준
㉠ 바닥의 둘레에 높이 0.15m 이상의 턱을 설치하는 등 위험물이 외부로 흘러나가지 아니하도록 하여야 한다.
㉡ 바닥은 콘크리트 등 위험물이 스며들지 아니하는 재료로 하고, ㉠의 턱이 있는 쪽이 낮게 경사지게 하여야 한다.
㉢ 바닥의 최저부에 집유설비를 하여야 한다.
㉣ 위험물(20℃의 물 100g에 용해되는 양이 1g 미만인 것에 한한다)을 취급하는 설비에 있어서는 해당 위험물이 직접 배수구에 흘러들어가지 아니하도록 집유설비에 유분리장치를 설치하여야 한다.

 ②

25 제조소 등에서의 위험물 저장의 기준에 관한 설명 중 틀린 것은?

① 제3류 위험물 중 황린과 금수성 물질은 동일한 저장소에서 저장하여도 된다.
② 옥내저장소에서 재해가 현저하게 증대할 우려가 있는 위험물을 다량 저장하는 경우에는 지정수량의 10배 이하마다 구분하여 상호 간 0.3m 이상의 간격을 두어 저장하여야 한다.
③ 옥내저장소에서는 용기에 수납하여 저장하는 위험물의 온도가 55℃를 넘지 아니하도록 필요한 조치를 강구하여야 한다.
④ 컨테이너식 이동탱크저장소 외의 이동탱크저장소에 있어서는 위험물을 저장한 상태로 이동저장탱크를 옮겨 싣지 아니하여야 한다.

 제3류 위험물 중 황린, 그 밖에 물속에 저장하는 물품과 금수성 물질은 동일한 저장소에서 저장하지 아니하여야 한다.

 ①

26 다음은 옥내저장소의 저장창고와 옥내탱크저장소의 탱크 전용실에 관한 설명이다. 위험물안전관리법령상의 내용과 다른 것은?

① 제4류 위험물 제1석유류를 저장하는 옥내저장소에 있어서 하나의 저장창고의 바닥면적은 1,000m² 이하로 설치하여야 한다.
② 제4류 위험물 제1석유류를 저장하는 옥내탱크저장소의 탱크 전용실은 건축물의 1층 또는 지하층에 설치하여야 한다.
③ 다층건물 옥내저장소의 저장창고에서 연소의 우려가 있는 외벽은 출입구 외의 개구부를 갖지 아니하는 벽으로 하여야 한다.
④ 제3류 위험물인 황린을 단독으로 저장하는 옥내탱크저장소의 탱크 전용실은 지하층에 설치할 수 있다.

 옥내저장탱크는 탱크 전용실에 설치하는 경우 제2류 위험물 중 황화인·적린 및 덩어리 황, 제3류 위험물 중 황린, 제6류 위험물 중 질산의 탱크 전용실은 건축물의 1층 또는 지하층에 설치하여야 한다.

답 ②

27 벤조일퍼옥사이드(과산화벤조일)에 대한 설명으로 틀린 것은?

① 백색 또는 무색 결정성 분말이다.
② 불활성 용매 등의 희석제를 첨가하면 폭발성이 줄어든다.
③ 진한황산, 진한질산, 금속분 등과 혼합하면 분해를 일으켜 폭발한다.
④ 알코올에는 녹지 않고, 물에 잘 용해된다.

 벤조일퍼옥사이드의 경우 무미, 무취의 백색 분말 또는 무색의 결정성 고체로 물에는 잘 녹지 않으나 알코올 등에는 잘 녹는다.

답 ④

28 위험물안전관리법령상 IF₅의 지정수량은?

① 20kg ② 50kg
③ 200kg ④ 300kg

IF_5는 할로젠간화합물로서 제6류 위험물에 해당하며, 지정수량은 300kg이다.

답 ④

29 유량을 측정하는 계측기구가 아닌 것은?
① 오리피스미터　② 피에조미터
③ 로터미터　　　④ 벤투리미터

 유량을 측정하는 기구로는 벤투리미터, 오리피스미터, 위어, 로터미터가 있으며, 피에조미터는 압력을 측정하는 기구에 해당한다.

답 ②

30 위험물 암반탱크가 다음과 같은 조건일 때 탱크의 용량은 몇 L인가?

- 암반탱크의 내용적 : 600,000L
- 1일간 탱크 내에 용출하는 지하수의 양 : 800L

① 594,400　② 594,000
③ 593,600　④ 592,000

 암반탱크에 있어서는 해당 탱크 내에 용출하는 7일간의 지하수 양에 상당하는 용적과 해당 탱크의 내용적의 100분의 1의 용적 중에서 보다 큰 용적을 공간용적으로 한다. 따라서, 7×800L=5,600L는 60,000L보다 작으므로 내용적의 100분의 1의 용적을 공간용적으로 한다. 따라서, 탱크의 용량은 내용적에서 공간용적을 뺀 용적으로 하므로 600,000－60,000＝594,000L에 해당한다.

답 ②

31 질산칼륨에 대한 설명으로 틀린 것은?
① 황화인, 질소와 혼합하면 흑색화약이 된다.
② 에터에 잘 녹지 않는다.
③ 물에 녹으므로 저장 시 수분과의 접촉에 주의한다.
④ 400℃로 가열하면 분해되어 산소를 방출한다.

 흑색화약＝질산칼륨 75%＋황 10%＋목탄 15%

답 ①

32 다음 중 옥내저장소에 위험물을 저장하는 제한높이가 가장 높은 경우는?
① 기계에 의하여 하역하는 구조로 된 용기만을 겹쳐 쌓는 경우
② 중유를 수납하는 용기만을 겹쳐 쌓는 경우
③ 아마인유를 수납하는 용기만을 겹쳐 쌓는 경우
④ 적린을 수납하는 용기만을 겹쳐 쌓는 경우

 ㉠ 기계에 의하여 하역하는 구조로 된 용기만을 겹쳐 쌓는 경우에 있어서는 6m
㉡ 제4류 위험물 중 제3석유류, 제4석유류 및 동식물유류를 수납하는 용기만을 겹쳐 쌓는 경우에 있어서는 4m
㉢ 그 밖의 경우에 있어서는 3m

답 ①

33 방폭구조 결정을 위한 폭발위험 장소를 옳게 분류한 것은?
① 0종 장소, 1종 장소
② 0종 장소, 1종 장소, 2종 장소
③ 1종 장소, 2종 장소, 3종 장소
④ 0종 장소, 1종 장소, 2종 장소, 3종 장소

 위험장소의 분류
㉠ 0종 장소 : 통상상태에서 위험분위기가 장시간 지속되는 장소
㉡ 1종 장소 : 통상상태에서 위험분위기를 생성할 우려가 있는 장소
㉢ 2종 장소 : 이상상태에서 위험분위기를 생성할 우려가 있는 장소

답 ②

34 위험물안전관리법령상 위험물제조소 등에 자동화재탐지설비를 설치할 때 설치기준으로 틀린 것은?
① 하나의 경계구역의 면적은 600m² 이하로 할 것
② 광전식분리형감지기를 설치한 경우 경계구역의 한 변의 길이는 50m 이하로 할 것
③ 감지기는 지붕 또는 벽의 옥내에 면하는 부분에 유효하게 화재의 발생을 감지할 수 있도록 설치할 것
④ 비상전원을 설치할 것

하나의 경계구역의 면적은 600m² 이하로 하고 그 한 변의 길이는 50m(광전식분리형감지기를 설치할 경우에는 100m) 이하로 할 것. 다만, 해당 건축물, 그 밖의 공작물의 주요한 출입구에서 그 내부의 전체를 볼 수 있는 경우에 있어서는 그 면적을 1,000m² 이하로 할 수 있다.

답 ②

35 위험물안전관리법령상 알칼리금속 과산화물에 적응성이 있는 소화설비는?

① 할로젠화합물소화설비
② 탄산수소염류분말소화설비
③ 물분무소화설비
④ 스프링클러소화설비

대상물 구분	건축물·그 밖의 공작물	전기설비	제1류 위험물 알칼리금속과산화물 등	제1류 위험물 그 밖의 것	제2류 위험물 철분·금속분·마그네슘 등	제2류 위험물 인화성 고체	제2류 위험물 그 밖의 것	제3류 위험물 금수성 물품	제3류 위험물 그 밖의 것	제4류 위험물	제5류 위험물	제6류 위험물
옥내소화전 또는 옥외소화전 설비	○			○		○	○		○		○	○
스프링클러설비	○			○		○	○		○	△	○	○
물분무등소화설비 물분무소화설비	○	○		○		○	○		○	○	○	○
물분무등소화설비 포소화설비	○			○		○	○		○	○	○	○
물분무등소화설비 불활성가스소화설비		○				○				○		
물분무등소화설비 할로젠화합물소화설비		○				○				○		
물분무등소화설비 분말소화설비 인산염류 등	○	○		○		○	○			○		○
물분무등소화설비 분말소화설비 탄산수소염류 등		○	○		○	○		○		○		
물분무등소화설비 분말소화설비 그 밖의 것			○		○			○				

답 ②

36 분진폭발에 대한 설명으로 틀린 것은?

① 밀폐공간 내 분진운이 부유할 때 폭발 위험성이 있다.
② 충격, 마찰도 착화에너지가 될 수 있다.
③ 2차, 3차 폭발의 발생우려가 없으므로 1차 폭발 소화에 주력하여야 한다.
④ 산소의 농도가 증가하면 위험성이 증가할 수 있다.

 분진폭발 : 가연성 고체의 미분이 공기 중에 부유하고 있을 때 어떤 착화원에 의해 에너지가 주어지면 폭발하는 현상으로 2차, 3차의 폭발로 이어질 수 있다.

답 ③

37 위험물안전관리법령상 적린, 황화인에 적응성이 없는 소화설비는?

① 옥외소화전설비
② 포소화설비
③ 불활성가스소화설비
④ 인산염류 등의 분말소화설비

해설 적린, 황화인은 제2류 위험물로 주수에 의한 냉각소화가 효과적이다.

답 ③

38 소형 수동식소화기의 설치기준에 따라 방호대상물의 각 부분으로부터 하나의 소형 수동식소화기까지의 보행거리가 20m 이하가 되도록 설치하여야 하는 제조소 등에 해당하는 것은? (단, 옥내소화전설비, 옥외소화전설비, 스프링클러설비, 물분무 등 소화설비 또는 대형 수동식소화기와 함께 설치하지 않은 경우이다.)

① 지하탱크저장소
② 주유취급소
③ 판매취급소
④ 옥내저장소

 소형 수동식소화기 설치기준에 대한 내용으로 지하탱크저장소, 간이탱크저장소, 이동탱크저장소, 주유취급소, 판매취급소에서는 유효하게 소화할 수 있는 위치에 설치해야 하며, 그 밖의 제조소 등에서는 방호대상물로부터 하나의 소형 소화기까지의 보행거리가 20m 이하가 되도록 설치해야 한다.

답 ④

39 다음은 옥내저장소에 유별을 달리하는 위험물을 함께 저장·취급할 수 있는 경우를 나열한 것이다. 위험물안전관리법령상의 내용과 다른 것은? (단, 유별로 정리하고 서로 1m 이상 간격을 두는 경우이다.)

① 과산화나트륨 - 유기과산화물
② 염소산나트륨 - 황린
③ 다이에틸에터 - 고형 알코올
④ 무수크로뮴산 - 질산

 유별을 달리하는 위험물은 동일한 저장소(내화구조의 격벽으로 완전히 구획된 실이 2 이상 있는 저장소에 있어서는 동일한 실)에 저장하지 아니하여야 한다. 다만, 옥내저장소 또는 옥외저장소에 있어서 다음의 규정에 의한 위험물을 저장하는 경우로서 위험물을 유별로 정리하여 저장하는 한편, 서로 1m 이상의 간격을 두는 경우에는 그러하지 아니하다.
㉠ 제1류 위험물(알칼리금속의 과산화물 또는 이를 함유한 것을 제외한다)과 제5류 위험물을 저장하는 경우
㉡ 제1류 위험물과 제6류 위험물을 저장하는 경우
㉢ 제1류 위험물과 제3류 위험물 중 자연발화성 물질(황린 또는 이를 함유한 것에 한한다)을 저장하는 경우
㉣ 제2류 위험물 중 인화성 고체와 제4류 위험물을 저장하는 경우
㉤ 제3류 위험물 중 알킬알루미늄 등과 제4류 위험물(알킬알루미늄 또는 알킬리튬을 함유한 것에 한한다)을 저장하는 경우
㉥ 제4류 위험물과 제5류 위험물 중 유기과산화물 또는 이를 함유한 것을 저장하는 경우
※ 과산화나트륨은 제1류 위험물로서 제5류 위험물인 유기과산화물과 혼재할 수 없다.

답 ①

40 다음 중 소화약제의 종류에 관한 설명으로 틀린 것은?

① 제2종 분말소화약제는 B급, C급 화재에 적응성이 있다.
② 제3종 분말소화약제는 A급, B급, C급 화재에 적응성이 있다.
③ 이산화탄소소화약제의 주된 소화효과는 질식효과이며 B급, C급 화재에 주로 사용한다.
④ 합성계면활성제 포소화약제는 고팽창포로 사용하는 경우 사정거리가 길어 고압가스, 액화가스, 석유탱크 등의 대규모 화재에 사용한다.

 합성계면활성제 포소화약제의 경우 일반화재 및 유류화재에 적용이 가능하고, 창고화재 소화에 적합하나 내열성과 내유성이 약해 대형 유류탱크 화재 시 ring fire(윤화)현상이 발생될 우려가 있으므로 소화에 적절하지 않다.

답 ④

41 지정수량이 나머지 셋과 다른 위험물은?

① 브로민산칼륨   ② 질산나트륨
③ 과염소산칼륨   ④ 아이오딘산칼륨

 브로민산칼륨, 질산나트륨, 아이오딘산칼륨 : 300kg, 과염소산칼륨 : 50kg

답 ③

42 분무도장작업 등을 하기 위한 일반취급소를 안전거리 및 보유공지에 관한 규정을 적용하지 않고 건축물 내의 구획실 단위로 설치하는 데 필요한 요건으로 틀린 것은?

① 취급하는 위험물의 수량은 지정수량의 30배 미만일 것
② 건축물 중 일반취급소의 용도로 사용하는 부분은 벽·기둥·바닥·보 및 지붕(상층이 있는 경우에는 상층의 바닥)을 내화구조로 할 것
③ 도장, 인쇄 또는 도포를 위하여 제2류 또는 제4류 위험물(특수 인화물은 제외)을 취급하는 것일 것
④ 건축물 중 일반취급소의 용도로 사용하는 부분의 출입구에는 60+방화문·60분방화문 또는 30분방화문을 설치할 것

해설 건축물 중 일반취급소의 용도로 사용하는 부분의 출입구에는 60+방화문 또는 60분방화문을 설치하되, 연소의 우려가 있는 외벽 및 해당 부분 외의 부분과의 격벽에 있는 출입구에는 수시로 열 수 있는 자동폐쇄식의 것으로 할 것

답 ④

43 위험물안전관리법령상 "고인화점 위험물"이란?
① 인화점이 100℃ 이상인 제4류 위험물
② 인화점이 130℃ 이상인 제4류 위험물
③ 인화점이 100℃ 이상인 제4류 위험물 또는 제3류 위험물
④ 인화점이 100℃ 이상인 위험물

답 ①

44 황화인에 대한 설명 중 틀린 것은?
① 삼황화인은 과산화물, 금속분 등과 접촉하면 발화의 위험성이 높아진다.
② 삼황화인이 연소하면 SO_2와 P_2O_5가 발생한다.
③ 오황화인이 물과 반응하면 황화수소가 발생한다.
④ 오황화인은 알칼리와 반응하여 이산화황과 인산이 된다.

해설 오황화인(P_2S_5) : 알코올이나 이황화탄소(CS_2)에 녹으며, 물이나 알칼리와 반응하면 분해되어 황화수소(H_2S)와 인산(H_3PO_4)으로 된다.
$P_2S_5 + 8H_2O \rightarrow 5H_2S + 2H_3PO_4$

답 ④

45 칼륨을 저장하는 위험물 옥내저장소의 화재예방을 위한 조치가 아닌 것은?
① 작은 용기에 소분하여 저장한다.
② 석유 등의 보호액 속에 저장한다.
③ 화재 시에 다량의 물로 소화하도록 소화수조를 설치한다.
④ 용기의 파손이나 부식에 주의하고 안전점검을 철저히 한다.

해설 칼륨은 물과 격렬히 반응하여 발열하고 수산화칼륨과 수소가 발생한다. 이때 발생된 열은 점화원의 역할을 한다.
$2K + 2H_2O \rightarrow 2KOH + H_2$

답 ③

46 C_6H_6와 $C_6H_5CH_3$의 공통적인 특징을 설명한 것으로 틀린 것은?
① 무색투명한 액체로서 냄새가 있다.
② 물에는 잘 녹지 않으나 에터에는 잘 녹는다.
③ 증기는 마취성과 독성이 있다.
④ 겨울에 대기 중의 찬 곳에서 고체가 된다.

해설 벤젠의 경우 5.5℃에서 응고된다.

답 ④

47 알코올류의 성상, 위험성, 저장 및 취급에 대한 설명으로 틀린 것은?
① 농도가 높아질수록 인화점이 낮아져 위험성이 증대된다.
② 알칼리금속과 반응하면 인화성이 강한 수소가 발생한다.
③ 위험물안전관리법령상 1분자를 구성하는 탄소 원자의 수가 1개 내지 3개인 포화1가 알코올의 함유량이 60vol% 미만인 수용액은 알코올류에서 제외한다.
④ 위험물안전관리법령상 "알코올류"라 함은 1분자를 구성하는 탄소 원자의 수가 1개부터 3개까지인 포화1가 알코올(변성알코올을 포함한다)을 말한다.

해설 "알코올류"라 함은 1분자를 구성하는 탄소 원자의 수가 1개부터 3개까지인 포화1가 알코올(변성알코올을 포함한다)을 말한다. 다만, 다음의 어느 하나에 해당하는 것은 제외한다.
㉠ 1분자를 구성하는 탄소 원자의 수가 1개 내지 3개인 포화1가 알코올의 함유량이 60wt% 미만인 수용액
㉡ 가연성 액체량이 60wt% 미만이고 인화점 및 연소점(태그개방식 인화점측정기에 의한 연소점을 말한다. 이하 같다)이 에틸알코올 60wt% 수용액의 인화점 및 연소점을 초과하는 것

답 ③

48 다음 위험물 중에서 물과 반응하여 가연성 가스가 발생하지 않는 것은?

① 칼륨　　　② 황린
③ 나트륨　　④ 알킬리튬

 황린은 물속에 저장하는 위험물이다.

답 ②

49 아세톤에 대한 설명으로 틀린 것은?

① 보관 중 분해되어 청색으로 변한다.
② 아이오딘폼반응을 일으킨다.
③ 아세틸렌의 저장에 이용된다.
④ 연소범위는 약 2.6~12.8%이다.

 보관 중 황색으로 변질되며 백광을 쪼이면 분해된다.

답 ①

50 위험물안전관리법령상 경보설비의 설치 대상에 해당하지 않는 것은?

① 지정수량의 5배를 저장 또는 취급하는 판매취급소
② 옥내주유취급소
③ 연면적 $500m^2$인 제조소
④ 처마높이가 6m인 단층건물의 옥내저장소

해설 제조소 등별로 설치하여야 하는 경보설비의 종류

제조소 등의 구분	제조소 등의 규모, 저장 또는 취급하는 위험물의 종류 및 최대수량 등	경보 설비
1. 제조소 및 일반취급소	• 연면적 $500m^2$ 이상인 것 • 옥내에서 지정수량의 100배 이상을 취급하는 것(고인화점 위험물만을 100℃ 미만의 온도에서 취급하는 것을 제외한다) • 일반취급소로 사용되는 부분 외의 부분이 있는 건축물에 설치된 일반취급소(일반취급소와 일반취급소 외의 부분이 내화구조의 바닥 또는 벽으로 개구부 없이 구획된 것을 제외한다)	
2. 옥내저장소	• 지정수량의 100배 이상을 저장 또는 취급하는 것(고인화점 위험물만을 저장 또는 취급하는 것을 제외한다) • 저장창고의 연면적이 $150m^2$를 초과하는 것[해당 저장창고가 연면적 $150m^2$ 이내마다 불연재료의 격벽으로 개구부 없이 완전히 구획된 것과 제2류 또는 제4류의 위험물(인화성 고체 및 인화점이 70℃ 미만인 제4류 위험물을 제외한다)만을 저장 또는 취급하는 것에 있어서는 저장창고의 연면적이 $500m^2$ 이상의 것에 한한다] • 처마높이가 6m 이상인 단층건물의 것 • 옥내저장소로 사용되는 부분 외의 부분이 있는 건축물에 설치된 옥내저장소[옥내저장소와 옥내저장소 외의 부분이 내화구조의 바닥 또는 벽으로 개구부 없이 구획된 것과 제2류 또는 제4류의 위험물(인화성 고체 및 인화점이 70℃ 미만인 제4류 위험물을 제외한다)만을 저장 또는 취급하는 것을 제외한다]	자동화재 탐지설비
3. 옥내탱크 저장소	단층건물 외의 건축물에 설치된 옥내탱크저장소로서 소화난이도 등급 I에 해당하는 것	자동화재 탐지설비
4. 주유취급소	옥내주유취급소	
5. 제1호 내지 제4호의 자동화재탐지설비 설치 대상에 해당하지 아니하는 제조소 등	지정수량의 10배 이상을 저장 또는 취급하는 것	자동화재탐지설비, 비상경보설비, 확성장치 또는 비상방송설비 중 1종 이상

답 ①

51 위험물의 장거리 운송 시에는 2명 이상의 운전자가 필요하다. 이 경우 장거리에 해당하는 것은?

① 자동차 전용도로 – 80km 이상
② 지방도 – 100km 이상
③ 일반국도 – 150km 이상
④ 고속국도 – 340km 이상

 위험물 운송자는 장거리(고속국도에 있어서는 340km 이상, 그 밖의 도로에 있어서는 200km 이상을 말한다)에 걸치는 운송을 하는 때에는 2명 이상의 운전자로 할 것

답 ④

52 제2류 위험물의 화재 시 소화방법으로 틀린 것은?

① 황은 다량의 물로 냉각소화가 적당하다.
② 알루미늄분은 건조사로 질식소화가 효과적이다.
③ 마그네슘은 이산화탄소에 의한 소화가 가능하다.
④ 인화성 고체는 이산화탄소에 의한 소화가 가능하다.

 마그네슘은 CO_2 등 질식성 가스와 접촉 시에는 가연성 물질인 C와 유독성인 CO 가스가 발생한다.
$2Mg + CO_2 \rightarrow 2MgO + 2C$
$Mg + CO_2 \rightarrow MgO + CO$

답 ③

53 위험물 이동탱크저장소에 설치하는 자동차용 소화기의 설치기준으로 틀린 것은?

① 무상의 강화액 8L 이상(2개 이상)
② 이산화탄소 3.2kg 이상(2개 이상)
③ 소화분말 2.2kg 이상(2개 이상)
④ CF_2ClBr 2L 이상(2개 이상)

제조소 등의 구분	소화설비	설치기준	
이동탱크저장소	자동차용 소화기	무상의 강화액 8L 이상	2개 이상
		이산화탄소 3.2kg 이상	
		브로모클로로다이플루오로메테인 (CF_2ClBr) 2L 이상	
		브로모트라이플루오로메테인 (CF_3Br) 2L 이상	
		다이브로모테트라플루오로에테인 ($C_2F_4Br_2$) 1L 이상	
		소화분말 3.3kg 이상	
	마른 모래 및 팽창질석 또는 팽창진주암	마른 모래 150L 이상	
		팽창질석 또는 팽창진주암 640L 이상	

답 ③

54 메테인 75vol%, 프로페인 25vol%인 혼합기체의 연소하한계는 약 몇 vol%인가? (단, 연소범위는 메테인 5~15vol%, 프로페인 2.1~9.5vol%이다.)

① 2.72
② 3.72
③ 4.63
④ 5.63

$L = \dfrac{100}{\left(\dfrac{V_1}{L_1} + \dfrac{V_2}{L_2} + \dfrac{V_3}{L_3} + \cdots\right)}$
$= \dfrac{100}{\left(\dfrac{75}{5} + \dfrac{25}{2.1}\right)}$
$\fallingdotseq 3.72$

답 ②

55 어떤 작업을 수행하는 데 작업소요시간이 빠른 경우 5시간, 보통이면 8시간, 늦으면 12시간 걸린다고 예측되었다면 3점 견적법에 의한 기대시간치와 분산을 계산하면 약 얼마인가?

① $t_e = 8.0$, $\sigma^2 = 1.17$
② $t_e = 8.2$, $\sigma^2 = 1.36$
③ $t_e = 8.3$, $\sigma^2 = 1.17$
④ $t_e = 8.3$, $\sigma^2 = 1.36$

기대시간치(t_e) $= \dfrac{t_o + 4t_m + t_p}{6}$
$= \dfrac{5 + (4 \times 8) + 12}{6}$
$= 8.17$

여기서, t_o : 낙관시간차
t_m : 정상시간차
t_p : 비관시간차

분산(σ^2) $= \left(\dfrac{t_p - t_o}{6}\right)^2$
$= \left(\dfrac{12 - 5}{6}\right)^2$
$= 1.36$

답 ②

56 정규분포에 관한 설명 중 틀린 것은?
① 일반적으로 평균치가 중앙값보다 크다.
② 평균을 중심으로 좌우대칭의 분포이다.
③ 대체로 표준편차가 클수록 산포가 나쁘다고 본다.
④ 평균치가 0이고 표준편차가 1인 정규분포를 표준정규분포라 한다.

 정규분포 : 평균을 중심으로 좌우대칭이며, 평균, 중앙값, 최빈값이 정확히 일치하는 연속형 분포로서 좌우대칭이란 평균을 중심으로 표준편차의 범위 안에 양쪽 옆으로 전체 데이터에 대한 정보가 50%씩 속해 있다는 것이다(s.d는 Standard deviation).

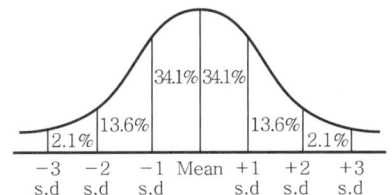

답 ①

57 일반적으로 품질코스트 가운데 가장 큰 비율을 차지하는 것은?
① 평가코스트
② 실패코스트
③ 예방코스트
④ 검사코스트

해설 실패코스트는 품질이 일정 수준에 미달되는 경우 발생하는 손실로 인해 소요되는 비용으로서 초기단계에서 가장 큰 비율로 들어가는 코스트에 해당한다.

답 ②

58 계량값 관리도에 해당되는 것은?
① c 관리도
② u 관리도
③ R 관리도
④ pn 관리도

 관리도의 종류

㉠ $\bar{x}-R$(평균치와 범위의) 관리도 ㉡ x(개개의 측정위의) 관리도 ㉢ $\tilde{x}-R$(메디안과 범위의) 관리도	계량치에 사용한다.
㉣ pn(불량개수의) 관리도 ㉤ p(불량률의) 관리도 ㉥ c(결점수의) 관리도 ㉦ u(단위당 결점수의) 관리도	계수치에 사용한다.

답 ③

59 작업측정의 목적 중 틀린 것은?
① 작업개선　② 표준시간 설정
③ 과업관리　④ 요소작업 분할

해설 작업측정 : 생산공정이 시작되기 전 작업성과를 평가할 목표가 설정되어야 하며, 목표가 표준이라면 표준이 설정되기 전에 직무를 먼저 분석해야 한다. 작업측정이란 어떤 작업을 작업자가 수행하는 데 필요한 시간을 어떤 표준적 측정여건 하에서 결정하는 일련의 절차를 말한다.

답 ④

60 계수규준형 샘플링 검사의 OC곡선에서 좋은 로트를 합격시키는 확률을 뜻하는 것은? (단, α는 제1종과오, β는 제2종과오이다.)
① α
② β
③ $1-\alpha$
④ $1-\beta$

 규준형 샘플링 검사
공급자에 대한 보호와 구입자에 대한 보호의 정도를 각각 규정하여 공급자와 구입자의 요구가 만족되도록 설정되어 있는 것이 특징이다.
즉, OC곡선상의 불량률 p_0, 평균치 m_0와 같은 좋은 품질의 로트가 샘플링 검사에서 불합격될 확률 α(이것을 생산자 위험이라 함)를 일정한 작은 값(보통 $\alpha=0.05$)으로 정하여 공급자를 보호하고, 불량률 p_1이나 평균치 m_1과 같은 나쁜 품질의 로트가 합격될 확률 β(이것을 소비자 위험)를 일정한 작은 값(보통 $\beta=0.10$)으로 정하여 구입자를 보호하는 검사 방식이다.

답 ③

제60회 (2016년 7월 시행) 위험물기능장 필기

01 식용유 화재 시 비누화(saponification) 현상(반응)을 통해 소화할 수 있는 분말소화약제는?
① 제1종 분말소화약제
② 제2종 분말소화약제
③ 제3종 분말소화약제
④ 제4종 분말소화약제

 제1종 분말소화약제(주성분 : $NaHCO_3$)의 경우 일반 요리용 기름 화재 시 기름과 중탄산나트륨이 반응하면 금속 비누가 만들어져 거품을 생성하여 기름의 표면을 덮어서 질식소화 효과 및 재발화 억제방지 효과를 나타내는 비누화 현상을 이용한다.

답 ①

02 에터의 과산화물을 제거하는 시약으로 사용되는 것은?
① KI
② $FeSO_4$
③ $NH_3(OH)$
④ CH_3COCH_3

 과산화물의 검출은 10% 아이오딘화칼륨(KI) 용액과의 황색 반응으로 확인한다. 또한, 생성된 과산화물을 제거하는 시약으로는 황산제일철($FeSO_4$)을 사용한다.

답 ②

03 인화성 액체 위험물(CS_2는 제외)을 저장하는 옥외탱크저장소에서의 방유제 용량에 대해 다음 ( ) 안에 알맞은 수치를 차례대로 나열한 것은?

방유제의 용량은 방유제 안에 설치된 탱크가 하나인 때에는 그 탱크용량의 (   )% 이상, 2기 이상인 때에는 그 탱크 중 용량이 최대인 것의 용량 (   )% 이상으로 할 것.
이 경우 방유제의 용량은 해당 방유제의 내용적에서 용량이 최대인 탱크 외의 탱크의 방유제 높이 이하 부분의 용적, 해당 방유제 내에 있는 모든 탱크의 지반면 이상 부분의 기초 체적, 칸막이둑의 체적 및 해당 방유제 내에 있는 배관 등의 체적을 뺀 것으로 한다.

① 50, 100
② 100, 110
③ 110, 100
④ 110, 110

답 ④

04 위험물안전관리법령상 위험물을 적재할 때 방수성 덮개를 해야 하는 것은?
① 과산화나트륨
② 염소산칼륨
③ 제5류 위험물
④ 과산화수소

 적재하는 위험물에 따라

차광성이 있는 것으로 피복해야 하는 경우	방수성이 있는 것으로 피복해야 하는 경우
제1류 위험물 제3류 위험물 중 자연발화성 물질 제4류 위험물 중 특수 인화물 제5류 위험물 제6류 위험물	제1류 위험물 중 알칼리금속의 과산화물 제2류 위험물 중 철분, 금속분, 마그네슘 제3류 위험물 중 금수성 물질

과산화나트륨은 제1류 위험물 중 알칼리금속의 과산화물에 해당한다.

답 ①

05 금속칼륨 10g을 물에 녹였을 때 이론적으로 발생하는 기체는 약 몇 g인가?
① 0.12g
② 0.26g
③ 0.32g
④ 0.52g

 $2K + 2H_2O \rightarrow 2KOH + H_2$

$$\frac{10g-K}{} \left| \frac{1mol-K}{39g-K} \right| \frac{1mol-H_2}{2mol-K} \left| \frac{2g-H_2}{1mol-H_2} \right| = 0.256g-H_2$$

답 ②

06 위험물안전관리법령상 용기에 수납하는 위험물에 따라 운반용기 외부에 표시하여야 할 주의사항으로 옳지 않은 것은?

① 자연발화성 물질 - 화기엄금 및 공기접촉엄금
② 인화성 액체 - 화기엄금
③ 자기반응성 물질 - 화기엄금 및 충격주의
④ 산화성 액체 - 화기·충격주의 및 가연물접촉주의

유별	구분	주의사항
제1류 위험물 (산화성 고체)	알칼리금속의 과산화물	"화기·충격주의" "물기엄금" "가연물접촉주의"
	그 밖의 것	"화기·충격주의" "가연물접촉주의"
제2류 위험물 (가연성 고체)	철분·금속분·마그네슘	"화기주의" "물기엄금"
	인화성 고체	"화기엄금"
	그 밖의 것	"화기주의"
제3류 위험물 (자연발화성 및 금수성 물질)	자연발화성 물질	"화기엄금" "공기접촉엄금"
	금수성 물질	"물기엄금"
제4류 위험물 (인화성 액체)	-	"화기엄금"
제5류 위험물 (자기반응성 물질)	-	"화기엄금" 및 "충격주의"
제6류 위험물 (산화성 액체)	-	"가연물접촉주의"

답 ④

07 위험물안전관리법령상 위험물 운반에 관한 기준에서 운반용기의 재질로 명시되지 않은 것은?

① 섬유판
② 도자기
③ 고무류
④ 종이

운반용기 재질 : 금속판, 강판, 삼, 합성섬유, 고무류, 양철판, 짚, 알루미늄판, 종이, 유리, 나무, 플라스틱, 섬유판

답 ②

08 위험물안전관리법령상 $C_6H_5NH_2$의 지정수량을 옳게 나타낸 것은?

① 200L
② 1,000L
③ 2,000L
④ 400L

$C_6H_5NH_2$는 아닐린으로 제3석유류 비수용성에 해당한다.

답 ③

09 위험물안전관리법령상 벤조일퍼옥사이드의 화재에 적응성이 있는 소화설비는?

① 분말소화설비
② 불활성가스소화설비
③ 할로젠화합물소화설비
④ 포소화설비

벤조일퍼옥사이드는 제5류 위험물에 해당한다.

대상물 구분 소화설비의 구분	건축물·그 밖의 공작물	전기설비	제1류 위험물 알칼리금속과산화물 등	제1류 위험물 그 밖의 것	제2류 위험물 철분·금속분·마그네슘 등	제2류 위험물 인화성 고체	제2류 위험물 그 밖의 것	제3류 위험물 금수성 물품	제3류 위험물 그 밖의 것	제4류 위험물	제5류 위험물	제6류 위험물
옥내소화전 또는 옥외소화전 설비	○			○		○	○		○		○	○
스프링클러설비	○			○		○	○		○	△	○	○
물분무소화설비	○	○		○		○	○		○	○	○	○
포소화설비	○			○		○	○		○	○	○	○
불활성가스소화설비		○				○				○		
할로젠화합물소화설비		○				○				○		
분말소화설비 인산염류 등	○	○		○		○	○			○		○
분말소화설비 탄산수소염류 등		○	○		○	○		○		○		
분말소화설비 그 밖의 것			○		○			○				

답 ④

10 위험물안전관리법령상 옥내저장소의 저장창고 바닥면적을 1,000m² 이하로 하여야 하는 위험물이 아닌 것은?

① 아염소산염류 ② 나트륨
③ 금속분 ④ 과산화수소

 금속분은 제2류 위험물로서 위험등급 2등급군에 속하며 바닥면적은 2,000m² 이하로 해야 한다.

위험물을 저장하는 창고	바닥면적
가. 다음의 위험물을 저장하는 창고 ㉠ 제1류 위험물 중 아염소산염류, 염소산염류, 과염소산염류, 무기과산화물, 그 밖에 지정수량이 50kg인 위험물 ㉡ 제3류 위험물 중 칼륨, 나트륨, 알킬알루미늄, 알킬리튬, 그 밖에 지정수량이 10kg인 위험물 및 황린 ㉢ 제4류 위험물 중 특수 인화물, 제1석유류 및 알코올류 ㉣ 제5류 위험물 중 유기과산화물, 질산에스테르류, 그 밖에 지정수량이 10kg인 위험물 ㉤ 제6류 위험물	1,000m² 이하
나. '가'의 위험물 외의 위험물을 저장하는 창고	2,000m² 이하
다. '가'와 '나'의 위험물을 내화구조의 격벽으로 완전히 구획된 실에 각각 저장하는 창고 ('가'의 위험물을 저장하는 실의 면적은 500m²를 초과할 수 없다.)	1,500m² 이하

답 ③

11 유별을 달리하는 위험물의 혼재기준에서 1개이하의 다른 유별의 위험물과만 혼재가 가능한 것은? (단, 지정수량의 1/10을 초과하는 경우이다.)

① 제2류 ② 제3류
③ 제4류 ④ 제5류

 유별을 달리하는 위험물의 혼재기준

위험물의 구분	제1류	제2류	제3류	제4류	제5류	제6류
제1류		×	×	×	×	○
제2류	×		×	○	○	×
제3류	×	×		○	×	×
제4류	×	○	○		○	×
제5류	×	○	×	○		×
제6류	○	×	×	×	×	

답 ②

12 전기의 부도체이고 황산이나 화약을 만드는 원료로 사용되며, 연소하면 푸른색을 내는 것은?

① 황
② 적린
③ 철분
④ 마그네슘

 황에 대한 설명이며, 공기 중에서 연소하면 푸른 빛을 내며 아황산가스(SO_2)가 발생한다.
$S + O_2 \rightarrow SO_2$

답 ①

13 제3류 위험물에 대한 설명으로 옳지 않은 것은?

① 탄화알루미늄은 물과 반응하여 메테인가스가 발생한다.
② 칼륨은 물과 반응하여 발열반응을 일으키며 수소가스가 발생한다.
③ 황린이 공기 중에서 자연발화하면 오황화인이 발생한다.
④ 탄화칼슘이 물과 반응하여 발생하는 가스의 연소범위는 약 2.5~81%이다.

 황린은 공기 중에서 오산화인의 백색 연기를 내며 격렬하게 연소하고 일부 유독성의 포스핀(PH_3)도 생성하며 환원력이 강하여 산소농도가 낮은 환경에서도 연소한다.
$P_4 + 5O_2 \rightarrow 2P_2O_5$

답 ③

14 위험물안전관리법령상 제2석유류가 아닌 것은?

① 가연성 액체량이 40wt%이면서 인화점이 39℃, 연소점이 65℃인 도료
② 가연성 액체량이 50wt%이면서 인화점이 39℃, 연소점이 65℃인 도료
③ 가연성 액체량이 40wt%이면서 인화점이 40℃, 연소점이 65℃인 도료
④ 가연성 액체량이 50wt%이면서 인화점이 40℃, 연소점이 65℃인 도료

 "제2석유류"라 함은 등유, 경유, 그 밖에 1기압에서 인화점이 21℃ 이상, 70℃ 미만인 것을 말한다. 다만, 도료류, 그 밖의 물품에 있어서 가연성 액체량이 40wt% 이하이면서 인화점이 40℃ 이상인 동시에 연소점이 60℃ 이상인 것은 제외한다.

답 ③

15 위험물안전관리법령상 위험물의 저장·취급에 관한 공통기준에서 정한 내용으로 틀린 것은?

① 제조소 등에 있어서는 허가를 받았거나 신고한 수량 초과 또는 품명 외의 위험물을 저장·취급하지 말 것
② 위험물을 보호액 중에 보존하는 경우에는 해당 위험물이 보호액으로부터 노출되지 아니하도록 하여야 할 것
③ 위험물을 저장·취급하는 건축물은 위험물의 수량에 따라 차광 또는 환기를 할 것
④ 위험물을 용기에 수납하는 경우에는 용기의 파손, 부식, 틈 등이 생기지 않도록 할 것

 위험물을 저장 또는 취급하는 건축물, 그 밖의 공작물 또는 설비는 해당 위험물의 성질에 따라 차광 또는 환기를 해야 한다.

답 ③

16 위험물안전관리법령상 위험물제조소 등에 설치하는 소화설비 중 옥내소화전설비에 관한 기준으로 틀린 것은?

① 옥내소화전의 배관은 소화전설비의 성능에 지장을 주지 않는다면 전용으로 설치하지 않아도 되고 주배관 중 입상관은 직경이 50mm 이상이어야 한다.
② 설비의 비상전원은 자가발전설비 또는 축전지설비로 설치하되, 용량은 옥내소화전설비를 45분 이상 유효하게 작동시키는 것이 가능한 것이어야 한다.
③ 비상전원으로 사용하는 큐비클식 외의 자가발전설비는 자가발전장치의 주위에 0.6m 이상의 공지를 보유하여야 한다.
④ 비상전원으로 사용하는 축전지설비 중 큐비클식 외의 축전지설비를 동일 실에 2개 이상 설치하는 경우에는 상호 간에 0.5m 이상 거리를 두어야 한다.

해설 축전지설비를 동일 실에 2 이상 설치하는 경우에는 축전지설비의 상호 간격은 0.6m(높이가 1.6m 이상인 선반 등을 설치한 경우에는 1m) 이상 이격할 것

답 ④

17 탄화칼슘이 물과 반응하면 가연성 가스가 발생한다. 이때 발생한 가스를 촉매하에서 물과 반응시켰을 때 생성되는 물질은?

① 다이에틸에터 ② 에틸아세테이트
③ 아세트알데하이드 ④ 산화프로필렌

해설 탄화칼슘은 물과 격렬하게 반응하여 수산화칼슘과 아세틸렌을 만들며 공기 중 수분과 반응하여도 아세틸렌을 생성한다.
$CaC_2 + 2H_2O \rightarrow Ca(OH)_2 + C_2H_2$
아세틸렌과 물을 수은 촉매하에서 수화시키면 아세트알데하이드가 제조된다.
$C_2H_2 + H_2O \rightarrow CH_3CHO$

답 ③

18 위험물의 운반기준에 대한 설명으로 틀린 것은?

① 위험물을 수납한 운반용기가 현저하게 마찰 또는 동요를 일으키지 아니하도록 운반하여야 한다.
② 지정수량 이상의 위험물을 차량으로 운반할 때에는 한 변의 길이가 0.3m 이상, 다른 한 변은 0.6m 이상인 직사각형 표지판을 설치하여야 한다.
③ 위험물의 운반 도중 재난 발생의 우려가 있는 경우에는 응급조치를 강구하는 동시에 가까운 소방관서, 그 밖의 관계기관에 통보하여야 한다.
④ 지정수량 이하의 위험물을 차량으로 운반하는 경우 적응성이 있는 소형 수동식소화기를 위험물의 소요단위에 상응하는 능력단위 이상으로 비치하여야 한다.

지정수량 이상의 위험물을 차량으로 운반하는 경우에는 해당 위험물에 적응성이 있는 소형 수동식소화기를 해당 위험물의 소요단위에 상응하는 능력단위 이상 갖추어야 한다.

답 ④

19 수소화리튬에 대한 설명으로 틀린 것은?
① 물과 반응하여 가연성 가스가 발생한다.
② 물보다 가볍다.
③ 대량의 저장용기 중에는 아르곤을 봉입한다.
④ 주수소화가 금지되어 있고, 이산화탄소소화기가 적응성이 있다.

 수소화리튬 소화방법 : 주수, CO_2, 할로젠화합물 소화약제는 엄금이며 마른 모래(건조사) 등에 의해 질식소화한다.

답 ④

20 폼산(formic acid)에 대한 설명으로 틀린 것은?
① 화학식은 CH_3COOH이다.
② 비중은 약 1.2로 물보다 무겁다.
③ 개미산이라고도 한다.
④ 융점은 약 8.5℃이다.

 폼산의 화학식은 HCOOH로서 개미산 또는 의산이라고도 한다.

답 ①

21 위험물안전관리법령상 위험물제조소 등의 자동화재탐지설비의 설치기준으로 틀린 것은?
① 계단·경사로·승강기의 승강로, 그 밖의 이와 유사한 장소에 연기감지기를 설치하는 경우에는 자동화재탐지설비의 경계구역이 2 이상의 층에 걸칠 수 있다.
② 하나의 경계구역의 면적은 600m²(예외적인 경우에는 1,000m² 이하) 이하로 하고 광전식분리형감지기를 설치하는 경우에는 한 변의 길이는 50m 이하로 하여야 한다.
③ 자동화재탐지설비의 감지기는 지붕 또는 벽의 옥내에 면한 부분에 유효하게 화재의 발생을 감지하도록 설치하여야 한다.
④ 자동화재탐지설비에는 비상전원을 설치하여야 한다.

 하나의 경계구역의 면적은 600m² 이하로 하고 그 한 변의 길이는 50m(광전식분리형감지기를 설치할 경우에는 100m) 이하로 할 것. 다만, 해당 건축물, 그 밖의 공작물의 주요한 출입구에서 그 내부의 전체를 볼 수 있는 경우에 있어서는 그 면적을 1,000m² 이하로 할 수 있다.

답 ②

22 위험물안전관리법령상 옥내저장소에 6개의 옥외소화전을 설치할 때 필요한 수원의 수량은?
① 28m³ 이상
② 39m³ 이상
③ 54m³ 이상
④ 81m³ 이상

 수원의 양(Q)
$Q(m^3) = N \times 13.5m^3$
(N, 4개 이상인 경우 4개)
$= 4 \times 13.5m^3 = 54m^3$

답 ③

23 다음 중 위험물안전관리법령상 압력탱크가 아닌 저장탱크에 위험물을 저장할 때 유지하여야 하는 온도의 기준이 가장 낮은 경우는?
① 다이에틸에터를 옥외저장탱크에 저장하는 경우
② 산화프로필렌을 옥내저장탱크에 저장하는 경우
③ 산화프로필렌을 지하저장탱크에 저장하는 경우
④ 아세트알데하이드를 지하저장탱크에 저장하는 경우

 ① 다이에틸에터를 옥외저장탱크에 저장하는 경우 : 30℃ 이하
② 산화프로필렌을 옥내저장탱크에 저장하는 경우 : 30℃ 이하
③ 산화프로필렌을 지하저장탱크에 저장하는 경우 : 30℃ 이하
④ 아세트알데하이드를 지하저장탱크에 저장하는 경우 : 15℃ 이하

답 ④

24 백색 또는 담황색 고체로 수산화칼륨 용액과 반응하여 포스핀가스를 생성하는 것은?

① 황린
② 트라이메틸알루미늄
③ 적린
④ 황

 황린은 수산화칼륨 용액 등 강한 알칼리 용액과 반응하여 가연성, 유독성의 포스핀가스가 발생한다.
$P_4 + 3KOH + 3H_2O \rightarrow PH_3 + 3KH_2PO_2$

답 ①

25 위험물안전관리법령상 옥외탱크저장소에 설치하는 높이가 1m를 넘는 방유제 및 칸막이둑의 안팎에 설치하는 계단 또는 경사로는 약 몇 m마다 설치하여야 하는가?

① 20m   ② 30m
③ 40m   ④ 50m

 높이가 1m를 넘는 방유제 및 칸막이둑의 안팎에는 방유제 내에 출입하기 위한 계단 또는 경사로를 약 50m마다 설치한다.

답 ④

26 제4류 위험물 중 제1석유류의 일반적인 특성이 아닌 것은?

① 증기의 연소 하한값이 비교적 낮다.
② 대부분 비중이 물보다 작다.
③ 화재 시 다른 석유류보다 보일오버나 슬롭오버 현상이 일어나기 쉽다.
④ 대부분 증기밀도가 공기보다 크다.

해설 제1석유류의 경우 인화점이 21℃ 미만이므로 보일오버 또는 슬롭오버 현상은 일어나기 어렵다. 보일오버나 슬롭오버 현상은 중질유의 탱크에서 발생하는 현상이다.

답 ③

27 메테인의 확산속도는 28m/s이고, 같은 조건에서 기체 A의 확산속도는 14m/s이다. 기체 A의 분자량은 얼마인가?

① 8   ② 32
③ 64   ④ 128

 그레이엄의 확산법칙 공식에 따르면
$\dfrac{v_A}{v_B} = \sqrt{\dfrac{M_B}{M_A}}$, $\dfrac{14\text{m/sec}}{28\text{m/sec}} = \sqrt{\dfrac{16\text{g/mol}}{M_A}}$
$M_A = 16 \times 4 = 64\text{g/mol}$

답 ③

28 0℃, 0.5기압에서 질산 1mol은 몇 g인가?

① 31.5g   ② 63g
③ 126g   ④ 252g

 질산의 화학식은 HNO_3이며 분자량은 63g/mol이다.

답 ②

29 위험물제조소 등의 완공검사 신청시기에 대한 설명으로 옳은 것은?

① 이동탱크저장소는 이동저장탱크의 제작 전에 신청한다.
② 이송취급소에서 지하에 매설하는 이송배관 공사의 경우는 전체의 이송배관 공사를 완료한 후에 신청한다.
③ 지하탱크가 있는 제조소 등은 해당 지하탱크를 매설한 후에 신청한다.
④ 이송취급소에서 하천에 매설하는 이송배관 공사의 경우에는 이송배관을 매설하기 전에 신청한다.

해설 이송취급소의 경우 이송배관 공사의 전체 또는 일부를 완료한 후 완공검사를 신청한다(단, 지하, 하천 등에 매설하는 이송배관 공사의 경우에는 이송배관을 매설하기 전에 신청한다).

답 ④

30 위험물제조소의 옥외에 있는 위험물 취급 탱크용량이 100,000L인 곳의 방유제 용량은 몇 L 이상이어야 하는가?

① 50,000
② 90,000
③ 100,000
④ 110,000

해설 옥외에 있는 위험물 취급 탱크로서 액체 위험물(이황화탄소를 제외한다)을 취급하는 것의 주위에는 방유제를 설치할 것. 하나의 취급 탱크 주위에 설치하는 방유제의 용량은 해당 탱크용량의 50% 이상으로 하고, 2 이상의 취급 탱크 주위에 하나의 방유제를 설치하는 경우 그 방유제의 용량은 해당 탱크 중 용량이 최대인 것의 50%에 나머지 탱크용량 합계의 10%를 가산한 양 이상이 되게 할 것.
따라서, 탱크용량 100,000L의 50%에 해당하는 50,000L를 방유제의 용량으로 하면 된다.

답 ①

31 위험성 평가기법을 정량적 평가기법과 정성적 평가기법으로 구분할 때 다음 중 그 성격이 다른 하나는?

① HAZOP
② FTA
③ ETA
④ CCA

해설 ㉮ 정량적 위험성 평가기법
  ㉠ FTA
    (결함수분석기법; Fault Tree Analysis)
  ㉡ ETA
    (사건수분석기법; Event Tree Analysis)
  ㉢ CA
    (피해영향분석법; Consequence Analysis)
  ㉣ FMECA(Failure Modes Effects and Criticality Analysis)
  ㉤ HEA(작업자실수분석)
  ㉥ DAM(상대위험순위 결정)
  ㉦ CCA(원인결과분석)

㉯ 정성적 위험성 평가기법
  ㉠ HAZOP(위험과 운전분석기법; Hazard and Operability)
  ㉡ check-list(체크리스트)
  ㉢ what-if(사고예상질문기법)
  ㉣ PHA(예비위험분석기법; Preliminary Hazard Analysis)

답 ①

32 위험물안전관리법령상 제5류 위험물에 속하지 않는 것은?

① $C_3H_5(ONO_2)_3$
② $C_6H_2(NO_2)_3OH$
③ CH_3COOOH
④ $C_3Cl_3N_3O_3$

해설 ① $C_3H_5(ONO_2)_3$: 나이트로글리세린
② $C_6H_2(NO_2)_3OH$: 트라이나이트로페놀
③ CH_3COOOH : 과초산
④ $C_3Cl_3N_3O_3$: 트라이클로로시아누릭산(제1류 위험물)

답 ④

33 위험물안전관리법령상 소방공무원 경력자가 취급할 수 있는 위험물은?

① 법령에서 정한 모든 위험물
② 제4류 위험물을 제외한 모든 위험물
③ 제4류 위험물과 제6류 위험물
④ 제4류 위험물

해설 위험물 취급 자격자의 자격

위험물 취급 자격자의 구분	취급할 수 있는 위험물
「국가기술자격법」에 따라 위험물기능장, 위험물산업기사, 위험물기능사의 자격을 취득한 사람	위험물안전관리법 시행령 [별표 1]의 모든 위험물
안전관리자 교육 이수자(법 제28조 제1항에 따라 소방청장이 실시하는 안전관리자 교육을 이수한 자)	제4류 위험물
소방공무원 경력자(소방공무원으로 근무한 경력이 3년 이상인 자)	

답 ④

34 다음 중 크산토프로테인반응을 하는 물질은?
① H_2O_2 ② HNO_3
③ $HClO_4$ ④ $NH_4H_2PO_4$

 질산은 크산토프로테인반응(피부에 닿으면 노란색으로 변색), 부동태 반응(Fe, Ni, Al 등과 반응 시 산화물 피막 형성)을 한다.

답 ②

35 트라이에틸알루미늄이 물과 반응하였을 때 생성되는 물질은?
① $Al(OH)_3$, C_2H_2
② $Al(OH)_3$, C_2H_6
③ Al_2O_3, C_2H_2
④ Al_2O_3, C_2H_6

 $(C_2H_5)_3Al + 3H_2O \rightarrow Al(OH)_3$ (수산화알루미늄) $+ 3C_2H_6$(에테인)

답 ②

36 다음 중 제2류 위험물의 일반적인 성질로 가장 거리가 먼 것은?
① 연소 시 유독성 가스가 발생한다.
② 연소속도가 빠르다.
③ 불이 붙기 쉬운 가연성 물질이다.
④ 산소를 함유하고 있지 않은 강한 산화성 물질이다.

 제2류 위험물은 이연성, 속연성 물질로서 산소를 함유하고 있지 않기 때문에 강력한 환원제(산소 결합 용이)이다.

답 ④

37 제조소에서 위험물을 취급하는 건축물, 그 밖의 시설의 주위에는 그 취급하는 위험물의 최대수량에 따라 보유해야 할 공지가 필요하다. 취급하는 위험물이 지정수량의 10배인 경우 공지의 너비는 몇 m 이상으로 해야 하는가?
① 3m ② 4m
③ 5m ④ 10m

 제조소의 보유공지

취급하는 위험물의 최대수량	공지의 너비
지정수량의 10배 이하	3m 이상
지정수량의 10배 초과	5m 이상

답 ①

38 위험물안전관리법령상 주유취급소의 주유원 간이대기실의 기준으로 적합하지 않은 것은?
① 불연재료로 할 것
② 바퀴가 부착되지 아니한 고정식일 것
③ 차량의 출입 및 주유작업에 장애를 주지 아니하는 위치에 설치할 것
④ 주유공지 및 급유공지 외의 장소에 설치하는 것은 바닥면적이 $2.5m^2$ 이하일 것

 주유원 간이대기실의 기준
㉠ 불연재료로 할 것
㉡ 바퀴가 부착되지 아니한 고정식일 것
㉢ 차량의 출입 및 주유작업에 장애를 주지 아니하는 위치에 설치할 것
㉣ 바닥면적이 $2.5m^2$ 이하일 것. 다만, 주유공지 및 급유공지 외의 장소에 설치하는 것은 그러하지 아니하다.

답 ④

39 고분자 중합제품, 합성고무, 포장재 등에 사용되는 제2석유류로서 가열, 햇빛, 유기과산화물에 의해 쉽게 중합반응하여 점도가 높아져 수지상으로 변하는 것은?
① 하이드라진
② 스타이렌
③ 아세트산
④ 모노뷰틸아민

 스타이렌($C_6H_5CH=CH_2$, 바이닐벤젠, 페닐에틸렌)의 일반적 성질
㉠ 독특한 냄새가 나는 무색투명한 액체로서 물에는 녹지 않으나 유기용제 등에 잘 녹는다.
㉡ 빛, 가열 또는 과산화물에 의해 중합되어 중합체인 폴리스타이렌 수지를 만든다.
㉢ 비중 0.91(증기비중 3.6), 비점 146℃, 인화점 31℃, 발화점 490℃, 연소범위 1.1~6.1%

답 ②

40 모두 액체인 위험물로만 나열된 것은?
① 제3석유류, 특수 인화물, 과염소산염류, 과염소산
② 과염소산, 과아이오딘산, 질산, 과산화수소
③ 동식물유류, 과산화수소, 과염소산, 질산
④ 염소화아이소사이아누르산, 특수 인화물, 과염소산, 질산

 ① 과염소산염류는 제1류 위험물로서 산화성 고체에 해당한다.
② 과아이오딘산은 제1류 위험물로서 산화성 고체에 해당한다.
④ 염소화아이소사이아누르산은 제2류 위험물로서 가연성 고체에 해당한다.
답 ③

41 다음 정전기에 대한 설명 중 가장 옳은 것은?
① 전기저항이 낮은 액체가 유동하면 정전기가 발생하며 그 정도는 그 액체의 고유저항이 작을수록 대전하기 쉬워 정전기 발생의 위험성이 높다.
② 전기저항이 높은 액체가 유동하면 정전기가 발생하며 그 정도는 그 액체의 고유저항이 작을수록 대전하기 쉬워 정전기 발생의 위험성이 높다.
③ 전기저항이 낮은 액체가 유동하면 정전기가 발생하며 그 정도는 그 액체의 고유저항이 클수록 대전하기 쉬워 정전기 발생의 위험성이 낮다.
④ 전기저항이 높은 액체가 유동하면 정전기가 발생하며 그 정도는 그 액체의 고유저항이 클수록 대전하기 쉬워 정전기 발생의 위험성이 높다.
답 ④

42 위험물안전관리법령상 보일러 등으로 위험물을 소비하는 일반취급소를 건축물의 다른 부분과 구획하지 않고 설비단위로 설치하는 데 필요한 특례요건이 아닌 것은? (단, 건축물의 옥상에 설치하는 경우는 제외한다.)

① 위험물을 취급하는 설비의 주위에 원칙적으로 너비 3m 이상의 공지를 보유할 것
② 일반취급소에서 취급하는 위험물의 최대수량은 지정수량의 10배 미만일 것
③ 보일러, 버너, 그 밖에 이와 유사한 장치로 인화점 70℃ 이상의 제4류 위험물을 소비할 것
④ 일반취급소의 용도로 사용하는 부분의 바닥(설비의 주위에 있는 공지를 포함)에는 집유설비를 설치하고 바닥의 주위에 배수구를 설치할 것

 보일러, 버너, 그 밖에 이와 유사한 장치로 위험물(인화점이 38℃ 이상인 제4류 위험물에 한한다)을 소비하는 일반취급소로서 지정수량의 30배 미만의 것
답 ③

43 다음 중 세기성질(intensive property)이 아닌 것은?
① 녹는점 ② 밀도
③ 인화점 ④ 부피

 ㉠ 세기성질 : 변화가 가능하고 계의 크기에 무관한 계의 물리적 성질로서 압력, 온도, 농도, 밀도, 녹는점, 끓는점, 색 등이 있다.
㉡ 크기성질 : 계의 크기에 비례하는 계의 양으로서 질량, 부피, 열용량 등이 있다.
답 ④

44 아이오딘폼반응이 일어나는 물질과 반응 시 색상을 옳게 나타낸 것은?
① 메탄올, 적색 ② 에탄올, 적색
③ 메탄올, 노란색 ④ 에탄올, 노란색

 에틸알코올은 아이오딘폼반응을 한다. 에틸알코올에 수산화칼륨과 아이오딘을 가하여 아이오딘폼의 황색 침전이 생성되는 반응을 한다.
$C_2H_5OH + 6KOH + 4I_2$
$\rightarrow CHI_3 + 5KI + HCOOK + 5H_2O$
답 ④

45 과염소산, 질산, 과산화수소의 공통점이 아닌 것은?
① 다른 물질을 산화시킨다.
② 강산에 속한다.
③ 산소를 함유한다.
④ 불연성 물질이다.

해설 과산화수소는 물, 에탄올, 에테르에 잘 녹고, 약산을 띠고 있다. 그러나 진한 과산화수소의 경우 독성을 가지고 강한 자극성이 있으므로 주의가 필요하다.

답 ②

46 위험물안전관리법령상 차량에 적재하여 운반 시 차광 또는 방수덮개를 하지 않아도 되는 위험물은?
① 질산암모늄   ② 적린
③ 황린   ④ 이황화탄소

해설 적린은 제2류 위험물 중 금수성 물질에 해당하지 않으므로 차광 또는 방수덮개를 하지 않아도 된다.

차광성이 있는 것으로 피복해야 하는 경우	방수성이 있는 것으로 피복해야 하는 경우
제1류 위험물 제3류 위험물 중 　자연발화성 물질 제4류 위험물 중 　특수 인화물 제5류 위험물 제6류 위험물	제1류 위험물 중 알칼리 　금속의 과산화물 제2류 위험물 중 철분, 금 　속분, 마그네슘 제3류 위험물 중 금수성 물질

답 ②

47 위험물안전관리법령상 인화성 고체는 1기압에서 인화점이 몇 ℃인 고체를 말하는가?
① 20℃ 미만   ② 30℃ 미만
③ 40℃ 미만   ④ 50℃ 미만

해설 "인화성 고체"라 함은 고형 알코올, 그 밖에 1기압에서 인화점이 40℃ 미만인 고체를 말한다.

답 ③

48 트라이클로로실란(trichlorosilane)의 위험성에 대한 설명으로 옳지 않은 것은?
① 산화성 물질과 접촉하면 폭발적으로 반응한다.
② 물과 격렬하게 반응하여 부식성의 염산을 생성한다.
③ 연소범위가 넓고 인화점이 낮아 위험성이 높다.
④ 증기비중이 공기보다 작으므로 높은 곳에 체류해 폭발 가능성이 높다.

해설 실란의 일반식은 Si_nH_{2n+2}로서 규소의 수소화물 또는 수소화규소라고도 한다. 트라이클로로실란($HSiCl_3$)은 300~450℃에서 염화규소를 환원하여 만든다. 이 경우 증기비중은 4.67로서 공기보다 무겁다.

답 ④

49 위험물안전관리법령상 주유취급소에 캐노피를 설치하려고 할 때의 기준에 해당하지 않는 것은?
① 배관이 캐노피 내부를 통과할 경우에는 1개 이상의 점검구를 설치할 것
② 캐노피 외부의 점검이 곤란한 장소에 배관을 설치하는 경우에는 용접이음으로 할 것
③ 캐노피의 면적은 주유취급 바닥면적의 2분의 1 이하로 할 것
④ 캐노피 외부의 배관이 일광열의 영향을 받을 우려가 있는 경우에는 단열재로 피복할 것

답 ③

50 위험물안전관리법령상 아세트알데하이드 이동탱크저장소의 경우 이동저장탱크로부터 아세트알데하이드를 꺼낼 때는 동시에 얼마 이하의 압력으로 불활성기체를 봉입하여야 하는가?
① 20kPa   ② 24kPa
③ 100kPa   ④ 200kPa

해설 아세트알데하이드 등의 이동탱크저장소에 있어서 이동저장탱크로부터 아세트알데하이드 등을 꺼낼 때에는 동시에 100kPa 이하의 압력으로 불활성의 기체를 봉입할 것

답 ③

51 BaO₂에 대한 설명으로 옳지 않은 것은?
① 알칼리토금속의 과산화물 중 가장 불안정하다.
② 가열하면 산소를 분해, 방출한다.
③ 환원제, 섬유와 혼합하면 발화의 위험이 있다.
④ 지정수량이 50kg이고 묽은산에 녹는다.

 알칼리토금속의 과산화물 중 매우 안정적인 물질이다.

답 ①

52 위험물안전관리법령상 제3류 위험물의 종류에 따라 위험물을 수납한 용기에 부착하는 주의사항 내용에 해당하지 않는 것은?
① 충격주의   ② 화기엄금
③ 공기접촉엄금 ④ 물기엄금

 자연발화성 물질-화기엄금, 공기접촉엄금, 금수성 물질-물기엄금
6번 해설 참고

답 ①

53 프로페인-공기의 혼합기체가 양론비로 반응하여 완전연소된다고 할 때 혼합기체 중 프로페인의 비율은 약 몇 vol%인가? (단, 공기 중 산소는 21vol%이다.)
① 23.8   ② 16.7
③ 4.03   ④ 3.12

 $C_3H_8 + 5O_2 \rightarrow 3CO_2 + 4H_2O$ 에서

$$\frac{1\text{mol}-C_3H_8}{} \bigg| \frac{5\text{mol}-O_2}{1\text{mol}-C_3H_8} \bigg|$$
$$\bigg| \frac{100\text{mol}-Air}{21\text{mol}-O_2} = 23.8\text{mol}-Air$$

그러므로 혼합가스는
$1\text{mol}-C_3H_8 + 23.8\text{mol}-Air = 24.8\text{mol}$ 이며,
이 중 프로페인의 비율은 $\frac{1}{24.8} \times 100 = 4.03$

답 ③

54 위험물안전관리법령상 옥내저장소에서 글리세린을 수납하는 용기만을 겹쳐 쌓는 경우에 높이는 얼마를 초과할 수 없는가?
① 3m   ② 4m
③ 5m   ④ 6m

 옥내저장소에서 위험물을 저장하는 경우에는 다음 규정에 의한 높이를 초과하여 용기를 겹쳐 쌓지 아니하여야 한다(옥외저장소에서 위험물을 저장하는 경우에 있어서도 본 규정에 의한 높이를 초과하여 용기를 겹쳐 쌓지 아니하여야 한다).
㉠ 기계에 의하여 하역하는 구조로 된 용기만을 겹쳐 쌓는 경우에 있어서는 6m
㉡ 제4류 위험물 중 제3석유류, 제4석유류 및 동식물유류를 수납하는 용기만을 겹쳐 쌓는 경우에 있어서는 4m
㉢ 그 밖의 경우에 있어서는 3m
※ 글리세린은 제4류 위험물 중 제3석유류(수용성)에 해당한다.

답 ②

55 표준시간 설정 시 미리 정해진 표를 활용하여 작업자의 동작에 대해 시간을 산정하는 시간연구법에 해당되는 것은?
① PTS법   ② 스톱워치법
③ 워크샘플링법 ④ 실적자료법

 PTS(Predetermined Time Standards)란 하나의 작업이 실제로 시작되기 전 미리 작업에 필요한 소요시간을 작업방법에 따라 이론적으로 정해 나가는 방법이다.

답 ①

56 다음 표는 어느 자동차 영업소의 월별 판매실적을 나타낸 것이다. 5개월 단순이동 평균법으로 6월의 수요를 예측하면 몇 대인가?

월	1월	2월	3월	4월	5월
판매량	100대	110대	120대	130대	140대

① 120대   ② 130대
③ 140대   ④ 150대

해설 이동평균법의 예측치
$= \dfrac{\text{기간의 실적}}{\text{기간의 수}}$
$= \dfrac{100+110+120+130+140}{5} = 120$

답 ①

57 다음 내용은 설비보전조직에 대한 설명이다. 어떤 조직형태에 대한 설명인가?

> 보전작업자는 조직상 각 제조부문의 감독자 밑에 둔다.
> ▶ 단점 : 생산우선에 의한 보전작업 경시, 보전기술 향상의 곤란성
> ▶ 장점 : 운전자와 일체감 및 현장감독의 용이성

① 집중보전 ② 지역보전
③ 부문보전 ④ 절충보전

해설 ① 집중보전 : 공장의 모든 보전요원을 한 사람의 관리자 밑에 조직
  ㉠ 장점 : 충분한 인원동원 가능, 다른 기능을 가진 보전요원을 배치, 긴급작업·고장·새로운 작업을 신속히 처리
  ㉡ 단점 : 보전요원이 공장 전체에서 작업을 하기 때문에 적절한 관리감독을 할 수 없고, 작업표준을 위한 시간손실이 많음. 일정작성이 곤란
② 지역보전 : 특정지역에 보전요원 배치
  ㉠ 장점 : 보전요원이 용이하게 제조부의 작업자에게 접근할 수 있음. 작업지시에서 완성까지 시간적인 지체를 최소로 할 수 있으며, 근무시간의 교대가 유기적임.
  ㉡ 단점 : 대수리작업의 처리가 어려우며, 지역별로 스태프를 여분으로 배치하는 경향이 있고, 전문가 채용이 어려움.
④ 절충보전 : 지역보전 또는 부문보전과 집중보전을 조합시켜 각각의 장점을 살리고 단점을 보완하는 방식

답 ③

58 이항분포(binomial distribution)에서 매회 A가 일어나는 확률이 일정한 값 P일 때, n회의 독립시행 중 사상 A가 x회 일어날 확률 $P(x)$를 구하는 식은? (단, N은 로트의 크기, n은 시료의 크기, P는 로트의 모부적합품률이다.)

① $P(x) = \dfrac{n!}{x!(n-x)!}$

② $P(x) = e^{-x} \cdot \dfrac{(nP)^x}{x!}$

③ $P(x) = \dfrac{\binom{NP}{x}\binom{N-NP}{n-x}}{\binom{N}{n}}$

④ $P(x) = \binom{n}{x}P^x(1-P)^{n-x}$

답 ④

59 샘플링에 관한 설명으로 틀린 것은?

① 취락샘플링에서는 취락 간의 차는 작게, 취락 내의 차는 크게 한다.
② 제조공정의 품질특성에 주기적인 변동이 있는 경우 계통샘플링을 적용하는 것이 좋다.
③ 시간적 또는 공간적으로 일정 간격을 두고 샘플링하는 방법을 계통샘플링이라고 한다.
④ 모집단을 몇 개의 층으로 나누어 각층마다 랜덤하게 시료를 추출하는 것을 층별샘플링이라고 한다.

해설 랜덤샘플링
  ㉠ 단순랜덤샘플링 : 난수표, 주사위, 숫자를 써 넣은 룰렛, 제비뽑기식 칩 등을 써서 크기 N의 모집단으로부터 크기 n의 시료를 랜덤하게 뽑는 방법이다.
  ㉡ 계통샘플링 : 모집단으로부터 시간적, 공간적으로 일정 간격을 두고 샘플링하는 방법으로, 모집단에 주기적 변동이 있는 것이 예상된 경우에는 사용하지 않는 것이 좋다.
  ㉢ 지그재그샘플링 : 제조공정의 품질특성이 시간이나 수량에 따라서 어느 정도 주기적으로 변화하는 경우에 계통샘플링을 하면 추출되는 샘플이 주기적으로 거의 같은 습성의 것만 나올 염려가 있다. 이때 공정의 품질의 변화하는 주기와 다른 간격으로 시료를 뽑으면 그와 같은 폐단을 방지할 수 있다.

답 ②

60 다음은 관리도의 사용절차를 나타낸 것이다. 관리도의 사용절차를 순서대로 나열한 것은?

> ㉠ 관리하여야 할 항목의 선정
> ㉡ 관리도의 선정
> ㉢ 관리하려는 제품이나 종류 선정
> ㉣ 시료를 채취하고 측정하여 관리도를 작성

① ㉠ → ㉡ → ㉢ → ㉣
② ㉠ → ㉢ → ㉣ → ㉡
③ ㉢ → ㉠ → ㉡ → ㉣
④ ㉢ → ㉣ → ㉠ → ㉡

해설 관리도는 공정의 상태를 나타내는 특성치에 대해서 그린 그래프로서 공정을 관리상태로 유지하기 위하여 사용된다. 또한 관리도는 제조공정이 잘 관리된 상태에 있는가를 조사하기 위해서 사용한다.

답 ③

제61회 위험물기능장 필기
(2017년 3월 시행)

01 위험물안전관리법령상 스프링클러헤드의 설치기준으로 틀린 것은?

① 개방형 스프링클러헤드는 헤드 반사판으로부터 수평방향으로 30cm의 공간을 보유하여야 한다.
② 폐쇄형 스프링클러헤드의 반사판과 헤드의 부착면과의 거리는 30cm 이하로 한다.
③ 폐쇄형 스프링클러헤드 부착장소의 평상시 최고주위온도가 28℃ 미만인 경우 58℃ 미만의 표시온도를 갖는 헤드를 사용한다.
④ 개구부에 설치하는 폐쇄형 스프링클러헤드는 해당 개구부의 상단으로부터 높이 30cm 이내의 벽면에 설치한다.

 개구부에 설치하는 스프링클러헤드는 해당 개구부의 상단으로부터 높이 0.15m 이내의 벽면에 설치한다.

답 ④

02 다음 중 가연성 물질로만 나열된 것은?

① 질산칼륨, 황린, 나이트로글리세린
② 나이트로글리세린, 과염소산, 탄화알루미늄
③ 과염소산, 탄화알루미늄, 아닐린
④ 탄화알루미늄, 아닐린, 폼산메틸

 질산칼륨은 제1류 위험물로서 불연성 물질에 해당하며, 과염소산은 제6류 위험물로서 불연성 물질에 해당한다.

답 ④

03 다음 중 Mn의 산화수가 +2인 것은?

① $KMnO_4$ ② MnO_2
③ $MnSO_4$ ④ K_2MnO_4

 ① $KMnO_4$
   $(+1)+Mn+(-2)\times 4=0$에서 $Mn=+7$
② MnO_2
   $Mn+(-2)\times 2=0$에서 $Mn=+4$
③ $MnSO_4$
   $Mn+(-2)=0$에서 $Mn=+2$
④ K_2MnO_4
   $2\times(+1)+Mn+(-2)\times 4=0$에서 $Mn=+6$

답 ③

04 이동탱크저장소에 의한 위험물의 장거리 운송 시 2명 이상이 운전하여야 하나 다음 중 그렇게 하지 않아도 되는 위험물은?

① 탄화알루미늄   ② 과산화수소
③ 황린   ④ 인화칼슘

해설 위험물운송자는 장거리(고속국도에 있어서는 340km 이상, 그 밖의 도로에 있어서는 200km 이상을 말한다)에 걸치는 운송을 하는 때에는 2명 이상의 운전자로 할 것. 다만, 다음의 하나에 해당하는 경우에는 그러하지 아니하다.
㉠ 운송책임자를 동승시킨 경우
㉡ 운송하는 위험물이 제2류 위험물·제3류 위험물(칼슘 또는 알루미늄의 탄화물과 이것만을 함유한 것에 한한다) 또는 제4류 위험물(특수인화물을 제외한다)인 경우
㉢ 운송 도중에 2시간 이내마다 20분 이상씩 휴식하는 경우

답 ①

05 다음 위험물 중 동일 질량에 대해 지정수량의 배수가 가장 큰 것은?
① 뷰틸리튬 ② 마그네슘
③ 인화칼슘 ④ 황린

 지정수량이 가장 작은 것이 지정수량의 배수가 가장 크다.
① 뷰틸리튬의 지정수량 10kg
② 마그네슘의 지정수량 500kg
③ 인화칼슘의 지정수량 300kg
④ 황린의 지정수량 20kg

답 ①

06 NH_4NO_3에 대한 설명으로 옳지 않은 것은?
① 조해성이 있기 때문에 수분이 포함되지 않도록 포장한다.
② 단독으로도 급격한 가열로 분해하여 다량의 가스를 발생할 수 있다.
③ 무취의 결정으로 알코올에 녹는다.
④ 물에 녹을 때 발열반응을 일으키므로 주의한다.

 질산암모늄은 조해성과 흡습성이 있고, 물에 녹을 때 열을 대량 흡수하여 한제로 이용된다(흡열반응).

답 ④

07 인화알루미늄의 위험물안전관리법령상 지정수량과 인화알루미늄이 물과 반응하였을 때 발생하는 가스의 명칭을 옳게 나타낸 것은?
① 50kg, 포스핀
② 50kg, 포스겐
③ 300kg, 포스핀
④ 300kg, 포스겐

 인화알루미늄은 제3류 위험물 금속인화합물로서 지정수량 300kg, 분자량 58, 융점 1,000℃ 이하, 암회색 또는 황색의 결정 또는 분말로 가연성이며, 공기 중에서 안정하나 습기 찬 공기, 물, 스팀과 접촉 시 가연성, 유독성의 포스핀가스가 발생한다.
$AlP + 3H_2O \rightarrow Al(OH)_3 + PH_3$

답 ③

08 다음 위험물을 저장할 때 안정성을 높이기 위해 사용할 수 있는 물질의 종류가 나머지 셋과 다른 하나는?
① 나트륨
② 이황화탄소
③ 황린
④ 나이트로셀룰로스

 나트륨은 석유 속에 보관하며, 이황화탄소와 황린은 물속에 보관하고, 나이트로셀룰로스는 물이 침윤될수록 위험성이 감소하므로 운반 시 물(20%), 용제 또는 알코올(30%)을 첨가하여 습윤시킨다.

답 ①

09 다음 제1류 위험물 중 융점이 가장 높은 것은?
① 과염소산칼륨
② 과염소산나트륨
③ 염소산나트륨
④ 염소산칼륨

 ① 610℃ ② 482℃
③ 240℃ ④ 368.4℃

답 ①

10 에틸알코올의 산화로부터 얻을 수 있는 것은?
① 아세트알데하이드
② 폼알데하이드
③ 다이에틸에터
④ 폼산

 에틸알코올은 산화되면 아세트알데하이드(CH_3CHO)가 되며, 최종적으로 초산(CH_3COOH)이 된다.

답 ①

11 어떤 화합물을 분석한 결과 질량비가 탄소 54.55%, 수소 9.10%, 산소 36.35%이고, 이 화합물 1g은 표준상태에서 0.17L라면 이 화합물의 분자식은?
① $C_2H_4O_2$ ② $C_4H_8O_4$
③ $C_4H_8O_2$ ④ $C_6H_{12}O_3$

C의 몰수=(54.55)/(12)=4.55mol
H의 몰수=(9.10)/(1)=9.10mol
O의 몰수=(36.35)/(16)=2.27mol
C : H : O=4.55 : 9.10 : 2.27
정수비로 나타내면 C : H : O=2 : 4 : 1
실험식 : C_2H_4O

$$M = \frac{wRT}{PV}$$
$$= \frac{1g \cdot (0.082 atm \cdot L/K \cdot mol) \cdot (0+273.15)K}{1atm \cdot 0.17L}$$
$$= 131.75 g/mol$$

(실험식)$\times n$=(분자식)에서
$$n = \frac{분자식}{실험식} = \frac{131.75}{44} = 2.99$$
$(C_2H_4O) \times 2.99 = C_6H_{12}O_3$

 ④

12 50%의 N_2와 50%의 Ar으로 구성된 소화약제는?

① HFC-125   ② IG-100
③ HFC-23   ④ IG-55

소화약제	화학식
불연성·불활성 기체 혼합가스 (이하 "IG-100"이라 한다.)	N_2
불연성·불활성 기체 혼합가스 (이하 "IG-541"이라 한다.)	N_2 : 52%, Ar : 40% CO_2 : 8%
불연성·불활성 기체 혼합가스 (이하 "IG-55"라 한다.)	N_2 : 50% Ar : 50%

 ④

13 NH_4ClO_3에 대한 설명으로 틀린 것은?

① 산화력이 강한 물질이다.
② 조해성이 있다.
③ 충격이나 화재에 의해 폭발할 위험이 있다.
④ 폭발 시 CO_2, HCl, NO_2 가스를 주로 발생한다.

 염소산암모늄은 제1류 위험물로서 산화성 고체로 조해성이 있으며, 폭발이 용이하고 일광에 의해서 분해가 촉진된다.
$2NH_4ClO_3 \rightarrow 2NH_4ClO_2 + O_2$
$2NH_4ClO_2 \rightarrow N_2 + Cl_2 + 4H_2O$

답 ④

14 다음 물질 중 조연성 가스에 해당하는 것은?
① 수소   ② 산소
③ 아세틸렌 ④ 질소

 ②

15 과염소산과 질산의 공통성질로 옳은 것은?
① 환원성 물질로서 증기는 유독하다.
② 다른 가연물의 연소를 돕는 가연성 물질이다.
③ 강산이고 물과 접촉하면 발열한다.
④ 부식성은 적으나 다른 물질과 혼촉발화 가능성이 높다.

해설 과염소산과 질산은 제6류 위험물로서 산화성 액체에 해당하며, 강산으로 물과 접촉 시 발열반응한다.

 ③

16 위험물안전관리법령상 염소산칼륨을 금속제 내장용기에 수납하여 운반하고자 할 때 이 용기의 최대용적은?
① 10L   ② 20L
③ 30L   ④ 40L

해설 고체위험물의 금속제 내장용기의 경우 최대용적은 30L, 유리용기 또는 플라스틱용기는 10L이다.

답 ③

17 나이트로글리세린에 대한 설명으로 옳지 않은 것은?
① 순수한 것은 상온에서 푸른색을 띤다.
② 충격마찰에 매우 민감하므로 운반 시 다공성 물질에 흡수시킨다.
③ 겨울철에는 동결할 수 있다.
④ 비중은 약 1.6으로 물보다 무겁다.

해설 나이트로글리세린은 다이너마이트, 로켓, 무연화약의 원료로 순수한 것은 무색 투명한 기름상의 액체(공업용 시판품은 담황색)이며, 점화하면 즉시 연소하고 폭발력이 강하다.

 ①

18 다음 중 나머지 셋과 위험물의 유별 구분이 다른 것은?

① 나이트로글리세린
② 나이트로셀룰로스
③ 셀룰로이드
④ 나이트로벤젠

해설 ①, ②, ③번은 제5류 위험물 중 질산에스터류에 해당하며, 나이트로벤젠은 제4류 위험물 중 제3석유류에 해당한다.

답 ④

19 위험물안전관리법령상 불활성가스소화설비가 적응성을 가지는 위험물은?

① 마그네슘
② 알칼리금속
③ 금수성 물질
④ 인화성 고체

해설

소화설비의 구분	대상물의 구분	건축물·그 밖의 공작물	전기설비	제1류 위험물 알칼리금속 과산화물 등	제1류 위험물 그 밖의 것	제2류 위험물 철분·금속분·마그네슘 등	제2류 위험물 인화성 고체	제2류 위험물 그 밖의 것	제3류 위험물 금수성 물품	제3류 위험물 그 밖의 것	제4류 위험물	제5류 위험물	제6류 위험물
옥내소화전 또는 옥외소화전 설비		○			○		○	○		○		○	○
스프링클러설비		○			○		○	○		○	△	○	○
물분무등소화설비	물분무소화설비	○	○		○		○	○		○	○	○	○
	포소화설비	○			○		○	○		○	○	○	○
	불활성가스소화설비		○				○				○		
	할로젠화합물소화설비		○				○				○		
	분말소화설비	인산염류 등	○	○		○		○	○			○		○
		탄산수소염류 등		○	○		○	○		○		○		
		그 밖의 것			○		○			○				

답 ④

20 위험물안전관리법령상 간이저장탱크에 설치하는 밸브 없는 통기관의 설치기준에 대한 설명으로 옳은 것은?

① 통기관의 지름은 20mm 이상으로 한다.
② 통기관은 옥내에 설치하고 그 끝부분의 높이는 지상 1.5m 이상으로 한다.
③ 가는 눈의 구리망 등으로 인화방지장치를 한다.
④ 통기관의 끝부분은 수평면에 대하여 아래로 35도 이상 구부려 빗물 등이 들어가지 않도록 한다.

해설 통기관의 지름은 25mm 이상, 통기관은 옥외에 설치하며 그 끝부분의 높이는 지상 1.5m 이상으로 한다. 통기관의 끝부분은 수평면에 대하여 아래로 45도 이상 구부려 빗물 등이 들어가지 않도록 한다.

답 ③

21 아염소산나트륨을 저장하는 곳에 화재가 발생하였다. 위험물안전관리법령상 소화설비로 적응성이 있는 것은?

① 포소화설비
② 불활성가스소화설비
③ 할로젠화합물소화설비
④ 탄산수소염류 분말소화설비

해설 아염소산나트륨은 제1류 위험물에 해당한다.
19번 해설 참조

답 ①

22 탄화알루미늄이 물과 반응하였을 때 발생하는 가스는?

① CH_4　　② C_2H_2
③ C_2H_6　　④ CH_3

해설 물과 반응하여 가연성, 폭발성의 메테인 가스를 만들며 밀폐된 실내에서 메테인이 축적되는 경우 인화성 혼합기를 형성하여 2차 폭발의 위험이 있다.
$Al_4C_3 + 12H_2O \rightarrow 4Al(OH)_3 + 3CH_4$

답 ①

23 위험물안전관리법령상 제조소 등별로 설치하여야 하는 경보설비의 종류 중 자동화재탐지설비에 해당하는 표의 일부이다. ( )에 알맞은 수치를 차례대로 나타낸 것은?

제조소 등의 구분	제조소 등의 규모, 저장 또는 취급하는 위험물의 종류 및 최대수량 등	경보설비
제조소 및 일반취급소	• 연면적 ( )m² 이상인 것 • 옥내에서 지정수량의 ( )배 이상을 취급하는 것(고인화점 위험물만을 ( )℃ 미만의 온도에서 취급하는 것을 제외한다)	자동화재탐지설비

① 150, 100, 100　② 500, 100, 100
③ 150, 10, 100　④ 500, 10, 70

 ②

24 위험물제조소 등의 안전거리를 단축하기 위하여 설치하는 방화상 유효한 담의 높이는 $H > pD^2 + a$인 경우 $h = H - p(D^2 - d^2)$에 의하여 산정한 높이 이상으로 한다. 여기서 d가 의미하는 것은?

① 제조소 등과 인접 건축물과의 거리(m)
② 제조소 등과 방화상 유효한 담과의 거리(m)
③ 제조소 등과 방화상 유효한 지붕과의 거리(m)
④ 제조소 등과 인접 건축물 경계선과의 거리(m)

해설

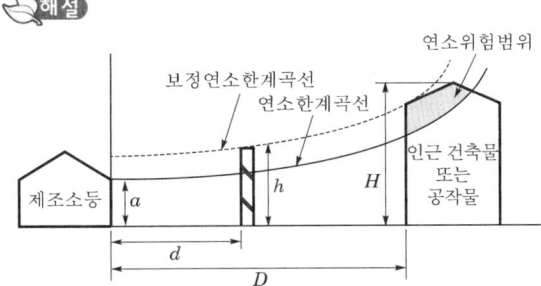

여기서, D : 제조소 등과 인근 건축물 또는 공작물과의 거리(m)
H : 인근 건축물 또는 공작물의 높이(m)
a : 제조소 등의 외벽의 높이(m)
d : 제조소 등과 방화상 유효한 담과의 거리(m)
h : 방화상 유효한 담의 높이(m)
p : 상수

 ②

25 폼산(formic acid)의 증기비중은 약 얼마인가?

① 1.59　② 2.45
③ 2.78　④ 3.54

해설 폼산의 화학식은 HCOOH($M \cdot w = 46$)
증기비중 $= \dfrac{46}{28.84} ≒ 1.59$

답 ①

26 각 위험물의 지정수량을 합하면 가장 큰 값을 나타내는 것은?

① 다이크로뮴산칼륨+아염소산나트륨
② 다이크로뮴산나트륨+아질산칼륨
③ 과망가니즈산나트륨+염소산칼륨
④ 아이오딘산칼륨+아질산칼륨

해설
① 다이크로뮴산칼륨+아염소산나트륨
　=1,000+50=1,050kg
② 다이크로뮴산나트륨+아질산칼륨
　=1,000+300=1,300kg
③ 과망가니즈산나트륨+염소산칼륨
　=1,000+50=1,050kg
④ 아이오딘산칼륨+아질산칼륨
　=300+300=600kg

답 ②

27 위험물안전관리자의 선임신고를 허위로 한 자에게 부과하는 과태료의 금액은?

① 100만원
② 150만원
③ 200만원
④ 300만원

해설 위험물안전관리법 시행령 [별표 9]
위험물안전관리자를 허위로 신고한 자, 신고를 하지 아니한 자는 모두 과태료 200만원에 해당한다.

 ③

28 소금물을 전기분해하여 표준상태에서 염소가스 22.4L를 얻으려면 소금 몇 g이 이론적으로 필요한가? (단, 나트륨의 원자량은 23이고, 염소의 원자량은 35.5이다.)

① 18g
② 36g
③ 58.5g
④ 117g

해설

$$\frac{22.4L-Cl_2}{} \left| \frac{1mol-Cl_2}{22.4L-Cl_2} \right| \frac{2mol-NaCl}{1mol-Cl_2}$$

$$\left| \frac{58.5g-NaCl}{1mol-NaCl} \right| = 117g-NaCl$$

답 ④

29 다음은 위험물안전관리법령에서 규정하고 있는 사항이다. 규정내용과 상이한 것은?

① 위험물탱크의 충수·수압시험은 탱크의 제작이 완성된 상태여야 하고, 배관 등의 접속이나 내·외부 도장작업은 실시하지 아니한 단계에서 물을 탱크 최대사용높이 이상까지 가득 채워서 실시한다.
② 암반탱크의 내벽을 정비하는 것은 이 위험물저장소에 대한 변경허가를 신청할 때 기술검토를 받지 아니하여도 되는 부분적 변경에 해당한다.
③ 탱크안전성능시험은 탱크 내부의 중요부분에 대한 구조, 불량접합 사항까지 검사하는 것이 필요하므로 탱크를 제작하는 현장에서 실시하는 것을 원칙으로 한다.
④ 용량 1,000kL인 원통 세로형 탱크의 충수시험은 물을 채운 상태에서 24시간이 경과한 후 지반침하가 없어야 하고, 또한 탱크의 수평도와 수직도를 측정하여 이 수치가 법정기준을 충족하여야 한다.

답 ③

30 직경이 500mm인 관과 300mm인 관이 연결되어 있다. 직경 500mm인 관에서의 유속이 3m/s라면 300mm인 관에서의 유속은 약 몇 m/s인가?

① 8.33
② 6.33
③ 5.56
④ 4.56

해설 $Q = uA$ 공식에서
• 500mm일 때 유량

$$Q = uA = 3m/s \times \frac{\pi}{4}(0.5m)^2 = 0.589m^3/s$$

• 300mm일 때 유속

$$u = \frac{Q}{A} = \frac{0.589m^3/s}{\frac{\pi}{4}(0.3m)^2} = 8.33m/s$$

답 ①

31 위험물안전관리법령상 알코올류와 지정수량이 같은 것은?

① 제1석유류(비수용성)
② 제1석유류(수용성)
③ 제2석유류(비수용성)
④ 제2석유류(수용성)

해설 알코올류=제1석유류 수용성=400L

답 ②

32 다음은 위험물안전관리법령에 따른 인화점측정시험 방법을 나타낸 것이다. 어떤 인화점측정기에 의한 인화점 측정시험인가?

• 시험장소는 기압 1기압, 무풍의 장소로 할 것
• 시료컵의 온도를 1분간 설정온도로 유지할 것
• 시험불꽃을 점화하고 화염의 크기를 직경 4mm가 되도록 조정할 것
• 1분 경과 후 개폐기를 작동하여 시험불꽃을 시료컵에 2.5초간 노출시키고 닫을 것. 이 경우 시험불꽃을 급격히 상하로 움직이지 아니하여야 한다.

① 태그밀폐식 인화점측정기
② 신속평형법 인화점측정기
③ 클리브랜드개방컵 인화점측정기
④ 침강평형법 인화점측정기

① 태그밀폐식 : 시험물품의 온도가 60초간 1℃의 비율로 상승하도록 수조를 가열하고 시험물품의 온도가 설정온도보다 5℃ 낮은 온도에 도달하면 개폐기를 작동하여 시험불꽃을 시료컵에 1초간 노출시키고 닫을 것. 이 경우 시험불꽃을 급격히 상하로 움직이지 아니하여야 한다.

③ 클리브랜드개방컵 : 시험물품의 온도가 설정온도보다 28℃ 낮은 온도에 달하면 시험불꽃을 시료컵의 중심을 횡단하여 일직선으로 1초간 통과시킬 것. 이 경우 시험불꽃의 중심을 시료컵 위쪽 가장자리의 상방 2mm 이하에서 수평으로 움직여야 한다.

답 ②

33 다음 제2류 위험물 중 지정수량이 나머지 셋과 다른 하나는?

① 철분   ② 금속분
③ 마그네슘   ④ 황

 제2류 위험물의 종류와 지정수량

성질	위험등급	품명	대표 품목	지정수량
가연성 고체	II	1. 황화인 2. 적린(P) 3. 황(S)	P_4S_3, P_2S_5, P_4S_7	100kg
	III	4. 철분(Fe) 5. 금속분 6. 마그네슘(Mg)	Al, Zn	500kg
		7. 인화성 고체	고형 알코올	1,000kg

답 ④

34 고온에서 용융된 황과 수소가 반응하였을 때의 현상으로 옳은 것은?

① 발열하면서 H_2S가 생성된다.
② 흡열하면서 H_2S가 생성된다.
③ 발열은 하지만 생성물은 없다.
④ 흡열은 하지만 생성물은 없다.

 $S + H_2 \rightarrow H_2S$

답 ①

35 벽·기둥 및 바닥이 내화구조로 된 옥내저장소의 건축물에서 저장 또는 취급하는 위험물의 최대수량이 지정수량의 15배일 때 보유공지 너비기준으로 옳은 것은?

① 0.5m 이상
② 1m 이상
③ 2m 이상
④ 3m 이상

 옥내저장소의 보유공지

저장 또는 취급하는 위험물의 최대수량	공지의 너비	
	벽·기둥 및 바닥이 내화구조로 된 건축물	그 밖의 건축물
지정수량의 5배 이하	–	0.5m 이상
지정수량의 5배 초과 10배 이하	1m 이상	1.5m 이상
지정수량의 10배 초과 20배 이하	2m 이상	3m 이상
지정수량의 20배 초과 50배 이하	3m 이상	5m 이상
지정수량의 50배 초과 200배 이하	5m 이상	10m 이상
지정수량의 200배 초과	10m 이상	15m 이상

답 ③

36 위험물안전관리법령상 자동화재탐지설비의 하나의 경계구역의 면적은 해당 건축물, 그 밖의 공작물의 주요한 출입구에서 그 내부의 전체를 볼 수 있는 경우에 있어서는 그 면적을 몇 m^2 이하로 할 수 있는가?

① 500   ② 600
③ 1,000   ④ 2,000

하나의 경계구역의 면적은 600m^2 이하로 하고 그 한 변의 길이는 50m(광전식 분리형 감지기를 설치할 경우에는 100m) 이하로 할 것. 다만, 해당 건축물, 그 밖의 공작물의 주요한 출입구에서 그 내부의 전체를 볼 수 있는 경우에 있어서는 그 면적을 1,000m^2 이하로 할 수 있다.

답 ③

37 위험물안전관리법령상 이송취급소의 위치·구조 및 설비의 기준에서 배관을 지하에 매설하는 경우에는 배관은 그 외면으로부터 지하가 및 터널까지 몇 m 이상의 안전거리를 두어야 하는가? (단, 원칙적인 경우에 한한다.)

① 1.5m ② 10m
③ 150m ④ 300m

 지하매설에 대한 배관 설치기준에서 안전거리 기준
  ㉠ 건축물(지하가 내의 건축물을 제외한다) : 1.5m 이상
  ㉡ 지하가 및 터널 : 10m 이상
  ㉢ 수도시설(위험물의 유입우려가 있는 것에 한한다) : 300m 이상

  답 ②

38 위험물안전관리법령상 위험등급 Ⅰ인 위험물은?

① 질산칼륨 ② 적린
③ 과망가니즈산칼륨 ④ 질산

 질산은 제6류 위험물로 위험등급 Ⅰ에 해당한다.

  답 ④

39 다이에틸에터(diethyl ether)의 화학식으로 옳은 것은?

① $C_2H_5C_2H_5$
② $C_2H_5OC_2H_5$
③ $C_2H_5COC_2H_5$
④ $C_2H_5COOC_2H_5$

 다이에틸에터는 제4류 위험물 중 특수인화물에 해당한다.

  답 ②

40 분자량은 약 72.06이고 증기비중이 약 2.48인 것은?

① 큐멘 ② 아크릴산
③ 스타이렌 ④ 하이드라진

 아크릴산[$CH_2=CHCOOH$]

$$\begin{matrix} H & H & O \\ | & | & \| \\ C=C-C-OH \\ | & | \\ H & H \end{matrix}$$

㉠ 무색, 초산과 같은 냄새가 나며, 겨울에는 고화한다.
㉡ 비중 1.05, 증기비중 2.49, 비점 139℃, 인화점 46℃, 발화점 438℃, 연소범위 2~8%
㉢ 200℃ 이상 가열하면 CO, CO_2 및 증기를 발생하며, 강산, 강알칼리와 접촉 시 심하게 반응한다.

  답 ②

41 다음 물질 중 증기비중이 가장 큰 것은?

① 이황화탄소 ② 사이안화수소
③ 에탄올 ④ 벤젠

① 이황화탄소(CS_2)의 증기비중
  $= \dfrac{76}{28.84} ≒ 2.64$
② 사이안화수소(HCN)의 증기비중
  $= \dfrac{27}{28.84} ≒ 0.94$
③ 에탄올(C_2H_5OH)의 증기비중
  $= \dfrac{46}{28.84} ≒ 1.59$
④ 벤젠(C_6H_6)의 증기비중
  $= \dfrac{78}{28.84} ≒ 2.70$

  답 ④

42 위험물안전관리법령상 간이탱크저장소의 설치기준으로 옳지 않은 것은?

① 하나의 간이탱크저장소에 설치하는 간이저장탱크의 수는 3 이하로 한다.
② 간이저장탱크의 용량은 600L 이하로 한다.
③ 간이저장탱크는 두께 2.3mm 이상의 강판으로 제작한다.
④ 간이저장탱크에는 통기관을 설치하여야 한다.

 간이저장탱크는 두께 3.2mm 이상의 강판으로 제작한다.

  답 ③

43 위험물안전관리법령상 수납하는 위험물에 따라 운반용기의 외부에 표시하는 주의사항을 모두 나타낸 것으로 옳지 않은 것은?

① 제3류 위험물 중 금수성 물질 : 물기엄금
② 제3류 위험물 중 자연발화성 물질 : 화기엄금 및 공기접촉엄금
③ 제4류 위험물 : 화기엄금
④ 제5류 위험물 : 화기주의 및 충격주의

해설

유별	구분	주의사항
제3류 위험물 (자연발화성 및 금수성 물질)	자연발화성 물질	"화기엄금" "공기접촉엄금"
	금수성 물질	"물기엄금"
제4류 위험물 (인화성 액체)	–	"화기엄금"
제5류 위험물 (자기반응성물질)	–	"화기엄금" 및 "충격주의"

답 ④

44 순수한 과산화수소의 녹는점과 끓는점을 70wt% 농도의 과산화수소와 비교한 내용으로 옳은 것은?

① 순수한 과산화수소의 녹는점은 더 낮고, 끓는점은 더 높다.
② 순수한 과산화수소의 녹는점은 더 높고, 끓는점은 더 낮다.
③ 순수한 과산화수소의 녹는점과 끓는점이 모두 더 낮다.
④ 순수한 과산화수소의 녹는점과 끓는점이 모두 더 높다.

답 ④

45 물과 반응하였을 때 생성되는 탄화수소가스의 종류가 나머지 셋과 다른 하나는?

① Be_2C ② Mn_3C
③ MgC_2 ④ Al_4C_3

해설
① $BeC_2 + 4H_2O \rightarrow 2Be(OH)_2 + CH_4$
② $Mn_3C + 6H_2O \rightarrow 3Mn(OH)_2 + CH_4 + H_2$
③ $MgC_2 + 2H_2O \rightarrow Mg(OH)_2 + C_2H_2$
④ $Al_4C_3 + 12H_2O \rightarrow 4Al(OH)_3 + 3CH_4$

답 ③

46 물분무소화에 사용된 20℃의 물 2g이 완전히 기화되어 100℃의 수증기가 되었다면 흡수된 열량과 수증기 발생량은 약 얼마인가? (단, 1기압을 기준으로 한다.)

① 1,238cal, 2,400mL
② 1,238cal, 3,400mL
③ 2,476cal, 2,400mL
④ 2,476cal, 3,400mL

해설
$Q = mc\Delta T + m \times$ 물의 증발잠열
$= 2g \times 1cal/g℃ \times (100-20)℃ + 2g \times 539cal/g$
$= 1,238cal$

$V = \dfrac{wRT}{PM}$
$= \dfrac{2g \cdot (0.082atm \cdot L/K \cdot mol) \cdot (100+273.15)K}{1atm \cdot 18g/mol}$
$= 3.399L ≒ 3,400mL$

답 ②

47 다음은 위험물안전관리법령에서 정한 황이 위험물로 취급되는 기준이다. ( )에 알맞은 말을 차례대로 나타낸 것은?

황은 순도가 ( )중량퍼센트 이상인 것을 말한다. 이 경우 순도측정에 있어서 불순물은 활석 등 불연성 물질과 ( )에 한한다.

① 40, 가연성 물질   ② 40, 수분
③ 60, 가연성 물질   ④ 60, 수분

답 ④

48 금속칼륨을 등유 속에 넣어 보관하는 이유로 가장 적합한 것은?

① 산소의 발생을 막기 위해
② 마찰 시 충격을 방지하려고
③ 제4류 위험물과의 혼재가 가능하기 때문에
④ 습기 및 공기와의 접촉을 방지하려고

해설 금속칼륨은 물과 격렬히 반응하여 발열하고 수산화칼륨과 수소를 발생한다. 이때 발생된 열은 점화원의 역할을 한다.
2K+2H₂O → 2KOH+H₂

답 ④

49 아연분이 NaOH 수용액과 반응하였을 때 발생하는 물질은?
① H₂   ② O₂
③ Na₂O₂   ④ NaZn

해설 Zn+2NaOH → Na₂ZnO₂+H₂

답 ①

50 위험물안전관리법령상 물분무소화설비가 적응성이 있는 대상물이 아닌 것은?
① 전기설비   ② 철분
③ 인화성 고체   ④ 제4류 위험물

대상물의 구분 소화설비의 구분	건축물·그 밖의 공작물	전기설비	제1류 위험물 알칼리금속과산화물 등	제1류 위험물 그 밖의 것	제2류 위험물 철분·금속분·마그네슘 등	제2류 위험물 인화성 고체	제2류 위험물 그 밖의 것	제3류 위험물 금수성 물품	제3류 위험물 그 밖의 것	제4류 위험물	제5류 위험물	제6류 위험물
옥내소화전 또는 옥외소화전 설비	○			○		○	○		○		○	○
스프링클러설비	○			○		○	○		○	△	○	○
물분무등소화설비	물분무소화설비	○	○		○		○	○		○	○	○	○
	포소화설비	○			○		○	○		○	○	○	○
	불활성가스소화설비		○				○				○		
	할로젠화합물소화설비		○				○				○		
분말소화설비	인산염류 등	○	○		○		○	○			○		○
	탄산수소염류 등		○	○		○	○		○		○		
	그 밖의 것			○		○			○				

답 ②

51 위험물안전관리법령상 주유취급소의 주위에는 자동차 등이 출입하는 쪽 외의 부분에 높이 몇 m 이상의 담 또는 벽을 설치하여야 하는가? (단, 주유취급소의 인근에 연소의 우려가 있는 건축물이 없는 경우이다.)
① 1   ② 1.5
③ 2   ④ 2.5

해설 주유취급소의 주위에는 자동차 등이 출입하는 쪽 외의 부분에 높이 2m 이상의 내화구조 또는 불연재료의 담 또는 벽을 설치하되, 주유취급소의 인근에 연소의 우려가 있는 건축물이 있는 경우에는 소방청장이 정하여 고시하는 바에 따라 방화상 유효한 높이로 하여야 한다.

답 ③

52 1몰의 트라이에틸알루미늄이 충분한 양의 물과 반응하였을 때 발생하는 가연성 가스는 표준상태를 기준으로 몇 L인가?
① 11.2   ② 22.4
③ 44.8   ④ 67.2

해설 물과 접촉하면 폭발적으로 반응하여 에테인을 형성하고 이때 발열, 폭발에 이른다.
(C₂H₅)₃Al+3H₂O → Al(OH)₃+3C₂H₆

$$\frac{1\text{mol}-(C_2H_5)_3Al}{} \Big| \frac{3\text{mol}-C_2H_6}{1\text{mol}-(C_2H_5)_3Al} \Big| \frac{22.4L-C_2H_6}{1\text{mol}-C_2H_6} = 67.2L-C_2H_6$$

답 ④

53 다음 중 위험물안전관리법의 적용제외 대상이 아닌 것은?
① 항공기로 위험물을 국외에서 국내로 운반하는 경우
② 철도로 위험물을 국내에서 국내로 운반하는 경우
③ 선박(기선)으로 위험물을 국내에서 국외로 운반하는 경우
④ 국제해상위험물규칙(IMDG Code)에 적합한 운반용기에 수납된 위험물을 자동차로 운반하는 경우

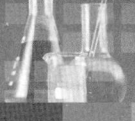

해설 위험물안전관리법 제3조(적용제외) 이 법은 항공기·선박(선박법 제1조의2 제1항의 규정에 따른 선박을 말한다)·철도 및 궤도에 의한 위험물의 저장·취급 및 운반에 있어서는 이를 적용하지 아니한다.

답 ④

54 액체위험물의 옥외저장탱크에는 위험물의 양을 자동적으로 표시할 수 있는 계량장치를 설치하여야 한다. 그 종류로서 적당하지 않은 것은?

① 기밀부유식 계량장치
② 증기가 비산하는 구조의 부유식 계량장치
③ 전기압력자동방식에 의한 자동계량장치
④ 방사성동위원소를 이용한 방식에 의한 자동계량장치

해설 자동계량장치 설치기준
㉮ 위험물의 양을 자동적으로 표시할 수 있도록 한다.
㉯ 종류
   ㉠ 기밀부유식 계량장치
   ㉡ 부유식 계량장치(증기가 비산하지 않는 구조)
   ㉢ 전기압력자동방식 또는 방사성동위원소를 이용한 자동계량장치
   ㉣ 유리게이지(금속관으로 보호된 경질유리 등으로 되어 있고, 게이지가 파손되었을 때 위험물의 유출을 자동으로 정지할 수 있는 장치가 되어 있는 것에 한한다.)

답 ②

55 워크 샘플링에 관한 설명 중 틀린 것은?

① 워크 샘플링은 일명 스냅 리딩(Snap Reading)이라 불린다.
② 워크 샘플링은 스톱워치를 사용하여 관측 대상을 순간적으로 관측하는 것이다.
③ 워크 샘플링은 영국의 통계학자 L.H.C. Tippet가 가동률 조사를 위해 창안한 것이다.
④ 워크 샘플링은 사람의 상태나 기계의 가동 상태 및 작업의 종류 등을 순간적으로 관측하는 것이다.

답 ②

56 다음 중 설비보전조직 가운데 지역보전(area maintenance)의 장·단점에 해당하지 않는 것은?

① 현장 왕복시간이 증가한다.
② 조업요원과 지역보전요원과의 관계가 밀접해진다.
③ 보전요원이 현장에 있으므로 생산 본위가 되며 생산의욕을 가진다.
④ 같은 사람이 같은 설비를 담당하므로 설비를 잘 알며 충분한 서비스를 할 수 있다.

해설 지역보전 : 특정지역에 보전요원 배치
   ㉠ 장점 : 보전요원이 용이하게 제조부의 작업자에게 접근할 수 있으며, 작업지시에서 완성까지 시간적인 지체를 최소로 할 수 있고, 근무시간의 교대가 유기적이다.
   ㉡ 단점 : 대수리작업의 처리가 어려우며, 지역별로 스태프를 여분으로 배치하는 경향이 있고, 전문가 채용이 어렵다.

답 ①

57 부적합품률이 20%인 공정에서 생산되는 제품을 매시간 10개씩 샘플링 검사하여 공정을 관리하려고 한다. 이 때 측정되는 시료의 부적합품 수에 대한 기댓값과 분산은 약 얼마인가?

① 기댓값 : 1.6, 분산 : 1.3
② 기댓값 : 1.6, 분산 : 1.6
③ 기댓값 : 2.0, 분산 : 1.3
④ 기댓값 : 2.0, 분산 : 1.6

답 ④

58 3σ법의 $\overline{X}$ 관리도에서 공정이 관리상태에 있는 데도 불구하고 관리상태가 아니라고 판정하는 제1종 과오는 약 몇 %인가?
① 0.27 ② 0.54
③ 1.0   ④ 1.2

답 ①

59 설비 배치 및 개선의 목적을 설명한 내용으로 가장 관계가 먼 것은?
① 재공품의 증가
② 설비투자 최소화
③ 이동거리의 감소
④ 작업자 부하 평준화

답 ①

60 검사의 종류 중 검사공정에 의한 분류에 해당되지 않는 것은?
① 수입검사
② 출하검사
③ 출장검사
④ 공정검사

답 ③

제62회 위험물기능장 필기
(2017년 7월 시행)

01 위험물안전관리법령에 의하여 다수의 제조소 등을 설치한 자가 1인의 안전관리자를 중복하여 선임할 수 있는 경우가 아닌 것은? (단, 동일구내에 있는 저장소로서 동일인이 설치한 경우이다.)
① 15개의 옥내저장소
② 30개의 옥외탱크저장소
③ 10개의 옥외저장소
④ 10개의 암반탱크저장소

해설 다수의 제조소 등을 설치한 자가 1인의 안전관리자를 중복하여 선임할 수 있는 경우
㉮ 보일러·버너 또는 이와 비슷한 것으로서 위험물을 소비하는 장치로 이루어진 7개 이하의 일반취급소와 그 일반취급소에 공급하기 위한 위험물을 저장하는 저장소를 동일인이 설치한 경우
㉯ 위험물을 차량에 고정된 탱크 또는 운반용기에 옮겨 담기 위한 5개 이하의 일반취급소(일반취급소간의 거리가 300미터 이내인 경우에 한한다)와 그 일반취급소에 공급하기 위한 위험물을 저장하는 저장소를 동일인이 설치한 경우
㉰ 동일구내에 있거나 상호 100미터 이내의 거리에 있는 저장소로서 저장소의 규모, 저장하는 위험물의 종류 등을 고려하여 행정안전부령이 정하는 저장소를 동일인이 설치한 경우
㉱ 다음의 기준에 모두 적합한 5개 이하의 제조소 등을 동일인이 설치한 경우
 ㉠ 각 제조소 등이 동일구내에 위치하거나 상호 100m 이내의 거리에 있을 것
 ㉡ 각 제조소 등에서 저장 또는 취급하는 위험물의 최대수량이 지정수량의 3,000배 미만일 것(단, 저장소는 제외)
㉲ 10개 이하의 옥내저장소
㉳ 30개 이하의 옥외탱크저장소
㉴ 옥내탱크저장소
㉵ 지하탱크저장소
㉶ 간이탱크저장소
㉷ 10개 이하의 옥외저장소
㉸ 10개 이하의 암반탱크저장소

답 ①

02 다음은 위험물안전관리법령상 위험물의 성질에 따른 제조소의 특례에 관한 내용이다. ( )에 해당하는 위험물은?

> ( )을(를) 취급하는 설비는 은·수은·동·마그네슘 또는 이들을 성분으로 하는 합금으로 만들지 아니할 것

① 에터
② 콜로디온
③ 아세트알데하이드
④ 알킬알루미늄

해설 아세트알데하이드 등을 취급하는 제조소의 특례사항
㉠ 은·수은·동·마그네슘 또는 이들을 성분으로 하는 합금으로 만들지 아니할 것
㉡ 연소성 혼합기체의 생성에 의한 폭발을 방지하기 위한 불활성 기체 또는 수증기를 봉입하는 장치를 갖출 것
㉢ 아세트알데하이드 등을 취급하는 탱크에는 냉각장치 또는 저온을 유지하기 위한 장치(이하 "보냉장치"라 한다) 및 연소성 혼합기체의 생성에 의한 폭발을 방지하기 위한 불활성 기체를 봉입하는 장치를 갖출 것

답 ③

03 다음에서 설명하는 탱크는 위험물안전관리법령상 무엇이라고 하는가?

> 저부가 지반면 아래에 있고 상부가 지반면 이상에 있으며, 탱크 내 위험물의 최고액면이 지반면 아래에 있는 원통 세로형식의 위험물탱크를 말한다.

① 반지하탱크
② 지반탱크
③ 지중탱크
④ 특정옥외탱크

㉠ 지중탱크 : 저부가 지반면 아래에 있고 상부가 지반면 이상에 있으며, 탱크 내 위험물의 최고 액면이 지반면 아래에 있는 원통 세로형식의 위험물탱크
㉡ 해상탱크 : 해상의 동일장소에 정치(定置)되어 육상에 설치된 설비와 배관 등에 의하여 접속된 위험물탱크
㉢ 특정옥외탱크저장소 : 옥외탱크저장소 중 저장 또는 취급하는 액체위험물의 최대수량이 100만리터 이상인 것

답 ③

04 다음과 같은 성질을 가지는 물질은?

- 가장 간단한 구조의 카복실산이다.
- 알데하이드기와 카복실기를 모두 가지고 있다.
- CH_3OH와 에스터화 반응을 한다.

① CH_3COOH
② $HCOOH$
③ CH_3CHO
④ CH_3COCH_3

 폼산(의산)의 일반적 성질
㉠ 가장 간단한 구조의 카복실산(R-COOH)이며, 알데하이드기(-CHO)와 카복실기(-COOH)를 모두 가지고 있다.
㉡ 무색 투명한 액체로 물, 에터, 알코올 등과 잘 혼합한다.
㉢ 비중 1.22(증기비중 2.6), 비점 101℃, 인화점 55℃, 발화점 540℃, 연소범위 18~57%
㉣ 강한 자극성 냄새가 있고 강한 산성, 신맛이 난다.
㉤ CH_3OH와 에스터화 반응을 한다.

답 ②

05 황화인 중에서 융점이 약 173℃이며 황색 결정이고 물에는 불용성인 것은?

① P_2S_5
② P_2S_3
③ P_4S_3
④ P_4S_7

 황화인의 일반적 성질

성질 \ 종류	P_4S_3 (삼황화인)	P_2S_5 (오황화인)	P_4S_7 (칠황화인)
분자량	220	222	348
색상	황색 결정	담황색 결정	담황색 결정 덩어리
물에 대한 용해성	불용성	조해성, 흡습성	조해성
비중	2.03	2.09	2.19
비점(℃)	407	514	523
융점	172.5	290	310
발생물질	P_2O_5, SO_2	H_2S, H_3PO_4	H_2S
착화점	약 100℃	142℃	-

답 ③

06 이동탱크저장소의 측면틀 기준에 있어서 탱크 뒷부분의 입면도에서 측면틀의 최외측과 탱크의 최외측을 연결하는 직선의 수평면에 대한 내각은 얼마 이상이 되도록 하여야 하는가?

① 35°
② 65°
③ 75°
④ 90°

 이동탱크저장소의 측면틀 부착기준
㉠ 외부로부터 하중에 견딜 수 있는 구조로 할 것
㉡ 최외측선(측면틀의 최외측과 탱크의 최외측을 연결하는 직선)의 수평면에 대하여 내각이 75° 이상일 것
㉢ 최대수량의 위험물을 저장한 상태에 있을 때의 해당 탱크 중량의 중심선과 측면틀의 최외측을 연결하는 직선과 그 중심선을 지나는 직선 중 최외측선과 직각을 이루는 직선과의 내각이 35° 이상이 되도록 할 것

답 ③

07 위험물안전관리법령상 $C_6H_5CH=CH_2$를 70,000L 저장하는 옥외탱크저장소에는 능력단위 3단위 소화기를 최소 몇 개 설치하여야 하는가? (단, 다른 조건은 고려하지 않는다.)

① 1
② 2
③ 3
④ 4

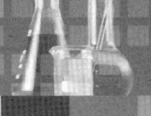

 능력단위의 수치가 건축물, 그 밖의 공작물 및 위험물의 소요단위의 수치에 이르도록 설치할 것. 스타이렌($C_6H_5CH=CH_2$)은 제4류 위험물 중 제2석유류 비수용성에 해당하므로 지정수량은 1,000L에 해당한다. 따라서 위험물의 경우 소요단위는 지정수량의 10배이다.

소요단위 = $\dfrac{저장수량}{지정수량 \times 10} = \dfrac{70,000}{1,000 \times 10} = 7$

이므로 문제에서 능력단위 3단위의 소화기를 설치하고자 하므로

설치해야 하는 소화기 개수 = $\dfrac{7단위}{3단위} = 2.33$

이므로 3개 이상이어야 한다.

답 ③

08 제4류 위험물 중 지정수량이 옳지 않은 것은?
① n-헵테인 : 200L
② 벤즈알데하이드 : 2,000L
③ n-펜테인 : 50L
④ 에틸렌글리콜 : 4,000L

구분	n-헵테인	벤즈알데하이드	n-펜테인	에틸렌글리콜
품명	제1석유류(비수용성)	제2석유류(비수용성)	특수인화물	제3석유류(수용성)
화학식	$CH_3(CH_2)_5CH_3$	C_6H_5CHO	C_5H_{12}	$C_2H_4(OH)_2$
지정수량	200L	1,000L	50L	4,000L

답 ②

09 어떤 물질 1kg에 의해 파괴되는 오존량을 기준물질인 CFC-11 1kg에 의해 파괴되는 오존량으로 나눈 상대적인 비율로 오존파괴능력을 나타내는 지표는?
① CFC
② ODP
③ GWP
④ HCFC

 • ODP(Ozone Depletion Potential, 오존층파괴지수)

ODP = $\dfrac{물질\ 1kg에\ 의해\ 파괴되는\ 오존량}{CFC-11\ 1kg에\ 의해\ 파괴되는\ 오존량}$

할론 1301 : 14.1, NAFS-Ⅲ : 0.044

• GWP(Global Warming Potential, 지구온난화지수)

GWP = $\dfrac{물질\ 1kg이\ 영향을\ 주는\ 지구온난화\ 정도}{CFC-11\ 1kg이\ 영향을\ 주는\ 지구온난화\ 정도}$

* CFC-11($CFCl_3$)

답 ②

10 탄화칼슘이 물과 반응하였을 때 발생하는 가스는?
① 메테인
② 에테인
③ 수소
④ 아세틸렌

 탄화칼슘은 물과 심하게 반응하여 수산화칼슘과 아세틸렌을 만들며, 공기 중 수분과 반응하여도 아세틸렌을 발생한다.
$CaC_2 + 2H_2O \rightarrow Ca(OH)_2 + C_2H_2$

답 ④

11 세슘(Cs)에 대한 설명으로 틀린 것은?
① 알칼리토금속이다.
② 암모니아와 반응하여 수소를 발생한다.
③ 비중이 1보다 크므로 물보다 무겁다.
④ 사염화탄소와 접촉 시 위험성이 증가한다.

 세슘은 알칼리금속에 해당한다.

답 ①

12 위험물안전관리법령상 위험물의 유별 구분이 나머지 셋과 다른 하나는?
① 사에틸납(Tetraethyl lead)
② 백금분
③ 주석분
④ 고형알코올

 사에틸납은 제4류 위험물 제3석유류(비수용성)에 해당하며, 나머지 백금분, 주석분은 제2류 위험물 중 금속분, 고형알코올은 제2류 위험물 중 인화성 고체에 해당한다.

답 ①

13 벤젠핵에 메틸기 1개와 하이드록실기 1개가 결합된 구조를 가진 액체로서 독특한 냄새를 가지는 물질은?

① 크레졸(cresol)
② 아닐린(aniline)
③ 큐멘(cumene)
④ 나이트로벤젠(nitrobenzene)

해설 크레졸($C_6H_4(OH)CH_3$)
벤젠핵에 메틸기 $-CH_3$와 수산기 $-OH$를 1개씩 가진 1가 페놀로 2개의 치환기의 위치에서 $o-$, $m-$, $p-$의 3개의 이성질체가 존재한다.

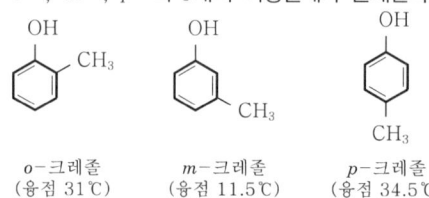

o-크레졸 (융점 31℃) m-크레졸 (융점 11.5℃) p-크레졸 (융점 34.5℃)

답 ①

14 위험물 옥외탱크저장소의 방유제 외측에 설치하는 보조포소화전의 상호간의 거리는?

① 보행거리 40m 이하
② 수평거리 40m 이하
③ 보행거리 75m 이하
④ 수평거리 75m 이하

해설 옥외탱크저장소의 보조포소화전 설치기준
㉠ 방유제 외측의 소화활동상 유효한 위치에 설치하되 각각의 보조포소화전 상호간의 보행거리가 75m 이하가 되도록 설치할 것
㉡ 보조포소화전은 3개(호스접속구가 3개 미만인 경우에는 그 개수)의 노즐을 동시에 사용할 경우에 각각의 노즐선단의 방사압력이 0.35MPa 이상이고 방사량이 400L/min 이상의 성능이 되도록 설치할 것

답 ③

15 탱크안전성능검사에 관한 설명으로 옳은 것은?

① 검사자로는 소방서장, 한국소방산업기술원 또는 탱크안전성능시험자가 있다.
② 이중벽탱크에 대한 수압검사는 탱크의 제작지를 관할하는 소방서장도 할 수 있다.
③ 탱크의 종류에 따라 기초·지반검사, 충수·수압검사, 용접부검사 또는 암반탱크검사 중에서 어느 하나의 검사를 실시한다.
④ 한국소방산업기술원은 엔지니어링사업자, 탱크안전성능시험자 등이 실시하는 시험의 과정 및 결과를 확인하는 방법으로도 검사를 할 수 있다.

해설 탱크안전성능검사의 세부기준·방법·절차 및 탱크시험자 또는 엔지니어링사업자가 실시하는 탱크안전성능시험에 대한 한국소방산업기술원의 확인 등에 관하여 필요한 사항은 소방청장이 정하여 고시한다.

답 ④

16 위험물안전관리법령상 충전하는 일반취급소의 특례기준을 적용 받을 수 있는 일반취급소에서 취급할 수 없는 위험물을 모두 기술한 것은?

① 알킬알루미늄 등, 아세트알데하이드 등 및 하이드록실아민 등
② 알킬알루미늄 등 및 아세트알데하이드 등
③ 알킬알루미늄 등 및 하이드록실아민 등
④ 아세트알데하이드 등 및 하이드록실아민 등

해설 이동저장탱크에 액체위험물(알킬알루미늄 등, 아세트알데하이드 등 및 하이드록실아민 등을 제외한다)을 주입하는 일반취급소(액체위험물을 용기에 옮겨 담는 취급소를 포함하며, 이하 "충전하는 일반취급소"라 한다)

답 ①

17 질산암모늄에 대한 설명 중 틀린 것은?

① 강력한 산화제이다.
② 물에 녹을 때는 흡열반응을 나타낸다.
③ 조해성이 있다.
④ 흑색화약의 재료로 쓰인다.

해설 흑색화약 = 질산칼륨 75% + 황 10% + 목탄 15%

답 ④

18 다음은 위험물안전관리법령에서 정한 인화성 액체위험물(이황화탄소는 제외)의 옥외탱크저장소 탱크 주위에 설치하는 방유제 기준에 관한 내용이다. ( ) 안에 알맞은 수치는?

> 방유제는 옥외저장탱크의 지름에 따라 그 탱크의 옆판으로부터 다음에 정하는 거리를 유지할 것. 다만, 인화점이 200℃ 이상인 위험물을 저장 또는 취급하는 것에 있어서는 그러하지 아니하다.
> ㉠ 지름이 (ⓐ)m 미만인 경우에는 탱크 높이의 (ⓑ) 이상
> ㉡ 지름이 (ⓐ)m 이상인 경우에는 탱크 높이의 (ⓒ) 이상

① ⓐ : 12, ⓑ : $\frac{1}{3}$, ⓒ : $\frac{1}{2}$

② ⓐ : 12, ⓑ : $\frac{1}{3}$, ⓒ : $\frac{2}{3}$

③ ⓐ : 15, ⓑ : $\frac{1}{3}$, ⓒ : $\frac{1}{2}$

④ ⓐ : 15, ⓑ : $\frac{1}{3}$, ⓒ : $\frac{2}{3}$

해설 방유제와 탱크 측면과의 이격거리
㉠ 탱크 지름이 15 m 미만인 경우 : 탱크 높이의 $\frac{1}{3}$ 이상
㉡ 탱크 지름이 15 m 이상인 경우 : 탱크 높이의 $\frac{1}{2}$ 이상

답 ③

19 다음의 위험물을 저장할 경우 총 저장량이 지정수량 이상에 해당하는 것은?

① 브로민산칼륨 80kg, 염소산칼륨 40kg
② 질산 100kg, 알루미늄분 200kg
③ 질산칼륨 120kg, 다이크로뮴산나트륨 500kg
④ 브로민산칼륨 150kg, 기어유 2,000L

해설 지정수량 배수의 합
$$= \frac{A품목\ 저장수량}{A품목\ 지정수량} + \frac{B품목\ 저장수량}{B품목\ 지정수량} + \cdots$$

① 지정수량 배수의 합 = $\frac{80kg}{300kg} + \frac{40kg}{50kg} = 1.07$

② 지정수량 배수의 합 = $\frac{100kg}{300kg} + \frac{200kg}{500kg} = 0.73$

③ 지정수량 배수의 합 = $\frac{120kg}{300kg} + \frac{500kg}{1,000kg} = 0.9$

④ 지정수량 배수의 합 = $\frac{150kg}{300kg} + \frac{2,000L}{6,000L} = 0.83$

답 ①

20 위험물안전관리법령상 $n-C_4H_9OH$의 지정수량은?

① 200L   ② 400L
③ 1,000L   ④ 2,000L

해설 뷰틸알코올은 인화점 35℃로 제2석유류 비수용성이며, 지정수량은 1,000L에 해당한다.

답 ③

21 산소 32g과 메테인 32g을 20℃에서 30L의 용기에 혼합하였을 때 이 혼합기체가 나타내는 압력은 약 몇 atm인가? (단, $R=0.082$ atm · L/mol · K이며, 이상기체로 가정한다.)

① 1.8   ② 2.4
③ 3.2   ④ 4.0

해설
$$\frac{32g-O_2}{} \Big| \frac{1mol-O_2}{32g-O_2} = 1mol-O_2$$

$$\frac{32g-CH_4}{} \Big| \frac{1mol-CH_4}{16g-CH_4} = 2mol-CH_4$$

따라서 용기 내의 혼합기체 총 몰수는 $1+2=3$몰
$$P = \frac{nRT}{V}$$
$$= \frac{3 \times 0.082 L \cdot atm/K \cdot mol \times (20+273.15)K}{30L}$$
$$= 2.4 atm$$

답 ②

22 옥외저장소에 저장하는 위험물 중에서 위험물을 적당한 온도로 유지하기 위한 살수설비를 설치하여야 하는 위험물이 아닌 것은?

① 인화성 고체(인화점 20℃)
② 경유
③ 톨루엔
④ 메탄올

해설 옥외저장소에 살수설비를 설치해야 하는 위험물은 인화성 고체, 제1석유류, 알코올류이다. 경유는 제2석유류에 해당한다.

답 ②

23 물과 심하게 반응하여 독성의 포스핀을 발생시키는 위험물은?

① 인화칼슘 ② 뷰틸리튬
③ 수소화나트륨 ④ 탄화알루미늄

해설 물과 반응하여 포스핀가스를 발생시키는 위험물은 인계통의 화합물이다.
인화칼슘은 물과 반응하여 가연성이며, 독성이 강한 인화수소(PH_3, 포스핀)가스를 발생시킨다.
$Ca_3P_2 + 6H_2O \rightarrow 3Ca(OH)_2 + 2PH_3$

답 ①

24 위험물제조소로부터 30m 이상의 안전거리를 유지하여야 하는 건축물 또는 공작물은?

① 「문화유산의 보존 및 활용에 관한 법률」에 따른 지정문화유산
② 「고압가스 안전관리법」의 규정에 의하여 신고하여야 하는 고압가스 저장시설
③ 주거용 건축물
④ 「고등교육법」에서 정하는 학교

해설

건축물	안전거리
사용전압 7,000V 초과 35,000V 이하의 특고압 가공전선	3m 이상
사용전압 35,000V 초과의 특고압 가공전선	5m 이상
주거용으로 사용되는 것(제조소가 설치된 부지 내에 있는 것 제외)	10m 이상
고압가스, 액화석유가스 또는 도시가스를 저장 또는 취급하는 시설	20m 이상
학교, 병원(병원급 의료기관), 극장(공연장, 영화상영관 및 수용인원 300명 이상의 시설), 아동복지시설, 노인복지시설, 장애인복지시설, 한부모가족복지시설, 어린이집, 성매매피해자를 위한 지원시설, 정신건강증진시설, 가정폭력피해자보호시설 및 수용인원 20명 이상의 시설	30m 이상
지정문화유산 및 천연기념물 등	50m 이상

답 ④

25 삼산화크로뮴에 대한 설명으로 틀린 것은?

① 독성이 있다.
② 고온으로 가열하면 산소를 방출한다.
③ 알코올에 잘 녹는다.
④ 물과 반응하여 산소를 발생한다.

해설 삼산화크로뮴(CrO_3)의 위험성
㉠ 융점 이상으로 가열하면 200~250℃에서 분해하여 산소를 방출하고 녹색의 삼산화이크로뮴으로 변한다.
$4CrO_3 \rightarrow 2Cr_2O_3 + 3O_2$
㉡ 물과 접촉하면 격렬하게 발열한다. 따라서 가연물과 혼합하고 있을 때 물이 침투되면 발화 위험이 있다.

답 ④

26 위험물안전관리법령상 불활성가스소화설비 기준에서 저장용기 설치기준으로 틀린 것은?

① 저장용기에는 안전장치(용기밸브에 설치되어 있는 것에 한한다)를 설치할 것
② 온도가 40℃ 이하이고 온도 변화가 적은 장소에 설치할 것
③ 방호구역 외의 장소에 설치할 것
④ 저장용기의 외면에 소화약제의 종류와 양, 제조연도 및 제조자를 표시할 것

해설 불활성가스소화설비 저장용기 설치기준
㉠ 방호구역 외의 장소에 설치할 것
㉡ 온도가 40℃ 이하이고 온도 변화가 적은 장소에 설치할 것
㉢ 직사일광 및 빗물이 침투할 우려가 적은 장소에 설치할 것
㉣ 저장용기에는 안전장치(용기밸브에 설치되어 있는 것을 포함한다)를 설치할 것
㉤ 저장용기의 외면에 소화약제의 종류와 양, 제조연도 및 제조자를 표시할 것

답 ①

27 위험물안전관리법령상 제1류 위험물을 운송하는 이동탱크저장소의 외부도장 색상은?

① 회색 ② 적색
③ 청색 ④ 황색

유별	도장의 색상	비고
제1류	회색	1. 탱크의 앞면과 뒷면을 제외한 면적의 40% 이내의 면적은 다른 유별의 색상 외의 색상으로 도장하는 것이 가능하다.
제2류	적색	
제3류	청색	
제5류	황색	2. 제4류에 대해서는 도장의 색상 제한이 없으나 적색을 권장한다.
제6류	청색	

답 ①

28 다음 위험물 중 지정수량의 표기가 틀린 것은?

① $CO(NH_2)_2 \cdot H_2O_2$ — 10kg
② $K_2Cr_2O_7$ — 1,000kg
③ KNO_2 — 300kg
④ $Na_2S_2O_8$ — 1,000kg

 $Na_2S_2O_8$은 과황산나트륨으로서 제1류 퍼옥소이황산염류에 해당한다. 지정수량은 300kg이다.

답 ④

29 다음의 연소반응식에서 트라이에틸알루미늄 114g이 산소와 반응하여 연소할 때 약 몇 kcal의 열을 방출하는가? (단, Al의 원자량은 27이다.)

$2(C_2H_5)_3Al + 21O_2$
$\rightarrow 12CO_2 + Al_2O_3 + 15H_2O + 1,470kcal$

① 375   ② 735
③ 1,470 ④ 2,940

 $\dfrac{114g\;(C_2H_5)_3Al}{} \bigg| \dfrac{1mol\;(C_2H_5)_3Al}{114g\;(C_2H_5)_3Al} \bigg| \dfrac{1,470kcal}{2mol\;(C_2H_5)_3Al} = 735kcal$

답 ②

30 1기압에서 인화점이 200℃인 것은 제 몇 석유류인가? (단, 도료류, 그 밖의 물품은 가연성 액체량이 40중량퍼센트 이하인 물품은 제외한다.)

① 제1석유류   ② 제2석유류
③ 제3석유류   ④ 제4석유류

 "제4석유류"라 함은 기어유, 실린더유, 그 밖에 1기압에서 인화점이 섭씨 200도 이상 섭씨 250도 미만의 것을 말한다. 다만, 도료류, 그 밖의 물품은 가연성 액체량이 40중량퍼센트 이하인 것은 제외한다.

답 ④

31 미지의 액체시료가 있는 시험관에 불에 달군 구리줄을 넣을 때 자극적인 냄새가 나며 붉은색 침전물이 생기는 것을 확인하였다. 이 액체시료는 무엇인가?

① 등유   ② 아마인유
③ 메탄올   ④ 글리세린

답 ③

32 이황화탄소를 저장하는 실의 온도가 -20℃이고, 저장실 내 이황화탄소의 공기 중 증기농도가 20vol%라고 가정할 때 다음 설명 중 옳은 것은?

① 점화원이 있으면 연소된다.
② 점화원이 있더라도 연소되지 않는다.
③ 점화원이 없어도 발화된다.
④ 어떠한 방법으로도 연소되지 않는다.

 이황화탄소는 제4류 위험물 중 발화점(90℃ or 100℃)이 가장 낮고 연소범위(1.2~44%)가 넓으며 증기압(300mmHg)이 높아 휘발이 잘 되고 인화성, 발화성이 강하다. 증기농도가 20vol%인 경우 연소범위 내에 포함되므로 점화원이 있으면 연소된다.

답 ①

33 273℃에서 기체의 부피가 4L이다. 같은 압력에서 25℃일 때의 부피는 약 몇 L인가?

① 0.32   ② 2.2
③ 3.2   ④ 4

 $\dfrac{V_1}{T_1} = \dfrac{V_2}{T_2}$

$T_1 = 273℃ + 273.15K = 546.15K$
$T_2 = 25℃ + 273.15K = 298.15K$
$V_1 = 4L$
$V_2 = \dfrac{V_1 T_2}{T_1} = \dfrac{4L \cdot 298.15K}{546.15K} = 2.18L$

답 ②

34 제1류 위험물 중 무기과산화물과 제5류 위험물 중 유기과산화물의 소화방법으로 옳은 것은?

① 무기과산화물 : CO_2에 의한 질식소화
　 유기과산화물 : CO_2에 의한 냉각소화
② 무기과산화물 : 건조사에 의한 피복소화
　 유기과산화물 : 분말에 의한 질식소화
③ 무기과산화물 : 포에 의한 질식소화
　 유기과산화물 : 분말에 의한 질식소화
④ 무기과산화물 : 건조사에 의한 피복소화
　 유기과산화물 : 물에 의한 냉각소화

답 ④

35 옥내저장소에 위험물을 수납한 용기를 겹쳐 쌓는 경우 높이의 상한에 관한 설명 중 틀린 것은?

① 기계에 의하여 하역하는 구조로 된 용기만 겹쳐 쌓는 경우는 6미터
② 제3석유류를 수납한 소형 용기만 겹쳐 쌓는 경우는 4미터
③ 제2석유류를 수납한 소형 용기만 겹쳐 쌓는 경우는 4미터
④ 제1석유류를 수납한 소형 용기만 겹쳐 쌓는 경우는 3미터

해설 옥내저장소에서 위험물을 저장하는 경우에는 다음의 규정에 의한 높이를 초과하여 용기를 겹쳐 쌓지 아니하여야 한다(옥외저장소에서 위험물을 저장하는 경우에 있어서도 본 규정에 의한 높이를 초과하여 용기를 겹쳐 쌓지 아니하여야 한다).
㉠ 기계에 의하여 하역하는 구조로 된 용기만을 겹쳐 쌓는 경우에 있어서는 6m
㉡ 제4류 위험물 중 제3석유류, 제4석유류 및 동식물유류를 수납하는 용기만을 겹쳐 쌓는 경우에 있어서는 4m
㉢ 그 밖의 경우(특수인화물, 제1석유류, 제2석유류, 알코올류)에 있어서는 3m

답 ③

36 위험물안전관리법령에 따른 제1류 위험물의 운반 및 위험물제조소 등에서 저장·취급에 관한 기준으로 옳은 것은? (단, 지정수량의 10배인 경우이다.)

① 제6류 위험물과는 운반 시 혼재할 수 있으며, 적절한 조치를 취하면 같은 옥내저장소에 저장할 수 있다.
② 제6류 위험물과는 운반 시 혼재할 수 있으나, 같은 옥내저장소에 저장할 수는 없다.
③ 제6류 위험물과는 운반 시 혼재할 수 없으나, 적절한 조치를 취하면 같은 옥내저장소에 저장할 수 있다.
④ 제6류 위험물과는 운반 시 혼재할 수 없으며, 같은 옥내저장소에 저장할 수도 없다.

해설 제1류 위험물과 제6류 위험물은 운반 시 혼재할 수 있으며, 1m 이상 간격을 두는 경우 옥내저장소에 함께 저장할 수 있다.

답 ①

37 위험물안전관리법령상 이산화탄소소화기가 적응성이 있는 위험물은?

① 제1류 위험물　② 제3류 위험물
③ 제4류 위험물　④ 제5류 위험물

해설

소화설비의 구분		대상물의 구분	건축물·그 밖의 공작물	전기설비	제1류 위험물		제2류 위험물			제3류 위험물		제4류 위험물	제5류 위험물	제6류 위험물
					알칼리금속과산화물 등	그 밖의 것	철분·금속분·마그네슘 등	인화성고체	그 밖의 것	금수성물품	그 밖의 것			
대형·소형 수동식 소화기		봉상수(棒狀水)소화기	○			○		○	○		○		○	○
		무상수(霧狀水)소화기	○	○		○		○	○		○		○	○
		봉상강화액소화기	○			○		○	○		○		○	○
		무상강화액소화기	○	○		○		○	○		○	○	○	○
		포소화기	○			○		○	○		○	○	○	○
		이산화탄소소화기		○				○					○		△
		할로젠화합물소화기		○				○					○		
분말소화기		인산염류소화기	○	○		○		○	○				○		○
		탄산수소염류소화기		○	○		○	○			○		○		
		그 밖의 것			○		○				○				

답 ③

38 이동탱크저장소에 의한 위험물 운송 시 위험물운송자가 휴대하여야 하는 위험물안전카드의 작성대상에 관한 설명으로 옳은 것은?

① 모든 위험물에 대하여 위험물안전카드를 작성하여 휴대하여야 한다.
② 제1류, 제3류 또는 제4류 위험물을 운송하는 경우에 위험물안전카드를 작성하여 휴대하여야 한다.
③ 위험등급 Ⅰ 또는 위험등급 Ⅱ에 해당하는 위험물을 운송하는 경우에 위험물안전카드를 작성하여 휴대하여야 한다.
④ 제1류, 제2류, 제3류, 제4류(특수인화물 및 제1석유류에 한한다), 제5류 또는 제6류 위험물을 운송하는 경우에 위험물안전카드를 작성하여 휴대하여야 한다.

해설 위험물(제4류 위험물에 있어서는 특수인화물 및 제1석유류에 한한다)을 운송하는 자는 위험물안전카드를 위험물운송자로 하여금 휴대하게 할 것

답 ④

39 분말소화설비를 설치할 때 소화약제 50kg의 축압용 가스로 질소를 사용하는 경우 필요한 질소가스의 양은 35℃, 0MPa의 상태로 환산하여 몇 L 이상으로 하여야 하는가? (단, 배관의 청소에 필요한 양은 제외한다.)

① 500
② 1,000
③ 1,500
④ 2,000

 가압용 또는 축압용 가스의 설치기준
㉠ 가압용 또는 축압용 가스는 질소 또는 이산화탄소로 할 것
㉡ 가압용 가스로 질소를 사용하는 것은 소화약제 1kg당 온도 35℃에서 0MPa의 상태로 환산한 체적 40L 이상, 이산화탄소를 사용하는 것은 소화약제 1kg당 20g에 배관의 청소에 필요한 양을 더한 양 이상일 것
㉢ 축압용 가스로 질소가스를 사용하는 것은 소화약제 1kg당 온도 35℃에서 0MPa의 상태로 환산한 체적 10L에 배관의 청소에 필요한 양을 더한 양 이상, 이산화탄소를 사용하는 것은 소화약제 1kg당 20g에 배관의 청소에 필요한 양을 더한 양 이상일 것

㉣ 클리닝에 필요한 양의 가스는 별도의 용기에 저장할 것
따라서, 50kg×10L/kg=500L

답 ①

40 과산화나트륨의 저장창고에 화재가 발생하였을 때 주수소화를 할 수 없는 이유로 가장 타당한 것은?

① 물과 반응하여 과산화수소와 수소를 발생하기 때문에
② 물과 반응하여 산소와 수소를 발생하기 때문에
③ 물과 반응하여 과산화수소와 열을 발생하기 때문에
④ 물과 반응하여 산소와 열을 발생하기 때문에

 과산화나트륨의 경우 흡습성이 있으므로 물과 접촉하면 발열 및 수산화나트륨(NaOH)과 산소(O_2)를 발생한다.
$2Na_2O_2 + 2H_2O \rightarrow 4NaOH + O_2$

답 ④

41 다음의 위험물을 저장하는 옥내저장소의 저장창고가 벽·기둥 및 바닥이 내화구조로 된 건축물일 때, 위험물안전관리법령에서 규정하는 보유공지를 확보하지 않아도 되는 경우는?

① 아세트산 30,000L
② 아세톤 5,000L
③ 클로로벤젠 10,000L
④ 글리세린 15,000L

해설 옥내저장소의 보유공지

저장 또는 취급하는 위험물의 최대수량	공지의 너비	
	벽·기둥 및 바닥이 내화구조로 된 건축물	그 밖의 건축물
지정수량의 5배 이하	–	0.5m 이상
지정수량의 5배 초과 10배 이하	1m 이상	1.5m 이상
지정수량의 10배 초과 20배 이하	2m 이상	3m 이상
지정수량의 20배 초과 50배 이하	3m 이상	5m 이상
지정수량의 50배 초과 200배 이하	5m 이상	10m 이상
지정수량의 200배 초과	10m 이상	15m 이상

구분	아세트산	아세톤	클로로벤젠	글리세린
품명	제2석유류 (수용성)	제1석유류 (수용성)	제2석유류 (비수용성)	제3석유류 (수용성)
지정수량	2,000L	400L	1,000L	4,000L

① 지정수량 배수의 합 = $\dfrac{30,000L}{2,000L}$ = 15배이므로 보유공지는 2m 이상 확보

② 지정수량 배수의 합 = $\dfrac{5,000L}{400L}$ = 12.5배이므로 보유공지는 2m 이상 확보

③ 지정수량 배수의 합 = $\dfrac{10,000L}{1,000L}$ = 10배이므로 보유공지는 1m 이상 확보

④ 지정수량 배수의 합 = $\dfrac{15,000L}{4,000L}$ = 3.75배이므로 지정수량 5배 이하로서 보유공지를 확보할 필요가 없다.

 ④

42 Halon 1301과 Halon 2402에 공통적으로 포함된 원소가 아닌 것은?

① Br ② Cl
③ F   ④ C

해설 Halon 1301 = CF_3Br
Halon 2402 = $C_2F_4Br_2$

 ②

43 위험물안전관리법령상 제6류 위험물에 대한 설명으로 틀린 것은?

① "산화성 액체"라 함은 액체로서 산화력의 잠재적인 위험성을 판단하기 위하여 고시로 정하는 시험에서 고시로 정하는 성질과 상태를 나타내는 것을 말한다.
② 산화성 액체 성상이 있는 질산은 비중이 1.49 이상인 것이 제6류 위험물에 해당한다.
③ 산화성 액체 성상이 있는 과염소산은 비중과 상관없이 제6류 위험물에 해당한다.
④ 산화성 액체 성상이 있는 과산화수소는 농도가 36부피퍼센트 이상인 것이 제6류 위험물에 해당한다.

해설 제6류 위험물로서 과산화수소는 그 농도가 36중량퍼센트 이상인 것을 의미한다.

 ④

44 Al이 속하는 금속은 주기율표상 무슨 족 계열인가?

① 철족
② 알칼리금속족
③ 붕소족
④ 알칼리토금속족

해설 붕소족 : 붕소(B), 알루미늄(Al), 갈륨(Ga), 인듐(In), 탈륨(Tl)

 ③

45 위험물안전관리법령에 명시된 예방규정 작성 시 포함되어야 하는 사항이 아닌 것은?

① 위험물시설의 운전 또는 조작에 관한 사항
② 위험물 취급작업의 기준에 관한 사항
③ 위험물의 안전에 관한 기록에 관한 사항
④ 소방관서의 출입검사 지원에 관한 사항

해설 예방규정의 작성내용
㉠ 위험물의 안전관리업무를 담당하는 자의 직무 및 조직에 관한 사항
㉡ 안전관리자가 여행·질병 등으로 인하여 그 직무를 수행할 수 없을 경우 그 직무의 대리자에 관한 사항
㉢ 자체소방대를 설치하여야 하는 경우에는 자체소방대의 편성과 화학소방자동차의 배치에 관한 사항
㉣ 위험물의 안전에 관계된 작업에 종사하는 자에 대한 안전 교육 및 훈련에 관한 사항
㉤ 위험물시설 및 작업장에 대한 안전순찰에 관한 사항
㉥ 위험물시설·소방시설, 그 밖의 관련 시설에 대한 점검 및 정비에 관한 사항
㉦ 위험물시설의 운전 또는 조작에 관한 사항
㉧ 위험물 취급작업의 기준에 관한 사항
㉨ 이송취급소에 있어서는 배관공사 현장책임자의 조건 등 배관공사 현장에 대한 감독체제에 관한 사항과 배관 주위에 있는 이송취급소시설 외의 공사를 하는 경우 배관의 안전확보에 관한 사항
㉩ 재난, 그 밖에 비상시의 경우에 취하여야 하는 조치에 관한 사항
㉪ 위험물의 안전에 관한 기록에 관한 사항
㉫ 제조소 등의 위치·구조 및 설비를 명시한 서류와 도면의 정비에 관한 사항
㉬ 그 밖에 위험물의 안전관리에 관하여 필요한 사항

답 ④

46 다음에서 설명하는 위험물에 해당하는 것은 어느 것인가?

- 불연성이고, 무기화합물이다.
- 비중은 약 2.8이며, 융점은 460℃이다.
- 살균제, 소독제, 표백제, 산화제로 사용된다.

① Na_2O_2 ② P_4S_3
③ CaC_2 ④ H_2O_2

해설 과산화나트륨의 일반적 성질
㉠ 분자량 78, 비중은 20℃에서 2.805, 융점 및 분해온도 460℃
㉡ 순수한 것은 백색이지만 보통은 담홍색을 띠고 있는 정방정계 분말
㉢ 가열하면 열분해하여 산화나트륨(Na_2O)과 산소(O_2)를 발생
㉣ 표백제, 소독제, 방취제, 약용비누, 열량측정 분석시험 등

답 ①

47 인화성 고체 2,500kg, 피크린산 900kg, 금속분 2,000kg 각각의 위험물 지정수량 배수의 총합은 얼마인가?

① 7배
② 9배
③ 10배
④ 11배

해설 지정수량 배수의 합
$= \dfrac{A품목\ 저장수량}{A품목\ 지정수량} + \dfrac{B품목\ 저장수량}{B품목\ 지정수량} + \cdots$
$= \dfrac{2,500kg}{1,000kg} + \dfrac{900kg}{200kg} + \dfrac{2,000kg}{500kg}$
$= 11$

답 ④

48 위험물안전관리법령상 옥외저장탱크에 부착되는 부속설비 중 기술원 또는 소방청장이 정하여 고시하는 국내·외 공인시험기관에서 시험 또는 인증 받은 제품을 사용하여야 하는 제품이 아닌 것은?

① 교반기 ② 밸브
③ 폼챔버 ④ 온도계

해설 옥외저장탱크에 부착되는 부속설비(교반기, 밸브, 폼챔버, 화염방지장치, 통기관대기밸브, 비상압력배출장치를 말한다)는 기술원 또는 소방청장이 정하여 고시하는 국내·외 공인시험기관에서 시험 또는 인증 받은 제품을 사용하여야 한다.

답 ④

49 그림과 같은 위험물 옥외탱크저장소를 설치하고자 한다. 톨루엔을 저장하고자 할 때, 허가할 수 있는 최대수량은 지정수량의 약 몇 배인가? (단, $r=5m$, $l=10m$이다.)

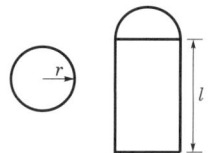

① 2 ② 4
③ 1,963 ④ 3,730

해설 $V = \pi r^2 l = \pi \times 5^2 \times 10 = 785.398m^3 = 785,398L$
톨루엔의 지정수량은 200L이므로
$\dfrac{785,398L}{200L} = 3,927$배이다. 보기에서 가장 가까운 답은 ④번이다.

답 ④

50 위험물안전관리법령상 위험물의 운반에 관한 기준에 의한 차광성과 방수성이 모두 있는 피복으로 가려야 하는 위험물은 다음 중 어느 것인가?

① 과산화칼륨 ② 철분
③ 황린 ④ 특수인화물

해설 적재하는 위험물에 따른 조치사항

차광성이 있는 것으로 피복해야 하는 경우	방수성이 있는 것으로 피복해야 하는 경우
제1류 위험물 제3류 위험물 중 자연발화성 물질 제4류 위험물 중 특수인화물 제5류 위험물 제6류 위험물	제1류 위험물 중 알칼리금속의 과산화물 제2류 위험물 중 철분, 금속분, 마그네슘 제3류 위험물 중 금수성 물질

답 ①

51 위험물안전관리법령상 정기점검 대상인 제조소 등에 해당하지 않는 것은?

① 경유를 20,000L 취급하며 차량에 고정된 탱크에 주입하는 일반취급소
② 등유를 3,000L 저장하는 지하탱크저장소
③ 알코올류를 5,000L 취급하는 제조소
④ 경유를 220,000L 저장하는 옥외탱크저장소

해설 정기점검 대상인 제조소 등
㉮ 예방규정을 정하여야 하는 제조소 등
  ㉠ 지정수량의 10배 이상의 위험물을 취급하는 제조소
  ㉡ 지정수량의 100배 이상의 위험물을 저장하는 옥외저장소
  ㉢ 지정수량의 150배 이상의 위험물을 저장하는 옥내저장소
  ㉣ 지정수량의 200배 이상의 위험물을 저장하는 옥외탱크저장소
  ㉤ 암반탱크저장소
  ㉥ 이송취급소
  ㉦ 지정수량의 10배 이상의 위험물을 취급하는 일반취급소(다만, 제4류 위험물(특수인화물을 제외한다)만을 지정수량의 50배 이하로 취급하는 일반취급소(제1석유류·알코올류의 취급량이 지정수량의 10배 이하인 경우에 한한다)로서 다음의 어느 하나에 해당하는 것을 제외)
    • 보일러·버너 또는 이와 비슷한 것으로서 위험물을 소비하는 장치로 이루어진 일반취급소
    • 위험물을 용기에 옮겨 담거나 차량에 고정된 탱크에 주입하는 일반취급소
㉯ 지하탱크저장소
㉰ 이동탱크저장소
㉱ 제조소(지하탱크)·주유취급소 또는 일반취급소

① 지정수량 배수의 합 = $\frac{20,000L}{1,000L}$ = 20배이며 정기점검 대상에 해당 안됨.
② 지정수량 배수의 합 = $\frac{3,000L}{1,000L}$ = 3배이며 지하탱크저장소는 지정수량 배수에 관계없이 정기점검 대상임.
③ 지정수량 배수의 합 = $\frac{5,000L}{400L}$ = 12.5배이며 정기점검 대상에 해당함.
④ 지정수량 배수의 합 = $\frac{220,000L}{1,000L}$ = 220배이며 정기점검 대상에 해당함.

답 ①

52 물과 반응하여 메테인가스를 발생하는 위험물은 어느 것인가?

① CaC_2 ② Al_4C_3
③ Na_2O_2 ④ LiH

해설
① $CaC_2 + 2H_2O \rightarrow Ca(OH)_2 + C_2H_2$
② $Al_4C_3 + 12H_2O \rightarrow 4Al(OH)_3 + 3CH_4$
③ $2Na_2O_2 + 2H_2O \rightarrow 4NaOH + O_2$
④ $LiH + H_2O \rightarrow LiOH + H_2$

답 ②

53 2몰의 메테인을 완전히 연소시키는 데 필요한 산소의 이론적인 몰수는?

① 1몰 ② 2몰
③ 3몰 ④ 4몰

해설 $CH_4 + 2O_2 \rightarrow CO_2 + 2H_2O$

$$\frac{2\text{mol}-CH_4}{} \left| \frac{2\text{mol}-O_2}{1\text{mol}-CH_4} \right. = 4\text{mol}-O_2$$

답 ④

54 성능이 동일한 n대의 펌프를 서로 병렬로 연결하고 원래와 같은 양정에서 작동시킬 때 유체의 토출량은?

① $\frac{1}{n}$로 감소한다. ② n배로 증가한다.
③ 원래와 동일하다. ④ $\frac{1}{2n}$로 감소한다.

답 ②

55 다음 데이터로부터 통계량을 계산한 것 중 틀린 것은?

> 21.5, 23.7, 24.3, 27.2, 29.1

① 범위(R)=7.6
② 제곱합(S)=7.59
③ 중앙값(Me)=24.3
④ 시료분산(s^2)=8.988

해설
① 범위(R) = 최대값 − 최소값
 = 29.1 − 21.5 = 7.6
② 제곱합(S) = $(21.5-25.16)^2+(23.7-25.16)^2$
 $+(24.3-25.16)^2+(29.1-25.16)^2$
 = 35.952
③ 중앙값(Me) = 중간크기의 값 = 24.3
④ 시료분산(s^2) = 8.988

답 ②

56
검사특성곡선(OC Curve)에 관한 설명으로 틀린 것은? (단, N : 로트의 크기, n : 시료의 크기, c : 합격판정개수이다.)

① N, n이 일정할 때 c가 커지면 나쁜 로트의 합격률은 높아진다.
② N, c가 일정할 때 n이 커지면 좋은 로트의 합격률은 낮아진다.
③ $N/n/c$의 비율이 일정하게 증가하거나 감소하는 퍼센트 샘플링 검사 시 좋은 로트의 합격률은 영향이 없다.
④ 일반적으로 로트의 크기 N이 시료 n에 비해 10배 이상 크다면 로트의 크기를 증가시켜도 나쁜 로트의 합격률은 크게 변화하지 않는다.

답 ③

57
표준시간을 내경법으로 구하는 수식으로 맞는 것은?

① 표준시간 = 정미시간 + 여유시간
② 표준시간 = 정미시간 × (1 + 여유율)
③ 표준시간 = 정미시간 × $\left(\dfrac{1}{1-여유율}\right)$
④ 표준시간 = 정미시간 × $\left(\dfrac{1}{1+여유율}\right)$

답 ③

58
다음 그림의 AOA(Activity−On−Arc) 네트워크에서 E 작업을 시작하려면 어떤 작업들이 완료되어야 하는가?

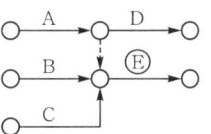

① B
② A, B
③ B, C
④ A, B, C

답 ④

59
품질특성에서 X 관리도로 관리하기에 가장 거리가 먼 것은?

① 볼펜의 길이
② 알코올 농도
③ 1일 전력소비량
④ 나사길이의 부적합품 수

해설 X 관리도는 하나의 측정치를 그대로 사용하여 공정을 관리할 경우에 사용한다.

답 ④

60
브레인스토밍(Brainstorming)과 가장 관계가 깊은 것은?

① 특성요인도
② 파레토도
③ 히스토그램
④ 회귀분석

해설 브레인스토밍(Brainstorming) : 문제해결 아이디어 구상(브레인스토밍) 문제를 해결하기 위해서는 혼자만의 구상보다는 여러 사람이 함께하는 방법이 더 효과적일 수 있다. 브레인스토밍은 한 가지 문제를 놓고 여러 사람이 회의를 해 아이디어를 구상하는 방법이다.
① 특성요인도 : 문제가 되는 결과와 이에 대응하는 원인과의 관계를 알기 쉽게 도표로 나타낸 것
② 파레토도 : 자료들이 어떤 범주에 속하는가를 나타내는 계수형 자료일 때 각 범주에 대한 빈도를 막대의 높이로 나타낸 그림
③ 히스토그램 : 도수분포표로 나타낸 자료의 분포상태를 보기 쉽게 직사각형으로 나타낸 그래프
④ 회귀분석 : 1개 또는 1개 이상의 독립변수들과 1개의 종속변수들의 관계를 파악하는 기법으로 종속변수의 변화에 영향을 미치는 여러 개의 독립변수들을 분석하여 종속변수의 변화를 예측하는 기법

답 ①

제63회 (2018년 3월 시행) 위험물기능장 필기

01 질산암모늄 80g이 완전분해하여 O_2, H_2O, N_2가 생성되었다면 이때 생성물의 총량은 모두 몇 몰인가?
① 2 ② 3.5
③ 4 ④ 7

해설) $2NH_4NO_3 \rightarrow 4H_2O + 2N_2 + O_2$에서 80g의 질산암모늄은 1mol에 해당하므로 1몰의 질산암모늄이 분해되는 경우 각각의 생성물은 2몰의 수증기, 1몰의 질소, 0.5몰의 산소가스가 발생하므로 총합 3.5몰이 생성된다.

답 ②

02 비중이 0.8인 유체의 밀도는 몇 kg/m³인가?
① 800 ② 80
③ 8   ④ 0.8

해설) $\dfrac{0.8g}{cm^3} \mid \dfrac{1kg}{1,000g} \mid \dfrac{10^6 cm^3}{1m^3} = 800 \dfrac{kg}{m^3}$

답 ①

03 다음 중 1mol에 포함된 산소의 수가 가장 많은 것은?
① 염소산
② 과산화나트륨
③ 과염소산
④ 차아염소산

해설) ① 염소산 : $HClO_3$
② 과산화나트륨 : Na_2O_2
③ 과염소산 : $HClO_4$
④ 차아염소산 : $HClO$

답 ③

04 어떤 유체의 비중이 S, 비중량이 γ이다. 4℃ 물의 밀도가 ρ_w, 중력가속도가 g일 때 다음 중 옳은 것은?
① $\gamma = S\rho_w$ ② $\gamma = g\rho_w/S$
③ $\gamma = S\rho_w/g$ ④ $\gamma = Sg\rho_w$

답 ④

05 아세틸렌 1몰이 완전연소하는 데 필요한 이론 공기량은 약 몇 몰인가?
① 2.5   ② 5
③ 11.9 ④ 22.4

해설) $2C_2H_2 + 5O_2 \rightarrow 4CO_2 + 2H_2O$
$\dfrac{1mol-C_2H_2}{} \mid \dfrac{5mol-O_2}{2mol-C_2H_2} \mid \dfrac{100mol-Air}{21mol-O_2}$
$= 11.9 mol-Air$

답 ③

06 측정하는 유체의 압력에 의해 생기는 금속의 탄성변형을 기계식으로 확대 지시하여 압력을 측정하는 것은?
① 마노미터   ② 시차액주계
③ 부르동관 압력계 ④ 오리피스미터

해설) ① 마노미터(액주형 압력계) : 실험실에서 압력을 측정하기 위해 사용하는 가장 보편적인 기기에 해당
② 시차액주계 : 두 개의 관이나 두 점 사이의 극히 작은 압력차를 측정하고자 할 때 사용하는 압력측정기
④ 오리피스미터 : 유체가 지나는 관 중간에 관의 단면적보다 작은 통과구멍이 있는 얇은 판을 설치하여 유체가 지날 때 그 전후에 생기는 압력차를 이용하여 유량을 재는 계기

답 ③

07 3.65kg의 염화수소 중에는 HCl 분자가 몇 개 있는가?

① 6.02×10^{23}
② 6.02×10^{24}
③ 6.02×10^{25}
④ 6.02×10^{26}

 해설

$$\frac{3.65\text{kg}-\text{HCl}}{} \bigg| \frac{1,000\text{g}-\text{HCl}}{1\text{kg}-\text{HCl}} \bigg| \frac{1\text{mol}-\text{HCl}}{36.5\text{g}-\text{HCl}}$$

$$\frac{6.02 \times 10^{23}\text{개}-\text{HCl}}{1\text{mol}-\text{HCl}} = 6.02 \times 10^{25}\text{개}-\text{HCl}$$

답 ③

08 과산화나트륨과 묽은 아세트산이 반응하여 생성되는 것은?

① NaOH   ② H_2O
③ Na_2O ④ H_2O_2

 해설 묽은 산과 반응하여 과산화수소(H_2O_2)를 생성한다.
$Na_2O_2 + 2CH_3COOH \rightarrow 2CH_3COONa + H_2O_2$

답 ④

09 위험물안전관리법령상 제6류 위험물 중 "그 밖에 행정안전부령이 정하는 것"에 해당하는 물질은?

① 아지화합물
② 과아이오딘산화합물
③ 염소화규소화합물
④ 할로젠간화합물

 해설 제6류 위험물의 종류와 지정수량

성질	위험등급	품명	지정수량
산화성 액체	I	1. 과염소산(HClO₄) 2. 과산화수소(H_2O_2) 3. 질산(HNO_3) 4. 그 밖의 행정안전부령이 정하는 것 - 할로젠간화합물(ICl, IBr, BrF₃, BrF₅, IF₅ 등)	300kg

답 ④

10 줄-톰슨(Joule-Thomson) 효과와 가장 관계있는 소화기는?

① 할론 1301 소화기
② 이산화탄소 소화기
③ HCFC-124 소화기
④ 할론 1211 소화기

해설 이산화탄소소화약제의 소화원리는 공기 중의 산소를 15% 이하로 저하시켜 소화하는 질식작용과 CO_2가스 방출 시 Joule-Thomson 효과(기체 또는 액체가 가는 관을 통과하여 방출될 때 온도가 급강하(약 -78°C)하여 고체로 되는 현상)에 의해 기화열의 흡수로 인하여 소화하는 냉각작용이다.

답 ②

11 CH_3COCH_3에 대한 설명으로 틀린 것은 어느 것인가?

① 무색 액체이며, 독특한 냄새가 있다.
② 물에 잘 녹고, 유기물을 잘 녹인다.
③ 아이오딘폼 반응을 한다.
④ 비점이 물보다 높지만 휘발성이 강하다.

해설 아세톤의 비점은 56°C로 물보다 낮고, 휘발성이 강하다.

답 ④

12 제4류 위험물인 C_6H_5Cl의 지정수량으로 맞는 것은?

① 200L   ② 400L
③ 1,000L   ④ 2,000L

 해설 클로로벤젠(C_6H_5Cl)은 제2석유류(비수용성)로 지정수량은 1,000L이다.

답 ③

13 96g의 메탄올이 완전연소되면 몇 g의 물이 생성되는가?

① 54   ② 27
③ 216   ④ 108

해설
$2CH_3OH + 3O_2 \rightarrow 2CO_2 + 4H_2O$

$\dfrac{96g-CH_3OH}{} \bigg| \dfrac{1mol-CH_3OH}{32g-CH_3OH} \bigg| \dfrac{4mol-H_2O}{2mol-CH_3OH}$
$\bigg| \dfrac{18g-H_2O}{1mol-H_2O} = 108g-H_2O$

답 ④

14 $C_6H_5CH_3$에 대한 설명으로 틀린 것은?

① 끓는점은 약 211℃이다.
② 증기는 공기보다 무거워 낮은 곳에 체류한다.
③ 인화점은 약 4℃이다.
④ 액의 비중은 약 0.87이다.

해설 톨루엔($C_6H_5CH_3$)의 비점은 110℃이다.

답 ①

15 제5류 위험물에 대한 설명 중 틀린 것은?

① 다이아조화합물은 다이아조기(-N=N-)를 가진 무기화합물이다.
② 유기과산화물은 산소를 포함하고 있어서 대량으로 연소할 경우 소화에 어려움이 있다.
③ 하이드라진은 제4류 위험물이지만 하이드라진유도체는 제5류 위험물이다.
④ 고체인 물질도 있고 액체인 물질도 있다.

해설 다이아조화합물이란 다이아조기(-N≡N-)를 가진 화합물로서 다이아조나이트로페놀, 다이아조카복실산에스터 등이 대표적이다.

답 ①

16 차아염소산칼슘에 대한 설명으로 옳지 않은 것은?

① 살균제, 표백제로 사용된다.
② 화학식은 $Ca(ClO)_2$이다.
③ 자극성은 없지만 강한 환원력이 있다.
④ 지정수량은 50kg이다.

해설 차아염소산칼슘은 산화제이다.

답 ③

17 $KMnO_4$에 대한 설명으로 옳은 것은?

① 글리세린에 저장하여야 한다.
② 묽은질산과 반응하면 유독한 Cl_2가 생성된다.
③ 황산과 반응할 때는 산소와 열을 발생한다.
④ 물에 녹으면 투명한 무색을 나타낸다.

해설 과망가니즈산칼륨($KMnO_4$)은 묽은황산과 반응 시 산소가스가 발생하고 발열한다.
$4KMnO_4 + 6H_2SO_4$
$\rightarrow 2K_2SO_4 + 4MnSO_4 + 6H_2O + 5O_2$

답 ③

18 위험물의 지정수량이 적은 것부터 큰 순서대로 나열한 것은?

① 알킬리튬-다이메틸아연-탄화칼슘
② 다이메틸아연-탄화칼슘-알킬리튬
③ 탄화칼슘-알킬리튬-다이메틸아연
④ 알킬리튬-탄화칼슘-다이메틸아연

해설 ㉠ 알킬리튬 : 10kg
㉡ 다이메틸아연 : 50kg
㉢ 탄화칼슘 : 300kg

답 ①

19 탄화칼슘과 질소가 약 700℃ 이상의 고온에서 반응하여 생성되는 물질은?

① 아세틸렌 ② 석회질소
③ 암모니아 ④ 수산화칼슘

해설 탄화칼슘은 질소와 약 700℃ 이상에서 질화되어 칼슘사이안아마이드($CaCN_2$, 석회질소)가 생성된다.
$CaC_2 + N_2 \rightarrow CaCN_2 + C$

답 ②

20 정전기 방전에 관한 다음 식에서 사용된 인자의 내용이 틀린 것은?

$$E = \frac{1}{2}CV^2 = \frac{1}{2}QV$$

① E : 정전기에너지(J)
② C : 정전용량(F)
③ V : 전압(V)
④ Q : 전류(A)

 정전기 방전에 의해 가연성 증기나 기체 또는 분진을 점화시킬 수 있다.
$E = \frac{1}{2}CV^2 = \frac{1}{2}QV$
여기서, E : 정전기에너지(J)
C : 정전용량(F)
V : 전압(V)
Q : 전기량(C)

답 ④

21 제5류 위험물인 테트릴에 대한 설명으로 틀린 것은?
① 물, 아세톤 등에 잘 녹는다.
② 담황색의 결정형 고체이다.
③ 비중은 1보다 크므로 물보다 무겁다.
④ 폭발력이 커서 폭약의 원료로 사용된다.

 테트릴의 경우 물에는 녹지 않으나 알코올, 에터, 아세톤, 벤젠 등에 잘 녹는다.

답 ①

22 위험물안전관리법령상 황은 순도가 일정 wt% 이상인 경우 위험물에 해당한다. 이 경우 순도 측정에 있어서 불순물에 대한 설명으로 옳은 것은?
① 불순물은 활석 등 불연성 물질에 한한다.
② 불순물은 수분에 한한다.
③ 불순물은 활석 등 불연성 물질과 수분에 한한다.
④ 불순물은 황을 제외한 모든 물질을 말한다.

 황은 순도가 60중량퍼센트 이상인 것을 말한다. 이 경우 순도 측정에 있어서 불순물은 활석 등 불연성 물질과 수분에 한한다.

답 ③

23 다음 중 지정수량이 같은 것끼리 연결된 것은?
① 알코올류 - 제1석유류(비수용성)
② 제1석유류(수용성) - 제2석유류(비수용성)
③ 제2석유류(수용성) - 제3석유류(비수용성)
④ 제3석유류(수용성) - 제4석유류

 제4류 위험물의 종류와 지정수량

성질	품명		지정수량
인화성 액체	특수인화물		50L
	제1석유류	비수용성	200L
		수용성	400L
	알코올류		400L
	제2석유류	비수용성	1,000L
		수용성	2,000L
	제3석유류	비수용성	2,000L
		수용성	4,000L
	제4석유류		6,000L
	동식물유류		10,000L

답 ③

24 제4류 위험물인 아세트알데하이드의 화학식으로 옳은 것은?
① C_2H_5CHO
② C_2H_5COOH
③ CH_3CHO
④ CH_3COOH

답 ③

25 공기를 차단한 상태에서 황린을 약 260℃로 가열하면 생성되는 물질은 제 몇 류 위험물인가?
① 제1류 위험물
② 제2류 위험물
③ 제5류 위험물
④ 제6류 위험물

 황린의 경우 공기를 차단하고 약 260℃로 가열하면 적린이 된다.
적린은 제2류 위험물로서 가연성 고체에 해당한다.

답 ②

26 다음 금속원소 중 비점이 가장 높은 것은?
① 리튬
② 나트륨
③ 칼륨
④ 루비듐

해설 ① 리튬 : 1,350℃
② 나트륨 : 880℃
③ 칼륨 : 774℃
④ 루비듐 : 688℃

답 ①

27 금속나트륨은 에탄올과 반응하였을 때 가연성 가스가 발생한다. 이때 발생하는 가스와 동일한 가스가 발생되는 경우는?
① 나트륨이 액체암모니아와 반응하였을 때
② 나트륨이 산소와 반응하였을 때
③ 나트륨이 사염화탄소와 반응하였을 때
④ 나트륨이 이산화탄소와 반응하였을 때

해설 ㉠ 알코올과 반응하여 나트륨에틸레이트와 수소가스를 발생한다.
$2Na + 2C_2H_5OH \rightarrow 2C_2H_5ONa + H_2$
㉡ 용융나트륨과 암모니아를 Fe_2O_3 촉매하에서 반응시키거나 액체암모니아에 나트륨이 녹을 때 수소가스를 발생한다.
$2Na + 2NH_3 \rightarrow 2NaNH_2 + H_2$

답 ①

28 위험물안전관리법령상 불활성가스소화설비의 기준에서 소화약제 "IG-541"의 성분으로 용량비가 가장 큰 것은?
① 이산화탄소
② 아르곤
③ 질소
④ 플루오린

해설 IG-541의 구성성분
N_2 : 52%, Ar : 40%, CO_2 : 8%

답 ③

29 위험물안전관리법령상 150마이크로미터의 체를 통과하는 것이 50중량퍼센트 이상일 경우 위험물에 해당하는 것은?
① 철분
② 구리분
③ 아연분
④ 니켈분

해설 "금속분"이라 함은 알칼리금속 · 알칼리토류금속 · 철 및 마그네슘 외의 금속의 분말을 말하고, 구리분 · 니켈분 및 150마이크로미터의 체를 통과하는 것이 50중량퍼센트 미만인 것은 제외한다.

답 ③

30 다음 중 위험물안전관리법령상 알코올류가 위험물이 되기 위하여 갖추어야 할 조건이 아닌 것은?
① 한 분자 내에 탄소 원자수가 1개부터 3개까지일 것
② 포화 1가 알코올일 것
③ 수용액일 경우 위험물안전관리법령에서 정의한 알코올 함유량이 60중량퍼센트 이상일 것
④ 인화점 및 연소점이 에틸알코올 60wt% 수용액의 인화점 및 연소점을 초과하는 것

해설 "알코올류"라 함은 1분자를 구성하는 탄소원자의 수가 1개부터 3개까지인 포화 1가 알코올(변성알코올을 포함한다)을 말한다. 다만, 다음의 어느 하나에 해당하는 것은 제외한다.
㉠ 1분자를 구성하는 탄소원자의 수가 1개 내지 3개인 포화 1가 알코올의 함유량이 60중량퍼센트 미만인 수용액
㉡ 가연성 액체량이 60중량퍼센트 미만이고 인화점 및 연소점(태그개방식 인화점측정기에 의한 연소점을 말한다)이 에틸알코올 60중량퍼센트인 수용액의 인화점 및 연소점을 초과하는 것

답 ④

31 벤조일퍼옥사이드의 용해성에 대한 설명으로 옳은 것은?
① 물과 대부분 유기용제에 모두 잘 녹는다.
② 물과 대부분 유기용제에 모두 녹지 않는다.
③ 물에는 녹으나 대부분 유기용제에는 녹지 않는다.
④ 물에는 녹지 않으나 대부분 유기용제에는 녹는다.

벤조일퍼옥사이드의 일반적 성질
- ㉠ 비중 1.33, 융점 103~105℃, 발화온도 125℃이다.
- ㉡ 무미, 무취의 백색분말 또는 무색의 결정성 고체로 물에는 잘 녹지 않으나 알코올 등에는 잘 녹는다.
- ㉢ 운반 시 30% 이상의 물을 포함시켜 풀 같은 상태로 수송된다.
- ㉣ 상온에서는 안정하나 산화작용을 하며, 가열하면 약 100℃ 부근에서 분해한다.

답 ④

32 위험물의 연소 특성에 대한 설명으로 옳지 않은 것은?

① 황린은 연소 시 오산화인의 흰 연기가 발생한다.
② 황은 연소 시 푸른 불꽃을 내며 이산화질소를 발생한다.
③ 마그네슘은 연소 시 섬광을 내며 발열한다.
④ 트라이에틸알루미늄은 공기와 접촉하면 백연을 발생하며 연소한다.

① 황린은 공기 중에서 격렬하게 오산화인의 백색연기를 내며 연소한다.
$P_4 + 5O_2 \rightarrow 2P_2O_5$
② 황은 공기 중에서 연소하면 푸른 빛을 내며 아황산가스를 발생하며, 아황산가스는 독성이 있다.
$S + O_2 \rightarrow SO_2$
③ 마그네슘은 가열하면 연소가 쉽고 양이 많은 경우 맹렬히 연소하며 강한 빛을 낸다. 특히 연소열이 매우 높기 때문에 온도가 높아지고 화세가 격렬하여 소화가 곤란하다.
$2Mg + O_2 \rightarrow 2MgO$
④ 트라이에틸알루미늄은 무색, 투명한 액체로 외관은 등유와 유사한 가연성으로 $C_1 \sim C_4$는 자연발화성이 강하다. 또한 공기 중에 노출되어 공기와 접촉하여 백연을 발생하며 연소한다. 단, C_5 이상은 점화하지 않으면 연소하지 않는다.
$2(C_2H_5)_3Al + 21O_2 \rightarrow 12CO_2 + Al_2O_3 + 15H_2O$

답 ②

33 제4류 위험물에 해당하는 에어졸의 내장용기 등으로서 용기의 외부에 '위험물의 품명·위험등급·화학명 및 수용성'에 대한 표시를 하지 않을 수 있는 최대용적은?

① 300mL
② 500mL
③ 150mL
④ 1,000mL

 제4류 위험물에 해당하는 에어졸의 운반용기로서 최대용적이 300mL 이하의 것에 대하여는 규정에 의한 표시를 하지 아니할 수 있으며, 주의사항에 대한 표시를 해당 주의사항과 동일한 의미가 있는 다른 표시로 대신할 수 있다.

답 ①

34 위험물안전관리법령에 따른 위험물의 운반에 관한 적재방법에 대한 기준으로 틀린 것은?

① 제1류 위험물, 제2류 위험물 및 제4류 위험물 중 제1석유류, 제5류 위험물은 차광성이 있는 피복으로 가릴 것
② 제1류 위험물 중 알칼리금속의 과산화물 또는 이를 함유한 것, 제2류 위험물 중 철분·금속분·마그네슘 또는 이들 중 어느 하나 이상을 함유한 것 또는 제3류 위험물 중 금수성 물질을 방수성이 있는 피복으로 덮을 것
③ 제5류 위험물 중 55℃ 이하의 온도에서 분해될 우려가 있는 것은 보냉 컨테이너에 수납하는 등 적정한 온도 관리를 할 것
④ 위험물을 수납한 운반용기를 겹쳐 쌓는 경우에는 그 높이는 3m 이하로 하고, 용기의 상부에 걸리는 하중은 해당 용기 위에 해당 용기와 동종의 용기를 겹쳐 쌓아 3m의 높이로 하였을 때에 걸리는 하중 이하로 할 것

해설 적재하는 위험물에 따른 조치사항

차광성이 있는 것으로 피복해야 하는 경우	방수성이 있는 것으로 피복해야 하는 경우
제1류 위험물 제3류 위험물 중 　자연발화성 물질 제4류 위험물 중 　특수인화물 제5류 위험물 제6류 위험물	제1류 위험물 중 　알칼리금속의 과산화물 제2류 위험물 중 　철분, 금속분, 마그네슘 제3류 위험물 중 　금수성 물질

답 ①

35 다음 중 위험물안전관리법령상 제조소 등에 있어서 위험물의 취급에 관한 설명으로 옳은 것은?

① 위험물의 취급에 관한 자격이 있는 자라 할 지라도 안전관리자로 선임되지 않은 자는 위험물을 단독으로 취급할 수 없다.
② 위험물의 취급에 관한 자격이 있는 자가 안전관리자로 선임되지 않았어도 그 자가 참여한 상태에서 누구든지 위험물 취급작업을 할 수 있다.
③ 위험물안전관리자의 대리자가 참여한 상태에서는 누구든지 위험물취급작업을 할 수 있다.
④ 위험물운송자는 위험물을 이동탱크저장소에 출하하는 충전하는 일반취급소에서 안전관리자 또는 대리자의 참여 없이 위험물 출하작업을 할 수 있다.

답 ③

36 탱크 시험자가 다른 자에게 등록증을 빌려준 경우 1차 행정처분 기준으로 옳은 것은?

① 등록 취소
② 업무정지 30일
③ 업무정지 90일
④ 경고

답 ①

37 제4류 위험물 중 경유를 판매하는 제2종 판매취급소를 허가 받아 운영하고자 한다. 취급할 수 있는 최대수량은?

① 20,000L
② 40,000L
③ 80,000L
④ 160,000L

 제2종 판매취급소 : 저장 또는 취급하는 위험물의 수량이 지정수량의 40배 이하인 취급소 따라서, 경유의 경우 지정수량은 1,000L이므로 1,000×40=40,000L까지 취급 가능하다.

답 ②

38 위험물제조소 등의 옥내소화전설비의 설치기준으로 틀린 것은?

① 수원의 수량은 옥내소화전이 가장 많이 설치된 층의 옥내소화전 설치개수(설치개수가 5개 이상인 경우는 5개)에 $2.4m^3$를 곱한 양 이상이 되도록 설치할 것
② 옥내소화전은 제조소 등의 건축물의 층마다 해당 층의 각 부분에서 하나의 호스접속구까지의 수평거리가 25m 이하가 되도록 설치할 것
③ 옥내소화전설비는 각 층을 기준으로 하여 해당 층의 모든 옥내소화전(설치개수가 5개 이상인 경우는 5개의 옥내소화전)을 동시에 사용할 경우에 각 노즐선단의 방수압력이 350kPa 이상이고 방수량이 1분당 260L 이상의 성능이 되도록 할 것
④ 옥내소화전설비에는 비상전원을 설치할 것

 옥내소화전의 경우 수원의 수량은 옥내소화전이 가장 많이 설치된 층의 옥내소화전 설치개수(설치개수가 5개 이상인 경우는 5개)에 $7.8m^3$를 곱한 양 이상이 되도록 설치할 것

답 ①

39 다음은 위험물안전관리법령에 따른 소화설비의 설치기준 중 전기설비의 소화설비 기준에 관한 내용이다. ( )에 알맞은 수치를 차례대로 나타낸 것은?

> 제조소 등에 전기설비(전기배선, 조명기구 등은 제외한다)가 설치된 경우에는 해당 장소의 면적 ( )m²마다 소형 수동식 소화기를 ( )개 이상 설치할 것

① 100, 1
② 100, 0.5
③ 200, 1
④ 200, 0.5

해설 전기설비의 소화설비 : 제조소 등에 전기설비(전기배선, 조명기구 등은 제외한다)가 설치된 경우에는 해당 장소의 면적 100m²마다 소형 수동식 소화기를 1개 이상 설치할 것

답 ①

40 위험물안전관리법령상 옥내탱크저장소에 대한 소화난이도등급 Ⅰ의 기준에 해당하지 않는 것은?

① 액표면적이 40m² 이상인 것(제6류 위험물을 저장하는 것 및 고인화점위험물만을 100℃ 미만의 온도에서 저장하는 것은 제외)
② 바닥면으로부터 탱크 옆판의 상단까지 높이가 6m 이상인 것(제6류 위험물을 저장하는 것 및 고인화점위험물만을 100℃ 미만의 온도에서 저장하는 것은 제외)
③ 액체위험물을 저장하는 탱크로서 용량이 지정수량의 100배 이상인 것
④ 탱크 전용실이 단층건물 외의 건축물에 있는 것으로 인화점 38℃ 이상 70℃ 미만의 위험물을 지정수량의 5배 이상 저장하는 것(내화구조로 개구부 없이 구획된 것은 제외)

해설

옥내탱크저장소	액표면적이 40m² 이상인 것(제6류 위험물을 저장하는 것 및 고인화점위험물만을 100℃ 미만의 온도에서 저장하는 것은 제외)
	바닥면으로부터 탱크 옆판의 상단까지 높이가 6m 이상인 것(제6류 위험물을 저장하는 것 및 고인화점위험물만을 100℃ 미만의 온도에서 저장하는 것은 제외)
	탱크 전용실이 단층건물 외의 건축물에 있는 것으로서 인화점 38℃ 이상, 70℃ 미만의 위험물을 지정수량의 5배 이상 저장하는 것(내화구조로 개구부 없이 구획된 것은 제외)

답 ③

41 다음 중 위험물 판매취급소의 배합실에서 배합하여서는 안 되는 위험물은?

① 도료류
② 염소산칼륨
③ 과산화수소
④ 황

해설 제2종 판매취급소 작업실에서 배합할 수 있는 위험물의 종류
㉠ 황
㉡ 도료류
㉢ 제1류 위험물 중 염소산염류 및 염소산염류만을 함유한 것

답 ③

42 위험물안전관리법령상 간이탱크저장소의 위치·구조 및 설비의 기준이 아닌 것은?

① 전용실 안에 설치하는 간이저장탱크의 경우 전용실 주위에는 1m 이상의 공지를 두어야 한다.
② 동일한 품질의 위험물의 간이저장탱크를 2 이상 설치하지 아니하여야 한다.
③ 간이저장탱크는 옥외에 설치하여야 하지만, 규정에서 정한 기준에 적합한 전용실 안에 설치하는 경우에는 옥내에 설치할 수 있다.
④ 간이저장탱크는 70kPa의 압력으로 10분간의 수압시험을 실시하여 새거나 변형되지 아니하여야 한다.

간이저장탱크는 움직이거나 넘어지지 아니하도록 지면 또는 가설대에 고정시키되, 옥외에 설치하는 경우에는 그 탱크의 주위에 너비 1m 이상의 공지를 두고, 전용실 안에 설치하는 경우에는 탱크와 전용실의 벽과의 사이에 0.5m 이상의 간격을 유지하여야 한다.

답 ①

43 옥내저장소에서 위험물 용기를 겹쳐 쌓는 경우 그 최대 높이 중 옳지 않은 것은?

① 기계에 의해 하역하는 구조로 된 용기 : 6m
② 제4류 위험물 중 제4석유류 수납용기 : 4m
③ 제4류 위험물 중 제1석유류 수납용기 : 3m
④ 제4류 위험물 중 동식물유류 수납용기 : 6m

 옥내저장소에서 위험물을 저장하는 경우에는 다음의 규정에 의한 높이를 초과하여 용기를 겹쳐 쌓지 아니하여야 한다(옥외저장소에서 위험물을 저장하는 경우에 있어서도 본 규정에 의한 높이를 초과하여 용기를 겹쳐 쌓지 아니하여야 한다).
㉠ 기계에 의하여 하역하는 구조로 된 용기만을 겹쳐 쌓는 경우에 있어서는 6m
㉡ 제4류 위험물 중 제3석유류, 제4석유류 및 동식물유류를 수납하는 용기만을 겹쳐 쌓는 경우에 있어서는 4m
㉢ 그 밖의 경우에 있어서는 3m

답 ④

44 위험물안전관리법령상 알킬알루미늄을 저장 또는 취급하는 이동탱크저장소에 비치하지 않아도 되는 것은?

① 응급조치에 관하여 필요한 사항을 기재한 서류
② 염기성 중화제
③ 고무장갑
④ 휴대용 확성기

 알킬알루미늄 등을 저장 또는 취급하는 이동탱크저장소에는 긴급 시의 연락처, 응급조치에 관하여 필요한 사항을 기재한 서류, 방호복, 고무장갑, 밸브 등을 죄는 결합공구 및 휴대용 확성기를 비치하여야 한다.

답 ②

45 옥외탱크저장소에서 제4석유류를 저장하는 경우, 방유제 내에 설치할 수 있는 옥외저장탱크의 수는 몇 개 이하여야 하는가?

① 10
② 20
③ 30
④ 제한 없음

 방유제 내에 설치하는 옥외저장탱크의 수는 10개(방유제 내에 설치하는 모든 옥외저장탱크의 용량이 20만L 이하이고, 해당 옥외저장탱크에 저장 또는 취급하는 위험물의 인화점이 70℃ 이상 200℃ 미만인 경우에는 20) 이하로 할 것. 다만, 인화점이 200℃ 이상인 위험물을 저장 또는 취급하는 옥외저장탱크에 있어서는 그러하지 아니하다.

답 ④

46 위험물안전관리법령에 명시된 위험물 운반용기의 재질이 아닌 것은?

① 강판, 알루미늄판
② 양철판, 유리
③ 비닐, 스티로폼
④ 금속판, 종이

 운반용기 재질 : 금속판, 강판, 삼, 합성섬유, 고무류, 양철판, 짚, 알루미늄판, 종이, 유리, 나무, 플라스틱, 섬유판

답 ③

47 위험물안전관리법령에 따라 제조소 등의 변경허가를 받아야 하는 경우에 속하는 것은?

① 일반취급소에서 계단을 설치하는 경우
② 제조소에서 펌프설비를 증설하는 경우
③ 옥외탱크저장소에서 자동화재탐지설비를 신설하는 경우
④ 판매취급소의 배출설비를 신설하는 경우

답 ③

48 소화설비의 설치기준에서 저장소의 건축물은 외벽이 내화구조인 것은 연면적 몇 m^2를 1소요단위로 하고, 외벽이 내화구조가 아닌 것은 연면적 몇 m^2를 1소요단위로 하는가?

① 100, 75
② 150, 75
③ 200, 100
④ 250, 150

 소요단위 : 소화설비의 설치대상이 되는 건축물의 규모 또는 위험물의 양에 대한 기준단위

1 단위	제조소 또는 취급소용 건축물의 경우	내화구조 외벽을 갖춘 연면적 $100m^2$
		내화구조 외벽이 아닌 연면적 $50m^2$
	저장소 건축물의 경우	내화구조 외벽을 갖춘 연면적 $150m^2$
		내화구조 외벽이 아닌 연면적 $75m^2$
	위험물의 경우	지정수량의 10배

답 ②

49 위험물제조소 등에 설치되어 있는 스프링클러 소화설비를 정기점검할 경우 일반점검표에서 헤드의 점검내용에 해당하지 않는 것은?

① 압력계의 지시사항
② 변형·손상의 유무
③ 기능의 적부
④ 부착각도의 적부

 스프링클러설비 중 헤드의 일반점검표

점검내용	점검방법
변형·손상의 유무	육안
부착각도의 적부	육안
기능의 적부	조작 확인

답 ①

50 위험물안전관리법령상 화학소방자동차에 갖추어야 하는 소화 능력 및 설비의 기준으로 옳지 않은 것은?

① 포수용액의 방사능력이 매분 2,000리터 이상인 포수용액방사차
② 분말의 방사능력이 매초 35kg 이상인 분말방사차
③ 할로젠화합물의 방사능력이 매초 40kg 이상인 할로젠화합물방사차
④ 가성소다 및 규조토를 각각 100kg 이상 비치한 제독차

 화학소방자동차에 갖추어야 하는 소화 능력 및 설비의 기준

화학소방자동차의 구분	소화 능력 및 설비의 기준
포수용액 방사차	• 포수용액의 방사능력이 2,000L/분 이상일 것 • 소화약액탱크 및 소화약액혼합장치를 비치할 것 • 10만L 이상의 포수용액을 방사할 수 있는 양의 소화약제를 비치할 것
분말 방사차	• 분말의 방사능력이 35kg/초 이상일 것 • 분말탱크 및 가압용 가스설비를 비치할 것 • 1,400kg 이상의 분말을 비치할 것
할로젠화합물 방사차	• 할로젠화합물의 방사능력이 40kg/초 이상일 것 • 할로젠화합물 탱크 및 가압용 가스설비를 비치할 것 • 1,000kg 이상의 할로젠화합물을 비치할 것
이산화탄소 방사차	• 이산화탄소의 방사능력이 40kg/초 이상일 것 • 이산화탄소 저장용기를 비치할 것 • 3,000kg 이상의 이산화탄소를 비치할 것
제독차	가성소다 및 규조토를 각각 50kg 이상 비치할 것

답 ④

51 위험물안전관리법령상 차량운반 시 제4류 위험물과 혼재가 가능한 위험물의 유별을 모두 나타낸 것은? (단, 각각의 위험물은 지정수량의 10배이다.)

① 제2류 위험물, 제3류 위험물
② 제3류 위험물, 제5류 위험물
③ 제1류 위험물, 제2류 위험물, 제3류 위험물
④ 제2류 위험물, 제3류 위험물, 제5류 위험물

해설 유별을 달리하는 위험물의 혼재기준

위험물의 구분	제1류	제2류	제3류	제4류	제5류	제6류
제1류		×	×	×	×	○
제2류	×		×	○	○	×
제3류	×	×		○	×	×
제4류	×	○	○		○	×
제5류	×	○	×	○		×
제6류	○	×	×	×	×	

답 ④

52 위험물제조소 등의 집유설비의 유분리장치를 설치해야 하는 장소는?

① 액상의 위험물을 저장하는 옥내저장소에 설치하는 집유설비
② 휘발유를 저장하는 옥내탱크저장소의 탱크 전용실 바닥에 설치하는 집유설비
③ 휘발유를 저장하는 간이탱크저장소의 옥외설비 바닥에 설치하는 집유설비
④ 경유를 저장하는 옥외탱크저장소의 옥외 펌프설비에 설치하는 집유설비

답 ④

53 위험물안전관리법령상 위험물 옥외탱크저장소의 방유제 지하매설깊이는 몇 m 이상으로 하여야 하는가? (단, 원칙적인 경우에 한한다.)

① 0.2   ② 0.3
③ 0.5   ④ 1.0

해설 옥외탱크저장소의 방유제 설치기준 : 높이 0.5m 이상 3.0m 이하, 면적 80,000m² 이하, 두께 0.2m 이상, 지하매설깊이 1m 이상으로 할 것

답 ④

54 바닥면적이 120m²인 제조소의 경우에 환기설비인 급기구의 최소 설치개수와 최소 크기는?

① 1개, 300cm²
② 1개, 600cm²
③ 2개, 800cm²
④ 2개, 600cm²

해설 급기구는 해당 급기구가 설치된 실의 바닥면적 150m²마다 1개 이상으로 하되, 급기구의 크기는 800cm² 이상으로 한다. 다만, 바닥면적이 150m² 미만인 경우에는 다음의 크기로 하여야 한다.

바닥면적	급기구의 면적
60m² 미만	150cm² 이상
60m² 이상 90m² 미만	300cm² 이상
90m² 이상 120m² 미만	450cm² 이상
120m² 이상 150m² 미만	600cm² 이상

답 ②

55 어떤 회사의 매출액이 80,000원, 고정비가 15,000원, 변동비가 40,000원일 때 손익분기점 매출액은 얼마인가?

① 25,000원
② 30,000원
③ 40,000원
④ 55,000원

해설 손익분기점 매출액 $= \dfrac{\text{고정비} \times \text{매출액}}{\text{변동비}}$

$= \dfrac{15{,}000원 \times 80{,}000원}{40{,}000원}$

$= 30{,}000원$

답 ②

56 직물, 금속, 유리 등의 일정단위 중 나타나는 홈의 수, 핀홀 수 등 부적합수에 관한 관리도를 작성하려면 가장 적합한 관리도는?

① c관리도   ② np관리도
③ p관리도   ④ $\overline{X} - R$관리도

답 ①

57 전수검사와 샘플링검사에 관한 설명으로 맞는 것은?

① 파괴검사의 경우에는 전수검사를 적용한다.
② 검사항목이 많은 경우 전수검사보다 샘플링검사가 유리하다.
③ 샘플링검사는 부적합품이 섞여 들어가서는 안 되는 경우에 적용한다.
④ 생산자에게 품질향상의 자극을 주고 싶을 경우 전수검사가 샘플링검사보다 더 효과적이다.

- 전수검사란 검사로트 내의 검사단위 모두를 하나하나 검사하여 합격, 불합격 판정을 내리는 것으로 일명 100% 검사라고도 한다. 예컨대 자동차의 브레이크 성능, 크레인의 브레이크 성능, 프로페인 용기의 내압성능 등과 같이 인체생명위험 및 화재발생위험이 있는 경우 및 보석류와 같이 아주 고가제품의 경우에는 전수검사가 적용된다. 그러나 대량품, 연속체, 파괴검사와 같은 경우는 전수검사를 적용할 수 없다.
- 샘플링검사는 로트로부터 추출한 샘플을 검사하여 그 로트의 합격, 불합격을 판정하고 있기 때문에 합격된 로트 중에 다소의 불량품이 들어 있게 되지만, 샘플링검사에서는 검사된 로트 중에 불량품의 비율이 확률적으로 어떤 범위 내에 있다는 것을 보증할 수 있다.

답 ②

58 국제 표준화의 의의를 지적한 설명 중 직접적인 효과로 보기 어려운 것은?

① 국제간 규격통일로 상호이익 도모
② KS 표시품 수출 시 상대국에서 품질 인증
③ 개발도상국에 대한 기술개발의 촉진 유도
④ 국가간의 규격상이로 인한 무역장벽 제거

답 ②

59 Ralph M. Barnes 교수가 제시한 동작경제의 원칙 중 작업장 배치에 관한 원칙(Arrangement of the workplace)에 해당되지 않는 것은?

① 가급적이면 낙하식 운반방법을 이용한다.
② 모든 공구나 재료는 지정된 위치에 있도록 한다.
③ 적절한 조명을 하여 작업자가 잘 보면서 작업할 수 있도록 한다.
④ 가급적 용이하고 자연스런 리듬을 타고 일할 수 있도록 작업을 구성하여야 한다.

동작경제의 원칙 : 작업자가 일하는데 에너지 소비를 최소한으로 하고 작업시간도 최소로 하며 효율적으로 일할 수 있도록 가장 경제적이고 합리적인 동작을 설정하는 것을 말한다.

답 ④

60 다음 데이터의 제곱합(sum of squares)은 약 얼마인가?

[Data] : 18.8, 19.1, 18.8, 18.2, 18.4, 18.3, 19.0, 18.6, 19.2

① 0.129
② 0.338
③ 0.359
④ 1.029

평균 : $18.8+19.1+18.8+18.2+18.4+18.3+19.0+18.6+19.2/9=18.71$
$S=(18.71-18.8)^2+(18.71-19.1)^2$
$\quad+(18.71-18.8)^2+(18.71-18.2)^2$
$\quad+(18.71-18.4)^2+(18.71-18.3)^2$
$\quad+(18.71-19.0)^2+(18.71-18.6)^2$
$\quad+(18.71-19.2)^2$
$=1.0289≒1.029$

답 ④

제64회 위험물기능장 필기
(2018년 6월 시행)

01 산소 20g과 수소 4g으로 몇 g의 물을 얻을 수 있는가?
  ① 10.5   ② 18.5
  ③ 22.5   ④ 36.5

해설
$2H_2 + O_2 \rightarrow 2H_2O$
 4g   32g   36g
 1 : 8 : 9
$8 : 9 = 20 : x$
$\therefore x = \dfrac{9 \times 20}{8} = 22.5g$

답 ③

02 어떤 화합물이 산소 50%, 황 50%를 포함하고 있다. 이 화합물의 실험식은?
  ① SO   ② SO_2
  ③ SO_3 ④ SO_4

해설
S와 O의 무게비는 1 : 1이므로
$S : O = \dfrac{50}{32} : \dfrac{50}{16} = \dfrac{1}{32} : \dfrac{1}{16}$
정수비로 고치면,
$S : O = 1 : 2$
$\therefore SO_2$

답 ②

03 수산화이온 농도가 2.0×10^{-3}M인 암모니아 용액의 pH는 얼마인가? (단, log2=0.3)
  ① 10.3   ② 11.3
  ③ 12.20   ④ 12.3

해설
$pOH = -\log(2.0 \times 10^{-3}) = 2.7$
$pH = 14.00 - pOH = 14.00 - 2.7 = 11.3$

답 ②

04 다음 중 틀린 설명은?
  ① 원자는 핵과 전자로 나누어진다.
  ② 원자가 +1가는 전자를 1개 잃었다는 표시이다.
  ③ 네온과 Na^+의 전자배치는 다르다.
  ④ 원자핵을 중심으로 맨 처음 나오는 전자껍질명은 K껍질이다.

해설
③ 네온과 Na^+는 각각 전자 10개로 전자배치가 같다.

답 ③

05 다음 중 틀린 설명은?
  ① 이온결합이란 양이온과 음이온 간의 정전기적 인력에 의한 결합이다.
  ② 순수한 물은 전기가 통하지 않는다.
  ③ 물과 가솔린이 섞이지 않는 이유는 비중 차이 때문이다.
  ④ 공유결합성 물질은 전기에 대해 부도체이며, 녹는점과 끓는점이 낮다.

해설
③ 물과 가솔린이 섞이지 않는 이유는 화학결합 차이 때문이다.

답 ③

06 16%의 소금물 200g을 증발시켜 180g으로 농축하였다. 이 용액은 몇 %의 용액인가?
  ① 17.58   ② 17.68
  ③ 17.78   ④ 17.88

해설
16%의 소금물 200g에는 32g의 소금이 녹아 있다.
$\dfrac{32}{180} \times 100 = 17.78$

답 ③

07 다음 중 제1석유류에 속하는 것은?

① 산화프로필렌(CH_3CHCH_2)
② 아세톤(CH_3COCH_3)
③ 아세트알데하이드(CH_3CHO)
④ 이황화탄소(CS_2)

해설 산화프로필렌, 아세트알데하이드, 이황화탄소는 특수인화물이다.

답 ②

08 고무의 용제로 사용하며 화재가 발생하였을 때 연소에 의해 유독한 기체가 발생하는 물질은?

① 이황화탄소   ② 톨루엔
③ 클로로폼   ④ 아세톤

해설 이황화탄소(CS_2)의 연소특성
㉠ 연소 시 유독한 아황산(SO_2) 가스가 발생한다.
$CS_2 + 3O_2 \rightarrow CO_2 + 2SO_2$
㉡ 연소범위가 넓고, 물과 150℃ 이상으로 가열하면 분해되어 이산화탄소(CO_2)와 황화수소(H_2S) 가스가 발생한다.
$CS_2 + 2H_2O \rightarrow CO_2 + 2H_2S$

답 ①

09 위험물의 보호액으로 잘못 연결된 것은?

① 황린 – 물
② 칼륨 – 석유
③ 나트륨 – 에탄올
④ CS_2 – 물

해설 ③ 나트륨 – 석유(등유)

답 ③

10 물과 반응하여 극렬히 발열하는 위험물질은?

① 염소산나트륨   ② 과산화나트륨
③ 과산화수소   ④ 질산암모늄

해설 물과 반응하여 극렬히 발열하는 위험물질 : 과산화나트륨, 과산화칼륨 등

답 ②

11 다음과 같은 일반적 성질을 갖는 물질은?

- 약한 방향성 및 끈적거리는 시럽상의 액체
- 발화점 : 약 402℃, 인화점 : 111℃
- 유기산이나 무기산과 반응하여 에스터를 만듦

① 에틸렌글리콜
② 우드테레빈유
③ 클로로벤젠
④ 테레빈유

해설 ③ 클로로벤젠 – 발화점 : 593℃, 인화점 : 29℃
④ 테레빈유 – 발화점 : 240℃, 인화점 : 35℃

답 ①

12 에터 중 과산화물을 확인하는 방법으로 옳은 것은?

① 산화철을 첨가한다.
② 10% KI 용액을 첨가하여 1분 이내에 황색으로 변화하는지 확인한다.
③ 30% $FeSO_4$ 10mL를 에터 1L의 비율로 첨가하여 추출한다.
④ 98% 에틸알코올 120mL를 에터 1L의 비율로 첨가하여 증류한다.

해설 과산화물의 검출은 10% 아이오딘화칼륨(KI) 용액과의 황색 반응으로 확인한다.
※ ③은 과산화물을 제거하는 방법이다.

답 ②

13 자일렌(xylene)의 일반적인 성질에 대한 설명으로 옳지 않은 것은?

① 3가지 이성질체가 있다.
② 독특한 냄새를 가지며 갈색이다.
③ 유지나 수지 등을 녹인다.
④ 증기의 비중이 높아 낮은 곳에 체류하기 쉽다.

해설 ② 독특한 냄새를 가지며 무색투명하다.

답 ②

14 아세톤의 성질에 대한 설명으로 옳지 않은 것은?
① 보관 중 청색으로 변한다.
② 아이오딘폼 반응을 일으킨다.
③ 아세틸렌 저장에 이용된다.
④ 유기물을 잘 녹인다.

 ① 보관 중 황색으로 변한다.

답 ①

15 할론 1301 소화약제는 플루오린이 몇 개 있다는 뜻인가?
① 0개   ② 1개
③ 2개   ④ 3개

해설   할론 소화약제의 구분

구분	분자식	C	F	Cl	Br
할론 1011	CH_2ClBr	1	0	1	1
할론 2402	$C_2F_4Br_2$	2	4	0	2
할론 1301	CF_3Br	1	3	0	1
할론 1211	CF_2ClBr	1	2	1	1

답 ④

16 할로젠화합물 소화약제의 공통적인 특성이 아닌 것은?
① 잔사가 남지 않는다.
② 전기전도성이 좋다.
③ 소화농도가 낮다.
④ 침투성이 우수하다.

 ② 전기부도체이다.

답 ②

17 다이아이소프로필퍼옥시다이카보네이트 유기과산화물에 대한 설명으로 틀린 것은?
① 가열 · 충격 · 마찰에 민감하다.
② 중금속분과 접촉하면 폭발한다.
③ 희석제로 톨루엔 70%를 첨가하고, 저장온도는 0℃ 이하로 유지하여야 한다.
④ 다량의 물로 냉각소화는 기대할 수 없다.

 ④ 제5류 위험물은 다량의 물로 냉각소화효과를 기대할 수 있다.

답 ④

18 아이오딘폼 반응을 하는 물질로 연소범위가 약 2.5~12.8%이며, 끓는점과 인화점이 낮아 화기를 멀리해야 하고 냉암소에 보관하는 물질은?
① CH_3COCH_3
② CH_3CHO
③ C_6H_6
④ $C_6H_5NO_2$

 ① CH_3COCH_3(아세톤)
무색투명하며, 독특한 냄새를 갖는 인화성 물질이다. 물과 유기용제에 잘 녹으며, 아이오딘폼 반응을 한다.
비중 : 0.79, 비점 : 56.6℃, 인화점 : -18.5℃, 발화점 : 538℃, 연소범위 : 2.6~12.8%
② CH_3CHO(아세트알데하이드)
액비중 : 0.783(증기비중 : 1.52), 비점 : 21℃, 발화점 : 185℃, 연소범위 : 4.1~57%
③ C_6H_6(벤젠)
비중 : 0.879(증기비중 : 2.77), 비점 : 80℃, 융점 : 5.5℃, 인화점 : -11℃, 발화점 : 498℃, 연소범위 : 1.4~7.8%
④ $C_6H_5NO_2$(나이트로벤젠)
비중 : 1.2, 비점 : 211℃, 융점 : 5.7℃, 인화점 : 88℃, 발화점 : 482℃

답 ①

19 다음 산화성 액체 위험물질의 취급에 관한 설명 중 틀린 것은?
① 과산화수소 30% 농도의 용액은 단독으로 폭발 위험이 있다.
② 과염소산의 융점은 약 -112℃이다.
③ 질산은 강산이지만 백금은 부식시키지 못한다.
④ 과염소산은 물과 반응하여 열이 발생한다.

 ① 과산화수소 60% 농도의 용액은 단독으로 폭발 위험이 있다.

답 ①

20 다음 중 염소산염류의 성질이 아닌 것은?
① 무색 결정이다.
② 산소를 많이 함유하고 있다.
③ 환원력이 강하다.
④ 강산과 혼합하면 폭발의 위험성이 있다.

 염소산염류는 제1류 위험물로서 산화력이 강하다.
답 ③

21 다음 유지류 중 아이오딘값이 가장 큰 것은?
① 돼지기름   ② 고래기름
③ 소기름   ④ 정어리기름

 아이오딘값 : 유지 100g에 부가되는 아이오딘의 g수로, 아이오딘값이 크면 불포화도가 커지고 작으면 불포화도가 작아진다.
㉠ 건성유 : 아이오딘값이 130 이상인 것
 이중결합이 많아 불포화도가 높기 때문에 공기 중에서 산화되어 액 표면에 피막을 만드는 기름
 예 아마인유, 들기름, 동유, 정어리기름, 해바라기유 등
㉡ 반건성유 : 아이오딘값이 100~130인 것
 공기 중에서 건성유보다 얇은 피막을 만드는 기름
 예 청어기름, 콩기름, 옥수수기름, 참기름, 면실유(목화씨유), 채종유 등
㉢ 불건성유 : 아이오딘값이 100 이하인 것
 공기 중에서 피막을 만들지 않는 안정된 기름
 예 올리브유, 피마자유, 야자유, 땅콩기름 등
답 ④

22 황화인에 대한 설명으로 옳지 않은 것은?
① 금속분, 과산화물 등과 격리·저장하여야 한다.
② 삼황화인은 물, 염산, 황산에 녹는다.
③ 분해되면 유독하고 가연성인 황화수소가 발생한다.
④ 삼황화인은 100℃의 공기 중에서 발화한다.

 ② 삼황화인(P_4S_3)은 물, 염산, 황산, 염소 등에는 녹지 않고, 질산이나 이황화탄소, 알칼리 등에 녹는다.
답 ②

23 이산화탄소 소화약제 사용 시 소화약제에 의한 피해도 발생할 수 있는데, 공기 중에서 기화하여 기상의 이산화탄소로 되었을 때 인체에 대한 허용농도는?
① 100ppm
② 3,000ppm
③ 5,000ppm
④ 10,000ppm
답 ③

24 위험물의 화재 위험에 대한 설명으로 옳지 않은 것은?
① 인화점이 낮을수록 위험하다.
② 착화점이 높을수록 위험하다.
③ 폭발범위가 넓을수록 위험하다.
④ 연소속도가 빠를수록 위험하다.

 ② 착화점이 낮을수록 위험하다.
답 ②

25 Ca_3P_2의 지정수량은 얼마인가?
① 50kg   ② 100kg
③ 300kg   ④ 500kg

 CaP_2(인화칼슘)은 제3류 위험물로서, 위험등급 Ⅲ에 해당한다.
답 ③

26 스타이렌 60,000L는 몇 소요단위인가?
① 1   ② 1.5
③ 3   ④ 6

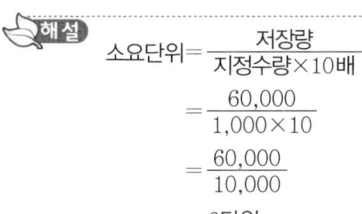

$$소요단위 = \frac{저장량}{지정수량 \times 10배}$$
$$= \frac{60,000}{1,000 \times 10}$$
$$= \frac{60,000}{10,000}$$
$$= 6단위$$
답 ④

27 다음 중 원형 관 속에서 유속 3m/s로 1일 동안 20,000m³의 물을 흐르게 하는 데 필요한 관의 내경은 약 몇 mm인가?
① 414 ② 313
③ 212 ④ 194

$Q = uA = u\frac{\pi}{4}D^2 = u \times 0.785D^2$

$\frac{20,000\text{m}^3}{24 \times 3,600\text{s}} = 3\text{m/s} \times 0.785D^2$

$\therefore D = 0.3135\text{m} = 313.35\text{mm}$

답 ②

28 위험물안전관리법령상 제6류 위험물에 적응성이 있는 소화설비는?
① 옥내소화전설비
② 이산화탄소 소화설비
③ 할로젠화합물 소화설비
④ 탄산수소염류 분말소화설비

 제6류 위험물을 저장 또는 취급하는 제조소 등에 설치할 수 있는 소화설비 : 옥내소화전 또는 옥외소화전 설비, 스프링클러설비, 물분무소화설비, 포소화설비, 인산염류 분말소화설비

답 ①

29 자기반응성 물질의 위험성에 대한 설명으로 틀린 것은?
① 트라이나이트로톨루엔은 테트릴에 비해 충격·마찰에 둔감하다.
② 트라이나이트로톨루엔은 물을 넣어 운반하면 안전하다.
③ 나이트로글리세린을 점화하면 연소하여 다량의 가스를 발생한다.
④ 나이트로글리세린은 영하에서도 액체상이어서 폭발의 위험성이 높다.

 나이트로글리세린은 융점이 2.8℃로, 이는 2.8℃ 이하에서 고체라는 뜻이므로 영하에서는 고체상태로 존재하는 물질이다.

답 ④

30 물과 접촉하면 수산화나트륨과 산소를 발생시키는 물질은?
① 질산나트륨   ② 염소산나트륨
③ 과산화나트륨 ④ 과염소산나트륨

 $2Na_2O_2 + 2H_2O \rightarrow 4NaOH + O_2$

답 ③

31 질산에 대한 설명 중 틀린 것은?
① 녹는점은 약 -43℃이다.
② 분자량은 약 63이다.
③ 지정수량은 300kg이다.
④ 비점은 약 178℃이다.

 ④ 질산의 비점은 약 86℃이다.

답 ④

32 이산화탄소 소화기에 관한 설명으로 옳지 않은 것은?
① 소화작용은 질식효과와 냉각효과에 해당한다.
② A급·B급·C급 화재 중 A급 화재에 적응성이 있다.
③ 소화약제 자체의 유독성은 적으나 실내의 산소농도를 저하시켜 질식의 우려가 있다.
④ 소화약제의 동결, 부패, 변질 우려가 없다.

 이산화탄소 소화기는 C급 화재에 적응성이 있다.

답 ②

33 위험물을 취급하는 제조소 등에서 지정수량의 몇 배 이상인 경우 경보설비를 설치하여야 하는가?
① 1배 이상   ② 5배 이상
③ 10배 이상   ④ 100배 이상

 화재 발생 시 이를 알릴 수 있는 경보설비는 지정수량의 10배 이상의 위험물을 저장 또는 취급하는 제조소에 설치한다.

답 ③

34
탱크의 공간용적을 $\frac{7}{100}$로 할 경우 아래 그림에 나타낸 타원형 위험물저장탱크의 용량은 얼마인가?

① 20.5m³
② 21.7m³
③ 23.4m³
④ 25.1m³

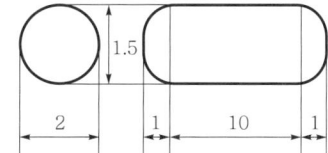

해설
내용적 = $\frac{\pi ab}{4}\left(l + \frac{l_1 + l_2}{3}\right)$
= $\frac{\pi \times 1.5 \times 2}{4}\left(10 + \frac{1+1}{3}\right) = 25.12$

탱크 용량 = 내용적 - 공간용적
= 25.12 - 25.12(7/100) = 23.36m³

답 ③

35
석유 판매취급소의 작업실에 대한 설치규정으로 맞지 않는 것은?

① 바닥면적은 6m² 이상, 15m² 이하로 할 것
② 출입구에 30분방화문을 설치할 것
③ 출입구는 바닥으로부터 0.1m 이상의 턱을 설치할 것
④ 내화구조로 된 벽으로 구획할 것

해설 ② 출입구에는 60분+방화문 또는 60분방화문을 설치할 것

답 ②

36
이동탱크저장소의 칸막이 설치기준으로 옳은 것은?

① 2,000L 이하마다 1개씩 설치
② 3,000L 이하마다 1개씩 설치
③ 3,500L 이하마다 1개씩 설치
④ 4,000L 이하마다 1개씩 설치

해설 이동탱크저장소의 안전칸막이 설치기준
㉠ 두께 3.2mm 이상의 강철판으로 제작
㉡ 4,000L 이하마다 구분하여 설치

답 ④

37
감지기의 설치기준으로 옳은 것은?

① 13m 이상의 계단 및 경사로에는 설치하지 말 것
② 환기통이 있는 옥내의 면하는 부분에 설치할 것
③ 실내 공기유입구로부터 1.5m 이상 부분에 설치할 것
④ 정온식 스포트형 감지기는 사용하지 말 것

해설
① 15m 미만의 계단 및 경사로에는 설치하지 말 것
② 천장 또는 반자의 옥내에 면하는 부분에 설치할 것
④ 정온식 스포트형 감지기는 주방, 보일러실에 설치할 것

답 ③

38
위험물제조소 등에 전기설비가 설치된 경우 해당 장소의 면적이 500m²라면 몇 개 이상의 소형 수동식 소화기를 설치하여야 하는가?

① 1
② 2
③ 5
④ 10

해설 제조소 등에 전기설비가 설치된 경우 면적 100m²마다 소형 소화기를 1개 이상 설치해야 한다.
∴ 500m² ÷ 100m² = 5개

답 ③

39
자동화재탐지설비에 대한 설명으로 틀린 것은?

① 자동화재탐지설비의 경계구역은 건축물, 그 밖의 공작물의 2 이상의 층에 걸치지 아니하도록 한다.
② 광전식 분리형 감지기를 설치할 경우 하나의 경계구역의 면적은 600m² 이하로 하고 그 한 변의 길이는 50m 이하로 한다.
③ 자동화재탐지설비의 감지기는 지붕 또는 벽의 옥내에 면한 부분에 유효하게 화재 발생을 감지할 수 있도록 설치한다.
④ 자동화재탐지설비에는 비상전원을 설치한다.

해설 ② 광전식 분리형 감지기를 설치할 경우 하나의 경계구역의 면적은 600m² 이하로 하고, 그 한 변의 길이는 100m 이하로 한다.

답 ②

40 이동저장탱크의 상부로부터 위험물을 주입할 때에는 위험물의 액 표면이 주입관의 선단을 넘는 높이가 될 때까지 그 주입관 내의 유속을 얼마 이하로 해야 하는가? (단, 휘발유를 저장하던 이동저장탱크에 등유나 경유를 주입하는 경우를 가정한다.)

① 0.5m/sec ② 1m/sec
③ 1.5m/sec ④ 2m/sec

답 ②

41 위험물 옥외탱크저장소에서 각각 30,000L, 40,000L, 50,000L의 용량을 갖는 탱크 3기를 설치할 경우 필요한 방유제의 용량은 몇 m^3 이상이어야 하는가?

① 33 ② 44
③ 55 ④ 132

 2기 이상의 탱크가 있는 경우 방유제의 용량은 그 탱크 중 용량이 최대인 것의 110% 이상으로 한다.
∴ 50,000L=50m^3×1.1=55m^3

답 ③

42 옥외저장탱크의 펌프설비 설치기준으로 틀린 것은?

① 펌프실의 지붕을 폭발력이 위로 방출될 정도의 가벼운 불연재료로 할 것
② 펌프실의 창 및 출입구에는 60분+방화문·60분방화문 또는 30분방화문을 설치할 것
③ 펌프실의 바닥 주위에는 높이 0.2m 이상의 턱을 만들 것
④ 펌프설비의 주위에는 너비 1m 이상의 공지를 보유할 것

 ④ 펌프설비의 주위에는 너비 3m 이상의 공지를 보유한다.

답 ④

43 옥내탱크저장소 중 탱크전용실을 단층 건물 외의 건축물에 설치하는 경우 옥내저장탱크를 설치한 탱크전용실을 건축물의 1층 또는 지하층에 설치하여야 하는 위험물의 종류가 아닌 것은?

① 황화인 ② 황린
③ 동식물유류 ④ 질산

 옥내저장탱크는 탱크전용실에 설치할 것. 이 경우 제2류 위험물 중 황화인·적린 및 덩어리 황, 제3류 위험물 중 황린, 제6류 위험물 중 질산의 탱크전용실은 건축물의 1층 또는 지하층에 설치하여야 한다.

답 ③

44 다음 중 위험물 판매취급소의 배합실에서 배합하여서는 안 되는 위험물은?

① 도료류
② 염소산칼륨
③ 과산화수소
④ 황

 제2종 판매취급소 작업실에서 배합할 수 있는 위험물의 종류
㉠ 황
㉡ 도료류
㉢ 제1류 위험물 중 염소산염류 및 염소산염류만을 함유한 것

답 ③

45 피난구 유도등은 피난구의 바닥으로부터 몇 m 이상의 곳에 설치해야 하는가?

① 0.5m 이상
② 1m 이상
③ 1.5m 이상
④ 2m 이상

 피난구 유도등은 바닥으로부터 1.5m 이상 되는 출입구 위쪽에 설치한다.

답 ③

46 스프링클러설비에 방사구역마다 제어밸브를 설치하고자 한다. 바닥면으로부터 높이 기준으로 옳은 것은?
① 0.8m 이상 1.5m 이하
② 1.0m 이상 1.5m 이하
③ 0.5m 이상 0.8m 이하
④ 1.5m 이상 1.8m 이하

 제어밸브는 개방형 스프링클러헤드를 이용하는 스프링클러설비에 있어서는 방수구역마다, 폐쇄형 스프링클러헤드를 사용하는 스프링클러설비에 있어서는 해당 방화대상물의 층마다, 바닥면으로부터 0.8m 이상 1.5m 이하의 높이에 설치할 것

답 ①

47 지정수량 미만의 위험물을 저장 또는 취급하는 기준 및 시설기준은 무엇으로 정하는가?
① 행정자치부령 ② 시·도의 규칙
③ 시·도의 조례 ④ 대통령령

답 ③

48 다음 중 위험물을 가압하는 설비에 설치하는 장치로서 옳지 않은 것은?
① 안전밸브를 병용하는 경보장치
② 압력계
③ 수동적으로 압력의 상승을 정지시키는 장치
④ 감압 측에 안전밸브를 부착한 감압밸브

 ③ 자동적으로 압력의 상승을 정지시키는 장치여야 한다.

답 ③

49 간이탱크저장소에 대한 설명으로 옳지 않은 것은?
① 간이저장탱크의 외면에는 녹을 방지하기 위한 도장을 하여야 한다.
② 간이저장탱크의 두께는 3.2mm 이상의 강판을 사용한다.
③ 통기관은 옥외에 설치하되, 그 끝부분의 높이는 지상 1.5m 이상으로 한다.
④ 통기관의 지름은 10mm 이상으로 한다.

 ④ 통기관의 지름은 25mm 이상으로 한다.

답 ④

50 위험물안전관리법 규정에 의하여 다수의 제조소 등을 설치한 자가 1인의 안전관리자를 중복하여 선임할 수 있는 경우가 아닌 것은? (단, 동일 구내에 있는 저장소로서 행정자치부령이 정하는 저장소를 동일인이 설치한 경우이다.)
① 15개의 옥내저장소
② 15개의 옥외탱크저장소
③ 10개의 옥외저장소
④ 10개의 암반탱크저장소

 다수의 제조소 등을 설치한 자가 1인의 안전관리자를 중복하여 선임할 수 있는 경우
㉠ 10개 이하의 옥내저장소
㉡ 30개 이하의 옥외탱크저장소
㉢ 10개 이하의 옥외저장소
㉣ 10개 이하의 암반탱크저장소

답 ①

51 자기탐상시험 결과에 대한 판정기준으로 옳지 않은 것은?
① 균열이 확인된 경우에는 불합격으로 할 것
② 선상 및 원형상의 결함 크기가 8mm를 초과할 경우에는 불합격으로 할 것
③ 2 이상의 결함 자분모양이 동일선상에 연속해서 존재하고 그 상호 간의 간격이 2mm 이하인 경우에는 상호 간의 간격을 포함하여 연속된 하나의 결함 자분모양으로 간주할 것
④ 결함 자분모양이 존재하는 임의의 개소에 있어서 2,500mm²의 사각형(한 변의 최대 길이는 150mm로 한다) 내에 길이 1mm를 초과하는 결함 자분모양의 길이의 합계가 8mm를 초과하는 경우에는 불합격으로 할 것

 ② 선상 및 원형상의 결함 크기가 4mm를 초과할 경우에는 불합격으로 할 것

답 ②

52 위험물안전관리법령상 제조소 등의 기술검토에 관한 설명으로 옳은 것은?

① 기술검토는 한국소방산업기술원에서 실시하는 것으로 일정한 제조소 등의 설치허가 또는 변경허가와 관련된 것이다.
② 기술검토는 설치허가 또는 변경허가와 관련된 것이나 제조소 등의 완공검사 시 설치자가 임의적으로 기술검토를 신청할 수도 있다.
③ 기술검토는 법령상 기술기준과 다르게 설계하는 경우에 그 안전성을 전문적으로 검증하기 위한 절차이다.
④ 기술검토의 필요성이 없으면 변경허가를 받을 필요가 없다.

해설 제조소 등은 한국소방산업기술원(이하 "기술원"이라 한다)의 기술검토를 받고 그 결과가 행정안전부령으로 정하는 기준에 적합한 것으로 인정될 것. 다만, 보수 등을 위한 부분적인 변경으로서 소방청장이 정하여 고시하는 사항에 대해서는 기술원의 기술검토를 받지 아니할 수 있으나 행정안전부령으로 정하는 기준에는 적합하여야 한다.
㉠ 지정수량의 1천 배 이상의 위험물을 취급하는 제조소 또는 일반취급소 : 구조·설비에 관한 사항
㉡ 옥외탱크저장소(저장용량이 50만L 이상인 것만 해당) 또는 암반탱크저장소 : 위험물 탱크의 기초·지반, 탱크 본체 및 소화설비에 관한 사항

 ①

53 위험물탱크 안전성능시험자가 기술능력, 시설 및 장비 중 중요 변경사항이 있는 때에는 변경한 날부터 며칠 이내에 변경신고를 하여야 하는가?

① 5일 이내 ② 15일 이내
③ 25일 이내 ④ 30일 이내

해설 규정에 따라 등록한 사항 가운데 행정안전부령이 정하는 중요 사항을 변경한 경우에는 그날부터 30일 이내에 시·도지사에게 변경신고를 하여야 한다.

답 ④

54 위험물의 장거리 운송 시에는 2명 이상의 운전자가 필요하다. 다음 중 장거리에 해당하는 것은?

① 자동차전용도로 - 80km 이상
② 지방도 - 100km 이상
③ 일반국도 - 150km 이상
④ 고속국도 - 340km 이상

해설 위험물 운송자는 장거리(고속국도에 있어서는 340km 이상, 그 밖의 도로에 있어서는 200km 이상)에 걸치는 운송을 하는 때에는 2명 이상의 운전자로 할 것

 ④

55 준비작업시간이 5분, 정미작업시간이 20분, lot 수 5, 주작업에 대한 여유율이 0.2라면, 가공시간은?

① 150분
② 145분
③ 125분
④ 105분

해설 가공시간
=준비작업시간+로트 수×정미작업시간(1+여유율)
=5+5×20(1+0.20)
=125분

 ③

56 더미활동(dummy activity)에 대한 설명 중 가장 적합한 것은?

① 가장 긴 작업시간이 예상되는 공정을 말한다.
② 공정의 시작에서 그 단계에 이르는 공정별 소요시간들 중 가장 큰 값이다.
③ 실제 활동은 아니며, 활동의 선행조건을 네트워크에 명확히 표현하기 위한 활동이다.
④ 각 활동별 소요시간이 베타분포를 따른다고 가정할 때의 활동이다.

답 ③

57 200개 들이 상자가 15개 있다. 각 상자로부터 제품을 랜덤하게 10개씩 샘플링할 경우 이러한 샘플링방법을 무엇이라 하는가?
① 계통샘플링　　② 취락샘플링
③ 층별샘플링　　④ 2단계샘플링

 층별샘플링(stratified sampling)이란 모집단을 몇 개의 층으로 나누고 각 층으로부터 각각 랜덤하게 시료를 뽑는 샘플링방법이다.
답 ③

58 다음 중 계수치 관리도가 아닌 것은?
① c 관리도　　② p 관리도
③ u 관리도　　④ x 관리도

 ④ x 관리도는 계량치 관리도이다.
답 ④

59 로트의 크기가 30, 부적합품률이 10%인 로트에서 시료의 크기를 5로 하여 랜덤샘플링 할 때, 시료 중 부적합품 수가 1개 이상일 확률은 약 얼마인가? (단, 초기하분포를 이용하여 계산한다.)
① 0.3695　　② 0.4335
③ 0.5665　　④ 0.6305

 부적합 비율이 10%이므로 전체 로트의 크기 30개 중 적합은 27개, 부적합은 3개이다.

$$1 - \frac{{}_{27}C_5 \times {}_3C_0}{{}_{30}C_5} = 1 - \frac{\frac{27!}{5!\,22!} \times \frac{3!}{0!\,3!}}{\frac{30!}{5!\,25!}}$$

$$= 1 - \frac{\frac{27!}{22!} \times 1}{\frac{30!}{25!}}$$

$$= 1 - \frac{25 \times 24 \times 23}{30 \times 29 \times 28} = 0.4335$$

답 ②

60 정상 소요기간이 5일이고, 비용이 20,000원이며 특급 소요기간이 3일이고, 이때의 비용이 30,000원이라면 비용구배는 얼마인가?
① 4,000원/일　　② 5,000원/일
③ 7,000원/일　　④ 10,000원/일

 비용구배
$$= \frac{\text{특급 소요기간 비용} - \text{정상 소요기간 비용}}{\text{정상 소요기간} - \text{특급 소요기간}}$$
$$= \frac{30,000 - 20,000}{5 - 3}$$
$$= 5,000원/일$$

답 ②

제65회 (2019년 3월 시행) 위험물기능장 필기

01 분자를 이루고 있는 원자단을 나타내며 그 분자의 특성을 밝힌 화학식을 무엇이라 하는가?
① 시성식   ② 구조식
③ 실험식   ④ 분자식

답 ①

02 180.0g/mol의 몰질량을 갖는 화합물이 40.0%의 탄소, 6.67%의 수소, 53.3%의 산소로 되어 있다. 이 화합물의 화학식을 구하면?
① CH_2O ② $C_2H_4O_2$
③ $C_3H_6O_3$ ④ $C_6H_{12}O_6$

C : 40/12=3.33/3.33=1
H : 6.67/1=6.67/3.33=2
O : 53.3/16=5.33/3.33=1
실험식은 CH_2O이며,
분자식은 $(CH_2O) \times n = 180$에서
$n = \dfrac{180}{30} = 6$
∴ $(CH_2O) \times 6 = C_6H_{12}O_6$

답 ④

03 다음 원소 중 전기음성도값이 가장 큰 것은?
① C   ② N
③ O   ④ F

 같은 주기에서는 원자번호가 증가할수록 전기음성도값이 크다.
보기 원소의 전기음성도값은 다음과 같다.
① C=2.5
② N=3.0
③ O=3.5
④ F=4.0

답 ④

04 금속성 원소와 비금속성 원소가 만나서 이루어진 결합성 물질은?
① 이온결합성
② 공유결합성
③ 배위결합성
④ 금속결합성

답 ①

05 pH 4인 용액과 pH 6인 용액의 농도 차는 얼마인가?
① 1.5배   ② 2배
③ 10배   ④ 100배

pH 4=10^{-4}
pH 6=10^{-6}
∴ 100배

답 ④

06 기체 암모니아를 25℃, 750mmHg에서 용적을 측정한 결과 800mL였다. 이것을 100mL의 물에 전량 흡수시켜 암모니아 수용액을 만들 경우 중량백분율은?
① 0.52   ② 0.55
③ 0.5526   ④ 0.6

$PV = \dfrac{w}{M}RT$에서
$w = \dfrac{PVM}{RT} = \dfrac{\dfrac{750}{760}\text{atm} \times 0.8\text{L} \times 17}{0.082 \times (273.15 + 25)} ≒ 0.5489\text{g}$
∴ $\dfrac{0.55}{100 + 0.55} \times 100 = 0.55\%$

답 ②

07 다음 위험물 중 지정수량이 제일 적은 것은?
① 황 ② 황린
③ 황화인 ④ 적린

해설 보기 위험물의 지정수량은 다음과 같다.
① 황 : 100kg
② 황린 : 20kg
③ 황화인 : 100kg
④ 적린 : 100kg

답 ②

08 사방황과 단사황의 전이온도(transition temperature)로 옳은 것은?
① 95.5℃ ② 112.8℃
③ 119.1℃ ④ 444.6℃

해설 95.5℃ 이하에서는 단사황이 서서히 사방황으로, 그 이상에서는 사방황이 단사황으로 변화한다.

답 ①

09 탄화수소 C_5H_{12}~C_9H_{20}까지의 포화·불포화 탄화수소의 혼합물인 휘발성 액체 위험물의 인화점 범위는?
① -5~$10℃$
② -43~$-20℃$
③ -70~$-45℃$
④ -15~$-5℃$

답 ②

10 알킬알루미늄(alkyl aluminum)을 취급할 때 용기를 완전히 밀봉하고 물과의 접촉을 피해야 하는 이유로 가장 옳은 것은?
① C_2H_6가 발생
② H_2가 발생
③ C_2H_2가 발생
④ CO_2가 발생

해설 물과 폭발적 반응을 일으켜 에테인(C_2H_6) 가스가 발화·비산되므로 위험하다.
$(C_2H_5)_3Al + 3H_2O \rightarrow Al(OH)_3 + 3C_2H_6$

답 ①

11 아이소프로필아민의 저장·취급에 대한 설명으로 옳지 않은 것은?
① 증기 누출, 액체 누출 방지를 위하여 완전 밀봉한다.
② 증기는 공기보다 가볍고 공기와 혼합되면 점화원에 의하여 인화·폭발 위험이 있다.
③ 강산류, 강산화제, 케톤류와의 접촉을 방지한다.
④ 화기엄금, 가열 금지, 직사광선 차단, 환기가 좋은 장소에 저장한다.

해설 ② 증기는 공기보다 무겁고 공기와 혼합되면 점화원에 의하여 인화·폭발 위험이 있다.

답 ②

12 다음 위험물 중 형상은 다르지만 성질이 같은 것은?
① 제1류와 제6류 ② 제2류와 제5류
③ 제3류와 제5류 ④ 제4류와 제6류

해설 ① 제1류(산화성 고체)와 제6류(산화성 액체)

답 ①

13 인화성 액체 위험물에 해당하는 에어졸의 내장 용기 등으로서 용기 포장에 표시하지 아니할 수 있는 포장의 최대용적은?
① 300mL ② 500mL
③ 150mL ④ 1,000mL

답 ①

14 자동차의 부동액으로 많이 사용되는 에틸렌글리콜을 가열하거나 연소했을 때 주로 발생되는 가스는?
① 일산화탄소 ② 인화수소
③ 포스겐가스 ④ 메테인

해설 상온에서는 인화의 위험이 없으나 가열하면 연소 위험성이 증가하고 가열하거나 연소에 의해 자극성 또는 유독성의 일산화탄소가 발생한다.

답 ①

15 제2류 위험물과 제4류 위험물의 공통적 성질로 맞는 것은?

① 모두 물에 의한 소화가 가능하다.
② 모두 산소 원소를 포함하고 있다.
③ 모두 물보다 가볍다.
④ 모두 가연성 물질이다.

 ① 제2류 위험물은 주수소화, 제4류 위험물은 질식소화를 한다.
② 모두 산소 원소를 포함하고 있지 않다.
③ 제2류 위험물은 비중이 1보다 크며, 제4류 위험물은 물보다 가볍다.

답 ④

16 인화점이 낮은 것에서 높은 순서로 올바르게 나열된 것은?

① 다이에틸에터 → 아세트알데하이드 → 이황화탄소 → 아세톤
② 아세톤 → 다이에틸에터 → 이황화탄소 → 아세트알데하이드
③ 이황화탄소 → 아세톤 → 다이에틸에터 → 아세트알데하이드
④ 아세트알데하이드 → 아세톤 → 이황화탄소 → 다이에틸에터

 보기에서 주어진 물질의 인화점은 다음과 같다.
㉠ 다이에틸에터 : $-40\,℃$
㉡ 아세트알데하이드 : $-39\,℃$
㉢ 이황화탄소 : $-35\,℃$
㉣ 아세톤 : $-18.5\,℃$

답 ①

17 내용적 2,000mL의 비커에 포를 가득 채웠더니 전체 중량이 850g이었고 비커 용기의 중량은 450g이었다. 이때 비커 속에 들어 있는 포의 팽창비는 약 몇 배인가? (단, 포 수용액의 밀도는 1.15kg/mL이다.)

① 4배 ② 6배
③ 8배 ④ 10배

 팽창비 $= \dfrac{\text{발포 후 팽창된 포의 체적}}{W_1 - W_2} \times \text{밀도}$

$850g - 450g = 400g$
$2{,}000\,mL \times 1.15\,g/mL = 2{,}300\,g$
$\therefore \dfrac{2{,}300g}{400g} ≒ 6$배

답 ②

18 분진폭발에 대한 설명으로 옳지 않은 것은?

① 밀폐공간 내 분진운이 부유할 때 폭발 위험성이 있다.
② 충격·마찰도 착화에너지가 될 수 있다.
③ 2차, 3차 폭발의 발생 우려가 없으므로 1차 폭발 소화에 주력하여야 한다.
④ 산소의 농도가 증가하면 대형화될 수 있다.

 ③ 2차, 3차 폭발의 발생 우려가 있으므로 1차 폭발 소화에 주력하여야 한다.

답 ③

19 분말소화약제를 종별로 구분하였을 때 그 주성분이 옳게 연결된 것은?

① 제1종 - 탄산수소나트륨
② 제2종 - 인산수소암모늄
③ 제3종 - 탄산수소칼륨
④ 제4종 - 탄산수소나트륨과 요소의 혼합물

 분말소화약제의 구분

종류	주성분	화학식	착색	적응화재
제1종	탄산수소나트륨	$NaHCO_3$	-	B·C급 화재
제2종	탄산수소칼륨	$KHCO_3$	담회색	B·C급 화재
제3종	제1인산암모늄	$NH_4H_2PO_4$	담홍색 또는 황색	A·B·C급 화재
제4종	탄산수소칼륨 +요소	$KHCO_3$ $+CO(NH_2)_2$	-	B·C급 화재

답 ①

20 다음 중 자연발화의 조건으로 부적합한 것은?
① 발열량이 클 때
② 열전도율이 작을 때
③ 저장소 등의 주위온도가 높을 때
④ 열의 축적이 적을 때

 ④ 열의 축적이 많을 때
답 ④

21 다음 위험물 중 특수인화물에 속하는 것은?
① $C_2H_5OC_2H_5$
② CH_3COCH_3
③ C_6H
④ $C_6H_5CH_3$

 ㉠ 특수인화물 – 다이에틸에터($C_2H_5OC_2H_5$)
㉡ 제1석유류 – 메틸에틸케톤(CH_3COCH_3), 벤젠(C_6H_6), 톨루엔($C_6H_5CH_3$)
답 ①

22 나이트로셀룰로스에 대한 설명으로 옳지 않은 것은?
① 셀룰로이드에 황산과 질산을 작용하여 만든다.
② 셀룰로이드의 나이트로화합물이다.
③ 질화도가 낮은 것보다 높은 것이 더 위험하다.
④ 정제가 나쁜 잔산(殘酸)이 있는 경우 위험성이 크다.

 ② 제5류 위험물의 질산에스터류이다.
답 ②

23 다음 위험물 중 소화방법이 마그네슘과 동일하지 않은 것은?
① 알루미늄분
② 아연분
③ 황분
④ 카드뮴분

 알루미늄분, 아연분, 카드뮴분은 마그네슘과 같이 마른모래로 소화하며, 황분은 주수에 의한 냉각소화를 한다.
답 ③

24 위험물 취급 시 정전기로 인하여 재해를 발생시킬 수 있는 경우에 가장 가까운 것은?
① 감전사고
② 강한 화학반응
③ 가열로 인한 화재
④ 불꽃 방전으로 인한 화재
답 ④

25 나이트로글리세린의 성질로 옳은 것은?
① 물, 벤젠에 잘 녹으나 알코올에는 녹지 않는다.
② 물에 녹지 않으나 알코올, 벤젠 등에는 잘 녹는다.
③ 물, 알코올 및 벤젠에 잘 녹는다.
④ 알코올, 물에는 녹지 않으나 벤젠에는 잘 녹는다.

 물에는 거의 녹지 않으나 메탄올(알코올), 벤젠, 클로로폼, 아세톤 등에는 녹는다.
답 ②

26 이산화탄소 소화설비의 기준에 대한 설명으로 옳은 것은? (단, 전역방출방식의 이산화탄소 소화설비이다.)
① 저장용기는 온도가 40℃ 이하이고 온도변화가 적은 장소에 설치할 것
② 저압식 저장용기의 충전비는 1.5 이상 1.9 이하로 할 것
③ 저압식 저장용기에는 압력경보장치를 설치하지 말 것
④ 기동용 가스 용기는 20MPa 이상의 압력에 견딜 수 있을 것

 이산화탄소 소화설비의 기준
㉠ 저장용기는 온도가 40℃ 이하이고 온도변화가 적은 장소에 설치할 것
㉡ 저압식 저장용기의 충전비는 1.1 이상 1.4 이하, 고압식은 충전비가 1.5 이상 1.9 이하가 되게 할 것
㉢ 저압식 저장용기에는 액면계 및 압력계와 2.3MPa 이상 1.9MPa 이하의 압력에서 작동하는 압력경보장치를 설치할 것
㉣ 기동용 가스용기 및 해당 용기에 사용하는 밸브는 25MPa 이상의 압력에 견딜 수 있는 것으로 할 것
답 ①

27 금속분에 대한 설명 중 틀린 것은?
① Al은 할로젠원소와 반응하면 발화의 위험이 있다.
② Al은 수산화나트륨수용액과 반응하는 경우 NaAl(OH)₂와 H₂가 생성된다.
③ Zn은 KCN 수용액에서 녹는다.
④ Zn은 염산과 반응 시 ZnCl₂와 H₂가 생성된다.

해설
㉠ Al은 대부분의 산과 반응하여 수소를 발생한다. (단, 진한 질산 제외)
$2Al + 6HCl \rightarrow 2AlCl_3 + 3H_2$
㉡ Al은 알칼리수용액과 반응하여 수소를 발생한다.
$2Al + 2NaOH + 2H_2O \rightarrow 2NaAlO_2 + 3H_2$

답 ②

28 가열·용융시킨 황과 황린을 서서히 반응시킨 후 증류·냉각하여 얻는 제2류 위험물로서 발화점이 약 100℃, 융점이 약 173℃, 비중이 약 2.03인 물질은?
① P_2S_5 ② P_4S_3
③ P_4S_7 ④ P

해설 문제는 P_4S_3(삼황화인)에 대한 설명이다.

답 ②

29 자기반응성 위험물에 대한 설명으로 틀린 것은?
① 과산화벤조일은 분말 또는 결정 형태로 발화점이 약 125℃이다.
② 메틸에틸케톤퍼옥사이드는 기름상의 액체이다.
③ 나이트로글리세린은 기름상의 액체이며, 공업용은 담황색이다.
④ 나이트로셀룰로스는 적갈색의 액체이며, 화약의 원료로 사용된다.

해설 나이트로셀룰로스는 섬유 구조를 지니고 있는 백색의 고체이며, 다이너마이트 및 무연화약의 원료 등으로 사용한다.

답 ④

30 다음 중 각 분말소화약제에 해당하는 착색으로 적절하게 연결된 것은?
① 탄산수소칼륨 - 청색
② 제1인산암모늄 - 담홍색
③ 탄산수소칼륨 - 담홍색
④ 제1인산암모늄 - 청색

해설 분말소화약제의 착색
㉠ 탄산수소칼륨(제2종) : 담회색
㉡ 제1인산암모늄(제3종) : 담회색 또는 황색

답 ②

31 수소화나트륨 저장창고에 화재가 발생하였을 때 주수소화가 부적합한 이유로 옳은 것은?
① 발열반응을 일으키고, 수소를 발생한다.
② 수화반응을 일으키고, 수소를 발생한다.
③ 중화반응을 일으키고, 수소를 발생한다.
④ 중합반응을 일으키고, 수소를 발생한다.

해설 수소화나트륨은 제3류 위험물로 자연발화성 및 금수성 물질에 해당한다. 물과 격렬하게 반응하여 수소를 발생하고 발열하며, 이때 발생한 반응열에 의해 자연발화한다.
$NaH + H_2O \rightarrow NaOH + H_2 + 2kcal$

답 ①

32 위험물안전관리법령상 마른모래(삽 1개 포함) 50L의 능력단위는?
① 0.3 ② 0.5
③ 1.0 ④ 1.5

해설 소화능력단위에 따른 소화약제 구분

소화설비	용량	능력단위
소화전용물통	8L	0.3
수조 (소화전용물통 3개 포함)	80L	1.5
수조 (소화전용물통 6개 포함)	190L	2.5
마른모래 (삽 1개 포함)	50L	0.5
팽창질석 또는 팽창진주암 (삽 1개 포함)	160L	1.0

답 ②

33 옥외탱크저장소에서 펌프실 외의 장소에 설치하는 펌프설비 주위의 바닥은 콘크리트, 기타 불침윤 재료로 경사지게 하고 주변의 턱 높이를 몇 m 이상으로 하여야 하는가?
① 0.15m 이상 ② 0.20m 이상
③ 0.25m 이상 ④ 0.30m 이상

해설 펌프실 외에 설치하는 펌프설비의 바닥기준
　㉠ 재질은 콘크리트, 기타 불침윤 재료로 한다.
　㉡ 턱 높이는 0.15m 이상이다.
　㉢ 해당 지반면은 위험물이 스며들지 아니하는 재료로 적당히 경사지게 하고 최저부에 집유설비를 설치한다.

답 ①

34 옥외탱크저장소 탱크의 위험물의 폭발 등으로 탱크 안의 압력이 이상 상승할 경우 내압방출구조를 위한 방법이 아닌 것은?
① 지붕판을 측판보다 얇게 한다.
② 지붕판과 측판의 접합을 측판의 상호 접합보다 강하게 한다.
③ 지붕판을 보강재 등으로 접합하지 아니 한다.
④ 지붕판과 측판의 접합은 측판과 저판의 접합보다 약하게 한다.

해설 ② 지붕판과 측판의 접합을 측판의 상호 접합보다 약하게 한다.

답 ②

35 포소화설비의 기동장치 설치기준으로 옳지 않은 것은?
① 주차장에 설치하는 포소화설비의 자동식 기동장치는 방사구역마다 2개 이상 설치할 것
② 직접조작 또는 원격조작에 의하여 혼합장치 등을 기동할 수 있을 것
③ 2 이상의 방사구역을 가진 포소화설비에는 방사구역을 선택할 수 있는 것으로 할 것
④ 바닥으로부터 0.8m 이상, 1.5m 이하의 위치에 설치할 것

해설 ① 주차장에 설치하는 포소화설비의 자동식 기동장치는 방사구역마다 1개 이상 설치할 것

답 ①

36 위험물제조소의 채광·환기 시설에 대한 설명으로 옳지 않은 것은?
① 채광설비는 단열재료를 사용하여 연소할 우려가 없는 장소에 설치하고 채광면적을 최대로 할 것
② 환기설비는 자연배기방식으로 할 것
③ 환기구는 지붕 위 또는 지상 2m 이상의 높이에 회전식 고정벤틸레이터 또는 루프팬 방식으로 설치할 것
④ 급기구는 낮은 곳에 설치할 것

해설 ① 채광설비는 단열재료를 사용하여 연소할 우려가 없는 장소에 설치하고 채광면적을 최소로 할 것

답 ①

37 자동화재탐지설비의 설치기준 중 하나의 경계구역의 면적은 얼마 이하로 하여야 하는가?
① 100m²　② 300m²
③ 600m²　④ 900m²

해설 하나의 경계구역의 면적은 600m² 이하로 하고 그 한 변의 길이는 50m(광전식 분리형 감지기를 설치할 경우에는 100m) 이하로 할 것. 다만, 해당 건축물, 그 밖의 공작물의 주요한 출입구에서 그 내부의 전체를 볼 수 있는 경우에 있어서는 그 면적을 1,000m² 이하로 할 수 있다.

답 ③

38 지름 50m, 높이 50m인 옥외탱크저장소에 방유제를 설치하려고 한다. 이때 방유제는 탱크 측면으로부터 몇 m 이상의 거리를 확보하여야 하는가? (단, 인화점이 180℃인 위험물을 저장·취급한다.)
① 10m　② 15m
③ 20m　④ 25m

방유제와 탱크 옆판의 이격거리(인화점 200℃ 이상 탱크 제외)
㉠ 지름 15m 미만인 경우 : 탱크 높이의 $\frac{1}{3}$ 이상
㉡ 지름 15m 이상인 경우 : 탱크 높이의 $\frac{1}{2}$ 이상
∴ 지름 50m÷2=25m

답 ④

39 제조소에서 위험물을 취급하는 건축물, 그 밖의 시설 주위에는 그 취급하는 위험물의 최대수량에 따라 보유해야 할 공지가 필요하다. 위험물이 지정수량의 20배인 경우 공지의 너비는 몇 m로 해야 하는가?

① 3m
② 4m
③ 5m
④ 10m

 제조소의 보유공지

취급하는 위험물의 최대수량	공지의 너비
지정수량의 10배 이하	3m 이상
지정수량의 10배 초과	5m 이상

답 ③

40 위험물제조소의 바닥면적이 60m² 이상, 90m² 미만일 때 급기구의 면적은 몇 cm² 이상이어야 하는가?

① 150
② 300
③ 450
④ 600

 급기구는 해당 급기구가 설치된 실의 바닥면적 150m²마다 1개 이상으로 하되, 급기구의 크기는 800cm² 이상으로 한다. 다만, 바닥면적이 150m² 미만인 경우에는 다음의 크기로 하여야 한다.

바닥면적	급기구의 면적
60m² 미만	150cm² 이상
60m² 이상 90m² 미만	300cm² 이상
90m² 이상 120m² 미만	450cm² 이상
120m² 이상 150m² 미만	600cm² 이상

답 ②

41 위험물제조소 등의 안전거리의 단축기준을 적용함에 있어서 $H \leq PD^2+a$일 경우 방화상 유효한 담의 높이는 2m 이상으로 한다. 여기서 H가 의미하는 것은?

① 제조소 등과 인접 건축물과의 거리
② 인근 건축물 또는 공작물의 높이
③ 제조소 등의 외벽의 높이
④ 제조소 등과 방화상 유효한 담과의 거리

해설

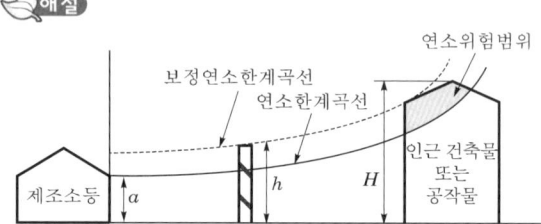

여기서, D : 제조소 등과 인근 건축물 또는 공작물과의 거리(m)
H : 인근 건축물 또는 공작물의 높이(m)
a : 제조소 등의 외벽의 높이(m)
d : 제조소 등과 방화상 유효한 담과의 거리(m)
h : 방화상 유효한 담의 높이(m)
p : 상수

답 ②

42 개방형 스프링클러헤드를 이용한 스프링클러설비의 방사구역은 최소 몇 m² 이상으로 하여야 하는가? (단, 방호대상물의 바닥면적이 200m²인 경우이다.)

① 100
② 150
③ 200
④ 250

 개방형 스프링클러헤드를 이용한 스프링클러설비의 방사구역은 150m² 이상(방호대상물의 바닥면적이 150m² 미만인 경우에는 해당 바닥면적)으로 할 것

답 ②

43 다음 중 하나의 옥내저장소에 제5류 위험물과 함께 저장할 수 있는 위험물은? (단, 위험물을 유별로 정리하여 저장하는 한편, 서로 1m 이상의 간격을 두는 경우이다.)
① 알칼리금속의 과산화물 또는 이를 함유한 것 이외의 제1류 위험물
② 제2류 위험물 중 인화성 고체
③ 제3류 위험물 중 알킬알루미늄 이외의 것
④ 유기과산화물 또는 이를 함유한 것 이외의 제4류 위험물

  1m 이상의 간격을 두는 경우 옥내저장소에 함께 저장할 수 있는 위험물
㉠ 제1류 위험물(알칼리금속의 과산화물 또는 이를 함유한 것을 제외한다)과 제5류 위험물을 저장하는 경우
㉡ 제1류 위험물과 제6류 위험물을 저장하는 경우
㉢ 제1류 위험물과 제3류 위험물 중 자연발화성 물질(황린 또는 이를 함유한 것에 한한다)을 저장하는 경우
㉣ 제2류 위험물 중 인화성 고체와 제4류 위험물을 저장하는 경우
㉤ 제3류 위험물 중 알킬알루미늄 등과 제4류 위험물(알킬알루미늄 또는 알킬리튬을 함유한 것에 한한다)을 저장하는 경우
㉥ 제4류 위험물과 제5류 위험물 중 유기과산화물 또는 이를 함유한 것을 저장하는 경우

답 ①

44 스프링클러헤드 부착장소의 평상시 최고 주위온도가 39℃ 이상 64℃ 미만일 때 표시온도의 범위로 옳은 것은?
① 58℃ 이상 79℃ 미만
② 79℃ 이상 121℃ 미만
③ 121℃ 이상 162℃ 미만
④ 162℃ 이상

  폐쇄형 스프링클러헤드는 그 부착장소의 평상시의 최고 주위온도에 따라 다음 표에 정한 표시온도를 갖는 것을 설치할 것

부착장소의 최고 주위온도(℃)	표시온도(℃)
28 미만	58 미만
28 이상 39 미만	58 이상 79 미만
39 이상 64 미만	79 이상 121 미만
64 이상 106 미만	121 이상 162 미만
106 이상	162 이상

답 ②

45 위험물제조소에서 옥내소화전이 가장 많이 설치된 층의 옥내소화전 설치개수가 3개이다. 수원의 수량은 몇 m^3가 되도록 설치하여야 하는가?
① 2.6 ② 7.8
③ 15.6 ④ 23.4

  $Q(m^3) = N \times 7.8m^3$ (N이 5개 이상인 경우 5개)
$= 3 \times 7.8m^3 = 23.4m^3$

답 ④

46 위험물의 제조소 및 일반취급소에서 지정수량의 12만배 미만을 저장·취급할 때 화학소방차의 대수와 조작인원은?
① 화학소방차 1대, 조작인원 5인
② 화학소방차 2대, 조작인원 10인
③ 화학소방차 3대, 조작인원 15인
④ 화학소방차 4대, 조작인원 20인

  자제소방대에 두는 화학소방자동차 및 인원

사업소의 구분	화학소방 자동차의 수	자체소방 대원의 수
제조소 또는 일반취급소에서 취급하는 제4류 위험물의 최대수량이 지정수량의 3천배 이상 12만배 미만인 사업소	1대	5인
제조소 또는 일반취급소에서 취급하는 제4류 위험물의 최대수량이 지정수량의 12만배 이상, 24만배 미만인 사업소	2대	10인
제조소 또는 일반취급소에서 취급하는 제4류 위험물의 최대수량이 지정수량의 24만배 이상, 48만배 미만인 사업소	3대	15인
제조소 또는 일반취급소에서 취급하는 제4류 위험물의 최대수량이 지정수량의 48만배 이상인 사업소	4대	20인
옥외탱크저장소에 저장하는 제4류 위험물의 최대수량이 지정수량의 50만배 이상인 사업소	2대	10인

답 ①

47 제6류 위험물의 위험등급에 관한 설명으로 옳은 것은?

① 제6류 위험물 중 질산은 위험등급 Ⅰ이며, 그 외의 것은 위험등급 Ⅱ이다.
② 제6류 위험물 중 과염소산은 위험등급 Ⅰ이며, 그 외의 것은 위험등급 Ⅱ이다.
③ 제6류 위험물은 모두 위험등급 Ⅰ이다.
④ 제6류 위험물은 모두 위험등급 Ⅱ이다.

해설 제6류 위험물의 종류와 지정수량

성질	위험등급	품명	지정수량
산화성 액체	Ⅰ	1. 과염소산($HClO_4$) 2. 과산화수소(H_2O_2) 3. 질산(HNO_3) 4. 그 밖의 행정안전부령이 정하는 것 - 할로젠간화합물(ICl, IBr, BrF_3, BrF_5, IF_5 등)	300kg

답 ③

48 소화설비를 설치하는 탱크의 공간용적은? (단, 소화약제 방출구를 탱크 안의 윗부분에 설치한 경우에 한한다.)

① 소화약제 방출구 아래 0.1m 이상, 0.5m 미만 사이의 면으로부터 윗부분의 용적
② 소화약제 방출구 아래 0.3m 이상, 0.5m 미만 사이의 면으로부터 윗부분의 용적
③ 소화약제 방출구 아래의 0.1m 이상, 1m 미만 사이의 면으로부터 윗부분의 용적
④ 소화약제 방출구 아래 0.3m 이상, 1m 미만 사이의 면으로부터 윗부분의 용적

해설 탱크의 공간용적은 탱크 용적의 100분의 5 이상, 100분의 10 이하로 한다. 다만, 소화설비(소화약제 방출구를 탱크 안의 윗부분에 설치하는 것에 한함)를 설치하는 탱크의 공간용적은 해당 소화설비의 소화약제 방출구 아래의 0.3m 이상, 1m 미만 사이의 면으로부터 윗부분의 용적으로 한다. 암반탱크에 있어서는 해당 탱크 내에 용출하는 7일간의 지하수의 양에 상당하는 용적과 해당 탱크의 내용적의 100분의 1의 용적 중에서 보다 큰 용적을 공간용적으로 한다.

답 ④

49 위험물을 수납한 운반용기 및 포장의 외부에 표시하는 주의사항으로 옳지 않은 것은?

① 제2류 위험물 중 철분, 금속분, 마그네슘 또는 이들 중 어느 하나 이상을 함유한 것에 있어서는 "화기주의" 및 "물기엄금"
② 제3류 위험물 중 자연발화성인 경우에는 "화기주의" 및 "충격주의"
③ 제4류 위험물의 경우에 "화기엄금"
④ 과염소산 과산화수소의 경우에는 "가연물 접촉주의"

해설 ② 제3류 위험물 중 자연발화성인 경우에는 "화기엄금" 및 "공기접촉엄금", 금수성 물품인 경우에는 "물기엄금"

답 ②

50 액체 위험물은 운반용기 내용적의 몇 % 이하의 수납률로 수납하여야 하는가?

① 90　　② 94
③ 95　　④ 98

해설 ㉠ 액체 위험물은 운반용기 내용적의 98% 이하의 수납률
㉡ 고체 위험물은 운반용기 내용적의 95% 이하의 수납률

답 ④

51 강제 강화 플라스틱제 이중벽탱크의 성능시험 시 감지층에 20kPa의 공기압을 가하여 몇 분 동안 유지하였을 때 압력강하가 없어야 하는가?

① 1분　　② 5분
③ 10분　　④ 20분

해설 강제 강화 플라스틱제 이중벽탱크의 성능시험
㉠ 탱크 본체에 대하여 수압시험을 실시하거나 비파괴시험 및 기밀시험을 실시하여 새거나 변형되지 아니할 것. 이 경우 수압시험은 감지관을 설치한 후에 실시하여야 한다.
㉡ 감지층에 20kPa의 공기압을 가하여 10분 동안 유지하였을 때 압력강하가 없을 것

답 ③

52 산화프로필렌 20vol%, 다이에틸에터 30vol%, 이황화탄소 30vol%, 아세트알데하이드 20vol%인 혼합증기의 폭발 하한값은? (단, 폭발범위는 산화프로필렌 2.1~38vol%, 다이에틸에터 1.9~48vol%, 이황화탄소 1.2~44vol%, 아세트알데하이드 4.1~57vol%이다.)

① 1.8vol% ② 2.1vol%
③ 13.6vol% ④ 48.3vol%

 르샤틀리에(Le Chatelier)의 혼합가스 폭발범위

$$\frac{100}{L} = \frac{V_1}{L_1} + \frac{V_2}{L_2} + \frac{V_3}{L_3} + \cdots$$

$$\therefore L = \frac{100}{\left(\frac{V_1}{L_1} + \frac{V_2}{L_2} + \frac{V_3}{L_3} + \cdots\right)}$$

$$= \frac{100}{\left(\frac{20}{2.1} + \frac{30}{1.9} + \frac{30}{1.2} + \frac{20}{4.1}\right)} = 1.81$$

여기서, L : 혼합가스의 폭발 한계치
L_1, L_2, L_3 : 각 성분의 단독 폭발 한계치 (vol%)
V_1, V_2, V_3 : 각 성분의 체적(vol%)

답 ①

53 다음 중 위험물안전관리법에 따라 허가를 받아야 하는 대상이 아닌 것은?

① 농예용으로 사용하기 위한 건조시설로서 지정수량 20배를 취급하는 위험물취급소
② 수산용으로 필요한 건조시설로서 지정수량 20배를 저장하는 위험물저장소
③ 공동주택의 중앙난방시설로 사용하기 위한 지정수량 20배를 저장하는 위험물저장소
④ 축산용으로 사용하기 위한 난방시설로서 지정수량 30배를 저장하는 위험물저장소

 다음에 해당하는 제조소 등의 경우에는 허가를 받지 아니하고 해당 제조소 등을 설치하거나 그 위치·구조 또는 설비를 변경할 수 있으며, 신고를 하지 아니하고 위험물의 품명·수량 또는 지정수량의 배수를 변경할 수 있다.
㉠ 주택의 난방시설(공동주택의 중앙난방시설을 제외한다)을 위한 저장소 또는 취급소
㉡ 농예용·축산용 또는 수산용으로 필요한 난방시설 또는 건조시설을 위한 지정수량 20배 이하의 저장소

답 ②

54 위험물 이동탱크저장소에 설치하는 자동차용 소화기의 설치기준으로 틀린 것은?

① 무상의 강화액 8L 이상(2개 이상)
② 이산화탄소 3.2kg 이상(2개 이상)
③ 소화분말 2.2kg 이상(2개 이상)
④ CF$_2$ClBr 2L 이상(2개 이상)

 이동탱크저장소에 설치하여야 하는 소화설비

소화설비	설치기준	
자동차용 소화기	무상의 강화액 8L 이상	2개 이상
	이산화탄소 3.2kg 이상	
	브로모클로로다이플루오로메테인(CF$_2$ClBr) 2L 이상	
	브로모트라이플루오로메테인(CF$_3$Br) 2L 이상	
	다이브로모테트라플루오로에테인(C$_2$F$_4$Br$_2$) 1L 이상	
	소화분말 3.3kg 이상	
마른모래 및 팽창질석 또는 팽창진주암	마른모래 150L 이상	
	팽창질석 또는 팽창진주암 640L 이상	

답 ③

55 다음 표는 어느 회사의 월별 판매실적을 나타낸 것이다. 5개월 이동평균법으로 6월의 수요를 예측하면?

월	1	2	3	4	5
판매량	100	110	120	130	140

① 150 ② 140
③ 130 ④ 120

 이동평균법은 평균을 취하는 N개의 함수의 각 데이터에 대해 가중치를 부여하는 방법이다.

월	1	2	3	4	5
판매량	100	110	120	130	140

$$\therefore \frac{100+110+120+130+140}{5} = 120$$

답 ④

56 다음 중 검사항목에 의한 분류가 아닌 것은?
① 자주 검사
② 수량 검사
③ 중량 검사
④ 성능 검사

해설 검사항목 : 수량 검사, 중량 검사, 성능 검사

답 ①

57 ASME(American Society Mechanical Engineers)에서 정의하고 있는 제품공정분석표에 사용되는 기호 중 "저장(storage)"을 표현한 것은?
① ○
② ◻
③ □
④ ▽

해설 공정분석기호
㉠ ○ : 작업 또는 가공
㉡ ⇨ : 운반
㉢ ◻ : 정체
㉣ ▽ : 저장
㉤ □ : 검사

답 ④

58 어떤 회사의 매출액이 80,000원, 고정비가 15,000원, 변동비가 40,000원일 때 손익분기점 매출액은 얼마인가?
① 25,000원
② 30,000원
③ 40,000원
④ 55,000원

해설 손익분기점 매출액 = $\dfrac{고정비 \times 매출액}{변동비}$
$= \dfrac{15,000원 \times 80,000원}{40,000원}$
$= 30,000원$

답 ②

59 다음 중 브레인스토밍(brainstorming)과 가장 관계가 깊은 것은?
① 파레토도
② 히스토그램
③ 회귀분석
④ 특성요인도

해설 브레인스토밍이란 창의적인 아이디어를 제안하기 위한 학습도구이자 회의기법으로, 3명 이상의 사람이 모여서 하나의 주제에 대해 자유롭게 논의를 전개한다. 이때 누군가의 제시된 의견에 대해 다른 참가자는 비판할 수 없으며, 특정 시간 동안 제시한 생각을 취합해서 검토를 거쳐 주제에 가장 적합한 생각을 다듬어 나가는 일련의 과정을 말한다. 따라서 이와 가장 관계가 깊은 단어는 특성요인도이다.

답 ④

60 "무결점운동"으로 불리는 것으로, 미국의 항공사인 마틴사에서 시작된 품질 개선을 위한 동기부여 프로그램은 무엇인가?
① ZD
② 6시그마
③ TPM
④ ISO 9001

해설 ② 6시그마 : GE에서 생산하는 모든 제품이나 서비스, 거래 및 공정과정 전 분야에서 품질을 측정하여 분석하고 향상시키도록 통제하고 궁극적으로 모든 불량을 제거하는 품질 향상 운동
③ TPM(Total Productive Measure) : 종합생산관리
④ ISO 9001 : ISO에서 제정한 품질경영 시스템에 관한 국제규격

답 ①

제66회 위험물기능장 필기
(2019년 7월 시행)

01 730mmHg, 100℃에서 257mL 부피의 용기 속에 어떤 기체가 채워져 있으며, 그 무게는 1.67g이다. 이 물질의 분자량은 얼마인가?
① 28 ② 50
③ 207 ④ 256

해설
$PV = nRT, \ PV = \dfrac{w}{M}RT$
$\therefore M = \dfrac{wRT}{PV} = \dfrac{1.67 \times 0.082 \times (273.15+100)}{\dfrac{730}{760} \times 0.257}$
$\fallingdotseq 207 \text{g/mol}$

답 ③

02 1기압, 20℃에서 CO_2가스 2kg이 방출되었다면 이산화탄소의 체적은 몇 L가 되겠는가?
① 952 ② 1,018
③ 1,092 ④ 1,210

해설
$PV = \dfrac{V}{M}RT$
$\therefore V = \dfrac{wRT}{PM}$
$= \dfrac{2 \times 10^3 \text{g} \times 0.082 \text{L} \cdot \text{atm/K} \cdot \text{mol} \times (20+273.15)\text{K}}{1\text{atm} \times 44\text{g/mol}}$
$= 1092.65\text{L}$

답 ③

03 0.2M NaOH 0.5L와 0.3M HCl 0.5L를 혼합한 용액의 몰농도는?
① 0.05M ② 0.05N
③ 1.15M ④ 1.5M

해설
$0.3 \times 0.5 - 0.2 \times 0.5 = M''(1\text{L})$
$\therefore M'' = 0.15 - 0.1 = 0.05\text{M}$

답 ①

04 다음 중 틀린 설명은?
① 원자는 핵과 전자로 나누어진다.
② 원자가 +1가는 전자를 1개 잃었다는 표시이다.
③ 네온과 Na^+의 전자배치는 다르다.
④ 원자핵을 중심으로 맨 처음 나오는 전자껍질명은 K껍질이다.

해설 ③ 네온과 Na^+는 각각 전자 10개로 전자배치가 같다.

답 ③

05 다음 중 비극성인 것은?
① H_2O
② NH_3
③ HF
④ C_6H_6

답 ④

06 브뢴스테드의 산, 염기 개념으로 다음 반응에서 산에 해당되는 것은?

$$NH_3 + H_2O \leftrightarrows NH_4^+ + OH^-$$

① H_2O와 NH_4^+
② H_2O와 OH^-
③ NH_3와 OH^-
④ NH_3와 NH_4^+

해설
㉠ 산 : 양성자(H^+)를 내어주는 물질
㉡ 염기 : 양성자(H^+)를 받을 수 있는 물질

답 ①

07 다음 금속탄화물 중 물과 접촉했을 때 메테인가스가 발생하는 것은?
① Li_2C_2
② Mn_3C
③ K_2C_2
④ MgC_2

해설
㉠ 아세틸렌(C_2H_2) 가스를 발생시키는 카바이드 :
Li_2C_2, Na_2C_2, K_2C_2, MgC_2, CaC_2
$CaC_2 + 2H_2O \rightarrow Ca(OH)_2 + C_2H_2$
㉡ 메테인(CH_4) 가스를 발생시키는 카바이드 :
BeC_2, Al_4C_3
$BeC_2 + 4H_2O \rightarrow 2Be(OH)_2 + CH_4$
㉢ 메테인(CH_4)과 수소(H_2) 가스를 발생시키는 카바이드 : Mn_3C
$Mn_3C + 6H_2O \rightarrow 3Mn(OH)_2 + CH_4 + H_2$

답 ②

08 순수한 것은 무색투명한 휘발성 액체로, 물보다 무겁고 물에 녹지 않으며 연소 시 아황산가스가 발생하는 물질은?
① 에터
② 이황화탄소
③ 아세트알데하이드
④ 질산메틸

해설 이황화탄소의 성질
㉠ 순수한 것은 무색투명한 액체로 냄새가 없으나, 시판품은 불순물로 인해 황색을 띠고 불쾌한 냄새를 지닌다.
㉡ 분자량 : 76g, 비중 : 1.26(증기비중 : 2.64), 인화점 : -30℃, 발화점 : 100℃, 연소범위 : 1.2~44%
㉢ 연소 시 유독한 아황산(SO_2) 가스가 발생한다.
$CS_2 + 3O_2 \rightarrow CO_2 + 2SO_2$

답 ②

09 제5류 위험물인 페닐하이드라진의 분자식은?
① $C_6H_5N=NC_6H_4OH$
② $C_6H_5NHNH_2$
③ $C_6H_5NHHNC_6H_5$
④ $C_6H_5N=NC_6H_5$

답 ②

10 자연발화의 형태가 아닌 것은?
① 환원열에 의한 발열
② 분해열에 의한 발열
③ 산화열에 의한 발열
④ 흡착열에 의한 발열

해설 자연발화의 형태
㉠ 산화열
㉡ 분해열
㉢ 흡착열
㉣ 미생물열

답 ①

11 아세틸렌 1몰이 완전연소하는 데 필요한 이론산소량은 몇 몰인가?
① 1
② 2.5
③ 3.5
④ 5

해설 $2C_2H_2 + 5O_2 \rightarrow 4CO_2 + 2H_2O$
$$\frac{1\text{mol}-C_2H_2 \mid 5\text{mol}-O_2}{2\text{mol}-C_2H_2} = 2.5\text{mol}-O_2$$

답 ②

12 글리세린은 다음 중 어디에 속하는가?
① 1가 알코올
② 2가 알코올
③ 3가 알코올
④ 4가 알코올

답 ③

13 다음 중 아염소산은?
① $HClO$
② $HClO_2$
③ $HClO_3$
④ $HClO_4$

해설
① $HClO$: 차아염소산
③ $HClO_3$: 염소산
④ $HClO_4$: 과염소산

답 ②

14 아세톤의 성질로 옳지 않은 것은?
① 보관 중 청색으로 변한다.
② 아이오딘폼 반응을 일으킨다.
③ 아세틸렌 저장에 이용된다.
④ 유기물을 잘 녹인다.

해설 ① 보관 중 황색으로 변한다.
답 ①

15 다음 중 물과 접촉하여도 위험하지 않은 물질은?
① 과산화나트륨 ② 과염소산나트륨
③ 마그네슘 ④ 알킬알루미늄

해설 ① 과산화나트륨 : 상온에서 물과 급격히 반응하며, 가열하면 분해되어 산소(O_2)가 발생한다.
② 과염소산나트륨 : 물, 알코올, 아세톤에 잘 녹으나 에터에는 녹지 않는다.
③ 마그네슘 : 온수와 반응하여 수소(H_2)가 발생한다.
④ 알킬알루미늄 : 물과 폭발적 반응을 일으켜 에테인(C_2H_6) 가스를 발화·비산하므로 위험하다.
답 ②

16 HCOOH의 증기비중을 계산하면 약 얼마인가? (단, 공기의 평균분자량은 29이다.)
① 1.59 ② 2.45
③ 2.78 ④ 3.54

해설 증기비중 $= \dfrac{M(분자량)}{29}$
HCOOH(의산)의 분자량 = 46
∴ $\dfrac{46}{29} = 1.59$
답 ①

17 브로민산염류는 주로 어떤 색을 띠는가?
① 백색 또는 무색
② 황색
③ 청색
④ 적색
답 ①

18 다음 중 수소화칼슘에 대한 설명으로 옳은 것은?
① 회갈색의 등축정계 결정이다.
② 약 150℃에서 열분해된다.
③ 물과 반응하여 수소가 발생한다.
④ 물과의 반응은 흡열반응이다.

해설 ① 무색의 사방정계 결정이다.
② 675℃까지는 안정하다.
③ 물과 접촉 시에는 가연성의 수소가스와 수산화칼슘을 생성한다.
$CaH_2 + 2H_2O \rightarrow Ca(OH)_2 + 2H_2$
④ 물과의 반응은 발열반응이다.
답 ③

19 다음 중 무색·무취, 사방정계 결정으로 융점이 약 610℃이고 물에 녹기 어려운 위험물은?
① $NaClO_3$
② $KClO_3$
③ $NaClO_4$
④ $KClO_4$

해설 ① $NaClO_3$(염소산나트륨) : 무색·무취의 입방정계 주상 결정으로, 물과 알코올에 잘 녹으며, 융점은 240℃이다.
② $KClO_3$(염소산칼륨) : 무색의 단사정계, 판상 결정으로, 찬물, 알코올에는 녹기 어렵고, 융점은 368.4℃이다.
③ $NaClO_4$(과염소산나트륨) : 무색·무취의 사방정계 결정으로, 물, 알코올, 아세톤에 잘 녹으며, 융점은 482℃이다.
답 ④

20 비중 0.79인 에틸알코올의 지정수량 200L는 몇 kg인가?
① 200kg
② 100kg
③ 158kg
④ 256kg

해설 200L × 0.79 = 158kg
답 ③

21 질식소화 작업은 공기 중의 산소 농도를 얼마 이하로 낮추어야 하는가?
① 5~10%   ② 10~15%
③ 16~18% ④ 16~20%

답 ②

22 내용적 2,000mL의 비커에 포를 가득 채웠더니 중량이 850g이었고 비커 용기의 중량은 450g이었다. 이때 비커 속에 들어 있는 포의 팽창비는? (단, 포수용액의 밀도는 1.15이다.)
① 약 5배   ② 약 6배
③ 약 7배   ④ 약 8배

 팽창비 = $\dfrac{발포\ 후\ 팽창된\ 포의\ 체적}{W_1 - W_2} \times 밀도$

이때, $W_1 - W_2 = 850g - 450g = 400g$
발포 후 팽창된 포의 체적 = 2,000mL × 1.15g/mL
= 2,300g

∴ $\dfrac{2,300g}{400g} ≒ 6배$

답 ②

23 제1종 소화분말인 탄산수소나트륨 소화약제에 대한 설명으로 옳지 않은 것은?
① 소화 후 불씨에 의하여 재연할 우려가 없다.
② 화재 시 방사하면 화열에 의하여 CO_2, H_2O, Na_2CO_3가 발생한다.
③ 화재 시 주로 냉각·질식 소화작용 및 부촉매 소화작용을 일으킨다.
④ 일반 가연물 화재에는 적응할 수 없다는 단점이 있다.

 ① 소화 후 불씨에 의하여 재연할 우려가 있다.

답 ①

24 다음 중 산화성 고체 위험물이 아닌 것은?
① $KBrO_3$ ② $(NH_4)_2Cr_2O_7$
③ $HClO_4$ ④ $NaClO_2$

 ③ $HClO_4$(과염소산) : 산화성 액체

답 ③

25 다음 중 위험물안전관리법상 알코올류가 위험물이 되기 위하여 갖추어야 할 조건이 아닌 것은?
① 한 분자 내에 탄소원자 수가 1개부터 3개까지일 것
② 포화 알코올일 것
③ 수용액일 경우 위험물안전관리법에서 정의한 알코올 함유량이 60wt% 이상일 것
④ 2가 이상의 알코올일 것

 한 분자 내의 탄소원자 수가 3개 이하인 포화 1가의 알코올로서 변성 알코올을 포함하며, 알코올수용액의 농도가 60wt% 이상인 것을 말한다.

답 ④

26 다음 중 제3류 위험물의 금수성 물질에 대하여 적응성이 있는 소화기는?
① 이산화탄소 소화기
② 할로젠화합물 소화기
③ 탄산수소염류 소화기
④ 인산염류 소화기

 제3류 위험물 중 금수성 물질은 탄산수소염류 소화기가 적응성이 좋다.

답 ③

27 다음 중 위험물의 지정수량이 바르게 연결된 것은?
① $Ba(ClO_4)_2$ − 50kg
② $NaBrO_3$ − 100kg
③ $Sr(NO_3)_2$ − 200kg
④ $KMnO_4$ − 500kg

 ① 과염소산바륨 − 50kg
② 브로민산나트륨 − 300kg
③ 질산스트론튬 − 300kg
④ 과망가니즈산칼륨 − 1,000kg

답 ①

28 나이트로벤젠과 수소를 반응시키면 얻어지는 물질은?

① 페놀
② 톨루엔
③ 아닐린
④ 자일렌

 $C_6H_5NO_2 + 3H_2 \rightarrow C_6H_5NH_2 + 2H_2O$

 ③

29 다음 중 품명이 나머지 셋과 다른 것은?

① 트라이나이트로페놀
② 나이트로글리콜
③ 질산에틸
④ 나이트로글리세린

 ㉠ 질산에스터류 : 나이트로글리콜, 나이트로셀룰로스, 질산에틸, 질산메틸, 나이트로글리세린
㉡ 나이트로화합물 : 트라이나이트로톨루엔(TNT), 트라이나이트로페놀(TNP)

 ①

30 다음 중 이황화탄소의 액면 위에 물을 채워두는 이유로 가장 적합한 것은?

① 자연분해를 방지하기 위해
② 화재 발생 시 물로 소화를 하기 위해
③ 불순물을 물에 용해시키기 위해
④ 가연성 증기의 발생을 방지하기 위해

 물보다 무겁고 물에 녹기 어렵기 때문에 가연성 증기의 발생을 억제하기 위하여 물(수조) 속에 저장한다.

 ④

31 소화설비 설치 시 동식물유류 400,000L에 대한 소요단위는 몇 단위인가?

① 2
② 4
③ 20
④ 40

 동식물유류의 지정수량은 10,000L이다.

총 소요단위 $= \dfrac{\text{A품목 저장수량}}{\text{A품목 지정수량} \times 10}$

$= \dfrac{400,000}{10,000 \times 10} = 4$

답 ②

32 소화약제 또는 그 구성 성분으로 사용되지 않는 물질은?

① CF_2ClBr
② $CO(NH_2)_2$
③ NH_4NO_3
④ K_2CO_3

 NH_4NO_3는 질산암모늄으로서, 제1류 위험물에 해당한다.

답 ③

33 위험물의 지정수량은 누가 지정한 수량인가?

① 대통령령이 정한 수량
② 행정자치부령으로 정한 수량
③ 시장, 군수가 정한 수량
④ 소방본부장 또는 소방서장이 정한 수량

답 ①

34 다음 중 벽, 기둥 및 바닥이 내화구조로 된 건축물을 옥내저장소로 사용할 때 지정수량의 50배 초과, 100배 미만의 위험물을 저장하는 경우에 확보해야 하는 공지의 너비는?

① 1m 이상
② 2m 이상
③ 3m 이상
④ 5m 이상

 옥내저장소의 보유공지

저장 또는 취급하는 위험물의 최대수량	공지의 너비	
	벽·기둥 및 바닥이 내화구조로 된 건축물	그 밖의 건축물
지정수량의 5배 이하	–	0.5m 이상
지정수량의 5배 초과 10배 이하	1m 이상	1.5m 이상
지정수량의 10배 초과 20배 이하	2m 이상	3m 이상
지정수량의 20배 초과 50배 이하	3m 이상	5m 이상
지정수량의 50배 초과 200배 이하	5m 이상	10m 이상
지정수량의 200배 초과	10m 이상	15m 이상

답 ④

35 위험물의 제조공정 중 설비 내의 압력 및 온도에 직접적으로 영향을 받지 않는 것은?

① 증류공정   ② 추출공정
③ 건조공정   ④ 분쇄공정

 ① 증류공정에 있어서는 위험물을 취급하는 설비의 내부 압력의 변동 등에 의하여 액체 또는 증기가 새지 아니하도록 할 것
② 추출공정에 있어서는 추출관의 내부 압력이 비정상적으로 상승하지 아니하도록 할 것
③ 건조공정에 있어서는 위험물의 온도가 국부적으로 상승하지 아니하는 방법으로 가열 또는 건조할 것
④ 분쇄공정에 있어서는 위험물의 분말이 현저하게 부유하고 있거나 위험물의 분말이 현저하게 기계·기구 등에 부착하고 있는 상태로 그 기계·기구를 취급하지 아니할 것

답 ④

36 다음 탱크의 공간용적을 $\frac{7}{100}$로 할 경우 아래 그림에 나타낸 타원형 위험물저장탱크의 용량은 얼마인가?

① 20.5m³
② 21.7m³
③ 23.4m³
④ 25.1m³

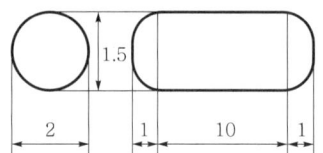

 내용적 $= \frac{\pi ab}{4}\left(l + \frac{l_1 + l_2}{3}\right)$
$= \frac{\pi \times 1.5 \times 2}{4}\left(10 + \frac{1+1}{3}\right)$
$= 25.12$

탱크 용량 = 내용적 − 공간용적
$= 25.12 - 25.12(7/100)$
$= 23.36 m^3$

답 ③

37 옥외탱크저장소의 펌프설비 설치기준으로 옳지 않은 것은?

① 펌프실의 지붕은 위험물에 따라 가벼운 불연재료로 덮어야 한다.
② 펌프실의 출입구는 60분+방화문·60분방화문 또는 30분방화문을 사용한다.
③ 바닥의 주위에는 높이 0.2m 이상의 턱을 만들어야 한다.
④ 지정수량 20배 이하의 경우에는 주위에 너비 3m의 공지를 보유하지 않아도 된다.

 ④ 주위에 너비 3m 이상의 공지를 보유해야 한다(다만, 방화상 유효한 격벽을 설치하는 경우, 제6류 위험물 또는 지정수량의 10배 이하 제외).

답 ④

38 제2류 위험물로 금속이 덩어리상태일 때보다 가루상태일 때 연소 위험성이 증가하는 이유가 아닌 것은?

① 유동성의 증가
② 비열의 증가
③ 정전기 발생 위험성 증가
④ 표면적의 증가

 금속이 분말상태가 되면 유동성 및 비표면적이 증가하며 정전기 발생 위험성도 증가하고, 비열이 감소함으로써 더 위험한 상태가 된다.

답 ②

39 고속국도의 도로변에 설치한 주유취급소의 탱크 용량은 얼마까지 할 수 있는가?

① 10만L   ② 8만L
③ 6만L   ④ 5만L

 탱크의 용량기준
㉠ 자동차 등에 주유하기 위한 고정주유설비에 직접 접속하는 전용탱크는 50,000L 이하이다.
㉡ 고정급유설비에 직접 접속하는 전용탱크는 50,000L 이하이다.
㉢ 보일러 등에 직접 접속하는 전용탱크는 10,000L 이하이다.
㉣ 자동차 등을 점검·정비하는 작업장 등에서 사용하는 폐유·윤활유 등의 위험물을 저장하는 탱크는 2,000L 이하이다.
㉤ 고속국도 도로변에 설치된 주유취급소의 탱크 용량은 60,000L이다.

답 ③

40 제1종 판매취급소에서 위험물을 배합하는 실의 기준으로 틀린 것은?

① 내화구조로 된 벽을 구획하여야 한다.
② 출입구에는 수시로 열 수 있는 자동폐쇄식의 60분+방화문 또는 60분방화문을 설치하여야 한다.
③ 출입구에는 바닥으로부터 0.1m 이상의 턱을 설치한다.
④ 바닥면적은 $6m^2$ 이상, $10m^2$ 이하로 한다.

해설 ④ 바닥면적은 $6m^2$ 이상, $15m^2$ 이하로 한다.

답 ④

41 위험물제조소 내의 위험물을 취급하는 배관은 최대상용압력의 몇 배 이상의 압력으로 수압시험을 실시하여 이상이 없어야 하는가?

① 0.5   ② 1.0
③ 1.5   ④ 2.0

해설 배관은 다음의 구분에 따른 압력으로 내압시험을 실시하여 누설 또는 그 밖의 이상이 없는 것으로 해야 한다.
㉠ 불연성 액체를 이용하는 경우에는 최대상용 압력의 1.5배 이상
㉡ 불연성 기체를 이용하는 경우에는 최대상용 압력의 1.1배 이상

답 ③

42 옥내저장소에 위험물을 수납한 용기를 겹쳐 쌓는 경우 높이의 상한에 관한 설명 중 틀린 것은?

① 기계에 의하여 하역하는 구조로 된 용기만 겹쳐 쌓는 경우는 6미터
② 제3석유류를 수납한 소형 용기만 겹쳐 쌓는 경우는 4미터
③ 제2석유류를 수납한 소형 용기만 겹쳐 쌓는 경우는 4미터
④ 제1석유류를 수납한 소형 용기를 겹쳐 쌓는 경우는 3미터

해설 옥내저장소의 저장높이 기준
㉠ 기계에 의하여 하역하는 구조로 된 용기만을 겹쳐 쌓는 경우에 있어서는 6m이다.
㉡ 제4류 위험물 중 제3석유류, 제4석유류 및 동식물유류를 수납하는 용기만을 겹쳐 쌓는 경우에 있어서는 4m이다.
㉢ 그 밖의 경우에 있어서는 3m이다.

답 ③

43 위험물제조소에 설치되어 있는 포소화설비를 점검할 경우 포소화설비 일반점검표에서 약제저장탱크의 탱크 점검내용에 해당하지 않는 것은?

① 변형 · 손상의 유무
② 조작관리상 지장 유무
③ 통기관의 막힘의 유무
④ 고정상태의 적부

해설 약제저장탱크의 점검내용

점검항목	점검내용	점검방법
탱크	누설의 유무	육안
	변형 · 손상의 유무	육안
	도장상황 및 부식의 유무	육안
	배관접속부의 이탈의 유무	육안
	고정상태의 적부	육안
	통기관 막힘의 유무	육안
	압력탱크방식의 경우 압력계의 지시상황	육안
소화약제	변질 · 침전물의 유무	육안
	양의 적부	육안

답 ②

44 위험물을 취급하는 건축물의 옥내소화전이 1층에 6개, 2층에 5개, 3층에 4개가 설치되었다. 이때 수원의 수량은 몇 m^3 이상이 되도록 설치하여야 하는가?

① 23.4   ② 31.8
③ 39.0   ④ 46.8

해설 $Q(m^3) = N \times 7.8m^3$ (N이 5개 이상인 경우 5개)
$= 5 \times 7.8m^3 = 39.0m^3$

답 ③

45 다음의 위험물을 옥내저장소에 저장하는 경우 옥내저장소의 구조가 벽·기둥 및 바닥이 내화구조로 된 건축물이라면 위험물안전관리법에서 규정하는 보유공지를 확보하지 않아도 되는 것은?

① 아세트산 30,000L
② 아세톤 5,000L
③ 클로로벤젠 10,000L
④ 글리세린 15,000L

 옥내저장소의 경우 지정수량 5배 이하는 보유공지를 확보할 필요가 없다.
글리세린의 지정수량 배수 = $\frac{15,000L}{4,000L}$ = 3.75배 이므로, 보유공지를 확보할 필요가 없다.

답 ④

46 제조소 등에 전기설비(전기배선, 조명기구 등은 제외)가 설치된 장소의 바닥 면적이 150m²인 경우 설치해야 하는 소형 수동식 소화기의 최소 개수는?

① 1개   ② 2개
③ 3개   ④ 4개

 제조소 등에 전기설비(전기배선, 조명기구 등은 제외)가 설치된 경우에는 해당 장소의 면적 100m²마다 소형 수동식 소화기를 1개 이상 설치할 것

답 ②

47 위험물을 옥내저장소에 저장할 경우 용기에 수납하며 품명별로 구분·저장하고, 위험물의 품명마다 몇 m 이상의 간격을 두어야 하는가?

① 0.2m 이상   ② 0.3m 이상
③ 0.5m 이상   ④ 0.6m 이상

해설 위험물을 옥내저장소에 저장할 경우 동일 품명의 위험물이더라도 자연발화할 우려가 있는 위험물 또는 재해가 현저하게 증대할 우려가 있는 위험물을 다량 저장하는 경우에는 지정수량의 10배 이하마다 구분하여 상호 간 0.3m 이상의 간격을 두어 저장한다.

답 ②

48 인화성 액체 위험물 중 운반할 때 차광성이 있는 피복으로 가려야 하는 위험물은?

① 특수인화물   ② 제2석유류
③ 제3석유류   ④ 제4석유류

 차광성이 있는 피복으로 가려야 할 위험물
㉠ 제1류 위험물
㉡ 자연발화성 물품
㉢ 제4류 위험물 중 특수인화물
㉣ 제5류 위험물
㉤ 제6류 위험물

답 ①

49 위험물의 저장 또는 취급 방법을 설명한 것 중 틀린 것은?

① 산화프로필렌 : 저장 시 은으로 제작된 용기에 질소가스 등 불연성 가스를 충전하여 보관한다.
② 이황화탄소 : 용기나 탱크에 저장 시 물로 덮어서 보관한다.
③ 알킬알루미늄류 : 용기는 완전 밀봉하고 질소 등 불활성 가스를 충전한다.
④ 아세트알데하이드 : 냉암소에 저장한다.

 산화프로필렌, 아세트알데하이드는 Cu, Ag, Hg, Mg 등의 금속이나 합금과 접촉하면 폭발적으로 반응하여 아세틸라이드를 형성한다.

답 ①

50 위험물제조소 등의 설치허가기준은?

① 일반 고시   ② 시·군의 조례
③ 시·도지사   ④ 대통령령

답 ③

51 강화 플라스틱제 이중벽탱크의 성능시험 중 수압시험의 경우 탱크 직경이 3m 이상인 경우 지탱해야 하는 압력은?

① 0.1MPa   ② 0.2MPa
③ 0.3MPa   ④ 0.4MPa

해설 수압시험
다음의 규정에 따른 수압을 1분 동안 탱크 내부에 가하는 경우에 파손되지 아니하고 내압력을 지탱할 것
㉠ 탱크 직경이 3m 미만인 경우 : 0.17MPa
㉡ 탱크 직경이 3m 이상인 경우 : 0.1MPa

답 ①

52 50℃에서 유지하여야 할 알킬알루미늄 운반용기의 공간용적 기준으로 옳은 것은?
① 5% 이상
② 10% 이상
③ 15% 이상
④ 20% 이상

해설 자연발화성 물질 중 알킬알루미늄 등은 운반용기 내용적의 90% 이하의 수납률로 수납하되, 50℃의 온도에서 5% 이상의 공간용적을 유지하도록 하여야 한다.

답 ①

53 메테인의 확산속도는 28m/s이고, 같은 조건에서 기체 A의 확산속도는 14m/s이다. 기체 A의 분자량은 얼마인가?
① 8
② 32
③ 64
④ 128

해설 그레이엄의 확산법칙 공식에 따르면,
$\dfrac{v_A}{v_B} = \sqrt{\dfrac{M_B}{M_A}}$

$\dfrac{14\text{m/s}}{28\text{m/s}} = \sqrt{\dfrac{16\text{g/mol}}{M_A}}$

∴ $M_A = 16 \times 4 = 64\text{g/mol}$

답 ③

54 위험물안전관리법령에서 정한 소화설비, 경보설비 및 피난설비의 기준으로 틀린 것은?
① 저장소의 건축물은 외벽이 내화구조인 것은 연면적 75m^2를 1소요단위로 한다.
② 할로젠화합물 소화설비의 설치기준은 불활성 가스 소화설비 설치기준을 준용한다.
③ 옥내주유취급소와 연면적이 500m^2 이상인 일반취급소에는 자동화재탐지설비를 설치하여야 한다.
④ 옥내소화전은 제조소 등의 건축물의 층마다 해당 층의 각 부분에서 하나의 호스 접속구까지의 수평거리가 25m 이하가 되도록 설치하여야 한다.

해설 소요단위 : 소화설비의 설치대상이 되는 건축물의 규모 또는 1위험물 양에 대한 기준단위

1단위	제조소 또는 취급소용 건축물의 경우	내화구조 외벽을 갖춘 연면적 100m^2
		내화구조 외벽이 아닌 연면적 50m^2
	저장소 건축물의 경우	내화구조 외벽을 갖춘 연면적 150m^2
		내화구조 외벽이 아닌 연면적 75m^2
	위험물의 경우	지정수량의 10배

답 ①

55 u 관리도의 공식으로 가장 올바른 것은?
① $\overline{u} \pm 3\sqrt{u}$
② $\overline{u} \pm \sqrt{u}$
③ $\overline{u} \pm 3\sqrt{\dfrac{u}{n}}$
④ $\overline{u} \pm \sqrt{nw}$

답 ③

56 $\overline{x}$ 관리도에서 관리상한이 22.15, 관리하한이 6.85, $\overline{R} = 7.5$일 때 시료군의 크기(n)는 얼마인가? (단, $n=2$일 때 $A_2 = 1.88$, $n=3$일 때 $A_2 = 1.02$, $n=4$일 때 $A_2 = 0.73$, $n=5$일 때 $A_2 = 0.58$이다.)
① 2
② 3
③ 4
④ 5

해설 $UCL = \overline{x} + A_2 \overline{R} = 22.15$
$LCL = \overline{x} - A_2 \overline{R} = 6.85$
$UCL - LCL = 22.15 - 6.85 = 15.3$
∴ 시료군의 크기(n) = $\dfrac{15.3}{\overline{R}} = \dfrac{15.3}{7.5} = 2.04 \to 3$

답 ②

57 파레토그림에 대한 설명으로 틀린 것은?
① 부적합품(불량), 클레임 등의 손실금액이나 퍼센트를 그 원인별·상황별로 취해 그림의 왼쪽에서부터 오른쪽으로 비중이 작은 항목부터 큰 항목 순서로 나열한 그림이다.
② 현재의 중요 문제점을 객관적으로 발견할 수 있으므로 관리방침을 수립할 수 있다.
③ 도수분포의 응용수법으로 중요한 문제점을 찾아내는 것으로서 현장에서 널리 사용된다.
④ 파레토그림에 나타난 1~2개 부적합품(불량) 항목만 없애면 부적합품(불량)률은 크게 감소한다.

① 부적합품(불량), 클레임 등의 손실금액이나 퍼센트를 그 원인별·상황별로 취해 그림의 왼쪽에서부터 오른쪽으로 비중의 순서와는 관련 없이 나열한 그림이다.
답 ①

58 품질관리기능의 사이클을 표현한 것으로 옳은 것은?
① 품질개선 – 품질설계 – 품질보증 – 공정관리
② 품질설계 – 공정관리 – 품질보증 – 품질개선
③ 품질개선 – 품질보증 – 품질설계 – 공정관리
④ 품질설계 – 품질개선 – 공정관리 – 품질보증

답 ②

59 작업 개선을 위한 공정분석에 포함되지 않는 것은?
① 제품 공정분석
② 사무 공정분석
③ 직장 공정분석
④ 작업자 공정분석

공정분석이란 작업대상물(부품 등)이 순차적으로 가공되어 제품이 완성되기까지의 작업경로 전체를 시간적·공간적으로 명백하게 설정하고, 작업의 전체적인 순서를 표준화하는 것이다.
답 ③

60 컨베이어 작업과 같이 단조로운 작업은 작업자에게 무력감과 구속감을 주고 생산량에 대한 책임감을 저하시키는 등 폐단이 있다. 다음 중 이러한 단조로운 작업의 결함을 제거하기 위해 채택되는 직무설계방법으로 가장 거리가 먼 것은?
① 자율경영팀 활동을 권장한다.
② 하나의 연속작업시간을 길게 한다.
③ 작업자 스스로가 직무를 설계하도록 한다.
④ 직무확대, 직무충실화 등의 방법을 활용한다.

직무설계란 조직 내에서 근로자 개개인이 가지고 있는 목표를 보다 효율적으로 수행하기 위하여 일련의 작업, 단위직무의 내용, 작업방법을 설계하는 활동을 말한다. 하나의 연속작업시간을 길게 하면 일의 효율이 오르지 않는다.
답 ②

제67회 (2020년 4월 시행) 위험물기능장 필기

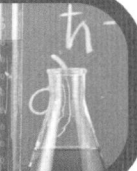

01 1기압에서 100L를 차지하고 있는 용기를 내용적 5L의 용기에 넣으면 압력은 몇 기압이 되겠는가? (단, 온도는 일정하다.)
① 10 ② 20
③ 30 ④ 40

 온도가 일정하므로 보일의 법칙을 이용한다.
$P_1 V_1 = P_2 V_2$
$P_2 = \dfrac{P_1 \cdot V_1}{V_2} = \dfrac{1 \cdot 100}{5} = 20$ 기압

답 ②

02 다음 표는 같은 족에 속하는 어떤 원소 A, B, C의 원자 반지름과 이온 반지름을 조사하여 나타낸 것이다. 원소 A, B, C에 대한 [보기]의 비교 중 옳은 것을 모두 고르면?

원소	원자 반지름(mm)	이온 반지름(mm)
A	0.152	0.074
B	0.186	0.097
C	0.227	0.133

[보기]
ⓐ 원자번호는 A>B>C이다.
ⓑ 이온화에너지는 A>B>C이다.
ⓒ 환원력은 A>B>C이다.

① ⓐ ② ⓑ
③ ⓒ ④ ⓐ, ⓑ

 ⓐ 같은 족 원소의 경우 금속과 비금속 모두 원자번호가 증가하면 전자껍질 수가 증가하여 원자 반지름은 커진다.
따라서, A<B<C
ⓑ 같은 족 원소의 경우 원자 반지름이 커질수록 원자핵과 전자 사이의 인력이 감소하므로 이온화에너지가 작아지게 된다.
따라서, A>B>C

ⓒ 금속 원소의 경우 같은 족에서 원자번호가 커질수록 양이온이 되기 쉬우므로 금속성이 커지게 되고 따라서 환원력도 커지게 된다.
따라서, A<B<C

답 ②

03 다음 원소 중 전기음성도값이 가장 큰 것은?
① C ② N
③ O ④ F

 같은 주기에서는 원자번호가 증가할수록 전기음성도값이 크다.
보기 원소의 전기음성도값은 다음과 같다.
① C=2.5 ② N=3.0
③ O=3.5 ④ F=4.0

답 ④

04 물분자 안의 전기적 양성의 수소 원자와 물분자 안의 전기적 음성의 산소 원자 사이에 하나의 전기적 인력이 작용하여 특수한 결합을 하는데, 이와 같은 결합은 무슨 결합인가?
① 이온결합 ② 공유결합
③ 수소결합 ④ 배위결합

 수소결합 : 전기음성도가 큰 원소인 F, O, N에 직접 결합된 수소 원자와 근처에 있는 다른 F, O, N 원자에 있는 비공유 전자쌍 사이에 작용하는 분자 간의 인력에 의한 결합

답 ③

05 다음 물질의 수용액이 중성을 띠는 것은?
① KCN ② CaO
③ NH₄Cl ④ KCl

 강염기와 강산이 만나 생성하는 염은 중성이다.

답 ④

06 분자량이 120인 물질 10g을 물 100g에 넣으니 0.5M 용액이 되었다. 이 용액의 비중은 얼마인가?

① 0.66 ② 1.66
③ 2.66 ④ 3.66

몰농도 $x = 1,000 \times S \times \dfrac{a}{100} \times \dfrac{1}{M}$

$\therefore S = \dfrac{x \times 100 \times M}{1,000 \times a}$

$= \dfrac{0.5 \times 100 \times 120}{1,000 \times \dfrac{10}{110} \times 100} = 0.66$

답 ①

07 산화성 고체 위험물의 특징과 성질이 맞게 짝지어진 것은?

① 산화력 - 불연성
② 환원력 - 불연성
③ 산화력 - 가연성
④ 환원력 - 가연성

해설 산화성 고체 위험물은 산소를 많이 함유하고 있는 강산화력이며 불연성이다.

답 ①

08 다음 공기 중에서 연소범위가 가장 넓은 것은?

① 수소   ② 뷰테인
③ 에터   ④ 아세틸렌

① 수소 : 4~75vol%
② 뷰테인 : 1.8~8.4vol%
③ 에터 : 1.9~48vol%
④ 아세틸렌 : 2.5~81vol%

답 ④

09 산화프로필렌의 성질로서 가장 옳은 것은?

① 산, 알칼리 또는 구리(Cu), 마그네슘(Mg)의 촉매에서 중합반응을 한다.
② 물속에서 분해되어 에테인(C_2H_6)이 발생한다.
③ 폭발범위가 4~57%이다.
④ 물에 녹기 힘들며 흡열반응을 한다.

② 물속에서 분해되어 산소가 발생한다.
③ 폭발범위가 2.8~37%이다.
④ 물 또는 유기용제(벤젠, 에터, 알코올 등)에 잘 녹는다.

답 ①

10 산화성 고체 위험물로 조해성과 부식성이 있으며 산과 반응하여 폭발성의 유독한 이산화염소를 발생시키는 위험물로, 제초제, 폭약의 원료로 사용되는 물질은?

① Na_2O ② $KClO_4$
③ $NaClO_3$ ④ $RbClO_4$

염소산나트륨($NaClO_3$)은 산과 반응하여 유독한 이산화염소(ClO_2)를 발생시킨다.
또한 산화염소는 폭발성을 지닌다.
$3NaClO_3 \rightarrow NaClO_4 + Na_2O + 2ClO_2$

답 ③

11 오존파괴지수의 약어는?

① CFC   ② ODP
③ GWP   ④ HCFC

ODP(Ozone Depletion Potential) : 오존층파괴지수
$\dfrac{\text{물질 1kg에 의해 파괴되는 오존량}}{\text{CFC-11kg에 의해 파괴되는 오존량}}$

답 ②

12 수분을 함유한 $NaClO_2$의 분해온도는?

① 약 50℃   ② 약 70℃
③ 약 100℃   ④ 약 120℃

답 ④

13 다음 중 연소되기 어려운 물질은?

① 산소와 접촉 표면적이 넓은 물질
② 발열량이 큰 물질
③ 열전도율이 큰 물질
④ 건조한 물질

③ 열전도율이 낮은 물질

답 ③

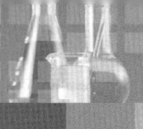

14 가연물의 구비조건으로 거리가 먼 것은?
① 열전도도가 적을 것
② 연소열량이 클 것
③ 완전산화물일 것
④ 점화에너지가 적을 것

 ③ 완전산화물은 가연물의 연소조건이 될 수 없다.
답 ③

15 화재 시 주수소화로 위험성이 더 커지는 위험물은?
① S ② P
③ P_4S_3 ④ Al분

 ④ Al분은 주수소화 시 수소(H_2)가 발생한다.
※ S, P, P_4S_3 : 주수소화
답 ④

16 C_6H_6와 $C_6H_5CH_3$의 공통적인 특징을 설명한 것으로 틀린 것은?
① 무색의 투명한 액체로서 향긋한 냄새가 난다.
② 물에는 잘 녹지 않으나 유기용제에는 잘 녹는다.
③ 증기는 마취성과 독성이 있다.
④ 겨울에는 대기 중의 찬 곳에서 고체가 되는 경우가 있다.

㉮ 벤젠(C_6H_6)
  ㉠ 무색투명한 휘발성 액체로서 분자량 78.1로 증기는 마취성과 독성이 있는 방향족 유기화합물이다.
  ㉡ 물에는 녹지 않으나, 알코올, 에터 등 유기용제에는 잘 녹으며, 유지, 수지, 고무 등을 용해시킨다.
  ㉢ 융점이 5.5℃이므로 겨울에 찬 곳에서는 고체로 되는 경우도 있다.
㉯ 톨루엔($C_6H_5CH_3$)
  ㉠ 벤젠보다는 독성이 적으나 벤젠과 같은 방향성을 가지는 무색투명한 액체이다.
  ㉡ 물에는 녹지 않으나 유기용제 및 수지, 유지, 고무를 녹이며 벤젠보다 휘발하기 어렵다.
  ㉢ 겨울에 대기 중의 찬 곳에서 고체가 되지 않는다.
답 ④

17 다음 중 자연발화성 및 금수성 물질이 아닌 것은?
① 알킬리튬 ② 알킬알루미늄
③ 금속나트륨 ④ 마그네슘

 ④ 마그네슘 : 가연성 고체
답 ④

18 오황화인의 성질에 대한 설명으로 옳은 것은?
① 청색의 결정으로 특이한 냄새가 있다.
② 알코올에는 잘 녹고 이황화탄소에는 잘 녹지 않는다.
③ 수분을 흡수하면 분해된다.
④ 비점은 약 325℃이다.

① 담황색 결정으로 특이한 냄새가 있다.
② 알코올이나 이황화탄소(CS_2)에 녹는다.
④ 비점은 약 514℃이다.
답 ③

19 금속리튬은 고온에서 질소와 반응하여 어떤 색의 질화리튬을 만드는가?
① 회흑색 ② 적갈색
③ 청록색 ④ 은백색

해설 질화리튬은 가열하여 결정이 된 것은 적갈색, 상온에서는 건조 공기에 침해받지 않지만 온도를 가하면 곧 산화된다. 물에 의해 곧 분해된다.
$Li_3N + 3H_2O \rightarrow NH_3 + 3LiOH$
답 ②

20 트라이에틸알루미늄은 물과 폭발적으로 반응한다. 이때 주로 발생하는 기체는?
① 산소 ② 수소
③ 에테인 ④ 염소

해설 물과 폭발적 반응을 일으켜 에테인(C_2H_6) 가스가 발화·비산되므로 위험하다.
$(C_2H_5)_3Al + 3H_2O \rightarrow Al(OH)_3 + 3C_2H_6$
답 ③

21 중질유 탱크 등의 화재 시 열유층에 소화하기 위하여 물이나 포말을 주입하면 수분의 급격한 증발에 의하여 유면이 거품을 일으키거나 열유의 교란에 의하여 열유층 밑의 냉유가 급격히 팽창하여 유면을 밀어 올리는 위험한 현상은?

① Oil-over 현상
② Slop-over 현상
③ Water hammering 현상
④ Priming 현상

 ① Oil-over 현상 : 유류 탱크에 유류 저장량을 50% 이하로 저장하는 경우 화재가 발생하면 탱크 내의 공기가 팽창하면서 폭발하는 현상
③ Water hammering 현상 : 배관 속을 흐르는 유체의 속도가 급속히 변화 시 유체의 운동에너지가 압력으로 변화되어 배관 및 장치에 영향을 미치는 현상
④ Priming 현상 : 소화설비의 펌프에 발생하는 공기 고임 현상

답 ②

22 염소산칼륨의 성질에 대한 설명으로 옳은 것은?

① 가열·마찰에 의해서 가연성 가스가 발생한다.
② 녹는점 이상으로 가열하면 과염소산을 생성한다.
③ 수용액은 약한 산성이다.
④ 찬물, 알코올에 잘 녹는다.

해설 ① 가열·마찰에 의해서 약 400℃ 부근에서 열분해되기 시작하여 540~560℃에서 과염소산칼륨($KClO_4$)이 분해되어 염화칼륨(KCl)과 산소(O_2)를 방출한다.
$2KClO_3 \rightarrow KCl + KClO_4 + O_2$
$KClO_4 \rightarrow KCl + 2O_2$
③ 수용액은 약한 중성이다.
④ 찬물, 알코올에는 녹기 어렵고, 온수, 글리세린 등에는 잘 녹는다.

답 ②

23 소화약제인 Halon 1301의 분자식은?

① CF_2Br_2
② CF_3Br
③ $CFBr_3$
④ CF_2Cl_2

 할론 소화약제의 구분

구분	분자식	C	F	Cl	Br
할론 1011	CH_2ClBr	1	0	1	1
할론 2402	$C_2F_4Br_2$	2	4	0	2
할론 1301	CF_3Br	1	3	0	1
할론 1211	CF_2ClBr	1	2	1	1

답 ②

24 나이트로화합물류 중 분자구조 내에 하이드록실기를 갖는 위험물은?

① 피크르산
② 트라이나이트로톨루엔
③ 트라이나이트로벤젠
④ 테트릴

 ① 피크르산 : 트라이나이트로페놀[$C_6H_2(NO_2)_3OH$]
② 트라이나이트로톨루엔 : $C_6H_2CH_3(NO_2)_3$
③ 트라이나이트로벤젠 : $C_6H_3(NO_2)_3$
④ 테트릴 : $(NO_2)_3(C_6H_2N)CH_3$

답 ①

25 아세트알데하이드의 위험도에 가장 가까운 값은 얼마인가?

① 약 7
② 약 13
③ 약 23
④ 약 30

 연소범위 : 4.1~57%
위험도 $= \dfrac{U-L}{L} = \dfrac{57-4.1}{4.1} = 12.9 ≒$ 약 13

답 ②

26 전역방출방식의 분말소화설비에서 분말소화약제의 저장용기에 저장하는 제3종 분말소화약제의 양은 방호구역의 체적 $1m^3$당 몇 kg 이상으로 하여야 하는가? (단, 방호구역의 개구부에 자동폐쇄장치를 설치한 경우이고, 방호구역 내에서 취급하는 위험물은 에탄올이다.)

① 0.360　　② 0.432
③ 2.7　　　④ 5.2

 전역방출방식에 있어서는 다음의 기준에 따라 산출하는 양 이상이다. 방호구역의 체적 $1m^3$에 대하여 다음 표에 따른 양이다.

소화약제의 종별	소화약제의 양(kg/m^3)
제1종 분말	0.60
제2종 또는 제3종 분말	0.36
제4종 분말	0.24

답 ①

27 적린에 대한 설명 중 틀린 것은?

① 연소하면 유독성인 흰색 연기가 나온다.
② 염소산칼륨과 혼합하면 쉽게 발화하여 P_2O_5와 KOH가 생성된다.
③ 적린 1몰의 완전연소 시 1.25몰의 산소가 필요하다.
④ 비중은 약 2.2, 승화온도는 약 400℃이다.

 적린(P)은 염소산염류, 과염소산염류 등 강산화제와 혼합하면 불안정한 폭발물과 같이 되어 약간의 가열·충격·마찰에 의하여 폭발한다.
$6P + 5KClO_3 \rightarrow 5KCl + 3P_2O_5$

답 ②

28 다음 중 질산염류와 지정수량이 같은 것은?

① 금속분
② 금속의 수소화물
③ 인화성 고체
④ 염소산염류

 질산염류의 지정수량 : 300kg
① 금속분 : 500kg
② 금속의 수소화물 : 300kg
③ 인화성 고체 : 1,000kg
④ 염소산염류 : 50kg

답 ②

29 다음 중 나머지 셋과 위험물의 유별 구분이 다른 것은?

① 나이트로글리세린　② 나이트로셀룰로스
③ 셀룰로이드　　　　④ 나이트로벤젠

 ① 나이트로글리세린 : 제5류 위험물 질산에스터류
② 나이트로셀룰로스 : 제5류 위험물 질산에스터류
③ 셀룰로이드 : 제5류 위험물 질산에스터류
④ 나이트로벤젠 : 제4류 위험물 제3석유류

답 ④

30 위험물안전관리법령상 질산나트륨에 대한 소화설비의 적응성으로 옳은 것은?

① 건조사만 적응성이 있다.
② 이산화탄소 소화기는 적응성이 있다.
③ 포소화기는 적응성이 없다.
④ 할로젠화합물 소화기는 적응성이 없다.

 이산화탄소, 할로젠화합물 소화기는 적응성이 없다.

답 ④

31 소화약제로서 물이 갖는 특성에 대한 설명으로 옳지 않은 것은?

① 유화효과(emulsification effect)도 기대할 수 있다.
② 증발잠열이 커서 기화 시 다량의 열을 제거한다.
③ 기화팽창률이 커서 질식효과가 있다.
④ 용융잠열이 커서 주수 시 냉각효과가 뛰어나다.

 ④ 기화잠열이 커서 주수 시 냉각소화효과가 뛰어나다.

답 ④

32 위험물안전관리법령에 따른 이동식 할로겐화합물 소화설비 기준에 의하면 20℃에서 하나의 노즐이 할론 2402를 방사할 경우 1분당 몇 kg의 소화약제를 방사할 수 있어야 하는가?

① 35 ② 40
③ 45 ④ 50

 할론 2402를 방사할 경우 분당 45kg의 소화약제를 방사할 수 있어야 한다.

답 ③

33 이동탱크저장소에서 탱크 뒷부분의 입면도에서 측면틀의 최외측과 탱크의 최외측을 연결하는 직선은 수평면에 대한 내각의 얼마 이상이 되도록 하는가?

① 50° 이상 ② 65° 이상
③ 75° 이상 ④ 90° 이상

 이동탱크저장소의 측면틀 부착기준
 ㉠ 외부로부터 하중에 견딜 수 있는 구조로 할 것
 ㉡ 최외측선(측면틀의 최외측과 탱크의 최외측을 연결하는 직선)의 수평면에 대하여 내각이 75° 이상일 것
 ㉢ 최대수량의 위험물을 저장한 상태에 있을 때의 해당 탱크 중량의 중심선과 측면틀의 최외측을 연결하는 직선과 그 중심선을 지나는 직선 중 최외측선과 직각을 이루는 직선과의 내각이 35° 이상이 되도록 할 것

답 ③

34 대형 위험물저장시설에 옥내소화전 2개와 옥외소화전 1개를 설치하였다면 수원의 총 수량은?

① 3.4m³ ② 5.2m³
③ 7.0m³ ④ 29.1m³

㉠ 옥내소화전
$Q(\mathrm{m}^3) = N \times 7.8 (260 \mathrm{L/min} \times 30 \mathrm{min})$
$= 2 \times 7.8$
$= 15.6 \mathrm{m}^3$
㉡ 옥외소화전
$Q(\mathrm{m}^3) = N \times 13.5 (450 \mathrm{L/min} \times 30 \mathrm{min})$
$= 1 \times 13.5$
$= 13.5 \mathrm{m}^3$
∴ $15.6 + 13.5 = 29.1 \mathrm{m}^3$

답 ④

35 옥외탱크저장소의 펌프설비 설치기준으로 옳지 않은 것은?

① 펌프실의 지붕은 위험물에 따라 가벼운 불연재료로 덮어야 한다.
② 펌프실의 출입구는 60분+방화문·60분방화문 또는 30분방화문을 사용한다.
③ 펌프설비의 주위에는 3m 이상의 공지를 보유하여야 한다.
④ 옥외저장탱크의 펌프실은 지정수량 20배 이하의 경우는 주위에 공지를 보유하지 않아도 된다.

 ④ 옥외저장탱크의 펌프실은 지정수량 10배 이하의 경우는 주위에 공지를 보유하지 않아도 된다.

답 ④

36 자기반응성 물질의 화재 초기에 가장 적응성 있는 소화설비는?

① 분말소화설비
② 이산화탄소 소화설비
③ 할로젠화물 소화설비
④ 물분무 소화설비

 자기반응성 물질에는 주수·냉각 소화인 물분무 소화설비가 가장 적응성이 있다.

답 ④

37 주유취급소의 건축물 중 내화구조를 하지 않아도 되는 곳은?

① 벽
② 바닥
③ 기둥
④ 창

 벽·기둥·바닥·보 및 지붕은 내화구조 또는 불연재료, 창 및 출입구에는 방화문, 불연재료로 된 문을 설치한다.

답 ④

38 화재 발생 시 이를 알릴 수 있는 경보설비는 지정수량의 몇 배 이상의 위험물을 저장 또는 취급하는 제조소에 설치하여야 하는가?
① 10배   ② 50배
③ 100배 ④ 200배

 화재 발생 시 이를 알릴 수 있는 경보설비는 지정수량의 10배 이상의 위험물을 저장 또는 취급하는 제조소에 설치한다.
답 ①

39 위험물 운반용기의 외부에 표시하는 주의사항으로 틀린 것은?
① 마그네슘 - 화기주의 및 물기엄금
② 황린 - 화기주의 및 공기접촉주의
③ 탄화칼슘 - 물기엄금
④ 과염소산 - 가연물접촉주의

해설 ② 황린은 제3류 위험물 중 자연발화성 물질에 해당한다.
수납하는 위험물에 따른 주의사항

유별	구분	주의사항
제1류 위험물 (산화성 고체)	알칼리금속의 과산화물	"화기·충격주의" "물기엄금" "가연물접촉주의"
	그 밖의 것	"화기·충격주의" "가연물접촉주의"
제2류 위험물 (가연성 고체)	철분·금속분·마그네슘	"화기주의" "물기엄금"
	인화성 고체	"화기엄금"
	그 밖의 것	"화기주의"
제3류 위험물 (자연발화성 및 금수성 물질)	자연발화성 물질	"화기엄금" "공기접촉엄금"
	금수성 물질	"물기엄금"
제4류 위험물 (인화성 액체)	-	"화기엄금"
제5류 위험물 (자기반응성 물질)	-	"화기엄금" 및 "충격주의"
제6류 위험물 (산화성 액체)	-	"가연물접촉주의"

답 ②

40 벽, 기둥 및 바닥이 내화구조로 된 건축물을 옥내저장소로 사용할 때 지정수량의 50배 초과 200배 이하의 위험물을 저장하는 경우에 확보해야 하는 공지의 너비는?
① 1m 이상   ② 2m 이상
③ 3m 이상   ④ 5m 이상

 옥내저장소의 보유공지

저장 또는 취급하는 위험물의 최대수량	공지의 너비	
	벽·기둥 및 바닥이 내화구조로 된 건축물	그 밖의 건축물
지정수량의 5배 이하	-	0.5m 이상
지정수량의 5배 초과 10배 이하	1m 이상	1.5m 이상
지정수량의 10배 초과 20배 이하	2m 이상	3m 이상
지정수량의 20배 초과 50배 이하	3m 이상	5m 이상
지정수량의 50배 초과 200배 이하	5m 이상	10m 이상
지정수량의 200배 초과	10m 이상	15m 이상

답 ④

41 방호대상물의 표면적이 $50m^2$인 곳에 물분무소화설비를 설치하고자 한다. 수원의 수량은 얼마 이상이어야 하는가?
① 4,000L   ② 8,000L
③ 30,000L   ④ 40,000L

 수량은 방사구역의 표면적 $1m^2$당 20L/min×30min 이상으로 발생한다.
∴ $50m^2 \times 20L/min/m^2 \times 30min = 30,000L$
답 ③

42 위험물안전관리법에서 정한 경보설비에 해당하지 않는 것은?
① 비상경보설비
② 자동화재탐지설비
③ 비상방송설비
④ 영상음향차단경보기

223

경보설비의 종류
  ㉠ 자동화재탐지설비
  ㉡ 자동화재속보설비
  ㉢ 비상경보설비(비상벨, 자동식 사이렌, 단독형 화재경보기)
  ㉣ 비상방송설비
  ㉤ 누전경보설비
  ㉥ 가스누설경보설비

답 ④

43 아세톤 옥외저장탱크 중 압력탱크 외의 탱크에 설치하는 대기밸브 부착 통기관은 몇 kPa 이하의 압력 차이로 작동할 수 있어야 하는가?

① 5
② 7
③ 9
④ 10

 옥외저장탱크 중 압력탱크 외의 탱크에 설치하는 대기밸브 부착 통기관은 5kPa 이하의 압력 차이로 작동할 수 있어야 한다.

답 ①

44 다음 중 강화액 소화기에 대한 설명으로 틀린 것은?

① 한랭지에서도 사용이 가능하다.
② 액성은 알칼리성이다.
③ 유류화재에 가장 효과적이다.
④ 소화력을 높이기 위해 금속염류를 첨가한 것이다.

 강화액 소화약제는 물소화약제의 성능을 강화시킨 소화약제로서 물에 탄산칼륨(K_2CO_3)을 용해시킨 것이며, 냉각소화가 주요 소화효과에 해당한다.

답 ③

45 옥외소화전설비의 옥외소화전이 3개 설치되었을 경우 수원의 수량은 몇 m³ 이상이 되어야 하는가?

① 7
② 20.4
③ 40.5
④ 100

 $Q(m^3) = N \times 13.5m^3$ (N이 4개 이상인 경우 4개)
$= 3 \times 13.5m^3$
$= 40.5m^3$

답 ③

46 폐쇄형 스프링클러헤드의 설치기준에서 급배기용 덕트 등의 긴 변의 길이가 몇 m를 초과할 때 해당 덕트 등의 아랫면에도 스프링클러헤드를 설치해야 하는가?

① 0.8
② 1.0
③ 1.2
④ 1.5

 급배기용 덕트 등의 긴 변의 길이가 1.2m를 초과하는 것이 있는 경우에는 해당 덕트 등의 아랫면에도 스프링클러헤드를 설치할 것

답 ③

47 2품목 이상의 위험물을 동일 장소에 저장할 경우 환산 지정수량으로 옳은 것은?

① 각 품목별로 저장하는 수량을 각 품목의 지정수량으로 나누어 합한 수
② 각 품목별로 저장하는 수량을 각 품목의 지정수량으로 나누어 곱한 수
③ 저장하는 위험물 중 그 양이 가장 많은 품목을 지정수량으로 나눈 수
④ 저장하는 위험물 중 그 위험도가 가장 큰 품목을 지정수량으로 나눈 수

답 ①

48 다음 중 과염소산칼륨과 접촉하였을 때 위험성이 가장 낮은 물질은?

① 황
② 알코올
③ 알루미늄
④ 물

 과염소산칼륨은 제1류 위험물로 산화성 고체에 해당한다. 가연물의 성질에 따라 물로 소화한다.

답 ④

49 산화성 고체 "위험등급Ⅰ" 위험물인 염소산염류의 수납방법으로 가장 옳은 것은?
① 방수성이 있는 플라스틱드럼 또는 파이버드럼에 지정수량을 수납하고 밀봉한다.
② 양철판제의 양철통에 지정수량과 물을 가득 담아 밀봉한다.
③ 강철제의 양철통에 지정수량과 파라핀 경유 또는 등유로 가득 채워서 밀봉한다.
④ 강철제통에 임의의 수량을 넣고 밀봉한다.

답 ①

50 제조소 등의 설치자가 그 제조소 등의 용도를 폐지할 때 폐지한 날로부터 며칠 이내에 신고(시·도지사에게)하여야 하는가?
① 7일 ② 14일
③ 30일 ④ 90일

해설 제조소 등의 관계인(소유자·점유자 또는 관리자)은 해당 제조소 등의 용도를 폐지(장래에 대하여 위험물 시설로서의 기능을 완전히 상실시키는 것)한 때에는 행정안전부령이 정하는 바에 따라 제조소 등의 용도를 폐지한 날부터 14일 이내에 시·도지사에게 신고하여야 한다.

답 ②

51 강제 강화 플라스틱제 이중벽탱크의 운반 및 설치 기준으로 옳지 않은 것은?
① 운반 또는 이동하는 경우에 있어서 강화 플라스틱 등이 손상되지 아니하도록 할 것
② 탱크의 외면이 접촉하는 기초대, 고정밴드 등의 부분에는 완충재(두께 10mm 정도의 고무제 시트 등)를 끼워 넣어 접촉면을 보호할 것
③ 탱크를 기초대에 올리고 고정밴드 등으로 고정한 후 해당 탱크의 감지층을 20kPa 정도로 가압한 상태로 10분 이상 유지하여 압력강하가 없는 것을 확인할 것
④ 탱크를 매설한 사람은 매설 종료 후 해당 탱크의 감지층을 20kPa 정도로 가압 또는 감압한 상태로 10분 이상 유지하여 압력강하 또는 압력상승이 없는 것을 탱크 제조자의 입회하에 확인할 것

해설 탱크를 매설한 사람은 매설 종료 후 해당 탱크의 감지층을 20kPa 정도로 가압 또는 감압한 상태로 10분 이상 유지하여 압력강하 또는 압력상승이 없는 것을 설치자의 입회하에 확인할 것

답 ④

52 위험물안전관리법령상 주유취급소에서 용량 몇 L 이하의 이동저장탱크에 위험물을 주입할 수 있는가?
① 3천 ② 4천
③ 5천 ④ 1만

답 ①

53 자동화재탐지설비를 설치하여야 하는 옥내저장소가 아닌 것은?
① 처마높이가 7m인 단층 옥내저장소
② 지정수량의 50배를 저장하는 저장창고의 연면적이 $50m^2$인 옥내저장소
③ 에탄올 5만L를 취급하는 옥내저장소
④ 벤젠 5만L를 취급하는 옥내저장소

해설 자동화재탐지설비를 설치하여야 하는 옥내저장소
㉠ 지정수량의 100배 이상을 저장 또는 취급하는 것
㉡ 저장창고의 연면적이 $150m^2$를 초과하는 것
㉢ 처마높이가 6m 이상인 단층 건물의 것

답 ②

54 모든 작업을 기본동작으로 분해하고 각 기본동작에 대하여 성질과 조건에 따라 정해 놓은 시간치를 적용하여 정미시간을 산정하는 방법은?
① PTS법 ② WS법
③ 스톱워치법 ④ 실적기록법

해설
② WS법(Working Sampling method) : 측정자가 무작위로 현장에서 작업자가 작업하는 내용에 대해 측정 및 가동 시간에 대한 측정 결과를 조합하여 표준시간을 설정하는 방법
③ 스톱워치법 : 실제로 현장에서 이루어지는 모든 작업공정에 대해 사전에 미리 구분하여 별도의 측정표을 통해 표준시간을 산정하는 방법
④ 실적기록법 : 일정 단위의 사무량과 소요시간을 기록하고, 통계적 분석을 사용하여 표준시간을 결정하는 사무량 측정방법

답 ①

55 위험성평가 기법을 정량적 평가기법과 정성적 평가기법으로 구분할 때, 다음 중 그 성격이 다른 하나는?
① HAZOP   ② FTA
③ ETA   ④ CCA

 ㉮ 정량적 위험성평가 기법
　㉠ FTA(결함수분석기법; Fault Tree Analysis)
　㉡ ETA(사건수분석기법; Event Tree Analysis)
　㉢ CA
　　(피해영향분석법; Consequence Analysis)
　㉣ FMECA(Failure Modes Effects and Criticality Analysis)
　㉤ HEA(작업자실수분석)
　㉥ DAM(상대위험순위 결정)
　㉦ CCA(원인결과분석)
㉯ 정성적 위험성평가 기법
　㉠ HAZOP(위험과 운전분석기법; Hazard and Operability)
　㉡ check-list(체크리스트)
　㉢ what-if(사고예상질문기법)
　㉣ PHA(예비위험분석기법; Preliminary Hazard Analysis)

답 ①

56 여력을 나타내는 식으로 가장 올바른 것은?
① 여력 = 1일 실동시간 + 1개월 실동시간 + 가동대수
② 여력 = (능력 - 부하) × $\frac{1}{100}$
③ 여력 = $\frac{능력 - 부하}{능력} \times 100$
④ 여력 = $\frac{능력 - 부하}{부하} \times 100$

답 ③

57 다음 중 품질관리시스템에 있어서 4M에 해당하지 않는 것은?
① Man   ② Machine
③ Material ④ Money

 품질관리시스템의 4M
　㉠ Man
　㉡ Machine
　㉢ Material
　㉣ Method

답 ④

58 다음 검사의 종류 중 검사 공정에 의한 분류에 해당되지 않는 것은?
① 수입검사   ② 출하검사
③ 출장검사   ④ 공정검사

 ① 수입검사(구입검사) : 원자재 또는 반제품에 대하여 원료로서의 적합성에 대한 검사
② 출하검사(출고검사) : 완제품을 출하하기 전에 출하 여부를 결정하는 검사
④ 공정검사(중간검사) : 공정간 검사방식이라 하며, 앞의 제조공정이 끝나서 다음 제조공정으로 이동하는 사이에 행하는 검사

답 ③

59 로트의 크기가 시료의 크기에 비해 10배 이상 클 때, 시료의 크기와 합격 판정 개수를 일정하게 하고 로트의 크기를 증가시킬 경우 검사특성곡선의 모양 변화에 대한 설명으로 가장 적절한 것은?
① 무한대로 커진다.
② 거의 변화하지 않는다.
③ 검사특성곡선의 기울기가 완만해진다.
④ 검사특성곡선의 기울기 경사가 급해진다.

 로트의 크기가 시료의 크기에 비해 10배 이상 클 때, 시료의 크기와 합격 판정 개수를 일정하게 하고 로트의 크기를 증가시키면 검사특성곡선은 거의 변화하지 않는다.

답 ②

60 여유시간이 5분, 정미시간이 40분일 경우 내경법으로 여유율을 구하면 약 몇 %인가?
① 6.33   ② 9.05
③ 11.11   ④ 12.50

 여유율 = $\frac{여유시간}{정미시간 + 여유시간}$
　　　 = $\frac{5}{40+5} \times 100$
　　　 = 11.11%

답 ③

제68회 (2020년 7월 시행) 위험물기능장 필기

01 원자번호 11의 원소와 비슷한 성질을 가진 원소의 원자번호는?
① 13　　② 16
③ 19　　④ 22

 같은 족 원소는 비슷한 성질을 갖고 있다. 원자번호 11은 1주기 원소로 8을 더하면 비슷한 성질을 갖는 같은 족 원소를 찾을 수 있다.

답 ③

02 다음 중 알루미늄이온(Al^{3+}) 1개에 대한 설명으로 옳은 것은?
① 양성자는 27개이다.
② 중성자는 13개이다.
③ 전자는 10개이다.
④ 원자번호는 27이다.

 알루미늄 원소는 양성자 13개, 중성자 27−13=14개, 전자 13개를 가지고 있다.
알루미늄이온(Al^{3+})은 Al 원자에서 전자 3개가 빠져나간 것이다. 따라서 Al^{3+}은 양성자 13개, 중성자 14개, 전자 13−3=10개이다.

답 ③

03 ns^2np^5의 전자구조를 가지지 않는 것은?
① F(원자번호=9)
② Cl(원자번호=17)
③ Se(원자번호=34)
④ I(원자번호=53)

 Se는 원자번호 34로서 $4s^2np^4$의 전자구조를 가진다.

답 ③

04 다음 중 전기적으로 도체인 것은?
① 가솔린
② 메틸알코올
③ 염화나트륨수용액
④ 순수한 물

 ①, ②, ④는 공유결합성 물질로서 전기적으로 부도체이다.

답 ③

05 어떤 농도의 염산 용액 100mL를 중화하는데 0.2N NaOH 용액 250mL가 소모되었다. 이 염산의 농도는?
① 0.2　　② 0.3
③ 0.4　　④ 0.5

$NV = N'V'$
$N \times 100 = 0.2 \times 250$
$\therefore N = 0.5$

답 ④

06 30%의 진한 HCl의 비중은 1.1이다. 이 진한 HCl의 몰농도는 얼마인가?
① 9
② 9.04
③ 10
④ 10.04

 몰농도 $x = 1,000 \times S \times \dfrac{a}{100} \times \dfrac{1}{M}$
$\therefore M = 1,000 \times 1.1 \times \dfrac{30}{100} \times \dfrac{1}{36.5} = 9.04$

답 ②

07 다음 위험물은 산화성 고체 위험물로서 대부분 무색 또는 백색 결정으로 되어 있다. 이 중 무색 또는 백색이 아닌 물질은?
① $KClO_3$　　② BaO_2
③ $KMnO_4$　　④ $KClO_4$

 ③ $KMnO_4$는 흑자색의 사방정계이다.
답 ③

08 인화석회(Ca_3P_2)의 성질로서 옳지 않은 것은?
① 적갈색의 괴상 고체이다.
② 비중이 2.51이고, 1,600℃에서 녹는다.
③ 물 또는 산과 반응하여 PH_3 가스가 발생한다.
④ 물과 반응하여 아세틸렌(C_2H_2) 가스가 발생한다.

 인화석회는 물 또는 약산과 반응하여 유독하고 가연성인 인화수소(PH_3, 포스핀) 가스가 발생한다.
$Ca_3P_2 + 6H_2O \rightarrow 3Ca(OH)_2 + 2PH_3$
$Ca_3P_2 + 6HCl \rightarrow 3CaCl_2 + 2PH_3$
답 ④

09 제4류 위험물의 발생 증기와 비교하여 사이안화수소(HCN)가 갖는 대표적인 특징은?
① 물에 녹기 쉽다.
② 물보다 무겁다.
③ 증기는 공기보다 가볍다.
④ 인화성이 높다.

 일반적으로 증기는 공기보다 무겁지만, HCN은 27/29=0.93으로 제외된다.
답 ③

10 황린이 연소될 때 생기는 흰 연기는?
① 인화수소　　② 오산화인
③ 인산　　　　④ 탄산가스

 황린은 약 34~50℃ 전후에서 공기와의 접촉으로 자연발화하며, 오산화인(P_2O_5)의 흰 연기가 발생한다.
$P_4 + 5O_2 \rightarrow 2P_2O_5$
답 ②

11 경유 150,000L를 저장하는 시설에 설치하는 위험물의 소화능력단위는?
① 7.5단위　　② 10단위
③ 15단위　　　④ 30단위

소화능력단위 = $\dfrac{저장량}{지정수량 \times 10배}$
= $\dfrac{150,000}{1,000 \times 10배}$
= 15단위
답 ③

12 황에 대한 설명으로 옳지 않은 것은?
① 순도가 50wt% 이하인 것은 제외한다.
② 사방황의 색상은 황색이다.
③ 단사황의 비중은 1.95이다.
④ 고무상황의 결정형은 무정형이다.

 황은 순도가 60wt% 이상인 것을 말한다. 이 경우 순도 측정에 있어서 불순물은 활석 등 불연성 물질과 수분에 한한다.
답 ①

13 산화열에 의한 발열로 인하여 자연발화가 가능한 물질은?
① 셀룰로이드　　② 건성유
③ 활성탄　　　　④ 퇴비

○ 분해열에 의한 발화
  셀룰로이드류, 나이트로셀룰로스(질화면), 나이트로글리세린, 질산에스터류 등
○ 산화열에 의한 발화
  건성유, 원면, 석탄, 고무분말, 액체산소, 발연질산 등
○ 중합열에 의한 발화
  사이안화수소(HCN), 산화에틸렌(C_2H_4O), 염화바이닐(CH_2CHCl) 등
○ 흡착열에 의한 발화
  활성탄, 목탄, 분말 등
○ 미생물에 의한 발화
  퇴비, 먼지 등
답 ②

14 아염소산나트륨의 위험성에 대한 설명으로 거리가 가장 먼 것은?
① 단독으로 폭발 가능하고 분해온도 이상에서는 산소가 발생한다.
② 비교적 안정하나 시판품은 140℃ 이상의 온도에서 발열반응을 일으킨다.
③ 유기물, 금속분 등 환원성 물질과 접촉하여 자극하면 즉시 폭발한다.
④ 수용액 중에서 강력한 환원력이 있다.

 ④ 수용액 중에서 강력한 산화력이 있다.
답 ④

15 탄화칼슘의 저장 및 취급 방법으로 잘못된 것은?
① 물과 습기와의 접촉을 피한다.
② 통풍이 되지 않는 건조한 장소에 저장한다.
③ 냉암소에 밀봉·저장한다.
④ 장기간 저장할 용기는 질소가스로 충전시킨다.

 ② 통풍이 되는 건조한 장소에 저장한다.
답 ②

16 다음 중 할론 소화약제인 Halon 1301과 2402에 공통으로 없는 원소는?
① Br   ② Cl
③ F   ④ C

 Halon의 번호 순서는 첫째 자리가 C, 둘째 자리는 F, 셋째 자리는 Cl, 넷째 자리는 Br이다.
답 ②

17 다음 중 서로 혼합하여도 폭발 또는 발화 위험성이 없는 것은?
① 황화인과 알루미늄분
② 과산화나트륨과 마그네슘분
③ 염소산나트륨과 황
④ 나이트로셀룰로스와 에탄올

해설 나이트로셀룰로스를 저장·수송할 때 타격과 마찰에 의한 폭발을 막기 위하여 물이나 알코올로 습연시킨다.
답 ④

18 과산화수소의 분해방지 안정제로 사용할 수 있는 물질은?
① 구리
② 은
③ 인산
④ 목탄분

 일반 시판품은 30~40%의 수용액으로 분해되기 쉬워 인산(H_3PO_4), 요산($C_5H_4N_4O_3$) 등 안정제를 가하거나 약산성으로 만든다.
답 ③

19 과산화수소에 대한 설명 중 틀린 것은?
① 햇빛에 의해서 분해되어 산소를 방출한다.
② 단독으로 폭발할 수 있는 농도는 약 60% 이상이다.
③ 벤젠이나 석유에 쉽게 융해되어 급격히 분해된다.
④ 농도가 진한 것은 피부에 접촉 시 수종을 일으킬 위험이 있다.

해설 ③ 벤젠이나 석유에 융해되지 않는다.
답 ③

20 알킬알루미늄의 위험성으로 틀린 것은?
① C_1~C_4까지는 공기와 접촉하면 자연발화한다.
② 물과의 반응은 천천히 진행한다.
③ 벤젠, 헥세인으로 희석시킨다.
④ 피부에 닿으면 심한 화상을 입는다.

 ② 물과 폭발적 반응을 일으켜 에테인(C_2H_6) 가스가 발생·비산하므로 위험하다.
$(C_2H_5)_3Al + 3H_2O \rightarrow Al(OH)_3 + 3C_2H_6$
답 ②

21 금속칼륨의 성질을 바르게 설명한 것은?
① 금속 가운데 가장 무겁다.
② 산화되기 극히 어려운 금속이다.
③ 화학적으로 극히 활발한 금속이다.
④ 금속 가운데 경도가 가장 센 금속이다.

해설 ① 비중 0.76
② 산화되기 극히 쉬운 금속이다.
④ 금속 가운데 경도가 작은 경금속이다.
답 ③

22 제4석유류의 인화점 범위는?
① 21℃ 미만인 것
② 21℃ 이상, 70℃ 미만인 것
③ 70℃ 이상, 200℃ 미만인 것
④ 200℃ 이상, 250℃ 미만인 것

해설 ① 21℃ 미만인 것 : 제1석유류
② 21℃ 이상, 70℃ 미만인 것 : 제2석유류
③ 70℃ 이상, 200℃ 미만인 것 : 제3석유류
④ 200℃ 이상, 250℃ 미만인 것 : 제4석유류
답 ④

23 인화성 액체 위험물 화재 시 소화방법으로서 가장 거리가 먼 것은?
① 화학포에 의해 소화할 수 있다.
② 수용성 액체는 기계포가 적당하다.
③ 이산화탄소 소화도 사용된다.
④ 주수소화는 적당하지 않다.

해설 ② 수용성 액체에 기계포를 사용하면 포가 파괴되어 소화할 수 없어 수용성 액체에는 알코올형 포 소화약제를 사용한다.
답 ②

24 다음 위험물 중 상온에서 성상이 고체인 것은?
① 과산화벤조일
② 질산에틸
③ 나이트로글리세린
④ 메틸에틸케톤퍼옥사이드

해설 ② 질산에틸 : 상온에서 액체
③ 나이트로글리세린 : 상온에서 액체
④ 메틸에틸케톤퍼옥사이드 : 상온에서 액체
답 ①

25 과산화수소 수용액은 보관 중 서서히 분해될 수 있으므로 안정제를 첨가하는데, 그 안정제로 가장 적합한 것은?
① H_3PO_4
② MnO_2
③ C_2H_5OH
④ Cu

해설 일반 시판품은 30~40%의 수용액으로 분해되기 쉬워 인산(H_3PO_4), 요산($C_5H_4N_4O_3$) 등의 안정제를 가하거나 약산성으로 만든다.
답 ①

26 비점이 111℃인 액체로서, 산화하면 벤즈알데하이드를 거쳐 벤조산이 되는 위험물은?
① 벤젠
② 톨루엔
③ 자일렌
④ 아세톤

해설 톨루엔($C_6H_5CH_3$)은 물에는 녹지 않으나 유기용제 및 수지, 유지, 고무를 녹이고, 벤젠보다 휘발하기 어려우며, 강산화제에 의해 산화하여 벤조산(C_6H_5COOH, 안식향산)이 된다.
답 ②

27 다음 중 위험물안전관리법상 제5류 위험물에 해당하지 않는 것은?
① N_2H_4
② $C_6H_2CH_3(NO_2)_3$
③ $C_6H_4(NO)_2$
④ $N_2H_4 \cdot HCl$

해설 ① N_2H_4는 하이드라진으로, 제4류 위험물 중 제2석유류에 해당한다.
답 ①

28 제2류 위험물과 제4류 위험물의 공통적 성질로 옳은 것은?
① 물에 의한 소화가 최적이다.
② 산소 원소를 포함하고 있다.
③ 물보다 가볍다.
④ 가연성 물질이다.

 제2류 위험물(가연성 고체)과 제4류 위험물(인화성 액체)은 가연성 물질이다.

답 ④

29 탄화칼슘이 물과 반응하였을 때 발생되는 가스는?
① 포스겐 ② 메테인
③ 아세틸렌 ④ 포스핀

 $CaC_2 + 2H_2O \rightarrow Ca(OH)_2 + C_2H_2$

답 ③

30 C_6H_6 화재의 소화약제로서 적합하지 않은 것은?
① 인산염류분말 ② 이산화탄소
③ 할론 ④ 물(봉상수)

해설 봉상수로 소화하는 경우 벤젠이 물보다 가벼워서 화재를 확산시킬 우려가 있다.

답 ④

31 분말소화기에 사용되는 분말소화약제의 주성분이 아닌 것은?
① $NaHCO_3$
② $KHCO_3$
③ $NH_4H_2PO_4$
④ $NaOH$

 분말소화약제의 구분

종류	주성분	화학식	착색	적응화재
제1종	탄산수소나트륨	$NaHCO_3$	–	B·C급 화재
제2종	탄산수소칼륨	$KHCO_3$	담회색	B·C급 화재
제3종	제1인산암모늄	$NH_4H_2PO_4$	담홍색 또는 황색	A·B·C급 화재
제4종	탄산수소칼륨 +요소	$KHCO_3$ +$CO(NH_2)_2$	–	B·C급 화재

답 ④

32 소화설비의 설치기준에 있어서 위험물저장소의 건축물로서 외벽이 내화구조로 된 것은 연면적 몇 m²를 1소요단위로 하는가?
① 50 ② 75
③ 100 ④ 150

해설 소요단위 : 소화설비의 설치대상이 되는 건축물의 규모 또는 1위험물 양에 대한 기준 단위

1 단위	제조소 또는 취급소용 건축물의 경우	내화구조 외벽을 갖춘 연면적 100m²
		내화구조 외벽이 아닌 연면적 50m²
	저장소 건축물의 경우	내화구조 외벽을 갖춘 연면적 150m²
		내화구조 외벽이 아닌 연면적 75m²
	위험물의 경우	지정수량의 10배

답 ④

33 옥외탱크저장소 배관의 완충조치가 아닌 것은?
① 루프조인트 ② 네트워크조인트
③ 볼조인트 ④ 플렉시블조인트

답 ②

34 피난기구 설치기준에서 몇 층 이상의 층에 금속성 고정사다리를 설치하는가?
① 3층 ② 4층
③ 6층 ④ 8층

답 ②

35 주유취급소의 공지에 대한 설명으로 옳지 않은 것은?
① 주위는 너비 15m 이상, 길이 6m 이상의 콘크리트 등으로 포장한 공지를 보유하여야 한다.
② 공지의 바닥은 주위의 지면보다 높게 하여야 한다.
③ 공지 바닥 표면은 수평을 유지하여야 한다.
④ 공지 바닥은 배수구, 저유설비 및 유분리시설을 하여야 한다.

 ③ 공지 바닥은 주위의 지면보다 높게 하고 그 표면은 적당하게 경사지게 한다.

답 ③

36 옥외탱크저장소에 보냉장치 및 불연성 가스 봉입장치를 설치해야 되는 위험물은?
① 아세트알데하이드 ② 이황화탄소
③ 생석회 ④ 염소산나트륨

 아세트알데하이드 등을 취급하는 탱크에는 냉각장치 또는 저온을 유지하기 위한 장치(보냉장치) 및 연소성 혼합기체의 생성에 의한 폭발을 방지하기 위한 불활성 기체를 봉입하는 장치를 갖출 것

답 ①

37 옥외탱크저장소의 주위에는 저장 또는 취급하는 위험물의 최대수량에 따라 보유공지를 보유하여야 하는데, 다음 기준 중 옳지 않은 것은?
① 지정수량의 500배 이하 – 3m 이상
② 지정수량의 500배 초과, 1,000배 이하 – 6m 이상
③ 지정수량의 1,000배 초과, 2,000배 이하 – 9m 이상
④ 지정수량의 2,000배 초과, 3,000배 이하 – 12m 이상

 옥외탱크저장소의 보유공지

저장 또는 취급하는 위험물의 최대수량	공지의 너비
지정수량의 500배 이하	3m 이상
지정수량의 500배 초과, 1,000배 이하	5m 이상
지정수량의 1,000배 초과, 2,000배 이하	9m 이상
지정수량의 2,000배 초과, 3,000배 이하	12m 이상
지정수량의 3,000배 초과, 4,000배 이하	15m 이상
지정수량의 4,000배 초과	해당 탱크 수평 단면의 최대지름(가로형인 경우에는 긴 변)과 높이 중 큰 것과 같은 거리 이상. 다만, 30m 초과의 경우 : 30m 이상, 15m 미만의 경우 : 15m 이상

답 ②

38 화재 발생을 통보하는 설비로서 경보설비가 아닌 것은?
① 비상경보설비 ② 자동화재탐지설비
③ 비상방송설비 ④ 영상음향차단경보기

 경보설비에는 자동화재탐지설비, 비상경보설비, 확성장치, 비상방송설비 등이 있다.

답 ④

39 인화성 위험물질 500L를 하나의 간이탱크저장소에 저장하려고 할 때 필요한 최소 탱크 수는?
① 4개 ② 3개
③ 2개 ④ 1개

 하나의 간이탱크저장소(600L 이하)에 설치하는 간이저장탱크 수 : 3 이하

답 ②

40 국소방출방식의 이산화탄소 소화설비 중 저압식 저장용기에 설치되는 압력경보장치는 어느 압력 범위에서 작동하는 것으로 설치하여야 하는가?
① 2.3MPa 이상의 압력과 1.9MPa 이하의 압력에서 작동하는 것
② 2.5MPa 이상의 압력과 2.0MPa 이하의 압력에서 작동하는 것
③ 2.7MPa 이상의 압력과 2.3MPa 이하의 압력에서 작동하는 것
④ 3.0MPa 이상의 압력과 2.5MPa 이하의 압력에서 작동하는 것

 이산화탄소 소화설비의 기준
㉠ 저장용기는 온도가 40℃ 이하이고 온도변화가 적은 장소에 설치할 것
㉡ 저압식 저장용기의 충전비는 1.1 이상 1.4 이하, 고압식은 충전비가 1.5 이상 1.9 이하가 되게 할 것
㉢ 저압식 저장용기에는 액면계 및 압력계와 2.3MPa 이상 1.9MPa 이하의 압력에서 작동하는 압력경보장치를 설치할 것
㉣ 기동용 가스용기 및 해당 용기에 사용하는 밸브는 25MPa 이상의 압력에 견딜 수 있는 것으로 할 것

답 ①

41 다음 중 스프링클러헤드의 설치기준으로 틀린 것은?

① 개방형 스프링클러헤드는 헤드 반사판으로부터 수평방향으로 0.3m의 공간을 보유하여야 한다.
② 폐쇄형 스프링클러헤드의 반사판과 헤드의 부착면과의 거리는 30cm 이하로 한다.
③ 폐쇄형 스프링클러헤드 부착장소의 평상시 최고 주위온도가 28℃ 미만인 경우 58℃ 미만의 표시온도를 갖는 헤드를 사용한다.
④ 개구부에 설치하는 폐쇄형 스프링클러헤드는 해당 개구부의 상단으로부터 높이 30cm 이내의 벽면에 설치한다.

  ④ 개구부에 설치하는 개방형 스프링클러헤드는 해당 개구부의 상단으로부터 높이 30cm 이내의 벽면에 설치한다.

답 ④

42 다음 중 옥외저장소에 저장할 수 없는 위험물은? (단, IMDG code에 적합한 용기에 수납한 경우를 제외한다.)

① 제2류 위험물 중 황
② 제3류 위험물 중 금수성 물질
③ 제4류 위험물 중 제2석유류
④ 제6류 위험물

 옥외저장소에 저장 또는 취급할 수 있는 위험물
㉠ 제2류 위험물 중 황 또는 인화성 고체(인화점이 0℃ 이상인 것에 한함)
㉡ 제4류 위험물 중 제1석유류(인화점 0℃ 이상인 것에 한함), 알코올류, 제2석유류, 제3석유류, 제4석유류 및 동식물유류
㉢ 제6류 위험물

답 ②

43 할로젠화합물 소화기가 적응성이 있는 것은?

① 나트륨   ② 철분
③ 아세톤   ④ 질산에틸

 ② 아세톤은 제4류 위험물에 해당한다.
물분무 등 소화설비의 적응성

물분무 등 소화설비의 구분		대상물의 구분	건축물·그 밖의 공작물	전기설비	제1류 위험물 알칼리금속과산화물 등	제1류 위험물 그 밖의 것	제2류 위험물 철분·금속분·마그네슘 등	제2류 위험물 인화성 고체	제2류 위험물 그 밖의 것	제3류 위험물 금수성 물품	제3류 위험물 그 밖의 것	제4류 위험물	제5류 위험물	제6류 위험물
물분무소화설비			○	○		○		○	○		○	○	○	○
포소화설비			○			○		○	○		○	○	○	○
불활성가스 소화설비				○				○				○		
할로젠화합물 소화설비				○				○				○		
분말 소화설비	인산염류 등		○	○		○		○	○			○		○
	탄산수소염류 등			○	○		○	○		○		○		
	그 밖의 것				○		○			○				

답 ③

44 옥외저장소에 선반을 설치하는 경우에 선반의 높이는 몇 m를 초과하지 않아야 하는가?

① 3   ② 4
③ 5   ④ 6

 옥외저장소에 선반을 설치하는 경우 선반의 높이는 6m를 초과하지 않는다.

답 ④

45 옥외소화전의 개폐밸브 및 호스 접속구는 지반면으로부터 몇 m 이하의 높이에 설치해야 하는가?

① 1.5
② 2.5
③ 3.5
④ 4.5

옥외소화전의 개폐밸브 및 호스 접속구는 지반면으로부터 1.5m 이하의 높이에 설치할 것

답 ①

46 위험물제조소 등의 스프링클러설비의 기준에 있어 개방형 스프링클러헤드는 스프링클러헤드의 반사판으로부터 하방과 수평 방향으로 각각 몇 m의 공간을 보유하여야 하는가?

① 하방 0.3m, 수평방향 0.45m
② 하방 0.3m, 수평방향 0.3m
③ 하방 0.45m, 수평방향 0.45m
④ 하방 0.45m, 수평방향 0.3m

 개방형 스프링클러헤드의 유효사정거리
㉠ 헤드의 반사판으로부터 하방으로 0.45m, 수평방향으로 0.3m의 공간을 보유할 것
㉡ 헤드는 헤드의 축심이 해당 헤드의 부착면에 대하여 직각이 되도록 설치할 것

답 ④

47 위험물 안전관리자를 해임한 날부터 며칠 이내에 위험물 안전관리자를 선임하여야 하는가?

① 5일   ② 15일
③ 25일 ④ 30일

답 ④

48 제4류 위험물을 취급하는 제조소 등이 있는 동일한 사업소에서 지정수량의 몇 배 이상인 경우에 자체소방대를 설치하여야 하는가?

① 1,000배   ② 3,000배
③ 5,000배   ④ 10,000배

 자체소방대는 제4류 위험물을 지정수량의 3천배 이상 취급하는 제조소 또는 일반취급소와 50만배 이상 저장하는 옥외탱크저장소에 설치한다.

답 ②

49 위험물의 저장·취급 및 운반에 있어서 적용 제외 규정에 해당되지 않는 것은?

① 항공기   ② 철도
③ 궤도   ④ 주유취급소

 적용 제외 : 항공기, 철도, 궤도

답 ④

50 위험물 안전관리자의 선임신고를 하지 않았을 경우의 벌칙기준은?

① 과태료 50만원   ② 과태료 100만원
③ 과태료 200만원 ④ 과태료 300만원

 위험물안전관리자를 허위로 신고한 자, 신고를 하지 아니한 자는 모두 과태료 200만원에 해당한다.

답 ③

51 다음 A, B 같은 작업공정을 가진 경우 위험물안전관리법상 허가를 받아야 하는 제조소 등의 종류를 옳게 짝지은 것은? (단, 지정수량 이상을 취급하는 경우이다.)

A : 원료(비위험물) →작업→ 제품(위험물)

B : 원료(위험물) →작업→ 제품(비위험물)

① A : 위험물제조소, B : 위험물제조소
② A : 위험물제조소, B : 위험물취급소
③ A : 위험물취급소, B : 위험물제조소
④ A : 위험물취급소, B : 위험물취급소

 ㉠ 위험물제조소 : 위험물 또는 비위험물을 원료로 사용하여 위험물을 생산하는 시설
㉡ 위험물 일반취급소 : 위험물을 사용하여 일반제품을 생산, 가공 또는 세척하거나 버너 등에 소비하기 위하여 1일에 지정수량 이상의 위험물을 취급하는 시설

답 ②

52 위험물안전관리법령상 차량에 적재할 때 차광성이 있는 피복으로 가려야 하는 위험물이 아닌 것은?

① NaH   ② P_4S_3
③ $KClO_3$ ④ CH_3CHO

차광성이 있는 것으로 피복해야 하는 경우
제1류 위험물, 제3류 위험물 중 자연발화성 물질, 제4류 위험물 중 특수인화물, 제5류 위험물, 제6류 위험물
②는 황화인으로, 제2류 위험물이다.

답 ②

53 제4류 위험물 중 경유를 판매하는 제2종 판매취급소를 허가받아 운영하고자 한다. 취급할 수 있는 최대수량은?

① 20,000L
② 40,000L
③ 80,000L
④ 160,000L

해설 제2종 판매취급소는 저장 또는 취급하는 위험물의 수량이 40배 이하인 취급소이며, 경유의 지정수량은 1,000L이다.
∴ 1,000×40＝40,000L

답 ②

54 위험물안전관리법령상 소방공무원 경력자가 취급할 수 있는 위험물은?

① 법령에서 정한 모든 위험물
② 제4류 위험물을 제외한 모든 위험물
③ 제4류 위험물과 제6류 위험물
④ 제4류 위험물

해설 위험물 취급 자격자의 자격

위험물 취급 자격자의 구분	취급할 수 있는 위험물
「국가기술자격법」에 따라 위험물기능장, 위험물산업기사, 위험물기능사의 자격을 취득한 사람	위험물안전관리법 시행령 [별표 1]의 모든 위험물
안전관리자 교육 이수자(법에 따라 소방청장이 실시하는 안전관리자 교육을 이수한 자)	제4류 위험물
소방공무원 경력자(소방공무원으로 근무한 경력이 3년 이상인 자)	

답 ④

55 신제품에 가장 적합한 수요예측방법은?

① 시계열분석
② 의견분석
③ 최소자승법
④ 지수평활법

해설 수요예측방법
㉠ 시장조사법 : 시장의 상황에 대한 자료를 설문지나 인터뷰 등을 이용해서 수집하고, 이를 바탕으로 수요를 예측하는 방법
㉡ 이동평균법 : 과거 일정 기간 동안 제품의 판매량을 기준으로 산출한 평균 추세를 이용해서 미래의 수요량을 예측하는 방법
㉢ 지수평활법 : 가중이동평균법을 발전시킨 기법으로, 가중치는 과거로 거슬러 올라갈수록 감소하기 때문에 결과적으로 최근 값에 큰 가중치를 부여하게 되는 기법

답 ②

56 다음 중에서 작업자에게 심리적 영향을 가장 많이 주는 작업측정의 기법은?

① PTS법
② 워크샘플링법
③ WF법
④ 스톱워치법

해설
① PTS법 : 모든 작업을 기본동작으로 분해하고 각 기본동작에 대하여 성질과 조건에 따라 정해 놓은 시간치를 적용하여 정미시간을 산정하는 방법
② WS법(Working Sampling method) : 측정자가 무작위로 현장에서 작업자가 작업하는 내용에 대해 측정 및 가동 시간에 대한 측정결과를 조합하여 표준시간을 설정하는 방법
③ WF법 : 각 신체부위마다 움직이는 거리, 취급중량, 작업자에 의한 컨트롤 여부(동작 곤란) 등과 같은 변수에 대해 각각 동작시간 표준치를 정하고 표준을 적용하여 실질 시간을 구하는 방법
④ 스톱워치법 : 제로 현장에서 이루어지는 모든 작업공정에 대해 사전에 미리 구분하여 별도의 측정표정을 통해 표준시간을 산정하는 방법으로, 작업자에게 심리적 영향을 가장 많이 주는 작업측정

답 ④

57 모집단을 몇 개의 층으로 나누고 각 층으로부터 각각 랜덤하게 시료를 뽑는 샘플링 방법은?

① 층별샘플링
② 2단계샘플링
③ 계통샘플링
④ 단순샘플링

해설 샘플링 방법
㉠ 랜덤샘플링(random sampling) : 모집단의 어느 부분이라도 같은 확률로 시료를 채취하는 방법
㉡ 층별샘플링(stratified sampling) : 모집단을 몇 개의 층으로 나누고 각 층으로부터 각각 랜덤하게 시료를 뽑는 샘플링 방법
㉢ 취락샘플링(cluster sampling) : 모집단을 여러 개의 취락으로 나누어 몇 개 부분을 랜덤으로 시료를 채취하여 채취한 시료 모두를 조사하는 방법
㉣ 2단계샘플링(two-stage sampling) : 모집단을 1단계, 2단계로 나누어 각 단계에서 몇 개의 시료를 채취하는 방법

답 ①

58 로트에서 랜덤하게 시료를 추출하여 검사한 후 그 결과에 따라 로트의 합격, 불합격을 판정하는 검사방법을 무엇이라 하는가?

① 자주 검사
② 간접 검사
③ 전수 검사
④ 샘플링 검사

 샘플링 검사는 로트로부터 추출한 샘플을 검사하여 그 로트의 합격, 불합격을 판정하고 있기 때문에 합격된 로트 중에 다소의 불량품이 들어있게 되지만, 샘플링 검사에서는 검사된 로트 중에 불량품의 비율이 확률적으로 어떤 범위 내에 있다는 것을 보증할 수 있다.

답 ④

59 과거의 자료를 수리적으로 분석하여 일정한 경향을 도출한 후 가까운 장래의 매출액, 생산량 등을 예측하는 방법을 무엇이라 하는가?

① 델파이법
② 전문가 패널법
③ 시장조사법
④ 시계열 분석법

① 델파이법 : 전문가들의 의견 수립, 중재, 타협의 방식으로 반복적인 피드백을 통한 하향식 의견 도출방법으로 문제를 해결하는 기법
② 전문가 패널법 : 전문지식을 유도하기 위해서 foresight(포어사이트)에서 공통적으로 활용되는 방법
③ 시장조사법 : 한 상품이나 서비스가 어떻게 구입되며 사용되고 있는가, 그리고 어떤 평가를 받고 있는가 하는 시장에 관한 조사기법
④ 시계열 분석법 : 시계열(time series) 자료는 시간에 따라 관측된 자료로 시간의 영향을 받는다. 시계열을 분석함에 있어 시계열 자료가 사회적 관습이나 환경변화 등의 다양한 변동요인에 영향을 받는다. 시계열에 의하여 과거의 자료를 근거로 추세나 경향을 분석하여 미래를 예측할 수 있다.

답 ④

60 다음 중 반즈(Ralph M. Barnes)가 제시한 동작경제의 원칙에 해당되지 않는 것은?

① 표준작업의 원칙
② 신체의 사용에 관한 원칙
③ 작업장의 배치에 관한 원칙
④ 공구 및 설비의 디자인에 관한 원칙

 반즈의 동작경제의 원칙
㉠ 신체의 사용에 관한 원칙
㉡ 작업장의 배치에 관한 원칙
㉢ 공구 및 설비의 디자인에 관한 원칙

 ①

제69회 (2021년 2월 시행) 위험물기능장 필기

01 주기율표에서 원자가전자의 수가 같은 것을 무엇이라고 하는가?
① 양성자수 ② 주기
③ 족   ④ 전자수

 ㉠ 원자가전자수 = 족
㉡ 전자껍질수 = 주기

답 ③

02 F^-의 전자수, 양성자수, 중성자수는 얼마인가?
① 9, 9, 10   ② 9, 9, 19
③ 10, 9, 10 ④ 10, 10, 10

 F는 원자번호 9번이므로, 양성자수는 9개지만, 음이온이므로 전자 한 개를 더 받아서 전자수는 10개가 된다. 또한 질량수 19에서 양성자수 10을 빼면 중성자수는 10개가 된다.

답 ③

03 NH_4^+는 다음 중 어느 결합에 해당되는가?
① 이온결합   ② 공유결합
③ 수소결합   ④ 배위결합

 NH_3에서 H^+로 일방적으로 H^+ 쪽으로 비공유 전자쌍을 제공하는 형태이다.

답 ④

04 다음 중 질산 2mol은 몇 g인가?
① 36   ② 72
③ 63   ④ 126

 $\dfrac{2\text{mol}-\text{HNO}_3}{} \Bigg| \dfrac{63\text{g}-\text{HNO}_3}{1\text{mol}-\text{HNO}_3} = 126\text{g}-\text{HNO}_3$

답 ④

05 $2M-H_2SO_4$ 용액 6L에 $4M-H_2SO_4$ 4L를 혼합했다. 이 혼합용액의 농도는?
① 2   ② 2.4
③ 2.8 ④ 3.2

 $MV \pm M'V' = M''(V+V')$
$(2 \times 6) + (4 \times 4) = M'' \times 10$
$\therefore M'' = 2.8$

답 ③

06 농도 96%인 진한 황산의 비중은 1.84이다. 진한 황산의 몰농도는?
① 10M   ② 12M
③ 16M   ④ 18M

 몰농도 $x = 1,000 \times S \times \dfrac{a}{100} \times \dfrac{1}{M}$

$= 1,000 \times 1.84 \times \dfrac{96}{100} \times \dfrac{1}{98}$

$\fallingdotseq 18.02M$

답 ④

07 다음 물질 중 알칼리금속의 과산화물로서 물과의 접촉을 피해야 하는 금수성 물질은?
① 과산화세슘
② 과산화마그네슘
③ 과산화칼슘
④ 과산화바륨

 ① 과산화세슘은 물과 반응하여 발열하고 산소를 방출한다.
② 과산화마그네슘, ③ 과산화칼슘, ④ 과산화바륨은 알칼리토금속의 과산화물이다.

답 ①

08 알코올류, 초산에스터류, 의산에스터류의 탄소수가 증가함에 따른 공통된 특징으로 옳은 것은?

① 인화점이 낮아진다.
② 연소범위가 증가한다.
③ 포말소화기의 사용이 가능해진다.
④ 비중이 증가한다.

 탄소수가 증가할수록 변화되는 현상
㉠ 인화점이 높아진다.
㉡ 액체비중이 커진다.
㉢ 발화점이 낮아진다.
㉣ 연소범위가 좁아진다.
㉤ 수용성이 감소된다.
㉥ 비등점, 융점이 낮아진다.

답 ④

09 트라이나이트로톨루엔의 위험성에 대한 설명으로 옳지 않은 것은?

① 폭발력이 강하다.
② 물에는 불용이며 아세톤, 벤젠에는 잘 녹는다.
③ 햇빛에 변색되고 이는 폭발성을 증가시킨다.
④ 중금속과 반응하지 않는다.

 ③ 순수한 것은 무색 결정 또는 담황색의 결정으로 햇빛에 의해 다갈색으로 변색되고, 이때 자체 성분은 변하지 않는다.

답 ③

10 삼황화인(P_4S_3)의 성질에 대한 설명으로 가장 옳은 것은?

① 물, 알칼리 중 분해되어 황화수소(H_2S)가 발생한다.
② 차가운 물, 염산, 황산에는 녹지 않는다.
③ 차가운 물, 알칼리 중 분해되어 인산(H_3PO_4)이 생성된다.
④ 물, 알칼리 중에 분해되어 이산화황(SO_2)이 발생한다.

 ㉠ 삼황화인(P_4S_3) : 물, 염산, 황산, 염소 등에는 녹지 않고, 질산이나 이황화탄소, 알칼리 등에 녹는다.
㉡ 오황화인(P_2S_5) : 알코올이나 이황화탄소에 녹으며, 물이나 알칼리와 반응하면 분해되어 황화수소(H_2S)와 인산(H_3PO_4)으로 된다.
$P_2S_5 + 8H_2O \rightarrow 5H_2S + 2H_3PO_4$

답 ②

11 무색 또는 백색의 결정으로 308℃에서 사방정계에서 입방정계로 전이하는 물질은?

① NaClO   ② $NaClO_3$
③ $KClO_3$ ④ $KClO_4$

 ② 염소산나트륨 : 무색·무취의 입방정계 주상 결정
③ 염소산칼륨 : 무색·무취의 단사정계 판상 결정
④ 과염소산칼륨 : 무색·무취의 사방정계

답 ①

12 다음 중 물속에 저장하여야 할 위험물은?

① 나트륨   ② 황린
③ 피크르산   ④ 과염소산

 ① 나트륨 : 물과 반응 시 수소 발생
③ 피크르산 : 물에 녹음
④ 과염소산 : 물과 반응 시 발열반응

답 ②

13 산화성 고체 위험물의 위험성에 해당하지 않는 것은?

① 불연성 물질로 산소를 방출하고 산화력이 강하다.
② 단독으로 분해·폭발하는 물질도 있지만 가열, 충격, 이물질 등과의 접촉으로 분해를 하여 가연물과 접촉·혼합에 의하여 폭발할 위험성이 있다.
③ 유독성 및 부식성 등 손상의 위험성이 있는 물질도 있다.
④ 착화온도가 높아서 연소 확대의 위험이 크다.

 ④ 착화온도가 낮아서 연소 확대의 위험이 크다.

답 ④

14 가연성 혼합기체에 전기적 스파크로 점화 시 착화하기 위하여 필요한 최소한의 에너지를 최소착화에너지라 하는데 최소착화에너지를 구하는 식을 옳게 나타낸 것은? (단, C : 콘덴서의 용량, V : 전압, T : 전도율, F : 점화상수이다.)

① FVT^2　　② FCV^2
③ $1/2 CV^2$　　④ CV

 최소점화에너지(E)를 구하는 공식
$$E = \frac{1}{2} Q \cdot V = \frac{1}{2} C \cdot V^2$$
여기서, E : 착화에너지(J)
　　　　C : 전기(콘덴서)용량(F)
　　　　V : 방전전압(V)
　　　　Q : 전기량(C)

답 ③

15 다음 중 자연발화성 및 금수성 물질에 해당되지 않는 것은?

① 철분
② 황린
③ 금속수소화합물류
④ 알칼리토금속류

 ① 철분 : 제2류 위험물(가연성 고체)

답 ①

16 다음 위험물 중 지정수량이 50kg인 것은?

① $NaClO_3$
② NH_4NO_3
③ $NaBrO_3$
④ $(NH_4)_2Cr_2O_7$

 각 보기 위험물의 지정수량은 다음과 같다.
① $NaClO_3$: 50kg
② NH_4NO_3 : 300kg
③ $NaBrO_3$: 300kg
④ $(NH_4)_2Cr_2O_7$: 1,000kg

답 ①

17 메테인 50%, 에테인 30%, 프로페인 20%의 부피비로 혼합된 가스의 공기 중 폭발하한계값은? (단, 메테인, 에테인, 프로페인의 폭발하한계는 각각 5%, 3%, 2%이다.)

① 약 1.1%　　② 약 3.3%
③ 약 5.5%　　④ 약 7.7%

$$L = \frac{100}{\dfrac{V_1}{L_1} + \dfrac{V_2}{L_2} + \dfrac{V_3}{L_3} + \cdots}$$
$$= \frac{100}{\dfrac{50}{5} + \dfrac{30}{3} + \dfrac{20}{2}} = 약\ 3.3\%$$

답 ②

18 다음 중 반건성유에 해당하는 물질은?

① 아마인유　　② 채종유
③ 올리브유　　④ 피마자유

 ㉠ 건성유 : 아이오딘값이 130 이상인 것
　예 아마인유, 들기름, 동유, 정어리기름, 해바라기유 등
㉡ 반건성유 : 아이오딘값이 100~130인 것
　예 청어기름, 콩기름, 옥수수기름, 참기름, 면실유(목화씨유), 채종유 등
㉢ 불건성유 : 아이오딘값이 100 이하인 것
　예 올리브유, 피마자유, 야자유, 땅콩기름 등

답 ②

19 트라이에틸알루미늄을 취급할 때 물과 접촉하면 주로 발생하는 가스는?

① C_2H_6　　② H_2
③ C_2H_2　　④ CO_2

 $(C_2H_5)_3Al + 3H_2O \rightarrow Al(OH)_3 + 3C_2H_6$
트라이에틸알루미늄

답 ①

20 이산화탄소가 불연성인 이유는?

① 산화반응을 일으켜 열발생이 적기 때문
② 산소와의 반응이 천천히 진행되기 때문
③ 산소와 전혀 반응하지 않기 때문
④ 착화하여도 곧 불이 꺼지므로

해설 이산화탄소는 산화반응이 완결된 안정된 산화물이다.

답 ③

21 $C_6H_2CH_3(NO_2)_3$의 제조 원료로 옳게 짝지어진 것은?
① 톨루엔, 황산, 질산
② 글리세린, 벤젠, 질산
③ 벤젠, 질산, 황산
④ 톨루엔, 질산, 염산

해설 트라이나이트로톨루엔[$C_6H_2CH_3(NO_2)_3$]은 톨루엔, 황산, 질산을 반응시켜 모노나이트로톨루엔을 만든 후 나이트로화하여 만든다.

답 ①

22 위험물의 자연발화를 방지하기 위한 방법으로 틀린 것은?
① 통풍이 잘 되게 한다.
② 습도를 높게 한다.
③ 저장실의 온도를 낮춘다.
④ 열이 축적되지 않도록 한다.

해설 ② 습도를 낮게 한다.

답 ②

23 법령상 알코올류의 분자량 증가에 따른 성질 변화에 대한 설명으로 옳지 않은 것은?
① 증기비중의 값이 커진다.
② 이성질체 수가 증가한다.
③ 연소범위가 좁아진다.
④ 비점이 낮아진다.

해설 ④ 비점이 높아진다.

답 ④

24 다음 중 과산화수소의 분해를 막기 위한 안정제는?
① MnO_2 ② HNO_3
③ $HClO_4$ ④ H_3PO_4

해설 과산화수소의 일반 시판품은 30~40%의 수용액으로, 분해되기 쉬워 인산(H_3PO_4), 요산($C_5H_4N_4O_3$) 등 안정제를 가하거나 약산성으로 만든다.

답 ④

25 톨루엔과 자일렌의 혼합물에서 톨루엔의 분압이 전압의 60%이면 이 혼합물의 평균분자량은?
① 82.2 ② 97.6
③ 120.5 ④ 166.1

해설 전압 = $P_A + P_B$
톨루엔의 분자량 : 92, 자일렌의 분자량 : 106.2
∴ $(92 \times 0.6) + (106.2 \times 0.4) = 97.6$

답 ②

26 이황화탄소를 저장하는 실의 온도가 −20℃이고, 저장실 내 이황화탄소의 공기 중 증기 농도가 2vol%라고 가정할 때, 다음 설명 중 옳은 것은?
① 점화원이 있으면 연소된다.
② 점화원이 있더라도 연소되지 않는다.
③ 점화원이 없어도 발화된다.
④ 어떠한 방법으로도 연소되지 않는다.

해설 이황화탄소(CS_2)는 인화점이 −30℃이고 폭발범위가 1.2~44%인데, 실의 온도가 −20℃이고 증기농도가 2vol%이므로 연소범위 내에 있어 점화원이 있으면 연소한다.

답 ①

27 제5류 위험물 중 품명이 나이트로화합물이 아닌 것은?
① 나이트로글리세린
② 피크르산
③ 트라이나이트로벤젠
④ 트라이나이트로톨루엔

해설 ① 나이트로글리세린 : 질산에스터류

답 ①

28 위험물의 성질과 위험성에 대한 설명으로 틀린 것은?

① 뷰틸리튬은 알킬리튬의 종류에 해당된다.
② 황린은 물과 반응하지 않는다.
③ 탄화알루미늄은 물과 반응하면 가연성의 메테인가스를 발생하므로 위험하다.
④ 인화칼슘은 물과 반응하면 유독성의 포스겐가스를 발생하므로 위험하다.

 인화칼슘은 물과 반응하면 유독하고 가연성인 인화수소(PH_3, 포스핀)를 발생한다.
$Ca_3P_2 + 6H_2O \rightarrow 3Ca(OH)_2 + 2PH_3$

답 ④

29 제1류 위험물로서 무색의 투명한 결정이고 비중은 약 4.35, 녹는점은 약 212℃이며, 사진 감광제 등에 사용되는 것은?

① $AgNO_3$
② NH_4NO_3
③ KNO_3
④ $Cd(NO_3)_2$

 $AgNO_3$(질산은)은 사진 감광제, 부식제, 은도금, 사진 제판 등에 이용된다.

답 ①

30 Halon 1301에 해당하는 할로젠화합물의 분자식을 옳게 나타낸 것은?

① CBr_3F
② CF_3Br
③ CH_3Cl
④ CCl_3H

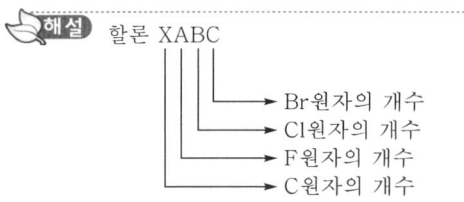

답 ②

31 일반적으로 고급 알코올 황산에스터염을 기포제로 사용하며 냄새가 없는 황색의 액체로서 밀폐 또는 준밀폐 구조물의 화재 시 고팽창포를 사용하여 화재를 진압할 수 있는 포소화약제는?

① 단백포 소화약제
② 합성계면활성제포 소화약제
③ 알코올형포 소화약제
④ 수성막포 소화약제

 문제에서 설명하는 포소화약제는 합성계면활성제포 소화약제로, 유류 표면을 가벼운 거품(포말)으로 덮어 질식소화하는 동시에 포말과 유류 표면 사이에 유화층인 유화막을 형성하여 화염의 재연을 방지하는 포소화약제로서 소화성능은 수성막포에 비하여 낮은 편이다.

답 ②

32 위험물안전관리법령상 정전기를 유효하게 제거하기 위해서는 공기 중의 상대습도는 몇 % 이상 되게 하여야 하는가?

① 40%   ② 50%
③ 60%   ④ 70%

 정전기의 예방대책
㉠ 접지를 한다.
㉡ 공기 중의 상대습도를 70% 이상으로 한다.
㉢ 유속을 1m/s 이하로 유지한다.
㉣ 공기를 이온화시킨다.
㉤ 제진기를 설치한다.

답 ④

33 가동식의 벽, 제연경계 벽, 댐퍼 및 배출기의 작동은 무엇과 연동되어야 하며, 예상 제연구역 및 제어반에서 어떤 기동이 가능하도록 하여야 하는가?

① 스프링클러설비 - 자동 기동
② 통로유도등 - 수동 기동
③ 무선통신보조설비 - 수동 기동
④ 자동화재감지기 - 수동 기동

답 ④

34 이동탱크저장소에서 금속을 사용해서는 안 되는 제한 금속이 있다. 이 제한된 금속이 아닌 것은?
① 은(Ag) ② 수은(Hg)
③ 구리(Cu) ④ 철(Fe)

 ④

35 할로젠화물소화설비의 국소방출방식에 대한 소화약제 산출방식에 관련된 공식 $Q = X - Y \cdot a/A(\text{kg/m}^3)$의 소화약제 종별에 따른 X와 Y의 값으로 옳은 것은?
① 할론 2402 : X는 1.2, Y는 3.0
② 할론 1211 : X는 4.4, Y는 3.3
③ 할론 1301 : X는 4.4, Y는 3.3
④ 할론 104 : X는 5.2, Y는 3.3

해설

약제 종별	X의 수치	Y의 수치
할론 1301	4.0	3.0
할론 1211	4.4	3.3
할론 2402	5.2	3.9

답 ②

36 간이탱크저장소의 탱크에 설치하는 통기관 기준에 대한 설명으로 옳은 것은?
① 통기관의 지름은 20mm 이상으로 한다.
② 통기관은 옥내에 설치하고 그 끝부분의 높이는 지상 1.5m 이상으로 한다.
③ 가는 눈의 구리망 등으로 인화방지장치를 한다.
④ 통기관의 끝부분은 수평면에 대하여 아래로 35° 이상 구부려 빗물 등이 들어가지 않도록 한다.

해설
① 통기관의 지름은 25mm 이상으로 한다.
② 통기관은 옥외에 설치하고 그 끝부분의 높이는 지상 1.5m 이상으로 한다.
④ 통기관의 끝부분은 수평면에 대하여 아래로 45° 이상 구부려 빗물 등이 들어가지 않도록 한다.

 ③

37 다음 옥내탱크저장소 중 소화난이도등급 Ⅰ에 해당하지 않는 것은?
① 액표면적이 40m² 이상인 것
② 바닥면으로부터 탱크 옆판의 상단까지 높이가 6m 이상인 것
③ 액체 위험물을 저장하는 탱크로서 지정수량이 100배 이상인 것
④ 탱크전용실이 단층건물 외에 건축물에 있는 것

해설 소화난이도등급 Ⅰ에 해당하는 옥내탱크저장소
㉠ 액표면적이 40m² 이상인 것(제6류 위험물을 저장하는 것 및 고인화점 위험물만을 100℃ 미만의 온도에서 저장하는 것은 제외)
㉡ 바닥면으로부터 탱크 옆판의 상단까지 높이가 6m 이상인 것(제6류 위험물을 저장하는 것 및 고인화점 위험물만을 100℃ 미만의 온도에서 저장하는 것은 제외)
㉢ 탱크전용실이 단층건물 외의 건축물에 있는 것으로서 인화점 40℃ 이상, 70℃ 미만의 위험물을 지정수량의 5배 이상 저장하는 것 (내화구조로 개구부 없이 구획된 것은 제외)

 ③

38 인화성 액체 위험물(이황화탄소는 제외)의 옥외탱크저장소의 방유제 및 칸막이둑에 대한 설명으로 틀린 것은?
① 방유제의 높이는 0.5m 이상, 3m 이하로 하고 방유제 내의 면적은 8만m² 이하로 한다.
② 높이가 1m를 넘는 방유제 및 칸막이둑의 안팎에는 방유제 내에 출입하기 위한 계단 또는 경사로를 약 50m마다 설치한다.
③ 탱크와 방유제 사이의 거리는 지름이 15m 이상인 탱크의 경우 탱크 높이의 1/3로 한다.
④ 방유제의 용량은 방유제 안에 설치된 탱크가 하나일 때에는 그 탱크 용량의 110% 이상, 2기 이상인 때에는 그 탱크 중 용량이 최대인 것의 110% 이상으로 한다.

해설 ③ 탱크와 방유제 사이의 거리는 지름이 15m 이상인 탱크의 경우 탱크 높이의 1/2로 한다.

 ③

39 96g의 메탄올이 완전연소되면 몇 g의 물이 생성되는가?

① 36 ② 64
③ 72 ④ 108

 $2CH_3OH + 3O_2 \rightarrow 2CO_2 + 4H_2O$

$$\frac{96g-CH_3OH}{} \left| \frac{1mol-CH_3OH}{32g-CH_3OH} \right| \frac{4mol-H_2O}{2mol-CH_3OH}$$

$$\left| \frac{18g-H_2O}{1mol-H_2O} \right. = 108g-H_2O$$

답 ④

40 옥내소화전 2개와 옥외소화전 1개를 설치하였다면 수원의 수량은 얼마 이상이 되도록 하여야 하는가? (단, 옥내소화전은 가장 많이 설치된 층의 설치개수이다.)

① $5.4m^3$
② $10.5m^3$
③ $20.3m^3$
④ $29.1m^3$

 ㉠ 옥내소화전
$Q(m^3) = N \times 7.8m^3 (260L/min \times 30min)$
$= 2 \times 7.8m^3$
$= 15.6$
㉡ 옥외소화전
$Q(m^3) = N \times 13.5m^3 (450L/min \times 30min)$
$= 1 \times 13.5m^3$
∴ $15.6 + 13.5 = 29.1m^3$

답 ④

41 다음 중 제3류 위험물의 금수성 물질에 대하여 적응성이 있는 소화기는?

① 이산화탄소 소화기
② 할로젠화합물 소화기
③ 탄산수소염류 소화기
④ 인산염류 소화기

 제3류 위험물 중 금수성 물질은 탄산수소염류 소화기가 적응성이 좋다.

답 ③

42 동일한 사업소에서 제조소의 취급량의 합이 지정수량의 몇 배 이상일 때 자체소방대를 설치해야 하는가? (단, 제4류 위험물을 취급하는 경우이다.)

① 3,000
② 4,000
③ 5,000
④ 6,000

 자체소방대는 제4류 위험물을 지정수량의 3천배 이상 취급하는 제조소 또는 일반취급소와 50만배 이상 저장하는 옥외탱크저장소에 설치해야 한다.

답 ①

43 다음 중 소화난이도등급 Ⅰ의 옥외탱크저장소로서 인화점이 70℃ 이상의 제4류 위험물만을 저장하는 탱크에 설치하여야 하는 소화설비는? (단, 지중 탱크 및 해상 탱크는 제외한다.)

① 물분무소화설비 또는 고정식 포소화설비
② 옥외소화전설비
③ 스프링클러설비
④ 이동식 포소화설비

 소화난이도등급 Ⅰ에 해당하는 제조소 등의 소화설비

구분	소화설비
옥외탱크저장소 (황만을 저장·취급)	물분무소화설비
옥외탱크저장소 (인화점 70℃ 이상의 제4류 위험물 취급)	• 물분무소화설비 • 고정식 포소화설비
옥외탱크저장소 (지중 탱크)	• 고정식 포소화설비 • 이동식 이외의 이산화탄소 소화설비 • 이동식 이외의 할로젠화물 소화설비

답 ①

44 지정과산화물을 옥내에 저장하는 저장창고 외벽의 기준으로 옳은 것은?

① 두께 20cm 이상의 무근콘크리트조
② 두께 30cm 이상의 무근콘크리트조
③ 두께 20cm 이상의 보강콘크리트블록조
④ 두께 30cm 이상의 보강콘크리트블록조

해설 옥내저장소의 지정 유기과산화물 외벽의 기준
㉠ 두께 20cm 이상의 철근콘크리트조, 철골철근콘크리트조
㉡ 두께 30cm 이상의 보강시멘트블록조

답 ④

45 위험물제조소에 옥내소화전을 각 층에 8개씩 설치하도록 할 때 수원의 최소수량은 얼마인가?

① 13m³
② 20.8m³
③ 39m³
④ 62.4m³

해설 $Q(m^3) = N \times 7.8m^3$ (N이 5개 이상인 경우 5개)
$= 5 \times 7.8m^3$
$= 39m^3$

답 ③

46 알루미늄분의 안전관리에 대한 설명으로 옳지 않은 것은?

① 공기와 접촉, 자연발화의 위험성이 크므로 화기를 엄금한다.
② 마른모래는 완전히 건조된 것으로 사용한다.
③ 분진이 난무한 상태에서는 호흡보호기구를 사용한다.
④ 피부에 노출되어도 유해성이 없으므로 작업에 방해되는 고무장갑은 끼지 않는다.

해설 ④ 피부에 노출 시 유해성이 있으므로 작업에 방해되더라도 고무장갑은 착용한다.

답 ④

47 옥내소화전설비에서 펌프를 이용한 가압송수장치의 경우 펌프의 전양정 H는 소정의 산식에 의한 수치 이상이어야 한다. 전양정 H를 구하는 식으로 옳은 것은? (단, h_1은 소방용 호스의 마찰손실수두, h_2는 배관의 마찰손실수두, h_3는 낙차이며, h_1, h_2, h_3의 단위는 모두 m이다.)

① $H = h_1 + h_2 + h_3$
② $H = h_1 + h_2 + h_3 + 0.35m$
③ $H = h_1 + h_2 + h_3 + 35m$
④ $H = h_1 + h_2 + 0.35m$

해설 펌프의 전양정은 다음 식에 의하여 구한 수치 이상으로 한다.
$H = h_1 + h_2 + h_3 + 35m$
여기서, H : 펌프의 전양정(m)
h_1 : 소방용 호스의 마찰손실수두(m)
h_2 : 배관의 마찰손실수두(m)
h_3 : 낙차(m)

답 ③

48 운송책임자의 감독 · 지원을 받아 운송하여야 하는 위험물은?

① 칼륨   ② 하이드라진유도체
③ 특수인화물   ④ 알킬리튬

해설 알킬알루미늄, 알킬리튬은 운송책임자의 감독 · 지원을 받아 운송하여야 한다.

답 ④

49 위험물의 운반에 관한 기준에 의거할 때, 운반용기의 재질로 전혀 사용되지 않는 것은?

① 강판   ② 수은
③ 양철판   ④ 종이

해설 운반용기 재질 : 금속판, 강판, 삼, 합성섬유, 고무류, 양철판, 짚, 알루미늄판, 종이, 유리, 나무, 플라스틱, 섬유판

답 ②

50 배관의 팽창 또는 수축으로 인한 관, 기구의 파손을 방지하기 위해 관을 곡관으로 만들어 배관 도중에 설치하는 신축이음재는?

① 슬리브형
② 벨로스형
③ 루프형(loop type)
④ U형 스트레이너

 직선거리가 긴 배관은 관 이음부나 기기의 이음부가 파손될 우려가 있으므로 사고를 미연에 방지하여 위해 배관의 도중에 신축이음재를 설치한다. 루프형 신축이음재는 관을 곡관으로 만들어 배관의 신축을 흡수시킨다.

답 ③

51 원형 관에서 유속 3m/s로 1일 동안 20,000m³의 물을 흐르게 하는 데 필요한 관의 내경은 약 몇 mm인가?

① 414
② 313
③ 212
④ 194

$Q = uA = u \times \dfrac{\pi}{4}D^2 \rightarrow D = \sqrt{\dfrac{4Q}{\pi u}}$

$\therefore D = \sqrt{\dfrac{4Q}{\pi u}}$

$= \sqrt{\dfrac{4 \times 20{,}000\text{m}^3}{3.14 \times 3\text{m/s} \times 24\text{hr} \times 3{,}600\text{s/hr}}}$

$= 0.31351\text{m}$

$= 313.51\text{mm}$

답 ②

52 위험물안전관리법령상 안전교육대상자가 아닌 자는?

① 위험물제조소 등의 설치를 허가받은 자
② 위험물 안전관리자로 선임된 자
③ 탱크 시험자의 기술인력으로 종사하는 자
④ 위험물 운송자로 종사하는 자

답 ①

53 다음 중 세기성질(intensive property)이 아닌 것은?

① 녹는점
② 밀도
③ 인화점
④ 부피

㉠ 세기성질 : 변화가 가능하고 계의 크기에 무관한 계의 물리적 성질로, 압력, 온도, 농도, 밀도, 녹는점, 끓는점, 색 등이 있다.
㉡ 크기성질 : 계의 크기에 비례하는 계의 양으로, 질량, 부피, 열용량 등이 있다.

답 ④

54 제4류 위험물을 지정수량의 30만배를 취급하는 일반취급소에 위험물안전관리법령에 의한 최소한 갖추어야 하는 자체소방대의 화학소방차 대수와 자체소방대원의 수는?

① 2대, 15인
② 2대, 20인
③ 3대, 15인
④ 3대, 20인

 자체소방대에 두는 화학소방자동차 및 인원

사업소의 구분	화학소방자동차의 수	자체소방대원의 수
제조소 또는 일반취급소에서 취급하는 제4류 위험물의 최대수량의 합이 지정수량의 3천배 이상 12만배 미만인 사업소	1대	5인
제조소 또는 일반취급소에서 취급하는 제4류 위험물의 최대수량의 합이 지정수량의 12만배 이상 24만배 미만인 사업소	2대	10인
제조소 또는 일반취급소에서 취급하는 제4류 위험물의 최대수량의 합이 지정수량의 24만배 이상 48만배 미만인 사업소	3대	15인
제조소 또는 일반취급소에서 취급하는 제4류 위험물의 최대수량의 합이 지정수량의 48만배 이상인 사업소	4대	20인
옥외탱크저장소에 저장하는 제4류 위험물의 최대수량이 지정수량의 50만배 이상인 사업소	2대	10인

답 ③

55 어떤 측정법으로 동일 시료를 무한 횟수 측정하였을 때 데이터 분포의 평균치와 참값과의 차를 무엇이라 하는가?
① 신뢰성   ② 정확성
③ 정밀도   ④ 오차

 ②

56 공정분석기호 중 □는 무엇을 의미하는가?
① 검사   ② 가공
③ 정체   ④ 저장

해설 공정분석기호
㉠ ○ : 작업 또는 가공
㉡ ⇨ : 운반
㉢ □ : 정체
㉣ ▽ : 저장
㉤ □ : 검사

 ①

57 다음 중 관리의 사이클을 가장 올바르게 표시한 것은? (단, A : 조처, C : 검토, D : 실행, P : 계획)
① P → C → A → D
② P → A → C → D
③ A → D → C → P
④ P → D → C → A

해설 관리의 사이클
㉠ 품질관리시스템의 4M : Man, Machine, Material, Method
㉡ 품질관리기능의 사이클 : 품질설계 → 공정관리 → 품질보증 → 품질개선
㉢ 관리사이클 : plan(계획) → do(실행) → check(검토) → action(조처)

 ④

58 다음 중 신제품에 대한 수요예측방법으로 가장 적절한 것은?
① 시장조사법   ② 이동평균법
③ 지수평활법   ④ 최소자승법

해설 수요예측방법
㉠ 시장조사법 : 시장의 상황에 대한 자료를 설문지나 인터뷰 등을 이용해서 수집하고, 이를 바탕으로 수요를 예측하는 방법
㉡ 이동평균법 : 과거 일정 기간 동안 제품의 판매량을 기준으로 산출한 평균 추세를 이용해서 미래의 수요량을 예측하는 방법
㉢ 지수평활법 : 가중이동평균법을 발전시킨 기법으로, 가중치는 과거로 거슬러 올라갈수록 감소하기 때문에 결과적으로 최근 값에 큰 가중치를 부여하게 되는 기법

 ①

59 다음 검사의 종류 중 검사공정에 의한 분류에 해당되지 않는 것은?
① 수입 검사   ② 출하 검사
③ 출장 검사   ④ 공정 검사

해설 검사공정에 따른 검사의 종류
㉠ 수입 검사
㉡ 중간 검사
㉢ 출하 검사
㉣ 구입 검사
㉤ 공정 검사
㉥ 최종 검사

 ③

60 다음과 같은 [데이터]에서 5개월 이동평균법에 의하여 8월의 수요를 예측한 값은 얼마인가?

[데이터]
월	1	2	3	4	5	6	7
판매실적	100	90	110	100	115	110	100

① 103   ② 105
③ 107   ④ 109

해설 이동평균법의 예측값(3~7월의 판매실적)
$$F_t = \frac{기간의\ 실적치}{기간의\ 수}$$
$$= \frac{110+100+115+110+100}{5}$$
$$= 107$$

 ③

제70회 (2021년 7월 시행) 위험물기능장 필기

01 CH₃COOH로 표시되는 화학식은?
① 구조식 ② 시성식
③ 분자식 ④ 실험식

해설 CH₃COO⁻(초산기)가 포함된 화학식이다.
답 ②

02 원자의 M껍질에 들어 있지 않은 오비탈은?
① s ② p
③ d ④ f

해설 M껍질은 $n=3(s, p, d)$이다.
답 ④

03 원자번호 35인 브로민의 원자량은 80이다. 브로민의 중성자수는 몇 개인가?
① 35개 ② 40개
③ 45개 ④ 50개

해설 중성자수 = 원자량 − 원자번호 = 45
※ 원자번호 = 양성자수
답 ③

04 다음 보기 중 V자형으로 p^2형인 것은?
① H₂O ② NH₃
③ CH₄ ④ HF

해설 H₂O의 분자 구조(V자형 : p^2형) : 산소 원자를 궤도함수로 나타내면 3개의 p궤도 중 쌍을 이루지 않은 전자는 p_y, p_z 축에 각각 1개씩 있으므로 부대전자가 2개가 되어 2개의 수소 원자와 p_y, p_z 축에서 각각 공유되며 그 각도는 90°이어야 하나 수소 원자 간의 척력이 생겨 104.5°의 각도를 유지한다. 이것을 V자형 또는 굽은자형이라 한다.
답 ①

05 산에도 반응하고, 강염기에도 반응하는 산화물은?
① CaO ② NiO
③ ZnO ④ CO

해설 양쪽성 원소 : Al, Zn, Sn, Pb
답 ③

06 분자량이 120인 물질 6g을 물 94g에 넣으니 0.5M 용액이 되었다. 용액의 밀도는?
① 0.9 ② 0.95
③ 1 ④ 1.2

해설
$$M = \frac{\frac{g}{M}}{\frac{V}{1,000}} = \frac{\frac{6}{120}}{\frac{V}{1,000}} = 0.5$$
$$\frac{6,000}{120V} = 0.5, \quad V = 100\text{mL}$$
$$\therefore d(\text{밀도}) = \frac{M}{V} = \frac{(6+94)\text{g}}{100\text{mL}} = \frac{100\text{g}}{100\text{mL}} = 1\text{g/mL}$$
답 ③

07 화상은 정도에 따라서 여러 가지로 나뉜다. 제2도 화상의 다른 명칭은?
① 괴사성 ② 홍반성
③ 수포성 ④ 화침성

해설 화상의 단계
㉠ 1도 화상(홍반성) : 최외각의 피부가 손상되어 분홍색이 되고 심한 통증을 느끼는 상태
㉡ 2도 화상(수포성) : 화상 부위가 분홍색을 띠고 분비액이 많이 분비되는 상태
㉢ 3도 화상(괴사성) : 화상 부위가 벗겨지고 열이 깊숙이 침투되어 검게 되는 상태
㉣ 4도 화상(탄화성) : 피부의 전 층과 함께 근육, 힘줄, 신경 또는 골조직까지 손상되는 상태
답 ③

08 다음 금속탄화물 중 물과 접촉했을 때 메테인가스가 발생하는 것은?

① Li₂C₂ ② Mn₃C
③ K₂C₂ ④ MgC₂

 ㉠ 아세틸렌(C₂H₂) 가스를 발생시키는 카바이드 :
Li₂C₂, Na₂C₂, K₂C₂, MgC₂, CaC₂
CaC₂+2H₂O → Ca(OH)₂+C₂H₂
㉡ 메테인(CH₄) 가스를 발생시키는 카바이드 :
BeC₂, Al₄C₃
BeC₂+4H₂O → 2Be(OH)₂+CH₄
㉢ 메테인(CH₄)과 수소(H₂) 가스를 발생시키는 카바이드 : Mn₃C
Mn₃C+6H₂O → 3Mn(OH)₂+CH₄+H₂

답 ②

09 에터가 공기와 오랫동안 접촉하든지 햇빛에 쪼이게 될 때 생성되는 것은?

① 에스터(ester)
② 케톤(ketone)
③ 불변
④ 과산화물

 에터는 공기 중 장시간 방치하면 산화되어 폭발성의 불안정한 과산화물을 생성한다.

답 ④

10 자기반응성 물질에 대한 설명으로 옳지 않은 것은?

① 가연성 물질로 그 자체가 산소 함유 물질로서 자기연소가 가능한 물질이다.
② 연소속도가 대단히 빨라서 폭발성이 있다.
③ 비중이 1보다 작고 가용성 액체로 되어 있다.
④ 시간의 경과에 따라 자연발화의 위험성을 갖는다.

 ③ 비중이 1보다 크고 대부분 물에 잘 녹지 않으며 물과의 직접적인 반응 위험성이 적다.

답 ③

11 제2류 위험물의 일반적 성질을 옳게 설명한 것은?

① 비교적 낮은 온도에서 착화되기 쉬운 가연성 물질이며 연소속도가 대단히 빠른 고체이다.
② 비교적 낮은 온도에서 착화되기 쉬운 가연성 물질이며 연소속도가 대단히 빠른 액체이다.
③ 비교적 높은 온도에서 착화되는 가연성 물질이며 연소속도가 비교적 느린 고체이다.
④ 비교적 높은 온도에서 착화되는 가연성 물질이며 연소속도가 빠른 액체이다.

 제2류 위험물은 가연성 고체로서, 이연성·속연성 물질이다.

답 ①

12 T.N.T가 분해될 때 주로 발생하는 가스는?

① 일산화탄소 ② 암모니아
③ 사이안화수소 ④ 염화수소

 C₆H₂CH₃(NO₂)₃ → 12CO+2C+3N₂+5H₂

답 ①

13 파라핀계 탄화수소의 일반적인 연소성에 대한 설명으로 옳은 것은? (단, 탄소수가 증가할수록)

① 연소범위의 하한이 커진다.
② 연소속도가 늦어진다.
③ 발화온도가 높아진다.
④ 발열량(kcal/m³)이 작아진다.

 파라핀계 탄화수소의 일반적인 연소성(탄소수가 증가할수록)
㉠ 연소범위의 하한이 높아진다.
㉡ 연소속도가 빨라진다.
㉢ 발화온도가 낮아진다.
㉣ 발열량(kcal/m³)이 증가한다.

답 ①

14 벤젠핵에 메틸기 한 개가 결합된 구조를 가진 무색투명한 액체로서 방향성의 독특한 냄새를 가지고 있는 물질은?
① $C_6H_5CH_3$ ② $C_6H_4(CH_3)_2$
③ CH_3COCH_3 ④ $HCOOCH_3$

 ① $C_6H_5CH_3$: 톨루엔
② $C_6H_4(CH_3)_2$: 자일렌
③ CH_3COCH_3 : 아세톤
④ $HCOOCH_3$: 의산메틸
답 ①

15 수산화나트륨을 취급하는 장소에서 사용하는 장갑으로 적당한 재질은?
① 나이트릴뷰타다이엔고무
② 폴리에틸렌
③ 폴리바이닐알코올
④ 폴리염화바이닐
답 ②

16 황화인에 대한 설명이다. 틀린 설명은?
① 황화인은 동소체로는 P_4S_3, P_2S_5, P_4S_7이 있다.
② 황화인의 지정수량은 100kg이다.
③ 삼황화인은 과산화물, 금속분과 혼합하면 자연발화할 수 있다.
④ 오황화인은 물 또는 알칼리에 분해되어 이황화탄소와 황산이 된다.

 ④ 오황화인은 물이나 알칼리와 반응하면 분해되어 황화수소(H_2S)와 인산(H_3PO_4)으로 된다.
$P_2S_5+8H_2O \rightarrow 5H_2S+2H_3PO_4$
답 ④

17 자일렌(xylene)은 ortho, meta, para 자일렌이 존재한다. 이 중 인화점이 30℃ 이상으로 제2석유류에 속하는 것은?
① o-자일렌
② m-자일렌
③ p-자일렌
④ m-자일렌, p-자일렌

명칭	ortho-자일렌	meta-자일렌	para-자일렌
비중	0.88	0.86	0.86
융점	-25℃	-48℃	13℃
비점	144.4℃	139.1℃	138.4℃
인화점	32℃	25℃	25℃
발화점	106.2℃	-	-
연소범위	1.0~6.0%	1.0~6.0%	1.1~7.0%

답 ①

18 물과 접촉하여도 위험하지 않은 물질은?
① 과산화나트륨
② 과염소산나트륨
③ 마그네슘
④ 알킬알루미늄

 ① 과산화나트륨 : 물과 접촉하면 발열하며, 대량의 경우에는 폭발한다.
② 과염소산나트륨 : 물에는 잘 안 녹고 산소가 발생한다.
③ 마그네슘 : 산 및 온수와 반응하여 수소(H_2)가 발생한다.
④ 알킬알루미늄 : 물과 폭발적 반응을 일으켜 에테인(C_2H_6) 가스가 발화·비산하므로 위험하다.
$(C_2H_5)_3Al+3H_2O \rightarrow Al(OH)_3+3C_2H_6$
답 ②

19 염소산염류는 분해되어 산소가 발생하는 성질이 있다. 융점과 분해온도와의 관계 중 옳은 것은?
① 융점 이상의 온도에서 분해되어 산소가 발생한다.
② 융점 이하의 온도에서 분해되어 산소가 발생한다.
③ 융점이나 분해온도와 무관하게 산소가 발생한다.
④ 융점이나 분해온도가 동일하여 산소가 발생한다.
답 ①

20 마그네슘의 성질에 대한 설명 중 틀린 것은?
① 물보다 무거운 금속이다.
② 은백색의 광택이 난다.
③ 온수와 반응 시 산화마그네슘과 산소가 발생한다.
④ 융점은 약 650℃이다.

 ③ 온수와 반응 시 수산화마그네슘과 수소가 발생한다.
$Mg + 2H_2O \rightarrow Mg(OH)_2 + H_2$

답 ③

21 $C_2H_5ONO_2$의 일반적인 성질 및 위험성에 대한 설명으로 옳지 않은 것은?
① 인화성이 강하고 비점 이상에서 폭발한다.
② 물에는 녹지 않으나 알코올에는 녹는다.
③ 제5류 나이트로화합물에 속한다.
④ 방향을 가지는 무색투명의 액체이다.

 ③ 제5류 질산에스터류에 속한다.

답 ③

22 건성유는 아이오딘값이 얼마인 것을 말하는가?
① 100 미만
② 100 이상, 130 미만
③ 130 미만
④ 130 이상

 ㉠ 건성유 : 아이오딘값이 130 이상인 것
㉡ 반건성유 : 아이오딘값이 100~130인 것
㉢ 불건성유 : 아이오딘값이 100 이하인 것

답 ④

23 제4류 위험물 중 지정수량이 4,000L인 것은? (단, 수용성 액체이다.)
① 제1석유류
② 제2석유류
③ 제3석유류
④ 제4석유류

 제4류 위험물의 품명 및 지정수량

품명		지정수량
특수인화물		50L
제1석유류	비수용성	200L
	수용성	400L
알코올류		400L
제2석유류	비수용성	1,000L
	수용성	2,000L
제3석유류	비수용성	2,000L
	수용성	4,000L
제4석유류		6,000L
동식물유류		10,000L

답 ③

24 다음 중 자연발화성 및 금수성 물질에 해당되지 않는 것은?
① 철분
② 황린
③ 금속의 수소화물
④ 알칼리토금속

 ① 철분 : 가연성 고체

답 ①

25 탄화칼슘이 물과 반응하여 생성된 가스에 대한 설명으로 가장 관계가 먼 것은?
① 연소범위가 약 2.5~81%로 넓다.
② 은 또는 구리 용기를 사용하여 보관한다.
③ 가압 시 폭발의 위험성이 있다.
④ 탄소 간 삼중결합이 있다.

 $CaC_2 + 2H_2O \rightarrow Ca(OH)_2 + C_2H_2$
탄화칼슘이 물과 반응하여 생성되는 아세틸렌가스는 금속(Cu, Ag, Hg 등)과 반응하여 폭발성 화합물인 금속아세틸레이트(M_2C_2)를 생성한다.
$C_2H_2 + 2Ag \rightarrow Ag_2C_2 + H_2$

답 ②

26 공기를 차단한 상태에서 황린을 약 260℃로 가열하면 생성되는 물질은 제 몇 류 위험물인가?
① 제1류 위험물
② 제2류 위험물
③ 제5류 위험물
④ 제6류 위험물

 공기를 차단한 상태에서 황린을 약 260℃로 가열하면 제2류 위험물인 적린이 된다.

답 ②

27 이산화탄소의 물성에 대한 설명으로 옳은 것은?

① 증기의 비중은 약 0.9이다.
② 임계온도는 약 −20℃이다.
③ 0℃, 1기압에서의 기체 밀도는 약 0.92g/L 이다.
④ 삼중점에 해당하는 온도는 약 −56℃이다.

 ① 증기의 비중은 $\frac{44g}{29g}=1.52$ 이다.
② 임계온도는 31℃이다.
③ 0℃, 1atm에서의 기체 밀도는 약 1.977g/L 이다.
$$\frac{44g}{22.4L}=1.977g/L$$

답 ④

28 메틸트라이클로로실란에 대한 설명으로 틀린 것은?

① 제1석유류이다.
② 물보다 무겁다.
③ 지정수량은 200L이다.
④ 증기는 공기보다 가볍다.

 메틸트라이클로로실란은 제4류 위험물, 제1석유류(비수용성)이며, 증기는 공기보다 무겁다.

답 ④

29 다음에서 설명하는 위험물은?

- 백색이다.
- 조해성이 크고, 물에 녹기 쉽다.
- 분자량은 약 223이다.
- 지정수량은 50kg이다.

① 염소산칼륨
② 과염소산마그네슘
③ 과산화나트륨
④ 과산화수소

 과염소산마그네슘[$Mg(ClO_4)_2$]에 대한 설명이다.

답 ②

30 위험물안전관리법령에서 정한 제3류 위험물에 있어서 화재예방법 및 화재 시 조치방법에 대한 설명으로 틀린 것은?

① 칼륨과 나트륨은 금수성 물질로 물과 반응하여 가연성 기체를 발생한다.
② 알킬알루미늄은 알킬기의 탄소수에 따라 주수 시 발생하는 가연성 기체의 종류가 다르다.
③ 탄화칼슘은 물과 반응하여 폭발성의 아세틸렌가스를 발생한다.
④ 황린은 물과 반응하여 유독성의 포스핀가스를 발생한다.

 황린은 자연발화성이 있어 물속에 저장하며, 온도 상승 시 물의 산성화가 빨라져서 용기를 부식시키므로 직사광선을 피하여 저장한다.

답 ④

31 분말소화약제 중 열분해 시 부착성이 있는 유리상의 메타인산이 생성되는 것은?

① Na_3PO_4 ② $(NH_4)_3PO_4$
③ $NaHCO_3$ ④ $NH_4H_2PO_4$

 제3종 분말소화약제
㉮ 소화효과
  ㉠ 열분해 시 흡열반응에 의한 냉각효과
  ㉡ 열분해 시 발생되는 불연성 가스(NH_3, H_2O 등)에 의한 질식효과
  ㉢ 반응과정에서 생성된 메타인산(HPO_3)의 방진효과
  ㉣ 열분해 시 유리된 NH_4^+와 분말 표면의 흡착에 의한 부촉매효과
  ㉤ 분말운무에 의한 방사의 차단효과
  ㉥ ortho인산에 의한 섬유소의 탈수탄화작용
㉯ 열분해반응식
  $NH_4H_2PO_4 \rightarrow NH_3+H_2O+HPO_3$

답 ④

32 피뢰설비는 지정수량의 얼마 이상의 위험물을 취급하는 제조소에 설치하는가?

① 2배 이상 ② 5배 이상
③ 10배 이상 ④ 30배 이상

답 ③

33 위험물제조소 등에 "화기주의"라고 표시한 게시판을 설치하는 경우 몇 류 위험물의 제조소인가?

① 제1류 위험물
② 제2류 위험물
③ 제4류 위험물
④ 제5류 위험물

 주의사항 게시판의 색상기준
㉠ 화기엄금(적색바탕 백색문자) : 제2류 위험물 중 인화성 고체, 제3류 위험물 중 자연발화성 물질, 제4류 위험물, 제5류 위험물
㉡ 화기주의(적색바탕 백색문자) : 제2류 위험물 (인화성 고체 제외)
㉢ 물기엄금(청색바탕 백색문자) : 제1류 위험물 중 알칼리금속의 과산화물, 제3류 위험물 중 금수성 물질

답 ②

34 다음 중 물분무소화설비가 적용되지 않는 위험물은?

① 동식물유류
② 알칼리금속과산화물
③ 황산
④ 질산에스터류

 알칼리금속과산화물에 물분무소화설비를 사용 시 화재 폭발이 발생한다.

답 ②

35 이동탱크저장소는 탱크 용량이 얼마 이하일 때마다 그 내부에 3.2mm 이상의 안전칸막이를 설치해야 하는가?

① 2,000L 이하
② 3,000L 이하
③ 4,000L 이하
④ 5,000L 이하

 이동탱크저장소의 안전칸막이 설치기준
㉠ 두께 3.2mm 이상의 강철판으로 제작
㉡ 4,000L 이하마다 구분하여 설치

답 ③

36 옥외탱크저장소에 저장하는 위험물 중 방유제를 설치하지 않아도 되는 것은?

① 콜로디온
② 이황화탄소
③ 다이에틸에터
④ 산화프로필렌

 이황화탄소의 옥외저장탱크는 벽 및 바닥의 두께가 0.2m 이상이고 누수가 되지 아니하는 철근콘크리트의 수조에 넣어 보관한다(이 경우 보유공지·통기관 및 자동계량장치는 생략할 수 있다).

답 ②

37 인화성 액체 위험물(이황화탄소를 제외한다)의 옥외탱크저장소 탱크 주위에 설치하여야 하는 방유제 설치기준으로 옳지 않은 것은?

① 면적은 10만m² 이하로 할 것
② 높이는 0.5m 이상, 3m 이하로 할 것
③ 철근콘크리트 또는 흙으로 만들 것
④ 탱크의 수는 10 이하로 할 것

 ① 면적은 8만m² 이하로 할 것

답 ①

38 소화난이도등급 Ⅰ의 황만을 저장·취급하는 옥외탱크저장소에 설치해야 할 소화설비는?

① 물분무소화설비
② 이산화탄소 소화설비
③ 옥외소화전 소화설비
④ 분말소화설비

해설 소화난이도등급 I에 해당하는 제조소 등의 소화설비

구분	소화설비
옥외탱크저장소 (황만을 저장·취급)	물분무소화설비
옥외탱크저장소 (인화점 70℃ 이상의 제4류 위험물 취급)	• 물분무소화설비 • 고정식 포소화설비
옥외탱크저장소 (지중 탱크)	• 고정식 포소화설비 • 이동식 이외의 이산화탄소 소화설비 • 이동식 이외의 할로젠화물 소화설비

답 ①

39 지정유기과산화물 저장창고의 외벽에 관한 설명으로 옳은 것은?
① 두께 20cm 이상의 보강콘크리트블록조
② 두께 20cm 이상의 철근콘크리트조
③ 두께 30cm 이상의 철근콘크리트조
④ 두께 30cm 이상의 철골콘크리트블록조

해설 옥내저장소의 지정 유기과산화물 외벽의 기준
㉠ 두께 20cm 이상의 철근콘크리트조, 철골철근콘크리트조
㉡ 두께 30cm 이상의 보강시멘트블록조

답 ②

40 그림과 같은 위험물 탱크의 내용적은 약 몇 m³인가?

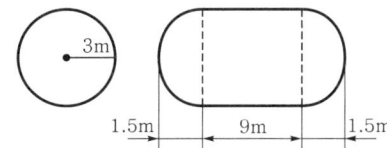

① 258.3   ② 282.6
③ 312.1   ④ 375.3

해설
$$V = \pi r^2 \left(l + \frac{l_1 + l_2}{3} \right)$$
$$= 3.14 \times 3^2 \left(9 + \frac{1.5 + 1.5}{3} \right) = 282.6 \text{m}^3$$

답 ②

41 위험물 고정지붕구조 옥외탱크저장소의 탱크에 설치하는 포방출구가 아닌 것은?
① I형   ② II형
③ III형   ④ 특형

해설 ④ 특형 : 플로팅루프형(부상지붕구조)
① I형, ② II형, ③ III형 : 고정지붕구조

답 ④

42 특정 옥외저장탱크의 구조에 대한 기준 중 틀린 것은?
① 탱크의 내경이 16m 이하일 경우 옆판의 두께는 4.5mm 이상일 것
② 지붕의 최소두께는 4.5mm로 할 것
③ 부상지붕은 해당 부상지붕 위에 적어도 150mm에 상당한 물이 체류한 경우 침하하지 않도록 할 것
④ 밑판의 최소두께는 탱크의 용량이 10,000kL 이상의 것에 있어서는 9mm로 할 것

해설 ③ 부상지붕은 해당 부상지붕 위에 적어도 250mm에 상당한 물이 체류한 경우 침하하지 않도록 한다.

답 ③

43 인화성 위험물질 600리터를 하나의 간이탱크저장소에 저장하려고 할 때 필요한 최소 탱크 수는?
① 4개
② 3개
③ 2개
④ 1개

해설 간이탱크저장소 설치기준
㉠ 두께 3.2mm 이상 강판으로 흠이 없도록 제작할 것
㉡ 하나의 탱크 용량은 600L 이하로 할 것
㉢ 탱크의 수는 3기 이하로 할 것

답 ④

44 화재 예방과 화재 시, 비상조치계획 등 예방 규정을 정하여야 할 옥외저장시설에는 지정수량 몇 배 이상을 저장·취급하는가?
① 30배 이상 ② 100배 이상
③ 200배 이상 ④ 250배 이상

 예방규정을 정하여야 하는 제조소 등 관계인은 해당 제조소 등의 화재 예방과 화재 등 재해 발생 시 비상조치해야 한다.
㉠ 제조소 : 지정수량의 10배 이상
㉡ 옥외저장소 : 지정수량의 100배 이상
㉢ 옥내저장소 : 지정수량의 150배 이상
㉣ 옥외탱크저장소 : 지정수량의 200배 이상
㉤ 암반탱크저장소
㉥ 이송취급소
㉦ 일반취급소 지정수량의 10배 이상

답 ②

45 자동화재탐지설비를 설치하여야 하는 옥내저장소가 아닌 것은?
① 처마높이가 7m인 단층 옥내저장소
② 저장창고의 연면적이 100m²인 옥내저장소
③ 에탄올 5만L를 취급하는 옥내저장소
④ 벤젠 5만L를 취급하는 옥내저장소

 자동화재탐지설비를 설치하여야 하는 옥내저장소
㉠ 지정수량의 100배 이상을 저장 또는 취급하는 것
㉡ 저장창고의 연면적이 150m²를 초과하는 것
㉢ 처마높이가 6m 이상인 단층 건물의 것

답 ②

46 위험물의 운반에 관한 기준으로 틀린 것은?
① 하나의 외장용기에는 다른 종류의 위험물을 수납하지 아니하여야 한다.
② 고체 위험물은 운반용기 내용적의 95% 이하로 수납하여야 한다.
③ 액체 위험물은 운반용기 내용적의 98% 이하로 수납하여야 한다.
④ 알킬알루미늄은 운반용기 내용적의 95% 이하로 수납하여야 한다.

 자연발화성 물질 중 알킬알루미늄 등은 운반용기 내용적의 90% 이하의 수납률로 수납하되, 50℃의 온도에서 5% 이상의 공간용적을 유지하도록 하여야 한다.

답 ④

47 위험물을 취급하는 장소에서 정전기를 유효하게 제거할 수 있는 방법이 아닌 것은?
① 접지에 의한 방법
② 상대습도를 70% 이상으로 하는 방법
③ 피뢰침을 설치하는 방법
④ 공기를 이온화하는 방법

 정전기의 예방대책
㉠ 접지를 한다.
㉡ 공기 중의 상대습도를 70% 이상으로 한다.
㉢ 유속을 1m/s 이하로 유지한다.
㉣ 공기를 이온화시킨다.
㉤ 제진기를 설치한다.

답 ③

48 메테인 50%, 에테인 30%, 프로페인 20%의 부피비로 혼합된 가스의 공기 중 폭발하한계 값은? (단, 메테인, 에테인, 프로페인의 폭발하한계는 각각 5vol%, 3vol%, 2vol%이다.)
① 1.1vol% ② 3.3vol%
③ 5.5vol% ④ 7.7vol%

 르샤틀리에(Le Chatelier)의 혼합가스 폭발범위를 구하는 식
$$\frac{100}{L} = \frac{V_1}{L_1} + \frac{V_2}{L_2} + \frac{V_3}{L_3} + \cdots$$
$$\therefore L = \frac{100}{\left(\frac{V_1}{L_1} + \frac{V_2}{L_2} + \frac{V_3}{L_3} + \cdots\right)}$$
$$= \frac{100}{\left(\frac{50}{5} + \frac{30}{3} + \frac{20}{2}\right)}$$
$$= 3.33$$
여기서, L : 혼합가스의 폭발한계치
L_1, L_2, L_3 : 각 성분의 단독 폭발한계치(vol%)
V_1, V_2, V_3 : 각 성분의 체적(vol%)

답 ②

49 제3류 위험물에 대한 주의사항으로 거리가 먼 것은?

① 충격주의
② 화기엄금
③ 공기접촉엄금
④ 물기엄금

 제3류 위험물의 주의사항
  ㉠ 자연발화성 물품 : "화기엄금" 및 "공기접촉엄금"
  ㉡ 금수성 물품 : "물기엄금"

답 ①

50 NaClO₃ 100kg, KMnO₄ 3,000kg, NaNO₃ 450kg을 저장하려고 할 때 각 위험물의 지정수량 배수의 총합은?

① 4.0
② 5.5
③ 6.0
④ 6.5

 지정수량 배수의 합

$= \dfrac{\text{A품목 저장수량}}{\text{A품목 지정수량}} + \dfrac{\text{B품목 저장수량}}{\text{B품목 지정수량}}$
$+ \dfrac{\text{C품목 저장수량}}{\text{C품목 지정수량}} + \cdots$

$= \dfrac{100\text{kg}}{50\text{kg}} + \dfrac{3{,}000\text{kg}}{1{,}000\text{kg}} + \dfrac{450\text{kg}}{300\text{kg}} = 6.5$

답 ④

51 위험물탱크 안전성능시험자가 기술능력, 시설 및 장비 중 중요 변경사항이 있는 때에는 변경한 날부터 며칠 이내에 변경신고를 하여야 하는가?

① 5일 이내
② 15일 이내
③ 25일 이내
④ 30일 이내

 규정에 따라 등록한 사항 가운데 행정안전부령이 정하는 중요 사항을 변경한 경우에는 그 날부터 30일 이내에 시·도지사에게 변경신고를 하여야 한다.

답 ④

52 위험물제조소 등 중 예방규정을 정하여야 하는 대상은?

① 칼슘을 400kg 취급하는 제조소
② 칼륨을 400kg 저장하는 옥내저장소
③ 질산을 50,000kg 저장하는 옥외탱크저장소
④ 질산염류를 50,000kg 저장하는 옥내저장소

 예방규정을 정하여야 하는 제조소 등
  ㉠ 지정수량의 10배 이상의 위험물을 취급하는 제조소
  ㉡ 지정수량의 100배 이상의 위험물을 저장하는 옥외저장소
  ㉢ 지정수량의 150배 이상의 위험물을 저장하는 옥내저장소
  ㉣ 지정수량의 200배 이상의 위험물을 저장하는 옥외탱크저장소
  ㉤ 암반탱크저장소
  ㉥ 이송취급소
  ㉦ 지정수량의 10배 이상의 위험물을 취급하는 일반취급소

보기에 주어진 대상의 지정수량 배수는 각각 다음과 같다.

① $\dfrac{400\text{kg}}{50\text{kg}} = 8$

② $\dfrac{400\text{kg}}{10\text{kg}} = 40$

③ $\dfrac{50{,}000\text{kg}}{300\text{kg}} = 166.7$

④ $\dfrac{50{,}000\text{kg}}{300\text{kg}} = 166.7$

답 ④

53 위험물안전관리법령상 차량에 적재하여 운반 시 차광 또는 방수덮개를 하지 않아도 되는 위험물은?

① 질산암모늄
② 적린
③ 황린
④ 이황화탄소

해설 적린은 제2류 위험물 중 금수성 물질에 해당하지 않으므로 차광 또는 방수덮개를 하지 않아도 된다.

차광성이 있는 것으로 피복해야 하는 경우	방수성이 있는 것으로 피복해야 하는 경우
• 제1류 위험물 • 제3류 위험물 중 자연발화성 물질 • 제4류 위험물 중 특수인화물 • 제5류 위험물 • 제6류 위험물	• 제1류 위험물 중 알칼리금속의 과산화물 • 제2류 위험물 중 철분, 금속분, 마그네슘 • 제3류 위험물 중 금수성 물질

답 ②

54 위험물안전관리법령상 위험등급이 나머지 셋과 다른 하나는?

① 아염소산나트륨   ② 알킬알루미늄
③ 아세톤   ④ 황린

 ① 아염소산나트륨 : 제1류 제1등급
② 알킬알루미늄 : 제3류 제1등급
③ 아세톤 : 제4류 제2등급
④ 황린 : 제3류 제1등급

답 ③

55 관리한계선을 구하는 데 이항분포를 이용하여 관리선을 구하는 관리도는?

① P_n 관리도   ② u 관리도
③ $\bar{x} - R$ 관리도   ④ x 관리도

 ② u 관리도 : 평균결점수 관리도
③ $\bar{x} - R$ 관리도 : 평균값과 범위 관리도
④ x 관리도 : 결점수 관리도

답 ①

56 TPM 활동의 기본을 이루는 3정 5S 활동에서 3정에 해당되는 것은?

① 정시간   ② 정돈
③ 정리   ④ 정량

 TPM활동
㉠ 3정 : 정품, 정량, 정위치
㉡ 5S : 정리(Seiri), 정돈(Seidon), 청소(Seisoh), 청결(Seiketsu), 습관화(Shitsuke)

답 ④

57 제품공정분석표용 도식기호 중 정체공정(delay) 기호는?

① ○   ② ⇨
③ ☐   ④ □

 공정분석기호
㉠ ○ : 작업 또는 가공
㉡ ⇨ : 운반
㉢ ☐ : 정체
㉣ ▽ : 저장
㉤ □ : 검사

답 ③

58 다음 중 사내표준을 작성할 때 갖추어야 할 요건으로 옳지 않은 것은?

① 내용이 구체적이고 주관적일 것
② 장기적 방침 및 체계하에서 추진할 것
③ 작업표준에는 수단 및 행동을 직접 제시할 것
④ 당사자에게 의견을 말하는 기회를 부여하는 절차로 정할 것

 ① 내용이 구체적이고 객관적일 것

답 ①

59 그림과 같은 계획공정도(network)에서 주공정은? (단, 화살표 아래 숫자는 활동시간을 나타낸 것이다.)

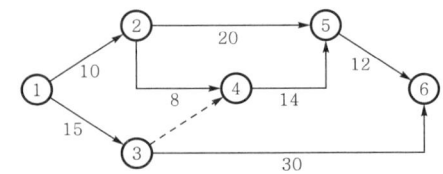

① 1 - 3 - 6
② 1 - 2 - 5 - 6
③ 1 - 2 - 4 - 5 - 6
④ 1 - 3 - 4 - 5 - 6

 주공정 : 1 - 3 - 6

답 ①

60 다음 중 모집단의 중심적 경향을 나타낸 측도에 해당하는 것은?

① 범위(range)
② 최빈값(mode)
③ 분산(variance)
④ 변동계수(coefficient of variation)

 최빈값은 자료 중에서 가장 많이 나타나는 값으로서 모집단의 중심적 경향을 나타내는 측도에 해당한다.

답 ②

제71회 (2022년 2월 시행) 위험물기능장 필기

01 C, H, O로 된 화합물로 질량 조성은 C가 38.7%, H가 9.7%, O는 51.6%이며 분자량은 62amu이다. 분자식은?

① C_2H_6O
② $C_2H_6O_2$
③ CH_3O
④ CH_4O_2

 실험식을 구하기 위해 각 원소별 조성비를 각각의 원자량으로 나눈다.
$C = \frac{38.7}{12} = 3.23$, $H = \frac{9.7}{1} = 9.7$, $O = \frac{51.6}{16} = 3.23$
따라서 실험식은 CH_3O이다.
실험식량 $= 12 + 1 \times 3 + 16 = 31$
(실험식)$\times n =$ 분자식이므로, $n = \frac{62}{31} = 2$
따라서 분자식은 $(CH_3O) \times 2 = C_2H_6O_2$이다.

답 ②

02 나트륨(Na)의 전자배치로 옳은 것은?

① $1s^2\ 2s^2\ 2p^6\ 3s^1$
② $1s^2\ 2s^2\ 2p^6\ 3p^2\ 3p^6\ 3d^4\ 4s^1$
③ $1s^2\ 2s^2\ 2p^6\ 2d^1$
④ $1s^2\ 2s^2\ 2p^6\ 2d^{10}\ 3s^2\ 3p^1$

 원자번호 = 양성자수 = 전자수
Na은 원자번호 11번이므로 전자수는 11이다.

답 ①

03 원자번호 13번인 A와 8번인 B가 화합물을 이룬다면 그 화합물의 화학식은?

① AB
② A_2B
③ A_3B_2
④ A_2B_3

 $_{13}A$ ⦁⦁⦁ ∴ +3가
$_8B$ ⦁⦁ ∴ −2가
$A \overset{+3}{\rightarrow} B^{-2} = A_2B_2$

답 ④

04 다음 중 공유결합 결정이 아닌 것은?

① 다이아몬드
② 흑연
③ SiO_2
④ Cl_2

 ④ Cl_2는 공유결합성 물질이다.

답 ④

05 NaOH(=40) 2g을 물에 녹여 500mL 용액을 만들었다. 이 용액의 몰농도는?

① 0.05M
② 0.1M
③ 0.5M
④ 1M

 $M = \frac{\left(\frac{2}{40}\right)}{\left(\frac{500}{1,000}\right)} = 0.1M$

답 ②

06 물 54g과 에탄올(C_2H_5OH) 46g을 섞어서 만든 용액의 에탄올 몰분율은 얼마인가?

① 0.25
② 0.3
③ 0.4
④ 0.5

 물 : $\frac{54}{18} = 3mol$
에탄올 : $\frac{46}{46} = 1mol$
∴ 에탄올 몰분율 $= \frac{1}{1+3} = 0.25$

답 ①

07 아염소산나트륨의 위험성으로 옳지 않은 것은?
① 단독으로 폭발 가능하고 분해온도 이상에서는 산소가 발생한다.
② 비교적 안정하나 시판품은 140℃ 이상의 온도에서 발열반응을 일으킨다.
③ 유기물, 금속분 등 환원성 물질과 접촉하면 즉시 폭발한다.
④ 수용액 중에서 강력한 환원력이 있다.

 ④ 수용액 중에서 강력한 산화력이 있다.
답 ④

08 금속칼륨(K)과 금속나트륨(Na)의 공통적 특징이 아닌 것은?
① 은백색의 광택이 나는 무른 금속이다.
② 녹는점 이상으로 가열하면 고유의 색깔을 띠며 산화한다.
③ 액체 암모니아에 녹아서 청색을 띤다.
④ 물과 심하게 반응하여 수소가 발생한다.

 액체 암모니아에 녹아서 청색으로 변하고, 나트륨아미이드와 수소가스가 발생한다.
$2Na + 2NH_3 \rightarrow 2NaNH_2 + H_2$
답 ③

09 은백색의 연하고 광택 나는 금속으로 알코올과 접촉했을 때 생성되는 물질은?
① C_2H_5ONa ② CO_2
③ Na_2O_2 ④ Al_2O_3

 알코올과 반응하여 나트륨알코올레이트와 수소가스가 발생한다.
$2Na + 2C_2H_5OH \rightarrow 2C_2H_5ONa + H_2$
답 ①

10 다음 물질 중 산화성 고체 위험물이 아닌 것은?
① P_4S_3 ② Na_2O_2
③ $KClO_3$ ④ NH_4ClO_4

 ① P_4S_3(황화인) : 제2류 위험물(가연성 고체)
답 ①

11 제1류 고체 위험물로만 구성된 것은?
① $KClO_3$, $HClO_4$, Na_2O, KCl
② $KClO_3$, $KClO_4$, NH_4ClO_4, $NaClO_4$
③ $KClO_3$, $HClO_4$, K_2O, Na_2O_2
④ $KClO_3$, $HClO_4$, K_2O_2, Na_2O

 $HClO_4$는 제6류 위험물의 과염소산이다.
 ②

12 알코올류에서 탄소수가 증가할수록 변화되는 현상으로 옳은 것은?
① 인화점이 낮아진다.
② 연소범위가 넓어진다.
③ 수용성이 감소된다.
④ 액체비중이 작아진다.

 탄소수가 증가할수록 변화되는 현상
㉠ 인화점이 높아진다.
㉡ 액체비중이 커진다.
㉢ 발화점이 낮아진다.
㉣ 연소범위가 좁아진다.
㉤ 수용성이 감소된다.
㉥ 비등점, 융점이 낮아진다.
답 ③

13 제3종 분말소화약제의 주성분은?
① $NaHCO_3$
② $KHCO_3$
③ $NH_4H_2PO_4$
④ $NaHCO_3 + (NH_2)_2CO$

 분말소화약제의 구분

종류	주성분	화학식	착색	적응화재
제1종	탄산수소나트륨	$NaHCO_3$	-	B·C급 화재
제2종	탄산수소칼륨	$KHCO_3$	담회색	B·C급 화재
제3종	제1인산암모늄	$NH_4H_2PO_4$	담홍색 또는 황색	A·B·C급 화재
제4종	탄산수소칼륨 +요소	$KHCO_3$ $+CO(NH_2)_2$	-	B·C급 화재

답 ③

14 다음 중 지정수량이 다른 것은?

① 금속의 인화물
② 질산염류
③ 과염소산
④ 과망가니즈산염류

해설
① 금속의 인화물 : 300kg
② 질산염류 : 300kg
③ 과염소산 : 300kg
④ 과망가니즈산염류 : 1,000kg

답 ④

15 다음 중 염소산칼륨을 가열하면 발생하는 가스는?

① 염소가스
② 산소가스
③ 산화염소
④ 염화칼륨

해설 약 400℃에서 열분해하기 시작하여 약 610℃에서 완전분해되어 염화칼륨과 산소를 방출한다.
$2KClO_3 \rightarrow 2KCl + 3O_2$

답 ②

16 폭발범위에 대한 설명으로 옳은 것은?

① 압력이 높을수록 폭발범위는 좁아진다.
② 산소와 혼합할 경우에는 폭발범위는 좁아진다.
③ 온도가 높을수록 폭발범위는 넓어진다.
④ 폭발범위의 상한과 하한의 차가 적을수록 위험하다.

해설
① 폭발하한계는 압력이 낮을수록(50mmHg 이하) 거의 무시되며, 폭발상한계는 압력이 높을수록 증가한다.
② 산소와 혼합할 경우에는 폭발범위는 넓어진다.
④ 폭발범위의 상한과 하한의 차가 높을수록 위험하다.

답 ③

17 다음 중 셀룰로이드의 성질에 관한 설명으로 옳은 것은?

① 물, 아세톤, 알코올, 나이트로벤젠, 에터류에 잘 녹는다.
② 물에 용해되지 않으나 아세톤, 알코올에 잘 녹는다.
③ 물, 아세톤에 잘 녹으나 나이트로벤젠 등에서는 불용성이다.
④ 알코올에만 녹는다.

답 ②

18 하이드라진을 약 180℃까지 열분해시켰을 때 발생하는 가스가 아닌 것은?

① 이산화탄소   ② 수소
③ 질소   ④ 암모니아

해설 $2N_2H_4 \rightarrow 2NH_3 + N_2 + H_2$
하이드라진

답 ①

19 T.N.T가 분해될 때 발생하는 주요 가스에 해당하지 않는 것은?

① 질소   ② 수소
③ 암모니아   ④ 일산화탄소

해설 분해 시 질소, 일산화탄소, 수소, 탄소가 발생한다.
$2C_6H_2CH_3(NO_2)_3 \rightarrow 12CO + 2C + 3N_2 + 5H_2$

답 ③

20 제3류 위험물 중 보호액 속에 저장해야 하는 물질들이 있다. 이때, 보호액 속에 저장하는 이유로 가장 옳은 것은?

① 화기를 피하기 위하여
② 공기와의 접촉을 피하기 위하여
③ 산소 발생을 피하기 위하여
④ 승화를 막기 위하여

답 ②

21 아이오딘폼 반응을 하는 물질로 끓는점과 인화점이 낮아 위험성이 있어 화기를 멀리해야 하고 용기는 갈색병을 사용하여 냉암소에 보관해야 하는 물질은?

① CH_3COCH_3　② CH_3CHO
③ C_6H_6　④ $C_6H_5NO_2$

 문제에서 설명하는 물질은 아세톤(CH_3COCH_3)으로, 지극성·휘발성·유동성·가연성 액체이다. 무색이며, 보관 중 백광을 쪼이면 분해하여 과산화물을 생성하고 황색으로 변질되므로, 갈색병에 보관해야 한다. 물과 유기용제에 잘 녹으며 아이오딘폼 반응을 통해 노란색 앙금이 생긴다.

답 ①

22 알코올류 위험물에 대한 설명으로 옳지 않은 것은?

① 탄소수가 1개부터 3개까지인 포화 1가 알코올을 말한다.
② 포소화약제 중 단백포를 사용하는 것이 효과적이다.
③ 메틸알코올은 산화되면 최종적으로 폼산이 된다.
④ 포화 1가 알코올의 수용액의 농도가 60vol% 이상인 것을 말한다.

 알코올류는 한 분자 내의 탄소 원자 수가 3개 이하인 포화 1가의 알코올로서 변성알코올을 포함하며, 알코올 수용액의 농도가 60vol% 이상인 것을 말한다. 알코올류에는 내알코올 포소화약제가 효과적이다.

답 ②

23 나이트로화제로 사용되는 것은?

① 암모니아와 아세틸렌
② 무수크로뮴산과 과산화수소
③ 진한황산과 진한질산
④ 암모니아와 이산화탄소

답 ③

24 다음 물질 중 증기비중이 가장 큰 것은?

① 이황화탄소　② 사이안화수소
③ 에탄올　④ 벤젠

 ① 이황화탄소 : 2.62
② 사이안화수소 : 0.93
③ 에탄올 : 1.59
④ 벤젠 : 2.8
※ 증기비중[M(분자량)/29]은 분자량이 무거울수록 크다.

답 ④

25 산화프로필렌의 성질에 대한 설명으로 옳은 것은?

① 산 및 알칼리와 중합반응을 한다.
② 물속에서 분해하여 에테인을 발생한다.
③ 연소범위가 14~57%이다.
④ 물에 녹기 힘들며, 흡열반응을 한다.

 산화프로필렌의 경우 물에 잘 녹으며, 연소범위는 2.8~37%로 넓은 편이다.

답 ①

26 은백색의 광택이 있는 금속으로 비중은 약 7.86, 융점은 약 1,530℃이고, 열이나 전기의 양도체이며, 염산에 반응하여 수소를 발생하는 것은?

① 알루미늄　② 철
③ 아연　④ 마그네슘

 철(Fe)은 은백색의 광택이 있는 금속으로 비중이 약 7.86, 융점은 약 1,530℃이고, 열이나 전기의 양도체이며, 염산에 반응하여 수소를 발생한다.
$2Fe + 6HCl \rightarrow 2FeCl_3 + 3H_2$

답 ②

27 다음 중 산화성 고체 위험물이 아닌 것은?

① $NaClO_3$　② $AgNO_3$
③ $KBrO_3$　④ $HClO_4$

 ① 염소산나트륨　② 질산은
③ 브로민산칼륨　④ 과염소산(제6류)

답 ④

28 다음 중 소화난이도등급 Ⅰ의 옥외탱크저장소로서 인화점이 70℃ 이상의 제4류 위험물만을 저장하는 탱크에 설치하여야 하는 소화설비는? (단, 지중탱크 및 해상탱크는 제외한다.)

① 물분무소화설비 또는 고정식 포소화설비
② 옥외소화전설비
③ 스프링클러설비
④ 이동식 포소화설비

해설 소화난이도등급 Ⅰ에 해당하는 제조소 등의 소화설비

구분	소화설비
옥외탱크저장소 (황만을 저장·취급)	물분무소화설비
옥외탱크저장소 (인화점 70℃ 이상의 제4류 위험물 취급)	• 물분무소화설비 • 고정식 포소화설비
옥외탱크저장소 (지중 탱크)	• 고정식 포소화설비 • 이동식 이외의 이산화탄소 소화설비 • 이동식 이외의 할로젠화물 소화설비

답 ①

29 PVC 제품 등의 연소 시 발생하는 부식성이 강한 가스로서, 다음 중 노출기준(ppm)이 가장 낮은 것은?

① 암모니아   ② 일산화탄소
③ 염화수소   ④ 황화수소

해설 장시간 노출에서의 최대허용농도
① 암모니아 : 100ppm
② 일산화탄소 : 100ppm
③ 염화수소 : 5ppm
④ 황화수소 : 20ppm

답 ③

30 화재 분류에 따른 소화방법이 옳은 것은?

① 유류화재 - 질식
② 유류화재 - 냉각
③ 전기화재 - 질식
④ 전기화재 - 냉각

해설 화재의 분류

화재 분류	명칭	소화방법
A급 화재	일반화재	냉각소화
B급 화재	유류화재	질식소화
C급 화재	전기화재	피복소화
D급 화재	금속화재	냉각·질식 소화

답 ①

31 이산화탄소를 소화약제로 사용하는 이유로서 옳은 것은?

① 산소와 결합하지 않기 때문에
② 산화반응을 일으키나 발열량이 적기 때문에
③ 산소와 결합하나 흡열반응을 일으키기 때문에
④ 산화반응을 일으키나 환원반응도 일으키기 때문에

해설 이산화탄소는 이미 산화물로서 산소와의 결합이 끝난 상태로, 더 이상 산소와 결합할 수 없어 불연성 물질로서 소화약제로 사용이 가능하다.

답 ①

32 화재 발생 시 물을 사용하여 소화할 수 있는 물질은?

① K_2O_2 ② CaC_2
③ Al_4C_3 ④ P_4

해설 P_4는 황린으로서 물속에 보관하는 물질이다.
① 과산화칼륨(K_2O_2)은 흡습성이 있으므로 물과 접촉하면 발열하며 수산화칼륨(KOH)과 산소(O_2)를 발생한다.
$2K_2O_2 + 2H_2O \rightarrow 4KOH + O_2$
② 탄화칼슘(CaC_2)은 물과 심하게 반응하여 수산화칼슘과 아세틸렌을 만들며, 공기 중 수분과 반응하여도 아세틸렌을 발생한다.
$CaC_2 + 2H_2O \rightarrow Ca(OH)_2 + C_2H_2$
③ 탄화알루미늄(Al_4C_3)은 물과 반응하여 가연성, 폭발성의 메테인가스를 만들며 밀폐된 실내에서 메테인이 축적되는 경우 인화성 혼합기를 형성하여 2차 폭발의 위험이 있다.
$Al_4C_3 + 12H_2O \rightarrow 4Al(OH)_3 + 3CH_4$

답 ④

33 소화설비 중 차고 또는 주차장에 설치하는 분말소화설비의 소화약제는 몇 종 분말인가?
① 제1종 분말 ② 제2종 분말
③ 제3종 분말 ④ 제4종 분말

답 ③

34 화재 발생을 통보하는 경보설비에 해당되지 않는 것은?
① 자동식 사이렌설비
② 누전경보기
③ 비상콘센트설비
④ 가스누설경보기

 ③ 비상콘센트설비 : 소화활동설비

답 ③

35 위험물의 옥외탱크저장소의 탱크 안에 설치하는 고정포방출구 중 플로팅루프탱크에 설치하는 포방출구는?
① 특형 방출구
② Ⅰ형 방출구
③ Ⅱ형 방출구
④ 표면하주입식 방출구

 포방출구의 구분

방출구 형식	지붕구조	주입방식
Ⅰ형	고정지붕구조	상부포주입법
Ⅱ형	고정지붕구조 또는 부상덮개부착 고정지붕구조	상부포주입법
특형	부상지붕구조	상부포주입법
Ⅲ형	고정지붕구조	저부포주입법
Ⅳ형	고정지붕구조	저부포주입법

답 ①

36 옥외저장소에 선반을 설치하는 경우에 선반의 설치높이는 몇 m를 초과하지 않아야 하는가?
① 3   ② 4
③ 5   ④ 6

해설 옥외저장소에 선반을 설치하는 경우 선반의 높이는 6m를 초과하지 않는다.

답 ④

37 다음 중 지하탱크저장소의 수압시험기준으로 옳은 것은?
① 압력외탱크는 상용압력의 30kPa의 압력으로 10분간 실시하여 새거나 변형이 없을 것
② 압력탱크는 최대상용압력의 1.5배의 압력으로 10분간 실시하여 새거나 변형이 없을 것
③ 압력외탱크는 상용압력의 30kPa의 압력으로 20분간 실시하여 새거나 변형이 없을 것
④ 압력탱크는 최대상용압력의 1.1배의 압력으로 10분간 실시하여 새거나 변형이 없을 것

답 ②

38 하나의 간이탱크저장소에 설치하는 간이탱크는 몇 개 이하로 하여야 하는가?
① 2개   ② 3개
③ 4개   ④ 5개

해설 하나의 간이탱크저장소에 설치하는 간이저장탱크의 수 : 3 이하(동일한 품질의 위험물 간이저장탱크의 수 : 2 이상 설치하지 아니할 것)

답 ②

39 제3종 분말소화약제 저장용기의 충전비 범위로 옳은 것은?
① 0.85 이상, 1.45 이하
② 1.05 이상, 1.75 이하
③ 1.50 이상, 2.50 이하
④ 2.50 이상, 3.50 이하

 분말소화약제의 종별 저장용기 충전비

소화약제의 종별	충전비의 범위
1종	0.85 이상, 1.45 이하
2종, 3종	1.05 이상, 1.75 이하
4종	1.50 이상, 2.50 이하

답 ②

40 경유를 저장하는 저장창고의 체적이 50m³인 방호대상물이 있다. 이 저장창고(개구부에는 자동폐쇄장치가 설치됨)에 전역방출방식의 이산화탄소 소화설비를 설치할 경우 소화약제의 저장량은 얼마 이상이어야 하는가?

① 30kg ② 45kg
③ 60kg ④ 100kg

 Q(약제량, kg)
= 방호구역의 체적(m³) × 체적당 약제량(kg/m³)
= 50m³ × 0.9kg/m³ = 45kg
전역방출방식 이산화탄소 소화설비에 저장하는 소화약제의 양

방호구역의 체적(m³)	방호구역의 체적 1m³당 소화약제의 양(kg)	소화약제 총량의 최저한도(kg)
5 미만	1.20	—
5 이상, 15 미만	1.10	6
15 이상, 45 미만	1.00	17
45 이상, 150 미만	0.90	45
150 이상, 1,500 미만	0.80	135
1,500 이상	0.75	1,200

답 ②

41 옥외탱크저장소의 방유제 설치기준으로 옳지 않은 것은?

① 방유제의 용량은 방유제 안에 설치된 탱크가 하나인 때는 그 탱크 용량의 110% 이상으로 한다.
② 방유제의 높이는 0.5m 이상, 3m 이하로 한다.
③ 방유제 내의 면적은 8만 m² 이하로 한다.
④ 높이가 1m를 넘는 방유제의 안팎에는 계단 또는 경사로를 70m마다 설치한다.

 ④ 높이가 1m를 넘는 방유제 및 칸막이둑의 안팎에는 방유제 내에 출입하기 위한 계단 또는 경사로를 약 50m마다 설치한다.

답 ④

42 위험물제조소 등에 전기설비가 설치된 경우 해당 장소의 면적이 500m²라면 몇 개 이상의 소형 수동식 소화기를 설치하여야 하는가?

① 1 ② 2
③ 5 ④ 10

 제조소 등에 전기설비가 설치된 경우 면적 100m²마다 소형 소화기를 1개 이상 설치해야 한다.
∴ 500m² ÷ 100m² = 5개

답 ③

43 높이 15m, 지름 25m인 공지단축 옥외저장탱크에 보유공지의 단축을 위해서 물분무소화설비로 방호조치를 하는 경우 수원의 양은 약 몇 L 이상으로 하여야 하는가?

① 34,221 ② 58,090
③ 70,259 ④ 95,880

탱크의 표면에 방사하는 물의 양은 탱크의 높이 15m 이하마다 원주길이 1m에 대하여 분당 37L 이상으로 하며, 수원의 양은 20분 이상 방사할 수 있는 수량으로 한다.
원주길이 = πD = 3.14 × 25m = 78.5m
∴ 78.5m × 37L/min × 20min = 58,090L

답 ②

44 화학소방자동차가 갖추어야 하는 소화능력 기준으로 틀린 것은?

① 포수용액 방사능력 : 2,000L/min 이상
② 분말 방사능력 : 35kg/s 이상
③ 이산화탄소 방사능력 : 40kg/s 이상
④ 할로젠화합물 방사능력 : 50kg/s 이상

할로젠화합물 방사능력 : 40kg/s 이상일 것

답 ④

45 주유취급소의 보유공지는 너비 15m 이상, 길이 6m 이상의 콘크리트로 포장되어야 한다. 다음 중 가장 적합한 보유공지라고 할 수 있는 것은?

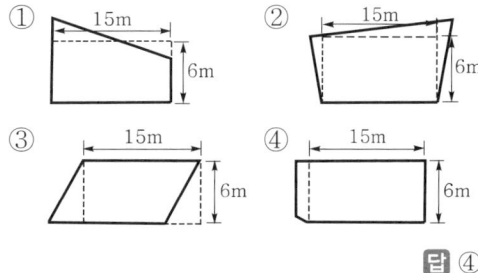

답 ④

46 위험물제조소에 옥내소화전 1개와 옥외소화전 1개를 설치하는 경우 수원의 수량을 얼마 이상 확보하여야 하는가? (단, 위험물제조소는 단층 건축물이다.)

① $5.4m^3$ ② $10.5m^3$
③ $21.3m^3$ ④ $29.1m^3$

 ㉠ 옥내소화전 수원의 양
$Q(m^3) = N \times 7.8m^3$ (N이 5개 이상인 경우 5개)
㉡ 옥외소화전 수원의 양
$Q(m^3) = N \times 13.5m^3$ (N이 4개 이상인 경우 4개)
따라서, 각각을 1개일 경우로 합계하면 $21.3m^3$이다.
답 ③

47 위험물을 운반하기 위한 적재방법 중 차광성이 있는 덮개를 하여야 하는 위험물은?

① 삼산화크로뮴   ② 과염소산
③ 탄화칼슘   ④ 마그네슘

 차광성이 있는 덮개를 하여야 하는 위험물 : 과염소산(제6류 위험물)
답 ②

48 위험물 안전관리자의 책무 및 선임에 대한 설명 중 맞지 않는 것은?

① 위험물 취급에 관한 일지의 작성·기록
② 화재 등의 발생 시 응급조치 및 소방관서에 연락
③ 위험물제조소 등의 계측장치·제어장치 및 안전장치 등의 적정한 유지관리
④ 위험물을 저장하는 각 저장창고의 바닥면적의 합계가 1천m^2 이하인 옥내저장소는 1인의 안전관리자를 중복 선임

 안전관리자의 책무
㉮ 위험물의 취급 작업에 참여하여 해당 작업이 저장 또는 취급에 관한 기술기준과 예방규정에 적합하도록 해당 작업자에 대하여 지시 및 감독하는 업무
㉯ 화재 등의 재난이 발생한 경우 응급조치 및 소방관서 등에 대한 연락 업무
㉰ 위험물시설의 안전을 담당하는 자를 따로 두는 제조소 등의 경우에는 그 담당자에게 다음의 규정에 의한 업무의 지시, 그 밖의 제조소 등의 경우에는 다음의 규정에 의한 업무

㉠ 제조소 등의 위치·구조 및 설비를 기술기준에 적합하도록 유지하기 위한 점검과 점검상황의 기록·보존
㉡ 제조소 등의 구조 또는 설비의 이상을 발견한 경우 관계자에 대한 연락 및 응급조치
㉢ 화재가 발생하거나 화재 발생의 위험성이 현저한 경우 소방관서 등에 대한 연락 및 응급조치
㉣ 제조소 등의 계측장치·제어장치 및 안전장치 등의 적정한 유지·관리
㉤ 제조소 등의 위치·구조 및 설비에 관한 설계도서 등의 정비·보존 및 제조소 등의 구조 및 설비의 안전에 관한 사무의 관리
㉱ 화재 등의 재해 방지와 응급조치에 관하여 인접하는 제조소 등과 그 밖의 관련되는 시설의 관계자와 협조체제의 유지
㉲ 위험물의 취급에 관한 일지의 작성·기록
㉳ 그 밖에 위험물을 수납한 용기를 차량에 적재하는 작업, 위험물설비를 보수하는 작업 등 위험물의 취급과 관련된 작업의 안전에 관하여 필요한 감독의 수행
㉴ 위험물을 저장하는 각 저장창고가 10개 이하인 옥내저장소는 1인의 안전관리자를 중복 선임
답 ④

49 다음 중 허가를 받지 아니하고 해당 제조소 등을 설치할 수 있는 경우로 옳지 않은 것은?

① 주택의 난방시설(공동주택의 중앙난방시설을 제외한다)을 위한 저장소
② 주택의 난방시설(공동주택의 중앙난방시설을 제외한다)을 위한 취급소
③ 농예용으로 필요한 난방시설 또는 건조시설을 위한 지정수량 20배 이하의 저장소
④ 수산용으로 필요한 난방시설 또는 건조시설을 위한 지정수량 40배 이하의 저장소

 다음에 해당하는 제조소 등의 경우에는 허가를 받지 아니하고 해당 제조소 등을 설치하거나 그 위치·구조 또는 설비를 변경할 수 있으며, 신고를 하지 아니하고 위험물의 품명·수량 또는 지정수량의 배수를 변경할 수 있다.
㉠ 주택의 난방시설(공동주택의 중앙난방시설을 제외한다)을 위한 저장소 또는 취급소
㉡ 농예용·축산용 또는 수산용으로 필요한 난방시설 또는 건조시설을 위한 지정수량 20배 이하의 저장소
답 ④

50 옥내저장소에서 제4석유류를 수납하는 용기만을 겹쳐 쌓는 경우에 높이는 얼마를 초과할 수 없는가?

① 3m　　② 4m
③ 5m　　④ 6m

 위험물을 저장하는 경우에는 다음의 규정에 의한 높이를 초과하여 용기를 겹쳐 쌓지 아니할 것
㉠ 기계에 의하여 하역하는 구조로 된 용기만을 겹쳐 쌓는 경우 : 6m
㉡ 제4류 위험물 중 제3석유류, 제4석유류 및 동식물유류를 수납하는 용기만을 겹쳐 쌓는 경우 : 4m
㉢ 그 밖의 경우 : 3m

답 ②

51 다음에서 설명하는 위험물이 분해·폭발하는 경우 가장 많은 부피를 차지하는 가스는?

- 순수한 것은 무색투명한 기름 형태의 액체이다.
- 다이너마이트의 원료가 된다.
- 상온에서는 액체이지만 겨울에는 동결한다.
- 혓바닥을 찌르는 단맛이 나며, 감미로운 냄새가 난다.

① 이산화탄소　　② 수소
③ 산소　　　　　④ 질소

 나이트로글리세린은 제5류 위험물로서 다이너마이트, 로켓, 무연화약의 원료로 순수한 것은 무색투명한 기름성의 액체(공업용 시판품은 담황색)이며, 점화하면 즉시 연소하고 폭발력이 강하다.
$4C_3H_5(ONO_2)_3 \rightarrow 12CO_2 + 10H_2O + 6N_2 + O_2$

답 ①

52 위험물안전관리법령상 운반용기 내용적의 95% 이하의 수납률로 수납하여야 하는 위험물은?

① 과산화벤조일
② 질산메틸
③ 나이트로글리세린
④ 메틸에틸케톤퍼옥사이드

 고체 위험물은 95% 이하의 수납률, 액체 위험물은 98% 이하의 수납률로 수납하여야 한다. 과산화벤조일은 제5류 위험물로서 고체에 해당하므로, 95% 이하의 수납률로 수납하여야 한다.

답 ①

53 이동탱크저장소에 의한 위험물의 장거리 운송 시 2명 이상이 운전하여야 하나 다음 중 그렇게 하지 않아도 되는 위험물은?

① 탄화알루미늄　　② 과산화수소
③ 황린　　　　　　④ 인화칼슘

 위험물운송자는 장거리(고속국도에 있어서는 340km 이상, 그 밖의 도로에 있어서는 200km 이상을 말한다)에 걸치는 운송을 하는 때에는 2명 이상의 운전자로 하여야 한다. 다만, 다음의 하나에 해당하는 경우에는 그러하지 아니하다.
㉠ 운송책임자를 동승시킨 경우
㉡ 운송하는 위험물이 제2류 위험물·제3류 위험물(칼슘 또는 알루미늄의 탄화물과 이것만을 함유한 것에 한한다) 또는 제4류 위험물(특수인화물을 제외한다)인 경우
㉢ 운송 도중에 2시간 이내마다 20분 이상씩 휴식하는 경우

답 ①

54 다음의 데이터를 보고 편차 제곱합(S)을 구하면? (단, 소숫점 3자리까지 구하시오.)

18.8, 19.1, 18.8, 18.2, 18.4, 18.3, 19.0,
18.6, 19.2

① 0.338　　② 1.017
③ 0.114　　④ 1.014

평균 $= \dfrac{\begin{pmatrix}18.8+19.1+18.8+18.2+18.4\\+18.3+19.0+18.6+19.2\end{pmatrix}}{9} = 18.71$

$S = (18.71-18.8)^2 + (18.71-19.1)^2$
$\quad + (18.71-18.8)^2 + (18.71-18.2)^2$
$\quad + (18.71-18.4)^2 + (18.71-18.3)^2$
$\quad + (18.71-19.0)^2 + (18.71-19.2)^2$
$= 1.0168 ≒ 1.017$

답 ②

55 질산암모늄 등 유해·위험 물질의 위험성을 평가하는 방법 중 정량적 방법이 아닌 것은?
① FTA ② ETA
③ CCA ④ PHA

㉠ 정량적 위험성평가 방법 : FTA, ETA, CCA
㉡ 정성적 위험성평가 방법 : PHA

답 ④

56 표준시간을 내경법으로 구하는 수식은?
① 표준시간 = 정미시간 + 여유시간
② 표준시간 = 정미시간 × (1 + 여유율)
③ 표준시간 = 정미시간 × $\left(\dfrac{1}{1-여유율}\right)$
④ 표준시간 = 정미시간 × $\left(\dfrac{1}{1+여유율}\right)$

표준시간의 산정
㉮ 외경법
　㉠ 여유율 = $\dfrac{여유시간(allowable\ time)}{정미시간(normal\ time)}$
　㉡ 표준시간 = 정미시간 + 여유시간
　　　　　　= 정미시간 + (정미시간 × 여유율)
　　　　　　= 정미시간 × (1 + 여유율)
㉯ 내경법
　㉠ 여유율 = $\dfrac{여유시간}{실제\ 근무시간}$
　　　　　= $\dfrac{여유시간}{정미시간+여유시간}$
　㉡ 표준시간 = 정미시간 × $\left(\dfrac{1}{1-여유율}\right)$

답 ③

57 예방보전(preventive maintenance)의 효과로 보기에 거리가 가장 먼 것은?
① 기계의 수리비용이 감소한다.
② 생산시스템의 신뢰도가 향상된다.
③ 고장으로 인한 중단시간이 감소한다.
④ 예비기계를 보유해야 할 필요성이 증가한다.

예방보전은 사후의 보전보다 비용이 적게 드는 경우에 적용될 수 있으며, 정기적인 점검과 조기 수리를 행하는 보전방식으로 일상 점검에 의해 설비 상태를 파악하여 계획적인 수리활동을 행함으로써 생산활동의 중지를 사전에 방지하는 데 그 목적이 있다.

답 ④

58 다음 Ralph M. Barnes 교수가 제시한 동작경제의 원칙 중 작업장 배치에 관한 원칙(arrangement of the workplace)에 해당되지 않는 것은?
① 가급적이면 낙하식 운반방법을 이용한다.
② 모든 공구나 재료는 지정된 위치에 있도록 한다.
③ 충분한 조명을 하여 작업자가 잘 볼 수 있도록 한다.
④ 가급적 용이하고 자연스런 리듬을 타고 일할 수 있도록 작업을 구성하여야 한다.

반스의 동작경제 원칙은 인체의 사용에 관한 원칙, 작업장의 배열에 관한 원칙, 그리고 공구 및 장비의 설계에 관한 원칙이 있다.

답 ④

59 준비작업시간 100분, 개당 정미작업시간 15분, 로트 크기 20일 때 1개당 소요작업시간은 얼마인가? (단, 여유시간은 없다고 가정한다.)
① 15분 ② 20분
③ 35분 ④ 45분

소요작업시간
= $\dfrac{준비작업시간}{로트\ 크기}$ + 개당 정미작업시간
= $\dfrac{100분}{20분}$ + 15분 = 20분

답 ②

60 단계여유(slack)의 표시로 옳은 것은? (단, TE는 가장 이른 예정일, TL은 가장 늦은 예정일, TF는 총 여유시간, FF는 자유 여유시간이다.)
① $TE-TL$ ② $TL-TE$
③ $FF-TF$ ④ $TE-TF$

단계여유는 가장 늦은 예정일에서 가장 이른 예정일을 뺀 값이다.

답 ②

제72회 위험물기능장 필기
(2022년 6월 시행)

01 일정한 압력하에서 30℃인 기체의 부피가 2배로 되었을 때의 온도는?
① 206.25℃ ② 300.15℃
③ 333.15℃ ④ 606.30℃

해설 $\dfrac{V_1}{T_1}=\dfrac{V_2}{T_2}$에서, $\dfrac{V_1}{30+273.15}=\dfrac{2V_1}{T_2}$
$T_2=2\times(30+273.15)=606.3K$
∴ $t[℃]=606.3-273.15=333.15℃$
답 ③

02 원자의 전자껍질에 따른 전자 수용능력으로, N껍질에 들어갈 수 있는 최대 전자수는?
① 2개 ② 8개
③ 18개 ④ 32개

해설 각 전자껍질에 들어가는 최대 전자수 $=2n^2$
∴ $2\times 4^2=32$개
답 ④

03 다음 물질 중에서 이온결합을 하고 있는 것은?
① 다이아몬드 ② 흑연
③ $CuSO_4$ ④ SiO_2

해설 이온결합=금속의 양이온+비금속의 음이온
답 ③

04 결합력의 세기로 본다면 반데르발스힘을 1로 볼 때 수소결합력은?
① 10 ② 50
③ 100 ④ 200

해설 반데르발스힘 : 수소결합 : 공유결합
 $=1:10:100$
답 ①

05 0.2N 염산 250mL와 0.2N 황산 용액 250mL를 혼합한 용액의 규정농도는?
① 0.2N ② 0.3N
③ 0.4N ④ 2N

해설 $NV+N'V'=N''(V+V')$
$0.2\times 250+0.2\times 250=N''(500)$
∴ $N''=0.2N$
답 ①

06 96% 황산으로 2N 황산 500mL를 만들려고 한다. 이 황산은 약 몇 g이 필요한가? (단, 비중은 1로 가정한다.)
① 50.04 ② 51.04
③ 52.06 ④ 52.08

해설 황산 1N=49g이므로 2N=98g이다.
따라서, $1,000:98=500:x$로부터 $x=49g$임을 알 수 있다.
이는 100% 황산의 경우 49g이 필요한 경우이며, 96%의 황산으로 만들려면 $49\times\dfrac{100}{96}=51.04g$이 필요하다.
답 ②

07 다음은 위험물의 저장 및 취급 시 주의사항이다. 어떤 위험물인가?

> 36% 이상의 위험물로서 수용액은 안정제를 가하여 분해를 방지시키고 용기는 착색된 것을 사용하여야 하며, 금속류의 용기 사용은 금한다.

① 염소산칼륨 ② 과염소산마그네슘
③ 과산화나트륨 ④ 과산화수소

해설 그 농도가 36% 이상의 위험물은 과산화수소이다.
답 ④

08 다음 질산염류에서 칠레초석이라고 하는 것은?
① 질산암모늄   ② 질산나트륨
③ 질산칼륨   ④ 질산마그네슘

답 ②

09 산화성 고체 위험물이 아닌 것은?
① $NaClO_3$ ② $AgNO_3$
③ MgO_2 ④ $HClO_4$

해설 ④ $HClO_4$: 산화성 액체

답 ④

10 나이트로셀룰로스의 성질에 대한 설명으로 옳지 않은 것은?
① 알코올과 에터의 혼합액(1 : 2)에 녹지 않는 것을 강면약이라 한다.
② 맛과 냄새가 없고, 물에 잘 녹는다.
③ 저장·수송 시에는 함수 알코올로 습면시켜야 한다.
④ 질화도가 클수록 폭발의 위험성이 크다.

해설 ② 맛과 냄새가 없고, 물에 잘 녹지 않는다.

답 ②

11 다음 중 지정수량이 제일 적은 물질은?
① 칼륨   ② 적린
③ 황린   ④ 질산염류

해설 보기의 지정수량은 다음과 같다.
① 칼륨 : 10kg
② 적린 : 100kg
③ 황린 : 20kg
④ 질산염류 : 300kg

답 ①

12 다음 유지류 중 아이오딘값이 100 이하인 불건성유는?
① 아마인유   ② 참기름
③ 피마자유   ④ 번데기유

해설 ㉠ 건성유 : 아이오딘값이 130 이상인 것
이중결합이 많아 불포화도가 높기 때문에 공기 중에서 산화되어 액표면에 피막을 만드는 기름
예 아마인유, 들기름, 동유, 정어리기름, 해바라기유 등
㉡ 반건성유 : 아이오딘값이 100~130인 것
공기 중에서 건성유보다 얇은 피막을 만드는 기름
예 청어기름, 콩기름, 옥수수기름, 참기름, 면실유(목화씨유), 채종유 등
㉢ 불건성유 : 아이오딘값이 100 이하인 것
공기 중에서 피막을 만들지 않는 안정된 기름
예 올리브유, 피마자유, 야자유, 땅콩기름 등

답 ③

13 다음 할로젠화합물 소화약제 중 종류가 다른 하나는?
① 트라이플루오로메테인
② 퍼플루오로뷰테인
③ 펜타플루오로에테인
④ 헵타플루오로프로페인

해설 ㉮ HFC(Hydro Fluoro Carbon) : 플루오린화탄화수소
  ㉠ 트라이플루오로메테인
  ㉡ 헥사플루오로프로페인
  ㉢ 펜타플루오로에테인
  ㉣ 헵타플루오로프로페인
㉯ HBFC(Hydro Bromo Fluoro Carbon) : 브로민플루오린화탄화수소
㉰ HCFC(Hydro Chloro Fluoro Carbon) : 염화플루오린화탄화수소
㉱ FC or PFC(Perfluoro Carbon) : 플루오린화탄소 또는 퍼플루오로뷰테인
㉲ FIC(Fluoroiodo Carbon) : 플루오린화아이오딘화탄소

답 ②

14 수소화칼륨에 대한 설명으로 옳은 것은?
① 회갈색의 등축정계 결정이다.
② 낮은 온도(150℃)에서 분해된다.
③ 물과 작용하여 수소가 발생한다.
④ 물과의 반응은 흡열반응이다.

해설 $KH + H_2O \rightarrow KOH + H_2$

답 ③

15 황(S)의 저장 및 취급 시의 주의사항으로 옳은 것은?
① 정전기의 축적을 방지한다.
② 환원제로부터 격리시켜 저장한다.
③ 저장 시 목탄가루와 혼합하면 안전하다.
④ 금속과는 반응하지 않으므로 금속제 통에 보관한다.

해설 ② 산화제로부터 격리시켜 저장한다.
③ 산화제와 목탄가루 등이 혼합되어 있을 때 마찰이나 열에 의해 착화 폭발을 일으킨다.
④ 금속과는 반응하므로 금속제 통에 보관하지 않는다.
답 ①

16 다음 중 강화액 소화약제에 해당하는 것은?
① 탄산칼륨(K_2CO_3)
② 인산나트륨(Na_3PO_4)
③ 탄산수소나트륨($NaHCO_3$)
④ 황산알루미늄[$Al_2(SO_4)_3$]

해설 ③ 탄산수소나트륨($NaHCO_3$) : 분말소화약제
④ 황산알루미늄[$Al_2(SO_4)_3$] : 화학포소화약제
답 ①

17 할로젠 소화약제에 해당하지 않는 원소는?
① Ar ② Br
③ F   ④ Cl

해설 할로젠 소화약제의 원소는 F, Cl, Br, I로, Ar은 해당되지 않는다.
답 ①

18 다음 금속원소 중 비점이 가장 높은 것은?
① 리튬
② 나트륨
③ 칼륨
④ 루비듐

해설 원자번호가 낮을수록 비점이 높다.
답 ①

19 분자량 93.1, 비중 약 1.02, 융점 약 -6℃인 액체로 독성이 있고 알칼리금속과 반응하여 수소가스가 발생하는 물질은?
① 글리세린
② 나이트로벤젠
③ 아닐린
④ 아세토나이트릴

해설 ① 글리세린 : 가연성이고 독성이 강하므로 증기를 흡입하거나 액체가 피부에 닿으면 급성 또는 만성 중독을 일으킨다.
② 나이트로벤젠 : 알칼리금속 또는 알칼리토금속과 반응하여 수소와 아닐라이드를 생성한다.
④ 아세토나이트릴 : 분자량 41, 비중 0.79, 융점 -46℃, 인화점 6℃
답 ③

20 최소 발화에너지를 가장 적게 필요로 하는 위험물은?
① 메틸에틸케톤
② 메탄올
③ 등유
④ 에틸에터

해설 ① 메틸에틸케톤 : 제1석유류
② 메탄올 : 알코올류
③ 등유 : 제2석유류
④ 에틸에터 : 특수인화물류
답 ④

21 산화성 액체 위험물의 성질에 대한 설명이 아닌 것은?
① 강산화제로 부식성이 있다.
② 일반적으로 물과 반응하여 흡열한다.
③ 유기물과 반응하여 산화·착화하여 유독가스가 발생한다.
④ 강산화제로 자신은 불연성이다.

해설 ② 일반적으로 물과 반응하여 발열한다.
답 ②

22 제1류 위험물인 염소산나트륨의 위험성에 대한 설명으로 옳지 않은 것은?

① 산과 반응하여 이산화염소를 발생시킨다.
② 가연물과 혼합되어 있으면 약간의 자극에도 폭발할 수 있다.
③ 조해성이 좋으며 철제 용기를 잘 부식시킨다.
④ CO_2 등의 질식소화가 효과적이며 물과의 접촉 시 단독 폭발할 수 있다.

 ① 산과 반응하여 유독한 이산화염소(ClO_2)가 발생한다.
$3NaClO_3 \rightarrow NaClO_4 + Na_2O + 2ClO_2$
④ CO_2 등의 질식소화가 효과적이며 물과의 접촉 시 단독 폭발하지 않는다.

답 ④

23 다음 할로젠 소화기 중 CB소화기(Halon 1011) 약제의 화학식을 올바르게 나타낸 것은?

① CH_2ClBr
② $CBrF_3$
③ CH_3Br
④ CCl_4

 할론 소화약제의 구분

구분	분자식	C	F	Cl	Br
할론 1011	CH_2ClBr	1	0	1	1
할론 2402	$C_2F_4Br_2$	2	4	0	2
할론 1301	CF_3Br	1	3	0	1
할론 1211	CF_2ClBr	1	2	1	1

답 ①

24 다음 중 칼륨의 성질에 대한 설명으로 틀린 것은?

① 산소와 반응하면 산화칼륨을 만든다.
② 습기가 많은 곳에 보관하면 수소가 발생한다.
③ 에틸알코올과 혼촉하면 수소가 발생한다.
④ 아세트산과 반응하면 산소가 발생한다.

 ④ 아세트산과 반응하면 수소가 발생한다.

답 ④

25 인화칼슘에 대한 설명 중 틀린 것은?

① 적갈색의 고체이다.
② 산과 반응하여 인화수소를 발생한다.
③ pH가 7인 중성 물속에 보관하여야 한다.
④ 화재 발생 시 마른모래가 적응성이 있다.

 인화칼슘은 물과 반응하여 수산화칼슘과 포스핀을 발생하는 금수성 물질이다.
$Ca_3P_2 + 6H_2O \rightarrow 3Ca(OH)_2 + 2PH_3$

답 ③

26 윤활제, 화장품, 폭약의 원료로 사용되며, 무색이고, 단맛이 있는 제4류 위험물로 지정수량이 4,000L인 것은?

① $C_6H_3(OH)(NO_2)_2$ ② $C_3H_5(OH)_3$
③ $C_6H_5NO_2$ ④ $C_6H_5NH_2$

 문제는 글리세린에 대한 설명이다.

답 ②

27 다음 중 산화하면 폼알데하이드가 되고 다시 한 번 산화하면 폼산이 되는 것은?

① 에틸알코올 ② 메틸알코올
③ 아세트알데하이드 ④ 아세트산

 • 메틸알코올(CH_3OH) $\xrightarrow{산화}$ 폼알데하이드(HCHO) $\xrightarrow{산화}$ 폼산(HCOOH)
• 에틸알코올(C_2H_5OH) $\xrightarrow{산화}$ 아세트알데하이드(CH_3CHO) $\xrightarrow{산화}$ 초산(CH_3COOH)

답 ②

28 위험물에 대한 적응성 있는 소화설비의 연결이 틀린 것은?

① 질산나트륨 - 포소화설비
② 칼륨 - 인산염류 분말소화설비
③ 경유 - 인산염류 분말소화설비
④ 아세트알데하이드 - 포소화설비

해설 ② 칼륨 - 탄산수소염류 분말소화설비

답 ②

29 2몰의 메테인을 완전히 연소시키는 데 필요한 산소의 몰수는?
① 1몰
② 2몰
③ 3몰
④ 4몰

 $CH_4 + 2O_2 \rightarrow CO_2 + H_2O$
1몰의 메테인이 연소하는 데 2몰의 산소가 필요하므로, 2몰의 메테인이 연소하는 경우에는 4몰이 필요하다.

답 ④

30 제4류 위험물 중 비수용성 인화성 액체의 탱크 화재 시 물을 뿌려 소화하는 것은 적당하지 않다고 한다. 그 이유로 가장 적당한 것은?
① 인화점이 낮아진다.
② 가연성 가스가 발생한다.
③ 화재면(연소면)이 확대된다.
④ 발화점이 낮아진다.

 비수용성인 경우 물보다 가벼워 화재 시 연소를 확대할 수 있다.

답 ③

31 위험물안전관리법령상 위험물별 적응성이 있는 소화설비가 옳게 연결되지 않은 것은?
① 제4류 및 제5류 위험물 – 할로젠화합물 소화기
② 제4류 및 제6류 위험물 – 인산염류 분말소화기
③ 제1류 알칼리금속과산화물 – 탄산수소염류 분말소화기
④ 제2류 및 제3류 위험물 – 팽창질석

 할로젠화합물 소화설비는 전기설비, 인화성 고체, 그리고 제4류 위험물에 적응성이 있다.

답 ①

32 위험물제조소 등에 설치하는 이산화탄소 소화설비에 있어 저압식 저장용기에 설치하는 압력경보장치의 작동압력 기준은?
① 0.9MPa 이하, 1.3MPa 이상
② 1.9MPa 이하, 2.3MPa 이상
③ 0.9MPa 이하, 2.3MPa 이상
④ 1.9MPa 이하, 1.3MPa 이상

 이산화탄소를 저장하는 저압식 저장용기 기준
㉠ 이산화탄소를 저장하는 저압식 저장용기에는 액면계 및 압력계를 설치할 것
㉡ 이산화탄소를 저장하는 저압식 저장용기에는 2.3MPa 이상의 압력 및 1.9MPa 이하의 압력에서 작동하는 압력경보장치를 설치할 것
㉢ 이산화탄소를 저장하는 저압식 저장용기에는 용기 내부의 온도를 영하 20℃ 이상 영하 18℃ 이하로 유지할 수 있는 자동냉동기를 설치할 것
㉣ 이산화탄소를 저장하는 저압식 저장용기에는 파괴판을 설치할 것
㉤ 이산화탄소를 저장하는 저압식 저장용기에는 방출밸브를 설치할 것

답 ②

33 이황화탄소의 옥외저장탱크에 대한 설명으로 옳은 것은?
① 바닥의 두께 0.2m 이상의 벽과 바닥이 새지 아니하는 철근콘크리트조의 수조에 넣어 물속에 설치한다.
② 방유제의 높이는 0.5m 이상, 3m 이하로 한다.
③ 방유제 내에는 물을 배출시키기 위한 배수구를 설치하고, 그 외부에는 이를 개폐하는 밸브를 설치한다.
④ 높이가 1m를 넘는 방유제의 안팎에 폭 1.5m 이상의 계단 등을 설치하여야 한다.

 이황화탄소(CS_2)의 옥외저장탱크는 물속에 잠긴 탱크로 하지 않으면 안 된다. 이황화탄소는 특수인화물로 분류되며 비중 1.3으로 물에 용해되지 않는다.

답 ①

34 할로젠화합물 소화설비에 사용하는 소화약제 중 가압식 저장용기에 충전할 때 저장용기의 충전비로 옳은 것은?

① 0.67 이상, 2.75 미만
② 0.7 이상, 1.4 이하
③ 0.9 이상, 1.6 이하
④ 0.51 이상, 0.67 미만

해설 저장용기에 따른 할로젠화합물의 충전비

종류	충전비		
	1301	1211	2402
축압식	0.9~1.6	0.7~1.4	0.67~2.75
가압식	−	−	0.51~0.67

답 ④

35 주유취급소에서의 위험물의 취급기준으로 옳지 않은 것은?

① 자동차에 주유 시 고정주유설비를 사용하여 직접 주유하여야 한다.
② 고정주유설비에 유류를 공급하는 배관은 전용 탱크로부터 고정주유설비에 직접 접결된 것이어야 한다.
③ 유분리장치에 고인 유류는 넘치지 않도록 수시로 퍼내야 한다.
④ 주유 시 자동차 등의 원동기는 정지시킬 필요는 없으나 자동차의 일부가 주유취급소의 공지 밖에 나와서는 안 된다.

해설 ④ 주유 시 자동차 등의 원동기는 정지시키며, 자동차의 일부가 주유취급소의 공지 밖에 나와서는 안 된다.

답 ④

36 이동탱크저장소에 설치하는 방파판의 기능에 대한 설명으로 가장 적절한 것은?

① 출렁임 방지
② 유증기 발생의 억제
③ 정전기 발생 제거
④ 파손 시 유출 방지

해설 방파판 설치기준
㉠ 재질은 두께 1.6 mm 이상의 강철판으로 제작
㉡ 출렁임 방지를 위해 하나의 구획부분에 2개 이상의 방파판을 이동탱크저장소의 진행방향과 평행으로 설치하되, 그 높이와 칸막이로부터의 거리를 다르게 할 것
㉢ 하나의 구획부분에 설치하는 각 방파판의 면적 합계는 해당 구획부분의 최대수직단면적의 50% 이상으로 할 것. 다만, 수직단면이 원형이거나 짧은 지름이 1m 이하의 타원형인 경우에는 40% 이상으로 할 수 있다.

답 ①

37 특정 옥외저장탱크 구조기준 중 필렛 용접의 사이즈(S, mm)를 구하는 식으로 옳은 것은? (단, t_1 : 얇은 쪽 강판의 두께(mm), t_2 : 두꺼운 쪽 강판의 두께(mm)이다.)

① $t_1 = S = t_2$
② $t_1 \geq S \geq \sqrt{2t_2}$
③ $\sqrt{2t_1} = S = t_2$
④ $t_1 = S = 2t_2$

해설 옆 판의 용접은 필렛 용접의 사이즈로 다음 식에 의하여 구한 값으로 할 것
$t_1 \geq S \geq \sqrt{2t_2}$ (단, $S \geq 4.5$)
여기서, t_1 : 얇은 쪽 강판의 두께(mm)
t_2 : 두꺼운 쪽 강판의 두께(mm)
S : 사이즈(mm)

답 ②

38 이동탱크저장소의 탱크는 그 내부에 몇 L 이하마다 3.2mm 이상의 강철판 칸막이를 설치하는가?

① 1,000L
② 2,000L
③ 3,000L
④ 4,000L

해설 이동탱크저장소의 안전칸막이 설치기준
㉠ 두께 3.2mm 이상의 강철판으로 제작
㉡ 4,000L 이하마다 구분하여 설치

답 ④

39 간이저장탱크에 설치하는 통기관의 기준에 대한 설명으로 옳은 것은?

① 통기관의 지름은 20mm 이상으로 한다.
② 통기관은 옥내에 설치하고 그 끝부분의 높이는 지상 1.5m 이상으로 한다.
③ 가는 눈의 구리망 등으로 인화방지장치를 한다.
④ 통기관의 끝부분은 수평면에 대하여 아래로 35° 이상 구부려 빗물 등이 들어가지 않도록 한다.

① 통기관의 지름은 25mm 이상으로 한다.
② 통기관은 옥외에 설치하고 그 끝부분의 높이는 지상 1.5m 이상으로 한다.
④ 통기관의 끝부분은 수평면에 대하여 아래로 45° 이상 구부려 빗물 등이 들어가지 않도록 한다.

답 ③

40 스프링클러설비의 쌍구형 송수구에 대한 설명 중 틀린 것은?

① 송수구의 결합 금속구는 탈착식 또는 나사식으로 한다.
② 송수구에는 그 직근의 보기 쉬운 장소에 송수용량 및 송수시간을 함께 표시하여야 한다.
③ 소방펌프자동차가 용이하게 접근할 수 있는 위치에 설치한다.
④ 송수구의 결합 금속구는 지면으로부터 0.5m 이상, 1m 이하 높이의 송수에 지장이 없는 위치에 설치한다.

② 송수구에는 그 직근의 보기 쉬운 장소에 "스프링클러용 송수구"라고 표시하고, 그 송수압력범위를 함께 표시하여야 한다.

답 ②

41 옥외저장탱크의 펌프설비 설치기준으로 틀린 것은?

① 펌프실의 지붕은 폭발력이 위로 방출될 정도의 가벼운 불연재료로 할 것
② 펌프실의 창 및 출입구에는 60분+방화문·60분방화문 또는 30분방화문을 설치할 것
③ 펌프실의 바닥 주위에는 높이 0.2m 이상의 턱을 만들 것
④ 펌프설비의 주위에는 너비 1m 이상의 공지를 보유할 것

④ 펌프설비의 주위에는 너비 3m 이상의 공지를 보유한다(단, 방화상 유효한 격벽으로 설치하는 경우와 제6류 위험물 또는 지정수량의 10배 이하 위험물의 옥외저장탱크의 펌프설비에 있어서는 그러하지 아니하다).

답 ④

42 위험물안전관리법령상 옥내저장탱크의 상호 간에는 몇 m 이상의 간격을 유지하여야 하는가?

① 0.3m
② 0.5m
③ 1.0m
④ 1.5m

탱크와 탱크전용실과의 이격거리
㉠ 탱크와 탱크전용실 외벽(기둥 등 돌출한 부분은 제외) : 0.5m 이상
㉡ 탱크와 탱크 상호간 : 0.5m 이상(단, 탱크의 점검 및 보수에 지장이 없는 경우는 거리제한 없음)

답 ②

43 위험물안전관리법령상 지정수량의 각각 10배를 운반 시 혼재할 수 있는 위험물은?

① 과산화나트륨과 과염소산
② 과망가니즈산칼륨과 적린
③ 질산과 알코올
④ 과산화수소와 아세톤

유별을 달리하는 위험물의 혼재기준

위험물의 구분	제1류	제2류	제3류	제4류	제5류	제6류
제1류		×	×	×	×	○
제2류	×		×	○	○	×
제3류	×	×		○	×	×
제4류	×	○	○		○	×
제5류	×	○	×	○		×
제6류	○	×	×	×	×	

① 과산화나트륨(제1류)과 과염소산(제6류)
② 과망가니즈산칼륨(제1류)과 적린(제2류)
③ 질산(제6류)과 알코올(제4류)
④ 과산화수소(제6류)와 아세톤(제4류)

답 ①

44 위험물안전관리법령상 옥외저장소에 저장할 수 없는 위험물은? (단, 국제해상위험물규칙에 적합한 용기에 수납된 위험물인 경우를 제외한다.)

① 질산에스터류 ② 질산
③ 제2석유류   ④ 동식물유류

 옥외저장소에 저장할 수 있는 위험물
㉠ 제2류 위험물 중 황, 인화성 고체(인화점이 0℃ 이상인 것에 한함)
㉡ 제4류 위험물 중 제1석유류(인화점이 0℃ 이상인 것에 한함), 제2석유류, 제3석유류, 제4석유류, 알코올류, 동식물유류
㉢ 제6류 위험물

답 ①

45 할로젠화합물 소화약제의 종류가 아닌 것은?

① HFC-125   ② HFC-227ea
③ HFC-23   ④ CTC-124

해설 할로젠화합물 소화약제의 종류
㉠ 펜타플루오로에테인(HFC-12)
㉡ 헵타플루오로프로페인(HFC-227ea)
㉢ 트라이플루오로메테인(HFC-23)
㉣ 도데카플루오로-2-메틸펜테인-3-원(FK-5-1-12)

답 ④

46 스프링클러 소화설비가 전체적으로 적응성이 있는 대상물은?

① 제1류 위험물
② 제2류 위험물
③ 제4류 위험물
④ 제5류 위험물

 제5류 위험물은 다량의 주수에 의한 냉각소화가 유효하다.

답 ④

47 위험물 운반용기의 재질로 적합하지 않은 것은?

① 금속판, 유리, 플라스틱
② 플라스틱, 놋쇠, 아연판
③ 합성수지, 파이버, 나무
④ 폴리에틸렌, 유리, 강철판

 운반용기의 재질은 강판, 알루미늄판, 양철판, 유리, 금속판, 종이, 플라스틱, 섬유판, 고무류, 합성섬유, 삼, 짚 또는 나무로 한다.

답 ②

48 그림과 같이 원형 탱크를 설치하여 일정량의 위험물을 저장·취급하려고 한다. 탱크의 내용적은 얼마인가?

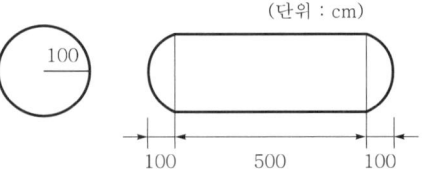

① 16.67 m³   ② 17.80 m³
③ 18.85 m³   ④ 19.96 m³

내용적 $= \pi r^2 \left(l + \dfrac{l_1 + l_2}{3} \right)$
$= \pi 100^2 \left(500 + \dfrac{100 + 100}{3} \right)$
$= 17,802,358 \text{cm}^3 \div 100,000$
$= 17.80 \text{m}^3$

답 ②

49 위험물안전관리자의 책무가 아닌 것은?
① 화재 등의 재난이 발생한 경우 응급조치 및 소방관서 등에 대한 연락 업무
② 화재 등의 재해의 방지에 관하여 인접하는 제조소 등과 그 밖의 관련되는 시설의 관계자와 협조체제 유지
③ 위험물의 취급에 관한 일지의 작성·기록
④ 안전관리대행기관에 대하여 필요한 지도·감독

해설 ④ 안전관리대행기관에 대하여 필요한 지도·감독은 위험물안전관리자의 책무에 해당되지 않는다.

답 ④

50 시·도지사는 제조소 등에 대한 사용의 정지가 그 이용자에게 심한 불편을 주거나 그 밖에 공익을 해칠 우려가 있는 때에는 사용정지 처분에 갈음하여 얼마 이하의 과징금을 부과할 수 있나?
① 1억원 ② 2억원
③ 3억원 ④ 4억원

답 ②

51 위험물안전관리법령에서 정한 위험물의 취급에 관한 기준이 아닌 것은?
① 분사도장작업은 방화상 유효한 격벽 등으로 구획된 안전한 장소에서 실시한다.
② 추출공정에서는 추출관의 외부 압력이 비정상적으로 상승하지 않도록 한다.
③ 열처리작업은 위험물이 위험한 온도에 도달하지 않도록 한다.
④ 증류공정에 있어서는 위험물을 취급하는 설비의 내부 압력의 변동 등에 의하여 액체 또는 증기가 새지 않도록 한다.

해설 ② 추출공정에 있어서는 추출관의 내부 압력이 비정상적으로 상승하지 아니하도록 할 것

답 ②

52 다음의 저장소에 있어서 1인의 위험물 안전관리자를 중복하여 선임할 수 있는 경우에 해당하지 않는 것은?
① 동일 구내에 있는 7개의 옥내저장소를 동일인이 설치한 경우
② 동일 구내에 있는 21개의 옥외탱크저장소를 동일인이 설치한 경우
③ 상호 100m 이내의 거리에 있는 15개의 옥외저장소를 동일인이 설치한 경우
④ 상호 100m 이내의 거리에 있는 6개의 암반탱크저장소를 동일인이 설치한 경우

해설 다수의 제조소 등을 설치한 자가 1인의 안전관리자를 중복하여 선임할 수 있는 경우
㉮ 보일러·버너 또는 이와 비슷한 것으로서 위험물을 소비하는 장치로 이루어진 7개 이하의 일반취급소와 그 일반취급소에 공급하기 위한 위험물을 저장하는 저장소를 동일인이 설치한 경우
㉯ 위험물을 차량에 고정된 탱크 또는 운반용기에 옮겨 담기 위한 5개 이하의 일반취급소(일반취급소 간의 거리가 300m 이내인 경우에 한함)와 그 일반취급소에 공급하기 위한 위험물을 저장하는 저장소를 동일인이 설치한 경우
㉰ 동일 구내에 있거나 상호 100m 이내의 거리에 있는 저장소로서 저장소의 규모, 저장하는 위험물의 종류 등을 고려하여 행정안전부령이 정하는 저장소를 동일인이 설치한 경우
㉱ 다음의 기준에 모두 적합한 5개 이하의 제조소 등을 동일인이 설치한 경우
  ㉠ 각 제조소 등이 동일 구내에 위치하거나 상호 100m 이내의 거리에 있을 것
  ㉡ 각 제조소 등에서 저장 또는 취급하는 위험물의 최대수량이 지정수량의 3,000배 미만일 것(단, 저장소는 제외)
㉲ 10개 이하의 옥내저장소
㉳ 30개 이하의 옥외탱크저장소
㉴ 옥내탱크저장소
㉵ 지하탱크저장소
㉶ 간이탱크저장소
㉷ 10개 이하의 옥외저장소
㉮ 10개 이하의 암반탱크저장소

답 ③

53 알코올류의 탄소수가 증가함에 따른 일반적인 특징으로 옳은 것은?
① 인화점이 낮아진다.
② 연소범위가 넓어진다.
③ 증기비중이 증가한다.
④ 비중이 증가한다.

 알코올류의 탄소수가 증가한다는 것은 분자량이 증가하는 것이므로 증기비중이 증가한다.
답 ③

54 위험물안전관리자의 선임신고를 허위로 한 자에게 부과하는 과태료의 금액은?
① 100만원 ② 150만원
③ 200만원 ④ 300만원

 위험물안전관리자를 허위로 신고한 자, 신고를 하지 아니한 자는 모두 과태료 200만원에 해당한다.
답 ③

55 월 100대의 제품을 생산하는데 셰이퍼 1대의 제품 1대당 소요공수가 $14.4H$라 한다. 1일 $8H$, 월 25일 가동한다고 할 때 이 제품 전부를 만드는 데 필요한 셰이퍼의 필요대수를 계산하면? (단, 작업자 가동률 80%, 셰이퍼 가동률 90%이다.)
① 8대 ② 9대
③ 10대 ④ 11대

 $14.4 \times 0.8 = 11.52$
$8 \times 25 \times 0.9 = 180/100$대$=1.8$
$11.52 - 1.8 = 9.72$대
답 ③

56 모집단을 몇 개의 층으로 나누고 각 층으로부터 각각 랜덤하게 시료를 뽑는 샘플링 방법은?
① 층별샘플링 ② 2단계샘플링
③ 계통샘플링 ④ 단순샘플링
답 ①

57 문제가 되는 결과와 이에 대응하는 원인과의 관계를 알기 쉽게 도표로 나타낸 것은?
① 산포도 ② 파레토도
③ 히스토그램 ④ 특성요인도
답 ④

58 계수규준형 샘플링검사의 OC 곡선에서 좋은 로트를 합격시키는 확률을 뜻하는 것은? (단, α는 제1종 과오, β는 제2종 과오이다.)
① α ② β
③ $1-\alpha$ ④ $1-\beta$

 제1종 과오는 생산자 위험확률, 제2종 과오는 소비자 위험확률로서, 좋은 로트를 합격시키는 확률을 의미하는 것은 전체에서 생산자 위험확률을 뺀 값으로 표시한다.
답 ③

59 로트 크기가 1,000, 부적합품률이 15%인 로트에서 5개의 랜덤 시료 중 발견된 부적합품 수가 1개일 확률을 이항분포로 계산하면 약 얼마인가?
① 0.1648 ② 0.3915
③ 0.6085 ④ 0.8352

 확률
$=$시료의 개수$\times$부적합품률(%)$\times$(적합품률)^4(%)
$=5 \times 0.15 \times (0.85)^4$
$=0.3915$
답 ②

60 소비자가 요구하는 품질로서 설계와 판매정책에 반영되는 품질을 의미하는 것은?
① 시장품질 ② 설계품질
③ 제조품질 ④ 규격품질
답 ①

제73회 (2023년 1월 시행) 위험물기능장 필기

01 10g의 프로페인이 연소하면 몇 g의 CO_2가 발생하는가? (단, 반응식은 $C_3H_8 + 5O_2 \rightarrow 3CO_2 + 4H_2O$, 원자량은 C=12, O=16, H=1이다.)
① 25g ② 27g
③ 30g ④ 33g

해설
$$\frac{10g-C_3H_8}{} \bigg| \frac{1mol-C_3H_8}{44g-C_3H_8} \bigg| \frac{3mol-CO_2}{1mol-C_3H_8}$$
$$\bigg| \frac{44g-CO_2}{1mol-CO_2} = 30g-CO_2$$
$$\therefore x = \frac{10 \times 3 \times 44}{44} = 30g$$

답 ③

02 원자의 반지름이 이온의 반지름보다 작은 것은?
① Cl ② Cu
③ Al ④ Mg

해설 원자와 이온의 반지름은 음이온(비금속)은 크며, 양이온(금속)은 작다.
① Cl은 비금속이다.

답 ①

03 다음 중 산의 정의가 적절하지 못한 것은?
① 수용액에서 옥소늄이온을 낼 수 있는 분자 또는 이온
② 플로톤을 낼 수 있는 분자 또는 이온
③ 비공유 전자쌍을 주는 이온 또는 분자
④ 비공유 전자쌍을 받아들이는 이온 또는 분자

해설 비공유 전자쌍을 주는 것이 염기이다.

답 ③

04 다음 물질 중 공유결합성 물질이 아닌 것은?
① Cl_2 ② NaCl
③ HCl ④ H_2O

해설 ② NaCl은 이온결합성 물질이다.

답 ②

05 25℃에서 어떤 물질은 그 포화 용액 300g 속에 50g이 녹아 있다. 이 온도에서 이 물질의 용해도는 얼마인가?
① 10 ② 20
③ 30 ④ 40

해설 용해도 = $\frac{용질}{용매} \times 100 = \frac{50}{300-50} \times 100 = 20$

답 ②

06 황산 수용액 1L 중 순황산이 4.9g 용해되어 있다. 이 용액의 농도는 얼마가 되겠는가?
① 9.8% ② 0.2M
③ 0.2N ④ 0.1N

해설 $N = \frac{4.9/49}{1} = 0.1N$

답 ④

07 황린(P_4)이 공기 중에서 발화했을 때 생성된 화합물은?
① P_2O_5 ② P_2O_3
③ P_5O_2 ④ P_3O_2

해설 황린이 공기 중에서 발화하면 오산화인(P_2O_5)이 생성되며, 이때 오산화인은 흰 연기가 발생한다.
$P_4 + 5O_2 \rightarrow 2P_2O_5$

답 ①

08 다음 중 제1류 위험물이 아닌 것은?
① Al_4C_3
② $KMnO_4$
③ $NaNO_3$
④ NH_4NO_3

 ① Al_4C_3 : 제3류 위험물

답 ①

09 H_2O_2는 농도가 일정 이상으로 높을 때 단독으로 폭발한다. 몇 %(중량) 이상일 때인가?
① 30%   ② 40%
③ 50%   ④ 60%

 과산화수소의 농도 60% 이상인 것은 충격에 의해 단독 폭발의 위험이 있으며, 고농도의 것은 알칼리, 금속분, 암모니아, 유기물 등과 접촉 시 가열이나 충격에 의해 폭발한다.

답 ④

10 소화기의 적응성에 의한 분류 중 옳게 연결되지 않은 것은?
① A급 화재용 소화기 - 주수, 산알칼리포
② B급 화재용 소화기 - 이산화탄소, 소화분말
③ C급 화재용 소화기 - 전기전도성이 없는 불연성 기체
④ D급 화재용 소화기 - 주수, 분말소화제

 ④ D급 화재용 소화기 - 분말소화제(dry powder)

답 ④

11 크산토프로테인 반응과 관계있는 물질은?
① 황산
② 클로로설폰산
③ 무수크로뮴산
④ 질산

 질산이 피부에 닿으면 노란색으로 변색이 되는 크산토프로테인 반응을 한다.

답 ④

12 포소화약제의 하나인 수성막포의 특성에 대한 설명으로 옳지 않은 것은?
① 플루오린계 계면활성포의 일종이며 라이트워터라고 한다.
② 소화원리는 질식작용과 냉각작용이다.
③ 타 포소화약제보다 내열성·내포화성이 높아 기름 화재에 적합하다.
④ 단백포보다 독성이 없으나 장기보존성이 떨어진다.

 ④ 단백포보다 독성이 없으나 장기보존성이 우수하다.

답 ④

13 하이드라진(hydrazine)에 대한 설명으로 옳지 않은 것은?
① NH_3를 ClO^- 이온으로 산화시켜 얻는다.
② Raschig법에 의하여 제조된다.
③ 주된 용도는 산화제로서의 작용이다.
④ 수소결합에 의해 강하게 결합되어 있다.

③ 주된 용도는 플라스틱 발포제 등의 환원제로서의 작용이다.

답 ③

14 과산화나트륨(Na_2O_2)의 저장법으로 가장 옳은 것은?
① 유기물질, 황분, 알루미늄분 등의 혼입을 막고 수분이 들어가지 않게 밀전 및 밀봉하여야 한다.
② 유기물질, 황분, 알루미늄분 등의 혼입을 막고 수분에 관계없이 저장해도 좋다.
③ 유기물질, 황분, 알루미늄분 등의 혼입과 관계없이 수분만 들어가지 않게 밀전 및 밀봉하여야 한다.
④ 유기물질과 혼합하여 저장해도 좋다.

② 유기물질, 황분, 알루미늄분 등의 혼입을 막고 수분의 침투를 막는다.
③ 유기물질, 황분, 알루미늄분 등의 혼입 및 수분이 들어가지 않게 밀전 및 밀봉하여야 한다.
④ 유기물질과 혼합하지 않도록 한다.

답 ①

15 과산화벤조일은 중량 함유량(%)이 얼마 이상일 때 위험물로 취급되는가?
① 30   ② 35.5
③ 40   ④ 50

 제5류 위험물 중 유기과산화물을 함유하는 것 중에서 불활성 고체를 함유하는 것으로서 다음의 1에 해당하는 것은 위험물에서 제외한다.
㉠ 과산화벤조일의 함유량이 35.5중량퍼센트 미만인 것으로서 전분가루, 황산칼슘2수화물 또는 인산수소칼슘2수화물과의 혼합물
㉡ 비스(4-클로로벤조일)퍼옥사이드의 함유량이 30중량퍼센트 미만인 것으로서 불활성 고체와의 혼합물
㉢ 과산화다이쿠밀의 함유량이 40중량퍼센트 미만인 것으로서 불활성 고체와의 혼합물
㉣ 1・4비스(2-터셔리뷰틸퍼옥시아이소프로필)벤젠의 함유량이 40중량퍼센트 미만인 것으로서 불활성 고체와의 혼합물
㉤ 사이클로헥사논퍼옥사이드의 함유량이 30중량퍼센트 미만인 것으로서 불활성 고체와의 혼합물
답 ②

16 중질유 탱크 등의 화재 시 물이나 포말을 주입하면 수분의 급격한 증발에 의하여 유면이 거품을 일으키거나 열유의 교란에 의하여 열유층 밑의 냉유가 급격히 팽창하여 유면을 밀어 올리는 위험한 현상은?
① Oil-over 현상
② Slop-over 현상
③ Water hammering 현상
④ Priming 현상

 ① Oil-over 현상 : 유류 탱크에 유류 저장량을 50% 이하로 저장하는 경우 화재가 발생하면 탱크 내의 공기가 팽창하면서 폭발하는 현상
③ Water hammering 현상 : 배관 속을 흐르는 유체의 속도가 급속히 변화 시 유체의 운동에너지가 압력으로 변화되어 배관 및 장치에 영향을 미치는 현상
④ Priming 현상 : 소화설비의 펌프에 공기고임 현상
답 ②

17 다음 물질 중 무색 또는 백색의 결정으로 비중이 약 1.8이고 융점이 약 202℃이며 물에는 불용인 것은?
① 피크르산
② 다이나이트로레조르신
③ 트라이나이트로톨루엔
④ 헥소겐

 ① 피크르산 : 강한 쓴맛과 독성이 있는 휘황색의 편평한 침상 결정
② 다이나이트로레조르신 : 약 160℃에서 분해하는 폭발성 회색 결정
③ 트라이나이트로톨루엔 : 담황색의 주상 결정, 비중은 1.8, 융점은 81℃, 물에는 불용
답 ④

18 다음 중 알칼리토금속의 과산화물로서 비중이 약 4.96, 융점이 약 450℃인 것으로 비교적 안정한 물질은?
① BaO_2 ② CaO_2
③ MgO_2 ④ BeO_2

 BaO_2(과산화바륨)의 성질
㉠ 분자량 169, 비중 4.96, 분해온도 840℃, 융점 450℃이다.
㉡ 무기과산화물 중 분해온도가 가장 높다.
㉢ 정방형의 백색 분말로 냉수에는 약간 녹으나, 묽은산에는 잘 녹는다.
㉣ 알칼리토금속의 과산화물 중 매우 안정적인 물질이다.
답 ①

19 다음 중 유동하기 쉽고 휘발성인 위험물로 특수 인화물에 속하는 것은?
① $C_2H_5OC_2H_5$ ② CH_3COCH_3
③ C_6H_6 ④ $C_6H_4(CH_3)_2$

 ① 다이에틸에터($C_2H_5OC_2H_5$) : 특수인화물로, 비점이 낮고 무색투명하며, 인화점이 낮고 휘발성이 강하다.
② 아세톤(CH_3COCH_3), ③ 벤젠(C_6H_6), ④ 자일렌[$C_6H_4(CH_3)_2$] : 제1석유류
답 ①

20 CS₂는 화재 예방상 액면 위에 물을 채워두는 경우가 많다. 그 이유로 맞는 것은?
① 산소와의 접촉을 피하기 위하여
② 가연성 증기의 발생을 방지하기 위하여
③ 공기와 접촉하면 발화되기 때문에
④ 불순물을 물에 용해시키기 위하여

 물보다 무겁고 물에 녹기 어렵기 때문에 가연성 증기의 발생을 억제하기 위해 물(수조)속에 저장한다.
답 ②

21 가연성 고체 위험물의 공통적인 성질이 아닌 것은?
① 낮은 온도에서 발화하기 쉬운 가연성 물질이다.
② 연소속도가 빠른 고체이다.
③ 물에 잘 녹는다.
④ 비중은 1보다 크다.

 ③ 물에 녹지 않는다.
답 ③

22 자동차의 부동액으로 많이 사용되는 에틸렌글리콜을 가열하거나 연소했을 때 주로 발생되는 가스는?
① 일산화탄소 ② 인화수소
③ 포스겐가스 ④ 메테인

 상온에서는 인화의 위험이 없으나 가열하면 연소 위험성이 증가하고 가열하거나 연소에 의해 자극성 또는 유독성의 일산화탄소가 발생한다.
답 ①

23 휘발유의 위험성 중 잘못 설명하고 있는 것은?
① 증기는 정전기 스파크에 의해서 인화된다.
② 휘발유의 연소범위는 아세트알데하이드보다 넓다.
③ 비전도성으로 정전기의 발생·축적이 용이하다.
④ 강산화제, 강산류와의 혼촉 발화 위험이 있다.

 ② 휘발유(1.2~7.6%)의 연소범위는 아세트알데하이드(4.1~57%)보다 좁다.
답 ②

24 제5류 위험물에 대한 설명으로 틀린 것은?
① 다이아조화합물은 모두 산소를 함유하고 있다.
② 유기과산화물의 경우 질식소화는 효과가 없다.
③ 연소생성물 중에는 유독성 가스가 많다.
④ 대부분이 고체이고, 일부 품목은 액체이다.

 ① 다이아조화합물 중 다이아조메테인(CH_2N_2)은 산소를 함유하지 않는다.
답 ①

25 염소산칼륨의 성질로 옳은 것은?
① 회색의 비결정성 물질이다.
② 약 400℃에서 열분해한다.
③ 가연성이고, 강력한 환원제이다.
④ 비중은 약 1.2이다.

 염소산칼륨은 비중 2.32로서 무색·무취의 결정 또는 분말로서 불연성이고, 강산화제에 해당하며, 약 400℃에서 열분해한다.
$2KClO_3 \xrightarrow{\Delta} 2KCl + 3O_2$
답 ②

26 제1류 위험물인 염소산나트륨의 위험성에 대한 설명으로 틀린 것은?
① 산과 반응하여 유독한 이산화염소를 발생시킨다.
② 가연물과 혼합되어 있으면 충격·마찰에 의해 폭발할 수 있다.
③ 조해성이 강하고 철을 부식시키므로 철제 용기에는 저장하지 말아야 한다.
④ 물과의 접촉 시 폭발할 수 있으므로 CO_2 등의 질식소화가 효과적이다.

 염소산나트륨은 제1류 산화성 고체로서 조해성·흡습성이 있고, 물, 알코올, 글리세린, 에터 등에 잘 녹으며, 물에 의한 냉각소화가 유효하다.
답 ④

27 다음 중 제4류 위험물에 속하는 물질을 보호액으로 사용하는 것은?
① 벤젠
② 황
③ 칼륨
④ 질산에틸

 금속칼륨은 습기나 물에 접촉하지 않도록 보호액(석유, 벤젠, 파라핀 등) 속에 저장한다.

답 ③

28 위험물의 화재 시 소화방법으로 적절하지 않은 것은?
① 마그네슘 : 마른모래를 사용한다.
② 인화칼슘 : 다량의 물을 사용한다.
③ 나이트로글리세린 : 다량의 물을 사용한다.
④ 알코올 : 내알코올포소화약제를 사용한다.

 인화칼슘은 물과 반응하여 가연성이며, 독성이 강한 인화수소(PH_3, 포스핀) 가스를 발생시키므로 물로 소화해서는 안 된다.
$Ca_3P_2 + 6H_2O \rightarrow 3Ca(OH)_2 + 2PH_3$

답 ②

29 과산화수소의 성질에 대한 설명 중 틀린 것은?
① 알코올, 에터에는 녹지만 벤젠, 석유에는 녹지 않는다.
② 농도가 66% 이상인 것은 충격 등에 의해서 폭발할 가능성이 있다.
③ 분해 시 발생한 분자상의 산소(O_2)는 발생기 산소(O)보다 산화력이 강하다.
④ 하이드라진과 접촉 시 분해 폭발한다.

 과산화수소 분해 시 발생한 분자상의 산소는 발생기 산소보다 산화력이 약하다.

답 ③

30 다음 중 가연물이 될 수 있는 것은?
① CS_2
② H_2O_2
③ CO_2
④ He

 이황화탄소(CS_2)는 제4류 위험물 중 특수인화물에 속한다.

답 ①

31 할로젠화합물의 화학식과 Halon 번호가 옳게 연결된 것은?
① CH_2ClBr - Halon 1211
② CF_2ClBr - Halon 104
③ $C_2F_4Br_2$ - Halon 2402
④ CF_3Br - Halon 1011

 ① Halon 1211 : CF_2ClBr
② Halon 104 : CCl_4
④ Halon 1011 : $CBrClH_2$

답 ③

32 다음 중 스프링클러설비에 대한 설명으로 틀린 것은?
① 초기 화재의 진압에 효과적이다.
② 조작이 쉽다.
③ 소화약제가 물이므로 경제적이다.
④ 타 설비보다 시공이 비교적 간단하다.

 스프링클러설비의 장단점

장점	• 초기 진화에 특히 절대적인 효과가 있다. • 약제가 물이라서 값이 싸고, 복구가 쉽다. • 오동작·오보가 없다(감지부가 기계적). • 조작이 간편하고, 안전하다. • 야간이라도 자동으로 화재 감지경보를 울리고, 소화할 수 있다.
단점	• 초기 시설비가 많이 든다. • 시공이 다른 설비와 비교했을 때 복잡하다. • 물로 인한 피해가 크다.

답 ④

33 옥외저장시설에 저장하는 위험물 중 방유제를 설치하지 않아도 되는 것은?
① 황산
② 이황화탄소
③ 다이에틸에터
④ 질산칼륨

방유제는 액체 위험물(이황화탄소 제외)을 취급하는 탱크 주위에 설치한다.

답 ②

34 석유판매취급소의 저장시설로 옳은 것은?
① 간이탱크저장소
② 옥내이동탱크저장소
③ 선박탱크저장소
④ 지하탱크저장소
답 ④

35 이산화탄소 소화약제 저장용기의 설치기준으로 옳은 것은?
① 60분+방화문·60분방화문 또는 30분방화문으로 구획된 실에 설치할 것
② 저압식 저장용기의 충전비는 1.5 이상, 1.9 이하로 할 것
③ 저압식 저장용기에는 내압시험압력의 0.8배 내지 1.2배의 압력에서 작동하는 안전밸브를 설치할 것
④ 저장용기는 350kg/cm² 이상의 내압시험에 합격한 것으로 할 것

 ② 저압식 저장용기의 충전비는 1.1 이상, 1.4 이하로 할 것
③ 저압식 저장용기에는 내압시험압력의 0.8배 내지 1.0배의 압력에서 작동하는 안전밸브를 설치할 것
④ 저장용기는 250kg/cm² 이상의 내압시험에 합격한 것으로 할 것
답 ①

36 위험물제조소와의 안전거리가 30m 이상인 시설은?
① 주거용도로 사용되는 건축물
② 도시가스를 저장 또는 취급하는 시설
③ 사용전압 35,000V를 초과하는 특고압 가공전선
④ 초·중등교육법에서 정하는 학교

 ① 주거용도로 사용되는 건축물 : 10m
② 도시가스를 저장 또는 취급하는 시설 : 20m
③ 사용전압 35,000V를 초과하는 특고압 가공전선 : 5m
④ 초·중등교육법에서 정하는 학교 : 30m
답 ④

37 다음 중 제1종 판매취급소의 기준으로 옳지 않은 것은?
① 건축물의 1층에 설치할 것
② 위험물을 배합하는 실의 바닥면적은 6m² 이상, 15m² 이하일 것
③ 위험물을 배합하는 실의 출입구 문턱 높이는 바닥면으로부터 0.1m 이상으로 할 것
④ 저장 또는 취급하는 위험물의 수량이 40배 이하인 판매취급소에 대하여 적용할 것

 ④ 저장 또는 취급하는 위험물의 수량이 20배 이하인 판매취급소에 대하여 적용할 것
답 ④

38 주유취급소에 설치해야 하는 "주유 중 엔진정지" 게시판의 색깔은?
① 적색 바탕에 백색 문자
② 청색 바탕에 백색 문자
③ 백색 바탕에 흑색 문자
④ 황색 바탕에 흑색 문자
답 ④

39 다음 중 경보설비는?
① 자동화재탐지설비   ② 옥외소화전설비
③ 유도등설비   ④ 제연설비

 ② 옥외소화전설비 : 소화설비
③ 유도등설비 : 피난설비
④ 제연설비 : 소화활동설비
답 ①

40 다음 중 이산화탄소 소화설비가 적응성이 있는 위험물은?
① 제1류 위험물   ② 제3류 위험물
③ 제4류 위험물   ④ 제5류 위험물

이산화탄소 소화설비는 산소 농도를 15% 이하로 떨어뜨려 소화하는 질식소화의 원리를 이용한 것으로 제1류 위험물, 제5류 위험물에는 부적합하다. 또한 이산화탄소는 0.03%의 수분을 함유하고 있으므로 제3류 위험물과 반응하면 화재 폭발 우려가 있어 부적합하다.
답 ③

41 아세톤 옥외저장탱크 중 압력탱크 외의 탱크에 설치하는 대기밸브 부착 통기관은 몇 kPa 이하의 압력 차이로 작동할 수 있어야 하는가?

① 5   ② 7
③ 9   ④ 10

 아세톤 옥외저장탱크 중 압력탱크 외의 탱크에 설치하는 대기밸브 부착 통기관은 5kPa 이하의 압력 차이로 작동할 수 있어야 한다.

답 ①

42 위험물안전관리법령상 운반 시 적재하는 위험물에 차광성이 있는 피복으로 가리지 않아도 되는 것은?

① 제2류 위험물 중 철분
② 제4류 위험물 중 특수인화물
③ 제5류 위험물
④ 제6류 위험물

 적재하는 위험물에 따른 조치사항

차광성이 있는 것으로 피복해야 하는 경우	방수성이 있는 것으로 피복해야 하는 경우
· 제1류 위험물 · 제3류 위험물 중 자연발화성 물질 · 제4류 위험물 중 특수인화물 · 제5류 위험물 · 제6류 위험물	· 제1류 위험물 중 알칼리금속의 과산화물 · 제2류 위험물 중 철분, 금속분, 마그네슘 · 제3류 위험물 중 금수성 물질

답 ①

43 위험물 지하탱크저장소의 탱크전용실 설치기준으로 틀린 것은?

① 철근콘크리트 구조의 벽은 두께 0.3m 이상으로 한다.
② 지하저장탱크와 탱크전용실의 안쪽과의 사이는 50cm 이상의 간격을 유지한다.
③ 철근콘크리트 구조의 바닥은 두께 0.3m 이상으로 한다.
④ 벽, 바닥 등에 적정한 방수조치를 강구한다.

 지하저장탱크와 탱크전용실의 안쪽과의 사이는 0.1m 이상의 간격을 유지하도록 하며, 해당 탱크의 주위에 마른모래 또는 습기 등에 의하여 응고되지 아니하는 입자 지름 5mm 이하의 마른자갈분을 채워야 한다.

답 ②

44 그림과 같은 위험물을 저장하는 탱크의 내용적은 약 몇 m³인가? (단, r은 10m, L은 25m이다.)

① 3,612
② 4,712
③ 5,812
④ 7,854

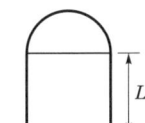

 $V = \pi r^2 l = \pi \times 10^2 \times 25 = 7,854 m^3$

답 ④

45 위험물제조소에 설치하는 옥내소화전의 개폐밸브 및 호스 접속구는 바닥면으로부터 몇 m 이하의 높이에 설치하여야 하는가?

① 0.5   ② 1.5
③ 1.7   ④ 1.9

 옥내소화전의 개폐밸브 및 호스 접속구는 바닥면으로부터 1.5m 이하의 높이에 설치하여야 한다.

답 ②

46 제조소 및 일반취급소에 경보설비인 자동화재탐지설비를 설치하여야 하는 조건에 해당하지 않는 것은?

① 연면적 500m² 이상인 것
② 옥내에서 지정수량 100배의 휘발유를 취급하는 것
③ 옥내에서 지정수량 200배의 벤젠을 취급하는 것
④ 처마 높이가 6m 이상인 단층 건물의 것

 ④번은 옥내저장소에 대한 자동화재탐지설비 설치기준이다.

답 ④

47 다음 중 품목을 달리하는 위험물을 동일 장소에 저장할 경우 위험물의 시설로서 허가를 받아야 할 수량을 저장하고 있는 것은? (단, 제4류 위험물의 경우 비수용성이다.)

① 이황화탄소 10L, 가솔린 20L와 칼륨 3kg을 취급하는 곳
② 제1석유류(비수용성) 60L, 제2석유류(비수용성) 300L와 제3석유류(비수용성) 950L를 취급하는 곳
③ 경유 600L, 나트륨 1kg과 무기과산화물 10kg을 취급하는 곳
④ 황 10kg, 등유 300L와 황린 10kg을 취급하는 곳

① 이황화탄소 $\frac{10L}{50L}$ + 가솔린 $\frac{20L}{200L}$ + 칼륨 $\frac{3kg}{10kg}$
　= 0.6
② 제1석유류 $\frac{60L}{200L}$ + 제2석유류 $\frac{300L}{1,000L}$
　+ 제3석유류 $\frac{950L}{2,000L}$ = 1.075
③ 경유 $\frac{600L}{1,000L}$ + 나트륨 $\frac{1kg}{10kg}$
　+ 무기과산화물 $\frac{10kg}{50kg}$ = 0.9
④ 황 $\frac{10kg}{100kg}$ + 등유 $\frac{300L}{1,000L}$ + 황린 $\frac{10kg}{20kg}$ = 0.9

답 ②

48 자체소방대를 설치하여야 하는 위험물 취급 제조소의 제4류 위험물의 양은 지정수량의 몇 배 이상인가?

① 3,000배 이상
② 4,000배 이상
③ 5,000배 이상
④ 6,000배 이상

 자체소방대는 제4류 위험물을 지정수량의 3천배 이상 취급하는 제조소 또는 일반취급소와 50만배 이상 저장하는 옥외탱크저장소에 설치한다.

답 ①

49 포말 화학소방차 1대의 포말 방사능력 및 포수용액 비치량으로 옳은 것은?

① 2,000L/min, 비치량 10만L 이상
② 1,500L/min, 비치량 5만L 이상
③ 1,000L/min, 비치량 3만L 이상
④ 500L/min, 비치량 1만L 이상

 화학소방자동차에 갖추어야 하는 소화 능력 및 설비의 기준

화학소방자동차의 구분	소화 능력 및 설비의 기준
포수용액 방사차	• 포수용액의 방사능력이 2,000L/분 이상일 것 • 소화약액탱크 및 소화약액혼합장치를 비치할 것 • 10만L 이상의 포수용액을 방사할 수 있는 양의 소화약제를 비치할 것
분말 방사차	• 분말의 방사능력이 35kg/초 이상일 것 • 분말탱크 및 가압용 가스설비를 비치할 것 • 1,400kg 이상의 분말을 비치할 것
할로젠화합물 방사차	• 할로젠화합물의 방사능력이 40kg/초 이상일 것 • 할로젠화합물 탱크 및 가압용 가스설비를 비치할 것 • 1,000kg 이상의 할로젠화합물을 비치할 것
이산화탄소 방사차	• 이산화탄소의 방사능력이 40kg/초 이상일 것 • 이산화탄소 저장용기를 비치할 것 • 3,000kg 이상의 이산화탄소를 비치할 것
제독차	가성소다 및 규조토를 각각 50kg 이상 비치할 것

답 ①

50 위험물제조소 등이 완공검사를 받지 아니하고 제조소 등을 사용한 때 1차 행정처분기준 내용으로 옳은 것은?

① 경고
② 사용정지 15일
③ 사용정지 30일
④ 허가취소

해설 제조소 등에 대한 행정처분기준

위반사항	행정처분기준		
	1차	2차	3차
제조소 등의 위치·구조 또는 설비를 변경한 때	경고 또는 사용정지 15일	사용정지 60일	허가 취소
완공검사를 받지 아니하고 제조소 등을 사용한 때	사용정지 15일	사용정지 60일	허가 취소
수리·개조 또는 이전의 명령에 위반한 때	사용정지 30일	사용정지 90일	허가 취소
위험물안전관리자를 선임하지 아니한 때	사용정지 15일	사용정지 60일	허가 취소
대리자를 지정하지 아니한 때	사용정지 10일	사용정지 30일	허가 취소
정기점검을 하지 아니한 때	사용정지 10일	사용정지 30일	허가 취소
정기검사를 받지 아니한 때	사용정지 10일	사용정지 30일	허가 취소
저장·취급 기준 준수명령을 위반한 때	사용정지 30일	사용정지 60일	허가 취소

답 ②

51 위험물안전관리법령상 위험물제조소의 완공검사 신청시기로 틀린 것은?
① 지하탱크가 있는 제조소 등의 경우 : 해당 지하탱크를 매설하기 전
② 이동탱크저장소 : 이동저장탱크를 완공하고 상치장소를 확보하기 전
③ 간이탱크저장소 : 공사를 완료한 후
④ 옥외탱크저장소 : 공사를 완료한 후

 ② 이동탱크저장소 : 이동저장탱크를 완공하고 상치장소를 확보한 후

답 ②

52 하나의 특정한 사고 원인의 관계를 논리게이트를 이용하여 도해적으로 분석하여 연역적·정량적 기법으로 해석해 가면서 위험성을 평가하는 방법은?
① FTA(결함수분석기법)
② PHA(예비위험분석기법)
③ ETA(사건수분석기법)
④ FMECA(이상위험도분석기법)

① 결함수분석기법(FTA ; Fault Tree Analysis) : 어떤 특정 사고에 대해 원인이 되는 장치의 이상·고장과 운전자 실수의 다양한 조합을 표시하는 도식적 모델인 결함수 다이어그램을 작성하여 장치 이상이나 운전자 실수의 상관관계를 도출하는 기법
② 예비위험분석기법(PHA ; Preliminary Hazard Analysis) : 제품 전체와 각 부분에 대하여 설계자가 의도하는 사용환경에서 위험요소가 어떻게 영향을 미치는가를 분석하는 기법
③ 사건수분석기법(ETA ; Event Tree Analysis) : 초기 사건으로 알려진 특정 장치의 이상이나 운전자의 실수로부터 발생되는 잠재적인 사고 결과를 평가하는 귀납적 기법
④ 이상위험도분석기법(FMECA ; Failure Mode Effects and Criticality Analysis) : 부품, 장치, 설비 및 시스템의 고장 또는 기능 상실에 따른 원인과 영향을 분석하여 이에 대한 적절한 개선조치를 도출하는 기법

답 ①

53 특정 옥외저장탱크 구조기준 중 필렛 용접의 사이즈(S, mm)를 구하는 식으로 옳은 것은? (단, t_1 : 얇은 쪽 강판의 두께[mm], t_2 : 두꺼운 쪽 강판의 두께[mm]이며, $S \geq 4.5$이다.)
① $t_1 \geq S \geq t_2$
② $t_1 \geq S \geq \sqrt{2t_2}$
③ $\sqrt{2t_1} \geq S \geq t_2$
④ $t_1 \geq S \geq 2t_2$

 필렛 용접 사이즈(부등 사이즈가 되는 경우에는 작은 쪽의 사이즈) 계산식
$t_1 \geq S \geq \sqrt{2t_2}$

답 ②

54 다음 중 위험물안전관리법의 적용 제외대상이 아닌 것은?
① 항공기로 위험물을 국외에서 국내로 운반하는 경우
② 철도로 위험물을 국내에서 국내로 운반하는 경우
③ 선박(기선)으로 위험물을 국내에서 국외로 운반하는 경우
④ 국제해상위험물규칙(IMDG Code)에 적합한 운반용기에 수납된 위험물을 자동차로 운반하는 경우

해설 위험물안전관리법은 항공기 · 선박(선박법에 따른 선박) · 철도 및 궤도에 의한 위험물의 저장 · 취급 및 운반에 있어서는 이를 적용하지 아니한다.

답 ④

55 제품공정분석표에 사용되는 기호 중 공정간의 정체를 나타내는 기호는?
① ○ ② ⇨
③ ▢ ④ □

해설
① ○ : 작업 또는 가공
② ⇨ : 운반
④ □ : 검사

답 ③

56 품질코스트(quality cost)를 예방코스트, 실패코스트, 평가코스트로 분류할 때, 다음 중 실패코스트(failure cost)에 속하는 것이 아닌 것은?
① 시험코스트 ② 불량대책코스트
③ 재가공코스트 ④ 설계변경코스트

해설 실패코스트란 소정의 품질수준 유지에 실패한 경우 발생하는 불량제품, 불량원료에 의한 손실비용으로, 폐기, 재가공, 외주불량, 설계변경, 불량대책, 재심코스트 및 각종 서비스비용 등을 말한다.

답 ①

57 다음 중 부하와 능력의 조정을 도모하는 것은?
① 진도관리 ② 절차계획
③ 공수계획 ④ 현품관리

해설 공수계획이란 생산계획량을 완성하는 데 필요한 인원이나 기계의 부하를 결정하여 이를 현재 인원 및 기계의 능력과 비교하여 조정하는 것을 말한다.

답 ③

58 다음 중 통계량의 기호에 속하지 않는 것은?
① σ ② R
③ s ④ $\bar{x}$

해설 σ는 모집단의 모수기호이고, 나머지 보기항은 통계량의 기호로, 각각이 의미는 다음과 같다.
② R : 범위
③ s : 표본표준편차
④ $\bar{x}$: 표본평균

답 ①

59 다음 중 관리의 사이클을 가장 올바르게 표시한 것은? (단, A : 조처, C : 검토, D : 실행, P : 계획)
① P → C → A → D
② P → A → C → D
③ A → D → C → P
④ P → D → C → A

답 ④

60 축의 완성지름, 철사의 인장강도, 아스피린 순도와 같은 데이터를 관리하는 가장 대표적인 관리도는?
① c 관리도 ② np 관리도
③ u 관리도 ④ $\bar{x}-R$ 관리도

답 ④

제74회 위험물기능장 필기
(2023년 6월 시행)

01 표준온도, 표준압력에서 헬륨의 밀도를 계산하면 얼마인가?
① 0.16g/L ② 0.17g/L
③ 0.18g/L ④ 0.19g/L

해설 밀도 = $\dfrac{\text{질량}}{\text{부피}} = \dfrac{4}{22.4} = 0.18\text{g/L}$

답 ③

02 다음 물질 중에서 색상이 나머지 셋과 다른 하나는?
① 다이크로뮴산나트륨
② 질산칼륨
③ 아염소산나트륨
④ 염소산나트륨

해설 다이크로뮴산나트륨은 등황색, 나머지는 백색이다.

답 ①

03 다음 중 극성 공유결합물질인 것은?
① H_2O ② N_2
③ C_6H_6 ④ C_2H_4

답 ①

04 $[H^+]=2\times 10^{-4}$M인 용액의 pH는 얼마인가? (단, log2=0.3)
① 3.4 ② 3.7
③ 3.9 ④ 4.0

해설 pH = $-\log[H^+]$
  = $-\log(2\times 10^{-4})=4-\log 2=4-0.3=3.7$

답 ②

05 20℃의 15% 소금물 100g 속에서는 소금이 몇 g 더 녹을 수 있는가? (단, 20℃에서 소금의 용해도는 약 36이다.)
① 15.6 ② 16
③ 17 ④ 18

해설 15%의 소금물=소금(용질) 15g+물(용매) 85g
용해도 36=소금 36g+물 100g
$100:36 = 85:x$, $x=30.6$
∴ $30.6-15=15.6$g

답 ①

06 어떤 물질 1.5g을 물 75g에 녹인 용액의 어는점이 $-0.310℃$였다. 이 물질의 분자량은 얼마인가? (단, 물의 몰내림은 1.86이다.)
① 200 ② 150
③ 130 ④ 120

해설 $\Delta T_f = K_f \times m$

$0.310 = 1.86 \times \dfrac{\dfrac{1.5}{M}}{\dfrac{75}{1,000}} = 1.86 \times \dfrac{1,000 \times 1.5}{75M}$

$75M = \dfrac{1.86 \times 1,000 \times 1.5}{0.310}$

∴ $M = \dfrac{1.86 \times 1,000 \times 1.5}{0.310 \times 75} = 120$

답 ④

07 다음 위험물 중 산과 접촉하였을 때 이산화염소가스가 발생하는 것은?
① $KClO_3$ ② $NaClO_3$
③ $KClO_4$ ④ $NaClO_4$

해설 염소산나트륨은 산과 반응하여 유독한 이산화염소(ClO_2)가 발생한다.
$2NaClO_3 + 2HCl \rightarrow 2NaCl + 2ClO_2 + H_2O_2$

답 ②

08 삼산화크로뮴(chromium trioxide)을 융점 이상(250℃)으로 가열하였을 때 분해생성물은?
① CrO₂와 O₂ ② Cr₂O₃와 O₂
③ Cr와 O₂ ④ Cr₂O₅와 O₂

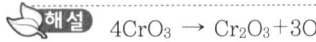 $4CrO_3 \rightarrow Cr_2O_3 + 3O_2$

답 ②

09 다음 중 가장 강한 산은?
① HClO₄ ② HClO₃
③ HClO₂ ④ HClO

 보기에 주어진 염소산의 산의 세기
HClO < HClO₂ < HClO₃ < HClO₄

답 ①

10 탄화망가니즈에 물을 가할 때 생성되지 않는 것은?
① 수산화망가니즈 ② 수소
③ 메테인 ④ 산소

 $Mn_3C + 6H_2O \rightarrow 3Mn(OH)_2 + CH_4 + H_2 \uparrow$

답 ④

11 인화성 액체 위험물에 대하여 가장 많이 쓰이는 소화원리는?
① 주수소화 ② 연소물 제거
③ 냉각소화 ④ 질식소화

답 ④

12 인화성 액체 위험물인 제2석유류(비수용성 액체) 60,000L에 대한 소화설비의 소요단위는?
① 2단위 ② 4단위
③ 6단위 ④ 8단위

 소화능력단위 = $\dfrac{저장량}{지정수량 \times 10배}$
= $\dfrac{60,000L}{1,000L \times 10배}$ = 6단위

답 ③

13 과산화나트륨과 묽은산이 반응하여 생성되는 것은?
① NaOH
② H₂O
③ Na₂O
④ H₂O₂

 과산화나트륨(Na₂O₂)은 에틸알코올에는 녹지 않으나 묽은산과 반응하여 과산화수소(H₂O₂)를 생성한다.
$Na_2O_2 + 2CH_3COOH \rightarrow 2CH_3COONa + H_2O_2$

답 ④

14 염소화규소화합물은 제 몇 류 위험물에 해당되는가?
① 제1류 ② 제2류
③ 제3류 ④ 제5류

 염소화규소화합물은 행정안전부령이 정하는 제3류 위험물이다.

답 ③

15 고온에서 용융된 황과 반응하여 H₂S가 생성되는 것은?
① 수소 ② 아연
③ 철 ④ 염소

 $S + H_2 \rightarrow \underset{황화수소}{H_2S}$

답 ①

16 다음 중 지정수량을 잘못 짝지은 것은?
① Fe분 － 500kg
② CH₃CHO － 200L
③ 제4석유류 － 6,000L
④ 마그네슘 － 500kg

 ② CH₃CHO(아세트알데하이드)는 제4류 위험물 중 특수인화물로, 지정수량은 50L이다.

답 ②

17 인화석회(Ca_3P_2)의 성질에 대한 설명으로 틀린 것은?

① 적갈색의 고체이다.
② 비중이 약 2.51이고, 약 1,600℃에서 녹는다.
③ 산과 반응하여 주로 포스핀가스가 발생한다.
④ 물과 반응하여 주로 아세틸렌가스가 발생한다.

해설 인화석회는 물 또는 약산과 반응하여 유독하고 가연성인 인화수소(PH_3, 포스핀) 가스가 발생한다.
$Ca_3P_2 + 6H_2O \rightarrow 3Ca(OH)_2 + 2PH_3$
$Ca_3P_2 + 6HCl \rightarrow 3CaCl_2 + 2PH_3$

답 ④

18 마그네슘의 일반적인 성질을 나타낸 것 중 틀린 것은?

① 비중은 약 1.74이다.
② 융점은 약 905℃이다.
③ 비점은 약 1,102℃이다.
④ 원자량은 약 24.3이다.

해설 ② 융점은 약 650℃이다.

답 ②

19 다음 유지류에서 건성유에 해당하는 것은?

① 낙화생유(peanut oil)
② 올리브유(olive oil)
③ 동유(tung oil)
④ 피마자유(castor oil)

해설 아이오딘값 : 유지 100g에 부가되는 아이오딘의 g 수로, 불포화도가 증가할수록 아이오딘값이 증가하며, 자연발화의 위험이 있다.
㉠ 건성유 : 아이오딘값이 130 이상인 것
  이중결합이 많아 불포화도가 높기 때문에 공기 중에서 산화되어 액 표면에 피막을 만드는 기름
  예 아마인유, 들기름, 동유, 정어리기름, 해바라기유 등
㉡ 반건성유 : 아이오딘값이 100~130인 것
  공기 중에서 건성유보다 얇은 피막을 만드는 기름
  예 참기름, 옥수수기름, 청어기름, 채종유, 면실유(목화씨유), 콩기름, 쌀겨유 등
㉢ 불건성유 : 아이오딘값이 100 이하인 것
  공기 중에서 피막을 만들지 않는 안정된 기름
  예 올리브유, 피마자유, 야자유, 땅콩기름, 동백유 등

답 ③

20 위험물의 유별 특성에 있어서 틀린 것은?

① 제6류 위험물은 강산화제이며 다른 것의 연소를 돕고 일반적으로 물과 접촉하면 발열한다.
② 제1류 위험물은 일반적으로 불연성이지만 강산화제이다.
③ 제3류 위험물은 모두 물과 작용하여 발열하고 수소가스가 발생한다.
④ 제5류 위험물은 일반적으로 가연성 물질이고 자기연소를 일으키기 쉽다.

해설 ③ 제3류 위험물은 물과 작용하여 발열하고, 아세틸렌(C_2H_2), 수소(H_2) 가스 등이 발생한다.

답 ③

21 나이트로글리세린에 대한 설명으로 틀린 것은?

① 순수한 액은 상온에서 적색을 띤다.
② 수산화나트륨-알코올의 혼액에 분해되어 비폭발성 물질로 된다.
③ 일부가 동결한 것은 액상의 것보다 충격에 민감하다.
④ 피부 및 호흡에 의해 인체의 순환계통에 용이하게 흡수된다.

해설 ① 순수한 것은 무색투명하며 무거운 기름상의 액체이며, 시판공업용 제품은 담황색을 띤다.

답 ①

22 다음 위험물 중 성상이 고체인 것은?

① 과산화벤조일
② 질산에틸
③ 나이트로글리세린
④ 메틸에틸케톤퍼옥사이드

① 과산화벤조일 : 백색 분말 또는 무색 결정의 고체
② 질산에틸, ③ 나이트로글리세린, ④ 메틸에틸케톤퍼옥사이드 : 액체

답 ①

23 황의 연소 시 발생한 유독성 연소가스가 물과 접촉 시 어떤 화합물이 되는가?
① 염산
② 인산
③ 아황산
④ 아질산

 황(S)은 연소하면 유독성의 이산화황(SO_2)을 발생하며, 이산화황이 물과 접촉하면 인체에 유독한 이황산가스(H_2SO_3)를 발생한다.
$S + O_2 \rightarrow SO_2$
$SO_2 + H_2O \rightarrow H_2SO_3$

답 ③

24 과산화나트륨의 저장법으로 가장 옳은 것은?
① 용기는 밀전 및 밀봉하여야 한다.
② 안정제로 황분 또는 알루미늄분을 넣어 준다.
③ 수증기를 혼입해서 공기와 직접 접촉을 방지한다.
④ 저장시설 내에 스프링클러설비를 설치한다.

 과산화나트륨의 저장 및 취급 방법
㉠ 가열, 충격, 마찰 등을 피하고, 가연물이나 유기물, 황분, 알루미늄분의 혼입을 방지한다.
㉡ 냉암소에 보관하며 저장용기는 밀전하여 수분의 침투를 막는다.
㉢ 물에 용해하면 강알칼리가 되어 피부나 의복을 부식시키므로 주의해야 한다.
㉣ 용기의 파손에 유의하며 누출을 방지한다.

답 ①

25 단독으로도 폭발할 위험이 있으며, ANFO 폭약의 주원료로 사용되는 위험물은?
① KIO_3
② $NaBrO_3$
③ NH_4NO_3
④ $(NH_4)_2Cr_2O_7$

 질산암모늄은 급격한 가열이나 충격을 주면 단독으로 폭발한다. 특히 AN-FO 폭약은 NH_4NO_3와 경유를 94%와 6%로 혼합하여 기폭약으로 사용되며, 단독으로도 폭발의 위험이 있다.

답 ③

26 다음 중 지정수량이 가장 작은 물질은?
① 칼륨
② 적린
③ 황린
④ 질산염류

 ① 칼륨 : 10kg
② 적린 : 100kg
③ 황린 : 20kg
④ 질산염류 : 300kg

답 ①

27 다음 중 제3석유류가 아닌 것은?
① 글리세린
② 나이트로톨루엔
③ 아닐린
④ 벤즈알데하이드

 ④ 벤즈알데하이드 : 제2석유류

답 ④

28 동식물유류에 대한 설명으로 틀린 것은?
① 아이오딘값이 100 이하인 것을 건성유라 한다.
② 아마인유는 건성유이다.
③ 아이오딘값은 기름 100g이 흡수하는 아이오딘의 g수를 나타낸다.
④ 아이오딘값이 크면 이중결합을 많이 포함한 불포화 지방산을 많이 가진다.

 ① 아이오딘값이 100 이하인 것을 불건성유라 한다.

답 ①

29 알루미늄 제조공장에서 용접작업 시 알루미늄분에 착화가 되어 소화를 목적으로 뜨거운 물을 뿌렸더니 수초 후 폭발사고로 이어졌다. 이 폭발의 주원인에 가장 가까운 것은?
① 알루미늄분과 물의 화학반응으로 수소가스를 발생하여 폭발하였다.
② 알루미늄분이 날려 분진폭발이 발생하였다.
③ 알루미늄분과 물의 화학반응으로 메테인가스를 발생하여 폭발하였다.
④ 알루미늄분과 물의 급격한 화학반응으로 열이 흡수되어 알루미늄분 자체가 폭발하였다.

 $2Al + 6H_2O \rightarrow 2Al(OH)_3 + 3H_2$

답 ①

30 스프링클러설비의 장점이 아닌 것은?
① 소화약제가 물이므로 소화약제의 비용이 절감된다.
② 초기시공비가 적게 든다.
③ 화재 시 바람의 조작 없이 작동이 가능하다.
④ 초기화재의 진화에 효과적이다.

 스프링클러설비의 장단점

장점	• 초기 진화에 특히 절대적인 효과가 있다. • 약제가 물이라서 값이 싸고, 복구가 쉽다. • 오동작 · 오보가 없다(감지부가 기계적). • 조작이 간편하고, 안전하다. • 야간이라도 자동으로 화재 감지경보를 울리고, 소화할 수 있다.
단점	• 초기 시설비가 많이 든다. • 시공이 다른 설비와 비교했을 때 복잡하다. • 물로 인한 피해가 크다.

답 ②

31 물의 특성 및 소화효과에 관한 설명으로 틀린 것은?
① 이산화탄소보다 기화잠열이 크다.
② 극성 분자이다.
③ 이산화탄소보다 비열이 작다.
④ 주된 소화효과가 냉각소화이다.

 물의 비열은 $1cal/g \cdot K$이며, 이산화탄소의 비열은 $0.21cal/g \cdot K$이다.

답 ③

32 불활성 가스 소화약제 중 "IG-55"의 성분 및 그 비율을 옳게 나타낸 것은? (단, 용량비 기준이다.)
① 질소 : 이산화탄소 = 55 : 45
② 질소 : 이산화탄소 = 50 : 50
③ 질소 : 아르곤 = 55 : 45
④ 질소 : 아르곤 = 50 : 50

 불활성 가스 소화약제의 구분

소화약제	화학식
불연성 · 불활성 기체 혼합가스 (IG-01)	Ar
불연성 · 불활성 기체 혼합가스 (IG-100)	N_2
불연성 · 불활성 기체 혼합가스 (IG-541)	N_2 : 52%, Ar : 40%, CO_2 : 8%
불연성 · 불활성 기체 혼합가스 (IG-55)	N_2 : 50%, Ar : 50%

답 ④

33 특수위험물 판매취급소의 작업실 기준으로 적합하지 않은 것은?
① 작업실 바닥은 적당한 경사와 저유설비를 하여야 한다.
② 바닥면적은 $6m^2$ 이상, $12m^2$ 이하로 한다.
③ 출입구에는 바닥으로부터 $0.1m$ 이상의 턱을 설치하여야 한다.
④ 내화구조로 된 벽으로 구획한다.

 ② 바닥면적은 $6m^2$ 이상, $15m^2$ 이하로 한다.

답 ②

34 위험물의 자연발화를 방지하기 위한 방법으로 틀린 것은?
① 통풍이 잘 되게 한다.
② 습도를 높게 한다.
③ 저장실의 온도를 낮춘다.
④ 열이 축적되지 않도록 한다.

 ② 습도를 낮게 유지한다.

답 ②

35 제조소 등의 소화난이도등급을 결정하는 요소가 아닌 것은?

① 위험물제조소 : 위험물 취급설비가 있는 높이, 연면적
② 옥내저장소 : 지정수량, 연면적
③ 옥외탱크저장소 : 액표면적, 지반면으로부터 탱크 옆판 상단까지 높이
④ 주유취급소 : 연면적, 지정수량

해설 주유취급소의 경우 옥내는 소화난이도등급 Ⅱ, 옥내 이외의 것은 소화난이도등급 Ⅲ에 해당한다.

답 ④

36 옥외탱크저장소에 보냉장치 및 불연성 가스 봉입장치를 설치해야 되는 위험물은?

① 아세트알데하이드
② 이황화탄소
③ 생석회
④ 염소산나트륨

해설 아세트알데하이드 등을 취급하는 탱크에는 냉각장치 또는 저온을 유지하기 위한 장치(보냉장치) 및 연소성 혼합기체의 생성에 의한 폭발을 방지하기 위한 불활성 기체를 봉입하는 장치를 갖출 것

답 ①

37 피난계단의 출입구가 구비해야 할 조건으로 틀린 것은?

① 출입구의 유효너비는 0.9m 이상으로 한다.
② 옥내에서 특별피난계단의 부속실이나 노대로 통하는 출입구는 반드시 30분방화문을 설치한다.
③ 출입구는 항상 피난방향으로 열 수 있도록 설치한다.
④ 출입구는 언제나 닫혀 있는 것이 원칙이다.

해설 ② 옥내에서 특별피난계단의 부속실이나 노대로 통하는 출입구는 반드시 60분+방화문 또는 60분방화문을 설치한다.

답 ②

38 주유취급소에 설치하는 건축물의 위치 및 구조에 대한 설명으로 옳지 않은 것은?

① 건축물 중 사무실, 그 밖의 화기를 사용하는 곳은 누설한 가연성 증기가 그 내부에 유입되지 않도록 높이 1m 이하의 부분에 있는 창 등은 밀폐시킬 것
② 건축물 중 사무실, 그 밖의 화기를 사용하는 곳의 출입구 또는 사이통로의 문턱 높이는 15cm 이상으로 할 것
③ 주유취급소에 설치하는 건축물의 벽, 기둥, 바닥, 보 및 지붕은 내화구조 또는 불연재료로 할 것
④ 자동차 등의 세정을 행하는 설비는 증기세차기를 설치하는 경우에는 2m 이상의 담을 설치하고 출입구가 고정주유설비에 면하지 아니하도록 할 것

해설 ④ 증기세차기를 설치하는 경우에는 그 주위에 불연재료로 된 높이 1m 이상의 담을 설치하고, 출입구가 고정주유설비에 면하지 아니하도록 한다.

답 ④

39 다음 중 제4류 위험물에 적응성이 있는 소화설비는?

① 포소화설비　　② 옥내소화전설비
③ 봉상강화액 소화기　④ 옥외소화전설비

해설 제4류 위험물에 옥내소화전설비, 봉상강화액 소화기, 옥외소화전설비를 사용하면 연소 확대를 야기하므로, 유면에서 발생되는 증기를 억제하는 포소화설비로 소화한다.

답 ①

40 다음 중 제조소에서 위험물을 취급하는 설비에 불활성 기체를 봉입하는 장치를 갖추어야 하는 위험물은?

① 알킬리튬, 알킬알루미늄
② 과염소산칼륨, 과염소산나트륨
③ 황린, 적린
④ 과산화수소, 염소산나트륨

 알킬리튬, 알킬알루미늄을 취급하는 제조소에는 설비에 불활성 기체를 봉입하는 장치를 갖추어야 한다.

답 ①

41 C_6H_6와 $C_6H_5CH_3$의 공통적인 특징을 설명한 것으로 틀린 것은?

① 무색투명한 액체로서 냄새가 있다.
② 물에는 잘 녹지 않으나 에터에는 잘 녹는다.
③ 증기는 마취성과 독성이 있다.
④ 겨울에 대기 중 찬 곳에서 고체가 된다.

 벤젠(C_6H_6)의 융점은 5.5℃로 겨울철에 고체로 존재하지만, 톨루엔($C_6H_5CH_3$)은 융점이 -95℃로 겨울철에도 액체 상태로 존재한다.

답 ④

42 다음 그림은 제5류 위험물 중 유기과산화물을 저장하는 옥내저장소의 저장창고를 개략적으로 보여주고 있다. 창과 바닥으로부터 높이(a)와 하나의 창의 면적(b)은 각각 얼마로 하여야 하는가? (단, 이 저장창고의 바닥면적은 $150m^2$ 이내이다.)

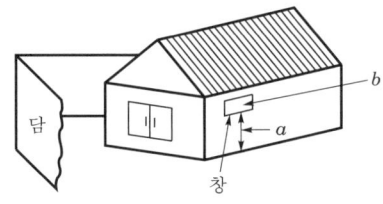

① a : 2m 이상, b : $0.6m^2$ 이내
② a : 3m 이상, b : $0.4m^2$ 이내
③ a : 2m 이상, b : $0.4m^2$ 이내
④ a : 3m 이상, b : $0.6m^2$ 이내

 저장창고의 창은 바닥면으로부터 2m 이상의 높이에 두되, 하나의 벽면에 두는 창의 면적의 합계를 해당 벽면의 면적의 80분의 1 이내로 하고, 하나의 창의 면적을 $0.4m^2$ 이내로 하여야 한다.

답 ③

43 제조소에서 취급하는 위험물의 최대수량이 지정수량의 20배인 경우 보유공지의 너비는 얼마인가?

① 3m 이상 ② 5m 이상
③ 10m 이상 ④ 20m 이상

 제조소의 보유공지

취급하는 위험물의 최대수량	공지의 너비
지정수량의 10배 이하	3m 이상
지정수량의 10배 초과	5m 이상

답 ②

44 위험물안전관리법령상 "고인화점 위험물"이란?

① 인화점이 100℃ 이상인 제4류 위험물
② 인화점이 130℃ 이상인 제4류 위험물
③ 인화점이 100℃ 이상인 제4류 위험물 또는 제3류 위험물
④ 인화점이 100℃ 이상인 위험물

 고인화점 위험물이란 인화점이 100℃ 이상인 제4류 위험물을 말하며, 고인화점 위험물의 제조소란 고인화점 위험물만을 100℃ 미만의 온도에서 취급하는 제조소이다.

답 ①

45 다음 중 자동화재탐지설비에 대한 설명으로 틀린 것은?

① 원칙적으로 자동화재탐지설비의 경계구역은 건축물, 그 밖의 공작물의 2 이상의 층에 걸치지 아니하도록 한다.
② 광전식 분리형 감지기를 설치할 경우 하나의 경계구역의 면적은 $600m^2$ 이하로 하고 그 한 변의 길이는 50m 이하로 한다.
③ 자동화재탐지설비의 감지기는 지붕 또는 벽의 옥내에 면한 부분에 유효하게 화재의 발생을 감지할 수 있도록 설치한다.
④ 자동화재탐지설비에는 비상전원을 설치한다.

해설 하나의 경계구역의 면적은 600m² 이하로 하고 그 한 변의 길이는 50m(광전식 분리형 감지기를 설치할 경우에는 100m) 이하로 한다. 다만, 해당 건축물, 그 밖의 공작물의 주요한 출입구에서 그 내부의 전체를 볼 수 있는 경우에 있어서는 그 면적을 1,000m² 이하로 할 수 있다.

답 ②

46 소화약제가 환경에 미치는 영향을 표시하는 지수가 아닌 것은?
① ODP ② GWP
③ ALT ④ LOAEL

해설 ① ODP(Ozone Depletion Potential) : 오존 층파괴지수
② GWP(Global Warming Potential) : 지구 온난화지수
③ ALT(Atmospheric Life Time) : 대기권잔존수명
④ LOAEL(Lowest Observed Adverse Effect Level) : 농도를 감소시킬 때 아무런 악영향도 감지할 수 있는 최소허용농도

답 ④

47 자체소방대의 편성 및 자체소방조직을 두어야 하는 제조소 기준으로 옳지 않은 것은?
① 지정수량 1만배 이상을 저장·취급하는 옥외탱크저장시설
② 지정수량 3천배 이상의 제4류 위험물을 저장·취급하는 제조소
③ 지정수량 3천배 이상의 제4류 위험물을 저장·취급하는 일반취급소
④ 지정수량 2만배 이상의 제4류 위험물을 저장·취급하는 취급소

해설 자체소방대는 제4류 위험물을 지정수량의 3천배 이상 취급하는 제조소 또는 일반취급소와 50만배 이상 저장하는 옥외탱크저장소에 설치한다.

답 ①

48 제4류 위험물의 지정 품명은 모두 몇 품명인가? (단, 수용성 및 비수용성의 구분은 고려하지 않는다.)
① 10품명 ② 8품명
③ 9품명 ④ 7품명

 제4류 위험물의 품명 및 지정수량

품명		지정수량
특수인화물		50L
제1석유류	비수용성	200L
	수용성	400L
알코올류		400L
제2석유류	비수용성	1,000L
	수용성	2,000L
제3석유류	비수용성	2,000L
	수용성	4,000L
제4석유류		6,000L
동식물유류		10,000L

답 ④

49 제5류 위험물 중 질산에스터류에 대한 설명으로 틀린 것은?
① 산소를 함유하고 있다.
② 염과 질산을 반응시키면 생성된다.
③ 나이트로셀룰로스, 질산에틸 등이 해당한다.
④ 지정수량은 시험결과에 따라 달라진다.

해설 질산에스터류란 알코올기를 가진 화합물을 질산과 반응시켜 알코올기를 질산기로 치환한 에스터화합물로, 질산메틸, 질산에틸, 나이트로셀룰로스, 나이트로글리세린, 나이트로글리콜 등이 있다.
R−OH+HNO₃ → R−ONO₂+H₂O
　　　　　　질산에스터

답 ②

50 다음 중 탱크 안전성능검사의 대상이 되는 탱크와 신청시기가 옳지 않은 것은?
① 기초·지반 검사 − 옥외탱크저장소의 액체 위험물탱크 중 그 용량이 100만L 이상인 탱크
② 충수·수압 검사 − 액체 위험물을 저장 또는 취급하는 탱크
③ 용접부 검사 − 탱크 본체에 관한 공사의 개시 전
④ 암반탱크 검사 − 암반탱크의 본체에 관한 공사의 개시 후

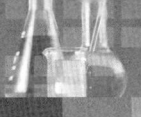

해설 탱크 안전성능검사의 대상이 되는 탱크 및 신청시기

구분	검사대상	신청시기
기초·지반 검사	옥외탱크저장소의 액체 위험물탱크 중 그 용량이 100만L 이상인 탱크	위험물 탱크의 기초 및 지반에 관한 공사의 개시 전
충수·수압 검사	액체 위험물을 저장 또는 취급하는 탱크	위험물을 저장 또는 취급하는 탱크에 배관, 그 밖에 부속설비를 부착하기 전
용접부 검사	'기초·지반 검사'의 규정에 의한 탱크	탱크 본체에 관한 공사의 개시 전
암반탱크 검사	액체 위험물을 저장 또는 취급하는 암반 내의 공간을 이용한 탱크	암반탱크의 본체에 관한 공사의 개시 전

답 ④

51 흐름 단면적이 감소하면서 속도두가 증가하고 압력두가 감소하여 생기는 압력차를 측정하여 유량을 구하는 기구로서 제작이 용이하고 비용이 저렴한 장점이 있으나 마찰손실이 커서 유체 수송을 위한 소요동력이 증가하는 단점이 있는 것은?

① 로터미터 ② 피토튜브
③ 벤투리미터 ④ 오리피스미터

 해설 오리피스미터는 설치에 비용이 적게 들고 비교적 유량 측정이 정확하여 얇은 판 오리피스가 널리 이용되고 있으며, 흐르는 수로 내에 설치한다. 오리피스의 장점은 단면이 축소되는 목 부분을 조절함으로써 유량이 조절된다는 점이며, 단점은 오리피스 단면에서 커다란 수두손실이 일어난다는 점이다.

답 ④

52 위험물 운반용기의 외부에 표시하는 사항이 아닌 것은?

① 위험등급 ② 위험물의 제조일자
③ 위험물의 품명 ④ 주의사항

 해설 ㉠ 위험물의 품명·위험등급·화학명 및 수용성 ('수용성' 표시는 제4류 위험물로서 수용성인 것에 한한다.)
㉡ 위험물의 수량
㉢ 수납하는 위험물에 따른 주의사항

답 ②

53 위험물안전관리법령에 의하여 다수의 제조소 등을 설치한 자가 1인의 안전관리자를 중복하여 선임할 수 있는 경우가 아닌 것은? (단, 동일 구내에 있는 저장소로서 동일인이 설치한 경우이다.)

① 15개의 옥내저장소
② 30개의 옥외탱크저장소
③ 10개의 옥외저장소
④ 10개의 암반탱크저장소

 해설 다수의 제조소 등을 설치한 자가 1인의 안전관리자를 중복하여 선임할 수 있는 경우
㉮ 보일러·버너 또는 이와 비슷한 것으로서 위험물을 소비하는 장치로 이루어진 7개 이하의 일반취급소와 그 일반취급소에 공급하기 위한 위험물을 저장하는 저장소를 동일인이 설치한 경우
㉯ 위험물을 차량에 고정된 탱크 또는 운반용기에 옮겨 담기 위한 5개 이하의 일반취급소(일반취급소간의 거리가 300m 이내인 경우에 한함)와 그 일반취급소에 공급하기 위한 위험물을 저장하는 저장소를 동일인이 설치한 경우
㉰ 동일 구내에 있거나 상호 100m 이내의 거리에 있는 저장소로서 저장소의 규모, 저장하는 위험물의 종류 등을 고려하여 행정안전부령이 정하는 저장소를 동일인이 설치한 경우
㉱ 다음의 기준에 모두 적합한 5개 이하의 제조소 등을 동일인이 설치한 경우
  ㉠ 각 제조소 등이 동일 구내에 위치하거나 상호 100m 이내의 거리에 있을 것
  ㉡ 각 제조소 등에서 저장 또는 취급하는 위험물의 최대수량이 지정수량의 3,000배 미만일 것(단, 저장소는 제외)
㉲ 10개 이하의 옥내저장소
㉳ 30개 이하의 옥외탱크저장소
㉴ 옥내탱크저장소
㉵ 지하탱크저장소
㉶ 간이탱크저장소
㉷ 10개 이하의 옥외저장소
㉸ 10개 이하의 암반탱크저장소

답 ①

54 다음 중 계수값 관리도는?

① R 관리도 ② x 관리도
③ p 관리도 ④ $\tilde{x}-P$ 관리도

답 ③

55 하나의 특정한 사고 원인의 관계를 논리게이트를 이용하여 도해적으로 분석하여 연역적·정량적 기법으로 해석해가면서 위험성을 평가하는 방법은?

① FTA(결함수 분석기법)
② PHA(예비위험 분석기법)
③ ETA(사건수 분석기법)
④ FMECA(이상위험도 분석기법)

해설 ㉠ 연역적·정량적 기법 : FTA(결함수 분석기법)
㉡ 귀납적·정량적 기법 : ETA(사건수 분석기법)

답 ①

56 다음 표를 이용하여 비용구배(cost slope)를 구하면 얼마인가?

정상		특급	
소요시간	소요비용	소요시간	소요비용
5일	40,000원	3일	50,000원

① 3,000원/일 ② 4,000원/일
③ 5,000원/일 ④ 6,000원/일

해설 비용구배 $= \dfrac{50,000-40,000}{5-3} = 5,000$원/일

답 ③

57 어떤 측정법으로 동일 시료를 무한회 측정하였을 때 데이터 분포의 평균 차와 참값과의 차를 무엇이라 하는가?

① 재현성 ② 안정성
③ 반복성 ④ 정확성

답 ④

58 인위적 조절이 필요한 상황에 사용될 수 있는 워크팩터(work factor)의 기호가 아닌 것은?

① D ② K
③ P ④ S

해설 워크팩터란 기초동작의 동작시간을 지연시키는 동작곤란도를 나타내는 기호로서, 다음과 같은 것이 있다.
W : 중량 또는 저항(weight of resistance)
S : 방향의 조절(steering)
P : 주의(precaution)
U : 방향의 변경(change direction)
D : 일정한 정지(difinite stop)

답 ②

59 로트의 크기가 시료의 크기에 비해 10배 이상 클 때, 시료의 크기와 합격판정 개수를 일정하게 하고 로트의 크기를 증가시킬 경우 검사특성곡선의 모양 변화에 대한 설명으로 가장 적절한 것은?

① 무한대로 커진다.
② 별로 영향을 미치지 않는다.
③ 샘플링검사의 판별능력이 매우 좋아진다.
④ 검사특성곡선의 기울기 경사가 급해진다.

해설 시료의 크기와 합격판정 개수를 일정하게 하고 로트의 크기를 증가시킬 경우 검사특성곡선의 모양에 별로 영향을 미치지 않는다.

답 ②

60 테일러(F.W. Taylor)에 의해 처음 도입된 방법으로 작업시간을 직접 관측하여 표준시간을 설정하는 표준시간 설정기법은?

① PTS법
② 실적자료법
③ 표준자료법
④ 스톱워치법

해설 작업 분석에 있어서 측정은 일반적으로 스톱워치 관측법을 사용한다.

답 ④

제75회 (2024년 1월 시행) 위험물기능장 필기

01 어떤 이상기체가 2g, 1,000K, 1기압에서 2L의 부피를 차지한다면, 이 기체의 분자량은 얼마인가?
① 80 ② 82
③ 84 ④ 86

해설
$$PV = \frac{w}{M}RT$$
$$\therefore M = \frac{wRT}{PV} = \frac{2 \times 0.082 \times 1,000}{1 \times 2} = 82$$

답 ②

02 금속이 전기의 양도체인 이유는 무엇 때문인가?
① 질량수가 크기 때문에
② 자유전자수가 많기 때문에
③ 중성자수가 많기 때문에
④ 양자수가 많기 때문에

답 ②

03 결합력이 가장 약한 것은?
① 공유결합   ② 수소결합
③ 이온결합   ④ 반데르발스힘

해설
결합력의 세기
공유결합 > 이온결합 > 수소결합 > 반데르발스힘

답 ④

04 0.2M-NH₄OH의 pH는? (단, 0.2M-NH₄OH 용액의 이온화도는 0.01, log2=0.3이다.)
① 10   ② 10.5
③ 10.8   ④ 11.3

해설
$[OH^-]$=(몰농도)×(염기의 가수)×(이온화도)
$= 0.2 \times 1 \times 0.01 = 2 \times 10^{-3}$
$K_w = [H^+][OH^-] = 10^{-14}$몰/L
$[H^+] = \frac{K_w}{[OH^-]} = \frac{10^{-14}}{2 \times 10^{-3}} = \frac{1}{2} \times 10^{-11}$
$\therefore pH = -\log\left(\frac{1}{2} \times 10^{-11}\right) = 11.3$

답 ④

05 다음 중 용해도의 정의로 옳은 것은?
① 용액 100g 중에 녹아 있는 용질의 g당량수
② 용매 100g에 녹아 있는 용질의 g수
③ 용매 1L에 녹는 용질의 몰수
④ 용매 100g에 녹아 있는 용질의 몰수

답 ②

06 50g의 물속에 3.6g의 설탕(분자량 342)이 녹아 있는 용액의 끓는점은 약 몇 ℃인가? (단, 물의 몰오름은 0.513이다.)
① 100.23   ② 100.21
③ 100.11   ④ 100.05

해설
$\Delta T_b = K_b \times m = 0.513 \times \dfrac{\frac{3.6}{342}}{\frac{50}{1,000}} = 0.108$
$\therefore 100.108℃$

답 ③

07 분말소화기의 소화약제에 속하는 것은?
① Na_2CO_3 ② $NaHCO_3$
③ $NaNO_3$ ④ $NaCl$

분말소화약제의 주성분
  ㉠ 제1종 : 탄산수소나트륨(NaHCO₃)
  ㉡ 제2종 : 탄산수소칼륨(KHCO₃)
  ㉢ 제3종 : 제1인산암모늄(NH₄H₂PO₄)
  ㉣ 제4종 : 탄산수소칼륨＋요소
         (KHCO₃＋CO(NH₂)₂)

답 ②

08 다음 중 자기반응성 물질의 가장 중요한 연소특성은?
① 분해연소이다.
② 폭발적인 자기연소이다.
③ 증기는 공기보다 무겁다.
④ 연소 시 유독가스가 발생한다.

 ② 제5류 위험물(자기반응성 물질)은 폭발적인 자기연소이다.

답 ②

09 소화설비의 소요단위 계산법으로 옳은 것은?
① 건물 외벽이 내화구조일 때 1,000m²당 1소요단위
② 저장소용 외벽이 내화구조일 때 500m²당 1소요단위
③ 위험물일 때 지정수량당 1소요단위
④ 위험물일 때 지정수량의 10배를 1소요단위

 소요단위의 계산방법(1소요단위의 기준)

제조소·취급소의 건축물		저장소의 건축물		위험물
외벽이 내화구조 인 것	외벽이 내화구조 가 아닌 것	외벽이 내화구조 인 것	외벽이 내화구조 가 아닌 것	지정수량의 10배
100m²	50m²	150m²	75m²	

답 ④

10 탄산수소칼륨 소화약제는 어느 색으로 착색하여야 하는가?
① 백색   ② 보라색
③ 담홍색   ④ 회백색

 분말소화약제의 구분

종류	주성분	화학식	착색	적응화재
제1종	탄산수소나트륨	NaHCO₃	－	B·C급 화재
제2종	탄산수소칼륨	KHCO₃	담회색	B·C급 화재
제3종	제1인산암모늄	NH₄H₂PO₄	담홍색 또는 황색	A·B·C급 화재
제4종	탄산수소칼륨 ＋요소	KHCO₃ ＋CO(NH₂)₂	－	B·C급 화재

답 ②

11 인화성 액체 위험물의 일반적인 성질과 화재 위험성에 대한 설명으로 옳지 않은 것은?
① 전기불량도체이며 불꽃, 스파크 등 정전기에 의해서도 인화되기 쉽다.
② 물보다 가볍고 물에 녹지 않으므로 화재 확대 위험성이 크므로 주수소화는 좋지 않다.
③ 대부분의 발생 증기는 공기보다 가벼워 멀리까지 흘러간다.
④ 일반적으로 상온에서 액체이며, 대단히 인화되기 쉽다.

 ③ 대부분의 발생 증기는 공기보다 무거워 멀리까지 흘러가지 못한다.

답 ③

12 화상은 정도에 따라서 여러 가지로 나뉜다. 제2도 화상의 증상은?
① 괴사성   ② 홍반성
③ 수포성   ④ 화침성

 화상의 단계
㉠ 1도 화상(홍반성) : 최외각의 피부가 손상되어 분홍색이 되고 심한 통증을 느끼는 상태
㉡ 2도 화상(수포성) : 화상 부위가 분홍색을 띠고 분비액이 많이 분비되는 상태
㉢ 3도 화상(괴사성) : 화상 부위가 벗겨지고 열이 깊숙이 침투되어 검게 되는 상태
㉣ 4도 화상(탄화성) : 피부의 전 층과 함께 근육, 힘줄, 신경 또는 골조직까지 손상되는 상태

답 ③

13 수소화나트륨이 물과 반응하여 생성되는 물질은?
① Na_2O_2와 H_2
② Na_2O와 H_2O
③ $NaOH$와 H_2
④ $NaOH$와 H_2O

 습한 공기 중에서 분해되고, 물과는 격렬하게 발열반응하여 수소가스를 발생시킨다.
$NaH + H_2O \rightarrow NaOH + H_2$

답 ③

14 제6류 위험물의 일반적인 성질에 대한 설명으로 가장 거리가 먼 것은?
① 모두 무기화합물이며 물에 녹기 쉽고, 물보다 무겁다.
② 모두 강산에 속한다.
③ 모두 산소를 함유하고 있으며 다른 물질을 산화시킨다.
④ 자신은 모두 불연성 물질이다.

 ② 제6류 위험물은 과산화수소를 제외하고 강산에 속한다.

답 ②

15 질산의 위험성을 옳게 설명한 것은?
① 인화점이 낮아 가열하면 발화하기 쉽다.
② 공기 중에서 자연발화 위험이 높다.
③ 충격에 의해 단독으로 발화하기 쉽다.
④ 환원성 물질과 혼합 시 발화 위험성이 있다.

 산화성 액체로서 불연성 물질이므로 환원성 물질과 혼합 시 발화 위험성이 있다.

답 ④

16 옥테인가의 정의로서 가장 옳은 것은?
① 펜테인을 100, 옥테인을 0으로 한 것이다.
② 옥테인을 100, 펜테인을 0으로 한 것이다.
③ 아이소옥테인을 100, 헥세인을 0으로 한 것이다.
④ 아이소옥테인을 100, 헵테인을 0으로 한 것이다.

해설 가솔린의 안티노킹(anti knocking)성을 수치로 나타낸 값을 옥테인값이라 한다.
※ 노킹(knocking) : 잘못된 연소로 인한 심한 충격과 함께 둔탁한 음으로 폭연이라고도 한다.
㉠ 옥테인값
$= \dfrac{\text{아이소옥테인}}{\text{아이소옥테인} + \text{노말헵테인}} \times 100$
㉡ 옥테인값이 0인 물질 : 노말헵테인
㉢ 옥테인값이 100인 물질 : 아이소옥테인

답 ④

17 삼황화인(P_4S_3)의 성질에 대한 설명으로 옳은 것은?
① 냉수에 잘 녹으며 황화수소가 발생한다.
② 염산에는 녹지 않는다.
③ 이황화탄소에는 녹지 않는다.
④ 황산에 잘 녹아 이산화황(SO_2)이 발생한다.

 삼황화인(P_4S_3)은 물, 염소, 황산, 염산 등에는 녹지 않고, 질산이나 이황화탄소, 알칼리 등에 녹는다.

답 ②

18 제4류 위험물 중 지정수량이 4,000L인 것은? (단, 수용성 액체이다.)
① 제1석유류
② 제2석유류
③ 제3석유류
④ 제4석유류

해설 제4류 위험물의 품명 및 지정수량

품명		지정수량
특수인화물		50L
제1석유류	비수용성	200L
	수용성	400L
알코올류		400L
제2석유류	비수용성	1,000L
	수용성	2,000L
제3석유류	비수용성	2,000L
	수용성	4,000L
제4석유류		6,000L
동식물유류		10,000L

답 ③

19 황린과 적린에 대한 설명 중 틀린 것은?
① 적린은 황린에 비하여 안정하다.
② 비중은 황린이 크며, 녹는점은 적린이 낮다.
③ 적린과 황린은 모두 물에 녹지 않는다.
④ 연소할 때 황린과 적린은 모두 P_2O_5의 흰 연기가 발생한다.

 ㉠ 적린 : 비중 2.2, 녹는점 600℃
㉡ 황린 : 비중 1.82, 녹는점 44℃
답 ②

20 금속칼륨 100kg과 알킬리튬 100kg을 취급할 때 지정수량 배수는?
① 10   ② 20
③ 50   ④ 200

 지정수량의 배수 $= \dfrac{100\text{kg}}{10\text{kg}} + \dfrac{100\text{kg}}{10\text{kg}} = 20$
답 ②

21 나이트로셀룰로스를 저장·운반할 때 가장 좋은 방법은?
① 질소가스를 충전한다.
② 갈색 유리병에 넣는다.
③ 냉동시켜서 운반한다.
④ 알코올 등으로 습면을 만들어 운반한다.

 나이트로셀룰로스는 물이 침윤될수록 위험성이 감소하므로 운반 시 물(20%), 용제 또는 알코올(30%)을 첨가하여 습윤시킨다. 건조 시 위험성이 증대되므로 주의한다.
답 ④

22 탄화칼슘과 질소가 약 700℃에서 반응하여 생성되는 물질은?
① C_2H_2 ② $CaCN_2$
③ C_2H_4O ④ CaH_2

 질소와는 약 700℃ 이상에서 질화되어 칼슘사이안아마이드($CaCN_2$, 석회질소)가 생성된다.
$CaC_2 + N_2 \rightarrow CaCN_2 + C$
답 ②

23 제4류 위험물 중 제1석유류에 속하지 않는 것은?
① C_6H_6
② CH_3COOH
③ CH_3COCH_3
④ $C_6H_5CH_3$

 ① C_6H_6(벤젠) : 제4류 위험물 중 제1석유류
② CH_3COOH(초산) : 제4류 위험물 중 제2석유류
③ CH_3COCH_3(아세톤) : 제4류 위험물 중 제1석유류
④ $C_6H_5CH_3$(톨루엔) : 제4류 위험물 중 제1석유류
답 ②

24 다음 중 인화칼슘의 일반적인 성질로 옳은 것은?
① 물과 반응하면 독성의 가스가 발생한다.
② 비중이 물보다 작다.
③ 융점은 약 600℃ 정도이다.
④ 회흑색의 정육면체 고체상 결정이다.

 인화칼슘은 적갈색의 괴상(덩어리상태) 고체로, 비중은 2.51, 융점은 1,600℃이며, 물과 반응하여 유독하고 가연성인 인화수소(PH_3, 포스핀) 가스가 발생한다.
$Ca_3P_2 + 6H_2O \rightarrow 3Ca(OH)_2 + 2PH_3$
답 ①

25 톨루엔의 성질을 벤젠과 비교한 것 중 틀린 것은?
① 독성은 벤젠보다 크다.
② 인화점은 벤젠보다 높다.
③ 비점은 벤젠보다 높다.
④ 융점은 벤젠보다 낮다.

구분	독성	인화점	비점	융점
벤젠	큼	-11℃	79℃	7℃
톨루엔	작음	4℃	111℃	-93℃

답 ①

26 다음 중 비중이 가장 큰 물질은?
① 이황화탄소
② 메틸에틸케톤
③ 톨루엔
④ 벤젠

 각 보기의 비중은 다음과 같다.
① 이황화탄소 : 1.26
② 메틸에틸케톤 : 0.806
③ 톨루엔 : 0.871
④ 벤젠 : 0.9

답 ①

27 적린과 황의 공통적인 성질이 아닌 것은?
① 가연성 물질이다.
② 고체이다.
③ 물에 잘 녹는다.
④ 비중은 1보다 크다.

 적린과 황은 모두 물에 녹지 않는다.

답 ③

28 전역방출방식 분말소화설비의 기준에서 제1종 분말소화약제의 저장용기 충전비의 범위는?
① 0.85 이상 1.05 이하
② 0.85 이상 1.45 이하
③ 1.05 이상 1.45 이하
④ 1.05 이상 1.75 이하

 저장용기의 충전비

소화약제의 종별	충전비의 범위
제1종	0.85 이상~1.45 이하
제2종 또는 제3종	1.05 이상~1.75 이하
제4종	1.50 이상~2.50 이하

답 ②

29 질산암모늄에 대한 설명 중 틀린 것은?
① 강력한 산화제이다.
② 물에 녹을 때는 발열반응을 나타낸다.
③ 조해성이 있다.
④ 혼합화약의 재료로 쓰인다.

 질산암모늄은 물에 녹을 때 흡열반응을 한다.

답 ②

30 위험물안전관리법령상 물분무소화설비가 적응성이 있는 대상물은?
① 알칼리금속과산화물
② 전기설비
③ 마그네슘
④ 금속분

해설 물분무 등 소화설비의 적응성

대상물의 구분 물분무 등 소화설비의 구분	건축물·그 밖의 공작물	전기설비	제1류 위험물 알칼리금속과산화물 등	제1류 위험물 그 밖의 것	제2류 위험물 철분·금속분·마그네슘 등	제2류 위험물 인화성 고체	제2류 위험물 그 밖의 것	제3류 위험물 금수성 물품	제3류 위험물 그 밖의 것	제4류 위험물	제5류 위험물	제6류 위험물
물분무소화설비	○	○		○		○	○		○	○	○	○
포소화설비	○			○		○	○		○	○	○	○
불활성가스 소화설비		○				○				○		
할로젠화합물 소화설비		○				○				○		
분말소화설비 인산염류 등	○	○		○		○				○		○
분말소화설비 탄산수소염류 등		○	○		○	○		○		○		
분말소화설비 그 밖의 것			○		○			○				

답 ②

31 옥외탱크저장소의 탱크 중 압력탱크의 수압시험기준은?
① 최대상용압력의 2배의 압력으로 20분간
② 최대상용압력의 2배의 압력으로 10분간
③ 최대상용압력의 1.5배의 압력으로 20분간
④ 최대상용압력의 1.5배의 압력으로 10분간

해설 최대상용압력의 1.5배 압력으로 10분간 실시하는 수압시험에 각각 새거나 변형되지 아니하여야 한다.

답 ④

32 화재 발생 시 소화방법으로 공기를 차단하는 것이 효과가 있으며, 연소물질을 제거하거나 액체를 인화점 이하로 냉각시켜 소화할 수도 있는 위험물은?

① 제1류 위험물
② 제4류 위험물
③ 제5류 위험물
④ 제6류 위험물

 제4류 위험물은 인화성 액체로 질식소화가 유효하다.

 ②

33 위험물제조소에서 지정수량의 5배를 취급하는 건축물의 주위에 보유하여야 할 최소 보유공지는?

① 1m 이상
② 3m 이상
③ 5m 이상
④ 8m 이상

 제조소의 보유공지

취급하는 위험물의 최대수량	공지의 너비
지정수량의 10배 이하	3m 이상
지정수량의 10배 초과	5m 이상

 ②

34 주유취급소에 캐노피를 설치하려고 할 때의 기준이 아닌 것은?

① 배관이 캐노피 내부를 통과할 경우에는 1개 이상의 점검구를 설치할 것
② 캐노피 외부의 배관으로서 점검이 곤란한 장소에는 용접이음으로 할 것
③ 캐노피의 면적은 주유취급 바닥 면적의 2분의 1 이하로 할 것
④ 캐노피 외부의 배관이 일광열의 영향을 받을 우려가 있는 경우에는 단열재로 피복할 것

 ③ 캐노피의 면적은 주유취급 공지 면적의 2분의 1이하로 할 것

답 ③

35 다음 위험물의 저장창고에 화재가 발생하였을 때 소화방법으로 주수소화가 적당하지 않은 것은?

① $NaClO_3$
② S
③ NaH
④ TNT

 수소화나트륨(NaH)은 제3류 위험물로서 불안정한 가연성 고체로, 물과 격렬하게 반응하여 수소를 발생하고 발열하며, 이때 발생한 반응열에 의해 자연발화한다.
$NaH + H_2O \rightarrow NaOH + H_2$

답 ③

36 옥외탱크저장소의 방유제 설치기준으로 옳지 않은 것은?

① 방유제의 용량은 방유제 안에 설치된 탱크가 하나인 때는 그 탱크 용량의 110% 이상으로 한다.
② 방유제의 높이는 0.5m 이상, 3m 이하로 하여야 한다.
③ 방유제 내의 면적은 8만m^2 이하로 하고 물을 배출시키기 위한 배수구를 설치한다.
④ 높이가 1m를 넘는 방유제의 안팎에 폭 1.5m 이상의 계단 또는 15° 이하의 경사로를 20m 간격으로 설치한다.

 ④ 높이가 1m를 넘는 방유제의 안팎에 폭 1.5m 이상의 계단 또는 15° 이하의 경사로를 50m 간격으로 설치한다.

답 ④

37 이산화탄소 소화설비의 장단점으로 틀린 것은?

① 비중이 공기보다 커서 심부 화재에도 적합하다.
② 약제가 방출될 때 사람·가축에게 해를 준다.
③ 전기절연성이 높아 전기 화재에도 적합하다.
④ 배관 및 관 부속이 저압이므로 시공이 간편하다.

 ④ 배관 및 관 부속이 고압이므로 시공이 불편하다.

 ④

38 위험물안전관리법상 옥내소화전은 제조소 등의 건축물의 층마다 해당 층의 각 부분에서 하나의 호스 접속구까지의 수평거리가 몇 m 이하가 되도록 하여야 하는가?

① 5m ② 15m
③ 25m ④ 35m

 ③

39 할로젠화합물 소화설비에 사용하는 소화약제 중 할론 2402를 가압식 저장용기에 충전할 때 저장용기의 충전비로 옳은 것은?

① 0.67 이상, 2.75 이하
② 0.7 이상, 1.4 이하
③ 0.9 이상, 1.6 이하
④ 0.51 이상, 0.67 이하

해설 저장용기에 따른 할로젠화합물의 충전비

종류	충전비		
	1301	1211	2402
축압식	0.9~1.6	0.7~1.4	0.67~2.75
가압식	—	—	0.51~0.67

 ④

40 이동탱크저장소의 측면틀 기준에 있어서 탱크 뒷부분의 입면도에서 측면틀의 최외측과 탱크의 최외측을 연결하는 직선의 수평면에 대한 내각은 얼마 이상이 되도록 하여야 하는가?

① 50° ② 65°
③ 75° ④ 90°

해설 이동탱크저장소의 측면틀 부착기준
㉠ 외부로부터 하중에 견딜 수 있는 구조로 할 것
㉡ 최외측선(측면틀의 최외측과 탱크의 최외측을 연결하는 직선)의 수평면에 대하여 내각이 75° 이상일 것
㉢ 최대수량의 위험물을 저장한 상태에 있을 때의 해당 탱크 중량의 중심선과 측면틀의 최외측을 연결하는 직선과 그 중심선을 지나는 직선 중 최외측선과 직각을 이루는 직선과의 내각이 35° 이상이 되도록 할 것

 ③

41 위험물을 수납한 운반용기 외부에 표시할 사항에 대한 설명으로 틀린 것은?

① 위험물의 수용성 표시는 제4류 위험물로서 수용성인 것에 한하여 표시한다.
② 용적 200mL인 운반용기로 제4류 위험물에 해당하는 에어졸을 운반할 경우 그 용기의 외부에는 품명·위험등급·화학명·수용성을 표시하지 아니할 수 있다.
③ 기계에 의하여 하역하는 구조로 된 운반용기가 아닐 경우 용기 외부에는 운반용기 제조자의 명칭을 표시하여야 한다.
④ 제5류 위험물에 있어서는 '화기엄금' 및 '충격주의'를 표시하여야 한다.

해설 ③ 기계에 의하여 하역하는 구조로 된 운반용기인 경우, 용기 외부에는 운반용기 제조자의 명칭을 표시해야 한다.

 ③

42 피리딘에 대한 설명 중 틀린 것은?

① 물보다 가벼운 액체이다.
② 인화점은 30℃보다 낮다.
③ 제1석유류이다.
④ 지정수량은 200리터이다.

해설 피리딘은 제1석유류(수용성 액체)로서 지정수량은 400리터, 액비중은 0.98, 인화점은 16℃이다.

 ④

43 위험물제조소의 표지의 크기 규격으로 옳은 것은?

① 0.2m×0.4m
② 0.3m×0.3m
③ 0.3m×0.6m
④ 0.6m×0.2m

해설 제조소의 표지판·게시판의 규격은 한 변의 길이 0.3m, 다른 한 변의 길이 0.6m 이상으로 한다.

 ③

44 제3류 위험물을 취급하는 제조소와 300명 이상의 인원을 수용하는 영화상영관과의 안전거리는 몇 m 이상이어야 하는가?
① 10 ② 20
③ 30 ④ 50

 제조소의 안전거리

건축물	안전거리
사용전압 7,000V 초과 35,000V 이하의 특고압 가공전선	3m 이상
사용전압 35,000V 초과의 특고압 가공전선	5m 이상
주거용으로 사용되는 것(제조소가 설치된 부지 내에 있는 것 제외)	10m 이상
고압가스, 액화석유가스 또는 도시가스를 저장 또는 취급하는 시설	20m 이상
학교, 병원(병원급 의료기관), 극장(공연장, 영화상영관 및 수용인원 300명 이상의 시설), 아동복지시설, 노인복지시설, 장애인복지시설, 한부모가족복지시설, 어린이집, 성매매피해자를 위한 지원시설, 정신건강증진시설, 가정폭력피해자보호시설 및 수용인원 20명 이상의 시설	30m 이상
지정문화유산 및 천연기념물 등	50m 이상

답 ③

45 제조소 등의 소화설비를 위한 소요단위 산정에 있어서 1소요단위에 해당하는 위험물의 지정수량 배수와 외벽이 내화구조인 제조소의 건축물 연면적을 각각 옳게 나타낸 것은?
① 10배, 100m² ② 100배, 100m²
③ 10배, 150m² ④ 100배, 150m²

 소요단위 : 소화설비의 설치대상이 되는 건축물의 규모 또는 위험물 양에 대한 기준 단위

1단위	제조소 또는 취급소용 건축물의 경우	내화구조 외벽을 갖춘 연면적 100m²
		내화구조 외벽이 아닌 연면적 50m²
	저장소 건축물의 경우	내화구조 외벽을 갖춘 연면적 150m²
		내화구조 외벽이 아닌 연면적 75m²
	위험물의 경우	지정수량의 10배

답 ①

46 위험물안전관리법령상 이산화탄소 소화기가 적응성이 없는 위험물은?
① 인화성 고체
② 톨루엔
③ 초산메틸
④ 브로민산칼륨

 브로민산칼륨은 제1류 위험물로서 가연성 물질에 따라 주수에 의한 냉각소화가 유효하다.

답 ④

47 위험물을 수납한 운반용기는 수납하는 위험물에 따라 주의사항을 표시하여 적재하여야 한다. 주의사항으로 옳지 않은 것은?
① 제2류 위험물 중 인화성 고체 – 화기엄금
② 제6류 위험물 – 가연물접촉주의
③ 금수성 물질(제3류) – 물기주의
④ 자연발화성 물질(제3류) – 화기엄금 및 공기접촉엄금

 수납하는 위험물에 따른 주의사항

유별	구분	주의사항
제1류 위험물 (산화성 고체)	알칼리금속의 무기과산화물	"화기·충격주의" "물기엄금" "가연물접촉주의"
	그 밖의 것	"화기·충격주의" "가연물접촉주의"
제2류 위험물 (가연성 고체)	철분·금속분·마그네슘	"화기주의" "물기엄금"
	인화성 고체	"화기엄금"
	그 밖의 것	"화기주의"
제3류 위험물 (자연발화성 및 금수성 물질)	자연발화성 물질	"화기엄금" "공기접촉엄금"
	금수성 물질	"물기엄금"
제4류 위험물 (인화성 액체)	–	"화기엄금"
제5류 위험물 (자기반응성 물질)	–	"화기엄금" 및 "충격주의"
제6류 위험물 (산화성 액체)	–	"가연물접촉주의"

답 ③

48 위험물의 운반기준에 대한 설명 중 틀린 것은?
① 위험물을 수납한 용기가 현저하게 마찰 또는 충격을 일으키지 않도록 한다.
② 지정수량 이상의 위험물을 차량으로 운반할 때에는 한 변의 길이가 0.3m 이상, 다른 한 변은 0.6m 이상인 직사각형 표지판을 설치하여야 한다.
③ 위험물의 운반 도중 재난 발생의 우려가 있을 경우에는 응급조치를 강구하는 동시에 가까운 소방관서, 그 밖의 관계기관에 통보하여야 한다.
④ 지정수량 이하의 위험물을 차량으로 운반하는 경우 적응성이 있는 소형 수동식 소화기를 위험물의 소요단위에 상응하는 능력단위 이상으로 비치하여야 한다.

 ④ 지정수량 이상의 위험물을 차량으로 운반하는 경우 적응성이 있는 소형 수동식 소화기를 위험물의 소요단위에 상응하는 능력단위 이상으로 비치하여야 한다.
답 ④

49 위험물탱크 안전성능시험자의 등록 결격 사유에 해당하지 않는 것은?
① 피성년후견인
② 「소방시설공사업법」에 따른 금고 이상의 실형의 선고를 받고 그 집행이 종료(집행이 종료된 것으로 보는 경우를 포함한다)되거나 집행이 면제된 날부터 2년이 지나지 아니한 자
③ 「위험물안전관리법」에 따른 금고 이상의 형의 집행유예 선고를 받고 그 유예기간 중에 있는 자
④ 탱크 시험자의 등록이 취소된 날부터 5년이 지나지 아니한 자

 위험물탱크 안전성능시험자 등록 결격 사유
㉠ 피성년후견인
㉡ 「위험물안전관리법」, 「소방기본법」, 「화재의 예방 및 안전관리에 관한 법률」, 「소방시설 설치 및 관리에 관한 법률」 또는 「소방시설공사업법」에 따른 금고 이상의 실형의 선고를 받고 그 집행이 종료(집행이 종료된 것으로 보는 경우를 포함한다)되거나 집행이 면제된 날부터 2년이 지나지 아니한 자
㉢ 「위험물안전관리법」, 「소방기본법」, 「화재의 예방 및 안전관리에 관한 법률」, 「소방시설 설치 및 관리에 관한 법률」 또는 「소방시설공사업법」에 따른 금고 이상의 형의 집행유예 선고를 받고 그 유예기간 중에 있는 자
㉣ 탱크 시험자의 등록이 취소된 날부터 2년이 지나지 아니한 자
㉤ 법인으로서 그 대표자가 ㉠ 내지 ㉣에 해당하는 경우
답 ④

50 위험물안전관리법령상 제조소 등의 관계인은 그 제조소 등의 용도를 폐지한 때에는 폐지한 날로부터 며칠 이내에 신고하여야 하는가?
① 7일　　② 14일
③ 30일　　④ 90일

 제조소 등의 관계인(소유자·점유자 또는 관리자)은 해당 제조소 등의 용도를 폐지(장래에 대하여 위험물 시설로서의 기능을 완전히 상실시키는 것)한 때에는 행정안전부령이 정하는 바에 따라 제조소 등의 용도를 폐지한 날부터 14일 이내에 시·도지사에게 신고하여야 한다.
답 ②

51 위험물안전관리법상의 용어에 대한 설명으로 옳지 않은 것은?
① "위험물"이라 함은 인화성 또는 발화성 등의 성질을 가지는 것으로서 대통령령이 정하는 물품을 말한다.
② "제조소"라 함은 7일 동안 지정수량 이상의 위험물을 제조하기 위한 시설을 뜻한다.
③ "지정수량"이라 함은 위험물의 종류별로 위험성을 고려하여 대통령령이 정하는 수량으로서 제조소 등의 설치허가 등에 있어서 최저의 기준이 되는 수량을 말한다.
④ "제조소 등"이라 함은 제조소, 저장소 및 취급소를 말한다.

 "제조소"라 함은 위험물을 제조할 목적으로 지정수량 이상의 위험물을 취급하기 위하여 규정에 따른 허가를 받은 장소를 말한다.
답 ②

52 위험물의 지정수량은 누가 지정한 수량인가?
① 대통령령이 정하는 수량
② 행정안전부령으로 정한 수량
③ 시장, 군수가 정한 수량
④ 소방본부장 또는 소방서장이 정한 수량

답 ①

53 유량을 측정하는 계측기구가 아닌 것은?
① 오리피스미터
② 피에조미터
③ 로터미터
④ 벤투리미터

해설 유량을 측정하는 기구로는 벤투리미터, 오리피스미터, 위어, 로터미터가 있으며, 피에조미터는 압력을 측정하는 기구에 해당한다.

답 ②

54 탱크 안전성능검사에 관한 설명으로 옳은 것은?
① 검사자로는 소방서장, 한국소방산업기술원 또는 탱크 안전성능시험자가 있다.
② 이중벽탱크에 대한 수압검사는 탱크의 제작지를 관할하는 소방서장도 할 수 있다.
③ 탱크의 종류에 따라 기초·지반 검사, 충수·수압 검사, 용접부 검사 또는 암반탱크 검사 중에서 어느 하나의 검사를 실시한다.
④ 한국소방산업기술원은 엔지니어링 사업자, 탱크 안전성능시험자 등이 실시하는 시험의 과정 및 결과를 확인하는 방법으로도 검사를 할 수 있다.

해설 탱크 안전성능검사의 세부 기준·방법·절차 및 탱크 시험자 또는 엔지니어링 사업자가 실시하는 탱크 안전성능시험에 대한 한국소방산업기술원의 확인 등에 관하여 필요한 사항은 소방청장이 정하여 고시한다.

답 ④

55 미리 정해진 일정 단위 중에 포함된 부적합(결점)수에 의거하여 공정을 관리할 때 사용하는 관리도는?
① p 관리도
② P_n 관리도
③ c 관리도
④ u 관리도

해설
① p 관리도 : 비율, 이항분포
② P_n 관리도 : 불합격된 제품 수
④ u 관리도 : 단위당 결점수 관리도

답 ③

56 "무결점운동"이라고 불리는 것으로 품질 개선을 위한 동기부여 프로그램은?
① TQC
② ZD
③ MIL-STD
④ ISO

해설 ZD(Zero Defects program)는 무결점운동으로, 신뢰도의 향상과 원가 절감을 목적으로 전개시킨 품질 향상에 대한 종업원의 동기부여 프로그램이다.

답 ②

57 제품공정분석표(product process chart) 작성 시 가공시간개별법으로 가장 올바른 것은?
① $\dfrac{1개당\ 가공시간 \times 1로트의\ 수량}{1로트의\ 총\ 가공시간}$
② $\dfrac{1로트의\ 가공시간}{1로트의\ 총\ 가공시간 \times 1로트의\ 수량}$
③ $\dfrac{1로트의\ 가공시간 \times 1로트의\ 총\ 가공시간}{1로트의\ 수량}$
④ $\dfrac{1로트의\ 총\ 가공시간}{1개당\ 가공시간 \times 1로트의\ 수량}$

답 ①

58 어떤 회사의 매출액이 80,000원, 고정비가 15,000원, 변동비가 40,000원일 때 손익분기점 매출액은 얼마인가?

① 25,000원
② 30,000원
③ 40,000원
④ 55,000원

해설

$$손익분기점\ 매출액 = \frac{고정비 \times 매출액}{변동비}$$
$$= \frac{15,000원 \times 80,000원}{40,000원}$$
$$= 30,000원$$

답 ②

59 관리도에서 측정한 값을 차례로 타점했을 때 점이 순차적으로 상승하거나 하강하는 것을 무엇이라 하는가?

① 런(run)
② 주기(cycle)
③ 경향(trend)
④ 산포(dispersion)

해설
① 런 : 중심선의 한쪽에 연속해서 나타나는 점
② 주기 : 점이 주기적으로 상하로 변동하여 파형을 나타내는 현상
④ 산포 : 수집된 자료값이 중앙값으로 떨어져 있는 정도

답 ③

60 다음 중 샘플링검사보다 전수검사를 실시하는 것이 유리한 경우는?

① 검사항목이 많은 경우
② 파괴검사를 해야 하는 경우
③ 품질 특성치가 치명적인 결점을 포함하는 경우
④ 다수·다량의 것으로 어느 정도 부적합품이 섞여도 괜찮을 경우

해설 전수검사란 검사 로트 내의 검사단위 모두를 하나하나 검사하여 합격·불합격 판정을 내리는 것으로 일명 100% 검사라고도 한다. 예컨대 자동차의 브레이크 성능, 크레인의 브레이크 성능, 프로페인 용기의 내압성능 등과 같이 인체 생명 위험 및 화재 발생 위험이 있는 경우 및 보석류와 같이 아주 고가 제품의 경우에는 전수검사가 적용된다. 그러나 대량품, 연속체, 파괴검사와 같은 경우는 전수검사를 적용할 수 없다.

답 ③

제76회 위험물기능장 필기
(2024년 6월 시행)

01 25℃, 750mmHg하에서 1L를 차지하는 기체는 표준상태(0℃, 1기압)하에서 몇 L인가?
① 0.8　　② 0.9
③ 1.0　　④ 1.1

해설
$PV = nRT$
$n = \dfrac{PV}{RT} = \dfrac{\dfrac{750}{760} \times 1}{0.082 \times (273.15 + 25)} = 0.04$
$\therefore V = \dfrac{nRT}{P} = \dfrac{0.04 \times 0.082 \times 273.15}{1} = 0.9\text{L}$

답 ②

02 다음과 같은 전자배치를 갖는 원소들에 대한 설명으로 옳지 않은 것은? (단, A~D는 임의의 원소기호이다.)

- A : $1s^2\,2s^2\,2p^3$
- B : $1s^2\,2s^2\,2p^5$
- C : $1s^2\,2s^2\,2p^6\,3s^1$
- D : $1s^2\,2s^2\,2p^6\,3s^2\,3p^1$

① 홀전자수는 A가 가장 많다.
② 원자 반지름은 C가 가장 크다.
③ 이온화에너지는 B가 가장 크다.
④ 원자가전자수는 D가 가장 많다.

해설

구분	원소명	전자배치	홀전자수
A	N	$1s^22s^22p^3$	3
B	F	$1s^22s^22p^5$	1
C	Na	$1s^22s^22p3s^1$	1
D	Al	$1s^22s^22p^63s^23p^1$	1

구분	원자 반지름 (pm)	가전자수	이온화에너지 (kJ/mol)
A	75	5	1,402
B	71	7	1,681
C	154	1	495
D	118	3	578

답 ④

03 비공유전자쌍을 가지고 있는 분자는?
① NH_3　　② CH_4
③ H_2　　④ C_2H_4

답 ①

04 0.001M HCl 용액의 pH는 얼마인가?
① 1　　② 2
③ 3　　④ 4

해설
$\text{pH} = -\log[\text{H}^+]$
$\quad = -\log(1 \times 10^{-3}) = 3$

답 ③

05 소금 300g을 물 400g에 녹였을 때 수용액의 %는?
① 42　　② 43
③ 44　　④ 45

해설
$\dfrac{300}{300+400} \times 100 = 42.86$

답 ②

06 콜로이드 용액이 반투막을 통과하지 못하여, 정제하는 데 사용하는 조작은?
① 브라운 운동
② 틴들
③ 투석
④ 삼투막

해설 투석(dialysis) : 콜로이드가 반투막을 통과하지 못하는 현상

답 ③

07 인화성 액체 위험물의 특징으로 맞는 것은?
① 착화온도가 낮다.
② 증기의 비중은 1보다 작으며 높은 곳에 체류한다.
③ 전기전도체이다.
④ 비중이 물보다 크다.

② 증기의 비중은 1보다 크며 낮은 곳에 체류한다.
③ 전기부도체이다.
④ 비중이 물보다 작다.
답 ①

08 다음 석유류 가운데 지정수량이 4,000L에 속하는 것은?
① 에틸렌글리콜   ② 등유
③ 기계유   ④ 아세톤

① 에틸렌글리콜 : 4,000L
② 등유 : 1,000L
③ 기계유 : 6,000L
④ 아세톤 : 200L
답 ①

09 인화성 액체 위험물 화재 시 소화방법으로 옳지 않은 것은?
① 화학포에 의해 소화할 수 있다.
② 수용성 액체는 기계포가 적당하다.
③ 이산화탄소로 소화할 수 있다.
④ 주수소화는 적당하지 않다.

해설 ② 수용성 액체에 기계포를 사용하면 포가 파괴되어 소화할 수 없어 수용성 액체에 알코올형 포소화약제를 사용한다.
답 ②

10 에터 속의 과산화물 존재 여부를 확인하는 데 사용하는 용액은?
① 황산제일철 30% 수용액
② 환원철 5g
③ 나트륨 10% 수용액
④ 아이오딘화칼륨 10% 수용액

해설 과산화물의 검출은 10% 아이오딘화칼륨(KI) 용액과의 황색 반응으로 확인하며, 생성된 과산화물을 제거하는 시약으로는 황산제일철(FeSO₄)을 사용한다.
답 ④

11 다음 중 지연성(조연성) 가스는?
① 이산화탄소   ② 아세트알데하이드
③ 이산화질소   ④ 산화프로필렌

① 이산화탄소 - 불연성 가스
② 아세트알데하이드 - 인화성 가스
④ 산화프로필렌 - 인화성 가스
답 ③

12 탄화칼슘의 저장방법으로 적절한 것은?
① 석유 속에 저장한다.
② 에틸알코올 속에 저장한다.
③ 질소가스 등 불활성 가스로 봉입한다.
④ 톱밥 속에 저장한다.
답 ③

13 위험물안전관리법령상 '자연발화성 물질 및 금수성 물질'에 해당하는 것은?
① 염소화규소화합물
② 금속의 아지화합물
③ 황과 적린의 화합물
④ 할로젠간화합물

금속의 아지화합물은 제5류 위험물이며, 할로젠간화합물은 제6류 위험물에 속한다. 황과 적린의 화합물은 제2류 위험물에 속한다.
답 ①

14 공기를 차단하고 황린이 적린으로 만들어지는 가열온도는 약 몇 ℃ 정도인가?
① 260   ② 310
③ 340   ④ 430
답 ①

15 정전기의 방전에너지는 $E = \frac{1}{2}CV^2$으로 표시한다. 이때 C의 단위는?

① 줄(Joule)
② 다인(Dyne)
③ 패럿(Farad)
④ 볼트(Volt)

 최소점화에너지(E)를 구하는 공식
$$E = \frac{1}{2}Q \cdot V = \frac{1}{2}C \cdot V^2$$
여기서, E : 착화에너지(J)
C : 전기(콘덴서)용량(F)
V : 방전전압(V)
Q : 전기량(C)

답 ③

16 하이드로퍼옥사이드 수용액은 보관 중 서서히 분해되는 성질이 있어 시판품에는 안정제(inhibit)를 첨가한다. 그 안정제로 가장 적합한 것은?

① H_3PO_4
② $NaOH$
③ C_2H_5OH
④ $NaAlO_2$

 과산화수소의 일반 시판품은 30~40%의 수용액으로 분해되기 쉬워 인산(H_3PO_4), 요산($C_5H_4N_4O_3$) 등 안정제를 가하거나 약산성으로 만든다.

답 ①

17 염소산칼륨의 성질로 옳은 것은?

① 광택이 있는 적색의 결정이다.
② 비중은 약 3.2이며 녹는점은 약 250℃이다.
③ 가열 분해하면 염화나트륨과 산소가 발생한다.
④ 알코올에 난용이고 온수, 글리세린에 잘 녹는다.

 ① 무색의 단사정계, 판상 결정 또는 백색 분말이다.
② 비중은 2.32이며, 녹는점은 368.4℃이다.
③ 과염소산칼륨($KClO_4$)을 분해하면 염화칼륨(KCl)과 산소(O_2)가 발생한다.

답 ④

18 다음 중 분자식과 명칭이 잘못 연결된 것은?

① CH_2OH − 에틸렌글리콜
② $C_6H_5NO_2$ − 나이트로벤졸
③ $C_{10}H_8$ − 나프탈렌
④ $C_3H_5(OH)_3$ − 글리세린

 ① 에틸렌글리콜 − $C_2H_4(OH)_2$

답 ①

19 피크르산의 성질에 대한 설명 중 틀린 것은?

① 쓴맛이 나고 독성이 있다.
② 약 300℃ 정도에서 발화한다.
③ 구리 용기에 보관하여야 한다.
④ 단독으로는 마찰 · 충격에 둔감하다.

 ③ 중금속(Fe, Cu, Pb 등)과 반응하여 민감한 피크르산염을 형성한다.

답 ③

20 다음 위험물질 중 물보다 가벼운 것은?

① 에터, 이황화탄소
② 벤젠, 폼산
③ 아세트산, 가솔린
④ 퓨젤유, 에탄올

 보기 물질의 비중은 다음과 같다.
① 에터 : 0.719, 이황화탄소 : 1.26
② 벤젠 : 0.879, 폼산 : 1.22
③ 아세트산 : 1.05, 가솔린 : 0.65~0.8
④ 퓨젤유 : 0.81, 에탄올 : 0.8

답 ④

21 화학적 질식 위험물질로 인체 내에 산화효소를 침범하여 가장 치명적인 물질은?

① 에테인
② 폼알데하이드
③ 사이안화수소
④ 염화바이닐

 ③ 사이안화수소는 맹독성 물질로, 흡입 시 치명적 손상을 입는다.

답 ③

22 다음 제4류 위험물 중 무색의 끈기 있는 액체로 인화점이 -18℃인 위험물은?

① 아이소프렌
② 펜타보란
③ 콜로디온
④ 아세트알데하이드

 보기 물질의 인화점은 다음과 같다.
① 아이소프렌 : 54℃
② 펜타보란 : 40℃
④ 아세트알데하이드 : 39℃

답 ③

23 $NH_4H_2PO_4$ 115kg이 완전열분해되어 메타인산, 암모니아와 수증기로 되었을 때, 메타인산은 몇 kg이 생성되는가? (단, P의 원자량은 31이다.)

① 36
② 40
③ 80
④ 115

 $NH_4H_2PO_4 \rightarrow HPO_3 + NH_3 + H_2O - Q$ kcal

$$\frac{115\text{kg}-NH_4H_2PO_4}{} \bigg| \frac{1\text{mol}-NH_4H_2PO_4}{115\text{kg}-NH_4H_2PO_4} \bigg|$$
$$\frac{1\text{mol}-HPO_3}{1\text{mol}-NH_4H_2PO_4} \bigg| \frac{80\text{kg}-HPO_3}{1\text{mol}-HPO_3}$$
$= 80\text{kgHPO}_3$

답 ③

24 은백색의 결정으로 비중이 약 0.92이고 물과 반응하여 수소가스를 발생시키는 물질은?

① 수소화리튬
② 수소화나트륨
③ 탄화칼슘
④ 탄화알루미늄

① 수소화리튬(LiH) : 비중 0.82의 무색투명한 고체, 물과 작용하여 수소가 발생
$LiH + H_2O \rightarrow LiOH + H_2$
② 수소화나트륨(NaH) : 회색의 입방정계 결정, 비중은 0.93, 습한 공기 중에서 분해되고, 물과는 격렬하게 발열반응하여 수소가스를 발생
$NaH + H_2O \rightarrow NaOH + H_2$
③ 탄화칼슘 : 백색 입방체의 결정, 비중은 2.22
④ 탄화알루미늄 : 황색의 단단한 결정, 비중은 2.36

답 ②

25 황화인 중에서 비중이 약 2.03, 융점이 약 173℃이며, 황색 결정이고, 물, 황산 등에는 불용성이며 질산에 녹는 것은?

① P_2S_5
② P_2S_3
③ P_4S_3
④ P_4S_7

 삼황화인(P_4S_3)은 비중이 2.03, 융점이 172.5℃, 발화점이 약 100℃이며, 황색 결정으로 질산, 이황화탄소,, 알칼리에 녹지만, 물, 황산, 염산 등에는 녹지 않는다.

답 ③

26 흡습성이 있는 등적색의 결정으로 물에는 녹으나 알코올에는 녹지 않으며, 비중은 약 2.69이고, 분해온도는 약 500℃인 성질을 갖는 위험물은?

① $KClO_3$
② $K_2Cr_2O_7$
③ NH_4NO_3
④ $(NH_4)_2Cr_2O_7$

 문제는 다이크로뮴산칼륨에 대한 설명이다.

답 ②

27 아이오딘폼 반응을 이용하여 검출할 수 있는 위험물이 아닌 것은?

① 아세트알데하이드
② 에탄올
③ 아세톤
④ 벤젠

 아이오딘폼 반응을 이용하여 검출할 수 있는 위험물 : 아세트알데하이드(CH_3CHO), 에탄올(C_2H_5OH), 아세톤(CH_3COCH_3)

답 ④

28 $C_6H_5CH_3$에 대한 설명으로 틀린 것은?

① 끓는점은 약 211℃이다.
② 녹는점은 약 -93℃이다.
③ 인화점은 약 4℃이다.
④ 비중은 약 0.87이다.

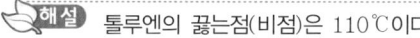 톨루엔의 끓는점(비점)은 110℃이다.

답 ①

29
1기압에서 인화점이 200℃인 것은 제 몇 석유류인가? (단, 도료류, 그 밖의 가연성 액체량이 40중량퍼센트 이하인 물품은 제외한다.)
① 제1석유류 ② 제2석유류
③ 제3석유류 ④ 제4석유류

 ① 제1석유류 : 인화점이 21℃ 미만
② 제2석유류 : 인화점이 21℃ 이상 70℃ 미만
③ 제3석유류 : 인화점이 70℃ 이상 200℃ 미만
④ 제4석유류 : 인화점이 200℃ 이상 250℃ 미만

답 ④

30
트라이에틸알루미늄의 소화약제로서 가장 적당한 것은?
① 마른모래, 팽창질석
② 물, 수성막포
③ 할론, 단백포
④ 이산화탄소, 강화액

해설 제3류 위험물로서 금수성 물질이며, 물, 할론, 이산화탄소 등에 대해 소화효과가 없고, 마른모래 또는 팽창질석에 대해 소화효과가 있다.

답 ①

31
분말소화약제를 종별로 주성분을 바르게 연결한 것은?
① 1종 분말약제 - 탄산수소나트륨
② 2종 분말약제 - 인산암모늄
③ 3종 분말약제 - 탄산수소칼륨
④ 4종 분말약제 - 탄산수소칼륨+인산암모늄

해설 분말소화약제의 주성분
㉠ 제1종 : 탄산수소나트륨($NaHCO_3$)
㉡ 제2종 : 탄산수소칼륨($KHCO_3$)
㉢ 제3종 : 제1인산암모늄($NH_4H_2PO_4$)
㉣ 제4종 : 탄산수소칼륨+요소
  ($KHCO_3+CO(NH_2)_2$)

답 ①

32
황은 순도가 몇 wt% 이상인 것을 위험물로 분류하는가?
① 20 ② 30
③ 50 ④ 60

 황은 순도가 60wt% 이상인 것을 말한다. 이 경우 순도 측정에 있어서 불순물은 활석 등 불연성 물질과 수분에 한한다.

답 ④

33
위험물안전관리법령상 물분무소화설비가 적응성이 있는 위험물은?
① 알칼리금속과산화물
② 금속분·마그네슘
③ 금수성 물질
④ 인화성 고체

해설 물분무 등 소화설비의 적응성

물분무 등 소화설비의 구분		대상물의 구분	건축물·그 밖의 공작물	전기설비	제1류 위험물 알칼리금속과산화물 등	제1류 위험물 그 밖의 것	제2류 위험물 철분·금속분·마그네슘 등	제2류 위험물 인화성 고체	제2류 위험물 그 밖의 것	제3류 위험물 금수성 물품	제3류 위험물 그 밖의 것	제4류 위험물	제5류 위험물	제6류 위험물
물분무소화설비			○	○		○		○	○		○	○	○	○
포소화설비			○			○		○	○		○	○	○	○
불활성가스 소화설비				○				○				○		
할로젠화합물 소화설비				○				○				○		
분말소화설비	인산염류 등		○	○		○		○	○			○		○
	탄산수소염류 등			○	○		○	○		○		○		
	그 밖의 것				○		○			○				

답 ④

34
옥외탱크저장소 방유제의 2면 이상(원형인 경우는 그 둘레의 1/2 이상)은 자동차의 통행이 가능하도록 폭 몇 m 이상의 통로와 접하도록 하여야 하는가?
① 2m 이상 ② 2.5m 이상
③ 3m 이상 ④ 3.5m 이상

해설 방유제 외면의 2분의 1 이상은 자동차 등이 통행할 수 있는 3m 이상의 구내도로에 직접 접할 것

답 ③

35 할론 1301을 축압식 저장용기에 저장하려 할 때의 충전비는?

① 충전비 0.51 이상, 0.67 미만
② 충전비 0.67 이상, 2.75 미만
③ 충전비 0.7 이상, 1.4 이하
④ 충전비 0.9 이상, 1.6 이하

 저장용기에 따른 할로젠화합물의 충전비

종류	충전비		
	1301	1211	2402
축압식	0.9~1.6	0.7~1.4	0.67~2.75
가압식	—	—	0.51~0.67

답 ④

36 위험물제조소의 바닥면적이 60m² 이상, 90m² 미만일 때 급기구의 면적은?

① 150cm² 이상
② 300cm² 이상
③ 450cm² 이상
④ 600cm² 이상

 급기구는 해당 급기구가 설치된 실의 바닥면적 150m²마다 1개 이상으로 하되, 급기구의 크기는 800cm² 이상으로 한다. 다만, 바닥면적이 150m² 미만인 경우에는 다음의 크기로 하여야 한다.

바닥면적	급기구의 면적
60m² 미만	150cm² 이상
60m² 이상 90m² 미만	300cm² 이상
90m² 이상 120m² 미만	450cm² 이상
120m² 이상 150m² 미만	600cm² 이상

답 ②

37 지정과산화물을 옥내에 저장하는 저장창고 외벽의 기준으로 옳은 것은?

① 두께 20cm 이상의 보강콘크리트블록조
② 두께 20cm 이상의 철근콘크리트조
③ 두께 30cm 이상의 철근콘크리트조
④ 두께 30cm 이상의 철골콘크리트블록조

 옥내저장소의 지정 유기과산화물 외벽의 기준
㉠ 두께 20cm 이상의 철근콘크리트조, 철골철근콘크리트조
㉡ 두께 30cm 이상의 보강시멘트블록조

답 ②

38 다음 ( ) 안에 알맞은 것을 적절하게 짝지은 것은?

이동저장탱크는 그 내부에 (ⓐ)L 이하마다 (ⓑ)mm 이상의 강철판 또는 이와 동등 이상의 강도·내열성 및 내식성 있는 금속성의 것으로 칸막이를 설치하여야 한다.

① ⓐ 2,000, ⓑ 2.4
② ⓐ 2,000, ⓑ 3.2
③ ⓐ 4,000, ⓑ 2.4
④ ⓐ 4,000, ⓑ 3.2

 이동탱크저장소의 안전칸막이 설치기준
㉠ 두께 3.2mm 이상의 강철판으로 제작
㉡ 4,000L 이하마다 구분하여 설치

답 ④

39 알킬알루미늄 등을 저장 또는 취급하는 이동탱크저장소의 이동탱크의 경우 얼마의 압력으로 몇 분간의 수압시험을 실시하여 새거나 변형이 없어야 하는가?

① 1MPa, 10분
② 1.5MPa, 15분
③ 2MPa, 10분
④ 2.5MPa, 15분

 ② 이동저장탱크는 두께 10mm 이상의 강판 또는 이와 동등 이상의 기계적 성질이 있는 재료로 기밀하게 제작되고 1MPa 이상의 압력으로 10분간 실시하는 수압시험에서 새거나 변형하지 아니하는 것일 것

답 ①

40 위험물 이동탱크저장소에서 맨홀·주입구 및 안전장치 등이 탱크의 상부에 돌출되어 있는 경우 부속장치의 손상을 방지하기 위해 설치하여야 할 것은?

① 불연성 가스 봉입장치
② 동기장치
③ 측면틀, 방호틀
④ 비상조치레버

답 ③

41 다음 중 안전거리의 규제를 받지 않는 곳은 어디인가?

① 옥외탱크저장소 ② 옥내저장소
③ 지하탱크저장소 ④ 옥외저장소

 안전거리 제외대상 : 지하탱크저장소, 옥내탱크저장소, 암반탱크저장소, 이동탱크저장소, 주유취급소, 판매취급소

답 ③

42 옥외저장탱크를 강철판으로 제작할 경우 두께 기준은 몇 mm 이상인가? (단, 특정 옥외저장탱크 및 준특정 옥외저장탱크는 제외한다.)

① 1.2 ② 2.2
③ 3.2 ④ 4.2

 옥외저장탱크는 두께 3.2mm 이상의 강철판으로 제작한다.

답 ③

43 위험물안전관리법령상 간이탱크저장소의 위치·구조 및 설비의 기준에서 간이저장탱크 1개의 용량은 몇 L 이하이어야 하는가?

① 300 ② 600
③ 1,000 ④ 1,200

 간이탱크의 구조 기준
㉠ 두께 3.2mm 이상의 강판으로 흠이 없도록 제작한다.
㉡ 70kPa 압력으로 10분간 수압시험을 실시하여 새거나 변형되지 아니하여야 한다.
㉢ 하나의 탱크 용량은 600L 이하로 하여야 한다.
㉣ 탱크의 외면에는 녹을 방지하기 위한 도장을 한다.

답 ②

44 제1류 위험물 중 무기과산화물 150kg, 질산염류 300kg, 다이크로뮴산염류 3,000kg를 저장하려 한다. 각각 지정수량 배수의 총합은 얼마인가?

① 5 ② 6
③ 7 ④ 8

해설 지정수량 배수의 합
$= \frac{\text{A품목 저장수량}}{\text{A품목 지정수량}} + \frac{\text{B품목 저장수량}}{\text{B품목 지정수량}}$
$+ \frac{\text{C품목 저장수량}}{\text{C품목 지정수량}} + \cdots$
$= \frac{150\text{kg}}{50\text{kg}} + \frac{300\text{kg}}{300\text{kg}} + \frac{3,000\text{kg}}{1,000\text{kg}} = 7$

답 ③

45 소화난이도등급 I의 제조소 등 중 옥내탱크저장소의 규모에 대한 설명이 옳은 것은?

① 액체 위험물을 저장하는 위험물의 액표면적이 20m^2 이상인 것
② 바닥면으로부터 탱크 옆판의 상단까지 높이가 6m 이상인 것(제6류 위험물을 저장하는 것 및 고인화점 위험물만을 100℃ 미만의 온도에서 저장하는 것은 제외)
③ 액체 위험물을 저장하는 단층 건축물 외의 건축물에 설치하는 것으로서 인화점이 40℃ 이상, 70℃ 미만의 위험물을 지정수량의 40배 이상 저장 또는 취급하는 것
④ 고체 위험물을 지정수량의 150배 이상 저장 또는 취급하는 것

 옥내탱크저장소에 저장 또는 취급하는 위험물의 품명 및 최대수량
㉠ 액표면적이 40m^2 이상인 것(제6류 위험물을 저장하는 것 및 고인화점 위험물만을 100℃ 미만의 온도에서 저장하는 것은 제외)
㉡ 바닥면으로부터 탱크 옆판의 상단까지 높이가 6m 이상인 것(제6류 위험물을 저장하는 것 및 고인화점 위험물만을 100℃ 미만의 온도에서 저장하는 것은 제외)
㉢ 탱크전용실이 단층 건물 외의 건축물에 있는 것으로서 인화점 38℃ 이상, 70℃ 미만의 위험물을 지정수량의 5배 이상 저장하는 것(내화구조로 개구부 없이 구획된 것은 제외)

답 ②

46 한 변의 길이는 10m, 다른 한 변의 길이는 50m인 옥내저장소에 자동화재탐지설비를 설치하는 경우 경계구역은 원칙적으로 최소한 몇 개로 하여야 하는가? (단, 차동식 스폿형 감지기를 설치한다.)

① 1 ② 2
③ 3 ④ 4

 하나의 경계구역의 면적은 600m² 이하로 하고 그 한 변의 길이는 50m(광전식 분리형 감지기를 설치할 경우에는 100m) 이하로 할 것. 다만, 해당 건축물, 그 밖의 공작물의 주요한 출입구에서 그 내부의 전체를 볼 수 있는 경우에 있어서는 그 면적을 1,000m² 이하로 할 수 있다.
문제에서 10m×50m=500m²이므로, 하나의 경계구역에 해당한다.

답 ①

47 염소산나트륨의 운반용기 중 내장용기의 재질 및 구조로서 가장 옳은 것은?
① 마포 포대 ② 함석판상자
③ 폴리에틸렌포대 ④ 나무(木)상자

 염소산나트륨은 조해성이 커 마포 포대와 나무상자에는 침투할 수 있고, 흡습성이 좋은 강한 산화제로서 철제 용기를 부식시켜 함석판 상자도 적절하지 않다.
염소산나트륨의 운반용기 중 내장용기의 재질 및 구조로는 폴리에틸렌포대가 가장 좋다.

답 ③

48 위험물에 대한 용어의 설명으로 옳지 않은 것은?
① 위험물이라 함은 인화성 또는 발화성 등의 성질을 가지는 것으로서 대통령령이 정하는 물품을 말한다.
② 제조소라 함은 일주일에 지정수량 이상의 위험물을 제조하기 위한 시설을 뜻한다.
③ 지정수량이라 함은 위험물의 종류별로 위험성을 고려하여 대통령령이 정하는 수량으로서 제조소 등의 설치허가 등에 있어서 최저의 기준이 되는 수량을 말한다.
④ 제조소 등이라 함은 제조소, 저장소 및 취급소를 말한다.

 ② 제조소라 함은 위험물을 제조할 목적으로 지정수량 이상의 위험물을 취급하기 위하여 허가를 받은 장소

답 ②

49 화학소방자동차(포수용액 방사차) 1대가 갖추어야 할 포수용액의 방사능력은?
① 500L/min 이상 ② 1,000L/min 이상
③ 1,500L/min 이상 ④ 2,000L/min 이상

 포수용액 방사차의 소화 능력 및 설비 기준
㉠ 포수용액의 방사능력이 2,000L/min 이상일 것
㉡ 소화약액탱크 및 소화약액혼합장치를 비치할 것
㉢ 10만L 이상의 포수용액을 방사할 수 있는 양의 소화약제를 비치할 것

답 ④

50 충수·수압 시험의 방법 및 판정기준으로 옳지 않은 것은?
① 보온재가 부착된 탱크의 변경 허가에 따른 충수·수압 시험의 경우에는 보온재를 해당 탱크 옆판의 최하단으로부터 40cm 이상 제거하고 시험을 실시할 것
② 충수시험은 탱크에 물이 채워진 상태에서 1,000kL 미만의 탱크는 12시간, 1,000kL 이상의 탱크는 24시간 이상 경과한 이후에 지반 침하가 없고 탱크 본체 접속부 및 용접부 등에서 누설 변형 또는 손상 등의 이상이 없을 것
③ 수압시험은 탱크의 모든 개구부를 완전히 폐쇄한 이후에 물을 가득 채우고 최대사용압력의 1.5배 이상의 압력을 가하여 10분 이상 경과한 이후에 탱크 본체·접속부 및 용접부 등에서 누설 또는 영구 변형 등의 이상이 없을 것. 다만, 규칙에서 시험압력을 정하고 있는 탱크의 경우에는 해당 압력을 시험압력으로 한다.
④ 충수·수압 시험은 탱크가 완성된 상태에서 배관 등의 접속이나 내·외부에 대한 도장 작업 등을 하기 전에 위험물탱크의 최대사용높이 이상으로 물(물과 비중이 같거나 물보다 비중이 큰 액체로서 위험물이 아닌 것을 포함한다)을 가득 채워 실시한다.

 ① 보온재가 부착된 탱크의 변경 허가에 따른 충수·수압 시험의 경우에는 보온재를 해당 탱크 옆판의 최하단으로부터 20cm 이상 제거하고 시험을 실시할 것

답 ①

51 위험물안전관리법령에 따른 위험물의 저장·취급에 관한 설명으로 옳은 것은?

① 군부대가 군사목적으로 지정수량 이상의 위험물을 제조소 등이 아닌 장소에서 저장·취급하는 경우는 90일 이내의 기간 동안 임시로 저장·취급할 수 있다.
② 옥외저장소에서 위험물과 위험물이 아닌 물품을 함께 저장하는 경우는 물품 간 별도의 이격거리 기준이 없다.
③ 유별을 달리하는 위험물을 동일한 저장소에 저장할 수 없는 것이 원칙이지만 옥내저장소에 제1류 위험물과 황린을 상호 1m 이상의 간격을 유지하며 저장하는 것은 가능하다.
④ 옥내저장소에 제4류 위험물 중 제3석유류 및 제4석유류를 수납하는 용기만을 겹쳐 쌓는 경우에는 6m를 초과하지 않아야 한다.

 ① 군부대가 지정수량 이상의 위험물을 군사목적으로 임시로 저장 또는 취급하는 경우 임시로 저장 또는 취급하는 장소에서의 저장 또는 취급의 기준과 임시로 저장 또는 취급하는 장소의 위치·구조 및 설비의 기준은 시·도의 조례로 정한다.
② 옥내저장소 또는 옥외저장소에서 위험물과 위험물이 아닌 물품을 함께 저장하는 경우 위험물과 위험물이 아닌 물품은 각각 모아서 저장하고 상호 간에는 1m 이상의 간격을 두어야 한다.
④ 제4류 위험물 중 제3석유류, 제4석유류 및 동식물유류를 수납하는 용기만을 겹쳐 쌓는 경우에 있어서는 4m를 초과하지 않아야 한다.

답 ③

52 방폭구조 결정을 위한 폭발위험장소를 옳게 분류한 것은?

① 0종 장소, 1종 장소
② 0종 장소, 1종 장소, 2종 장소
③ 1종 장소, 2종 장소, 3종 장소
④ 0종 장소, 1종 장소, 2종 장소, 3종 장소

 위험장소의 분류
㉠ 0종 장소 : 정상상태에서 위험분위기가 장시간 지속되는 장소
㉡ 1종 장소 : 정상상태에서 위험분위기를 생성할 우려가 있는 장소
㉢ 2종 장소 : 이상상태에서 위험분위기를 생성할 우려가 있는 장소

답 ②

53 다음은 이송취급소의 배관과 관련하여 내압에 의하여 배관에 생기는 무엇에 관한 수식인가?

$$\sigma_{ci} = \frac{P_i(D-t+C)}{2(t-C)}$$

여기서, P_i : 최대상용압력(MPa)
D : 배관의 외경(mm)
t : 배관의 실제 두께(mm)
C : 내면 부식 여유 두께(mm)

① 원주방향응력   ② 축방향응력
③ 팽창응력   ④ 취성응력

 배관에 작용하는 응력(stress)이란 1차 응력과 2차 응력으로 분류된다. 이때 1차 응력이란 배관계 내부 및 외부에서 가해지는 힘과 moment에 의해서 유발되는 응력이며, 2차 응력이란 배관 내 유체온도에 의한 배관의 팽창 또는 수축에 따라 발생하는 응력을 말한다. 응력의 종류로는 축방향응력, 원주방향응력 등이 있으며, 이 중 축방향응력의 경우 내압에 따라 응력을 구할 수 있다.

$$Sp = \frac{P \cdot r}{t}$$

여기서, P : 내압, r : 파이프 반경, t : 파이프 두께

답 ①

54 로트 수가 10이고 준비작업시간이 20분이며 로트별 정미작업시간이 60분이라면 1로트당 작업시간은?

① 90분   ② 62분
③ 26분   ④ 13분

 1로트당 작업시간
=20(준비작업시간)+10(로트 수)
×60(정미작업시간)/10(로트 수)
=62분

답 ②

55 이동탱크저장소에 의한 위험물 운송 시 위험물운송자가 휴대하여야 하는 위험물안전카드의 작성대상에 관한 설명으로 옳은 것은?

① 모든 위험물에 대하여 위험물안전카드를 작성하여 휴대하여야 한다.
② 제1류, 제3류 또는 제4류 위험물을 운송하는 경우에 위험물안전카드를 작성하여 휴대하여야 한다.
③ 위험등급Ⅰ 또는 위험등급Ⅱ에 해당하는 위험물을 운송하는 경우에 위험물안전카드를 작성하여 휴대하여야 한다.
④ 제1류, 제2류, 제3류, 제4류(특수인화물 및 제1석유류에 한한다), 제5류 또는 제6류 위험물을 운송하는 경우에 위험물안전카드를 작성하여 휴대하여야 한다.

 위험물(제4류 위험물에 있어서는 특수인화물 및 제1석유류에 한한다)을 운송하게 하는 자는 위험물안전카드를 위험물운송자로 하여금 휴대하게 하여야 한다.

답 ④

56 연간 소요량 4,000개인 어떤 부품의 발주비용은 매회 200원이며, 부품 단가는 100원, 연간 재고 유지비율이 10%일 때 F.W. Harris 식에 의한 경제적 주문량은 얼마인가?

① 40개/회 ② 400개/회
③ 1,000개/회 ④ 1,300개/회

 $Q = \sqrt{\dfrac{2RP}{CI}} = \sqrt{\dfrac{2 \times 4,000 \times 200}{100 \times 0.1}} = 400$개/회

여기서, C : 부품 단가
I : 연간 재고 유지비율
R : 연간 소비량
P : 1회 발주량

답 ②

57 부적합품률이 1%인 모집단에서 5개의 시료를 랜덤하게 샘플링할 때, 부적합품 수가 1개일 확률은 약 얼마인가? (단, 이항분포를 이용하여 계산한다.)

① 0.048 ② 0.058
③ 0.48 ④ 0.58

 확률
= 시료의 개수 × 부적합품률[%] × (적합품률)^4[%]
= 5 × 0.01 × (0.99)^4
= 0.04803

답 ①

58 관리도에서 점이 관리한계 내에 있으나 중심선 한쪽에 연속해서 나타나는 점의 배열 현상을 무엇이라 하는가?

① 런 ② 경향
③ 산포 ④ 주기

 ② 경향 : 점이 순차적으로 상승하거나 하강하는 것
③ 산포 : 수집된 자료값이 중앙값으로 떨어져 있는 정도
④ 주기 : 점이 주기적으로 상하로 변동하여 파형을 나타내는 현상

답 ①

59 다음 중 도수분포표를 작성하는 목적으로 볼 수 없는 것은?

① 로트의 분포를 알고 싶을 때
② 로트의 평균값과 표준편차를 알고 싶을 때
③ 규격과 비교하여 부적합품률을 알고 싶을 때
④ 주요 품질 항목 중 개선의 우선순위를 알고 싶을 때

 도수분포표란 수집된 통계자료가 취하는 변량을 적당한 크기의 계급으로 나눈 뒤, 각 계급에 해당되는 도수를 기록해서 만든다. 계급값을 이용해서 로트의 분포, 평균값, 중앙값, 최빈값 등을 구하기 쉽다.

답 ④

60 작업시간 측정방법 중 직접측정법은?

① PTS법 ② 경험견적법
③ 표준자료법 ④ 스톱워치법

해설 작업분석에 있어서 측정은 일반적으로 스톱워치 관측법을 사용한다.

답 ④

제77회 위험물기능장 필기
(2025년 1월 시행)

01
30L 용기에 산소를 넣어 압력이 150기압으로 되었다. 이 용기의 산소를 온도변화 없이 동일한 조건에서 40L의 용기에 넣었다면 압력은 얼마로 되는가?

① 85.7기압
② 102.5기압
③ 112.5기압
④ 200기압

해설 보일의 법칙에 의해, $P_1V_1 = P_2V_2$
이때, $P_1 = 150\text{atm}$, $V_1 = 30\text{L}$, $V_2 = 40\text{L}$
$$P_2 = \frac{P_1V_1}{V_2} = \frac{150\text{atm} \times 30\text{L}}{40\text{L}} = 112.5\text{atm}$$

답 ③

02
3.65kg의 염화수소 중에는 HCl 분자가 몇 개 있는가?

① 6.02×10^{23}
② 6.02×10^{24}
③ 6.02×10^{25}
④ 6.02×10^{26}

해설
$$\frac{3.65\text{kg-HCl}}{} \cdot \frac{1{,}000\text{g-HCl}}{1\text{kg-HCl}} \cdot \frac{1\text{mol-HCl}}{36.5\text{g-HCl}} \cdot \frac{6.02 \times 10^{23}\text{개-HCl}}{1\text{mol-HCl}} = 6.02 \times 10^{25}\text{개-HCl}$$

답 ③

03
어떤 기체의 확산속도가 SO_2의 4배일 때 이 기체의 분자량을 추정하면 얼마인가?

① 4
② 16
③ 32
④ 64

해설
$$\frac{v_A}{v_B} = \sqrt{\frac{M_B}{M_A}}$$
$$\frac{4V_{SO_2}}{V_{SO_2}} = \sqrt{\frac{64\text{g/mol}}{M_A}}$$
$$M_A = \frac{64\text{g/mol}}{4^2} = 4\text{g/mol}$$

답 ①

04
다음 반응 중 과산화수소가 산화제로 작용한 것을 골라 나열한 것은?

ⓐ $2HI + H_2O_2 \rightarrow I_2 + 2H_2O$
ⓑ $MnO_2 + H_2O_2 + H_2SO_4 \rightarrow MnSO_4 + 2H_2O + O_2$
ⓒ $PbS + 4H_2O_2 \rightarrow PbSO_4 + 4H_2O$

① ⓐ, ⓑ
② ⓐ, ⓒ
③ ⓑ, ⓒ
④ ⓐ, ⓑ, ⓒ

해설 산화수(oxidation number)를 정하는 규칙
㉠ 자유상태에 있는 원자, 분자의 산화수는 0이다.
㉡ 단원자 이온의 산화수는 이온의 전하와 같다.
㉢ 화합물 안의 모든 원자의 산화수 합은 0이다.
㉣ 다원자 이온에서 산화수 합은 그 이온의 전하와 같다.
㉤ 알칼리금속, 알칼리토금속, ⅢA족 금속의 산화수는 +1, +2, +3이다.
㉥ 플루오린화합물에서 플루오린의 산화수는 -1, 다른 할로젠은 -1이 아닌 경우도 있다.
㉦ 수소의 산화수는 금속과 결합하지 않으면 +1, 금속의 수소화물에서는 -1이다.
㉧ 산소의 산화수=-2, 과산화물=-1, 초과산화물=$-\frac{1}{2}$, 불산화물=+2

ⓐ와 ⓒ의 공히 반응물 H_2O_2에서 산소의 산화수는 -1이고, 생성물 H_2O에서 산소의 산화수는 -2로, 산화수가 -1에서 -2로 감소하였으므로 환원되면서 산화제로 작용한다.
반면 ⓑ의 경우 반응물 H_2O_2에서 산소의 산화수는 -1이고, 생성물 O_2에서 산소의 산화수는 0으로, 산화수가 -1에서 0으로 증가하였으므로 산화되면서 환원제로 작용한다.

답 ②

05 산소 32g과 질소 56g을 20℃에서 15L의 용기에 혼합했을 때 이 혼합기체의 압력은 약 몇 atm인가? (단, 기체상수는 0.082atm·L/몰·K이며, 이상기체로 가정한다.)

① 1.4　　② 2.4
③ 3.8　　④ 4.8

P_{total}
$= P_A + P_B + P_C + \cdots$
$= \dfrac{n_A RT}{V} + \dfrac{n_B RT}{V} + \dfrac{n_C RT}{V} + \cdots$
$= (n_A + n_B + n_C + \cdots)\left(\dfrac{RT}{V}\right)$
$= n_{total}\left(\dfrac{RT}{V}\right)$
$= \left(\dfrac{32}{32} + \dfrac{56}{28}\right) \times \left[\dfrac{0.082 \times (20+273.15)}{15}\right]$
$= 4.80$

답 ④

06 직경이 400mm인 관과 300mm인 관이 연결되어 있다. 직경이 400mm인 관에서의 유속이 2m/s라면 300mm인 관에서의 유속은 약 몇 m/s인가?

① 6.56　　② 5.56
③ 4.56　　④ 3.56

 $Q = uA$
㉠ 400mm일 때 유량
　$Q = uA = 2\text{m/s} \times \dfrac{\pi}{4}(0.4\text{m})^2 = 0.2512\text{m}^3/\text{s}$
㉡ 300mm일 때 유속
　$u = \dfrac{Q}{A} = \dfrac{0.2512\text{m}^3/\text{s}}{\dfrac{\pi}{4}(0.3\text{m})^2} = 3.56\text{m/s}$

답 ④

07 2몰의 메테인을 완전히 연소시키는 데 필요한 산소의 이론적인 몰수는?

① 1몰　　② 2몰
③ 3몰　　④ 4몰

 $CH_4 + 2O_2 \rightarrow CO_2 + 2H_2O$

$\dfrac{2\text{mol}-CH_4}{} \Big| \dfrac{2\text{mol}-O_2}{1\text{mol}-CH_4} = 4\text{mol}-O_2$

답 ④

08 연소에 관한 설명으로 틀린 것은?

① 위험도는 연소범위를 폭발 상한계로 나눈 값으로 값이 클수록 위험하다.
② 인화점 미만에서는 점화원을 가해도 연소가 진행되지 않는다.
③ 발화점은 같은 물질이라도 조건에 따라 변동되며 절대적인 값이 아니다.
④ 연소점은 연소상태가 일정 시간 이상 유지될 수 있는 온도이다.

 위험도는 연소범위를 폭발 하한계로 나눈 값으로, 값이 클수록 위험하다.
위험도(H) $= \dfrac{U-L}{L}$

답 ①

09 산화프로필렌 20vol%, 다이에틸에터 30vol%, 이황화탄소 30vol%, 아세트알데하이드 20vol%인 혼합증기의 폭발 하한값은? (단, 폭발범위는 산화프로필렌 2.1~38vol%, 다이에틸에터 1.9~48vol%, 이황화탄소 1.2~50vol%, 아세트알데하이드 4.1~57vol%이다.)

① 1.8vol%
② 2.1vol%
③ 13.6vol%
④ 48.3vol%

 르샤틀리에(Le Chatelier)의 혼합가스 폭발범위
$\dfrac{100}{L} = \dfrac{V_1}{L_1} + \dfrac{V_2}{L_2} + \dfrac{V_3}{L_3} + \cdots$
여기서, L : 혼합가스의 폭발한계치
　　　L_1, L_2, L_3 : 각 성분의 단독 폭발한계치(vol%)
　　　V_1, V_2, V_3 : 각 성분의 체적(vol%)
$\therefore L = \dfrac{100}{\left(\dfrac{V_1}{L_1} + \dfrac{V_2}{L_2} + \dfrac{V_3}{L_3} + \cdots\right)}$
$= \dfrac{100}{\left(\dfrac{20}{2.1} + \dfrac{30}{1.9} + \dfrac{30}{1.2} + \dfrac{20}{4.1}\right)}$
$= 1.81\text{vol}\%$

답 ①

10 위험물안전관리법령상 $n-C_4H_9OH$의 지정수량은?

① 200L ② 400L
③ 1,000L ④ 2,000L

 뷰틸알코올(C_4H_9OH)은 인화점 35℃로 제2석유류의 비수용성 액체이며, 지정수량은 1,000L이다.

답 ③

11 다음에서 설명하는 위험물에 해당하는 것은?

- 불연성이고 무기화합물이다.
- 비중은 약 2.8이다.
- 분자량은 약 78이다.

① 과산화나트륨 ② 황화인
③ 탄화칼슘 ④ 과산화수소

해설 불연성이고 무기화합물인 것은 제1류와 제6류 위험물이며, 보기의 물질 중 과산화나트륨(Na_2O_2)이 제1류, 과산화수소(H_2O_2)가 제6류 위험물로 이에 해당한다. 두 개의 물질 중 비중이 2.8, 분자량이 78인 것은 과산화나트륨이다.

답 ①

12 무색무취의 사방정계 결정으로 융점이 약 610℃이고 물에 녹기 어려운 위험물은?

① $NaClO_3$ ② $KClO_3$
③ $NaClO_4$ ④ $KClO_4$

해설 과염소산칼륨($KClO_4$)은 분자량 139, 비중 2.52, 분해온도 400℃, 융점 610℃로, 무색무취의 결정 또는 백색 분말이며, 불연성이지만 강한 산화제이다. 물에 약간 녹으며, 알코올이나 에터 등에는 녹지 않는다.

답 ④

13 BaO_2에 대한 설명으로 옳지 않은 것은?

① 알칼리토금속의 과산화물 중 가장 불안정하다.
② 가열하면 산소를 분해 · 방출한다.
③ 환원제, 섬유와 혼합하면 발화 위험이 있다.
④ 지정수량이 50kg이고 묽은산에 녹는다.

 과산화바륨(BaO_2)은 알칼리토금속의 과산화물 중 매우 안정적인 물질이다.

답 ①

14 황이 연소하여 발생하는 가스의 성질로 옳은 것은?

① 무색무취이다.
② 물에 녹지 않는다.
③ 공기보다 무겁다.
④ 분자식은 H_2S이다.

 황이 공기 중에서 연소하면 푸른 빛을 내며 독성의 아황산가스가 발생한다.
$S+O_2 \rightarrow SO_2$
아황산가스의 증기비중 $\dfrac{64}{28.84}=2.22$로, 공기보다 무겁다.

답 ③

15 다음 (   ) 안에 들어갈 내용을 순서대로 옳게 나열한 것은?

알루미늄 분말이 연소하면 (   )색 연기를 내면서 (   )을 생성한다. 또한 알루미늄 분말이 염산과 반응하면 (   ) 기체를 발생하며, 수산화나트륨 수용액과 반응하여 (   )기체를 발생한다.

① 백, Al_2O_3, 산소, 수소
② 백, Al_2O_3, 수소, 수소
③ 노란, Al_2O_5, 수소, 수소
④ 노란, Al_2O_5, 산소, 수소

 ㉠ 알루미늄 분말이 발화하면 다량의 열이 발생하며, 불꽃과 흰 연기를 내면서 연소하므로 소화가 곤란하다.
$4Al+3O_2 \rightarrow 2Al_2O_3$
㉡ 대부분의 산과 반응하여 수소가 발생한다(단, 진한질산 제외).
$2Al+6HCl \rightarrow 2AlCl_3+3H_2$
㉢ 알칼리 수용액과 반응하여 수소가 발생한다.
$2Al+2NaOH+2H_2O \rightarrow 2NaAlO_2+3H_2$

답 ②

16 탄화칼슘이 물과 반응하면 가연성 가스가 발생한다. 이때 발생한 가스를 촉매하에서 물과 반응시켰을 때 생성되는 물질은?

① 다이에틸에터   ② 에틸아세테이트
③ 아세트알데하이드   ④ 산화프로필렌

 탄화칼슘은 물과 격렬하게 반응하여 수산화칼슘과 아세틸렌을 만들며, 공기 중 수분과 반응하여도 아세틸렌을 생성한다.
$CaC_2 + 2H_2O \rightarrow Ca(OH)_2 + C_2H_2$
아세틸렌과 물을 수은 촉매하에서 수화시키면 아세트알데하이드가 제조된다.
$C_2H_2 + H_2O \rightarrow CH_3CHO$

답 ③

17 다음 중 수소화리튬의 위험성에 대한 설명으로 틀린 것은?

① 물과 실온에서 격렬히 반응하여 수소가 발생하므로 위험하다.
② 공기와 접촉하면 자연발화의 위험이 있다.
③ 피부와 접촉 시 화상의 위험이 있다.
④ 고온으로 가열하면 수산화리튬과 수소가 발생하므로 위험하다.

 수소화리튬은 열에 불안정하며 400℃에서 리튬과 수소로 분해한다.
$2LiH \rightarrow 2Li + H_2$

답 ④

18 백색 또는 담황색 고체로 수산화칼륨 용액과 반응하여 포스핀가스를 생성하는 것은?

① 황린
② 트라이메틸알루미늄
③ 적린
④ 황

 황린은 수산화칼륨 용액 등 강한 알칼리 용액과 반응하여 가연성·유독성의 포스핀가스를 발생한다.
$P_4 + 3KOH + 3H_2O \rightarrow PH_3 + 3KH_2PO_2$

답 ①

19 트라이에틸알루미늄이 염산과 반응하였을 때와 메탄올과 반응하였을 때 발생하는 가스를 차례대로 나열한 것은?

① C_2H_4, C_2H_4
② C_2H_6, C_2H_6
③ C_2H_6, C_2H_4
④ C_2H_4, C_2H_6

 트라이에틸알루미늄은 염산, 알코올과 접촉하면 폭발적으로 반응하여 에테인을 형성하고, 이때 발열·폭발에 이른다.
$(C_2H_5)_3Al + HCl \rightarrow (C_2H_5)_2AlCl + C_2H_6 + 발열$
$(C_2H_5)_3Al + 3CH_3OH \rightarrow Al(CH_5O)_3 + 3C_2H_6 + 발열$

답 ②

20 다음 중 물보다 가벼운 물질로만 이루어진 것은?

① 에터, 이황화탄소
② 벤젠, 폼산
③ 클로로벤젠, 글리세린
④ 휘발유, 에탄올

품목	에터	이황화탄소	벤젠	폼산
액비중	0.72	1.26	0.9	1.22
품목	클로로벤젠	글리세린	휘발유	에탄올
액비중	1.11	1.26	0.65~0.8	0.789

답 ④

21 아이오딘폼 반응을 하는 물질로 연소범위가 약 2.5~12.8%이며, 끓는점과 인화점이 낮아 화기를 멀리해야 하고 냉암소에 보관하는 물질은?

① CH_3COCH_3 ② CH_3CHO
③ C_6H_6 ④ $C_6H_5NO_2$

 아세톤(CH_3COCH_3)은 물과 유기용제에 잘 녹고, 아이오딘폼 반응을 한다. I_2와 NaOH를 넣고 60~80℃로 가열하면, 황색의 아이오딘폼(CH_3I) 침전이 생긴다.
$CH_3COCH_3 + 3I_2 + 4NaOH$
$\rightarrow CH_3COONa + 3NaI + CH_3I + 3H_2O$

답 ①

22. 위험물안전관리법령상 나트륨의 위험등급은 몇 등급인가?

① 위험등급 Ⅰ
② 위험등급 Ⅱ
③ 위험등급 Ⅲ
④ 위험등급 Ⅳ

해설 나트륨은 제3류 위험물로서 위험등급 Ⅰ에 해당한다.

답 ①

23. 위험물안전관리법령상 용기에 수납하는 위험물에 따라 운반용기 외부에 표시하여야 할 주의사항으로 옳지 않은 것은?

① 자연발화성 물질 – 화기엄금 및 공기접촉엄금
② 인화성 액체 – 화기엄금
③ 자기반응성 물질 – 화기엄금 및 충격주의
④ 산화성 액체 – 화기·충격주의 및 가연물접촉주의

해설 수납하는 위험물에 따른 주의사항

유별	구분	주의사항
제1류 위험물 (산화성 고체)	알칼리금속의 과산화물	"화기·충격주의" "물기엄금" "가연물접촉주의"
	그 밖의 것	"화기·충격주의" "가연물접촉주의"
제2류 위험물 (가연성 고체)	철분·금속분·마그네슘	"화기주의" "물기엄금"
	인화성 고체	"화기엄금"
	그 밖의 것	"화기주의"
제3류 위험물 (자연발화성 및 금수성 물질)	자연발화성 물질	"화기엄금" "공기접촉엄금"
	금수성 물질	"물기엄금"
제4류 위험물 (인화성 액체)	–	"화기엄금"
제5류 위험물 (자기반응성 물질)	–	"화기엄금" 및 "충격주의"
제6류 위험물 (산화성 액체)	–	"가연물접촉주의"

답 ④

24. 다음 중 BTX에 해당하는 물질로서 가장 인화점이 낮은 것은?

① 이황화탄소
② 산화프로필렌
③ 벤젠
④ 자일렌

해설 BTX란 Benzene, Toluene, Xylene을 의미한다.

구분	Benzene	Toluene
화학식	C_6H_6	$C_6H_5CH_3$
품명	제1석유류	제1석유류
인화점	-11℃	4℃
구분	o-Xylene	m-Xylene
화학식	$C_6H_4(CH_3)_2$	$C_6H_4(CH_3)_2$
품명	제2석유류	제2석유류
인화점	32℃	23℃

답 ③

25. 위험물안전관리법령상 $C_6H_5NH_2$의 지정수량은?

① 200L
② 1,000L
③ 2,000L
④ 400L

해설 아닐린($C_6H_5NH_2$)은 제4류 위험물 제3석유류의 비수용성 액체이며, 지정수량은 2,000L이다.

답 ③

26. 다음은 위험물안전관리법령에 따른 인화점 측정시험방법을 나타낸 것이다. 어떤 인화점 측정기에 의한 인화점 측정시험인가?

- 시험장소는 1기압, 무풍의 장소로 할 것
- 시료컵의 온도를 1분간 설정온도로 유지할 것
- 시험불꽃을 점화하고 화염의 크기를 직경 4mm가 되도록 조정할 것
- 1분 경과 후 개폐기를 작동하여 시험불꽃을 시료컵에 2.5초간 노출시키고 닫을 것. 이 경우 시험불꽃을 급격히 상하로 움직이지 아니하여야 한다.

① 태그밀폐식 인화점 측정기
② 신속평형법 인화점 측정기
③ 클리브랜드개방컵 인화점 측정기
④ 침강평형법 인화점 측정기

① 태그밀폐식 : 시험물품의 온도가 60초간 1℃의 비율로 상승하도록 수조를 가열하고 시험물품의 온도가 설정온도보다 5℃ 낮은 온도에 도달하면 개폐기를 작동하여 시험불꽃을 시료컵에 1초간 노출시키고 닫는다. 이 경우 시험불꽃을 급격히 상하로 움직이지 아니하여야 한다.
③ 클리브랜드개방컵 : 시험물품의 온도가 설정온도보다 28℃ 낮은 온도에 달하면 시험불꽃을 시료컵의 중심을 횡단하여 일직선으로 1초간 통과시킨다. 이 경우 시험불꽃의 중심을 시료컵 위쪽 가장자리의 상방 2mm 이하에서 수평으로 움직여야 한다.

답 ②

27 다음 물질 중 증기비중이 가장 큰 것은?
① 이황화탄소 ② 사이안화수소
③ 에탄올   ④ 벤젠

 각 보기 물질의 증기비중은 다음과 같다.
① 이황화탄소(CS_2) = $\frac{76}{28.84}$ ≒ 2.64
② 사이안화수소(HCN) = $\frac{27}{28.84}$ ≒ 0.94
③ 에탄올(C_2H_5OH) = $\frac{46}{28.84}$ ≒ 1.59
④ 벤젠(C_6H_6) = $\frac{78}{28.84}$ ≒ 2.70

답 ④

28 위험물안전관리법상 제5류 위험물에 해당하지 않는 것은?
① $NO_2(C_6H_4)CH_3$ ② $C_6H_2CH_3(NO_2)_3$
③ $C_6H_4(NO)_2$ ④ $N_2H_4 \cdot HCl$

 $NO_2(C_6H_4)CH_3$는 나이트로톨루엔으로, 제4류 위험물에 해당한다.

답 ①

29 다음 중 상온(25℃)에서 액체인 것은?
① 질산메틸
② 나이트로셀룰로스
③ 피크르산
④ 트라이나이트로톨루엔

 질산메틸(CH_3ONO_2)의 분자량은 약 77, 비중은 1.2(증기비중 2.67), 비점은 66℃이며, 무색투명한 액체로, 향긋한 냄새가 있고 단맛이 있다.

답 ①

30 다음 그림의 위험물에 대한 설명으로 옳은 것은?

① 휘황색의 액체이다.
② 규조토에 흡수시켜 다이너마이트를 제조하는 원료이다.
③ 여름에 기화하고 겨울에 동결할 우려가 있다.
④ 물에 녹지 않고 아세톤, 벤젠에 잘 녹는다.

 문제의 구조식은 트라이나이트로톨루엔으로서 물에는 불용이며, 에터, 아세톤, 벤젠 등에는 잘 녹고, 알코올에는 가열하면 약간 녹는다.
① 휘황색의 액체는 트라이나이트로페놀이다.
② 규조토에 흡수시켜 다이너마이트를 제조하는 원료는 나이트로셀룰로스이다.
③ TNT는 여름에 기화하지 않고, 실온 이하에서 고체로 존재하므로 겨울에 동결로 인한 위험이 특별히 증가하지 않는다.

답 ④

31 옥테인가에 대한 설명으로 옳은 것은?
① 노말펜테인을 100, 옥테인을 0으로 한 것이다.
② 옥테인을 100, 펜테인을 0으로 한 것이다.
③ 아이소옥테인을 100, 헥세인을 0으로 한 것이다.
④ 아이소옥테인을 100, 노말헵테인을 0으로 한 것이다.

옥테인가 = $\frac{아이소옥테인}{아이소옥테인 + 노말헵테인} \times 100$
㉠ 옥테인값이 0인 물질 : 노말헵테인(C_7H_{16})
㉡ 옥테인값이 100인 물질 : 아이소옥테인(C_8H_{18})

답 ④

32 다음 중 과산화수소에 대한 설명으로 적절한 것은?

① 대부분 강력한 환원제로 작용한다.
② 물과 심하게 흡열반응한다.
③ 습기와 접촉해도 위험하지 않다.
④ 상온에서 물과 반응하여 수소를 생성한다.

 과산화수소는 강력한 산화제이며, 화재 시 주수 냉각하면서 다량의 물로 냉각소화한다.

답 ③

33 체적이 50m³인 위험물 옥내저장창고(개구부에는 자동폐쇄장치가 설치됨)에 전역방출방식의 이산화탄소 소화설비를 설치할 경우 소화약제의 저장량을 얼마 이상으로 하여야 하는가?

① 30kg   ② 45kg
③ 60kg   ④ 100kg

 전역방출방식 방호구역 체적 1m³당 소화약제의 양

방호구역의 체적(m³)	방호구역의 체적 1m³당 소화약제의 양(kg)	소화약제 총량의 최저한도(kg)
5 미만	1.20	–
5 이상, 15 미만	1.10	6
15 이상, 45 미만	1.00	17
45 이상, 150 미만	0.90	45
150 이상, 1,500 미만	0.80	135
1,500 이상	0.75	1,200

체적이 50m³이므로, 50m³×0.9=45kg

답 ②

34 다음 중 강화액 소화기의 방출방식으로 가장 많이 쓰이는 것은?

① 가스가압식
② 반응식(파병식)
③ 축압식
④ 전도식

답 ③

35 다음의 위험물을 각각의 옥내저장소에서 저장 또는 취급할 때 위험물안전관리법령상 안전거리의 기준이 나머지 셋과 다르게 적용되는 것은?

① 질산 – 1,000kg
② 아닐린 – 50,000L
③ 기어유 – 100,000L
④ 아마인유 – 100,000L

 아닐린(지정수량 2,000L)은 제3석유류로 안전거리 규제대상에 해당된다.

옥내저장소의 안전거리 제외대상
㉠ 제4석유류 또는 동식물유류의 위험물을 저장 또는 취급하는 옥내저장소로서 그 최대수량이 지정수량의 20배 미만인 것
㉡ 제6류 위험물을 저장 또는 취급하는 옥내저장소

답 ②

36 각 유별 위험물의 화재 예방대책이나 소화방법에 관한 설명으로 틀린 것은?

① 제1류 – 염소산나트륨은 철제용기에 넣은 후 나무상자에 보관한다.
② 제2류 – 적린은 다량의 물로 냉각소화한다.
③ 제3류 – 강산화제와의 접촉을 피하고, 건조사, 팽창질석, 팽창진주암 등을 사용하여 질식소화를 시도한다.
④ 제5류 – 분말, 할론, 포 등에 의한 질식소화는 효과가 없으며, 다량의 주수소화가 효과적이다.

 염소산나트륨은 흡습성이 좋은 강한 산화제로서 철을 부식시키므로 철제용기를 사용해서는 안 된다.

답 ①

37 위험물 암반탱크가 다음과 같은 조건일 때 탱크의 용량은 몇 L인가?

- 암반탱크의 내용적 : 600,000L
- 1일간 탱크 내에 용출하는 지하수의 양 : 1,000L

① 595,000L   ② 594,000L
③ 593,000L   ④ 592,000L

해설 탱크의 공간용적은 탱크 내용적의 100분의 5 이상, 100분의 10 이하로 한다. 다만, 소화설비(소화약제 방출구를 탱크 안의 윗부분에 설치하는 것에 한한다)를 설치하는 탱크의 공간용적은 해당 소화설비의 소화약제 방출구 아래의 0.3m 이상, 1m 미만 사이의 면으로부터 윗부분의 용적으로 한다. 암반탱크에 있어서는 해당 탱크 내에 용출하는 7일간의 지하수 양에 상당하는 용적과 해당 탱크의 내용적의 100분의 1의 용적 중에서 보다 큰 용적을 공간용적으로 한다.
문제에서, 7일간의 지하수 양에 상당하는 용적은 7×1,000L=7,000L이고, 해당 탱크의 내용적의 100분의 1에 해당하는 용적은 600,000L×1/100=6,000L이므로, 보다 큰 용적은 7,000L이며, 공간용적은 7,000L이다.
∴ 탱크의 용량=탱크의 내용적－공간용적
=600,000L－7,000L
=593,000L

답 ③

38 위험물을 저장하는 원통형 탱크를 세로로 설치할 경우 공간용적을 옳게 나타낸 것은? (단, 탱크의 지름은 10m, 높이는 16m이며, 원칙적인 경우이다.)

① $62.8m^3$ 이상, $125.7m^3$ 이하
② $72.8m^3$ 이상, $125.7m^3$ 이하
③ $62.8m^3$ 이상, $135.6m^3$ 이하
④ $72.8m^3$ 이상, $135.6m^3$ 이하

해설 세로(수직)로 설치한 탱크의 내용적
$V=\pi r^2 l$ (탱크의 윗부분(l_2)은 제외)

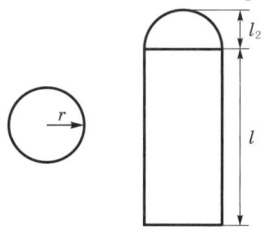

$V=\pi r^2 l = \pi \times 5^2 \times 16 = 1,256.6m^3$
공간용적은 내용적의 5~10%이므로
㉠ 5%인 경우 : $1,256.6 \times 0.05 = 62.83m^3$
㉡ 10%인 경우 : $1,256.6 \times 0.1 = 125.6m^3$

답 ①

39 액체 위험물을 저장하는 용량 10,000L의 이동저장탱크는 최소 몇 개 이상의 실로 구획하여야 하는가?

① 1개　　② 2개
③ 3개　　④ 4개

해설 이동저장탱크의 경우 4,000L 이하마다 안전칸막이를 설치해야 한다.
10,000÷4,000=2.5
따라서, 3개의 실로 구획해야 한다.

답 ③

40 위험물안전관리법령에서 정한 위험물 안전관리자의 책무가 아닌 것은?

① 화재 등의 재난이 발생한 경우 응급조치 및 소방관서 등에 대한 연락 업무
② 화재 등의 재해의 방지에 관하여 인접한 제조소 등과 그 밖의 관련 시설의 관계자와 협조체제 유지
③ 위험물의 취급에 관한 일지의 작성·기록
④ 안전관리대행기관에 대하여 필요한 지도·감독

해설 안전관리자의 책무
㉠ 위험물의 취급 작업에 참여하여 해당 작업이 저장 또는 취급에 관한 기술기준과 예방규정에 적합하도록 해당 작업자에 대하여 지시 및 감독하는 업무
㉡ 화재 등의 재난이 발생한 경우 응급조치 및 소방관서 등에 대한 연락 업무
㉢ 위험물 시설의 안전을 담당하는 자를 따로 두는 제조소 등의 경우에는 그 담당자에게 규정에 의한 업무의 지시
㉣ 화재 등의 재해의 방지와 응급조치에 관하여 인접하는 제조소 등과 그 밖의 관련되는 시설의 관계자와 협조체제의 유지
㉤ 위험물의 취급에 관한 일지의 작성·기록
㉥ 그 밖에 위험물을 수납한 용기를 차량에 적재하는 작업, 위험물 설비를 보수하는 작업 등 위험물의 취급과 관련된 작업의 안전에 관하여 필요한 감독의 수행

답 ④

41 제조소에서 취급하는 제4류 위험물의 최대 수량의 합이 지정수량의 48만배 이상인 사업소의 자체소방대에 두어야 하는 화학소방자동차의 대수 및 자체소방대원의 수는? (단, 해당 사업소는 다른 사업소 등과 상호 응원에 관한 협정을 체결하고 있지 아니하다.)

① 4대, 20인
② 3대, 15인
③ 2대, 10인
④ 1대, 5인

해설 자체소방대에 두는 화학소방자동차 및 인원

사업소의 구분	화학소방자동차의 수	자체소방대원의 수
제조소 또는 일반취급소에서 취급하는 제4류 위험물의 최대수량의 합이 지정수량의 3천배 이상 12만배 미만인 사업소	1대	5인
제조소 또는 일반취급소에서 취급하는 제4류 위험물의 최대수량의 합이 지정수량의 12만배 이상 24만배 미만인 사업소	2대	10인
제조소 또는 일반취급소에서 취급하는 제4류 위험물의 최대수량의 합이 지정수량의 24만배 이상 48만배 미만인 사업소	3대	15인
제조소 또는 일반취급소에서 취급하는 제4류 위험물의 최대수량의 합이 지정수량의 48만배 이상인 사업소	4대	20인
옥외탱크저장소에 저장하는 제4류 위험물의 최대수량이 지정수량의 50만배 이상인 사업소	2대	10인

답 ①

42 위험물의 운반에 관한 기준에서 정한 유별을 달리하는 위험물의 혼재기준에 따라 1가지 다른 유별의 위험물과만 혼재가 가능한 위험물은? (단, 지정수량의 1/10을 초과하는 경우이다.)

① 제1류   ② 제2류
③ 제4류   ④ 제5류

해설 유별을 달리하는 위험물의 혼재기준

위험물의 구분	제1류	제2류	제3류	제4류	제5류	제6류
제1류		×	×	×	×	○
제2류	×		×	○	○	×
제3류	×	×		○	×	×
제4류	×	○	○		○	×
제5류	×	○	×	○		×
제6류	○	×	×	×	×	

답 ①

43 인화성 액체 위험물을 저장하는 옥외탱크저장소의 주위에 설치하는 방유제에 관한 내용으로 틀린 것은?

① 방유제의 높이는 0.5m 이상, 3m 이하로 하고, 면적은 8만m² 이하로 한다.
② 2기 이상의 탱크가 있는 경우 방유제의 용량은 그 탱크 중 용량이 최대인 것의 용량의 110% 이상으로 한다.
③ 용량이 1,000만L 이상인 옥외저장탱크의 주위에는 탱크마다 간막이둑을 흙 또는 철근콘크리트로 설치한다.
④ 간막이둑을 설치하는 경우 간막이둑의 용량은 간막이둑 안에 설치된 탱크 용량의 110% 이상이어야 한다.

해설 용량이 1,000만L 이상인 옥외저장탱크의 주위에 설치하는 방유제에는 다음의 규정에 따라 해당 탱크마다 간막이둑을 설치하여야 한다.
㉠ 간막이둑의 높이는 0.3m(방유제 내에 설치되는 옥외저장탱크의 용량의 합계가 2억L를 넘는 방유제에 있어서는 1m) 이상으로 하되, 방유제의 높이보다 0.2m 이상 낮게 할 것
㉡ 간막이둑은 흙 또는 철근콘크리트로 할 것
㉢ 간막이둑의 용량은 간막이둑 안에 설치된 탱크 용량의 10% 이상일 것

답 ④

44 고속국도의 도로변에 설치한 주유취급소의 고정주유설비 또는 고정급유설비에 연결된 탱크의 용량은 얼마까지 할 수 있는가?

① 10만L
② 8만L
③ 6만L
④ 5만L

 탱크의 용량 기준
  ㉠ 자동차 등에 주유하기 위한 고정주유설비에 직접 접속하는 전용탱크는 50,000L 이하이다.
  ㉡ 고정급유설비에 직접 접속하는 전용탱크는 50,000L 이하이다.
  ㉢ 보일러 등에 직접 접속하는 전용탱크는 10,000L 이하이다.
  ㉣ 자동차 등을 점검·정비하는 작업장 등에서 사용하는 폐유, 윤활유 등의 위험물을 저장하는 탱크는 2,000L 이하이다.
  ㉤ 고속국도 도로변에 설치된 주유취급소의 탱크 용량은 60,000L이다.

답 ③

45 위험물안전관리법령에서 정한 위험물을 수납하는 경우의 운반용기에 관한 기준으로 옳은 것은?

① 고체 위험물은 운반용기 내용적의 98% 이하로 수납한다.
② 액체 위험물은 운반용기 내용적의 95% 이하로 수납한다.
③ 고체 위험물의 내용적은 25℃를 기준으로 한다.
④ 액체 위험물은 55℃에서 누설되지 않도록 공간용적을 유지하여야 한다.

 위험물 운반에 관한 기준
  ㉠ 고체 위험물은 운반용기 내용적 95% 이하의 수납률로 수납한다.
  ㉡ 액체 위험물은 운반용기 내용적의 98% 이하의 수납률로 수납하되, 55℃의 온도에서 누설되지 아니하도록 충분한 공간용적을 유지하도록 한다.

답 ④

46 옥외탱크저장소에 보냉장치 및 불연성 가스 봉입장치를 설치해야 하는 위험물은?

① 아세트알데하이드
② 이황화탄소
③ 생석회
④ 염소산나트륨

 아세트알데하이드 등을 취급하는 탱크에는 냉각장치 또는 저온을 유지하기 위한 장치(보냉장치) 및 연소성 혼합기체의 생성에 의한 폭발을 방지하기 위한 불활성 기체를 봉입하는 장치를 갖추어야 한다.

답 ①

47 다음 중 위험물안전관리법령에서 정한 소화설비, 경보설비 및 피난설비의 기준으로 틀린 것은?

① 저장소의 건축물은 외벽이 내화구조인 것은 연면적 $75m^2$를 1소요단위로 한다.
② 할로젠화합물 소화설비의 설치기준은 불활성가스 소화설비 설치기준을 준용한다.
③ 옥내주유취급소와 연면적이 $500m^2$ 이상인 일반취급소에는 자동화재탐지설비를 설치하여야 한다.
④ 옥내소화전은 제조소 등의 건축물의 층마다 해당 층의 각 부분에서 하나의 호스 접속구까지의 수평거리가 25m 이하가 되도록 설치하여야 한다.

 소요단위 : 소화설비의 설치대상이 되는 건축물의 규모 또는 1위험물 양에 대한 기준단위

1 단 위	제조소 또는 취급소용 건축물의 경우	내화구조 외벽을 갖춘 연면적 $100m^2$
		내화구조 외벽이 아닌 연면적 $50m^2$
	저장소 건축물의 경우	내화구조 외벽을 갖춘 연면적 $150m^2$
		내화구조 외벽이 아닌 연면적 $75m^2$
	위험물의 경우	지정수량의 10배

답 ①

48 제5류 위험물의 화재 시 적응성이 있는 소화설비는?

① 포소화설비
② 이산화탄소 소화설비
③ 할로젠화합물 소화설비
④ 분말소화설비

해설 제5류 위험물은 자기반응성 물질로 다량의 주수에 의한 냉각소화가 유효하다. 따라서, 옥내·옥외 소화전설비, 스프링클러설비, 물분무소화설비, 포소화설비가 유효하다.

답 ①

49 제조소 등의 건축물에서 옥내소화전이 가장 많이 설치된 층의 소화전의 수가 3개일 경우 확보해야 할 수원의 양은 몇 m³ 이상이어야 하는가?

① 7.8
② 11.7
③ 15.6
④ 23.4

해설 수원의 양 $Q(m^3) = N \times 7.8 m^3$
(N이 5개 이상인 경우 5개)
$= 3 \times 7.8 m^3$
$= 23.4 m^3$

답 ④

50 위험물탱크 안전성능시험자가 되고자 하는 자가 갖추어야 할 장비로서 옳은 것은?

① 기밀시험 장비
② 타코미터
③ 페네스트로미터
④ 인화점 측정기

해설 탱크시험자가 갖추어야 할 기술장비
㉮ 필수장비 : 방사선투과시험기, 초음파탐상시험기, 자기탐상시험기, 초음파두께측정기
㉯ 필요한 경우에 두는 장비
  ㉠ 충·수압 시험, 진공시험, 기밀시험 또는 내압시험의 경우
    ⓐ 진공능력 53kPa 이상의 진공누설시험기

ⓑ 기밀시험장치(안전장치가 부착된 것으로서 가압능력 200kPa 이상, 감압의 경우에는 감압능력 10kPa 이상·감도 10Pa 이하의 것으로서 각각의 압력 변화를 스스로 기록할 수 있는 것)
  ㉡ 수직·수평도 시험의 경우 : 수직·수평도 측정기

답 ①

51 위험물안전관리법령에 따른 위험물의 저장·취급에 관한 설명으로 옳은 것은?

① 군부대가 군사목적으로 지정수량 이상의 위험물을 제조소 등이 아닌 장소에서 저장·취급하는 경우는 90일 이내의 기간 동안 임시로 저장·취급할 수 있다.
② 옥외저장소에서 위험물과 위험물이 아닌 물품을 함께 저장하는 경우는 물품 간 별도의 이격거리기준이 없다.
③ 유별을 달리하는 위험물을 동일한 저장소에 저장할 수 없는 것이 원칙이지만 옥내저장소에 제1류 위험물과 황린을 상호 1m 이상의 간격을 유지하며 저장하는 것은 가능하다.
④ 옥내저장소에 제4류 위험물 중 제3석유류 및 제4석유류를 수납하는 용기만을 겹쳐 쌓는 경우에는 6m를 초과하지 않아야 한다.

해설 ① 군부대가 지정수량 이상의 위험물을 군목적으로 임시로 저장 또는 취급하는 경우 임시로 저장 또는 취급하는 장소에서의 저장 또는 취급의 기준과 임시로 저장 또는 취급하는 장소의 위치·구조 및 설비의 기준은 시·도의 조례로 정한다.
② 옥내저장소 또는 옥외저장소에서 위험물과 위험물이 아닌 물품을 함께 저장하는 경우. 이 경우 위험물과 위험물이 아닌 물품은 각각 모아서 저장하고 상호 간에는 1m 이상의 간격을 두어야 한다.
④ 제4류 위험물 중 제3석유류, 제4석유류 및 동식물유류를 수납하는 용기만을 겹쳐 쌓는 경우에 있어서는 4m를 초과하지 않아야 한다.

답 ③

52 위험물안전관리법령상 제조소 등의 기술검토에 관한 설명으로 옳은 것은?

① 기술검토는 한국소방산업기술원에서 실시하는 것으로 일정한 제조소 등의 설치허가 또는 변경허가와 관련된 것이다.
② 기술검토는 설치허가 또는 변경허가와 관련된 것이나 제조소 등의 완공검사 시 설치자가 임의적으로 기술검토를 신청할 수도 있다.
③ 기술검토는 법령상 기술기준과 다르게 설계하는 경우에 그 안전성을 전문적으로 검증하기 위한 절차이다.
④ 기술검토의 필요성이 없으면 변경허가를 받을 필요가 없다.

해설 다음의 제조소 등은 각 목에서 정한 사항에 대하여 한국소방산업기술원(기술원)의 기술검토를 받고 그 결과가 행정안전부령으로 정하는 기준에 적합한 것으로 인정될 것. 다만, 보수 등을 위한 부분적인 변경으로서 소방청장이 정하여 고시하는 사항에 대해서는 기술원의 기술검토를 받지 아니할 수 있으나 행정안전부령으로 정하는 기준에는 적합해야 한다.
  ㉠ 지정수량의 1천배 이상의 위험물을 취급하는 제조소 또는 일반취급소 : 구조·설비에 관한 사항
  ㉡ 옥외탱크저장소(저장용량이 50만L 이상인 것만 해당한다) 또는 암반탱크저장소 : 위험물탱크의 기초·지반, 탱크 본체 및 소화설비에 관한 사항

답 ①

53 위험물탱크 안전성능시험자가 기술능력, 시설 및 장비 중 중요 변경사항이 있는 때에는 변경한 날부터 며칠 이내에 변경신고를 하여야 하는가?

① 5일 이내   ② 15일 이내
③ 25일 이내 ④ 30일 이내

해설 규정에 따라 등록한 사항 가운데 행정안전부령이 정하는 중요사항을 변경한 경우에는 그 날부터 30일 이내에 시·도지사에게 변경신고를 하여야 한다.

답 ④

54 위험물안전관리법령에 따른 제4석유류의 정의에 대해 다음 ( )에 알맞은 수치를 나열한 것은?

"제4석유류"라 함은 기어유, 실린더유, 그 밖에 1기압에서 인화점이 ( )℃ 이상, ( )℃ 미만의 것을 말한다. 다만, 도료류, 그 밖의 물품은 가연성 액체량이 ( )wt% 이하인 것은 제외한다.

① 200, 250, 40
② 200, 250, 60
③ 200, 300, 40
④ 200, 300, 60

해설 "제4석유류"라 함은 기어유, 실린더유, 그 밖에 1기압에서 인화점이 200℃ 이상, 250℃ 미만의 것을 말한다. 다만 도료류, 그 밖의 물품은 가연성 액체량이 40wt% 이하인 것은 제외한다.

답 ①

55 다음 검사의 종류 중 검사공정에 의한 분류에 해당되지 않는 것은?

① 수입검사
② 출하검사
③ 출장검사
④ 공정검사

해설 검사공정에 따른 검사의 종류 : 수입검사, 구입검사, 공정검사, 최종검사, 출하검사

답 ③

56 어떤 측정법으로 동일 시료를 무한회 측정하였을 때 데이터 분포의 평균 차와 참값과의 차를 무엇이라 하는가?

① 재현성
② 안정성
③ 반복성
④ 정확성

답 ④

57 여유시간이 5분, 정미시간이 40분일 경우 내경법으로 여유율을 구하면 약 몇 %인가?

① 6.33 ② 9.05
③ 11.11 ④ 12.50

해설

여유율 = $\dfrac{\text{여유시간}}{\text{정미시간}+\text{여유시간}}$

= $\dfrac{5}{40+5} \times 100$

= 11.11%

답 ③

58 준비작업시간 100분, 개당 정미작업시간 15분, 로트 크기 20일 때 1개당 소요작업시간은 얼마인가? (단, 여유시간은 없다고 가정한다.)

① 15분 ② 20분
③ 35분 ④ 45분

해설

소요작업시간

= $\dfrac{\text{준비작업시간}}{\text{로트 크기}}$ + 개당 정미작업시간

= $\dfrac{100분}{20분} + 15분$

= 20분

답 ②

59 모집단으로부터 공간적·시간적으로 간격을 일정하게 하여 샘플링하는 방식은?

① 단순랜덤샘플링 (simple random sampling)
② 2단계샘플링(two-stage sampling)
③ 취락샘플링(cluster sampling)
④ 계통샘플링(systematic sampling)

해설 모집단으로부터 공간적·시간적으로 간격을 일정하게 하여 샘플링하는 방식은 계통샘플링에 해당한다.

답 ④

60 검사의 분류방법 중 검사가 행해지는 공정에 의한 분류에 속하는 것은?

① 관리 샘플링검사
② 로트별 샘플링검사
③ 전수검사
④ 출하검사

해설
① 관리 샘플링검사 : 제품의 품질을 간접적으로 보증하는 검사이다.
② 로트별 샘플링검사 : 한 로트의 물품 중에서 발취한 시료를 조사하고 그 결과를 판정기준과 비교하여 그 로트의 합격 여부를 결정하는 검사이다.
③ 전수검사 : 검사로트 내의 검사단위 모두를 하나하나 검사하여 합격·불합격 판정을 내리는 것으로 일명 100% 검사라고도 한다.
④ 출하검사 : 제품에 대한 출하 전 최종 검사 또는 제품 검사를 포함해서 수행하는 검사를 지칭한다. 제품에 대한 공정 간에 수행된 검사결과 및 최종 제품의 검사결과를 파악하고 합격 여부를 확인해야 한다.

답 ④

제78회 (2025년 6월 시행) 위험물기능장 필기

01 다음에서 설명하는 법칙에 해당하는 것은?

> 용매에 용질을 녹일 경우 증기압 강하의 크기는 용액 중에 녹아 있는 용질의 몰분율에 비례한다.

① 증기압의 법칙
② 라울의 법칙
③ 이상용액의 법칙
④ 일정성분비의 법칙

 라울의 법칙 : 어떤 용매에 용질을 녹일 경우 용매의 증기압이 감소하는데, 용매에 용질을 용해하는 것에 의해 생기는 증기압 강하의 크기는 용액 중에 녹아 있는 용질의 몰분율에 비례한다.

답 ②

02 다음과 같은 특성을 갖는 결합의 종류는?

> 자유전자의 영향으로 높은 전기전도성을 갖는다.

① 배위결합
② 수소결합
③ 금속결합
④ 공유결합

 금속결합은 자유전자와 금속 양이온 사이의 정전기적 인력에 의한 결합이다.

답 ③

03 0℃, 2기압에서 질산 2mol은 몇 g인가?

① 31.5
② 63
③ 126
④ 252

 $\dfrac{2\text{mol}-\text{HNO}_3}{} \Big| \dfrac{63\text{g}-\text{HNO}_3}{1\text{mol}-\text{HNO}_3} = 126\text{g}-\text{HNO}_3$

답 ③

04 다음 중 1차 이온화 에너지가 작은 금속에 대한 설명으로 잘못된 것은?

① 전자를 잃기 쉽다.
② 산화되기 쉽다.
③ 환원력이 작다.
④ 양이온이 되기 쉽다.

 기체상태의 원자로부터 전자 1개를 제거하는 데 필요한 에너지를 이온화 에너지라 한다. 이온화 에너지가 작을수록 전자를 잃기 쉽고, 산화되기 쉬우며, 양이온이 되기 쉽다.

답 ③

05 메테인 2L를 완전연소하는 데 필요한 공기 요구량은 약 몇 L인가? (단, 표준상태를 기준으로 하고, 공기 중의 산소는 21vol%이다.)

① 2.42
② 4
③ 19.05
④ 22.4

 $CH_4 + 2O_2 \rightarrow CO_2 + 2H_2O$

$\dfrac{2\text{L}-CH_4}{} \Big| \dfrac{1\text{mol}-CH_4}{22.4\text{L}-CH_4} \Big| \dfrac{2\text{mol}-O_2}{1\text{mol}-CH_4}$
$\Big| \dfrac{100\text{mol}-\text{Air}}{21\text{mol}-O_2} \Big| \dfrac{22.4\text{L}-\text{Air}}{1\text{mol}-\text{Air}} = 19.05\text{L}-\text{Air}$

답 ③

06 관 내 유체의 층류와 난류 유동을 판별하는 기준인 레이놀즈수(Reynolds number)의 물리적 의미를 가장 옳게 표현한 식은?

① $\dfrac{관성력}{표면장력}$
② $\dfrac{관성력}{압력}$
③ $\dfrac{관성력}{점성력}$
④ $\dfrac{관성력}{중력}$

답 ③

07 분진폭발에 대한 설명으로 틀린 것은?
① 밀폐공간 내 분진운이 부유할 때 폭발 위험성이 있다.
② 충격, 마찰도 착화에너지가 될 수 있다.
③ 2차, 3차 폭발의 발생 우려가 없으므로 1차 폭발 소화에 주력하여야 한다.
④ 산소의 농도가 증가하면 위험성이 증가할 수 있다.

 분진폭발 : 가연성 고체의 미분이 공기 중에 부유하고 있을 때 어떤 착화원에 의해 에너지가 주어지면 폭발하는 현상으로, 2차, 3차 폭발로 이어질 수 있다.

답 ③

08 위험물안전관리법령상 옥내저장소의 저장창고 바닥면적을 1,000m² 이하로 하여야 하는 위험물이 아닌 것은?
① 아염소산염류 ② 나트륨
③ 금속분 ④ 과산화수소

 금속분은 제2류 위험물로서 위험등급 2등급군에 속하며, 바닥면적은 2,000m² 이하로 해야 한다.
하나의 저장창고의 바닥면적

위험물을 저장하는 창고	바닥면적
가. 다음의 위험물을 저장하는 창고 　㉠ 제1류 위험물 중 아염소산염류, 염소산염류, 과염소산염류, 무기과산화물, 그 밖에 지정수량이 50kg인 위험물 　㉡ 제3류 위험물 중 칼륨, 나트륨, 알킬알루미늄, 알킬리튬, 그 밖에 지정수량이 10kg인 위험물 및 황린 　㉢ 제4류 위험물 중 특수 인화물, 제1석유류 및 알코올류 　㉣ 제5류 위험물 중 유기과산화물, 질산에스테르류, 그 밖에 지정수량이 10kg인 위험물 　㉤ 제6류 위험물	1,000m² 이하
나. '가'의 위험물 외의 위험물을 저장하는 창고	2,000m² 이하
다. '가'와 '나'의 위험물을 내화구조의 격벽으로 완전히 구획된 실에 각각 저장하는 창고 ('가'의 위험물을 저장하는 실의 면적은 500m²를 초과할 수 없다.)	1,500m² 이하

답 ③

09 다음 중 정전기에 대한 설명으로 가장 적절한 것은?
① 전기저항이 낮은 액체가 유동하면 정전기가 발생하며 그 정도는 그 액체의 고유저항이 작을수록 대전하기 쉬워 정전기 발생의 위험성이 높다.
② 전기저항이 높은 액체가 유동하면 정전기가 발생하며 그 정도는 그 액체의 고유저항이 작을수록 대전하기 쉬워 정전기 발생의 위험성이 높다.
③ 전기저항이 낮은 액체가 유동하면 정전기가 발생하며 그 정도는 그 액체의 고유저항이 클수록 대전하기 쉬워 정전기 발생의 위험성이 낮다.
④ 전기저항이 높은 액체가 유동하면 정전기가 발생하며 그 정도는 그 액체의 고유저항이 클수록 대전하기 쉬워 정전기 발생의 위험성이 높다.

답 ④

10 프로페인-공기의 혼합기체가 양론비로 반응하여 완전연소된다고 할 때 혼합기체 중 프로페인의 비율은 약 몇 vol%인가? (단, 공기 중 산소는 21vol%이다.)
① 23.8
② 16.7
③ 4.03
④ 3.12

 $C_3H_8 + 5O_2 \rightarrow 3CO_2 + 4H_2O$

$\dfrac{1\text{mol}-C_3H_8}{} \left| \dfrac{5\text{mol}-O_2}{1\text{mol}-C_3H_8} \right| \dfrac{100\text{mol}-Air}{21\text{mol}-O_2}$

$= 23.8\text{mol}-Air$
그러므로 혼합기체는
$1\text{mol}-C_3H_8 + 23.8\text{mol}-Air = 24.8\text{mol}$이며, 이 중 프로페인의 비율은 다음과 같다.
$\dfrac{1}{24.8} \times 100 = 4.03$

답 ③

11 질산암모늄에 대한 설명으로 옳지 않은 것은?
① 열분해 시 가스가 발생한다.
② 물에 녹을 때 발열반응을 나타낸다.
③ 물보다 무거운 고체상태의 결정이다.
④ 급격히 가열하면 단독으로도 폭발할 수 있다.

 질산암모늄은 물에 녹을 때 흡열반응을 나타낸다.
답 ②

12 알칼리금속의 과산화물에 물을 뿌렸을 때 발생하는 기체는?
① 수소 ② 산소
③ 메테인 ④ 포스핀

 알칼리금속(리튬, 나트륨, 칼륨, 세슘, 루비듐)의 무기과산화물은 물과 격렬하게 발열반응하여 분해되고, 다량의 산소가 발생한다.
답 ②

13 질산칼륨에 대한 설명으로 틀린 것은?
① 황화인, 질소와 혼합하면 흑색 화약이 된다.
② 에터에 잘 녹지 않는다.
③ 물에 녹으므로 저장 시 수분과의 접촉에 주의한다.
④ 400℃로 가열하면 분해되어 산소를 방출한다.

 흑색 화약=질산칼륨 75%+황 10%+목탄 15%
답 ①

14 다음 중 삼황화인의 주연소생성물은?
① 오산화인과 이산화황
② 오산화인과 이산화탄소
③ 이산화황과 포스핀
④ 이산화황과 포스겐

 $P_4S_3 + 8O_2 \rightarrow 2P_2O_5 + 3SO_2$
답 ①

15 황린과 적린에 대한 설명 중 틀린 것은?
① 적린은 황린에 비하여 안정하다.
② 비중은 황린이 크며, 녹는점은 적린이 낮다.
③ 적린과 황린은 모두 물에 녹지 않는다.
④ 연소할 때 황린과 적린은 모두 흰 연기가 발생한다.

구분	황린(P_4)	적린(P)
비중	1.82	2.2
녹는점	44℃	600℃

답 ②

16 위험물안전관리법령상 제2류 위험물인 마그네슘에 대한 설명으로 틀린 것은?
① 온수와 반응하여 수소가스가 발생한다.
② 질소기류에서 강하게 가열하면 질화마그네슘이 된다.
③ 위험물안전관리법령상 품명은 금속분이다.
④ 지정수량은 500kg이다.

 제2류 위험물(가연성 고체)의 종류와 지정수량

위험등급	품명	지정수량
II	1. 황화인 2. 적린(P) 3. 황(S)	100kg
III	4. 철분(Fe) 5. 금속분 6. 마그네슘(Mg)	500kg
	7. 인화성 고체	1,000kg

답 ③

17 금속나트륨이 에탄올과 반응하였을 때 가연성 가스가 발생한다. 이때 발생하는 가스와 동일한 가스가 발생되는 경우는?
① 나트륨이 액체 암모니아와 반응하였을 때
② 나트륨이 산소와 반응하였을 때
③ 나트륨이 사염화탄소와 반응하였을 때
④ 나트륨이 이산화탄소와 반응하였을 때

해설 나트륨은 알코올과 반응하여 나트륨알코올레이트와 수소가스가 발생한다.
$2Na + 2C_2H_5OH \rightarrow 2C_2H_5ONa + H_2$
$2Na + 2NH_3 \rightarrow 2NaNH_2 + H_2$ — 공통 가스

답 ①

18 다음 위험물을 완전연소시켰을 때 나머지 세 위험물의 연소생성물에 공통적으로 포함된 가스가 발생하지 않는 것은?

① 황   ② 황린
③ 삼황화인   ④ 이황화탄소

해설
① 황 : $S + O_2 \rightarrow SO_2$
② 황린 : $P_4 + 5O_2 \rightarrow 2P_2O_5$
③ 삼황화인 : $P_4S_3 + 8O_2 \rightarrow 2P_2O_5 + 3SO_2$
④ 이황화탄소 : $CS_2 + 3O_2 \rightarrow CO_2 + 2SO_2$

답 ②

19 탄화알루미늄이 물과 반응하였을 때 발생하는 가스는?

① CH_4 ② C_2H_2
③ C_2H_6 ④ CH_3

해설 탄화알루미늄은 물과 반응하여 가연성·폭발성의 메테인가스를 만들며, 밀폐된 실내에서 메테인이 축적되는 경우 인화성 혼합기를 형성하여 2차 폭발의 위험이 있다.
$Al_4C_3 + 12H_2O \rightarrow 4Al(OH)_3 + 3CH_4$

답 ①

20 산화프로필렌에 대한 설명 중 틀린 것은?

① 무색의 휘발성 액체이다.
② 증기의 비중은 공기보다 크다.
③ 인화점은 약 $-37°C$이다.
④ 발화점은 약 $100°C$이다.

해설 산화프로필렌은 분자량 58, 비중 0.82, 증기비중 2.0, 비점 35°C, 인화점 $-37°C$이고, 발화점이 449°C로 매우 낮으며, 연소범위(2.5~38.5%)가 넓어 증기는 공기와 혼합하여 작은 점화원에 의해 인화 폭발의 위험이 있고 연소속도가 빠르다.

답 ④

21 다음 A, B 같은 작업공정을 가진 경우 위험물안전관리법상 허가를 받아야 하는 제조소 등의 종류를 옳게 짝지은 것은? (단, 지정수량 이상을 취급하는 경우이다.)

A : 원료(비위험물) →작업→ 제품(위험물)

B : 원료(위험물) →작업→ 제품(비위험물)

① A : 위험물제조소, B : 위험물제조소
② A : 위험물제조소, B : 위험물취급소
③ A : 위험물취급소, B : 위험물제조소
④ A : 위험물취급소, B : 위험물취급소

해설
㉠ 위험물제조소 : 위험물 또는 비위험물을 원료로 사용하여 위험물을 생산하는 시설
㉡ 위험물 일반취급소 : 위험물을 사용하여 일반제품을 생산, 가공 또는 세척하거나 버너 등에 소비하기 위하여 1일에 지정수량 이상의 위험물을 취급하는 시설

답 ②

22 벤젠핵에 메틸기 1개와 하이드록실기 1개가 결합된 구조를 가진 액체로서 독특한 냄새를 가지는 물질은?

① 크레졸(cresol)
② 아닐린(aniline)
③ 큐멘(cumene)
④ 나이트로벤젠(nitrobenzene)

해설 크레졸$[C_6H_4(OH)CH_3]$
벤젠핵에 메틸기($-CH_3$)와 수산기($-OH$)를 1개씩 가진 1가 페놀로, 2개의 치환기의 위치에서 $o-$, $m-$, $p-$의 3개의 이성질체가 존재한다.

o-크레졸 m-크레졸 p-크레졸

답 ①

23 위험물안전관리법령상 제4류 위험물의 지정수량으로 옳지 않은 것은?

① 피리딘 : 400L
② 아세톤 : 400L
③ 나이트로벤젠 : 1,000L
④ 아세트산 : 2,000L

해설 제4류 위험물(인화성 액체)의 종류와 지정수량

위험등급	품명		지정수량
I	특수인화물류(다이에틸에터, 이황화탄소, 아세트알데하이드, 산화프로필렌)		50L
II	제1석유류	비수용성(가솔린, 벤젠, 톨루엔, 사이클로헥세인, 콜로디온, 메틸에틸케톤, 초산메틸, 초산에틸, 의산에틸, 헥세인 등)	200L
II		수용성(아세톤, 피리딘, 아크롤레인, 의산메틸, 사이안화수소 등)	400L
II	알코올류(메틸알코올, 에틸알코올, 프로필알코올, 아이소프로필알코올)		400L
III	제2석유류	비수용성(등유, 경유, 스타이렌, 자일렌(o-, m-, p-), 클로로벤젠, 장뇌유, 뷰틸알코올, 알릴알코올, 아밀알코올 등)	1,000L
III		수용성(폼산, 초산, 하이드라진, 아크릴산 등)	2,000L
III	제3석유류	비수용성(중유, 크레오소트유, 아닐린, 나이트로벤젠, 나이트로톨루엔 등)	2,000L
III		수용성(에틸렌글리콜, 글리세린 등)	4,000L
III	제4석유류	기어유, 실린더유, 윤활유, 가소제	6,000L
III	동식물유류(아마인유, 들기름, 동유, 야자유, 올리브유 등)		10,000L

답 ③

24 에틸알코올의 산화로부터 얻을 수 있는 것은?

① 아세트알데하이드
② 폼알데하이드
③ 다이에틸에터
④ 폼산

해설 에틸알코올은 산화되면 아세트알데하이드(CH_3CHO)가 되며, 최종적으로 초산(CH_3COOH)이 된다.

답 ①

25 에터의 과산화물을 제거하는 시약으로 사용되는 것은?

① KI
② $FeSO_4$
③ $NH_3(OH)$
④ CH_3COCH_3

해설 과산화물의 검출은 10% 아이오딘화칼륨(KI) 용액과의 황색 반응으로 확인한다. 또한, 생성된 과산화물을 제거하는 시약으로는 황산제일철($FeSO_4$)을 사용한다.

답 ②

26 다음과 같은 성질을 가지는 물질은?

- 가장 간단한 구조의 카복실산이다.
- 알데하이드기와 카복실기를 모두 가지고 있다.
- CH_3OH와 에스터화 반응을 한다.

① CH_3COOH
② $HCOOH$
③ CH_3CHO
④ CH_3COCH_3

해설 폼산(의산)의 일반적 성질
㉠ 가장 간단한 구조의 카복실산(R-COOH)이며, 알데하이드기(-CHO)와 카복실기(-COOH)를 모두 가지고 있다.
㉡ 비중 1.22(증기비중 2.6), 비점 101℃, 인화점 55℃, 발화점 540℃, 연소범위 18~57%의 무색투명한 액체로, 물, 에터, 알코올 등과 잘 혼합한다.
㉢ 강한 자극성 냄새가 있고, 강한 산성이며, 신맛이 난다.
㉣ CH_3OH와 에스터화 반응을 한다.

답 ②

27 이황화탄소의 성질 또는 취급방법에 대한 설명 중 틀린 것은?

① 물보다 가볍다.
② 증기가 공기보다 무겁다.
③ 물을 채운 수조에 저장한다.
④ 연소 시 유독한 가스가 발생한다.

해설 이황화탄소의 액비중은 1.26으로 물보다 무겁다.

답 ①

28 유기과산화물을 함유하는 것 중 불활성 고체를 함유하는 것으로서, 다음에 해당하는 물질은 제5류 위험물에서 제외한다. (　　) 안에 알맞은 수치는?

> 과산화벤조일의 함유량이 (　　)중량퍼센트 미만인 것으로서, 전분 가루, 황산칼슘2수화물 또는 인산수소칼슘2수화물과의 혼합물

① 25.5
② 35.5
③ 45.5
④ 55.5

 유기과산화물을 함유하는 것 중에서 불활성 고체를 함유하는 것으로서 다음에 해당하는 것은 제5류 위험물에서 제외한다.
㉠ 과산화벤조일의 함유량이 35.5중량퍼센트 미만인 것으로서 전분가루, 황산칼슘2수화물 또는 인산수소칼슘2수화물과의 혼합물
㉡ 비스(4-클로로벤조일)퍼옥사이드의 함유량이 30중량퍼센트 미만인 것으로서 불활성 고체와의 혼합물
㉢ 과산화다이쿠밀의 함유량이 40중량퍼센트 미만인 것으로서 불활성 고체와의 혼합물
㉣ 1·4비스(2-터셔리뷰틸퍼옥시아이소프로필)벤젠의 함유량이 40중량퍼센트 미만인 것으로서 불활성 고체와의 혼합물
㉤ 사이클로헥사논퍼옥사이드의 함유량이 30중량퍼센트 미만인 것으로서 불활성 고체와의 혼합물

 ②

29 다음 중 가연성이면서 폭발성이 있는 물질은?

① 과산화수소
② 과산화벤조일
③ 염소산나트륨
④ 과염소산칼륨

 과산화벤조일[$(C_6H_5CO)_2O_2$]은 제5류 위험물로서 자기반응성 물질이며, 가연성이면서 내부연소가 가능한 물질이다.

답 ②

30 위험물안전관리법령에서 정한 자기반응성 물질이 아닌 것은?

① 유기금속화합물
② 유기과산화물
③ 금속의 아지화합물
④ 질산구아니딘

 유기금속화합물은 제3류 위험물로서 자연발화성 물질 및 금수성 물질에 해당한다.

 ①

31 제6류 위험물의 성질, 화재 예방 및 화재 발생 시 소화방법에 관한 설명 중 틀린 것은?

① 옥외저장소에 과염소산을 저장하는 경우 천막 등으로 햇빛을 가려야 한다.
② 과염소산은 물과 접촉하여 발열하고 가열하면 유독성 가스가 발생한다.
③ 질산은 산화성이 강하므로 가능한 한 환원성 물질과 혼합하여 중화시킨다.
④ 과염소산의 화재에는 물분무소화설비, 포소화설비 등이 적응성이 있다.

 질산은 제6류 위험물로서 산화성 액체에 해당하며, 환원성 물질과 혼합하면 위험성이 증대된다.

 ③

32 과염소산의 취급·저장 시 주의사항으로 틀린 것은?

① 가열하면 폭발할 위험이 있으므로 주의한다.
② 종이, 나뭇조각 등과 접촉을 피하여야 한다.
③ 구멍이 뚫린 코르크마개를 사용하여 통풍이 잘 되는 곳에 저장한다.
④ 물과 접촉하면 심하게 반응하므로 접촉을 금지한다.

 유리나 도자기 등의 밀폐용기를 사용하고, 누출 시 가연물과 접촉을 피한다.

 ③

33. 줄-톰슨(Joule-Thomson) 효과와 가장 관계있는 소화기는?

① 할론 1301 소화기
② 이산화탄소 소화기
③ HCFC-124 소화기
④ 할론 1211 소화기

 이산화탄소 소화약제의 소화원리는 공기 중의 산소를 15% 이하로 저하시켜 소화하는 질식작용과 CO_2 가스 방출 시 Joule-Thomson 효과[기체 또는 액체가 가는 관을 통과하여 방출될 때 온도가 급강하(약 -78℃)하여 고체로 되는 현상]에 의해 기화열의 흡수로 소화하는 냉각작용이다.

답 ②

34. Halon 1211과 Halon 1301 소화약제에 대한 설명 중 틀린 것은?

① 모두 부촉매효과가 있다.
② 증기는 모두 공기보다 무겁다.
③ 증기비중과 액체비중 모두 Halon 1211이 더 크다.
④ 소화기의 유효방사거리는 Halon 1301이 더 길다.

 할론 1211의 유효방사거리는 4~5m, 할론 1301의 유효방사거리는 3~4m로, 할론 1211이 더 길다.

답 ④

35. 제3류 위험물의 화재 시 소화에 대한 설명으로 틀린 것은?

① 인화칼슘은 물과 반응하여 포스핀가스가 발생하므로 마른 모래로 소화한다.
② 세슘은 물과 반응하여 수소가 발생하므로 물에 의한 냉각소화를 피해야 한다.
③ 다이에틸아연은 물과 반응하므로 주수소화를 피해야 한다.
④ 트라이에틸알루미늄은 물과 반응하여 산소가 발생하므로 주수소화는 좋지 않다.

 트라이에틸알루미늄은 물과 반응하여 가연성의 에테인가스가 발생하므로 주수소화하지 않는다.
$(C_2H_5)_3Al + 3H_2O \rightarrow Al(OH)_3 + 3C_2H_6$

답 ④

36. 식용유 화재 시 비누화(saponification) 현상(반응)을 통해 소화할 수 있는 분말소화약제는?

① 제1종 분말소화약제
② 제2종 분말소화약제
③ 제3종 분말소화약제
④ 제4종 분말소화약제

 제1종 분말소화약제(주성분 : $NaHCO_3$)의 경우 일반요리용 기름 화재 시 기름과 중탄산나트륨이 반응하면 금속 비누가 만들어져 거품을 생성하면서 기름의 표면을 덮어서 질식소화 효과 및 재발화 억제방지 효과를 나타내는 비누화 현상을 이용한다.

답 ①

37. 간이탱크저장소의 설치기준으로 틀린 것은?

① 1개의 간이탱크저장소에 설치하는 간이저장탱크는 3개 이하로 한다.
② 간이저장탱크의 용량은 800L 이하로 한다.
③ 간이저장탱크는 두께 3.2mm 이상의 강판으로 제작한다.
④ 간이저장탱크에는 통기관을 설치하여야 한다.

 간이탱크저장소에서 하나의 탱크 용량은 600L 이하로 한다.

답 ②

38. 위험물의 운반기준으로 틀린 것은?

① 고체 위험물은 운반용기 내용적의 95% 이하로 수납할 것
② 액체 위험물은 운반용기 내용적의 98% 이하로 수납할 것
③ 하나의 외장용기에는 다른 종류의 위험물을 수납하지 아니할 것
④ 액체 위험물은 65℃의 온도에서 누설되지 않도록 충분한 공간용적을 유지할 것

 액체 위험물은 운반용기 내용적의 98% 이하의 수납률로 수납하되, 55℃의 온도에서 누설되지 아니하도록 충분한 공간용적을 유지하도록 한다.

답 ④

39 제2종 분말소화약제가 열분해할 때 생성되는 물질로 4℃ 부근에서 최대밀도를 가지며, 분자 내 104.5°의 결합각을 갖는 것은?

① CO_2
② H_2O
③ H_3PO_4
④ K_2CO_3

해설 제2종 분말소화약제의 열분해반응식
$2KHCO_3 \rightarrow K_2CO_3 + H_2O + CO_2$
물은 비공유 전자쌍이 공유 전자쌍을 강하게 밀기 때문에 104.5° 구부러진 굽은형 구조를 이루고 있다.

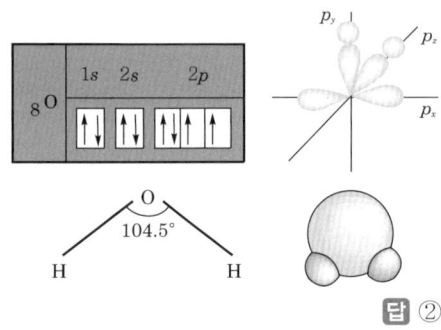

 ②

40 이송취급소의 이송기지에 설치해야 하는 경보설비는?

① 자동화재탐지설비
② 누전경보기
③ 비상벨장치 및 확성장치
④ 자동화재속보설비

해설 이송취급소의 안전유지를 위한 경보설비
㉠ 이송기지에는 비상벨장치 및 확성장치를 설치할 것
㉡ 가연성 증기가 발생하는 위험물을 취급하는 펌프실 등에는 가연성 증기 경보설비를 설치할 것

 ③

41 이동탱크저장소에 설치하는 방파판의 기능으로 옳은 것은?

① 출렁임 방지
② 유증기 발생의 억제
③ 정전기 발생 제거
④ 파손 시 유출 방지

해설 방파판 설치기준
㉠ 재질은 두께 1.6mm 이상의 강철판으로 제작
㉡ 출렁임 방지를 위해 하나의 구획부분에 2개 이상의 방파판을 이동탱크저장소의 진행방향과 평행으로 설치하되, 그 높이와 칸막이로부터의 거리를 다르게 할 것
㉢ 하나의 구획부분에 설치하는 각 방파판의 면적 합계는 해당 구획부분의 최대수직단면적의 50% 이상으로 할 것. 다만, 수직단면이 원형이거나 짧은 지름이 1m 이하의 타원형인 경우에는 40% 이상으로 할 수 있다.

 ①

42 위험물안전관리법령상 주유취급소 작업장(자동차 등을 점검·정비)에서 사용하는 폐유·윤활유 등의 위험물을 저장하는 탱크의 용량(L)은 얼마 이하이어야 하는가?

① 2,000
② 10,000
③ 50,000
④ 60,000

해설 주유취급소 탱크의 용량기준
㉠ 자동차 등에 주유하기 위한 고정주유설비, 직접 접속하는 전용 탱크는 50,000L 이하이다.
㉡ 고정급유설비에 직접 접속하는 전용 탱크는 50,000L 이하이다.
㉢ 보일러 등에 직접 접속하는 전용 탱크는 10,000L 이하이다.
㉣ 자동차 등을 점검·정비하는 작업장 등에서 사용하는 폐유·윤활유 등의 위험물을 저장하는 탱크는 2,000L 이하이다.
㉤ 고속국도 도로변에 설치된 주유취급소의 탱크 용량은 60,000L이다.

 ①

43 위험물안전관리법령상 위험물의 운송 시 혼재할 수 없는 위험물은? (단, 지정수량의 1/10 초과의 위험물이다.)

① 적린과 경유
② 칼륨과 등유
③ 아세톤과 나이트로셀룰로스
④ 과산화칼륨과 자일렌

유별을 달리하는 위험물의 혼재기준

위험물의 구분	제1류	제2류	제3류	제4류	제5류	제6류
제1류		×	×	×	×	○
제2류	×		×	○	○	×
제3류	×	×		○	×	×
제4류	×	○	○		○	×
제5류	×	○	×	○		×
제6류	○	×	×	×	×	

과산화칼륨은 제1류, 자일렌은 제4류이므로, 혼재할 수 없다.

답 ④

44 다음 물질을 저장하는 저장소로 허가를 받으려고 위험물저장소 설치허가 신청서를 작성하려고 한다. 해당하는 지정수량의 배수는 얼마인가?

- 염소산칼슘 : 150kg
- 과염소산칼륨 : 200kg
- 과염소산 : 600kg

① 12 ② 9
③ 6   ④ 5

 염소산칼슘의 지정수량=50kg
과염소산칼륨의 지정수량=50kg
과염소산의 지정수량=300kg
∴ 지정수량 배수의 합
$= \frac{150\text{kg}}{50\text{kg}} + \frac{200\text{kg}}{50\text{kg}} + \frac{600\text{kg}}{300\text{kg}} = 9$

답 ②

45 비수용성의 제1석유류 위험물을 4,000L까지 저장·취급할 수 있도록 허가받은 단층 건물의 탱크 전용실에 수용성의 제2석유류 위험물을 저장하기 위한 옥내저장탱크를 추가로 설치할 경우, 설치할 수 있는 탱크의 최대용량은?

① 16,000L   ② 20,000L
③ 30,000L   ④ 60,000L

 옥내저장탱크의 용량(동일한 탱크 전용실에 옥내저장탱크를 2 이상 설치하는 경우에는 각 탱크의 용량의 합계를 말한다)은 1층 이하의 층에 있어서는 지정수량의 40배(제4석유류 및 동식물유류 외의 제4류 위험물에 있어서 해당 수량이 2만L를 초과할 때에는 2만L) 이하, 2층 이상의 층에 있어서는 지정수량의 10배(제4석유류 및 동식물유류 외의 제4류 위험물에 있어서 해당 수량이 5천L를 초과할 때에는 5천L) 이하여야 한다.
최대 20,000L까지 가능하므로,
20,000−4,000=16,000L

답 ①

46 위험물제조소 등의 안전거리 단축기준을 적용함에 있어서 $H \leq pD^2 + a$일 경우 방화상 유효한 담의 높이는 2m 이상으로 한다. 여기서 H가 의미하는 것은?

① 제조소 등과 인근 건축물과의 거리
② 인근 건축물 또는 공작물의 높이
③ 제조소 등의 외벽의 높이
④ 제조소 등과 방화상 유효한 담과의 거리

 방화상 유효한 담의 높이
㉠ $H \leq pD^2 + a$인 경우, $h = 2$
㉡ $H > pD^2 + a$인 경우, $h = H - p(D^2 - d^2)$

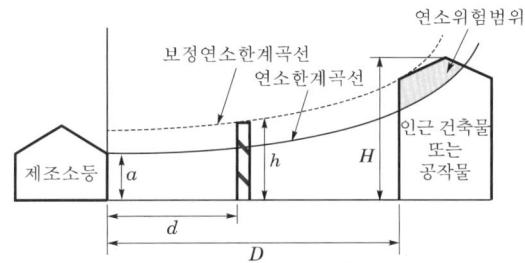

여기서, D : 제조소 등과 인근 건축물 또는 공작물과의 거리(m)
H : 인근 건축물 또는 공작물의 높이(m)
a : 제조소 등의 외벽의 높이(m)
d : 제조소 등과 방화상 유효한 담과의 거리(m)
h : 방화상 유효한 담의 높이(m)
p : 상수

답 ②

47 광전식 분리형 감지기를 사용하여 자동화재탐지설비를 설치하는 경우 하나의 경계구역의 한 변의 길이를 얼마 이하로 하여야 하는가?

① 10m ② 100m
③ 150m ④ 300m

 하나의 경계구역의 면적은 600m² 이하로 하고 그 한 변의 길이는 50m(광전식 분리형 감지기를 설치할 경우에는 100m) 이하로 할 것. 다만, 해당 건축물, 그 밖의 공작물의 주요한 출입구에서 그 내부의 전체를 볼 수 있는 경우에 있어서는 그 면적을 1,000m² 이하로 할 수 있다.

답 ②

48 소화난이도등급 Ⅰ의 제조소 등 중 옥내탱크저장소의 규모에 대한 설명이 옳은 것은?

① 액체 위험물을 저장하는 위험물의 액표면적이 20m² 이상인 것
② 바닥면으로부터 탱크 옆판의 상단까지 높이가 6m 이상인 것(제6류 위험물을 저장하는 것 및 고인화점 위험물만을 100℃ 미만의 온도에서 저장하는 것은 제외)
③ 액체 위험물을 저장하는 단층 건축물 외의 건축물에 설치하는 것으로서 인화점이 40℃ 이상, 70℃ 미만의 위험물을 지정수량의 40배 이상 저장 또는 취급하는 것
④ 고체 위험물을 지정수량의 150배 이상 저장 또는 취급하는 것

 옥내탱크저장소의 규모, 저장 또는 취급하는 위험물의 품명 및 최대수량 등
- 액표면적이 40m² 이상인 것(제6류 위험물을 저장하는 것 및 고인화점 위험물만을 100℃ 미만의 온도에서 저장하는 것은 제외)
- 바닥면으로부터 탱크 옆판의 상단까지 높이가 6m 이상인 것(제6류 위험물을 저장하는 것 및 고인화점 위험물만을 100℃ 미만의 온도에서 저장하는 것은 제외)
- 탱크 전용실이 단층 건물 외의 건축물에 있는 것으로서 인화점 38℃ 이상, 70℃ 미만의 위험물을 지정수량의 5배 이상 저장하는 것(내화구조로 개구부 없이 구획된 것은 제외)

답 ②

49 다음 소화설비 중 제6류 위험물에 대해 적응성이 없는 것은?

① 포소화설비
② 스프링클러설비
③ 물분무소화설비
④ 이산화탄소 소화설비

해설 소화설비의 적응성

소화설비의 구분		대상물 구분	건축물·그 밖의 공작물	전기설비	제1류 위험물 알칼리금속 과산화물 등	제1류 위험물 그 밖의 것	제2류 위험물 철분·금속분·마그네슘 등	제2류 위험물 인화성 고체	제2류 위험물 그 밖의 것	제3류 위험물 금수성 물품	제3류 위험물 그 밖의 것	제4류 위험물	제5류 위험물	제6류 위험물
옥내소화전 또는 옥외소화전 설비			○			○		○	○		○		○	○
스프링클러설비			○			○		○	○		○	△	○	○
물분무등소화설비	물분무소화설비		○	○		○		○	○		○	○	○	○
	포소화설비		○			○		○	○		○	○	○	○
	불활성가스 소화설비			○				○				○		
	할로젠화합물 소화설비			○				○				○		
	분말소화설비	인산염류 등	○	○		○		○	○			○		○
		탄산수소염류 등		○	○		○	○		○		○		
		그 밖의 것			○		○			○				
대형·소형 수동식 소화기	봉상수(棒狀水) 소화기		○			○		○	○		○		○	○
	무상수(霧狀水) 소화기		○	○		○		○	○		○		○	○
	봉상강화액 소화기		○			○		○	○		○		○	○
	무상강화액 소화기		○	○		○		○	○		○	○	○	○
	포 소화기		○			○		○	○		○	○	○	○
	이산화탄소 소화기			○				○				○		△
	할로젠화합물 소화기			○				○				○		
	분말소화기	인산염류 소화기	○	○		○		○	○			○		○
		탄산수소염류 소화기		○	○		○	○		○		○		
		그 밖의 것			○		○			○				
기타	물통 또는 수조		○			○		○	○		○		○	○
	건조사				○	○	○	○	○	○	○	○	○	○
	팽창질석 또는 팽창진주암				○	○	○	○	○	○	○	○	○	○

답 ④

50 다음 중 하나의 옥내저장소에 제5류 위험물과 함께 저장할 수 있는 위험물은? (단, 위험물을 유별로 정리하여 저장하는 한편, 서로 1m 이상의 간격을 두는 경우이다.)

① 제1류 위험물(알칼리금속의 과산화물 또는 이를 함유한 것 제외)
② 제2류 위험물 중 인화성 고체
③ 제3류 위험물 중 알킬알루미늄 이외의 것
④ 유기과산화물 또는 이를 함유한 것 이외의 제4류 위험물

해설 유별을 달리하는 위험물은 동일한 저장소(내화구조의 격벽으로 완전히 구획된 실이 2 이상 있는 저장소에 있어서는 동일한 실)에 저장하지 아니하여야 한다. 다만, 옥내저장소 또는 옥외저장소에 있어서 다음의 규정에 의한 위험물을 저장하는 경우로서 위험물을 유별로 정리하여 저장하는 한편, 서로 1m 이상의 간격을 두는 경우에는 그러하지 아니하다.
㉠ 제1류 위험물(알칼리금속의 과산화물 또는 이를 함유한 것을 제외한다)과 제5류 위험물을 저장하는 경우
㉡ 제1류 위험물과 제6류 위험물을 저장하는 경우
㉢ 제1류 위험물과 제3류 위험물 중 자연발화성 물질(황린 또는 이를 함유한 것에 한한다)을 저장하는 경우
㉣ 제2류 위험물 중 인화성 고체와 제4류 위험물을 저장하는 경우
㉤ 제3류 위험물 중 알킬알루미늄 등과 제4류 위험물(알킬알루미늄 또는 알킬리튬을 함유한 것에 한한다)을 저장하는 경우
㉥ 제4류 위험물과 제5류 위험물 중 유기과산화물 또는 이를 함유한 것을 저장하는 경우

답 ①

51 지하저장탱크의 주위에 액체 위험물의 누설을 검사하기 위한 관을 설치하는 경우 그 기준으로 옳지 않은 것은?

① 관은 탱크 전용실의 바닥에 닿지 않게 할 것
② 이중관으로 할 것
③ 관의 밑부분으로부터 탱크의 중심 높이까지의 부분에는 소공이 뚫려 있을 것
④ 상부는 물이 침투하지 아니하는 구조로 하고, 뚜껑은 검사 시에 쉽게 열 수 있도록 할 것

해설 액체 위험물의 누설을 검사하기 위한 관을 다음의 기준에 따라 4개소 이상 적당한 위치에 설치하여야 한다.
㉠ 이중관으로 할 것. 다만, 소공이 없는 상부는 단관으로 할 수 있다.
㉡ 재료는 금속관 또는 경질 합성수지관으로 할 것
㉢ 관은 탱크 전용실의 바닥 또는 탱크의 기초까지 닿게 할 것
㉣ 관의 밑부분으로부터 탱크의 중심 높이까지의 부분에는 소공이 뚫려 있을 것. 다만, 지하수위가 높은 장소에 있어서는 지하수위 높이까지의 부분에 소공이 뚫려 있어야 한다.
㉤ 상부는 물이 침투하지 아니하는 구조로 하고, 뚜껑은 검사 시에 쉽게 열 수 있도록 할 것

답 ①

52 위험물안전관리법령상 이동탱크저장소에 의한 위험물의 운송기준에 대한 설명 중 틀린 것은?

① 위험물 운송 시 장거리란 고속국도는 340km 이상, 그 밖의 도로는 200km 이상을 말한다.
② 운송책임자를 동승시킨 경우에는 반드시 2명 이상이 교대로 운전해야 한다.
③ 특수인화물 및 제1석유류를 운송하게 하는 자는 위험물 안전카드를 위험물 운송자로 하여금 휴대하게 한다.
④ 위험물 운송자는 재난 및 그 밖의 불가피한 이유가 있는 경우에는 위험물 안전카드에 기재된 내용에 따르지 아니할 수 있다.

해설 위험물 운송자는 장거리(고속국도에 있어서는 340km 이상, 그 밖의 도로에 있어서는 200km 이상을 말한다)에 걸치는 운송을 하는 때에는 2명 이상의 운전자로 할 것. 다만, 다음의 어느 하나에 해당하는 경우에는 그러하지 아니하다.
㉠ 운송책임자를 동승시킨 경우
㉡ 운송하는 위험물이 제2류 위험물·제3류 위험물(칼슘 또는 알루미늄의 탄화물과 이것만을 함유한 것에 한한다) 또는 제4류 위험물(특수 인화물을 제외한다)인 경우
㉢ 운송 도중에 2시간 이내마다 20분 이상씩 휴식하는 경우

답 ②

53 위험물안전관리법령상 운반용기 내용적의 95% 이하의 수납률로 수납하여야 하는 위험물은?

① 과산화벤조일
② 질산메틸
③ 나이트로글리세린
④ 메틸에틸케톤퍼옥사이드

 위험물의 운반 시 고체 위험물은 95% 이하, 액체 위험물은 98% 이하의 수납률을 유지해야 한다. 과산화벤조일은 제5류 위험물로서 고체에 해당하므로 95% 이하의 수납률로 수납하여야 한다.

답 ①

54 다음 중 1mol의 질량이 가장 큰 것은?

① $(NH_4)_2Cr_2O_7$
② BaO_2
③ $K_2Cr_2O_7$
④ $KMnO_4$

화학식	$(NH_4)_2Cr_2O_7$	BaO_2	$K_2Cr_2O_7$	$KMnO_4$
분자량	252	169	294	158

답 ③

55 근래 인간공학이 여러 분야에서 크게 기여하고 있다. 다음 중 어느 단계에서 인간공학적 지식이 고려됨으로써 기업에 가장 큰 이익을 줄 수 있는가?

① 제품의 개발단계
② 제품의 구매단계
③ 제품의 사용단계
④ 작업자의 채용단계

 제품을 개발하는 단계에서 신제품의 성공은 기업에 큰 이익을 제공할 수 있다.

답 ①

56 생산보전(PM ; Productive Maintenance)의 내용에 속하지 않는 것은?

① 보전예방
② 안전보전
③ 예방보전
④ 개량보전

 생산보전이란 설비의 일 생애를 대상으로 하여 생산성을 높이는 것이며, 가장 경제적으로 보전하는 것을 말한다.

답 ②

57 np 관리도에서 시료군마다 시료 수(n)는 100이고, 시료군의 수(k)는 20, $\sum np = 77$ 이다. 이때 np 관리도의 관리 상한선(UCL)을 구하면 약 얼마인가?

① 8.94
② 3.85
③ 5.77
④ 9.62

 $np(pn)$ 관리도의 관리 상한선

$UCL = \overline{pn} + 3\sqrt{\overline{pn}(1-\overline{p})}$

이때, $\overline{pn} = \dfrac{\sum pn}{k} = \dfrac{77}{20} = 3.85$

$\overline{p} = \dfrac{\sum pn}{nk} = \dfrac{77}{100 \times 20} = 0.0385$

∴ $UCL = \overline{pn} + 3\sqrt{\overline{pn}(1-\overline{p})}$
$= 3.85 + 3\sqrt{3.85 \times (1-0.0385)}$
$= 9.62$

답 ④

58 로트에서 랜덤으로 시료를 추출하여 검사한 후 그 결과에 따라 로트의 합격, 불합격을 판정하는 검사방법을 무엇이라 하는가?

① 자주 검사
② 간접 검사
③ 전수 검사
④ 샘플링 검사

① 자주 검사 : 자기 회사 제품을 품질관리 규정에 의해 스스로 하는 검사
③ 전수 검사 : 제출된 제품 전체에 대해 시험 또는 측정을 통해 합격과 불합격을 분류하는 검사
④ 샘플링 검사 : 로트에서 랜덤하게 시료를 추출하여 검사한 후 그 결과에 따라 로트의 합격, 불합격을 판정하는 검사방법

답 ④

59 어떤 작업을 수행하는 데 작업소요시간이 빠른 경우 5시간, 보통이면 8시간, 늦으면 12시간 걸린다고 예측되었다. 이때, 3점 견적법에 의한 기대시간치와 분산을 계산하면 약 얼마인가?

① $t_e = 8.0$, $\sigma^2 = 1.17$
② $t_e = 8.2$, $\sigma^2 = 1.36$
③ $t_e = 8.3$, $\sigma^2 = 1.17$
④ $t_e = 8.3$, $\sigma^2 = 1.36$

해설

$$기대시간치(t_e) = \frac{t_o + 4t_m + t_p}{6}$$
$$= \frac{5 + (4 \times 8) + 12}{6}$$
$$= 8.17$$

여기서, t_o : 낙관시간차
t_m : 정상시간차
t_p : 비관시간차

$$분산(\sigma^2) = \left(\frac{t_p - t_o}{6}\right)^2$$
$$= \left(\frac{12 - 5}{6}\right)^2$$
$$= 1.36$$

답 ②

60 표준시간 설정 시 미리 정해진 표를 활용하여 작업자의 동작에 대해 시간을 산정하는 시간연구법에 해당되는 것은?

① PTS법
② 스톱워치법
③ 워크샘플링법
④ 실적자료법

해설 PTS(Predetermined Time Standards)법이란 하나의 작업이 실제로 시작되기 전, 미리 작업에 필요한 소요시간을 작업방법에 따라 이론적으로 정해 나가는 방법이다.

답 ①

MEMO

PART 3

CBT 핵심기출 100선

CBT 시험에 자주 출제된 핵심기출 100선

Part 3. CBT 핵심기출 100선

위험물기능장 필기

필기 CBT 핵심기출 100선

01 0℃, 1기압에서 어떤 기체의 밀도가 1.617g/L 이다. 1기압에서 이 기체 1L가 1g이 되는 온도는 약 몇 ℃인가?

① 44   ② 68
③ 168   ④ 441

$PV = \dfrac{w}{M} RT$

$D = \dfrac{w}{V} = \dfrac{PM}{RT}$

$1.617\text{g/L} = \dfrac{1\text{atm} \times M \times 1}{0.082\text{atm} \cdot \text{L/mol} \cdot \text{K} \times 273.15\text{K}}$

M(기체분자량) $= 36.21\text{g/mol}$

$T = \dfrac{PVM}{wR} = \dfrac{1\text{atm} \cdot 1\text{L} \cdot 36.21\text{g/mol}}{1\text{g} \cdot 0.082\text{atm} \cdot \text{L/mol} \cdot \text{K}}$

$= 441.458\text{K} ≒ 441\text{K} - 273\text{K} = 168℃$

답 ③

02 A 물질 1,000kg을 소각하고자 한다. 1,000kg 중 황의 함유량이 0.5wt%라고 한다면 연소가스 중 SO_2의 농도는 약 몇 mg/Nm³인가? (단, A 물질 1ton의 습배기 연소가스량= 6,500Nm³)

① 1,080   ② 1,538
③ 2,522   ④ 3,450

황의 연소반응식은 $S + O_2 \rightarrow SO_2$이다.

$1{,}000\text{kg} \times \dfrac{0.5}{100} = 5\text{kg}$

$\dfrac{5{,}000\text{g-S}}{} \bigg| \dfrac{1\text{mol-S}}{32\text{g-S}} \bigg| \dfrac{1\text{mol-}SO_2}{1\text{mol-S}}$

$\bigg| \dfrac{64\text{g-}SO_2}{1\text{mol-}SO_2} = 10{,}000\text{g-}SO_2$

∴ SO_2의 농도 $= \dfrac{10{,}000\text{g} \times 1{,}000\text{mg/g}}{6{,}500\text{Nm}^3}$

$= 1{,}538.46\text{mg/Nm}^3$

답 ②

03 에틸알코올 23g을 완전연소하기 위해 표준상태에서 필요한 공기량(L)은?

① 33.6
② 67.2
③ 160
④ 320

$C_2H_5OH + 3O_2 \rightarrow 2CO_2 + 3H_2O$

$\dfrac{23\text{g-}C_2H_5OH}{} \bigg| \dfrac{1\text{mol-}C_2H_5OH}{46\text{g-}C_2H_5OH} \bigg| \dfrac{3\text{mol-}O_2}{1\text{mol-}C_2H_5OH}$

$\bigg| \dfrac{100\text{mol-Air}}{21\text{mol-}O_2} \bigg| \dfrac{22.4\text{L-Air}}{1\text{mol-Air}} = 160\text{L-Air}$

답 ③

04 다음의 기구는 위험물의 판정에 필요한 시험 기구이다. 어떤 성질을 시험하기 위한 것인가?

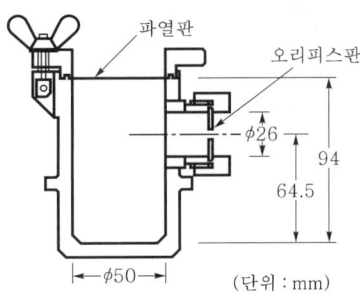

① 충격민감성   ② 폭발성
③ 가열분해성   ④ 금수성

위험물안전관리에 관한 세부기준 제20조(가열분해성 시험방법) 가열분해성으로 인한 위험성의 정도를 판단하기 위한 시험방법에 해당한다.

답 ③

05 어떤 액체연료의 질량조성이 C 80%, H 20%일 때 C : H의 mole 비는?

① 1 : 3 ② 1 : 4
③ 4 : 1 ④ 3 : 1

해설
$\dfrac{A의\ 질량(\%)}{A의\ 원자량} : \dfrac{B의\ 질량(\%)}{B의\ 원자량}$

$\dfrac{80}{12} : \dfrac{20}{1} = 6.67 : 20 = \dfrac{6.67}{6.67} : \dfrac{20}{6.67} = 1 : 3$

답 ①

06 0.4N−HCl 500mL에 물을 가해 1L로 하였을 때 pH는 약 얼마인가?

① 0.7 ② 1.2
③ 1.8 ④ 2.1

해설
$NV = N'V'$
$0.4 \times 500 = N' \times 1,000$
$\therefore N' = 0.2N$
$pH = -\log[H^+]$이므로
$pH = -\log(2 \times 10^{-1}) = 1 - \log 2 = 0.698 ≒ 0.7$

답 ①

07 다음 중 1차 이온화 에너지가 작은 금속에 대한 설명으로 잘못된 것은?

① 전자를 잃기 쉽다.
② 산화되기 쉽다.
③ 환원력이 작다.
④ 양이온이 되기 쉽다.

해설 기체상태의 원자로부터 전자 1개를 제거하는 데 필요한 에너지를 이온화 에너지라 한다. 이온화 에너지가 작을수록 전자를 잃기 쉽고, 산화되기 쉬우며, 양이온이 되기 쉽다.

답 ③

08 메테인의 확산속도는 28m/s이고, 같은 조건에서 기체 A의 확산속도는 14m/s이다. 기체 A의 분자량은 얼마인가?

① 8 ② 32
③ 64 ④ 128

해설 그레이엄의 확산법칙 공식에 따르면
$\dfrac{v_A}{v_B} = \sqrt{\dfrac{M_B}{M_A}}, \quad \dfrac{14\text{m/sec}}{28\text{m/sec}} = \sqrt{\dfrac{16\text{g/mol}}{M_A}}$
$M_A = 16 \times 4 = 64\text{g/mol}$

답 ③

09 다음 반응에서 과산화수소가 산화제로 작용한 것은?

ⓐ $2HI + H_2O_2 \rightarrow I_2 + 2H_2O$
ⓑ $MnO_2 + H_2O_2 + H_2SO_4 \rightarrow MnSO_4 + 2H_2O + O_2$
ⓒ $PbS + 4H_2O_2 \rightarrow PbSO_4 + 4H_2O$

① ⓐ, ⓑ ② ⓐ, ⓒ
③ ⓑ, ⓒ ④ ⓐ, ⓑ, ⓒ

해설 산화수(oxidation number)를 정하는 규칙
㉮ 자유상태에 있는 원자, 분자의 산화수는 0이다.
㉯ 단원자 이온의 산화수는 이온의 전하와 같다.
㉰ 화합물 안의 모든 원자의 산화수 합은 0이다.
㉱ 다원자 이온에서 산화수 합은 그 이온의 전하와 같다.
㉲ 알칼리금속, 알칼리토금속, ⅢA족 금속의 산화수는 +1, +2, +3이다.
㉳ 플루오린화합물에서 플루오린의 산화수는 −1, 다른 할로젠은 −1이 아닌 경우도 있다.
㉴ 수소의 산화수는 금속과 결합하지 않으면 +1, 금속의 수소화물에서는 −1이다.
㉵ 산소의 산화수 = −2, 과산화물 = −1, 초과산화물 = $-\dfrac{1}{2}$, 불산화물 = +2

ⓐ $2HI + H_2O_2 \rightarrow I_2 + 2H_2O$
ⓑ $MnO_2 + H_2O_2 + H_2SO_4 \rightarrow MnSO_4 + 2H_2O + O_2$
ⓒ $PbS + 4H_2O_2 \rightarrow PbSO_4 + 4H_2O$

ⓐ와 ⓒ 공히 반응물 H_2O_2에서 산소의 산화수는 −1이다. 생성물 H_2O에서 산소의 산화수는 −2이므로 산화수가 −1에서 −2로 감소하였으므로 환원되면서 산화제로 작용한다. 반면 ⓑ의 경우 반응물 H_2O_2에서 산소의 산화수는 −1이다. 생성물 O_2에서 산소의 산화수는 0이므로 산화수가 −1에서 0으로 증가하였으므로 산화되면서 환원제로 작용한다.

답 ②

10 압력의 차원을 질량 M, 길이 L, 시간 T로 표시하면?

① ML^{-2}
② $ML^{-2}T^2$
③ $ML^{-1}T^{-2}$
④ $ML^{-2}T^{-2}$

해설 압력은 단위면적당 작용하는 힘을 말한다.
$$P = \frac{F}{A}[kgf/m^2]$$
$$= FL^{-2} = [MLT^{-2}]L^{-2}$$
$$= ML^{-1}T^{-2}$$

답 ③

11 토출량이 $5m^3/min$이고 토출구의 유속이 2m/s인 펌프의 구경은 몇 mm인가?

① 100   ② 230
③ 115   ④ 120

해설 유량 $Q = uA = u \times \frac{\pi}{4}D^2$
$$\therefore D = \sqrt{\frac{4Q}{\pi u}} = \sqrt{\frac{4 \times 5m^3/60s}{\pi \times 2m/s}}$$
$$= 0.23m = 230mm$$

답 ②

12 연소에 관한 설명으로 틀린 것은?

① 위험도는 연소범위를 폭발 상한계로 나눈 값으로 값이 클수록 위험하다.
② 인화점 미만에서는 점화원을 가해도 연소가 진행되지 않는다.
③ 발화점은 같은 물질이라도 조건에 따라 변동되며 절대적인 값이 아니다.
④ 연소점은 연소상태가 일정 시간 이상 유지될 수 있는 온도이다.

해설 위험도는 연소범위를 폭발하한계로 나눈 값으로 값이 클수록 위험하다.
위험도$(H) = \frac{U-L}{L}$

답 ①

13 연소생성물로서, 혈액 속에서 헤모글로빈(hemoglobin)과 결합하여 산소부족을 야기하는 것은?

① HCl   ② CO
③ NH_3 ④ HCl

해설 일산화탄소는 혈액 중의 산소 운반 물질인 헤모글로빈과 결합하여 카복시헤모글로빈을 만듦으로써 산소의 혈중 농도를 저하시키고 질식을 일으키게 된다. 헤모글로빈의 산소와의 결합력보다 일산화탄소의 결합력이 약 250~300배 정도 높다.

답 ②

14 그림과 같은 예혼합화염 구조의 개략도에서 중간생성물의 농도곡선은?

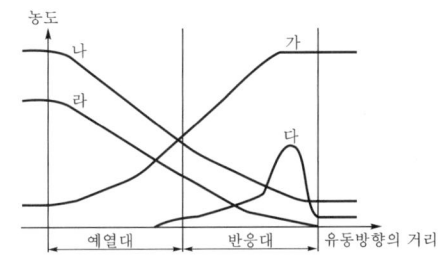

① 가   ② 나
③ 다   ④ 라

해설 예혼합화염은 가연성 기체를 공기와 미리 혼합시켜 연소하는 형태를 의미한다. 그래프에서 '가'는 최초 생성물 농도에 해당하며, '다'는 중간생성물의 농도곡선에 해당한다.

답 ③

15 염소산칼륨의 성질에 대한 설명으로 옳은 것은?

① 회색의 비결정성 물질이다.
② 약 400℃에서 열분해한다.
③ 가연성이고, 강력한 환원제이다.
④ 비중은 약 1.2이다.

해설 염소산칼륨은 비중 2.32로서 무색, 무취의 결정 또는 분말로서 불연성이고, 강산화제에 해당하며, 약 400℃에서 열분해한다.
$2KClO_3 \xrightarrow{\triangle} 2KCl + 3O_2$

답 ②

16 톨루엔의 성질을 벤젠과 비교한 것 중 틀린 것은?

① 독성은 벤젠보다 크다.
② 인화점은 벤젠보다 높다.
③ 비점은 벤젠보다 높다.
④ 융점은 벤젠보다 낮다.

구분	독성	인화점	비점	융점
벤젠	크다	$-11℃$	$79℃$	$7℃$
톨루엔	작다	$4℃$	$111℃$	$-93℃$

 ①

17 다음 중 산화하면 폼알데하이드가 되고 다시 한 번 산화하면 폼산이 되는 것은?

① 에틸알코올
② 메틸알코올
③ 아세트알데하이드
④ 아세트산

- 메틸알코올(CH_3OH) $\xrightarrow{산화}$ 폼알데하이드($HCHO$) $\xrightarrow{산화}$ 폼산($HCOOH$)
- 에틸알코올(C_2H_5OH) $\xrightarrow{산화}$ 아세트알데하이드(CH_3CHO) $\xrightarrow{산화}$ 초산(CH_3COOH)

 ②

18 위험물의 성질과 위험성에 대한 설명으로 틀린 것은?

① 뷰틸리튬은 알킬리튬의 종류에 해당된다.
② 황린은 물과 반응하지 않는다.
③ 탄화알루미늄은 물과 반응하면 가연성의 메테인가스를 발생하므로 위험하다.
④ 인화칼슘은 물과 반응하면 유독성의 포스겐가스를 발생하므로 위험하다.

 인화칼슘은 물과 반응하면 유독하고 가연성인 인화수소(PH_3, 포스핀)를 발생한다.
$Ca_3P_2 + 6H_2O \rightarrow 3Ca(OH)_2 + 2PH_3$

 ④

19 다음 중 상온에서 물에 넣었을 때 용해되어 염기성을 나타내면서 산소를 방출하는 물질은 어느 것인가?

① Na_2O_2
② $KClO_3$
③ H_2O_2
④ $NaNO_3$

 과산화나트륨(sodium peroxide, Na_2O_2)은 금속의 산화물로서 염기성에 해당하며, 물과 접촉 시 수산화나트륨과 산소가스를 발생한다.
$2Na_2O_2 + 2H_2O \rightarrow 4NaOH + O_2$
$2Na_2O_2 + 2H_2O \rightarrow 4NaOH + O_2\uparrow + 2\times34.9kcal$
따라서 역으로 산소에 의해 발화하며, 그리고 Na_2O_2가 습기를 가진 가연물과 혼합하면 자연발화한다.

 ①

20 다음 중 아이오딘값이 가장 높은 것은 어느 것인가?

① 참기름
② 채종유
③ 동유
④ 땅콩기름

 아이오딘값 : 유지 100g에 부가되는 아이오딘의 g수, 불포화도가 증가할수록 아이오딘값이 증가하며, 자연발화의 위험이 있다.
㉠ 건성유 : 아이오딘값이 130 이상인 것
  이중결합이 많아 불포화도가 높기 때문에 공기 중에서 산화되어 액 표면에 피막을 만드는 기름
  예) 아마인유, 들기름, 동유, 정어리기름, 해바라기유 등
㉡ 반건성유 : 아이오딘값이 100~130인 것
  공기 중에서 건성유보다 얇은 피막을 만드는 기름
  예) 참기름, 옥수수기름, 청어기름, 채종유, 면실유(목화씨유), 콩기름, 쌀겨유 등
㉢ 불건성유 : 아이오딘값이 100 이하인 것
  공기 중에서 피막을 만들지 않는 안정된 기름
  예) 올리브유, 피마자유, 야자유, 땅콩기름, 동백기름 등

 ③

21 질산의 위험성을 옳게 설명한 것은?
① 인화점이 낮아 가열하면 발화하기 쉽다.
② 공기 중에서 자연발화 위험성이 높다.
③ 충격에 의해 단독으로 발화하기 쉽다.
④ 환원성 물질과 혼합 시 발화 위험성이 있다.

 산화성 액체로서 불연성 물질이므로 환원성 물질과 혼합 시 발화 위험성이 있다.
답 ④

22 $NaClO_3$ 100kg, $KMnO_4$ 3,000kg, $NaNO_3$ 450kg을 저장하려고 할 때 각 위험물의 지정수량 배수의 총합은?
① 4.0 ② 5.5
③ 6.0 ④ 6.5

 지정수량 배수의 합
$= \dfrac{A품목\ 저장수량}{A품목\ 지정수량} + \dfrac{B품목\ 저장수량}{B품목\ 지정수량}$
$+ \dfrac{C품목\ 저장수량}{C품목\ 지정수량} + \cdots$
$= \dfrac{100kg}{50kg} + \dfrac{3,000kg}{1,000kg} + \dfrac{450kg}{300kg} = 6.5$
답 ④

23 인화점이 낮은 것에서 높은 것의 순서로 옳게 나열한 것은?
① 가솔린 → 톨루엔 → 벤젠
② 벤젠 → 가솔린 → 톨루엔
③ 가솔린 → 벤젠 → 톨루엔
④ 벤젠 → 톨루엔 → 가솔린

해설 ㉠ 가솔린 : -43℃
㉡ 벤젠 : -11℃
㉢ 톨루엔 : 4℃
답 ③

24 제2류 위험물에 대한 다음 설명 중 적합하지 않은 것은?
① 제2류 위험물을 제1류 위험물과 접촉하지 않도록 하는 이유는 제2류 위험물이 환원성 물질이기 때문이다.
② 황화인, 적린, 황은 위험물안전관리법상 위험등급 Ⅰ에 해당하는 물품이다.
③ 칠황화인은 조해성이 있으므로 취급에 주의하여야 한다.
④ 알루미늄분, 마그네슘분은 저장·보관 시 할로젠 원소와 접촉을 피하여야 한다.

 제2류 위험물의 종류와 지정수량

성질	위험등급	품명	대표 품목	지정수량
가연성 고체	Ⅱ	1. 황화인 2. 적린(P) 3. 황(S)	P_4S_3, P_2S_5, P_4S_7	100kg
	Ⅲ	4. 철분(Fe) 5. 금속분 6. 마그네슘(Mg)	Al, Zn	500kg
		7. 인화성 고체	고형 알코올	1,000kg

답 ②

25 황린에 대한 설명으로 옳은 것은?
① 투명 또는 담황색 액체이다.
② 무취이고 증기비중이 약 1.82이다.
③ 발화점은 60~70℃이므로 가열 시 주의해야 한다.
④ 환원력이 강하여 쉽게 연소한다.

해설 공기 중에서 격렬하게 오산화인의 백색 연기를 내며 연소하고 일부 유독성의 포스핀(PH_3)도 발생한다. 환원력이 강하여 산소 농도가 낮은 환경에서도 연소한다.
답 ④

26 트라이에틸알루미늄이 물과 반응하였을 때 생성되는 물질은?
① $Al(OH)_3$, C_2H_2
② $Al(OH)_3$, C_2H_6
③ Al_2O_3, C_2H_2
④ Al_2O_3, C_2H_6

 물과 접촉하면 폭발적으로 반응하여 에테인을 형성하고 이때 발열, 폭발에 이른다.
$(C_2H_5)_3Al + 3H_2O \rightarrow Al(OH)_3 + 3C_2H_6 + 발열$
답 ②

27 유기과산화물을 함유하는 것 중 불활성 고체를 함유하는 것으로서, 다음에 해당하는 물질은 제5류 위험물에서 제외한다. ( ) 안에 알맞은 수치는?

> 과산화벤조일의 함유량이 ( )중량퍼센트 미만인 것으로서, 전분 가루, 황산칼슘2수화물 또는 인산수소칼슘2수화물과의 혼합물

① 25.5
② 35.5
③ 45.5
④ 55.5

 유기과산화물을 함유하는 것 중에서 불활성 고체를 함유하는 것으로서 다음에 해당하는 것은 제외한다.
㉠ 과산화벤조일의 함유량이 35.5중량퍼센트 미만인 것으로서 전분 가루, 황산칼슘2수화물 또는 인산수소칼슘2수화물과의 혼합물
㉡ 비스(4-클로로벤조일)퍼옥사이드의 함유량이 30중량퍼센트 미만인 것으로서 불활성 고체와의 혼합물
㉢ 과산화다이쿠밀의 함유량이 40중량퍼센트 미만인 것으로서 불활성 고체와의 혼합물
㉣ 1·4비스(2-터셔리뷰틸퍼옥시아이소프로필)벤젠의 함유량이 40중량퍼센트 미만인 것으로서 불활성 고체와의 혼합물
㉤ 사이클로헥사논퍼옥사이드의 함유량이 30중량퍼센트 미만인 것으로서 불활성 고체와의 혼합물

 ②

28 위험물안전관리법상 위험등급 Ⅰ에 해당하는 것은?

① CH_3CHO
② $HCOOH$
③ $C_2H_4(OH)_2$
④ CH_3COOCH_3

 CH_3CHO는 아세트알데하이드로서, 제4류 위험물 중 특수인화물에 해당하며 위험등급 Ⅰ에 해당한다.

 ①

29 제4류 위험물 중 [보기]의 요건에 모두 해당하는 위험물은 무엇인가?

> [보기]
> • 옥내저장소에 저장·취급하는 경우 하나의 저장창고 바닥면적은 $1,000m^2$ 이하여야 한다.
> • 위험등급은 Ⅱ에 해당한다.
> • 이동탱크저장소에 저장·취급할 때에는 법정의 접지도선을 설치하여야 한다.

① 다이에틸에터
② 피리딘
③ 크레오소트유
④ 고형 알코올

 보기 중 위험등급 Ⅱ에 해당하는 것은 피리딘이다.

 ②

30 다이에틸에터 50vol%, 이황화탄소 30vol%, 아세트알데하이드 20vol%인 혼합증기의 폭발하한값은? (단, 폭발범위는 다이에틸에터 1.9~48vol%, 이황화탄소 1.0~50vol%, 아세트알데하이드는 4.1~57vol%이다.)

① 1.63vol%
② 2.1vol%
③ 13.6vol%
④ 48.3vol%

 르 샤틀리에(Le Chatelier)의 혼합가스 폭발범위를 구하는 식

$$\therefore L = \frac{100}{\left(\dfrac{V_1}{L_1} + \dfrac{V_2}{L_2} + \dfrac{V_3}{L_3} + \cdots\right)}$$

$$= \frac{100}{\left(\dfrac{50}{1.9} + \dfrac{30}{1.0} + \dfrac{20}{4.1}\right)}$$

$$= 1.63$$

여기서, L : 혼합가스의 폭발 한계치
L_1, L_2, L_3 : 각 성분의 단독 폭발한계치 (vol%)
V_1, V_2, V_3 : 각 성분의 체적(vol%)

 ①

31 과염소산, 질산, 과산화수소의 공통점이 아닌 것은?

① 다른 물질을 산화시킨다.
② 강산에 속한다.
③ 산소를 함유한다.
④ 불연성 물질이다.

해설 제6류 위험물의 공통성질
㉠ 상온에서 액체이고 산화성이 강하다.
㉡ 유독성 증기가 발생하기 쉽고, 증기는 부식성이 강하다.
㉢ 산소를 함유하고 있으며, 불연성이나 다른 가연성 물질을 착화시키기 쉽다.
㉣ 모두 무기화합물로 이루어져 있으며, 불연성이다.
㉤ 과산화수소를 제외하고 강산에 해당한다.

답 ②

32 다음 표의 물질 중 제2류 위험물에 해당하는 것은 모두 몇 개인가?

- 황화인
- 칼륨
- 알루미늄의 탄화물
- 황린
- 금속의 수소화물
- 코발트분
- 황
- 무기과산화물
- 고형 알코올

① 2
② 3
③ 4
④ 5

해설 ㉠ 황화인, 코발트분, 황, 고형 알코올 : 제2류 위험물
㉡ 칼륨, 알루미늄의 탄화물, 황린, 금속의 수소화물 : 제3류 위험물
㉢ 무기과산화물 : 제1류 위험물

답 ③

33 물과 반응하여 가연성 가스가 발생하지 않는 것은?

① Ca_3P_2 ② K_2O_2
③ Na ④ CaC_2

해설 과산화칼륨은 흡습성이 있으므로 물과 접촉하면 발열하며 수산화칼륨(KOH)과 산소(O_2)가 발생
$2K_2O_2 + 2H_2O \rightarrow 4KOH + O_2$

답 ②

34 벤조일퍼옥사이드(과산화벤조일)에 대한 설명으로 틀린 것은?

① 백색 또는 무색 결정성 분말이다.
② 불활성 용매 등의 희석제를 첨가하면 폭발성이 줄어든다.
③ 진한황산, 진한질산, 금속분 등과 혼합하면 분해를 일으켜 폭발한다.
④ 알코올에는 녹지 않고, 물에 잘 용해된다.

해설 벤조일퍼옥사이드의 경우 무미, 무취의 백색 분말 또는 무색의 결정성 고체로 물에는 잘 녹지 않으나 알코올 등에는 잘 녹는다.

답 ④

35 산화성 고체 위험물의 일반적인 성질로 옳은 것은?

① 불연성이며 다른 물질을 산화시킬 수 있는 산소를 많이 함유하고 있으며 강한 환원제이다.
② 가연성이며 다른 물질을 연소시킬 수 있는 염소를 함유하고 있으며 강한 산화제이다.
③ 불연성이며 다른 물질을 산화시킬 수 있는 산소를 많이 함유하고 있으며 강한 산화제이다.
④ 불연성이며 다른 물질을 연소시킬 수 있는 수소를 많이 함유하고 있으며 환원성 물질이다.

답 ③

36 운반 시 일광의 직사를 막기 위해 차광성이 있는 피복으로 덮어야 하는 위험물이 아닌 것은?

① 제1류 위험물 중 다이크로뮴산염류
② 제4류 위험물 중 제1석유류
③ 제5류 위험물 중 나이트로화합물
④ 제6류 위험물

 적재하는 위험물에 따라

차광성이 있는 것으로 피복해야 하는 경우	방수성이 있는 것으로 피복해야 하는 경우

제1류 위험물
제3류 위험물 중
  자연발화성 물질
제4류 위험물 중
  특수 인화물
제5류 위험물
제6류 위험물
	제1류 위험물 중
	  알칼리금속의 과산화물
	제2류 위험물 중
	  철분, 금속분, 마그네슘
	제3류 위험물 중
	  금수성 물질

답 ②

37 아이오딘폼 반응을 하는 물질로 연소범위가 약 2.5~12.8%이며, 끓는점과 인화점이 낮아 화기를 멀리해야 하고 냉암소에 보관하는 물질은?

① CH_3COCH_3
② CH_3CHO
③ C_6H_6
④ $C_6H_5NO_2$

 아세톤(CH_3COCH_3)은 물과 유기용제에 잘 녹고, 아이오딘폼 반응을 한다. I_2와 NaOH를 넣고 60~80℃로 가열하면, 황색의 아이오딘폼(CH_3I) 침전이 생긴다.
$CH_3COCH_3 + 3I_2 + 4NaOH$
$\rightarrow CH_3COONa + 3NaI + CH_3I + 3H_2O$

답 ①

38 다음 위험물이 속하는 위험물안전관리법령상 품명이 나머지 셋과 다른 하나는?

① 클로로벤젠 ② 아닐린
③ 나이트로벤젠 ④ 글리세린

 제4류 위험물의 종류와 지정수량

성질	위험등급	품명		지정수량
인화성 액체	I	특수인화물(다이에틸에터, 이황화탄소, 아세트알데하이드, 산화프로필렌)		50L
	II	제1석유류	비수용성(가솔린, 벤젠, 톨루엔, 사이클로헥세인, 콜로디온, 메틸에틸케톤, 초산메틸, 초산에틸, 의산에틸, 헥세인 등)	200L
			수용성(아세톤, 피리딘, 아크롤레인, 의산메틸, 사이안화수소 등)	400L
		알코올류(메틸알코올, 에틸알코올, 프로필알코올, 아이소프로필알코올)		400L
	III	제2석유류	비수용성(등유, 경유, 스타이렌, 자일렌(o-, m-, p-), 클로로벤젠, 장뇌유, 뷰틸알코올, 알릴알코올, 아밀알코올 등)	1,000L
			수용성(폼산, 초산, 하이드라진, 아크릴산 등)	2,000L
		제3석유류	비수용성(중유, 크레오소트유, 아닐린, 나이트로벤젠, 나이트로톨루엔 등)	2,000L
			수용성(에틸렌글리콜, 글리세린 등)	4,000L
		제4석유류	기어유, 실린더유, 윤활유, 가소제	6,000L
		동식물유류(아마인유, 들기름, 동유, 야자유, 올리브유 등)		10,000L

답 ①

39 다음 중 품목을 달리하는 위험물을 동일 장소에 저장할 경우 위험물 시설로서 허가를 받아야 할 수량을 저장하고 있는 것은? (단, 제4류 위험물의 경우 비수용성이고 수량 이외의 저장기준은 고려하지 않는다.)

① 이황화탄소 10L, 가솔린 20L와 칼륨 3kg을 취급하는 곳
② 가솔린 60L, 등유 300L와 중유 950L를 취급하는 곳
③ 경유 600L, 나트륨 1kg과 무기과산화물 10kg을 취급하는 곳
④ 황 10kg, 등유 300L와 황린 10kg을 취급하는 곳

해설 지정수량 배수의 합
$$= \frac{A품목\ 저장수량}{A품목\ 지정수량} + \frac{B품목\ 저장수량}{B품목\ 지정수량}$$
$$+ \frac{C품목\ 저장수량}{C품목\ 지정수량} + \cdots$$

	이황화탄소	가솔린	칼륨
① 지정수량	50L	200L	10kg
②	가솔린	등유	중유
지정수량	200L	1,000L	2,000L
③	경유	나트륨	무기과산화물
지정수량	1,000L	10kg	50kg
④	황	등유	황린
지정수량	100kg	1,000L	20kg

① 지정수량 배수 $= \frac{10L}{50L} + \frac{20L}{200L} + \frac{3kg}{10kg}$
  $= 0.6$

② 지정수량 배수 $= \frac{60L}{200L} + \frac{300L}{1,000L} + \frac{950L}{2,000L}$
  $= 1.075$ (허가대상)

③ 지정수량 배수 $= \frac{600L}{1,000L} + \frac{1kg}{10kg} + \frac{10L}{50kg}$
  $= 0.9$

④ 지정수량 배수 $= \frac{10kg}{100kg} + \frac{300L}{1,000L} + \frac{10kg}{20kg}$
  $= 0.9$

답 ②

40
다음 중 알칼리토금속의 과산화물로서 비중이 약 4.96, 융점이 약 450℃인 것으로 비교적 안정한 물질은?

① BaO_2
② CaO_2
③ MgO_2
④ BeO_2

해설 BaO_2(과산화바륨)
㉠ 분자량 169, 비중 4.96, 분해온도 840℃, 융점 450℃
㉡ 정방형의 백색 분말로 냉수에는 약간 녹으나, 묽은산에는 잘 녹는다.
㉢ 알칼리토금속의 과산화물 중 매우 안정적인 물질이다.
㉣ 무기과산화물 중 분해온도가 가장 높다.

답 ①

41
과망가니즈산칼륨과 묽은황산이 반응하였을 때의 생성물이 아닌 것은?

① MnO_4
② K_2SO_4
③ $MnSO_4$
④ H_2O

해설 묽은황산과의 반응식
$4KMnO_4 + 6H_2SO_4$
$\to 2K_2SO_4 + 4MnSO_4 + 6H_2O + 5O_2$

답 ①

42
각 물질의 저장 및 취급 시 주의사항에 대한 설명으로 옳지 않은 것은?

① H_2O_2 : 완전 밀폐, 밀봉된 상태로 보관한다.
② K_2O_2 : 물과의 접촉을 피한다.
③ $NaClO_3$: 철제용기에 보관하지 않는다.
④ CaC_2 : 습기를 피하고 불활성가스를 봉입하여 저장한다.

해설 과산화수소(H_2O_2)의 저장 및 취급 방법
㉠ 유리는 알칼리성으로 분해를 촉진하므로 피하고 가열, 화기, 직사광선을 차단하며 농도가 높을수록 위험성이 크므로 분해 방지 안정제(인산, 요산 등)를 넣어 발생기 산소의 발생을 억제한다.
㉡ 용기는 밀봉하되 작은 구멍이 뚫린 마개를 사용한다.

답 ①

43
금속나트륨이 에탄올과 반응하였을 때 가연성 가스가 발생한다. 이때 발생하는 가스와 동일한 가스가 발생되는 경우는?

① 나트륨이 액체 암모니아와 반응하였을 때
② 나트륨이 산소와 반응하였을 때
③ 나트륨이 사염화탄소와 반응하였을 때
④ 나트륨이 이산화탄소와 반응하였을 때

해설 나트륨은 알코올과 반응하여 나트륨알코올레이트와 수소 가스가 발생한다.
$2Na + 2C_2H_5OH \to 2C_2H_5ONa + H_2$ ⎤ 공통 가스
$2Na + 2NH_3 \to 2NaNH_2 + H_2$ ⎦

답 ①

44 위험물안전관리법령상 염소화규소화합물은 제 몇 류 위험물에 해당되는가?

① 제1류
② 제2류
③ 제3류
④ 제5류

해설 제3류 위험물(자연발화성 및 금수성 물질)의 종류와 지정수량

위험등급	품명	대표품목	지정수량
I	1. 칼륨(K) 2. 나트륨(Na) 3. 알킬알루미늄 4. 알킬리튬 5. 황린(P_4)	$(C_2H_5)_3Al$ C_4H_9Li	10kg 20kg
II	6. 알칼리금속류(칼륨 및 나트륨 제외) 및 알칼리토금속 7. 유기금속화합물(알킬알루미늄 및 알킬리튬 제외)	Li, Ca $Te(C_2H_5)_2$, $Zn(CH_3)_2$	50kg
III	8. 금속의 수소화물 9. 금속의 인화물 10. 칼슘 또는 알루미늄의 탄화물 11. 그 밖에 행정안전부령이 정하는 것 염소화규소화합물	LiH, NaH Ca_3P_2, AlP CaC_2, Al_4C_3 $SiHCl_3$	300kg 300kg

답 ③

45 알코올류의 성상, 위험성, 저장 및 취급에 대한 설명으로 틀린 것은?

① 농도가 높아질수록 인화점이 낮아져 위험성이 증대된다.
② 알칼리금속과 반응하면 인화성이 강한 수소가 발생한다.
③ 위험물안전관리법령상 1분자를 구성하는 탄소 원자의 수가 1개 내지 3개인 포화1가 알코올의 함유량이 60vol% 미만인 수용액은 알코올류에서 제외한다.
④ 위험물안전관리법령상 "알코올류"라 함은 1분자를 구성하는 탄소 원자의 수가 1개부터 3개까지인 포화1가 알코올(변성알코올을 포함한다)을 말한다.

해설 "알코올류"라 함은 1분자를 구성하는 탄소 원자의 수가 1개부터 3개까지인 포화1가 알코올(변성알코올을 포함한다)을 말한다. 다만, 다음의 어느 하나에 해당하는 것은 제외한다.
㉠ 1분자를 구성하는 탄소 원자의 수가 1개 내지 3개인 포화1가 알코올의 함유량이 60wt% 미만인 수용액
㉡ 가연성 액체량이 60wt% 미만이고 인화점 및 연소점(태그개방식 인화점측정기에 의한 연소점을 말한다. 이하 같다)이 에틸알코올 60wt% 수용액의 인화점 및 연소점을 초과하는 것

답 ③

46 위험물안전관리법령상 위험물 운반에 관한 기준에서 운반용기의 재질로 명시되지 않은 것은?

① 섬유판
② 도자기
③ 고무류
④ 종이

해설 운반용기 재질 : 금속판, 강판, 삼, 합성섬유, 고무류, 양철판, 짚, 알루미늄판, 종이, 유리, 나무, 플라스틱, 섬유판

답 ②

47 트라이클로로실란(trichlorosilane)의 위험성에 대한 설명으로 옳지 않은 것은?

① 산화성 물질과 접촉하면 폭발적으로 반응한다.
② 물과 격렬하게 반응하여 부식성의 염산을 생성한다.
③ 연소범위가 넓고 인화점이 낮아 위험성이 높다.
④ 증기비중이 공기보다 작으므로 높은 곳에 체류해 폭발 가능성이 높다.

해설 실란의 일반식은 Si_nH_{2n+2}로서 규소의 수소화물 또는 수소화규소라고도 한다. 트라이클로로실란($HSiCl_3$)은 300~450℃에서 염화규소를 환원하여 만든다. 이 경우 증기비중은 4.67로서 공기보다 무겁다.

답 ④

48 나이트로글리세린에 대한 설명으로 옳지 않은 것은?

① 순수한 것은 상온에서 푸른색을 띤다.
② 충격마찰에 매우 민감하므로 운반 시 다공성 물질에 흡수시킨다.
③ 겨울철에는 동결할 수 있다.
④ 비중은 약 1.6으로 물보다 무겁다.

해설 나이트로글리세린은 다이너마이트, 로켓, 무연화약의 원료로 순수한 것은 무색 투명한 기름상의 액체(공업용 시판품은 담황색)이며, 점화하면 즉시 연소하고 폭발력이 강하다.

답 ①

49 물과 반응하였을 때 생성되는 탄화수소가스의 종류가 나머지 셋과 다른 하나는?

① Be_2C
② Mn_3C
③ MgC_2
④ Al_4C_3

해설
① $BeC_2 + 4H_2O \rightarrow 2Be(OH)_2 + CH_4$
② $Mn_3C + 6H_2O \rightarrow 3Mn(OH)_2 + CH_4 + H_2$
③ $MgC_2 + 2H_2O \rightarrow Mg(OH)_2 + C_2H_2$
④ $Al_4C_3 + 12H_2O \rightarrow 4Al(OH)_3 + 3CH_4$

답 ③

50 제1류 위험물 중 무기과산화물과 제5류 위험물 중 유기과산화물의 소화방법으로 옳은 것은?

① 무기과산화물 : CO_2에 의한 질식소화
　유기과산화물 : CO_2에 의한 냉각소화
② 무기과산화물 : 건조사에 의한 피복소화
　유기과산화물 : 분말에 의한 질식소화
③ 무기과산화물 : 포에 의한 질식소화
　유기과산화물 : 분말에 의한 질식소화
④ 무기과산화물 : 건조사에 의한 피복소화
　유기과산화물 : 물에 의한 냉각소화

답 ④

51 위험물의 연소 특성에 대한 설명으로 옳지 않은 것은?

① 황린은 연소 시 오산화인의 흰 연기가 발생한다.
② 황은 연소 시 푸른 불꽃을 내며 이산화질소를 발생한다.
③ 마그네슘은 연소 시 섬광을 내며 발열한다.
④ 트라이에틸알루미늄은 공기와 접촉하면 백연을 발생하며 연소한다.

해설
① 황린은 공기 중에서 격렬하게 오산화인의 백색연기를 내며 연소한다.
　$P_4 + 5O_2 \rightarrow 2P_2O_5$
② 황은 공기 중에서 연소하면 푸른 빛을 내며 아황산가스를 발생하며, 아황산가스는 독성이 있다.
　$S + O_2 \rightarrow SO_2$
③ 마그네슘은 가열하면 연소가 쉽고 양이 많은 경우 맹렬히 연소하며 강한 빛을 낸다. 특히 연소열이 매우 높기 때문에 온도가 높아지고 화세가 격렬하여 소화가 곤란하다.
　$2Mg + O_2 \rightarrow 2MgO$
④ 트라이에틸알루미늄은 무색, 투명한 액체로 외관은 등유와 유사한 가연성으로 $C_1 \sim C_4$는 자연발화성이 강하다. 또한 공기 중에 노출되어 공기와 접촉하여 백연을 발생하며 연소한다. 단, C_5 이상은 점화하지 않으면 연소하지 않는다.
　$2(C_2H_5)_3Al + 21O_2 \rightarrow 12CO_2 + Al_2O_3 + 15H_2O$

답 ②

52 플루오린계 계면활성제를 주성분으로 한 것으로 분말소화약제와 함께 트윈약제시스템(twin agent system)에 사용되어 소화효과를 높이는 포소화약제는?

① 수성막포소화약제
② 단백포소화약제
③ 합성계면활성제포소화약제
④ 내알코올형포소화약제

해설 수성막포소화약제에 대한 설명이다.

답 ①

53 할로젠소화약제인 $C_2F_4Br_2$에 대한 설명으로 옳은 것은?
① 할론번호가 2420이며, 상온·상압에서 기체이다.
② 할론번호가 2402이며, 상온·상압에서 기체이다.
③ 할론번호가 2420이며, 상온·상압에서 액체이다.
④ 할론번호가 2402이며, 상온·상압에서 액체이다.

답 ④

54 소화약제가 환경에 미치는 영향을 표시하는 지수가 아닌 것은?
① ODP   ② GWP
③ ALT   ④ LOAEL

 LOAEL(Lowest Observed Adverse Effect Level) : 농도를 감소시킬 때 아무런 악영향도 감지할 수 없는 최소허용농도

답 ④

55 소화약제의 종류에 관한 설명으로 틀린 것은?
① 제2종 분말소화약제는 B급, C급 화재에 적응성이 있다.
② 제3종 분말소화약제는 A급, B급, C급 화재에 적응성이 있다.
③ 이산화탄소소화약제의 주된 소화효과는 질식효과이며 B급, C급 화재에 주로 사용한다.
④ 합성계면활성제 포소화약제는 고팽창포로 사용하는 경우 사정거리가 길어 고압가스, 액화가스, 석유탱크 등의 대규모 화재에 사용한다.

해설 합성계면활성제 포소화약제의 경우 일반화재 및 유류화재에 적용이 가능하고, 창고화재 소화에 적합하나 내열성과 내유성이 약해 대형 유류탱크 화재 시 ring fire(윤화) 현상이 발생될 우려가 있으므로 소화에 적절하지 않다.

답 ④

56 50%의 N_2와 50%의 Ar으로 구성된 소화약제는?
① HFC-125
② IG-100
③ HFC-23
④ IG-55

 불활성 기체 소화약제의 종류

소화약제	화학식
불연성·불활성 기체 혼합가스 (IG-01)	Ar
불연성·불활성 기체 혼합가스 (IG-100)	N_2
불연성·불활성 기체 혼합가스 (IG-541)	N_2 : 52% Ar : 40% CO_2 : 8%
불연성·불활성 기체 혼합가스 (IG-55)	N_2 : 50% Ar : 50%

답 ④

57 소화설비의 설치기준에서 저장소의 건축물은 외벽이 내화구조인 것은 연면적 몇 m^2를 1소요단위로 하고, 외벽이 내화구조가 아닌 것은 연면적 몇 m^2를 1소요단위로 하는가?
① 100, 75
② 150, 75
③ 200, 100
④ 250, 150

 소요단위
소화설비의 설치대상이 되는 건축물의 규모 또는 위험물의 양에 대한 기준단위

1 단위	제조소 또는 취급소용 건축물의 경우	내화구조 외벽을 갖춘 연면적 $100m^2$
		내화구조 외벽이 아닌 연면적 $50m^2$
	저장소 건축물의 경우	내화구조 외벽을 갖춘 연면적 $150m^2$
		내화구조 외벽이 아닌 연면적 $75m^2$
	위험물의 경우	지정수량의 10배

답 ②

58 위험물 제조소 건축물의 구조에 대한 설명 중 옳은 것은?

① 지하층은 1개층까지만 만들 수 있다.
② 벽·기둥·바닥·보 등은 불연재료로 한다.
③ 지붕은 폭발 시 대기 중으로 날아갈 수 있도록 가벼운 목재 등으로 덮는다.
④ 바닥에 적당한 경사가 있어서 위험물이 외부로 흘러갈 수 있는 구조라면 집유설비를 설치하지 않아도 된다.

해설 제조소 건축물의 구조기준
㉠ 지하층이 없도록 하여야 한다.
㉡ 벽·기둥·바닥·보·서까래 및 계단은 불연재료로 하고, 연소의 우려가 있는 외벽은 개구부가 없는 내화구조의 벽으로 하여야 한다.
㉢ 지붕은 폭발력이 위로 방출될 정도의 가벼운 불연재료로 덮어야 한다.
㉣ 출입구와 비상구는 60+방화문·60분방화문 또는 30분방화문을 설치하되, 연소의 우려가 있는 외벽에 설치하는 출입구에는 수시로 열 수 있는 자동폐쇄식의 60+방화문 또는 60분방화문을 설치하여야 한다.
㉤ 위험물을 취급하는 건축물의 창 및 출입구에 유리를 이용하는 경우에는 망입유리로 하여야 한다.
㉥ 액체의 위험물을 취급하는 건축물의 바닥은 위험물이 스며들지 못하는 재료를 사용하고, 적당한 경사를 두어 그 최저부에 집유설비를 하여야 한다.

답 ②

59 제4류 위험물 중 다음에 주어진 요건에 모두 해당하는 위험물은 무엇인가?

- 옥내저장소에 저장·취급하는 경우 하나의 저장창고 바닥면적은 1,000m² 이하여야 한다.
- 위험등급은 Ⅱ에 해당한다.
- 이동탱크저장소에 저장·취급할 때에는 법정의 접지도선을 설치하여야 한다.

① 다이에틸에터
② 피리딘
③ 크레오소트유
④ 고형 알코올

해설 보기 중 위험등급 Ⅱ에 해당하는 것은 피리딘이다.

답 ②

60 제5류 위험물 중 제조소의 위치·구조 및 설비 기준상 안전거리기준, 담 또는 토제의 기준 등에 있어서 강화되는 특례기준을 두고 있는 품명은?

① 유기과산화물
② 질산에스터류
③ 나이트로화합물
④ 하이드록실아민

해설 지정수량 이상의 하이드록실아민 등을 취급하는 제조소의 안전거리
$D = 51.1 \times \sqrt[3]{N}$
여기서, D : 거리(m)
N : 해당 제조소에서 취급하는 하이드록실아민 등의 지정수량의 배수

답 ④

61 다음 A, B 같은 작업공정을 가진 경우 위험물안전관리법상 허가를 받아야 하는 제조소 등의 종류를 옳게 짝지은 것은? (단, 지정수량 이상을 취급하는 경우이다.)

A : 원료(비위험물) →작업→ 제품(위험물)
B : 원료(위험물) →작업→ 제품(비위험물)

① A : 위험물제조소, B : 위험물제조소
② A : 위험물제조소, B : 위험물취급소
③ A : 위험물취급소, B : 위험물제조소
④ A : 위험물취급소, B : 위험물취급소

해설 ㉠ 위험물제조소 : 위험물 또는 비위험물을 원료로 사용하여 위험물을 생산하는 시설
㉡ 위험물 일반취급소 : 위험물을 사용하여 일반제품을 생산, 가공 또는 세척하거나 버너 등에 소비하기 위하여 1일에 지정수량 이상의 위험물을 취급하는 시설을 말한다.

답 ②

62. 다음 중 "알킬알루미늄 등"을 저장 또는 취급하는 이동탱크저장소에 관한 기준으로 옳은 것은?

① 탱크 외면은 적색으로 도장을 하고 백색문자로 동판의 양 측면 및 경판에 "화기주의" 또는 "물기주의"라는 주의사항을 표시한다.
② 20kPa 이하의 압력으로 불활성기체를 봉입해 두어야 한다.
③ 이동저장탱크의 맨홀 및 주입구의 뚜껑은 10mm 이상의 강판으로 제작하고, 용량은 2,000L 미만이어야 한다.
④ 이동저장탱크는 두께 5mm 이상의 강판으로 제작하고 3MPa 이상의 압력으로 5분간 실시하는 수압시험에서 새거나 변형되지 않아야 한다.

 알킬알루미늄 등을 저장 또는 취급하는 이동탱크저장소 기준
  ㉠ 이동저장탱크는 두께 10mm 이상의 강판 또는 이와 동등 이상의 기계적 성질이 있는 재료로 기밀하게 제작되고 1MPa 이상의 압력으로 10분간 실시하는 수압시험에서 새거나 변형하지 아니하는 것일 것
  ㉡ 이동저장탱크의 용량은 1,900L 미만일 것
  ㉢ 안전장치는 이동저장탱크의 수압시험의 압력의 3분의 2를 초과하고 5분의 4를 넘지 아니하는 범위의 압력으로 작동할 것
  ㉣ 이동저장탱크의 맨홀 및 주입구의 뚜껑은 두께 10mm 이상의 강판 또는 이와 동등 이상의 기계적 성질이 있는 재료로 할 것
  ㉤ 이동저장탱크의 배관 및 밸브 등은 해당 탱크의 윗부분에 설치할 것
  ㉥ 이동탱크저장소에는 이동저장탱크 하중의 4배의 전단하중에 견딜 수 있는 걸고리 체결금속구 및 모서리 체결금속구를 설치할 것
  ㉦ 이동저장탱크는 불활성의 기체를 봉입할 수 있는 구조로 할 것
  ㉧ 이동저장탱크는 그 외면을 적색으로 도장하는 한편, 백색문자로서 동판(胴板)의 양측면 및 경판(鏡板)에 주의사항을 표시할 것

답 ②

63. 다음 중 지하탱크저장소의 수압시험기준으로 옳은 것은?

① 압력 외 탱크는 상용압력의 30kPa의 압력으로 10분간 실시하여 새거나 변형이 없을 것
② 압력탱크는 최대상용압력의 1.5배의 압력으로 10분간 실시하여 새거나 변형이 없을 것
③ 압력 외 탱크는 상용압력의 30kPa의 압력으로 20분간 실시하여 새거나 변형이 없을 것
④ 압력탱크는 최대상용압력의 1.1배의 압력으로 10분간 실시하여 새거나 변형이 없을 것

 지하저장탱크는 용량에 따라 압력탱크(최대상용압력이 46.7kPa 이상인 탱크를 말한다) 외의 탱크에 있어서는 70kPa의 압력으로, 압력탱크에 있어서는 최대상용압력의 1.5배의 압력으로 각각 10분간 수압시험을 실시하여 새거나 변형되지 아니하여야 한다. 이 경우 수압시험은 소방청장이 정하여 고시하는 기밀시험과 비파괴시험을 동시에 실시하는 방법으로 대신할 수 있다.

답 ②

64. 인화성 액체 위험물(CS_2는 제외)을 저장하는 옥외탱크저장소에서의 방유제 용량에 대해 다음 ( ) 안에 알맞은 수치를 차례대로 나열한 것은?

> 방유제의 용량은 방유제 안에 설치된 탱크가 하나인 때에는 그 탱크용량의 ( )% 이상, 2기 이상인 때에는 그 탱크 중 용량이 최대인 것의 용량 ( )% 이상으로 할 것.
> 이 경우 방유제의 용량은 해당 방유제의 내용적에서 용량이 최대인 탱크 외의 탱크의 방유제 높이 이하 부분의 용적, 해당 방유제 내에 있는 모든 탱크의 지반면 이상 부분의 기초 체적, 간막이둑의 체적 및 해당 방유제 내에 있는 배관 등의 체적을 뺀 것으로 한다.

① 50, 100
② 100, 110
③ 110, 100
④ 110, 110

답 ④

65 위험물안전관리법령상 주유취급소에 캐노피를 설치하려고 할 때의 기준이 아닌 것은?

① 배관이 캐노피 내부를 통과할 경우에는 1개 이상의 점검구를 설치할 것
② 캐노피 외부의 점검이 곤란한 장소에 배관을 설치하는 경우에는 용접이음으로 할 것
③ 캐노피의 면적은 주유취급 바닥면적의 2분의 1 이하로 할 것
④ 캐노피 외부의 배관이 일광열의 영향을 받을 우려가 있는 경우에는 단열재로 피복할 것

답 ③

66 이동탱크저장소에 의한 위험물 운송 시 위험물운송자가 휴대하여야 하는 위험물안전카드의 작성대상에 관한 설명으로 옳은 것은?

① 모든 위험물에 대하여 위험물안전카드를 작성하여 휴대하여야 한다.
② 제1류, 제3류 또는 제4류 위험물을 운송하는 경우에 위험물안전카드를 작성하여 휴대하여야 한다.
③ 위험등급 Ⅰ 또는 위험등급 Ⅱ에 해당하는 위험물을 운송하는 경우에 위험물안전카드를 작성하여 휴대하여야 한다.
④ 제1류, 제2류, 제3류, 제4류(특수인화물 및 제1석유류에 한한다), 제5류 또는 제6류 위험물을 운송하는 경우에 위험물안전카드를 작성하여 휴대하여야 한다.

해설 위험물(제4류 위험물에 있어서는 특수인화물 및 제1석유류에 한한다)을 운송하게 하는 자는 위험물안전카드를 위험물운송자로 하여금 휴대하게 할 것

답 ④

67 옥외저장소에 저장하는 위험물 중에서 위험물을 적당한 온도로 유지하기 위한 살수설비를 설치하여야 하는 위험물이 아닌 것은?

① 인화성 고체(인화점 20℃)
② 경유
③ 톨루엔
④ 메탄올

해설 옥외저장소에 살수설비를 설치해야 하는 위험물은 인화성 고체, 제1석유류, 알코올류이다. 경유는 제2석유류에 해당한다.

답 ②

68 다음 중 소화난이도 등급 Ⅰ의 옥외탱크저장소로서 인화점이 70℃ 이상의 제4류 위험물만을 저장하는 탱크에 설치하여야 하는 소화설비는? (단, 지중탱크 및 해상탱크는 제외한다.)

① 물분무소화설비 또는 고정식 포소화설비
② 옥외소화전설비
③ 스프링클러설비
④ 이동식 포소화설비

해설 소화난이도 등급 Ⅰ에 해당하는 제조소 등의 소화설비

구분	소화설비
옥외탱크저장소 (황만을 저장·취급)	물분무소화설비
옥외탱크저장소 (인화점 70℃ 이상의 제4류 위험물 취급)	• 물분무소화설비 • 고정식 포소화설비
옥외탱크저장소 (지중탱크)	• 고정식 포소화설비 • 이동식 이외의 이산화탄소소화설비 • 이동식 이외의 할로젠화물소화설비

답 ①

69 다음 ( )에 알맞은 숫자를 순서대로 나열한 것은?

> 주유취급소 중 건축물의 ( )층의 이상의 부분을 점포, 휴게음식점 또는 전시장의 용도로 사용하는 것에 있어서는 해당 건축물의 ( )층 이상으로부터 직접 주유취급소의 부지 밖으로 통하는 출입구와 해당 출입구로 통하는 통로, 계단 및 출입구에 유도등을 설치하여야 한다.

① 2, 1   ② 1, 1
③ 2, 2   ④ 1, 2

해설 피난설비 설치기준
㉠ 주유취급소 중 건축물의 2층 이상의 부분을 점포·휴게음식점 또는 전시장의 용도로 사용하는 것에 있어서는 해당 건축물의 2층 이상으로부터 직접 주유취급소의 부지 밖으로 통하는 출입구와 해당 출입구로 통하는 통로·계단 및 출입구에 유도등을 설치하여야 한다.
㉡ 옥내주유취급소에 있어서는 해당 사무소 등의 출입구 및 피난구와 해당 피난구로 통하는 통로·계단 및 출입구에 유도등을 설치하여야 한다.
㉢ 유도등에는 비상전원을 설치하여야 한다.

답 ③

70 위험물안전관리법령에서 정한 소화설비, 경보설비 및 피난설비의 기준으로 틀린 것은?
① 저장소의 건축물은 외벽이 내화구조인 것은 연면적 75m²를 1소요단위로 한다.
② 할로젠화합물소화설비의 설치기준은 불활성가스소화설비 설치기준을 준용한다.
③ 옥내주유취급소와 연면적이 500m² 이상인 일반취급소에는 자동화재탐지설비를 설치하여야 한다.
④ 옥내소화전은 제조소 등의 건축물의 층마다 해당 층의 각 부분에서 하나의 호스 접속구까지의 수평거리가 25m 이하가 되도록 설치하여야 한다.

해설 소요단위 : 소화설비의 설치대상이 되는 건축물의 규모 또는 1위험물 양에 대한 기준 단위

1단위	제조소 또는 취급소용 건축물의 경우	내화구조 외벽을 갖춘 연면적 100m²
		내화구조 외벽이 아닌 연면적 50m²
	저장소 건축물의 경우	내화구조 외벽을 갖춘 연면적 150m²
		내화구조 외벽이 아닌 연면적 75m²
	위험물의 경우	지정수량의 10배

답 ①

71 위험물안전관리법령상 경보설비의 설치 대상에 해당하지 않는 것은?

① 지정수량의 5배를 저장 또는 취급하는 판매취급소
② 옥내주유취급소
③ 연면적 500m²인 제조소
④ 처마높이가 6m인 단층건물의 옥내저장소

해설 제조소 등별로 설치하여야 하는 경보설비의 종류

제조소 등의 구분	제조소 등의 규모, 저장 또는 취급하는 위험물의 종류 및 최대수량 등	경보설비
1. 제조소 및 일반취급소	• 연면적 500m² 이상인 것 • 옥내에서 지정수량의 100배 이상을 취급하는 것(고인화점 위험물만을 100℃ 미만의 온도에서 취급하는 것을 제외한다) • 일반취급소로 사용되는 부분 외의 부분이 있는 건축물에 설치된 일반취급소(일반취급소와 일반취급소 외의 부분이 내화구조의 바닥 또는 벽으로 개구부 없이 구획된 것을 제외한다)	
2. 옥내저장소	• 지정수량의 100배 이상을 저장 또는 취급하는 것(고인화점 위험물만을 저장 또는 취급하는 것을 제외한다) • 저장창고의 연면적이 150m²를 초과하는 것[해당 저장창고가 연면적 150m² 이내마다 불연재료의 격벽으로 개구부 없이 완전히 구획된 것과 제2류 또는 제4류의 위험물(인화성 고체 및 인화점이 70℃ 미만인 제4류 위험물을 제외한다)만을 저장 또는 취급하는 것에 있어서는 저장창고의 연면적이 500m² 이상의 것에 한한다] • 처마높이가 6m 이상인 단층건물의 것 • 옥내저장소로 사용되는 부분 외의 부분이 있는 건축물에 설치된 옥내저장소[옥내저장소와 옥내저장소 외의 부분이 내화구조의 바닥 또는 벽으로 개구부 없이 구획된 것과 제2류 또는 제4류의 위험물(인화성 고체 및 인화점이 70℃ 미만인 제4류 위험물을 제외한다)만을 저장 또는 취급하는 것을 제외한다]	자동화재탐지설비
3. 옥내탱크저장소	단층건물 외의 건축물에 설치된 옥내탱크저장소로서 소화난이도 등급 I에 해당하는 것	자동화재탐지설비
4. 주유취급소	옥내주유취급소	
5. 제1호 내지 제4호의 자동화재탐지설비 설치 대상에 해당하지 아니하는 제조소 등	지정수량의 10배 이상을 저장 또는 취급하는 것	자동화재탐지설비, 비상경보설비, 확성장치 또는 비상방송설비 중 1종 이상

답 ①

72 다음은 위험물안전관리법령에 따른 소화설비의 설치기준 중 전기설비의 소화설비 기준에 관한 내용이다. ( )에 알맞은 수치를 차례대로 나타낸 것은?

> 제조소 등에 전기설비(전기배선, 조명기구 등은 제외한다)가 설치된 경우에는 해당 장소의 면적 ( )m²마다 소형 수동식 소화기를 ( )개 이상 설치할 것

① 100, 1
② 100, 0.5
③ 200, 1
④ 200, 0.5

 전기설비의 소화설비 : 제조소 등에 전기설비(전기배선, 조명기구 등은 제외한다)가 설치된 경우에는 해당 장소의 면적 100m²마다 소형 수동식 소화기를 1개 이상 설치할 것

답 ①

73 위험물제조소 등의 옥내소화전설비의 설치기준으로 틀린 것은?

① 수원의 수량은 옥내소화전이 가장 많이 설치된 층의 옥내소화전 설치개수(설치개수가 5개 이상인 경우는 5개)에 7.8m³를 곱한 양 이상이 되도록 설치할 것
② 옥내소화전은 제조소 등의 건축물의 층마다 해당 층의 각 부분에서 하나의 호스 접속구까지의 수평거리가 50m 이하가 되도록 설치할 것
③ 옥내소화전설비는 각층을 기준으로 하여 해당 층의 모든 옥내소화전(설치개수가 5개 이상인 경우는 5개의 옥내소화전)을 동시에 사용할 경우에 각 노즐선단의 방수압력이 350kPa 이상이고 방수량이 1분당 260L 이상의 성능이 되도록 할 것
④ 옥내소화전설비에는 비상전원을 설치할 것

 옥내소화전은 제조소 등의 건축물의 층마다 해당 층의 각 부분에서 하나의 호스 접속구까지의 수평거리가 25m 이하가 되도록 설치할 것. 이 경우 옥내소화전은 각층의 출입구 부근에 1개 이상 설치하여야 한다.

답 ②

74 위험물제조소에 설치하는 옥내소화전의 개폐밸브 및 호스 접속구는 바닥면으로부터 몇 m 이하의 높이에 설치하여야 하는가?

① 0.5
② 1.5
③ 1.7
④ 1.9

 옥내소화전의 개폐밸브 및 호스 접속구는 바닥면으로부터 1.5m 이하의 높이에 설치할 것

답 ②

75 위험물안전관리법령상 옥내저장소에 6개의 옥외소화전을 설치할 때 필요한 수원의 수량은?

① 28m³ 이상
② 39m³ 이상
③ 54m³ 이상
④ 81m³ 이상

 수원의 양(Q)
$Q(m^3) = N \times 13.5m^3$
(N, 4개 이상인 경우 4개)
$= 4 \times 13.5m^3 = 54m^3$

답 ③

76 위험물의 저장기준으로 틀린 것은?

① 옥내저장소에 저장하는 위험물은 용기에 수납하여 저장하여야 한다(덩어리상태의 황 제외).
② 같은 유별에 속하는 위험물은 모두 동일한 저장소에 함께 저장할 수 있다.
③ 자연발화할 위험이 있는 위험물을 옥내저장소에 저장하는 경우 동일 품명의 위험물이더라도 지정수량의 10배 이하마다 구분하여 상호 간 0.3m 이상의 간격을 두어 저장하여야 한다.
④ 용기에 수납하여 옥내저장소에 저장하는 위험물의 경우 온도가 55℃를 넘지 않도록 조치하여야 한다.

 제3류 위험물 중 황린, 그 밖에 물속에 저장하는 물품과 금수성 물질은 동일한 저장소에 저장하지 아니하여야 한다.

답 ②

77 위험물안전관리법령에서 정한 위험물 안전관리자의 책무에 해당하지 않는 것은?

① 제조소 등의 구조 또는 설비의 이상을 발견한 경우 관계자에 대한 연락 및 응급조치
② 제조소 등의 계측장치·제어장치 및 안전장치 등의 적정한 유지·관리
③ 안전관리자가 일시적으로 직무를 수행할 수 없는 경우에 대리자 지정
④ 위험물의 취급에 관한 일지의 작성·기록

 위험물 안전관리자의 책무
㉮ 위험물의 취급작업에 참여하여 해당 작업이 저장 또는 취급에 관한 기술기준과 예방규정에 적합하도록 해당 작업자에 대하여 지시 및 감독하는 업무
㉯ 화재 등의 재난이 발생한 경우 응급조치 및 소방관서 등에 대한 연락 업무
㉰ 위험물시설의 안전을 담당하는 자를 따로 두는 제조소 등의 경우에는 그 담당자에게 다음의 규정에 의한 업무의 지시, 그 밖의 제조소 등의 경우에는 다음의 규정에 의한 업무
  ㉠ 제조소 등의 위치·구조 및 설비를 기술기준에 적합하도록 유지하기 위한 점검과 점검상황의 기록, 보존
  ㉡ 제조소 등의 구조 또는 설비의 이상을 발견한 경우 관계자에 대한 연락 및 응급조치
  ㉢ 화재가 발생하거나 화재발생의 위험성이 현저한 경우 소방관서 등에 대한 연락 및 응급조치
  ㉣ 제조소 등의 계측장치·제어장치 및 안전장치 등의 적정한 유지·관리
  ㉤ 제조소 등의 위치·구조 및 설비에 관한 설계도서 등의 정비·보존 및 제조소 등의 구조 및 설비의 안전에 관한 사무의 관리
㉱ 화재 등의 재해의 방지와 응급조치에 관하여 인접하는 제조소 등과 그 밖에 관련되는 시설의 관계자와 협조체제의 유지
㉲ 위험물의 취급에 관한 일지의 작성·기록
㉳ 그 밖에 위험물을 수납한 용기를 차량에 적재하는 작업, 위험물설비를 보수하는 작업 등 위험물의 취급과 관련된 작업의 안전에 관하여 필요한 감독의 수행

답 ③

78 제조소에서 취급하는 제4류 위험물의 최대수량의 합이 지정수량의 48만배 이상인 사업소의 자체소방대에 두어야 하는 화학소방자동차의 대수 및 자체소방대원의 수는? (단, 해당 사업소는 다른 사업소 등과 상호응원에 관한 협정을 체결하고 있지 아니하다.)

① 4대, 20인
② 3대, 15인
③ 2대, 10인
④ 1대, 5인

 자체소방대에 두는 화학소방자동차 및 인원

사업소의 구분	화학소방 자동차의 수	자체소방 대원의 수
제조소 또는 일반취급소에서 취급하는 제4류 위험물의 최대수량의 합이 지정수량의 3천배 이상 12만배 미만인 사업소	1대	5인
제조소 또는 일반취급소에서 취급하는 제4류 위험물의 최대수량의 합이 지정수량의 12만배 이상 24만배 미만인 사업소	2대	10인
제조소 또는 일반취급소에서 취급하는 제4류 위험물의 최대수량의 합이 지정수량의 24만배 이상 48만배 미만인 사업소	3대	15인
제조소 또는 일반취급소에서 취급하는 제4류 위험물의 최대수량의 합이 지정수량의 48만배 이상인 사업소	4대	20인
옥외탱크저장소에 저장하는 제4류 위험물의 최대수량이 지정수량의 50만배 이상인 사업소	2대	10인

답 ①

79 주유취급소의 변경허가 대상이 아닌 것은?

① 고정주유설비 또는 고정급유설비를 신설 또는 철거하는 경우
② 유리를 부착하기 위하여 담의 일부를 철거하는 경우
③ 고정주유설비 또는 고정급유설비의 위치를 이전하는 경우
④ 지하에 설치한 배관을 교체하는 경우

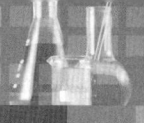

 주유취급소의 변경허가 대상
㉮ 지하에 매설하는 탱크의 변경 중 다음의 어느 하나에 해당하는 경우
  ㉠ 탱크의 위치를 이전하는 경우
  ㉡ 탱크 전용실을 보수하는 경우
  ㉢ 탱크를 신설·교체 또는 철거하는 경우
  ㉣ 탱크를 보수(탱크 본체를 절개하는 경우에 한한다)하는 경우
  ㉤ 탱크의 노즐 또는 맨홀을 신설하는 경우(노즐 또는 맨홀의 직경이 250mm를 초과하는 경우에 한한다)
  ㉥ 특수 누설방지 구조를 보수하는 경우
㉯ 옥내에 설치하는 탱크의 변경 중 다음의 어느 하나에 해당하는 경우
  ㉠ 탱크의 위치를 이전하는 경우
  ㉡ 탱크를 신설·교체 또는 철거하는 경우
  ㉢ 탱크를 보수(탱크 본체를 절개하는 경우에 한한다)하는 경우
  ㉣ 탱크의 노즐 또는 맨홀을 신설하는 경우(노즐 또는 맨홀의 직경이 250mm를 초과하는 경우에 한한다)
㉰ 고정주유설비 또는 고정급유설비를 신설 또는 철거하는 경우
㉱ 고정주유설비 또는 고정급유설비의 위치를 이전하는 경우
㉲ 건축물의 벽·기둥·바닥·보 또는 지붕을 증설 또는 철거하는 경우
㉳ 담 또는 캐노피를 신설 또는 철거(유리를 부착하기 위하여 담의 일부를 철거하는 경우를 포함한다)하는 경우
㉴ 주입구의 위치를 이전하거나 신설하는 경우
㉵ 시설과 관계된 공작물(바닥면적이 $4m^2$ 이상인 것에 한한다)을 신설 또는 증축하는 경우
㉶ 개질장치(改質裝置), 압축기(壓縮機), 충전설비, 축압기(蓄壓器) 또는 수입설비(受入設備)를 신설하는 경우
㉷ 자동화재탐지설비를 신설 또는 철거하는 경우
㉸ 셀프용이 아닌 고정주유설비를 셀프용 고정주유설비로 변경하는 경우
㉹ 주유취급소 부지의 면적 또는 위치를 변경하는 경우
㉺ 300m(지상에 설치하지 않는 배관의 경우에는 30m)를 초과하는 위험물의 배관을 신설·교체·철거 또는 보수(배관을 자르는 경우만 해당한다)하는 경우
㉻ 탱크의 내부에 탱크를 추가로 설치하거나 철판 등을 이용하여 탱크 내부를 구획하는 경우

답 ④

80 위험물의 취급 중 제조에 관한 기준으로 다음 사항을 유의하여야 하는 공정은?

> 위험물을 취급하는 설비의 내부압력의 변동 등에 의하여 액체 또는 증기가 새지 아니하도록 하여야 한다.

① 증류공정 ② 추출공정
③ 건조공정 ④ 분쇄공정

 위험물 제조과정에서의 취급기준
  ㉠ 증류공정에 있어서는 위험물을 취급하는 설비의 내부압력의 변동 등에 의하여 액체 또는 증기가 새지 아니하도록 할 것
  ㉡ 추출공정에 있어서는 추출관의 내부압력이 비정상적으로 상승하지 아니하도록 할 것
  ㉢ 건조공정에 있어서는 위험물의 온도가 국부적으로 상승하지 아니하는 방법으로 가열 또는 건조할 것
  ㉣ 분쇄공정에 있어서는 위험물의 분말이 현저하게 부유하고 있거나 위험물의 분말이 현저하게 기계·기구 등에 부착하고 있는 상태로 그 기계·기구를 취급하지 아니할 것

답 ①

81 위험물 안전관리자에 대한 설명으로 틀린 것은?

① 암반탱크저장소에는 위험물 안전관리자를 선임하여야 한다.
② 위험물 안전관리자가 일시적으로 직무를 수행할 수 없는 경우 대리자를 지정하여 그 직무를 대행하게 하여야 한다.
③ 위험물 안전관리자와 위험물 운송자로 종사하는 자는 신규종사 후 2년마다 1회 실무교육을 받아야 한다.
④ 다수의 제조소 등을 동일인이 설치한 경우에는 일정한 요건에 따라 1인의 안전관리자를 중복하여 선임할 수 있다.

위험물 안전관리자와 위험물 운송자로 종사하는 자는 신규종사 후 3년마다 1회 실무교육을 받아야 한다.

답 ③

82 위험물안전관리법령에서 정한 위험물을 수납하는 경우의 운반용기에 관한 기준으로 옳은 것은?

① 고체 위험물은 운반용기 내용적의 98% 이하로 수납한다.
② 액체 위험물은 운반용기 내용적의 95% 이하로 수납한다.
③ 고체 위험물의 내용적은 25℃를 기준으로 한다.
④ 액체 위험물은 55℃에서 누설되지 않도록 공간용적을 유지하여야 한다.

 위험물 운반에 관한 기준
  ㉠ 고체 위험물은 운반용기 내용적의 95% 이하의 수납률로 수납한다.
  ㉡ 액체 위험물은 운반용기 내용적의 98% 이하의 수납률로 수납하되, 55℃의 온도에서 누설되지 아니하도록 충분한 공간용적을 유지하도록 한다.

답 ④

83 비수용성의 제1석유류 위험물을 4,000L까지 저장·취급할 수 있도록 허가받은 단층건물의 탱크 전용실에 수용성의 제2석유류 위험물을 저장하기 위한 옥내저장탱크를 추가로 설치할 경우, 설치할 수 있는 탱크의 최대용량은?

① 16,000L   ② 20,000L
③ 30,000L   ④ 60,000L

 옥내저장탱크의 용량(동일한 탱크 전용실에 옥내저장탱크를 2 이상 설치하는 경우에는 각 탱크의 용량의 합계를 말한다)은 1층 이하의 층에 있어서는 지정수량의 40배(제4석유류 및 동식물유류 외의 제4류 위험물에 있어서 해당 수량이 2만L를 초과할 때에는 2만L) 이하, 2층 이상의 층에 있어서는 지정수량의 10배(제4석유류 및 동식물유류 외의 제4류 위험물에 있어서 해당 수량이 5천L를 초과할 때에는 5천L) 이하일 것
따라서, 최대 20,000L까지 가능하므로
20,000 − 4,000 = 16,000L

답 ①

84 위험물 탱크의 내용적이 10,000L이고 공간용적이 내용적의 10%일 때 탱크의 용량은?

① 19,000L   ② 11,000L
③ 9,000L   ④ 1,000L

 탱크의 용량 = 탱크의 내용적 − 공간용적
= 10,000L − (10,000L × 0.1)
= 9,000L

답 ③

85 위험물안전관리법령에 명시된 예방규정 작성 시 포함되어야 하는 사항이 아닌 것은?

① 위험물시설의 운전 또는 조작에 관한 사항
② 위험물 취급작업의 기준에 관한 사항
③ 위험물의 안전에 관한 기록에 관한 사항
④ 소방관서의 출입검사 지원에 관한 사항

해설 예방규정의 작성내용
㉠ 위험물의 안전관리업무를 담당하는 자의 직무 및 조직에 관한 사항
㉡ 안전관리자가 여행·질병 등으로 인하여 그 직무를 수행할 수 없을 경우 그 직무의 대리자에 관한 사항
㉢ 자체소방대를 설치하여야 하는 경우에는 자체소방대의 편성과 화학소방자동차의 배치에 관한 사항
㉣ 위험물의 안전에 관계된 작업에 종사하는 자에 대한 안전 교육 및 훈련에 관한 사항
㉤ 위험물시설 및 작업장에 대한 안전순찰에 관한 사항
㉥ 위험물시설·소방시설, 그 밖의 관련 시설에 대한 점검 및 정비에 관한 사항
㉦ 위험물시설의 운전 또는 조작에 관한 사항
㉧ 위험물 취급작업의 기준에 관한 사항
㉨ 이송취급소에 있어서는 배관공사 현장책임자의 조건 등 배관공사 현장에 대한 감독체제에 관한 사항과 배관 주위에 있는 이송취급소시설 외의 공사를 하는 경우 배관의 안전확보에 관한 사항
㉩ 재난, 그 밖에 비상시의 경우에 취하여야 하는 조치에 관한 사항
㉪ 위험물의 안전에 관한 기록에 관한 사항
㉫ 제조소 등의 위치·구조 및 설비를 명시한 서류와 도면의 정비에 관한 사항
㉬ 그 밖에 위험물의 안전관리에 관하여 필요한 사항

답 ④

86 위험물안전관리법령상 화학소방자동차에 갖추어야 하는 소화 능력 및 설비의 기준으로 옳지 않은 것은?

① 포수용액의 방사능력이 매분 2,000리터 이상인 포수용액방사차
② 분말의 방사능력이 매초 35kg 이상인 분말방사차
③ 할로젠화합물의 방사능력이 매초 40kg 이상인 할로젠화합물방사차
④ 가성소다 및 규조토를 각각 100kg 이상 비치한 제독차

 화학소방자동차에 갖추어야 하는 소화 능력 및 설비의 기준

화학소방 자동차의 구분	소화 능력 및 설비의 기준
포수용액 방사차	포수용액의 방사능력이 2,000L/분 이상일 것
	소화약액탱크 및 소화약액혼합장치를 비치할 것
	10만L 이상의 포수용액을 방사할 수 있는 양의 소화약제를 비치할 것
분말 방사차	분말의 방사능력이 35kg/초 이상일 것
	분말탱크 및 가압용 가스설비를 비치할 것
	1,400kg 이상의 분말을 비치할 것
할로젠 화합물 방사차	할로젠화합물의 방사능력이 40kg/초 이상일 것
	할로젠화합물 탱크 및 가압용 가스설비를 비치할 것
	1,000kg 이상의 할로젠화합물을 비치할 것
이산화탄소 방사차	이산화탄소의 방사능력이 40kg/초 이상일 것
	이산화탄소 저장용기를 비치할 것
	3,000kg 이상의 이산화탄소를 비치할 것
제독차	가성소다 및 규조토를 각각 50kg 이상 비치할 것

답 ④

87 위험물 암반탱크가 다음과 같은 조건일 때 탱크의 용량은 몇 L인가?

- 암반탱크의 내용적 : 600,000L
- 1일간 탱크 내에 용출하는 지하수의 양 : 800L

① 594,400　② 594,000
③ 593,600　④ 592,000

 암반탱크에 있어서는 해당 탱크 내에 용출하는 7일간의 지하수 양에 상당하는 용적과 해당 탱크의 내용적의 100분의 1의 용적 중에서 보다 큰 용적을 공간용적으로 한다. 따라서, 7×800L=5,600L는 60,000L보다 작으므로 내용적의 100분의 1의 용적을 공간용적으로 한다. 따라서, 탱크의 용량은 내용적에서 공간용적을 뺀 용적으로 하므로 600,000−60,000=594,000L에 해당한다.

답 ②

88 위험물안전관리법상 위험물제조소 등 설치허가 취소사유에 해당하지 않는 것은?

① 위험물제조소의 바닥을 교체하는 공사를 하는데 변경허가를 취득하지 아니한 때
② 법정기준을 위반한 위험물제조소에 대한 수리·개조 명령을 위반한 때
③ 예방 규정을 제출하지 아니한 때
④ 위험물 안전관리자가 장기 해외여행을 갔음에도 그 대리자를 지정하지 아니한 때

 시·도지사는 제조소 등의 관계인이 다음에 해당하는 때에는 행정안전부령이 정하는 바에 따라 허가를 취소하거나 6월 이내의 기간을 정하여 제조소 등의 전부 또는 일부의 사용정지를 명할 수 있다.
㉠ 규정에 따른 변경허가를 받지 아니하고 제조소 등의 위치·구조 또는 설비를 변경한 때
㉡ 완공검사를 받지 아니하고 제조소 등을 사용한 때
㉢ 규정에 따른 수리·개조 또는 이전의 명령을 위반한 때
㉣ 규정에 따른 위험물 안전관리자를 선임하지 아니한 때
㉤ 대리자를 지정하지 아니한 때
㉥ 정기점검을 하지 아니한 때
㉦ 정기검사를 받지 아니한 때
㉧ 저장·취급 기준 준수명령을 위반한 때

답 ③

89 위험물안전관리법령상 제조소 등의 관계인은 그 제조소 등의 용도를 폐지한 때에는 폐지한 날로부터 며칠 이내에 신고하여야 하는가?

① 7일 ② 14일
③ 30일 ④ 90일

 제조소 등의 관계인(소유자·점유자 또는 관리자를 말한다. 이하 같다)은 해당 제조소 등의 용도를 폐지(장래에 대하여 위험물 시설로서의 기능을 완전히 상실시키는 것을 말한다)한 때에는 행정안전부령이 정하는 바에 따라 제조소 등의 용도를 폐지한 날부터 14일 이내에 시·도지사에게 신고하여야 한다.

답 ②

90 탱크 시험자가 다른 자에게 등록증을 빌려 준 경우 1차 행정처분 기준으로 옳은 것은?

① 등록 취소
② 업무정지 30일
③ 업무정지 90일
④ 경고

답 ①

91 어떤 공정에서 작업을 하는 데 있어서 소요되는 기간과 비용이 다음 표와 같을 때 비용구배는 얼마인가? (단, 활동시간의 단위는 일(日)로 계산한다.)

정상작업		특급작업	
기간	비용	기간	비용
15일	150만원	10일	200만원

① 50,000원 ② 100,000원
③ 200,000원 ④ 300,000원

 비용구배 $= \dfrac{2,000,000 - 1,500,000}{15 - 10}$
$= \dfrac{500,000}{5}$
$= 100,000$원

답 ②

92 다음 중 계수치 관리도가 아닌 것은?

① c관리도
② p관리도
③ u관리도
④ x관리도

해설 x관리도는 계량치 관리도에 해당한다.

답 ④

93 $\bar{x}$ 관리도에서 관리상한이 22.15, 관리하한이 6.85, $\bar{R}=7.5$일 때 시료군의 크기(n)는 얼마인가? (단, $n=2$일 때 $A_2=1.88$, $n=3$일 때 $A_2=1.02$, $n=4$일 때 $A_2=0.73$, $n=5$일 때 $A_2=0.58$)

① 2 ② 3
③ 4 ④ 5

해설 $\bar{x}$ 관리도 : UCL$=22.15$
LCL$=6.85$
$\bar{R}=7.5$

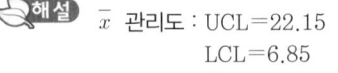
LCL$-$LCL$=2A_2\bar{R}$
$\therefore A_2 = \dfrac{\text{UCL}-\text{LCL}}{2\bar{R}}$
$= \dfrac{22.15-6.85}{2\times 7.5} = 1.02 \sim n=3$

답 ②

94 여유시간이 5분, 정미시간이 40분일 경우 내경법으로 여유율을 구하면 약 몇 %인가?

① 6.33 ② 9.05
③ 11.11 ④ 12.50

 여유율 $= \dfrac{\text{여유시간}}{\text{정미시간}+\text{여유시간}}$
$= \dfrac{5}{40+5} \times 100$
$= 11.11\%$

답 ③

95 과거의 자료를 수리적으로 분석하여 일정한 경향을 도출한 후 가까운 장래의 매출액, 생산량 등을 예측하는 방법을 무엇이라 하는가?
① 델파이법 ② 전문가 패널법
③ 시장조사법 ④ 시계열 분석법

해설 ① 델파이법 : 전문가들의 의견 수립, 중재, 타협의 방식으로 반복적인 피드백을 통한 하향식 의견 도출 방법으로 문제를 해결하는 기법
② 전문가 패널법 : 전문지식을 유도하기 위해서 foresight(포어사이트)에서 공통적으로 활용되는 방법
③ 시장조사법 : 한 상품이나 서비스가 어떻게 구입되며 사용되고 있는가, 그리고 어떤 평가를 받고 있는가 하는 시장에 관한 조사기법
④ 시계열 분석법 : 시계열(time series) 자료는 시간에 따라 관측된 자료로 시간의 영향을 받는다. 시계열을 분석함에 있어 시계열 자료가 사회적 관습이나 환경변화 등의 다양한 변동요인에 영향을 받는다. 시계열에 의하여 과거의 자료를 근거로 추세나 경향을 분석하여 미래를 예측할 수 있다.

답 ④

96 위험성 평가기법을 정량적 평가기법과 정성적 평가기법으로 구분할 때 다음 중 그 성격이 다른 하나는?
① HAZOP ② FTA
③ ETA ④ CCA

해설 ㉮ 정성적 위험성 평가
  ㉠ HAZOP(위험과 운전분석기법)
  ㉡ check list
  ㉢ what if(사고예상질문기법)
  ㉣ PHA(예비위험분석기법)
㉯ 정량적 위험성 평가
  ㉠ FTA(결함수분석기법)
  ㉡ ETA(사건수분석기법)
  ㉢ CA(피해영향분석법)
  ㉣ FMECA
  ㉤ HEA(작업자실수분석)
  ㉥ DAM(상대위험순위결정)
  ㉦ CCA(원인결과분석)

답 ①

97 다음 중 작업방법 개선의 기본 4원칙을 표현한 것은?
① 층별 – 랜덤 – 재배열 – 표준화
② 배제 – 결합 – 랜덤 – 표준화
③ 층별 – 랜덤 – 표준화 – 단순화
④ 배제 – 결합 – 재배열 – 단순화

답 ④

98 전수 검사와 샘플링 검사에 관한 설명으로 가장 올바른 것은?
① 파괴 검사의 경우에는 전수 검사를 적용한다.
② 전수 검사가 일반적으로 샘플링 검사보다 품질향상에 자극을 더 준다.
③ 검사항목이 많을 경우 전수 검사보다 샘플링 검사가 유리하다.
④ 샘플링 검사는 부적합품이 섞여 들어가서는 안 되는 경우에 적용한다.

해설 ㉠ 전수 검사란 검사 로트 내의 검사 단위 모두를 하나하나 검사하여 합격, 불합격 판정을 내리는 것으로 일명 100% 검사라고도 한다. 예컨대 자동차의 브레이크 성능, 크레인의 브레이크 성능, 프로페인 용기의 내압성능 등과 같이 인체 생명 위험 및 화재 발생 위험이 있는 경우 및 보석류와 같이 아주 고가 제품의 경우에는 전수 검사가 적용된다. 그러나 대량품, 연속체, 파괴 검사와 같은 경우는 전수 검사를 적용할 수 없다.
㉡ 샘플링 검사는 로트로부터 추출한 샘플을 검사하여 그 로트의 합격, 불합격을 판정하고 있기 때문에 합격된 로트 중에 다소의 불량품이 들어있게 되지만, 샘플링 검사에서는 검사된 로트 중에 불량품의 비율이 확률적으로 어떤 범위 내에 있다는 것을 보증할 수 있다.

답 ③

99 ASME(American Society of Mechanical Engineers)에서 정의하고 있는 제품공정 분석표에 사용되는 기호 중 "저장(storage)"을 표현한 것은?

① ○
② □
③ ▽
④ ⇨

해설 공정분석 기호

기호	공정명	내용	부대 및 결합기호
○	가공공정 (operation)	1. 작업대상물이 물리적 또는 화학적으로 변형·변질 과정 2. 다음 공정을 위한 준비상태 표시	△ 원료의 저장 ▽ 반제품 또는 제품의 저장
⇨	운반공정 (transportation)	1. 작업대상물의 이동상태 2. ○는 가공공정의 1/2 또는 1/3로 한다. 3. →는 반드시 흐름 방향을 표시하지 않는다.	◇ 질의 검사 ⬡ 양·질 동시 검사
□	정체공정 (delay)	1. 가공·검사되지 않은 채 한 장소에서 정체된 상태 2. 일시적 보관 또는 계획적 저장 상태 3. □ 기호는 정체와 저장을 구별하고자 할 경우 사용	◇ 양과 가공검사 (질 중심) ⬡ 양과 가공검사 (양 중심)
▽	저장 (storage)		
□	검사공정 (inspection)	품질규격의 일치여부 (질적)와 제품수량(양적)을 측정하여 그 적부를 판정하는 공정	◯ 가공과 질의 검사공정 ▽ 공정 간 정체 ✡ 작업 중의 정체

답 ③

100 샘플링에 관한 설명으로 틀린 것은?

① 취락샘플링에서는 취락 간의 차는 작게, 취락 내의 차는 크게 한다.
② 제조공정의 품질특성에 주기적인 변동이 있는 경우 계통샘플링을 적용하는 것이 좋다.
③ 시간적 또는 공간적으로 일정 간격을 두고 샘플링하는 방법을 계통샘플링이라고 한다.
④ 모집단을 몇 개의 층으로 나누어 각층마다 랜덤하게 시료를 추출하는 것을 층별샘플링이라고 한다.

해설 랜덤샘플링

㉠ 단순랜덤샘플링 : 난수표, 주사위, 숫자를 써 넣은 룰렛, 제비뽑기식 칩 등을 써서 크기 N 의 모집단으로부터 크기 n의 시료를 랜덤하게 뽑는 방법이다.
㉡ 계통샘플링 : 모집단으로부터 시간적, 공간적으로 일정 간격을 두고 샘플링하는 방법으로, 모집단에 주기적 변동이 있는 것이 예상된 경우에는 사용하지 않는 것이 좋다.
㉢ 지그재그샘플링 : 제조공정의 품질특성이 시간이나 수량에 따라서 어느 정도 주기적으로 변화하는 경우에 계통샘플링을 하면 추출되는 샘플이 주기적으로 거의 같은 습성의 것만 나올 염려가 있다. 이때 공정의 품질의 변화하는 주기와 다른 간격으로 시료를 뽑으면 그와 같은 폐단을 방지할 수 있다.

답 ②

인생에서 가장 멋진 일은
사람들이 당신이 해내지 못할 것이라 장담한 일을
해내는 것이다.
-월터 배젓(Walter Bagehot)-
☆
항상 긍정적인 생각으로 도전하고 노력한다면,
언젠가는 멋진 성공을 이끌어 낼 수 있다는 것을 잊지 마세요.^^

위험물기능장 필기

2022. 1. 15. 초 판 1쇄 발행
2023. 1. 11. 개정1판 1쇄 발행
2023. 3. 15. 개정1판 2쇄 발행
2024. 1. 4. 개정2판 1쇄 발행
2025. 1. 8. 개정3판 1쇄 발행
2025. 2. 5. 개정3판 2쇄 발행
2026. 1. 7. 개정4판 1쇄 발행

지은이 | 현성호
펴낸이 | 이종춘
펴낸곳 | BM (주)도서출판 성안당

주소 | 04032 서울시 마포구 양화로 127 첨단빌딩 3층(출판기획 R&D 센터)
     | 10881 경기도 파주시 문발로 112 파주 출판 문화도시(제작 및 물류)
전화 | 02) 3142-0036
     | 031) 950-6300
팩스 | 031) 955-0510
등록 | 1973. 2. 1. 제406-2005-000046호
출판사 홈페이지 | www.cyber.co.kr
ISBN | 978-89-315-8514-8 (13570)
정가 | 32,000원

이 책을 만든 사람들
책임 | 최옥현
진행 | 이용화, 곽민선
교정 | 곽민선
전산편집 | 이다혜, 오정은
표지 디자인 | 박현정
홍보 | 김계향, 임진성, 김주승, 최정민, 이해솜
국제부 | 이선민, 조혜란
마케팅 | 구본철, 차정욱, 오영일, 나진호, 강호묵
마케팅 지원 | 장상범
제작 | 김유석

이 책의 어느 부분도 저작권자나 BM (주)도서출판 성안당 발행인의 승인 문서 없이 일부 또는 전부를 사진 복사나 디스크 복사 및 기타 정보 재생 시스템을 비롯하여 현재 알려지거나 향후 발명될 어떤 전기적, 기계적 또는 다른 수단을 통해 복사하거나 재생하거나 이용할 수 없음.

※ 잘못된 책은 바꾸어 드립니다.